수도사업에서 계측제어와 컴퓨터의 통합

김홍석 · 최태용 옮김

 한국상하수도협회

Adapted from *Instrumentation & Computer Integration of Water Utility Operations*, by permission. Copyright © 1993, American Water Works Association Research Foundation and American Water Works Association.

미국수도협회연구기금과 미국수도협회는 번역된 내용의 정확성에 대하여 일체의 책임을 지지 않습니다. American Water Works Association Research Foundation and American Water Works Association are in no way responsible for the accuracy of this translation

전 문

1988년에 미국수도협회조사연구기금(AWWARF)과 일본수도협회(JWWA)의 대표들이 공통된 관심사항을 실현하기 위하여 비용과 복잡함이 점점 더해 가는 상황하에서도 안전하고 믿을 수 있으며 맛있는 수돗물을 공급해야 하는 일에 공동으로 조사연구프로젝트를 수행하기로 결정하였다. 양 단체는 기존의 기술과 새로운 기술을 수집하고 검토함과 동시에 수도사업체의 계측제어, 자동화와 컴퓨터에 의한 종합운전 등에 대한 지침을 작성하는 것을 프로젝트로 선정하였다.

1989년 봄, 일본과 미국 양국에서 수도시설운전에 대한 컴퓨터화에 대한 전문가로 구성된 프로젝트팀으로 하여금 이 책의 포괄적인 개념과 개요를 검토하기 시작하였다. 유럽과 캐나다의 전망을 포함시키기 위하여 미국수도협회조사연구기금의 프로젝트팀을 확대하였다. 이 책은 일본수도협회와 미국수도협회조사연구기금의 전문가간에 두 번의 집중적인 회합을 포함한 몸을 아끼지 않는 노력을 통해 이 책의 골격이 만들어졌다.

이 책의 모든 집필과정을 통해 일본수도협회와 미국수도협회조사연구기금의 집필자들은 양국의 문화, 환경과 추진력에서의 유사점과 상이점을 이해하게 되었고, 또한 각 수도산업계에 대한 영향력을 이해하게 되었다. 쌍방 집필자들은 수없이 많은 편지와 FAX를 주고받음으로서 많은 정보를 공유하는 동시에 개념과 새로운 아이디어를 정립하였다. 이와 같은 식견과 정보교환으로 모든 집필자는 개인적으로나 전문가적인 입장에서도 이 조사연구의 중요성을 통감하게 되었고, 이와 같은 기분이 독자들에게도 전해지기를 집필자 모두는 바라고 있다.

기술을 확고하게 파악해야 하고 실제적인 고려사항과 그리고 행동에 대한 책임을 가지고 집필자들의 염원과 비전을 결합하여, 도전적인 과제들에 부딪히는 중에서도 수도사업체의 관리자는 우수한 서비스와 신뢰성을 제공하는 것이 계속될 수 있어야 한다고 집필자들은 믿는다.

사 사

이 책의 각 장은 집필자와 부집필자들에 의해 기술되었다. 집필자는 일본수도협회와 미국수도협회 조사연구기금의 각 국내연구회의 회원이고, 수도사업에서의 컴퓨터관계에 대해서는 선도자적인 입장에 있는 분들이다. 집필자들은 각 장의 내용과 전개에 대해 책임을 진다. 부집필자들은 각 장의 전개와 미세한 조정에 대해 집필자를 보좌하였다. 이들 집필자의 개인적 작업에 대해 일본수도협회와 미국수도협회조사연구기금에서 심심한 사의를 표하는 바이다.

이 책을 간행하면서 여기에 집필자와 부집필자의 성명을 기록해 둔다.

일본수도협회(직위는 집필 당시의 직위임)
집필자(Authors)
  Keiji Gotoh(後藤 圭司)(좌장) : 東洋大學 工學部 敎授, 日本水道協會 技術諮問役, 東京都
  Saburo Hosoda(細田 三朗)(사무국) : 日本水道協會 主任硏究員, 東京都
  Katsuyuki Makino(牧野 勝幸) : 札幌市 水道局 計劃課長, 札幌市
  Yuuji Sekino(關根 勇二) : 東京都 水道局 參事, 東京都
  Susumu Sano(佐野　進) : 橫浜市 水道局 運用센터 課長補佐, 橫浜市
  Akira Itoh(伊藤　曉) : 名古屋市 水道局 淨水係長, 名古屋市
  Toshihiko Tsukiyama(築山 俊彦) : 大阪府 水道部 庭窪 淨水場 主幹, 守口市
  Yasuo Matsuura(松浦八洲雄) : 大阪市 水道局 工務部 技術主幹, 大阪市
  Shigeyuki Shimauchi(嶋內　繁行) : (株)日立製作所 시스템事業部 主任技師, 東京都
  Haruo Itoh(伊藤 晴夫) : 富士電機(株) 公共事業部 企劃設計部長, 東京都
  Yukio Kawamura(川村 幸生) : 橫河電機(株) 技術部 第2課長, 東京都

부집필자(Secondary Authors)
  Yoshimichi Funai(船井 洋文) : 東京都 水道局 朝霞淨水管理事務所長, 東京都
  Sasaki Shinichi(佐佐木 眞一) : 札幌市 水道局 白川淨水場技師, 札幌市
  Yoshinori Mizuno(水野 義則) : 名古屋市 水道局 大治淨水場場長補佐, 名古屋市
  Michihisa Suzuki(鈴木 程久) : (株)日立製作所 大三工場 主任技師, 히타찌市
  Hiroshi Tada(多田　弘) : 富士電機(株)企劃 設計部 課長補佐, 東京都
  Kazuhiro Kawano(川野 和弘) : 橫河電機(株) 工業디자인, 課長補佐, 東京都

미국수도협회 조사연구기금(AWWA Research Foundation)
집필자(Authors)

John K. Jacobs(Chair) : Manager of Water Supply and Distribution, East Bay Municipal Utility District, Oakland, Calif.

Richard L. Gerstberger(Secretary) : Subscription Program Director, AWWA Research Foundation, Denver, Colo.

Jean Dumontel : Director, Center of Industrial Computer Application, Lyonnaise, des Eaux-Dumez, Le Pecq, France

Jerry W. Garrett : Chief Executive Officer, Westin Engineering, Inc., San Jose, Calif.

Anthony Harding : Operations Manager, Essex and Suffolk Water Companies Chelmsford, Essex, England

Robert B. Hume : Control Systems Manager, City of Albuquerque, Albuquerque, N. M.

Ronald B. Hunsinger : Supervisor, Technology Assessment Unit, Water Resources Branch, Ontario Ministry of Environment, Toronto, Ontario, Canada

Alan W. Manning : President, EMA Services, Inc., St. Paul, Minn.

Dr. Donald L. Schlenger : Vice President, Business Development, United Water Resources, Harrington Park, N. J.(currently Principal Consultant, Information Services, EMA Services, Inc., Philadelphia, Pa.)

부집필자(Secondary Authors)

William Austin Jr. : Director of Administration, Washington Suburban Sanitary Commission, Hyattsville, Md.

Roy O. Brandon : Senior Technical Specialist, EMA Services, Inc., St. Paul, Minn.

David L. Browne : OP/NET System Engineer, East Bay Municipal Utility District, Oakland, Calif.

Terrence Brueck : Vice President, EMA Services, Inc., St. Paul, Minn.

Vicki Brueshoff : Marketing Technical Writer, EMA Services, Inc., St. Paul,

Minn.

Thomas DeLaura : Industry Manager, Westin Engineering, Inc., Detroit, Mich.

David P. DiSera : Project Manager GIS, EMA Services, Inc., St. Paul, Minn.

Fritz Engler : Unit Leader, Sampling and Flow Measurement, Ontario Ministry of the Environment, Toronto, Ontario, Canada

Dennis J. Gaushell : President, Westin Engineering, Inc., San Jose, Calif.

Frank Gradilone III, Director, Market Research, United Water Resources, Harrington Park, N. J.

Larry Jentgen : Region Vice President, EMA Services, Inc., Tucson, Ariz.

Ronald Lauer : Chief Engineer, Westin Engineering, Inc., Detroit, Mich.

Robert Manross : Senior Technical Specialist, EMA Services, Inc., Philadelphia, Pa.

Thomas Moran : President, Teledrive Systems, Inc., Mississauga, Ontario, Canada

King Moss II : Deputy Director Business, Dallas Water Utilities, Dallas, Texas

Herbert J. Nyser : President, NYTEC, Palo Alto, Calif.

James Schiele : Manager, Technical Services, Fluid Conservation Systems, Austin, Texas

Walter J. Schuk : President, Walter J. Schuk Associates, Inc., Cincinnati, Ohio

Robert Skrentner : Quality Manager, EMA Services, Inc., St. Paul, Minn.

James B. Smith : President, JBS Associates, Houston, Texas

Keith Wheaton : Instrumentation Systems advisor, Ontario Minstry of the Environment, Toronto, Ontario, Canada

Mary Winter : Group Manager, Human Factors Consulting, EMA Services, Inc., St. Paul, Minn.

이 책을 옮기면서

이 책은 수도사업체의 의사결정권자에게 진보적 생각을 확대하고 비전을 창조하는 것을 목적으로, 미국수도협회조사연구기금(AWWARF)과 일본수도협회(JWWA)의 주관으로 미국과 일본에서 이 부분 전문가 48명이 분야별로 공동집필한 것을 공무원에 재직할 때 함께 수도정비기본계획을 만들었고 현재는 상하수도협회에서 활동 중인 최태용 부장과 함께 번역하였다. 이 책에서 계측제어와 컴퓨터의 통합 목적은 '종합적인 수도시설'을 실현하기 위하여 공통 데이터베이스 관리시스템과 정보네트워크를 충분히 이용하는데 있다.

공무원에 재직 중일 때에 항상 "배우면서 일하고 또 일하면서 배운다"는 생각으로 일할 때에 곁에 두고 보던 책 중의 하나로, 선진 도시에서는 수도를 어떻게 발전시키고 있는지를 알고 싶으면 찾아보고 우리 도시에 적용하려고 고심하며 읽었으며 또 우리에게 알맞도록 응용하려고 고심할 때 참고서였다. 자동화와 컴퓨터화에 관해 전망할 때에 "이 책이 모든 수도사업관리자나 수도인들에게 도움이 되었으면"하는 바람은 집필자들의 뜻이나 이를 번역하는 본인들의 심정이 같으리라고 확신하면서, 또 서울 수도에는 이 책의 혼이 약간은 베어 있도록 하였지만 다른 도시에도 보급되고 또 새로운 정보를 갈망하는 많은 수도인들에게 길잡이가 되어 수도가 발전하기를 바라는 마음에서 부족하지만 용기를 내어 번역하였다. 이 책의 제목은 "수도사업에서의 계측제어와 컴퓨터의 통합"이라고 하는 상당히 전문적인 내용이지만, 내용은 컴퓨터와 계측제어를 포함하여 수도의 기본원리와 방법 등을 설명하고 있다.

우리와 정서가 다른 사회에서 사용하는 언어와 용어의 차이 또 문화의 차이, 또한 개인적인 능력의 차이로 집필자들이 의도하였던 "최소비용으로 급수의 질적인 면과 신뢰성을 극대화하는 가장 효율적인 조직이 되도록 하기 위하여 근대 상수도시설이 어떤 비전을 가져야 하는지를 독자에게 제시하려고 의도하였던" 뜻을 완벽하게 전달하지 못하는 부분이 있을 것으로 믿으며, 이에 대해서는 독자들의 양해를 구하고자 한다.

끝으로 한국상하수도협회의 해외기술정보 보급사업의 일환으로 추진되었으며 출판을 위해 수고해주신 협회 관계자들에게 감사를 표한다. 또한 이 책의 컴퓨터부분을 교정해 주셨던 서울시 지리정보담당관실 이창희씨, 전산정보관리소의 유지원씨, 그리고 원고의 전체를 읽고 교정해 주신 중랑하수처리사업소 김대환 소장에게 이 자리를 빌어 고맙다는 말씀드린다. 그리고 또한 여러 편리를 제공해주셨던 (주)신우엔지니어링의 윤여용 부사장과 문정석 사장님 그리고 회사의 여러 분들께도 이 기회를 빌어 고맙다는 인사를 표하고자 한다.

2003. 6
우면산 기슭에서
김 홍 석

목 차

전문 ·· i
사사 ·· ii
이 책을 옮기면서 ·· v

서문 ·· 1

제I편 총론 ·· 13

제1장 추진력과 욕구 : 조용한 혁명
    1.1 기본적인 정의와 개념 ·· 14
    1.2 제어시스템과 정보관리시스템의 발전-그 실례 ·························· 17
    1.3 수도산업을 컴퓨터화해야 하는 압력 ·· 24
    1.4 계측제어와 컴퓨터 통합이 필요한 분야 ······································ 33
    1.5 관리면의 과제 ·· 39

제2장 통합
    2.1 정보의 질적 변화 ·· 43
    2.2 수도사업체의 정보시스템 발전 역사 ·· 46
    2.3 통합 모델의 해설 ·· 48
    2.4 통합의 원칙 ·· 53

2.5 통합실현의 비용과 효과 ·· 55

제II편 기술과 원리 ·· 57

제3장 센서와 제어기기
3.1 센서 ·· 62
3.2 현장제어기기 ··· 75
3.3 펌프제어 ··· 83
3.4 조사연구의 필요성 ·· 88

제4장 제어기
4.1 시퀀스제어 ·· 91
4.2 연속제어 ··· 92
4.3 프로그램 논리제어장치(PLC) ··································· 94
4.4 원격단말장치(RTU) ··· 94
4.5 장래의 비전 ··· 101
4.6 조사연구의 필요성 ·· 102

제5장 컴퓨터
5.1 하드웨어 ··· 105
5.2 소프트웨어 ·· 113
5.3 통신 ··· 123
5.4 장래 비전 ·· 130

제6장 감시제어 및 데이터수집(SCADA)
6.1 목적 ··· 135
6.2 배경 ··· 136

6.3 시스템의 설명 ··· 140
6.4 현재 애플리케이션 ·· 143
6.5 주요한 인터페이스 ·· 145
6.6 신규기술의 동향 ··· 145
6.7 조사연구의 필요성 ·· 146

제7장 운전자-공정 인터페이스

7.1 운전자-공정 인터페이스 설계의 고려사항 ········ 149
7.2 운전자-공정 인터페이스장치 ·························· 153
7.3 감시제어실 설계 ··· 160
7.4 운전자-공정 인터페이스의 최근 경향 ············· 167
7.5 요약 ··· 169
7.6 조사연구의 필요성 ·· 170

제III편 제어시스템 ··· 173

제8장 펌프시스템 제어

8.1 펌프설비계획 ·· 178
8.2 펌프 운전제어 ·· 180
8.3 펌프용량제어 목적 ·· 189
8.4 펌프제어에 의한 에너지절약 ·························· 191
8.5 캐비테이션, 워터해머(수격작용), 소음과 진동 ··· 192
8.6 조사연구의 필요성 ·· 196

제9장 상수원의 제어

9.1 상수원의 종류 ·· 201

9.2 상수원의 기능적인 요소 ………………………………………………… *202*
9.3 현재의 응용 예 : 최신기술 ……………………………………………… *212*
9.4 장래의 추세 ……………………………………………………………… *217*
9.5 조사연구의 필요성 ……………………………………………………… *223*

제10장 정수장 공정제어

10.1 공정자동화의 목적과 중요성 ………………………………………… *227*
10.2 시스템론 ………………………………………………………………… *231*
10.3 현재의 응용 예 ………………………………………………………… *235*
10.4 주요 인터페이스 ……………………………………………………… *256*
10.5 장래의 비전 …………………………………………………………… *261*
10.6 컴퓨터자동제어의 이점 ……………………………………………… *268*
10.7 조사연구의 필요성 …………………………………………………… *272*

제11장 송·배수시설의 제어

11.1 총설 …………………………………………………………………… *277*
11.2 일반적인 원칙 ………………………………………………………… *282*
11.3 현재의 응용 예 ………………………………………………………… *297*
11.4 주요 인터페이스 ……………………………………………………… *309*
11.5 장래 추세 ……………………………………………………………… *312*
11.6 조사연구의 필요성 …………………………………………………… *313*

제12장 수운용시스템

12.1 총설 …………………………………………………………………… *317*
12.2 시스템의 구성요소 …………………………………………………… *318*
12.3 최근의 추세 …………………………………………………………… *320*
12.4 장래의 비전 …………………………………………………………… *323*

12.5 조사연구의 필요성 ………………………………………………………… 326

제Ⅳ편 정보시스템 ……………………………………………………………… 327

제13장 검침과 수요가정보시스템(CIS)

13.1 정의 ………………………………………………………………………… 331
13.2 배경 ………………………………………………………………………… 332
13.3 검침시스템 ………………………………………………………………… 338
13.4 수요가정보시스템(CIS) ………………………………………………… 357
13.5 신규기술과 장애사항 …………………………………………………… 362
13.6 이익과 비용 및 기타 검토사항 ………………………………………… 368
13.7 조사연구의 필요성 ……………………………………………………… 371

제14장 지리정보시스템(GIS)

14.1 GIS의 기본요소 …………………………………………………………… 377
14.2 시스템능력 ………………………………………………………………… 379
14.3 기능적 구성요소 ………………………………………………………… 380
14.4 수도설비에서의 응용 예 ………………………………………………… 383
14.5 조직면의 검토사항 ……………………………………………………… 388
14.6 수도사업에서의 실시 …………………………………………………… 396
14.7 장래의 비전 ………………………………………………………………… 403
14.8 결론 ………………………………………………………………………… 405
14.9 조사연구의 필요성 ……………………………………………………… 405

제15장 수질시험실 정보관리시스템(LIMS)

15.1 오늘의 수질시험소 정보관리시스템(LIMS) ………………………… 411
15.2 수질관리 시스템의 설명 ………………………………………………… 413

15.3 장래의 비전 ·· *417*
15.4 조사연구의 필요 ··· *419*

제16장 보전관리정보시스템(MMS)

16.1 보전관리조직 ·· *422*
16.2 주요한 시스템 구성 요소 ·· *425*
16.3 부서의 상호작용 ··· *428*
16.4 보전관리시스템의 실시 ·· *435*
16.5 조직 전체의 이익인 통합 ·· *439*
16.6 의사결정에 의한 이익 ··· *442*
16.7 보전관리시스템의 미래상 ·· *443*
16.8 조사연구의 필요성 ··· *444*

제17장 누수방지시스템

17.1 누수방지의 중요성 ··· *445*
17.2 누수의 정의 ·· *446*
17.3 누수방지의 여러 문제 ··· *447*
17.4 누수탐지 방법 ··· *451*
17.5 계획작성의 필요성 ··· *463*
17.6 장래의 비전 ·· *465*
17.7 조사연구의 필요성 ··· *467*

제18장 비상 대응

18.1 총설 ·· *469*
18.2 설계 고려사항 ··· *471*
18.3 비상대응 전략 ··· *477*
18.4 신기술의 동향 ··· *487*

18.5 연구조사의 필요성 ··· 493

제Ⅴ편 수도사업의 과제 ··· 497

제19장 조직과 인사관리
19.1 조직적인 성공 ·· 503
19.2 조직의 발전 ··· 511
19.3 개인과 직원에 관한 검토 ··· 516

제20장 표준화
20.1 총설 ·· 523
20.2 기준설정을 위한 조직 ·· 525
20.3 미국에서 기준개발 과정 ··· 528
20.4 ISO개방형 시스템 상호접속 모델 ································· 532
20.5 수도사업체를 위한 근거리통신망(LAN)의 표준화 ········ 535
20.6 표준인터페이스로서 제조자동화 프로토콜(MAP) ········ 536
20.7 표준화의 문제점 ·· 538
20.8 결론 ·· 540
20.9 조사연구의 필요성 ·· 541

제21장 전략적 컴퓨터화 계획
21.1 전략적 계획의 실시 ··· 545
21.2 왜 전략적 컴퓨터화 계획을 개발해야 하는 것일까? ····· 548
21.3 전략적 컴퓨터 계획의 구성요소 ··································· 554
21.4 전략적 컴퓨터화의 계획 작성 ······································ 556
21.5 결론 ·· 559
21.6 조사연구의 필요성 ·· 561

제22장 우선 연구과제와 장래계획
 22.1 조사연구의 필요성 ·· 563
 22.2 조사연구의 우선사항 ·· 573
 22.3 수도산업 대응의 결집 ··· 574

부록 A 우선 조사연구의 필요성 ·· 579

부록 B Additional Japanese Reference ································ 587

용어 설명 ·· 597

색인표 ··· 613

서 문

　미시시피강변에 위치한 지표수를 원수로 하여 공급하는 가장 큰 사업체인 대도시권 수도사업단의 야간 교대근무자인 데이브 멘데스는 내일 자격시험을 치르기 때문에 오늘밤은 아무 일도 없는 조용한 밤이기를 바라고 있었다. 처음에는 그렇게 시작되는 것 같았으나 새벽 2시 30분경에 소화전이 터져서 대량의 누수가 발생함으로써 주변에 있는 점포지하실이 침수되는 사고가 발생하였다. 그의 앞에 있는 제어콘솔에서 경보가 울린 후에 그는 누수현장 근처의 밸브를 닫아서 대체적인 위치를 고립시킬 수 있었으나 피해는 이미 발생하였다. 자동차 운전사가 부상을 입었고 경찰과 구급대원이 현장에 급히 출동하였다. 보수반이 이미 작업에 착수하였고 담당직원들은 현장에서 소화전을 수리하고 지하실을 배수하고 있었다. 그는 현장에서의 상황을 모니터를 통해 지켜보면서 보수반원으로부터 조치요구를 기다리고 있었다.

　1997년의 활짝 개인 봄날 아침 6시 조금 전에 데이브는 천둥치는 소리가 너무 오래 지속되어 진동을 느꼈다. 커피 잔이 흔들리는 것이 눈에 들어오면서 어떤 사태가 일어난 것을 깨닫기 시작하였다. 다시는 기억하고 싶지도 않지만 뉴 마드리드 단층의 지진활동이 활발해지고 있다는 것을 알 수 있었다. 그는 콘솔의 의자를 끌어당겨서 상황판에 표출되는 대형 그래픽화면을 응시하면서 이 진동이 어쩐지 큰 피해로 이어지지는 않을까 하는 불안한 심정으로 잠시를 기다렸다.

　1~2분이 지난 다음 첫 경보가 울리고 차례대로 다음 경보가 계속되었다. 콘솔 화면이 변할 때마다 이상통보용 프린터가 피해상황을 기록해 나왔다. 심정호 하나와 중압펌프장 2개소와 또 2개 전화선이 사용불능상태로 되었다. 잠시 후 일부 지역에서 정전사고가 발생함으로써 전력공급이 중단되었다는 일련의 경보 버저가 울렸고, 또한 대형 가압펌프장에 있는 예비발전기가 작동되었다고 표시되었다.

　데이브는 전화를 들고 운전부장 랄프 오메리에게 전화를 걸었다. 벨이 한 번 울리자 랄프가 전화를 받다. "지금 진동 정도라면, 무슨 이상이 있을 것 같은데"라고 그는 말했다. "경보 버저가 한참동안 울렸으니 고장이 발생하였는지도 모르겠다"라고 데이브는 말했다. "즉시, 그쪽에 가겠다"라고 하면서 랄프는 전화를 끊었다.

배수관망에 있는 감지장치로부터도 경보 버저가 울리기 시작하였다. 일부 지역에서 압력 저하와 과잉유속을 알리고 있는데, 특히 하루 중의 이 시간대의 표시유량으로부터 판단해 볼 때 배수본관이 파손된 것으로 생각되었다. 데이브는 파손된 지점을 조사하기 시작하였다. 그는 수압모델시스템의 화면을 띄운 다음 소정의 값을 넘거나 모자라는 지점을 체크하도록 콘솔에 명령을 입력하였다. 그 지점은 화면상에 형형색색의 선 중에서 점멸하고 있었다. 데이브는 라이트 펜을 사용하여 파손되었다고 생각되는 좌표의 윤곽을 잡고서 작업파일에 좌표가 저장되도록 키보드를 쳤다.

데이브는 다음에 보수출동센터에 보내는 서비스요구파일을 작성하기 시작하였다. 보수출동센터요원들이 심정호 수원과 가압펌프장 및 전화회선의 고장이 일어난 2개소, 배수본관의 누수현장을 즉시 조사해야 하기 때문이다.

그 때 낮 근무자인 제인 카르손이 운전관리실에 들어왔다. 그녀도 진동이 있었을 때 잠을 깼으며 별도로 전화로 호출 받지는 않았지만 라디오에서 흘러나오는 상황을 듣고서 어쩐지 이상사태가 일어났을 것 같아서 조금 일찍 출근해 온 것이었다. 제인은 운전자용 콘솔 곁에 서서 상황판에 표출되고 있는 그래픽화면을 자세하게 관찰하였다. 데이브는 제인을 보고서 마음이 놓였다. 그렇게 많은 경보가 있었다고 데이브가 설명하면서 그녀에게 인사하였다.

"무슨 일이 있었나요?"라고 제인이 물었다. 그녀는 데이브의 어깨너머로 보고 있을 때에 그가 그래픽 화면상의 몇 개소에서 경보발생지점과 고장위치를 나타내고 있었다. 데이브는 경보가 발령되었던 모든 지점의 리스트를 스크린에 보이도록 키보드를 쳤다.

"걱정할 것은 없어요"라고 제인이 말했다. "종전에는 이번보다 더 혹독한 뇌우를 경험한 바 있습니다. 몇 가지를 확인해 볼께요" 제인은 서있는 채로 시스템을 액세스하여 화면상에 통신 창을 열고서 곧 전력회사의 시스템 상황데이터베이스에 콘솔이 접속되는 루틴을 실행하여 정전지역이 사용불능상태로 된 심정호 수원과 2개 가압펌프장 지역과 일치하고 있는지를 확인하였다.

"당신은 배수지를 확인해 주세요"라고 제인이 주문하였다. 데이브는 가압펌프장이 위치한 지역을 표시하는 화면으로 절체하였다. 인근 배수지 중 하나의 수위가 "저수위 주의"의 경계수위를 표시하고 있었다. 이 데이터들은 가압펌프장에 있는 백업용 배터리에 의해 작동되는 마이크로프로세서 원격단말장치로부터 무선으로 송신되고 있었다. 다행스럽게도 이 지역에서는 배수본관 큰 피해가 없었다.

데이브는 수리의뢰요구파일로 되돌아와서 "송신"키를 치고 보수출동센터에 파일을 송신하였다. 보수반이 스케줄을 조정하고 조금 지나서 소장의 승인을 얻었다.

제인은 데이브가 오늘 시험을 치른다는 것을 알고 있었기 때문에 자기가 조금 일찍 모든 것을 맡아서 하겠다고 말하였다. 데이브는 고마워하면서 사무실에서 연락만이라도 거들겠다고 대답하였다.

제인은 콘솔 앞에 앉아서 수리모델의 백업으로부터 배수본관 파손지점 좌표를 불러냈다. 다음으로 수요가정보시스템으로 액세스하여 좌표를 지리정보시스템(GIS) 지도상에 포개어 맞추기 위하여 지리정보시스템에 전송루틴을 사용하였다. 화면에는 특정지역이 대부분 상업 중심지역이라는 것이 그녀에게 보였다. 날씨가 건조하므로 주변에 파손된 곳이 있으면 쉽게 발견할 수 있었을 것인데 파손사고를 전화로 알려주는 제보자가 아무도 없었던 것은 가게들이 아직 문을 여는 시간이 아니었기 때문인 것 같다.

제인과 데이브가 보수출동센터로부터의 전화를 기다리고 있는 동안, 제인은 다른 개인파일의 창을 열고서 그날의 자기 스케줄을 확인하였다. 주요한 일정 2개, 즉 조사와 시험을 위한 배수지 정지 및 관리센터를 조사하기 위한 방문객 응접 등이 예정되어 있었다. 제인은 메시지센터의 데이터베이스로 다시 바꿔서 급한 메모나 메시지가 들어왔는지 조사하였다. 수질과로부터 pH문제에 관한 통지 하나뿐이었다. 심정호 주변에 설치된 시스템 센서의 데이터는 지난 2일 동안 한계를 벗어나고 있었다. 평상시라면 제인은 문제되는 우물의 원격감시장치를 루틴으로 재조정하였겠지만 오늘은 그대로 두고 기다려도 문제없을 것 같은 숫자였다.

다른 가압펌프장의 급수구역에 있는 주택지 부근의 변두리에서 조그만 화재가 발생하였다는 무선 메시지가 전해 왔다. 제인은 경보목록으로 콘솔에 메시지 사항을 입력시켰다.

보수출동센터 소장이 전화를 걸어왔다. 그는 직원들과 함께 현장에 나가 밤새워 일했으며, 그가 생각할 때 "오늘은 바쁠 것 같으니 주간 근무자를 다른 정전사고현장에 배치하겠으며 야근한 직원들은 배수본관의 파손을 복구한 다음 퇴근하도록 했으면 좋겠다"고 보고해 왔다. 제인은 취지를 양해한다고 전하면서 배수본관이 파손된 지역의 개략적인 수압지도가 표출되도록 절체하였다. 제인은 통신파일을 설정하기 위해 화면부분을 터치(접촉)한 다음 추가명령을 입력하여 요구사항을 보수출동센터에 보냈다. 센터로부터는 이동무선을 사용해서 파일이 자동적으로 야근현장직원용 자동차로 연결되었는데, 이 자동차에는 수도사업체의 GIS컴퓨터 원격단말기가 설치되어 있었다.

화재가 발생하였다고 보고하였던 지역에서 경보는 끝났다. 어쩌면 소화활동으로 인한 압력변동의 충격일 것이라고 생각되기는 하지만 양수펌프는 정지되었다. 제인은 펌프를 재차 작동시키고 압력이 정상상태로 복귀되는 것을 지켜봤다.

파손상황에 대한 보고를 듣기 위하여 기다리는 동안에 제인은 콘솔화면의 자기 개인 파일에 들어가서 모닝메일을 보기 시작하였다. 몇 가지 메일에 관해서는 곧 답장을 타이핑해서 송신하였다. 그 외의 것은 다음에 상세하게 검토해야 하기 때문에 프린트로 출력해 두었다.

제인이 작업을 끝내려고 할 때쯤 랄프 오메리 부장이 도착하였다. 제인은 데이브가 그녀에게 하였던 것과 마찬가지로 랄프에게 콘솔 화면을 상세하게 설명하였다. 그리고 랄프는 이상통보의 출력물과 마스트프로젝션을 검토하였다. 우선 현장담당직원으로부터 연락을 기다릴 정도로 상황이 되어 있는 것에 대해 랄프는 우선 만족하였다. 제인은 물 사용을 줄이기 위하여 증압펌프장과 심정호를 정지시키고 있는 급수지역에 인접하여 영향이 받을 가능성이 있는 6세대에 사전에 예고하겠다고 보고하였으므로 랄프는 이를 승인하였다.

그들 두 사람이 함께 커피를 마시기 위해 랄프가 커피를 가져오러 걸어 나간 동안 제인은 다시 그녀의 메일을 보았다. 메일 보는 것을 마치려고 할 바로 그때 보수담당책임자로부터 배수관 파손지점을 규명하였다고 무선연락으로 보고해 왔다. 그 책임자는 제인에게 배수관망도에서 파손된 배수본관이 통하는 지점을 가리켰다. 그 지점을 시스템에 입력한 다음 제인은 보수출동센터 주임에게 전화를 걸어서 신속한 대응에 감사함과 동시에 받은 보고를 이쪽 운전제어실에서 처리하겠다는 뜻을 전했다. 제인은 파손지점을 고립시키기 위하여 닫아야 할 3개의 밸브를 결정하기 위해 수리모델을 사용하였으며 그 중에서 두 개를 원격제어로 닫을 수 있었다. 그녀는 그 정보를 파일에 입력하였다.

굴착기가 현장으로 향하고 있다는 보고가 보수출동센터 주임으로부터 재차 전화로 걸려왔다. GIS에 저장된 관로의 사용년수와 구성품(부속품)에 관한 데이터는 작업관리시스템에서 앞뒤로 참조할 수 있으며, 보수출동센터에서는 이 시스템을 사용하겠으며 예기치 못한 환경변화가 없는 한 급수정지기간은 대강 8시간 정도 지속될 것이라고 보수출동센터 주임이 제인에게 말하였다. 제인은 수작업으로 닫아야 할 밸브를 그 주임에게 알려주었다.

　한편 데이브는 보조콘솔에서 닫아야 할 밸브의 수량을 제인이 프로그램해 둔 것을 수요가 정보시스템 지도에서 불러내었다. 수요가 창(grid)의 다양한 테두리선 색깔은 수요가의 종류를 나타내고 있다. 다행히 그 지역은 넓지 않았다. 눈에 띄는 것은 헬스클럽, 예약 없이 갈 수 있는 외과의원과 레스토랑이 몇 개 있는 것뿐이었으며, 나머지는 대부분이 점포이고 주택도 몇 채 있었다. 데이브는 일시적인 단수의 영향을 받는다고 생각되는 지역을 그 고장의 경찰서와 소방서에 컴퓨터로 연락하기 위하여 간단한 텍스트파일을 설정하였다. 수요가 정보시스템의 지도에서는 헬스클럽, 외과의원, 레스토랑 두개 그리고 주택 두 개에 자동안내를 하였다. 다음에 영향을 받는 수요가의 전화번호를 파일에서 검색하여 자동전화연락시스템에 짧은 안내문을 구술하고 자동다이얼장치로 파일에 전송하였다. 랄프는 수압저하에 대해 수요자로부터 불평이 나오기 시작하고 있다는 것을 긴급수요자서비스 담당자로부터 전화로 들었다. 제인은 불평전화를 걸어 온 사람들의 주소를 뱃치파일에 입력하도록 담당자에게 의뢰할 것을 랄프에게 요청하였다. 제인은 15분마다 이 주소를 수압지도상에 표시하였고 이상이 발생한 장소에서 불평전화가 걸려온 것임을 확인할 수 있었다.

　랄프는 자택에 있는 국장에게 전화를 걸었는데 그는 리히터 지진계로 4.3의 지진이 있었다는 것을 라디오를 통해 들어서 알고 있었다. 랄프는 국장에게 큰 문제는 없으며 그렇지만 자기는 계속 자리를 지키겠다고 전했다.

　오전 8시 30분에 수도시설검사원에게서 랄프에게 전화가 걸려 와서 현재 조사할 예정인 배수지에 있으며 작업을 계속해야 하는지를 물어 왔다. 제인은 랄프의 지시에 따라 시스템 화면을 조사하였는데 배수지가 피해를 받은 지역에 가깝지 않다는 것을 알고서 안심하였다. 제인은 명령하였다. "좋아요(배수지는 검사하지 않아도 됨). 계속해 주세요"라고 랄프는 검사원에게 말했다. 제인은 물을 퍼 올리지 못하는 비상시를 대비하여 필요한 모든 펌프와 밸브를 설정하기 위하여 사전에 프로그램해 둔 제어파일을 불러냈다. 조사원이 전화하고 있는 동안에 제인은 제어프로그램을 기동시켜서 프로젝션보드와 콘솔이 모든 상황을 확인할 수 있도록 표시될 때까지 몇 분 동안 기다렸다. 그리고 랄프는 조사원에게 시스템이 준비되었다고 전하고 전화를 끊었다.

　잠깐 뒤에 현장 담당책임자에게서 배수관의 파손현장에 굴착기가 도착하였다고 무선으로 연락이 들어왔으며 밸브담당직원이 밸브 한 개를 닫았다. 제인은 혼자서 밸브제어프로그램을 설정하고 화면상의 「실행」 버튼을 눌렀다. 1분도 지나지 않아서 프로그램이 순조롭게 실행된다는 것을 시스템모니터가 알렸다. 이것을 확인하였다고 직원의 무선연락이 있었다. 그 상황에 만족하면서 제인은 커피자판기로 걸어 나갔다. 커피를 받고 있을 때 인터폰으로 입구에 손님이 왔다고 전해 왔다. "유감스럽군요. 좀더 일찍이 왔더라면 이런 상황을 볼 수 있었을 텐데. 적어도 그들에게 이상통보 출력물을 보여줄 수 있고 그리고 모의훈련도 보여줄 수 있었을 텐데"라고 랄프는 말하였다.

랄프는 자기 사무실에 있는 국장에게 전화를 걸어서 "큰 문제는 없습니다. 부하직원들이 전부 대응하고 있습니다"라고 보고하였다. 랄프는 공공사업부의 발표용 서류와 국장에게 보고서를 텍스트파일을 사용하여 입력하였다.

이 시나리오의 특징은 (1) 고도의 계측제어와 제어 즉, 정보처리로 지원되는 관리와 의사결정의 알고리즘에 따라 유도되는 수질과 배급수시설의 감시 및 이들 시설에 영향을 미치는 과정과 운전을 제어하는 기기, (2) 한 시스템의 운전자가 수도사업체의 그 외의 시스템상에 존재하는 정보에 쉽게 액세스할 수 있거나 사업의 여러 직무분야에 흩어져 있는 여러 정보들을 결합시키는 애플리케이션을 실행하도록 하기 위한 애플리케이션의 통합이다. 이와 같은 첨단화된 수준에 달한 수도사업체가 존재한다고 하더라도 많지는 않지만 이 시나리오는 공상과학소설(science fiction)은 아니다. 그렇지만 이와 같이 통합시스템을 구축하고 작동하는 기술은 오늘날 존재하고 있으며 신뢰성이 있고 또한 많은 경우 경제적이다. 이것을 실현할 때의 주된 장애는 수도산업계의 조직체계와 관습에 관계되는 것이 크다. 어쩌면 가장 필요로 하는 것은 수도산업의 존재 즉, 더욱 엄격해지는 운영상의 제한에 직면하여 고수준의 서비스와 신뢰성을 제공하기 위하여 이용할 수 있는 모든 정보를 잘 응용하도록 하는 조직에 관한 공통의 비전일 것이다.

이 책은 모든 지원시스템을 포함하여 상수원에서 원수를 취수하는 것으로부터 정수처리와 이용자에게 급수로 이어지는 컴퓨터에 의한 수도사업체의 운전감시, 제어와 관리의 최첨단이고 최신 기술과 응용에 관한 종합적 개설서이다. 이 책은 일본과 미국, 유럽에서의 수도 발전에 초점을 맞추었다. 수도시설의 운전관리, 컴퓨터화 또는 자동화를 주제로 하는 총괄적 교과서로 하려는 의도는 아니다. 또 변환기, 계측제어, 컴퓨터의 하드웨어와 소프트웨어의 목록을 작성하려는 것도 아니다. 더욱이 특정 컴퓨터 애플리케이션의 설계와 실행을 순서대로 설명하는 이른바 사용 매뉴얼을 지향하는 것도 아니다. 이 책은 수도시설의 계측제어와 컴퓨터에 의한 자동화의 주요 분야를 총괄하여 시험해 보는 한편, 가장 효율적인 의사결정을 위한 통합시스템 개발에 역점을 둔 것이다. 또 이 책은 애플리케이션을 고려해야 하는 범위 내에서 기본적 개념 구조를 발전시키고 사업의 여러 정보시스템을 서로 어떻게 연결시킬 수 있어야 하는지를 보여주고자 하였다.

이 책은 비즈니스시스템에 대조적인 수도사업체의 운전시스템에 초점을 맞춘 것이다. 수도사업에 관한 비즈니스시스템(회계, 급여 지불, 요금고지서의 발행 등의 애플리케이션을 포함)은 고유의 특성을 어느 정도 가지고 있지만, 대충은 일반적인 응용이고 수도사업체의 운전과 관리에 대한 컴퓨터 애플리케이션보다도 훨씬 진보하였으며 또 표준화되어 있다. 운전시스템과 비즈니스시스템 간에는 분명한 공통점이 있고, 이들 2개 영역 중에서 시스템을 통합하는 것에는 큰 이점이 있다. 예를 들면, 대부분의 근대 공공사업체로는 계량기검침과 요금고지서 발행은 고도로 통합화되어 있으며, 설비관리와 보수시스템은 회계시스템과 고도로 통합되어 있다. 그렇지만 보다 고도로 발전되어야 할 분야는 운전분야이며 필자들은 이 분야에 초점을 맞추기로 하였다.

이 책의 대상 독자

이 책은 일본과 미국을 위시하여 근대 국가에서 수도사업체의 결정권자에게 진보적 사상을 확대하고 비전을 창조하는 것을 목적으로 하였다. 그렇지만 일본과 미국에서는 의사결정의 순서가 약간 다르며 각 의사결정권자가 다른 그룹의 사람이기도 하다. 일본에서는 신기술은 「하의상달(bottom up)」방식으로 실시되는 것이 대부분이고 컴퓨터화 애플리케이션에 대해서도 통상 한창 때의 젊은 엔지니어가 자기 자신의 생각이나 직속상사로부터의 지시에 의해 준비하고 있다. 계획의 기본방침은 주로 위에서 책정하지만 상세한 계획을 작성하는 것은 담당직원에게 일임되는 것이 일반적이다. 계획안이 완성되면 한창 때의 젊은 엔지니어의 직속상사에게 회람하게 되고 당해 상사는 동 계획을 다음 조직에 올리기 전에 약간의 수정을 가하는 일이 있다. 그러나 기안자의 이름은 항상 계획서에 남아 있으며 조직의 각 단계에서 또 수정이 가해진다. 이 과정은 시간이 걸리지만 원칙으로서 의견일치를 얻을 수 있으며 계획이 기각될 가능성은 최소한으로 줄인다. 이 하의상달의 순서에 따라 일반적으로 신기술과 동향에 따라 젊은 사람들이 상급관리자의 의사결정을 배우고 경험할 수 있게 된다. 한편 이 시스템은 자신의 부하가 제안한 내용을 완전히 이해할 수 없으며, 한창 때의 젊은 사람의 기술력에 대한 신뢰를 토대로 제안에 동의하기 때문에 확실히 상급관리직에게 부담을 지운다.

이와는 대조적으로 미국의 조직에서 신기술에 대한 애플리케이션의 실시 또는 적어도 조사하는 발의는 상당히 상위계층에서 이루어지는 것이 많다. 그 후 하급관리직이나 요원들은 계획을 준비하는 임무가 주어진다. 컨설팅엔지니어링회사는 일본에서보다 훨씬 많이 관여하는 경우가 있다.

이상의 구별은 물론 간략화하는 것이 지나친 면이 있다. 양자의 관습 중에는 반드시 이와 같은 의사결정 패턴에 의하지 않는 경우가 종종 있다는 것에 주목해야 한다. 일본에서는 어디서라도 상급관리직은 조직의 모든 계층으로부터 정보를 듣고 전략적 목표를 설정할 책임을 갖고 있다. 미국에서는 조직은 더욱 기업적으로 되어 가고 한창 때의 젊은 사람에게 계획과 개념을 발전시키기 위한 범위와 권한을 인정하고 있다. 이와 같은 의사결정순서의 유연성은 한편으로는 기술혁신의 속도를 앞당기는 요인으로 되고, 중요성이 커지는 전략적 계획작성을 촉진하기도 한다. 모두가 건전한 조직에서는 우수한 아이디어는 한 가지 방법이나 다른 방법으로라도 표면에 나타나게 된다. 그러므로 필자들은 자동화와 컴퓨터화에 관해 전망할 때에 이 책이 모든 수도사업관리자들에게 도움이 되었으면 좋겠다고 생각한다. 예를 들면, 이 책은 일본의 상사가 젊은 간부에 의해 제안된 개념을 어떻게 정리하고 있는지에 대해 이해를 한층 더 깊게 할 수 있을 것이다. 또 미국의 젊은 관리자와 엔지니어는 어떻게 자기의 프로젝트를 서로 결합시키고 그것에 따라 한층 더 가치 있는 것으로 발전시킬 수 있는지에 관한 지침을 줄 수 있을 것이다.

일본 수도

미국과 일본에서의 수도는 수질에 관해 더욱 증가하는 엄격한 요구와 같은 문제가 많이 있는데 각각의 수도산업계 역사와 현재의 구조에는 몇 가지 주목해야 할 다른 점도 있다. 이러한 대조적인 환경과 그것이 가져오는 필요성을 이해하는 것이 양국의 수도사업기술자와 관리자들이 그들 자신들의 입장에서 응용가능성을 제공할 수 있다. 예를 들면, 토지가격이 비싼 일본에서는 배출수처리가 대부분의 미국 수도사업체보다 철저하게 행해지고 있으며, 원수탁도에 따른 처리공정을 최적화함으로써 발생되는 슬러지량을 극소화되도록 억제하는데 큰 관심을 기울이고 있다. 많은 미국 수도사업체는 그 슬러지처리에 규제를 받고 있으며 슬러지 처분과 응집제 주입의 예측적 피드포워드제어 양면에 대해 일본에서 배울 교훈이 있을 것이다. 이 책에서의 사례와 통찰의 대부분은 일본에서의 경험에 기초를 두고 있으므로 미국의 독자들은 일본 수도산업계를 기본적으로 비교하여 파악하는 것이 좋을 것이다.

근대 일본 대도시에는 주로 용천수와 하천상류에서 취수하는 집중적 수도방식이었다. 예를 들면, 다마가와 상수도는 1654년에 건설되었고, 다마가와(多摩川)의 물을 에도(江戶-현재의 東京)까지 43km를 개수로로 끌고 와서 지하에 마련된 돌과 나무로 된 도관으로 물을 분배하였다. 5개 수도시설 중의 하나에서는 사이펀과 수로교 및 민가에의 급수장치까지 있었다. 그 취수구의 구조는 지금도 사용되고 있다. 압력을 가하여 파이프를 통해 정수를 공급하는 것이 특징인 근대수도는 일본에서는 거의 100년 전부터 시작되었다. 항구 도시가 최초로 근대수도를 설치하였지만 주로 전염병을 예방할 목적이었다. 그 이래 실질적으로 전 국민이 수도의 혜택을 받게 되었지만, 제2차 세계대전 후 25년간에 많은 대도시가 재건되었기 때문에 이 시기에 현저하게 증가하였다. 1960년대에는 많은 소규모 수도사업체가 대규모 수도사업체에 흡수되거나 통합되었다.

일본에서는 후생성이 수도를 관장하는 중앙행정기관이다. 그러나 다른 몇 개의 성·정·청이 수자원의 다른 부분을 관할하고 있다. 미국의 50주와 마찬가지로 일본의 47개 도·도·부·현은 각각 수도사업자를 감독하는 임무를 갖고 있다. 몇 개 현에서는 수도용수공급사업을 하고 있으며, 그 중에는 수요자에게 직접 급수까지 하는 곳도 있다. 그러나 대부분의 수도는 시·읍·면(일본식으로 시·정·촌임)의 지방자치단체에 의해 관리되고 있다. 일본의 17,000개 수도사업체의 대부분이 시·읍·면의 수도이다. 미국에서는 대조적으로 도시와 마을이 일년 내내 주민에게 공급하는 지역공동체수도가 약 60,000개가 있으며, 이 중 약 35,000개는 시·읍·면 등의 공공단체 혹은 연방정부기관이 소유하고 있고 나머지는 민간소유이다. 미국에서는 수도 규모의 분포가 크게 왜곡되어 있다. 일본 수도의 약 11%가 전 인구의 대강 87%에 공급하고 있다. 일본 수도의 평균 가격은 1m^{3}당 $1.00이고, 수도요금은 가계지출의 약 0.9%를 차지하고 있다. 일본에서는 수도사업이 독립채산제이다.

일본은 국토가 비교적 산이 많기 때문에 수도의 70%는 지표수(표류수)를 수원으로 취수하고 있다. 미국에서는 지역수도사업체의 약 80%는 지하수원에 의존하고 있지만, 지역수도로 공급받는 인구의 70%는 전부 지표수원으로부터의 물을 급수하고 있다. 지표수를 수원으로 하는 미국 수도사업체 중에서 약 1,300개는 여과를 하지 않는다. 그러나 일본에서는 과잉으로 퍼 올려서 특히 저지대에서 현저한 지반침하를 일으키게 되었으므로 지하수 사용은 제한되고 있다. 일본에서는 강수량이 풍부하지만 지극히 계절적인 강우이고 또 하천은 짧고 급격한 경사를 갖는 것이 특징이다. 그러므로 수많은 댐을 건설해서 물을 공급하고 있다. 유감스럽게도 오늘날에는 댐에 적합한 적지가 거의 없으며, 또한 그와 같은 프로젝트에 대해 수몰지역주민들의 저항도 늘어나고 있다. 댐건설 예정지에는 환경에 대한 배려와 함께 산업기반시설을 위한 특별기금을 조성하고 있다.

앞서 설명한 이러한 기후적인 조건과 지리적인 조건은 결과적으로 탁도와 원수수질 특성에 대폭적인 변동으로 이어진다. 한 때에는 파국 직전이라는 우려도 있었던 일본에서의 수질오염은 1975년에 제정된 일련의 환경보전정책(「수질오탁방지법」을 포함)의 강행으로 상당한 정도로까지 개선되었다. 그 대신 요즈음의 관심은 보다 맛있는 물에 집중되고 있다.

1984년 일본 후생성은 오늘날 대부분의 주민들이 공공수도의 서비스를 받을 수 있게 되는 시대의 대책으로 일련의 장기수도관리정책(「프레시 수도」)을 채택하였다. 이러한 정책에는 수도공급의 광역화와 소규모수도의 대규모수도에의 통합, 지진과 같은 파괴력이나 가뭄으로부터의 수도공급 보호책, 적절한 맛과 안전성을 확보하기 위한 보다 엄격한 수질규제의 실시, 전국 수도요금의 평준화와 개발도상국과의 기술협력촉진 등이 포함되어 있었다.

이 책의 구성

이 책은 금후 5년에 걸치는 수도사업의 자동화에 대한 진전을 밝게 하려는 시도이다. 그렇지만 가까운 장래라고 해도 예측하는 것은 모험일 수 있다. 기술진보는 가속되고 있고 수도산업계에 미치는 영향력도 복잡해지고 있다. 컴퓨터화의 진전속도와 방향을 예측하는 것이 어렵다는 것이 증명되었다(25년 전에는 엔지니어가 PC의 등장을 예측하지 못하였다). 계획을 합리적으로 설정하기 위한 자료로서 수도사업체와 그 관리자 및 그 수요자에게 영향을 미치는 외적으로나 내적인 큰 영향력에 대한 고찰, 특정문제에 대해 보다 적절한 정보에 의한 해결책을 위해 수도사업관리자에게 요구되는 평가 등의 이력적인 견해가 포함된다. 제1장에서는 이러한 것들을 상세하게 해설하였다. 제2장에서는 통합화라는 개념을 정의하였고 수도사업관리자에게 증대되는 정보요구에 대처하기 위한 올바른 접근방법으로서 개념을 제시하였다. 통합화란 바로 일군의 원칙설정이란 것에 주목해야 한다.

이러한 총론부의 장에 이어서 수도시설의 컴퓨터통합화, 계측제어, 자동화에 관련되는 여러 과제가 주제별로 정리되었다. 제Ⅱ편에서는 계측제어, 데이터수집, 데이터통신, 공정제어를 포함한 컴퓨터통합과 자동화의 기술을 설명하였다. 제Ⅱ편의 각 장에서는 사람과 기계간의 접속뿐만 아니라 하드웨어, 소프트웨어 및 데이터베이스의 개념을 설명하였다. 제Ⅲ편의 각 장에서는 상수원으로부터 정수처리를 거쳐 송수, 급수로 이어지는 수도시설을 제어하기 위한 다양한 시스템을 설명하였다. 제Ⅳ편은 수도시설에 대하여 직접 행해지는 순간제어와는 관계없지만 효율적인 수도사업운영에 불가결한 중요한 정보시스템을 취급하였다. 이러한 시스템은 운영을 가장 효과적으로 수행하고 결정과 실행을 최적화하며 또 설비의 유지보수를 지원하기 위하여 필요한 방대한 양의 자료를 관리하는 것에 초점을 맞췄다. 여기서는 또 지진에서부터 오염사고까지 천재와 인재 양면에 대한 보호대책에 관해서도 검토하였다. 제Ⅴ편에서는 수도사업이 직면하고 있는 과제를 취급하였다. 최종 편에서 중요한 장은 면직된 직원에게 새로운 일거리를 마련하고 종사원의 생산성과 일에 대한 만족도를 유지하며 관리자와 운전자에게 최적분량의 정보를 제공하고 조직을 개선하는 것 등을 포함하여 컴퓨터화와 자동화에 의해 수도사업관리자가 직면한 조직상이나 인사면의 과제에 초점을 맞춘 장이다. 또 통합된 시스템과 표준화를 개발하기 위하여 어떤 전략계획을 개발하고 취해야 하는지에 대한 장도 포함시켰다. 또 연구개발분야에 관해서도 검토하였다. 각 장에서는 장래의 비전에 불가결하지만 결핍되어 있는 매체와 애플리케이션을 개발하기 위하여 필요한 연구영역도 명백하게 하였다.

이렇게까지 광범위한 정보를 모두 포괄적으로 한 권에 정리하는 것은 불가능하였지만, 필자들은 컴퓨터통합화에 관한 넓은 시야와 전략적 비전을 나타낼 뿐만 아니라 수도사업의 자동화에 관계되는 기술상의 선택과 고려해야 할 사항전반에 걸쳐 관리자나 간부기술자를 지도하기 위하여 충분하고 상세한 정보를 제공하고자 시도하였다. 이 책의 많은 장을 통해 일본의 경험을 독특하게 반영한 상세한 사례, 보다 기술적인 해설과 특정 애플리케이션이나 접근방법의 실례가 "box" 중에 설명되어 있다. 이것들은 독자의 통찰력을 키우는 것임에 틀림없으리라고 본다. 또 참고문헌을 기재하여 독자가 상세한 정보를 입수할 수 있도록 하였다. 이 책의 끝에 "Additional Source of Information"이 있다. 이 부록에는 일본의 참고문헌이 포함되었다.

필자들은 이 책 전체를 통해 입수할 수 있는 모든 정보를 효과적으로 수집하고 파악하였으며 그것에 관련된 정보를 이용함으로써 최소비용으로 급수의 질적인 면과 신뢰성을 극대화하는 가장 효율적인 조직이 되도록 하는 근대 상수도시설이 어떤 것이어야 하는지의 비전을 독자에게 제시하려고 하였다. 필자들로서는 독자가 이 책에서 가장 뚜렷하게 개인적으로 관계되는 문제를 읽어 이해하고 그것을 자기 자신의 입장에 맞추기를 바란다.

Donald L. Schlenger
Keiji Gotoh(後藤 圭司)
John K. Jacobs

제I편 총론

제1장 추진력과 요구 : 조용한 혁명

집필자 : Keiji Gotoh(後藤 圭司)
Donald L. Schlenger

 최근 수도에 관한 일반인들의 관심과 함께 정치적 미사여구가 쏟아지고 있으며 또 수자원의 부족과 수질문제에 대처하기 위해 수도사업에 변화가 예상되는 중에서 수도사업관리는 조용한 변혁의 시대를 맞고 있다. "정보시대"인 오늘날 수도사업도 정보집약적으로 되고 있다. 수도사업체는 정수생산과 송・배수시설의 상이한 구성요소들을 관리하기 위하여 무엇을 해야 하는지 또 누가 책임을 맡아야 하는지에 대해 새로운 관점에서 검토해야 할 필요성도 있다. 지금까지 20여년 사이에 전자계측제어와 컴퓨터화 그리고 자동화가 수도시설의 운전에 깊숙이 침투되고 있다. 오늘날 수도사업관리자가 "육감"으로 하는 부분은 적어지고 있다. 지금부터는 이용가능한 데이터에 크게 의존해야 한다.
 미국에서는 1930년대 이후 도시로의 인구유입이 증가하였다. 제2차 세계대전 후 특히 1950년대와 1960년대에는 이와 같은 인구유입이 교외지역으로도 확대되었다. 한편 일본에서는 전후의 산업발전으로 1960년대에는 고도성장시대를 맞이하였고 도시에 인구가 집중되었으며 생활수준도 향상되었다. 따라서 미국이나 일본 양국 모두 공업용수를 포함해서 물 수요가 대폭적으로 증가하였다. 그래서 수도시설은 계속해서 확장을 강요당하게 되었다. 이와 같은 시설확장시대가 기술혁신의 물결과 때를 같이 해서 일어났다. 그 결과 정수시설에 대한 계측제어기술이 눈부시게 발전하였다. 이와 같이 발전하게 된 것은 (1) 화학산업, 석유산업, 철강산업과 그 외의 업계에서 개발된 계측공학기술의 실시에 대한 저항감이 줄어들어감에 따라 화학공정으로서 정수처리에 대한 인식이 높아지는데 도움이 되었으며, (2) 자동화에 적극적인 전기사업과 가스사업에 의해 자극되었고, (3) 거대화되는 수도시설을 정밀하게 제어하기 위한 자동화의 수요가 증대되었으며, (4) 인건비를 절약해야 할 필요성도 있었다.

관리, 제어, 사무관리, 운전, 조사연구와 의사결정 등의 분야에서 축적된 지식과 컴퓨터 성능향상의 장점을 살리면서 수도사업 운영의 모든 양상을 컴퓨터에 통합시키는 시도가 계속되고 있다. 자동화로의 이행은 이미 진행 중이기 때문에 수도사업관리자는 이와 같은 이행속도를 앞당김으로써 조직에서 증가하는 수요에 대처하려 하고 있다. 사업관리자들은 정교한 수요예측, 수질요소의 변화에 의한 수도시설의 실시간 조작, 그리고 수요가측의 시설들과 수질 및 수량 등의 대량정보를 데이터베이스로 작성하고 관리하는 것을 포함하여 자기들이 지금까지 취득한 기술능력을 향상시키기 위한 응용력을 개발하였거나 정교하게 만들고 있다. 또 예전에는 가장 대규모이고 세련되었으며 재정적으로도 능력이 있는 수도사업체만이 이용할 수 있었던 과학기술과 응용이 오늘날에서는 소규모의 수도사업체에서도 이용할 수 있게 되었다. 이러한 과학기술들은 장래 소규모 수도시설을 더욱 효율적으로 운영할 수 있게 하기 위한 열쇠가 될 수 있다.

1.1 기본적인 정의와 개념

어느 정도 규모의 정수시설과 송·배수시설을 포함한 근대적인 수도시설들은 각종 기술의 총합체이다. 그 시설을 감시하고 제어하는 기술과 장치들은 복잡하고 나양해지고 있으며 이와 같이 서로 다른 과학기술들을 명확하게 분류하기는 어렵다. 그러나 어느 정도 기본적인 정의와 개념을 설정해 두는 것이 중요하다.

수도사업에서의 "계측제어(instrumentation)"란 공정을 감시하고 제어하기 위한 과학기술과 장치의 설치를 의미하며, 또 조작의 관찰이나 조정에 관련되는 정보처리를 수행하는 것을 의미하는 것으로 정의한다.

경우에 따라서는 공정이나 조작은 중요한 계측제어로 독립되어 있을 수도 있으며 계측제어가 공정의 부속부분이 되는 경우도 있다(예를 들면, 일부의 약품주입시설이나 여과지 등). 그러나 어떤 경우에는 계측제어가 공정에 통합되기도 하며 계측제어가 없으면 기능을 발휘할 수 없는 필수부분이 되기도 한다(배수지 수위나 배수관압에 의한 펌프의 자동운전 등). 수도시설의 기술이 정교해짐에 따라 수도시설의 조작은 더욱 계측제어에 의존하게 되고 있다.

"자동화(automation)"의 정의는 사용자나 사용분야에 따라 크게 변한다. 자동화란 시스템이나 공정단계의 중간적인 구성부분을 대체시키거나 제거하는 것을 수반하며, 특히 공정단계에 인간이 개입하거나 의사결정이 포함되는 경우에는 기술적으로 더욱 발전된 것이다. 자동화는 기술혁신을 활용하여 생산공정을 근본적으로 변화시키는 것을 의미한다.

수도시설에서 컴퓨터는 "제어용(control)"과 "관리용(management)"으로 사용되고 있다. 제어용은 공정에 관계되는 것이지만 컴퓨터만으로는 제어할 수 없다. 컴퓨터는 신호를 받아서 처리하고 처리결과를 신호로 출력하는 장치이다. 컴퓨터에는 유량이나 수위 등을 감지하는 눈이나 귀가 없을 뿐 아니라 이들 신호를 조정하기 위한 손이나 발도 없다. 대신에 검출기와 제어기가 이러한 임무를 담당하기 위하여 채택된다. 컴퓨터 출력은 직접적으로나 간접적으로 제어장치에 보내진다. 그러므로 계측제어가 전반적인 제어시스템으로서 일반적인 의미로 사용되기도 한다. 계측제어는 정수장과 같은 공정제어에서 중심적인 역할을 담당한다. 공정제어용 컴퓨터가 출현할 때까지는 계측제어시스템의 일부인 중앙제어장치는 아날로그식의 제어장치이거나 또는 시분할제어장치(시퀀스제어)였었다. 이와 같이 컴퓨터가 바로 제어시스템에서의 기술적인 대체품이나 또는 강화수단이라고 할 수 있다.

제어기구의 개념도를 그림 1.1에 나타내었다. 약품주입이나 가압펌프와 같은 몇 개 장치들은 제어장치에 의해 조작되고 있다. 장치가 사용된 공정으로부터 받은 주요한 정보(피드백 루프) 또는 공정에 가해진 외란에 관한 정보(피드포워드)에 의해 제어되고 있다. 제어장치 자체도 알려진 설정순서에 따라 수작업으로도 조작할 수 있다. 적정한 제어단계를 추천하기 위한 컴퓨터에 의한 의사결정지원시스템으로 운전자를 도울 수 있다. 컴퓨터는 더욱 광범위한 데이터베이스에 액세스할 수 있으며 매우 복잡한 모델링과 알고리즘에 근거하여 제어조정을 권고할 수 있다. 경우에 따라서는 컴퓨터자체가 제어장치와 직접 대화하는 것도 있다.

여러 종류의 컴퓨터와 계측제어기기를 접속하여 이용할 수 있다. 즉, 컴퓨터 자체에 의한 직접디지털제어(DDC), 컴퓨터와 제어장치간의 직접 접속에 의한 설정치제어(SPC), 컴퓨터로부터의 지시에 따라 운전자가 간접적으로 수작업에 의해 제어장치를 조작하는 것 등이다. 값싼 마이크로프로세서를 이용할 수 있게 됨으로써 컴퓨터 대수와 설치장소에 변화가 생겼

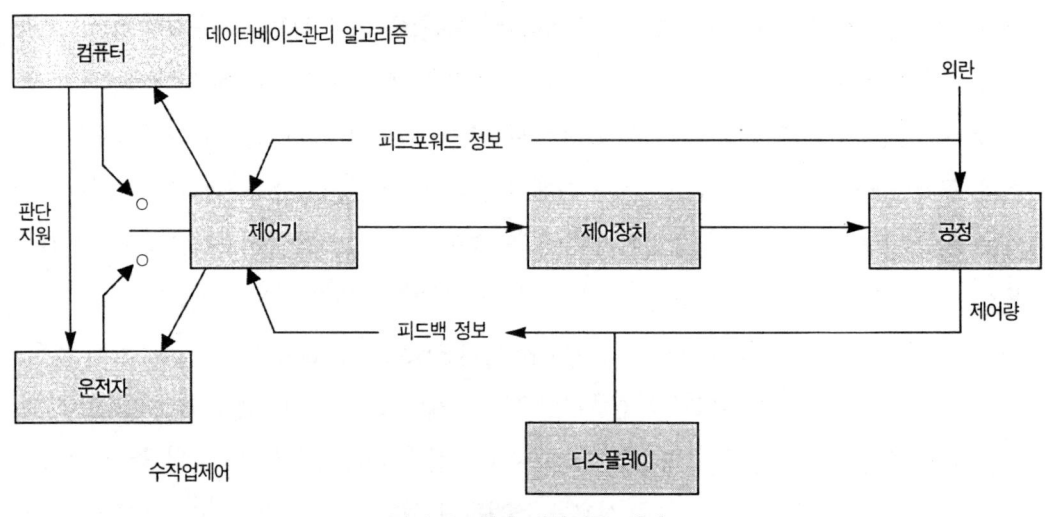

그림 1.1 제어 메커니즘 개념도

다. 오늘날은 센서의 수를 증가시킴으로써 제어장치 자체가 지능화(intelligent)된 것이 많다.

"정보시스템(information systems)"이란 재고데이터나 요금고지서발행과 회계정보, 그리고 이들 정보에 운전자가 액세스하고 작용한 입력에서부터 출력까지와 같은 관련 데이터나 기록으로 구성된다. 일반적으로 크기나 중요도가 어떠하든 정보시스템은 컴퓨터화시킨다. 말하자면 데이터는 데이터베이스에 넣어지며 컴퓨터와 관련 소프트웨어가 이러한 정보를 검색하고 수정하는데 사용된다. 일반적으로는 정보시스템이 "실시간시스템"은 아니다. 실시간시스템에서는 데이터가 발생하는 즉시 시스템에 입력되고, 그 시스템으로부터의 응답(분석 등)은 매우 신속하므로 충분히 공정을 제어하고 수정할 수 있다. 정보시스템은 일반적으로 과거의 사건이나 거래를 나타내는 데이터를 포함한다. 컴퓨터의 처리속도와 출력이 증가함에 따라 공정으로부터의 데이터를 사용하거나 추적하는 정보관리시스템은 실시간 시스템으로 이행되고 있다.

"통합(integration)"이란 다른 시스템에 포함되어 있는 당해 시스템에 유익한 데이터를 당해 시스템이 획득하고 이용할 수 있도록 하는 2개 또는 그 이상의 시스템이나 응용력의 정렬이다. 경우에 따라서는 데이터, 기능, 응용력 또는 시스템자체가 조합되기도 한다. 컴퓨터통합은 간단히 컴퓨터화된 시스템의 결합이라고 할 수 있다. 통합의 개념이 이 책의 중심 테마이고 그 정의에 관해서는 다음 장에서 상세히 취급하고자 한다.

1.2 제어시스템과 정보관리시스템의 발전-그 실례

수도시설운전에서 계측제어의 종류는 자동제어장치에서 유래된 것으로 생각된다. 19세기 초에 미국에서 급속여과방식이 개발되었다. 급속여과지에서의 손실수두는 완속사여과지에서의 손실수두에 비해 12배 이상 크게 증가하였다. 이런 상황에서 수작업으로 여과유량을 잘 제어할 수 없었으므로 자동유량제어장치가 개발되었다. 유량과 수위 및 약품주입과 이와 유사한 공정들을 정확하게 제어하기 위하여 다양한 기계장치와 자동장치가 개발되었다. 이러한 것들에는 공정자체의 에너지를 이용하여 제어하는 자기제어장치도 포함되었다. 설치가 비교적 쉬우며 조작과 관리가 경제적이므로 자기제어장치(이른바 자력식 제어장치)는 정확도와 출력요건이 그다지 엄격하지 않은 경우에는 앞으로도 계속 널리 이용될 것이다. 수도시설 중에는 일반적으로 계측제어에 의한 정수약품주입의 비율제어수준까지는 발전하였다. 수질에 의한 최적약품주입은 자연현상에 대한 정수처리조작의 감수성, 수질예측능력의 결여와 이용할 수 있는 수질계측기기의 부족 때문에 달성하기 어려웠다. 이러한 결점의 대부분은 정확한 피드포워드(feedforward)제어기술과 고도 알고리즘의 장점을 이용하는 컴퓨터제어에 의해 거의 극복할 수 있었다.

1.2.1 SCADA시스템의 발전

1960년대까지 취수시설, 정수장, 도·송·배수관 및 배수지에는 수위나 압력 등을 측정하기 위한 계측기를 구비하였고 수도시설 운전자가 육안으로 이런 계측기를 감시하고 있었다. 수도사업체에서는 정기적으로 원격시설을 순회하면서 계측기의 데이터를 기록하고 밸브를 개폐하고 수작업으로 장치를 조작하는 "순회점검원"을 두고 있었다. 계측기가 읽은 값(reading)을 차트나 스트립레코드(기록지)에 기입하는 기계적인 기록장치로 보완된 경우도 있었다. 1960년대 수도시설은 전용전화회선을 이용하여 1대 1의 아날로그 음성텔레미터장치를 사용하기 시작하였으며 이에 따라 기록계와 표시등 또는 몇 가지 제어기능이 중앙제어반으로 옮겨지게 되었다(Gaushell et al. 1987).

1960년대 후반 미니컴퓨터가 개발되면서 프로세서나 펌프장 원격제어용의 감시제어 및 데이터수집시스템(SCADA)이 일반적으로 사용되었다. SCADA라는 용어는 원격지센서에서의 데이터수집과 펌프나 밸브와 같은 장치를 원격감시제어하는 것을 포함한 기술을 조합하기 위한 보다 포괄적인 정의로서 오리건 주 포틀랜드의 본빌전력회사(Bonneville Power Administration)에 의해 만들어진 신조어이다.

1970년대가 되면서 반도체를 이용한 감시제어장치, 디지털통신, 데이터다중변환장치, CRT 단말기에 의한 그래픽장치 등이 등장하였다. 1980년대에는 시설의 감시제어시스템은 상황정보를 제공하면서 수도시설과 정수장의 기기를 자동으로 조작하도록 현장제어장치에 보다 강력한 마이크로프로세서를 조합하였다. 또 시스템의 최적화를 위하여 보다 고도의 알고리즘과 소프트웨어도 조합시켰다.

일본에서 수도시설에 계측제어기기류의 주요개발을 시대순서로 기록한 다음 표는 이 기술이 급속하게 발달된 상황을 나타내고 있다(다음 표 참조).

1989년부터 1994년 사이에 미국 수도사업체가 SCADA시스템에 대해 3억 5,000만 달러 이상의 자금을 투입할 것으로 추정되었으며(Newton-Evans, 1987년) 매년 투입되는 금액은 대폭적으로 증가할 것으로 예상되었다. 또 이 예측은 이 시기에 이러한 기기들의 [성능/가격]율이 비약적으로 증가할 것으로 예상되었기 때문에 투자강도를 적정하게 표현하지 못하였다고 생각된다. 컴퓨터화와 자동화는 수도사업운영에 사용되는 자원의 혼합비에 변화를 가져오는 원인이었다. 이 20년 사이에 노동력 부분은 대폭적으로 감축되었다. 기존의 소규모 정수장보다도 적은 인력으로도 정상적으로 운영되는 대규모의 신규 정수장이 여러 개가 생겼다.

현재 계측제어기기류의 개발은 수질향상, 특히 맛과 냄새와 관련된 수질향상에 눈을 돌리고 있다. 가까운 장래에 수도업무의 제어와 정보관리시스템의 많은 부분에 인공지능이 채용될 것으로 예상된다. 정수시설에 인공지능의 이점을 살려서 보다 뛰어나고 또한 정확한 정수처리제어와 보전관리가 실현되고 있다.

1.2.2 검침과 요금고지서발행시스템의 발전

검침과 요금고지서발행시스템의 개발은 컴퓨터화된 정보관리시스템 중에서 유사한 사례가 된다. 수요가정보와 요금고지서발행 시스템에는 예를 들어 1960년대까지는 수도사업체들 중에서 일반적인 검침방법이라고 하면 검침원이 계량기의 최종계측치를 검침부에 기록하는 방법이었다. 검침부를 수도사업소의 사무실로 가져오면 사무직원이 수요가의 사용량을 계산하

표 일본 수도시설에서 계측제어류의 발전사 개요

1950년 : 여러 대의 펌프를 일인제어방식으로 가동되었다.

1952년 : 유량/수위/탁도 감시와 약품주입량의 비례제어에 중점이 두면서 정수장에 설치된 통합 계측제어. 자동자기평형장치는 대부분 제어장치를 구성하고 있는 대형 전자관을 중심으로 만들어졌다. 캐스케이드(cascade)제어의 개념은 탁도감지기에서 탁도를 감지한 다음 자기평형브리지를 이용하여 황산알루미늄 주입률을 최적화하는 것이었다.

1958년 : 대도시에서 대규모 정수장 계획과 설계에는 계측제어에 중점을 두었다. 계측제어는 주로 대형 공기압식이나 전자관(electron tube)으로 구성되는 일반적인 패널형의 것이었다. 정수장의 중앙감시 및 제어용으로 「관리실」이 설치되었다(대규모 전기설비의 제어는 별개로 처리되었다. 이러한 목적에는 특수조작반에 설치된 대형스위치가 일반적인 구성방법이었다).

1959년 : 정수장에서 여과지 조작의 집중화와 자동제어의 길을 열게 되는 급속여과지 조작용으로 모터구동밸브가 채용되었다.

1960년 : 소형의 공기압식 또는 전자관식의 계측제어와 표시패널이 등장하였다. 기계적인 릴레이를 사용하는 완전 시퀸스제어에 의해 급속여과가 자동화되었다. 공정제어와 시퀸스제어가 통합되었다. 펌프의 회전속도에 의한 관말압력과 유량의 제어용으로 송수압력제어장치가 채용되었다.

1962년 : 반도체부품을 사용하는 전자장치가 실용적인 단계에 이르렀다. 소형의 전자장치와 세미미믹 보드의 조합이 채용되었다.

1963년 : 대용량펌프의 에너지절약형 회전속도제어방식이 등장하였다.

1965년 : 자기측정된 데이터를 컴퓨터에 저장하며 컴퓨터화된 제어방법이 채용되었다. 감쇠여과공정이 실용단계에 이르렀다.

1966년 : 공정용 컴퓨터와 공업용계기를 조합하여 대규모 정수장의 계측제어가 실현되었다(아사쿠라(朝霞)정수장, 도쿄도). 이 정수장에서는 계층제어에 의해 여러 제어실 간에 기능을 나누는 분산처리개념이 채용되었다.

1968년 : 제2세대의 컴퓨터가 시장에 모두 나왔다. 취수와 전염소주입 단계에서의 피드포워드제어를 포함한 유량평형제어에 관심이 집중되었다.

1970년 : 공업용계기에 의해 제공되는 거의 대부분 기능에 직접디지털제어를 응용할 수 있는 제3세대 공정용 컴퓨터 이용이 보급되었다(시퀸스제어장치를 포함함). 약품주입량의 피드포워드제어를 위한 개발노력은 계속되었다.

1980년 : 초소형 전자기술의 급속한 발달을 반영하는 제어장치를 구비한 통합형 컴퓨터가 공정제어기술자들의 주요 초점이 되었다. 자동화의 목표로서 배수계통의 제어가 등장하였다. 소형 컴퓨터의 대폭적인 기능향상으로 소규모 수도시설에서의 공정관리, 원격측정제어, 데이터기록과 기타 유사한 기능으로 저렴하고 융통성이 있는 PC(개인용 컴퓨터)를 사용되는 것이 일반화되었다.

1989년 : 관리수준의 컴퓨터기능과 역할이 커졌다. 특히 대도시와 주요 지방도시의 수도사업체 사이에서는 「전산통합화」의 움직임이 활발해졌다.

고 수작업으로 요금고지서를 작성하였다(기계적인 계산기의 도움으로). 어떤 경우에는 검침부가 수요가의 치부책이었다. 수요가의 서비스와 요금납부에 관한 모든 정보가 종이로 된 검침부 철에 들어 있었다. 모든 증서와 특수서비스요구들은 수작업으로 처리되었다. 1960년대 후반이 되어서 몇몇 수도사업체에서는 수요가기록을 자동처리하기 위하여 메인프레임 컴퓨터로 전환하였으며, 또 몇 개 수도사업체에서는 검침치 기록을 기계로 읽을 수 있는 마크센스카드를 사용하기 시작하였다. 1970년대에는 수도사업체에서 휴대용 자료기록장치(hand-held data recorder)를 사용하여 검침치를 카세트테이프에 기록하기 시작하였다. 1980년대 초에는 테이프레코드는 반도체(solid state)레코드로 대체되었고 1980년대 후반이 되어서 전화회선을 사용하는 자동검침이 상용화되었다.

1.2.3 휴먼-머신 인터페이스(human-machine interface)의 발전

수도시설의 계측제어류와 컴퓨터화가 발전함에 따라 수도시설이 작동되는 방식 특히 휴먼-머신 인터페이스가 대폭적으로 변하였다. 이 인터페이스의 중요도에 대한 인식이 높아졌다. 휴먼-머신 인터페이스는 4단계로 발전하였다(그림 1.2 A~1.2 G 참조).

당초 콘솔(console)은 표시기(indicator)와 레코드(recorder) 및 제어기(control setters)를 조합한 단순한 스위치보드에 지나지 않았으며 계측제어와는 직접적으로 관계되지 않았다(그림 1.2 A). 차츰 미믹보드 중에 계기류(instruments)와 표시기 등이 들어가게 되었으며 운전

그림 1.2 A 대형 계기를 설치한 자립반 및 스위치 보드부 자립반

그림 1.2 B 소형 계기와 시퀀스 제어장치를 조합한 운전용 콘솔과 그래픽패널. 콘솔에 있는 스위치류는 공정에 직결되어 있다.

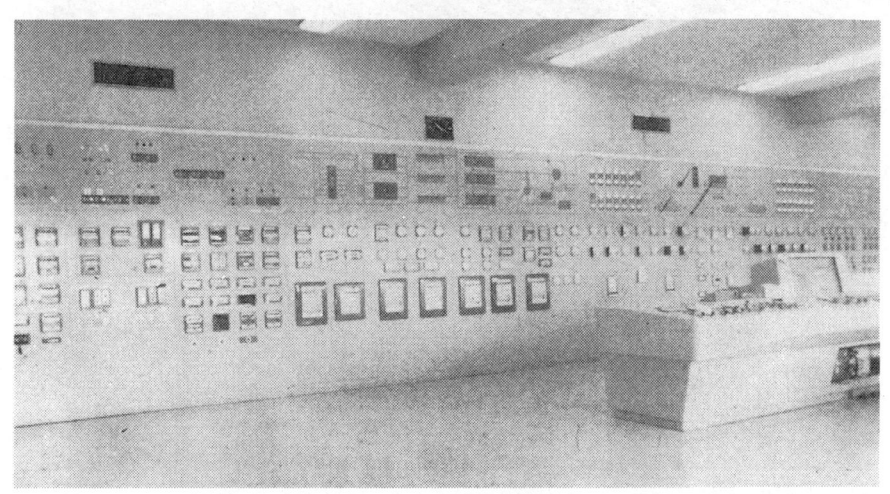

그림 1.2 C 필요한 부분을 변경할 수 있는 세미그래픽패널이 1962년에 출현하였으며, 컴퓨터 제어방식이 출현할 때까지 사이에 수도계측제어의 중추적인 위치를 차지하였다.

자가 공정의 운전상태를 한눈에 쉽게 파악할 수 있도록 되었다. 콘솔에도 또한 운전자와 기계 사이에 간단한 의사전달을 할 수 있는 몇 가지 종류의 계기류가 들어가기 시작하였다(그림 1.2 B). 다만, 그래픽패널은 구성을 수정하기 어렵다는 문제가 있었다.

표시기능만을 구비하고 있던 세미그래픽패널이 결국 그래픽패널로 교체되기 시작하였다. 그래픽패널 구성은 소형과 대형의 계기류와 표시장치를 수용할 수 있는 충분한 유연성을 갖

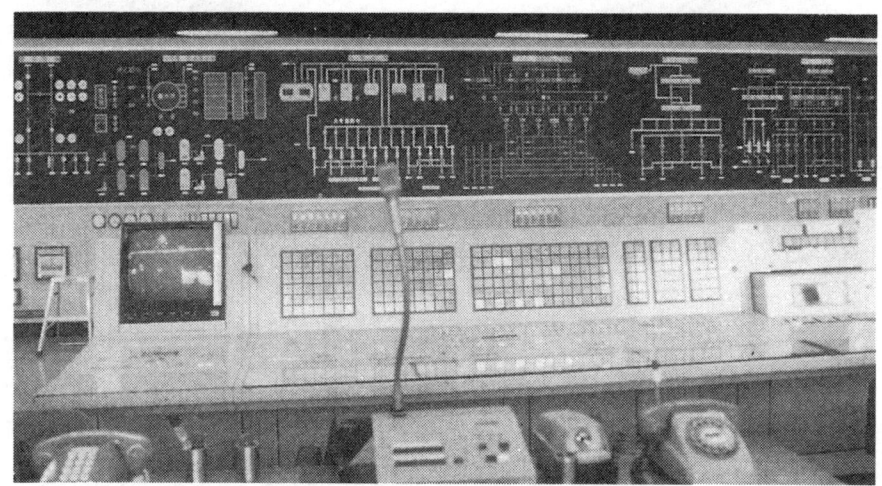

그림 1.2 D 컴퓨터화된 기능키를 가진 그래픽패널

그림 1.2 E 백업용 수동 제어기를 구비하고 컴퓨터화된 제어시스템을 갖춘 그래픽패널

게 되었다. 콘솔은 일련의 선택스위치를 사용하는 초보적인 프로그램기능을 갖춘 것이었다. 세미그래픽패널과 콘솔의 시대는 컴퓨터와 CRT의 등장으로 끝나게 되었다.

  컴퓨터화된 제어시스템이나 정보관리시스템에서의 휴먼-머신 인터페이스에 관해서는 CRT/키보드의 콘솔이 가장 일반적인 것으로 되었다(그림 1.2 F). 현재로서는 터치스크린, 라이트펜과 음성입출력장치가 콘솔에 조합되고 있다. CRT는 대단한 유연성을 갖고 있지만 비교적 표시가 작다. 즉 이와 같은 한계를 극복하기 위하여 프로젝션화면이 사용되는 경우가

그림 1.2 F 운전용 콘솔의 키보드를 갖춘 CRTs가 제어용 컴퓨터와 디지털계측제어를 조합하여 현재의 휴먼-머신 인터페이스로서 보급되고 있다. 고정 표시 장치는 임의로 선택된다. 그래픽 또는 세미그래픽패널은 필요에 따라 설치된다. 백업용 수동 제어기도 필요하다.

그림 1.2 G 일본 삿포로시 시라이가와(白川)정수장의 비디오 그래픽 투영형 표시 장치

있다. 그 결과 이른바 "하드"화면은 옵션으로 되었으며, 또 종래의 그래픽패널보다 소형인 그래픽패널이나 세미그래픽패널이 CRT콘솔과 조합하여 설치되었다. 컴퓨터조작을 백업하기 위해 일반적으로는 콘솔에 최소한의 수작업제어장치를 함께 설치하고 있다. 일부 최근의

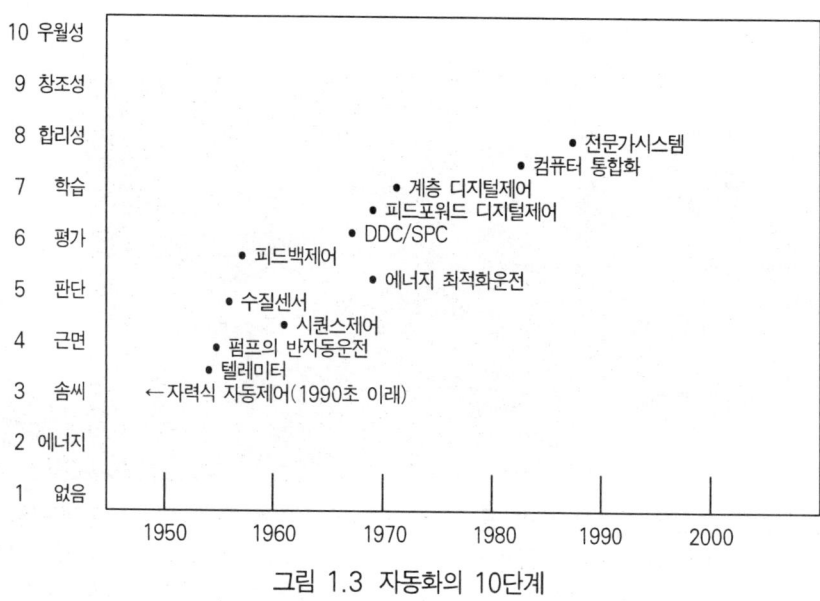

그림 1.3 자동화의 10단계

제어시스템은 그래픽패널을 만드는데 CRT를 이용한 그래픽의 비디오 디스플레이에 의존하고 있다(그림 1.2 G).

　수도업계에서의 컴퓨터화와 자동화의 현재 상황과 앞으로의 발전방향은 이러한 진화발전의 경험적인 모델을 검토함으로써 얻을 수 있다. 자동화에 관한 이와 같은 모델개발과 자동화의 정도를 분류하기 위한 많은 시도가 있었다. 그 예로서 앰버앤앰버(Amber and Amber)사(1962)에서는 기계화와 자동화 과정에 10단계의 모델을 제안하였다(그림 1.3 참조). 이러한 구조에 의하면 대부분의 근대수도시설에 대한 제어기술은 단계 5의 '판단' 수준과 단계 6의 '평가' 수준의 중간지점에 있다. 단계 8의 '합리성'은 수도사업에서 컴퓨터를 활용하는 발전곡선의 점근선(asymptote)이라고 생각할 수 있다. 지식추론 중심의 컴퓨터나 제5세대 컴퓨터의 개발과 응용이 수도산업을 이 단계로 발전시킬 것이라고 본다. 컴퓨터 전문가에 의하면, 일반적으로는 인간두뇌의 신경망계 다음으로 구상될 것으로 예상되는 제6세대 컴퓨터가 수도산업에서 '합리성'에 의한 제어기술 개발을 촉진할 것이다.

1.3 수도산업을 컴퓨터화해야 하는 압력

　수도사업체는 안전하고 신뢰할 수 있는 제품을 공급함으로써 공공에게 이익을 가져오는 공공기관 또는 법인이다. 이러한 기관들은 기관운영에 관해 규정하고 있는 모든 규제에 따라야 하며 자원을 효율적으로 이용해야 한다. 대중의 신뢰에 부응하는 기관으로서 컴퓨터화와 자동화를 추진하는 수도사업체 중에서의 추진력은 새로운 해결책과 방법을 모색하기 위한 내외로부터의 강력한 요구에 대한 수도사업체 대응의 일환으로 간주할 수 있다. 이러한 압력에는 소비자운동에서부터 직원들의 요구에까지 이른다. 수도사업운영에서 이러한 압력이 미치는 영향을 재검토하는 것이 사업관리자가 최선의 대응으로서 운영의 컴퓨터화와 자동화를 자주 고려하는 이유를 이해하는 것이 중요하다.

그러면 수도시설의 제어시스템과 정보시스템을 통합시켜야 하는 가치도 이해하게 될 것이다.

1.3.1 수요가의 의식과 건강에 대한 관심

오늘날 수돗물의 안전성과 신뢰성에 관한 수요가의 관심이 높아지고 있다. 이것은 음용수 오염에 대하여 일상적으로 접하고 있는 정보와 건강에 관한 사고의 변화에 기인한다. 수도요금이 계속 인상된다고 보일 때에 가뭄이나 강요된 절수계획 또는 시간제급수를 시행하면 수요가들은 더욱 동조하게 된다. 또 수요가들은 맛없거나 불순물이 섞인 물, 수도요금의 인상, 단수, 급수제한, 추정요금과 실제요금고지액과의 차이 또는 민원부서의 불친절에는 참지 못한다. 태만하게 운영하는 수도사업체는 정치적인 표적이 된다. 그 결과 각 사업체에서는 특히 증가하는 수요가정보와 수질정보에 대한 방대한 양 때문에 수도사업을 경직되게 관리해 오고 있다.

1.3.2 환경보호

선진국에서는 환경보전이 큰 관심사로 되고 있다. 사람들은 삶의 질에 관해서 또 환경 자체를 보호해야 한다는 것과 그들의 후손들에게 물려줄 유산으로서 환경을 보호해야 한다는 것에 대해 적극적으로 관심을 가지고 있다. 이와 같은 일반적인 관심과 함께 환경과의 상호작용이 특히 수도사업에 크게 영향을 미치는 법률과 규제 및 법적인 행위가 증가하고 있다. 환경에 관련되는 것은 단편적이거나 때로는 엇갈리는 의향일 수도 있으나 수도사업체는 정수장 배출수 방출, 댐과 배수지 및 정수장 용지 확보와 개발과 같은 분야에서 많은 제약에 직면하고 있다. 야생생물을 보호하기 위하여 하천으로부터 취수하는 것도 제약되는 경우가 있다.

다만, 이러한 대부분의 영향이 모두 나쁜 것만은 아니다. 환경보전운동으로 인해 배출수 처리방법을 개선한 것과 함께 하천이나 대수층으로의 배출을 보다 엄격하게 제한하게 되었는데, 이는 수도사업체와 그 수요가 쌍방에 이익을 가져올 것이다.

1.3.3 수질법규

건강과 환경보호에 대한 일반의 관심이 높아짐에 따라 음용수 수질에 영향을 미치는 많은 새로운 법률과 여러 규칙들이 만들어졌다. 미국에서 가장 중요한 사건은 1986년에 의회를 통과한「안전음용수법(SDWA)」에 대한 개정이다. 이 개정 법률은 83종류의 오염물질(200%의 증가)에 대해 새로운 기준을 만들었고, 또 3년마다 25종류의 오염물질 기준을 추가하는 것이다. 이 개정된 법률은 또 수도사업체에게 수질감시와 정수처리 및 보고라는 새로운 의무를 부과하였다. 새로운 오염물질의 시료채취과정과 분석은 보다 복잡하며 많은 비용이 소요되었다. 주정부에 따라서는 보다 더 엄격한 기준과 보고요건을 제정한 곳도 있다.

새로운 수질법규에 따르기 위해서 많은 정수시설, 특히 소규모 시설에서는 정수처리요건은 더욱 복잡하게 되고 또 처리공정은 상호 관련되어 있으므로 정수시설 관리를 더욱 강화시켜야 할 것이다(예를 들면, 납의 용해를 억제시키기 위한 pH조정은 소독용 염소주입량에 크게 영향을 미친다. 잔류염소와 염소소독 부산물은 각각의 기준에 지배되므로 이러한 요소들은 보다 신중하게 관리되어야 한다). 보다 미묘한 공정의 상호작용과 오염물질에 대한 허용수준이 엄격해질수록 운전자는 정수공정에 대한 보다 더 많은 정보처리와 피드백 작업을 해야 할 것이다.

새로운 정수기술 요구에 대응하는 수단으로서 자동화가 소규모 시설에서는 더욱 중요하게 되었다. 소규모 시설이라도 동일한 수질기준을 준수해야 하지만 대규모시설과 동등한 자원은 갖고 있지 못하며 규모의 경제가 갖는 이점도 취할 수 없다. 예를 들면, 소규모사업자는 정수장에 상주운전자를 배치하는 것이 어렵다. 따라서 수도사업관리자와 제작자는 소규모수도시설에 대해 컴퓨터제어와 원격감시의 가능성을 시험해 보고 있다.

음용수수질법규 이외에도 수도사업운영에 영향을 미치는 다른 법률들이 있다. 미국에서는 포괄적환경대응과보상및채무법(Comprehensive Environmental Response, Compensation, and Liability Act : CERCLA), 슈퍼펀드개정법과재인가법(Superfund Amendments and Reauthorization Act : SARA) 등이 있다. 또 직업안전보건법(OSHA)은 위험물질의 재고와 관리에 관해 보고할 것을 시설에 요구하고 있다. 또 연방청정수법(Federal Clean Water Act)은 침전슬러지와 같은 정수시설에서 발생되는 배출물을 규제하고 있다. 연방법의 대부분은 면밀한 보고서 제출을 요구하고 있고 이러한 서류들은 규제를 관리하는 많은 기관들에 제출해야 한다. 이것은 수질시험실 관리와 재고정보에서의 작업량을 대폭 증가시키게 되었다.

1.3.4 용지이용의 제한

대부분의 선진국 특히 도시화된 지역에서는 정수시설과 배수시설 신설이나 확장에 필요한 적합한 용지확보가 어려워지고 있다. 이는 송수관 부설용지나 정수장의 배출수 처리시설 확장에서도 마찬가지이다. 토지를 이용할 수 있는 곳에서도 지역제한에 걸리거나 토지수용절차가 힘들다. 수도시설을 설치하기 위한 용지확보에는 많은 시간이 걸리고 비용도 들며 물의를 야기하기도 한다. 미국에서는 대형 배수지건설사업은 환경문제와 소송(요구) 및 가격분쟁 때문에 꼼짝도 못하고 있다.

지리적인 제약이라는 점에서는 일본이 더 심각하다. 일본은 전세계에서도 가장 인구가 밀집되어 있는 국가 중의 하나이면서도 사람이 살 수 있는 곳은 전국토의 약 15% 정도에 지나지 않는다. 일본경제에서 부동산가격은 천문학적인 수준이다. 급수능력을 증가시키기 위하여 특히 대도시지역에서는 수도시설의 공간을 효율적으로 활용하는 설계와 기존시설을 개수하는데 많이 노력하고 있다. 예를 들면, 1926년 개설 당초에는 완속여과법을 사용하여 하루 5만 6,000m^{3}를 공급하고 있던 도쿄도(東京都) 가나마치(金町)정수장에서는 7회에 걸쳐 개수하면서 동일한 부지에서 급수 중단없이 개량공사를 시행하여 현재는 약 400만 명의 주민에게 대해 하루 180만m^{3}를 공급하고 있다. 또 오사카부(大阪府)의 무라노(村野) 정수장에서는 다층구조물에 급속여과지, 오존접촉조와 침전지를 조합해 놓고 있다.

1.3.5 수요의 확대와 수자원의 유한성

최근 급수수요는 대폭적으로 증가하고 있다. 예를 들면, 일본에서 급수수요량은 1950년부터 1980년 사이에 780%가 증가하였다. 1980년부터 1988년 사이에도 1인당 소비량증가와 수요가구수 증가로 매년 17%씩의 수요증가율을 나타내고 있다.

한편, 새로운 수요를 충족시키기 위하여 이용할 수 있는 수자원은 점점 부족해지고 있다.

취수허가와 수리권의 제약은 더욱 엄격해지고 있고 하천과 대수층의 수량과 수질상태에 의해 취수시기를 제한하기도 한다. 예를 들면, 미국 서부지역에서는 이전에는 논쟁의 여지가 없는 것으로 간주되었던 수리권이 환경보호를 위해 재할당될 가능성이 있다. 화학오염물질의 감지능력이 향상되고 수질에 대한 관심이 높아짐에 따라 지하수자원의 이용가능성은 대폭적으로 줄어들고 있다. 이와 같은 상황에서는 유효하게 이용하지 못하는 사업자로부터 아주 유효하게 이용하는 사업자에 이르기까지 구별하여 물을 재할당할 수 있게 하기 위하여 우수하게 관리하는 수도사업체나 물을 절약하는 사업자에 대해서는 경제적인 장려금을 지급하는 것을 포함한 수자원할당방식이 개발되고 있다. 제한된 자원을 할당하는 협상에서는 수도사업자와 여러 기관에서는 수요예측을 신중하게 해야 하며 물을 유효하게 이용하는 방법을 실제로 가르쳐주어야 한다.

주요 유역 내에서의 연결이송을 포함한 물의 이송(water transfers)은 신뢰할 수 있는 상수원을 추가로 확보하는데 있어서는 대단히 중요하다. 이와 같은 할당과 이송에는 이용할 수 있는 공급량을 결정하는 것과 통과시키는 수량과 유속을 감시하는 것에 고도의 기술을 필요로 한다. 미국 서부에서는 광범위한 지역에 설치된 계측기가 적설상태와 유출량 및 상시유량을 감시하고 있다. 무인적설상태 감시초소망에는 인공위성방식보다 적은 비용으로도 높은 신뢰성을 얻을 수 있는 한 지점으로부터 그 다음 지점으로 신호를 반영하는 유성의 불길꼬리원리를 이용한 유성파열통신(meteor burst communication)이 채용되고 있다. 또 복잡한 알고리즘을 사용하는 고도화된 컴퓨터시스템이 앞으로 2~3년간의 가용수량을 예측할 수 있다.

1.3.6 광역화

많은 국가에서 수돗물공급은 많은 소규모 사업자에게 분산되는 경향이 있다. 이런 시스템은 작은 마을과 학교나 병원과 같은 시설용으로 마련된 것이었다. 미국에서는 이와 같은 많은 소규모 시설들이 작은 마을의 주거지역이나 지역개발 또는 야영공원과 결부되고 있다.

소규모 시설에서는 보다 엄격한 수질법규들이 특수한 문제로 되고 있다. 이러한 시설에서는 수질전문가가 상근하는 곳은 아주 적거나 거의 없는 상태이고 또 많은 법규에 따르기 위한 재정상태도 충분하지 않다. 이러한 사업체 중에 일부는 파산될 것이며 경영상태가 악화되기 전에 대규모의 인근사업체에 흡수될 수도 있다. 다른 방법으로서 일부 소규모 사업체들이 통합될 수도 있다. 그러나 이들이 물리적으로 떨어져 있는 경우에는 이들을 통합시키는 것이 지극히 어렵다. 이와 같은 경우에 관리나 운영의 광역화가 필요하다. 이에는 시설의 원격조작과 감시가 필수적이다. 또 관리와 조작기능의 자동화는 광역화한 결과로 잠재적인 효율성을 확보하는 관리시설을 가질 수 있다.

1.3.7 경제적 측면

사업관리자는 경제와 재무현실에 관하여 더욱 복잡해지고 있다. 그들은 시설인가, 건설, 자금확보, 운영과 보수의 원가상승에 직면하고 있으며 자금의 제약을 받고 있다. 수도시설투자는 장기적인 성격이기 때문에 설계가 보수적이고 설계시점에서 지속적인 경제적 요소에 대응하는 구조로 되는 경향이 있다. 예를 들면, 정수장과 펌프장을 설계할 때에는 인건비와 에너지비용을 반영해야 한다. 설계할 때의 상황도 장기적으로는 영향을 미치지만, 에너지나 투자자금의 이자와 같은 일시적인 환경변화도 시설투자결정에 대단히 막대한 영향을 미친다.

인건비는 장기적으로 보아 계속 증가할 것이 분명하다. 예를 들면, 미국에서는 숙련노동자가 감소하고 있으며 또 취업하는 17~22세의 인구가 1983년부터 1995년 사이에 21% 정도 감소될 것으로 인구통계에서 예측하였다. 또 현재의 숙련공들이 곧 퇴직하게 될 50~60세 연령대에 집중되어 있다.

대규모 프로젝트는 비용이 많이 소요되는 동시에 환경적으로 민감하며 인가와 건설에 상당한 시일을 요하기 때문에 수도산업에서는 최소원가계획을 세우는 경향이 일어나고 있다. 환경보호당국과 수자원당국 및 공공사업규제당국에서는 사업자간에 물의 융통과 보존을 포함하여 전통적인 건설공사계획에 대한 모든 대안을 검토하도록 사업관리자에게 요청하고 있다. 어떤 프로젝트라도 운전효율을 증진시키는 편이 신규시설을 건설하는 것보다도 손쉬울 수 있다.

자동화는 수도사업운영의 효율성을 평가하기 위한 대안으로 사업관리자에게 제공된다. 예를 들면, 만연하고 있는 노동윤리의 결여에 의한 생산성 저하로 운영의 효율성에 방해가 될 때 관리자는 직위를 감축시키거나 또는 작업을 보다 생산적으로 하기 위하여 자동화로 전환하는 경우가 많다.

1.3.8 기술의 진보

지난 20년 사이에 대규모 집적회로나 마이크로프로세서의 적용성 확충에 힘을 얻어 컴퓨터, 변환기, 제어장치와 소프트웨어 기술 진보는 프로세서와 조작 제어애플리케이션의 계속적인 증가에 발맞추어 신기술 개발과 상업화의 기반을 제공하였다. 이러한 기술들이 발전함에 따라 원가는 낮아지고 정교한 수도시설을 실현하도록 운전시스템을 자동화하게 되었다.

예전에는 대규모 수도시설에서만 컴퓨터를 이용할 수 있었던 것이 근래에는 거의 모든 수도사업체가 사용할 정도로 되었다. 이것은 가격에 비한 컴퓨터용량이 대폭적으로 높아진 결과이며, 소프트웨어의 능력과 사용자의 접근성(accessibility)이 비약적으로 발전한 결과이다. 불과 몇 년 전까지도 처리비용이 너무 비싸기 때문에 많은 자동화 애플리케이션은 정당함을 증명하기 어려웠다. 그러나 인건비 증가와는 반대로 컴퓨터 용량에 대한 가격은 1964년 이래 실질적인 달러로 매년 13%씩 내렸다.

그 가장 적절한 예가 퍼스널컴퓨터(PC)의 출현이다. PC의 프로세스 비용은 5년 전에 메인프레임의 단지 2.5분의 1이었던 것이 1/10 이하로 되었다. 1995년까지는 처리속도가 가장 빠른 PC는 1985년 그 당시의 메인프레임컴퓨터에 견줄만하다. PC의 MIPS(100만 바이트/초) 비용이 80분의 1로 떨어진 것에 대해 메인프레임에서는 6분의 1정도에 그치고 있다(그림 1.4 참조). 1993년까지 다이내믹랜덤액세스메모리(DRAM) 가격(bit당의 센트로 환산)은 1983년 당시 가격의 25분의 1로 떨어졌다(그림 1.5 참조). 극적인 컴퓨터메모리 가격의 하락과 처리속도의 증가는 대규모 데이터베이스와 통합의 지원을 쉽도록 하고 있다.

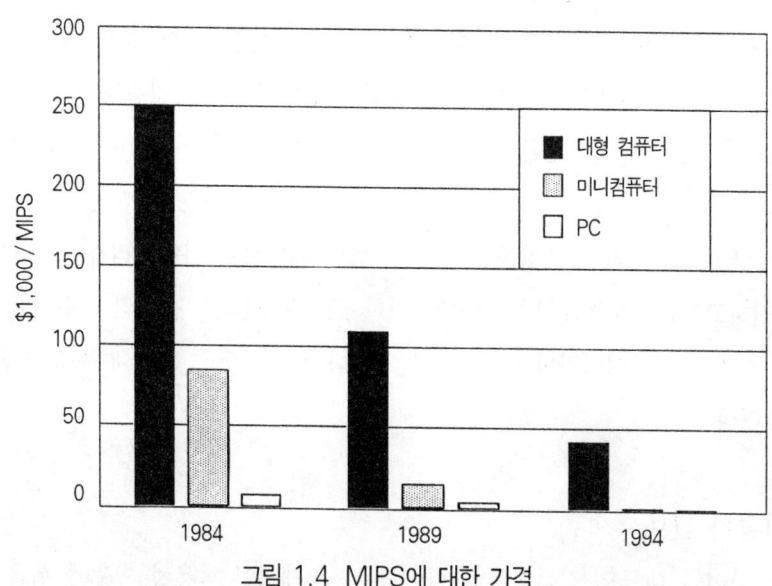

그림 1.4 MIPS에 대한 가격

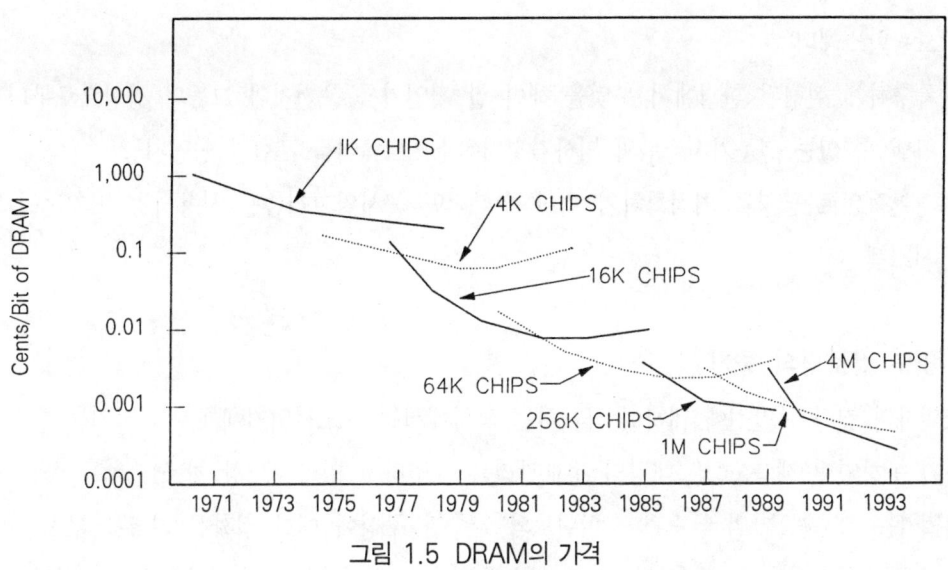

그림 1.5 DRAM의 가격

마이크로프로세서와 PC는 시스템설계와 사용자인터페이스의 성격을 바꾸었다. 마이크로프로세서에 의한 기술이용이 장치를 재프로그램할 수 있게 됨으로써 장치의 수명을 연장하였다. 순응성이 용이하기 때문에 마이크로프로세서가 다른 산업계에서 수도산업계로의 기술이동을 쉽게 하였다. 시스템설계자들은 새로운 애플리케이션을 만들고 다른 것들을 강화하면서 컴퓨터와 컴퓨터 및 컴퓨터와 제어기간의 접속성(connectivity)이 향상되도록 구축하고 있다. 컴퓨터능력이 커질수록 소프트웨어에 여분의 처리능력을 사용할 수 있으므로 애플리케이션은 보다 대화적이고 지시적이며 또한 사용자 친화적으로 될 수 있다. 그래픽사용자인터페이스는 현재 널리 보급되고 있다. 현재는 PC에 기반을 둔 전문가시스템 애플리케이션과 함께 "셀(shell)"이라고 하는 의사결정지원시스템을 이용할 수 있으며, 또 그 외의 인공지능 애플리케이션도 개발 중이다. 자연언어에 의한 프로그램, 특히 데이터베이스관리에 관해서는 사람들이 시스템을 사용하기 쉽게 하였다. 이것이 훈련부담을 경감시키는 동시에 수도시설에 종사하는 직원들의 심리적인 부담도 경감시킨다.

현재 널리 전개되고 있는 기술로서는 다음을 들 수 있다.

- 고속으로 정보를 전송할 수 있는 광섬유와 같은 통신기술의 발달 ; 1쌍의 구리선으로 여러 정보채널을 송수신할 수 있는 디지털전화의 가능성 ; 간섭을 방지하고 데이터를 높은 신뢰성을 가지고 무선으로 송신할 수 있는 확산스펙트럼 디지털 무선기술
- 기록집약적인 수작업을 컴퓨터화하는 것을 쉽게 하는 문자인식능력을 갖춘 저렴한 고

도광학스캐너
- 특수하게 설정된 환경에서 무엇을 해야 할 것인가를 운전자와 그들의 경험으로부터 알아낼 수 있는 전문가시스템과 의사결정지원소프트웨어를 포함한 인공지능
- 경험적으로 공정을 최적화하기 위한 수학적인 근사알고리즘을 사용하는 퍼지논리제어시스템

1.3.9 정보량의 증가

소비자의 건강과 안전에 대하여 규제하는 당국에서는 수도사업자에게 지금까지는 전혀 예상하지 못하였던 새롭고 또 대량의 정보관리를 요구하고 있다(제2장 참조). 예를 들면, 수도사업자는 각 수요가의 급수관 설치년도와 급수관 구성에 대한 정확한 기록을 보전관리하도록 할 수 있으며 또는 개인부동산 거래시에 설치된 수전에서의 수질자료를 보고하도록 요구할 수도 있다. 공익사업위원회와 보건위생국 및 기타 지방기관의 규칙에서는 정수처리와 배수시설의 제어와 감시에 추가적인 요구를 부과하고 있다. 예를 들면, 미국의 어떤 주정부에서는 수도사업의 무수율이 18% 이하임을 나타낼 수 없으면 그 사업에의 자금투입과 수량할당을 추가할 수 없는 새로운 규칙을 만들었다. 대부분의 대규모 수도사업체에서 이러한 요구에 대응할 수 있는지는 관련정보를 효율적으로 수집하고 그것을 정확하게 보고할 수 있느냐에 따라 달라진다.

1.3.10 전문화

수도시설은 전문기술자나 유자격 운전자가 대부분인 전문가그룹에 의해 관리되고 있다. 규칙과 관료제도 및 정치에 익숙해 있어서 그들은 수도산업을 이와 같이 분류하는 경향이 있다. 그들의 헌신은 대규모 수도시설 운전을 규정하고 있는 높은 수준의 성능기준에 명백하게 나타나고 있다. 공중위생과 지역 기반시설에 관련되는 제품과 서비스를 제공하는 그들의 책임 때문에 이 전문가들은 보수적으로 되는 경향이 있다. 규칙에 없더라도 그들의 대부분은 수도시설의 타당성과 안전성을 극대화하기 위한 시도를 하곤 하였다.

수도시설은 지금까지는 첨단기술을 구사하는 기관이라고는 간주되지 않았으며 수도사업관리자들도 새로운 기술을 채용하는 데는 신중한 태도를 취해 왔지만 최근에는 중요한 요소의 하나로 배수시설을 자동화시키는 경향이 있다. 수도사업관리자들은 공학과 기술 중심으로

생각하기 때문에 그들은 기술적인 해결책에 익숙해 있다. 실제 많은 수도시설에서는 상당히 높은 수준의 실험이 되고 있다. 젊고 컴퓨터에 정통한 사람들이 수도사업체에 들어오고 관리자가 됨에 따라 수도사업체에서 자동화를 보다 적극적으로 추진하게 될 것이다. 처리공정과 운전순서 및 정보처리에 관한 압도적인 규제와 새로운 요구에 직면하게 되면 이들 관리자들은 자연스럽게 컴퓨터화로 방향을 전환하게 될 것이다.

1.3.11 직원들의 요구

수도사업체와 사회 전체가 보다 고도화됨에 따라 특정한 직무들은 더 이상 가치가 인정되지 않게 되었다. 원격측정소의 계측기에서 데이터를 수집하는 순회원의 직무, 또는 계측기를 체크하고 여과지 역세척을 조작하는데 대부분의 시간을 보내고 있는 정수장 운전자 등의 현재 직무는 만족스런 일이라고 간주되지 않는다. 이런 직무는 따분하고 인사이동이 많으며 사기가 낮고 안전성이 부족한 경우가 많다. 많은 경우 이러한 직무는 컴퓨터화함으로써 보다 효율적으로 수행할 수 있다. 자동화가 보편화됨에 따라 어떤 사람들은 자신이 교체될 것으로 느끼고 있으며 어떤 사람들은 두려워하고 있다. 한편으로 컴퓨터화는 더 좋고 더 즉각적인 정보를 제공하고 조직의 현장에서 의사를 결정해 주며 직무를 더욱 풍요롭게 해 주게 됨으로써 직원들에게 새로운 도전의 기회가 되기도 한다.

현대사회 시민들의 대부분은 경제적인 기회, 여가, 교육, 자기판단 그리고 행동의 자유를 요구한다. 사회와 그 사회구성과 경제조직은 이들의 욕구를 충족시키도록 노력해야 한다. 이와 같은 욕구는 주로 사람들의 생산성을 높이는 것으로 달성할 수 있어야 하며 이것이 컴퓨터화의 가장 큰 잠재적인 장점이다.

1.4 계측제어와 컴퓨터 통합이 필요한 분야

앞에서 설명한 움직임은 사회적이나 제도적인 경향을 설명하였고 또 산업계를 둘러싼 상황을 설명한 것이기도 하다. 관리방법과 운전숙련도를 높이는데 필요한 부가적인 정보와 관련하여 특별한 요구사항과 적용방법을 광범위하게 집약함으로써 명확하게 되었다. 이러한 필요성의 우선순위나 특정애플리케이션 또는 실례를 다음에 적어본다. 어떤 경우에는 실례나 애플리케이션이 요구한 한 분야를 넘어서는 것도 있을 것이다. 이러한 애플리케이션의 상세한 것에 관해서는 이 책 후반부의 장에서 취급한다.

1.4.1 수질

수질감시와 제어는 수도사업에서 최우선 사항임은 두 말할 나위도 없다. 최근의 규제강화와 민감함의 결과로 수질감시와 제어는 수원에서부터 수요가의 수도꼭지에까지 이르고 있다. 수돗물의 수질은 배수계통을 거치면서 나빠질 수 있다. 배수계통에서 수돗물의 수질 악화를 최소화하기 위하여 수질을 예측하고 감시하며 제어하는 것이 필요하다. 이와 같은 목적으로 다음과 같은 계측제어화 컴퓨터 애플리케이션들이 포함된다.

- 배출수 방출(discharge)이나 유출(spill)을 감지하는 것을 포함하여 원수저수지로 유입되는 하천유역과 하천의 수질감시. 이것에는 수질오염사고에 대비해 즉각적인 대책을 시행할 수 있는 원격감지기술과 함께 수질시험실자료의 신속한 교환(turn-around)이 포함된다.
- 수도용 심정호나 시험용 심정호 양쪽에서의 지하수 수질감시. 표류수의 경우처럼 이것에는 원격감지기와 수질시험실자료의 신속한 교환이 포함된다.
- 심정호 현장에서의 처리제어. 몇 년 전까지만 하더라도 심정호 현장에서는 거의 처리하지 않았다. 오늘날에는 소독 외에도 공중에게 공급하는 심정호는 폭기(air stripping), 활성탄흡착, 라돈과 유기물을 제거시키기 위한 공정, pH조정 등을 요구하는 경우가 있다. 이러한 공정들의 대부분은 계측제어와 컴퓨터제어를 필요로 한다.
- 처리를 실시간으로 최적화하기 위한 정수공정관리. 이것은 원가와 잔류약품 농도를 극소화함과 동시에 원수 수질변동이 심한 곳에서 대단히 중요하다.
- 배수시설의 수질감시와 제어. 이것에는 맛과 냄새에 대한 소비자의 불평과 함께 배수시설의 많은 지점으로부터의 수질시료를 분석하고 모델을 작성하는 것이 포함된다. 배수지나 탱크와 같은 배수시설의 중요지점에서는 소독이나 pH조정 그리고 감시와 같은 부가적인 처리도 필요할 수 있다. 맛과 냄새, 소독부산물의 최소화와 세균재성장 및 부식관리 등에 관한 관심이 높아지고 있으므로 이러한 문제는 특히 중요하다.
- 퇴적물이 부상되고 수질 악화로 이어지는 사수지점이나 불안정한 수전을 없애기 위한 유량의 최적화. 이것은 특히 실시간 모델을 포함한 배수시설의 수리모델작성을 수반해야 한다.

1.4.2 배수시설의 보전

수도시설은 한시도 급수가 중단되지 않고 적절한 수압으로 물을 공급하기 위하여 송·배수시설을 감시하고 제어해야 한다. 모든 수요가에게 동일한 수압으로 급수할 수 있도록 하는 것이 이상적이다. 그러나 이러한 것은 지형의 기복이 많은 곳이나 저층주택 사이에 고층 빌딩이 섞여 있는 경우에는 어렵다. 이와 같은 경우 배수시설을 미세하게 제어하는 것이 대단히 중요하다.

송·배수시설은 일반적으로 수도시설자산의 60% 이상을 차지하고 있다. 이러한 시설은 오래 전부터 건설되었고 수도관의 구성은 균일할 수가 없다. 대규모의 송·배수시설을 최적으로 운전하고 보전관리하는 것은 쉬운 일은 아니다. 보전관리시스템과 수리모델, 관로파손에 관한 연구 그리고 유사한 프로그램들이 유용하다. 또 원가상승과 자원고갈에 따라 무수수량 분석과 누수방지도 중요하다. 이에 대한 주요 컴퓨터응용으로는 다음 사항이 포함된다.

- 펌프장과 심정호, 원격정수시설 등과 같은 요소들이 적당하게 운전되고 허용범위 내에서 운전되도록 하기 위한 즉각적인 감시와 제어
- 배수관의 모든 지점에 적절한 압력이 가해지도록 하고 또한 배수관 파손과 같은 큰 이상상황을 감지하기 위한 압력과 유량의 실시간 원격감시
- 예방보전관리프로그램 일정작성과 감시를 위한 보조시설이 포함된 시설관리와 보전시스템
- 보전요원이 조정하거나 보전요원이 없더라도 자동으로 조정(예 : 배수본관 파열로 인한 단수나 시설 고장 등의 사고발생시에 주요밸브의 닫힘)할 수 있는 체제를 갖추고 필요한 정보를 자동으로 보전관리요원에게 제공할 수 있는 긴급대응시스템

1.4.3 법규에의 대응

수도사업체를 통제하는 각종 법규에 대응하기 위하여 수질과 운영에 관한 방대한 분량의 데이터를 수집하고 관리하며 보고하고 있다. 또 어떤 수도사업체 중에는 재무자료와 생산자료를 지역이나 주(미국)의 공익사업규제위원회 또는 현(일본)의 기관에 보고해야 하며, 또한 수도사업체 운영의 다른 측면을 감시하고 있는 많은 다른 기관에 보고해야 한다. 그 예로서는 다음과 같다.

- 미국에서는 개정된 안전음용수법(SDWA)에 의해 수도사업체가 수질자료를 보고할 것을 요구하고 있다.
- 수도사업체는 수자원할당과 방류를 관리하는 당국에 자료를 제출해야 한다.
- 일본에서는 지하수의 양수에 의한 지반침하를 방지하기 위하여 지하수 취수규제에 적합하다는 것을 수도사업체나 비공동체 공급자는 보고해야 한다.

1.4.4 비용 최소화

배수시설은 높은 수준의 서비스를 제공하면서 장단기적인 비용의 균형을 꾀하며 가장 경제적이고 효율이 좋은 방법으로 운전되어야 한다. 이러한 목적으로 다음과 같은 컴퓨터 애플리케이션이 사용되고 있다.

- 전력소비량과 약품 주입량을 최적화하기 위한 실시간 최소비용 운전
- 예방보전관리계획과 직원배치에 따른 최소비용화 방법
- 무수수량 감축과 신규시설의 최적규모와 설치시기 및 설치장소를 결정하기 위한 애플리케이션에 관한 데이터 수집과 배수시설의 모델작성
- 자동제어와 감시 및 원격통신장비의 교체에 의한 데이터수집 또는 수원이나 배수시설 운전에 소요되는 인력과 차량 및 경비의 감축
- 예방보전관리와 재고의 최적화를 위한 시스템구성요소(예 : 배수관 파열 분석)와 조작기기에 관한 신뢰성 분석

1.4.5 수익 확보

수도사업자는 능률적이고 재정적으로 건전한 방법으로 운영해야 한다. 따라서 수익기준을 충족시키면서 원가할당 면에서의 공정성을 확보하도록 수도요금체계를 설정하고 관리해야 한다. 또 수도사업자는 받을 권리가 있는 모든 수익을 효율적으로 징수해야 한다. 수익확보에 관한 컴퓨터애플리케이션에는 다음 사항이 포함되어야 한다.

- 예산, 요금체계, 요금인상 및 이와 유사한 회계기능을 지원하기 위한 정보의 제공. 이에는 요금고지서의 발송빈도 분석, 가동 중인 정수장의 재고조사, 중요한 운영원가 자료와 같은 정보가 포함된다.
- 시스템과 부하요소 및 추정수익에 관한 단기수요를 판단하기 위한 단기소비예측. 수도

사업자가 현금지출에 대한 비용계획을 세우기 위해서는 수익예측이 중요하다.
- 시의적절하고 정확하게 고지서를 발부하고 효율적인 징수제도를 설정하며 또 추정요금 고지와 조정, 수요가 계정비용, 불량채무와 체납계정을 최소화하기 위한 근대적인 검침과 고지서작성 방식을 이용한다.
- 보수계획의 영향을 감시한다.

1.4.6 안정급수

제한된 자원을 사용하여 최대량이고 최고품질의 물을 공급하기 위해서 수도사업자는 상수원을 개발하고 분석하며 보호하고 보전·관리해야 한다. 이에는 다음과 같은 애플리케이션이 포함되어야 한다.
- 여러 수원과 계절적인 조건을 고려하여 사용할 수 있는 원수의 범위 내에서 가장 좋은 수원으로부터 적정량을 취수하기 위한 제어알고리즘을 개발함과 동시에 이를 응용하여 자원을 최적화한다.
- 공급량 판단과 예측을 위한 저수지수위, 강우량, 유출량, 적설상태 등을 감시한다.
- 우물 고갈을 방지하기 위한 양수제한과 용수량 및 에너지소비량 감시와 모델을 작성한다.

1.4.7 수요가 서비스

사업자는 개개 수요가의 특별한 요구에 대응하는 것을 포함하여 고품질이고 신속하며 또한 서비스에 대한 신뢰성을 보여야 한다. 이런 애플리케이션에는 다음 사항이 포함되어야 한다.
- 수요가의 문의나 최종청구서, 청구서조사 또는 불평에 대해 신속하게 대응하기 위한 온라인 처리와 요금기록 액세스
- 현장서비스나 조사 또는 긴급사태에 대한 응답시간을 최소화하기 위하여 컴퓨터화된 분산시스템

1.4.8 광역화와 물의 할당

수도사업자간의 원수할당은 정보시스템이 이러한 할당량을 조정하고 지원하며 감시하게

됨에 따라 점점 중요성이 커지게 되었다. 소규모 수도시설들이 통합되거나 대규모 수도시설에 흡수됨에 따라 제어시스템은 원격능력을 더욱 포함하게 되고 있다. 이러한 목적을 위한 애플리케이션에는 다음 사항이 포함된다.
- 다른 수도사업자로부터 매수 또는 다른 수도사업자에게 매각의 최적화
- 상기 과정을 지원하는데 사용된 정보의 수집과 분석을 포함한 광역수량할당의 최적화
- 정상상태와 긴급상태에서 수도시설 간에 물을 융통하기 위한 상호연락시설의 분석과 모델작성 및 설계
- 소규모 정수시설과 배수시설을 원격감시하고 제어하기 위한 시스템

1.4.9 전략계획

수도사업자는 장기적인 성장예측, 용도특성의 변화, 새로운 규정, 그 외의 외적 요소와 내적 요소를 고려해서 계획을 수립해야 한다. 시설계획자와 의사결정자는 주요데이터에 관해 많은 정보관리시스템에 의존해야 한다. 전략계획의 애플리케이션 예로는 다음 사항을 들 수 있다.
- 시설확장 시기와 규모 및 입지의 최적화
- 장기적 수요예측

1.4.10 다른 여러 기관과의 협조

수도사업자는 기간시설의 수리와 보전 또는 확장을 지원하는 것과 관련하여 다른 수도사업체와 공공기관 및 주요민간기업과 정보를 교환할 필요가 있다. 이와 같은 협조의 예로서는 다음과 같은 것이 있다.
- 계획서작성 목적으로 다른 기관으로부터 정보를 수집. 예를 들면, 추가시설은 무엇이며 소요비용은 어느 정도인지에 관해 판단할 수 있도록 하기 위하여 개발자로부터 건설계획 정보를 사정하는 것
- 도로굴착공사나 다른 공공시설의 긴급정지(예 : 가스배관)에 대한 신속한 자동응답
- 단수사태가 발생하였을 때에 경찰서와 소방서 및 기타 관련기관에 신속한 자동통지

1.5 관리면의 과제

물, 사람, 시간, 돈과 같이 관리되어야 할 주요자원인 정보에 익숙해진다는 것이 현재와 가까운 장래에 수도사업이 직면하게 될 최대의 과제이다. 유능한 직원을 육성하기 위해서는 시간과 정력이 필요한 것과 같이 새로운 정수시설이나 홍수방지시설을 설계하고 건설하는 것과 관련된 정보관리시스템을 적절하게 수행하기 위해서 자원관리를 또한 해야 한다. 자원을 효율적으로 분배하기 위해서 사업관리자는 정보관리시스템의 종합개발전략을 추구해야 한다. 사업관리자는 장래의 필요성을 예측해야 하고 정보에 관해 경합되는 수요 중에서 한정된 자원을 할당해야 하며 새로운 시스템을 채택하는데 따르는 조직에의 변화를 관리해야 한다. 이러한 모든 것에 상당한 계획이 요구된다.

1.5.1 수도사업 관련정보원의 통합

수도사업자의 요구나 애플리케이션 중의 하나 또는 그 이상이 보다 중요하게 됨에 따라 조직의 특정부분에서 주도권과 리더십뿐만 아니라 경제적이며 정치적인 상황이 새로운 컴퓨터시스템의 정당성과 자금투입 및 개발을 가능하게 할 수도 있다. 많은 시스템이나 애플리케이션이 서로 다른 시기에 수도사업의 여러 분야에서 개발되고 있다. 이들 시스템들은 수작업으로 수행하던 낡은 시스템을 대체하게 될 것이다. 이와 같은 시스템들은 전용소프트웨어와 개개 부서의 요구 및 개개 관리자의 선입관과 취향에 맞추어진 구성으로 될 것이다.

시간이 경과함으로써 이런 과정이 "자동화의 외딴섬(孤島)"을 형성할지도 모른다. 이런 상황은 노력이 중복되며 다른 시스템간의 의사소통이나 정보교환을 더욱 어렵게 할 가능성이 있다. 보다 큰 조직 속에서 정보를 조정하는 정책적인 분쟁으로 이어질 수 있다.

컴퓨터시스템을 실시하는 것은 수도사업에 상당한 자금을 부담시킨다. 컴퓨터장치와 소프트웨어의 가격은 내려가지만 시스템설계와 엔지니어링, 운전자의 훈련을 포함한 이른바 "소프트"면의 비용은 여전히 높으며 애플리케이션이 더욱더 복잡해짐에 따라 원가가 상승되고 있다. 시스템이 일단 채용되면 정기적으로 수정과 보전 및 업그레이드해야 한다. 시판되는 소프트웨어를 사용하는 경우에는 업그레이드 상태를 유지해야 하는 것이 필수적이다. 노동력과 마찬가지로 추가적인 하드웨어 경비가 이들 제경비에 추가되어야 한다.

잘못 설계된 시스템은 비용이 더 들게 되며 비효율적이고 현재나 미래에 모든 사용자들의 요구에 부응하지 못한다. 최악의 시스템은 종종 태업으로 이어지거나 함정에 빠지기도 하며 폐기되기도 한다. 지금까지 해왔던 것을 대체하였기 때문에 자동화 시스템이 뒤집어질 수는 없다. 예를 들면, 크고 수작업으로 감시되었던 배수체계에 SCADA시스템이 적용됨으로써 모든 장비를 제거하고 순회감시원을 해고하는 것은 어려운 일이었다. 그러므로 신중하지 못한 계획으로 인한 잘못은 낭비로 이어질 수 있다.

새로운 정보 수요, 상당한 자금이 소요되는 것, 그리고 일반적인 예산제약 등을 고려하면 수도사업관리자는 적은 예산으로 더 많은 효과를 올리는 것이 과제이다. 특별히 최소한의 컴퓨터설치 자금과 헌신적인 직원, 훈련과 기타 재원으로 나머지 직원들이 계획하는 동안에 수도사업자들은 어떤 한 분야에서도 조직이 필요로 하는 정보관리와 제어시스템을 지원하도록 노력해야 한다. "자동화의 외딴섬(孤島)"이라는 상황이 생기는 것을 피하면서, 이와 같은 목적을 실현시키기 위해서는 현재와 장래의 요구를 충족시킬 수 있도록 적절한 계획을 세우는 것과 함께 다른 시스템이 서로 정보를 교환할 수 있거나 혹은 서로의 기능을 결합시킬 수 있도록 컴퓨터를 통합화시키는 것이다. 수도사업에서 생기는 많은 요구에 대해서는 수도사업 내부의 다른 자동화 분야를 통합하여 해결하는 경우에만 적절하게 대응할 수 있다. 다른 분야와의 통합된 접근방법은 보다 우수한 해결책을 찾게 된다. 통합에 대한 모델과 몇 가지 기본적인 사고방식에 관해서는 제2장에서 설명한다.

기술진보와 이에 동반되는 변화가 수도사업체의 내부에서 효과적으로 처리되는 경우에는 수도사업체의 관리자는 거의 모든 정보요구를 효과적으로 충족시킬 수 있을 것이다. 이와 같은 방향부여는 시스템계획, 관리, 조직개발, 그리고 인적자원의 영역 등에서 이루어져야 한다.

1.5.2 조직의 재구축

수도사업체가 자동화나 컴퓨터화 애플리케이션에 대하여 조직해야 하는 방법은 수작업식의 수도사업체 조직과는 다르게 조직하는 경향이 있다. 몇 개 부서나 업무는 삭감되거나 축소되며 다른 일부 부서나 업무는 확대될 것이다. 수도사업체의 운영업무와 관리업무는 보다 밀접하게 관계하고 상호작용하며 덜 선형적이다. 몇 가지 경우에는 전통적인 계선적인 보고체제와 조직계층이 팀작업에 적합한 구조로 대체될 것이다. 한편으로는 통합된 정보의 흐름은 각 업무나 부서간의 인적상호작용을 그다지 필요로 하지 않을 것이다. 이 점에 관해서는 제19장에서 취급한다.

자동화가 인적자원 관리라는 측면에서 큰 도전을 받고 있다. 주요 문제점 몇 가지를 다음에 열거한다.

- 수도시설 운전자, 수요가서비스 요원, 시설설계자와 기타 직원들의 노동효율을 높이기 위하여 컴퓨터 능력을 마비시키기보다는 컴퓨터의 능력을 살려야 한다.
- 컴퓨터애플리케이션이 일상업무의 책임을 보다 많이 감당하기 때문에 숙련된 직원들이 갖고 있는 전문지식을 시스템 속에 조합해 넣어야 한다.
- 자동화된 시설에 의한 정보와 상호작용이 남은 일의 중심이 될 것이다. 불만을 터뜨리지 말고 이러한 직무를 수행하고 도전하기 위한 훈련과 책임이 필요하다.
- 컴퓨터화된 시스템은 보다 복잡하기 때문에 요원들은 이러한 시스템을 조작하고 유지하기 위한 전문지식을 익히고 적절한 훈련을 받아야 한다.
- 수도사업체는 자체직원들의 생산성을 극대화하기 위하여 단순한 업무와 복잡한 업무간에 균형을 잘 유지하는 방법을 생각해야 한다. 직무가 보다 복잡할수록 직원들이 더 많이 배우도록 해야 하며 자동화시킴으로써 직원들에게서 어떻게 부담을 덜 수 있고 또한 부담을 어떻게 제거해야 하는지에 관해서 사업관리자가 판단해야 한다.

1.5.3 전략적 계획

수도사업 전체의 입장에서 보면 컴퓨터통합은 독립형 컴퓨터애플리케이션으로부터 분산형 처리와 네트워크원리에 의한 고도화된 정보조직의 창출로 이행되고 있다. 이것은 미래의 비전을 구축하는 이정표(cornerstone)이다. 이와 같은 목적을 달성하기 위한 적절한 접근방법으로서 시설의 현재 상황, 시설에 영향을 미치거나 영향을 미친다고 생각되는 외적요인과 내적요인의 평가, 무엇을 언제 실행할 것인가의 결정과 자원 할당, 실시의 진전상황을 추적하기 위한 관리순서 구축, 즉 간략하게 말하여 전략적 계획이 필요하다. 통합정보시스템에 대한 전략계획과정의 상세한 것에 관해서는 제21장에서 취급한다.

다양한 시스템간의 정보교환을 위한 효과적인 통로의 구상과 설계가 가장 중요한 사명 중의 하나이다. 이것이 급격하게 늘어나고 불필요한 중복데이터 문제를 관리자가 해결할 수 있는 동시에 정보가 가질 가능성도 파악할 수 있게 한다. 또 조직과 그 직원들은 이에 따라 보다 고차원으로 행동하거나 이해하게 될 것이다. 자원의 유효한 활용으로 보다 높은 서비스와 고품질을 제공할 수 있다.

참고 문헌

Amber, G.H. & Amber, P.S. 1962. Anatomy of Automation. Prentice-Hall Publishers, Englewood Cliffs, N.J.

Gaushell, D. J. et al. 1987. Standardization of Software Modules for Monitoring and Control of Water Distribution Systems. AWWA Ann. Conf., Kansas City, Mo.

Newton-Evans Research Company, Inc. 1987. Report : The U.S. Electrical Utility Market for Computer-Based Control and Automation Systems and Related Equipment : Volume 1B ; Supervisory Control and Data Acquisition Systems. Ellicott City, Md

제2장 통합

집필자 : Donald L. Schlenger
Keiji Gotoh(後藤 圭司)

2.1 정보의 질적 변화

제1장에서 설명한 바와 같이 수도사업체에 대한 광범위한 요구와 애플리케이션은 아주 정보집약적이다. 이들은 종래의 정보시스템(예 : 수요가 정보시스템)과 감시 및 제어순서를 포함한 시스템의 양쪽에 적합하다. 감시애플리케이션이나 제어애플리케이션은 거의가 상호의존적인 정보관리방식을 채용하고 있다.

수도사업체가 사용하는 정보는 운전을 제어하고 수도사업체의 수요가에게 제공되는 서비스를 지원하기 위하여 이러한 정보의 의존도가 더욱 높기 때문에 정보의 가치도 높아지고 있다. 또 부적절한 정보나 정보가 없는 경우의 부담을 고려하면 적절한 정보는 더욱 가치가 있다. 예를 들면, 수질감시나 수질데이터를 보고할 수 없는 경우 또는 필요한 요금인상을 검토하기 위한 데이터를 제공할 수 없는 경우에는 재정 면에서 심각한 불이익으로 이어질 수도 있다. 수도사업체는 자체의 조직을 지키고 자기들의 행동에 신중함을 보이기 위해 더욱 정보에 의존하게 된다. 마찬가지로 정보를 처리하는 비용은 감소되고 있지만 정보를 입수하고 보관하며 정리하기 위한 총비용은 증가하고 있다. 또 필요한 정보의 성질과 특성은 다음 문단에서 설명하는 바와 같이 적어도 6개의 기본적인 측면에서 변하고 있다.

2.1.1 복잡성

수도사업체에 존재하는 정보의 편집은 더욱 복잡해지고 있다. 예를 들면, 수요가 정보시스템 중의 수요가 기록은 이전에 비해 더욱 현장의 내용을 가지고 있다. 추정량과 조정량의 비율이 높아지고 있는 것으로부터 검침과 요금고지서발행 빈도를 더 자주 하는 쪽으로 가는 경향이 있는 등 동일기간으로 볼 때에 과거에 비해서 수요가에 관한 사무처리량이 많아지고 있다. 또 요금체계도 복잡해지고 있으며 경우에 따라서는 수요가의 특징(연령이나 노약자 등)과 주택정보(개를 기르고 있는지의 여부와 원격검침계량기의 설치장소 등)까지도 검색되고 있다. 수질감시대상 항목이 증가하였기 때문에 일정기간에 채수된 시료에 관한 수질보고서는 몇 년 전에 비해 훨씬 복잡해지고 있다.

2.1.2 정밀성

수도사업체가 수집하는 정보는 이용할 수 있는 계기류의 기술능력, 자동화 시스템의 실시에 따른 정기적인 정보수집의 용이함 그리고 수도사업관리자와 규제기관의 증가하는 요구 등에 따라 더욱 정밀하게 되고 있다. 예를 들면, 이전에는 대부분의 수질측정은 1L당 mg수(1,000,000분의 1)의 형태로 취급하였지만 지금은 10억 분의 1단위로 나타내게 되었다. 또 몇 개의 새로운 수질기준에 관해서는 수도사업체가 1,000조 분의 1단위로 측정해야 할 것이다. 에너지비용이 높아짐에 따라 수도사업체에서는 전력공급회사로부터 매달 요금고지서를 받는 것에 대신하여 짧은 시간간격 혹은 실시간으로 전력사용량 데이터에 대한 펌프운전비용을 극소화시키는 것에 현재 관심을 가지고 있다.

2.1.3 새로운 정보

수도사업체의 애플리케이션과 요구는 다양하며 새로운 정보를 필요로 한다. 예를 들면, 한 개의 채수시료를 분석하는 것에 대하여 현재 100종류 이상의 수질항목을 평가해야 하며, 이는 10년 전에 요구되었던 것과 비교하여 2배 이상 증가한 것이다. 오접속(cross connection) 프로그램이나 자동검침 프로그램에서는 수요가 수전번호나 위치, 장치의 ID번호 등에 의해 목록을 작성하고 추적하는 새로운 하드웨어가 필요하다. 지리정보시스템(GIS)의 일부분인 수요가의 급수관이나 배수관로 또는 기타 설비에 관한 위치정보도 새로운 종류의 정보이다.

2.1.4 관리직 수준 정보

수도사업운영의 많은 부분이 더욱 상호관계를 긴밀하게 되고 있다. 수도사업체에서 수집되는 데이터 총량이 많은 것과 외부기관으로부터 수도사업체에 부과되는 엄격한 요구사항이 증가하는 것 때문에 사업관리자들이 현재 발생하는 변화에 뒤떨어지지 않도록 하는 것을 한층 더 어렵게 하고 있다. 사업관리자들은 의사결정과 자원할당에 대해 지원하게 될 주요요소들을 표출하는 것에 대하여 요약시키고 총괄하여 여과되거나 축소된 "관리직 수준"의 정보가 필요하다. 도면에 의한 표시와 추세 그리고 과거와의 비교 등이 중요한 정보의 형태이다.

2.1.5 즉시성과 긴급성

수요가와 정부기관, 기타 외부기관 그리고 수도사업체 직원 모두는 데이터를 신속하게 이용할 수 있기를 기대하고 있다. 이와 같은 신속한 정보의 전달에 대한 "요구"는 이용할 수 있는 컴퓨터와 통신 능력이 증대된 것과 함께 수도시설 운전에 대해 보다 정확하게 제어해야 할 필요성에 의해 조장되고 있다. 예를 들면, 수도시설 운전자와 유지관리요원들은 실시간으로 배수관망을 수리해석한 결과를 필요로 하는 경우가 많아지고 있다. 생산된 물의 심미적인 수질을 최고로 하면서 한편으로 약품주입량을 최소한으로 낮추어야 하는 정수장 운전자는 현재의 피드포워드 정보입수와 피드백루프의 응답시간이 짧아지기를 바라고 있다.

2.1.6 외부정보

수도사업체에는 많은 외부기관으로부터 얻은 정보 즉 "외부정보"를 사용하고 있다. 이러한 정보에는 정부의 인구조사자료, 기획청의 예측자료, 지리정보시스템(GIS)공급자로부터의 지도데이터나 지도작성서비스, 전기소비량이나 도로개설 등과 같은 다른 기관으로부터의 정보도 포함된다. 물이 공급되는 곳에는 해당 수도사업체와의 사이에 데이터를 공유하고 있다. 수도·가스·전력회사간에 수요가의 위치와 공급계통에 관한 지리정보를 서로 관련시키기도 한다. 이와 같이 데이터가 그대로 이용할 수 있는 형태로 되는 것은 거의 없다. 통상은 이러한 데이터를 변환시키거나 재번역 또는 기계가 읽을 수 있는 형태로 재입력해야 하는 것도 있다.

수도사업체 내에서는 특정수요를 충족시키기 위한 업무가 다른 정보원으로부터 모아야 하는 정보에 의존하는 것이 증가하고 있다. 예를 들면, 배수계통 수질모델을 작성할 때에는 수질시험실 정보관리시스템(LIMS) 데이터와 GIS에서의 시료채수지점(수요가의 수전 등)의 좌표를 결합시키는 것이 필요하다. 한 부서나 운전영역의 관점에서 보면 이는 "외부정보"

를 얻는 작업이다.

2.2 수도사업체의 정보시스템 발전 역사

정보시스템과 제어시스템은 컴퓨터화되는 것과는 상관없이 한정된 라이프사이클을 갖고 있다. 구식화된 하드웨어와 소프트웨어의 보전이나 지원이 어렵거나 확장되는 수요를 시스템이 충족할 수 없기 때문에 소용없게 될 수 있다. 기술과 사업체정보의 필요성 및 조직구조가 변화하였기 때문에 이러한 시스템은 시대에 뒤떨어진 것이고 현재의 수요에 적응시키거나 교체되어진다.

역사적으로 보아 수도사업체에서 개발된 정보시스템의 대부분은 지극히 기능 중심적이었으며 이러한 것은 동일한 주컴퓨터를 공유하기도 한다. 이러한 시스템은 특정사업 부서에서 요구하고 지정하며 계약하고 지불되었다. 이러한 시스템은 개개 관리자의 편견과 선입관을 반영하는 경향이 있다. 따라서 동종의 시스템시방이 사업체별로 재고안되었다. 하드웨어와 소프트웨어도 특별주문되며, 시스템 특히, 소프트웨어에 관해서는 컨설턴트, 엔지니어링회사 또는 내부 엔지니어의 의견에 따라 작성되고 있다. 일반적으로 입출력은 시스템 중에서도 가장 특수주문으로 만들어지는 부분이다. 이러한 절차는 수작업에 의해 시스템으로부터 발전하는 경우가 많기 때문에 시스템운전자와의 인터페이스로 넘어가는 커뮤니케이션은 일반적으로는 뒷전이다.

정보는 종종 권력과 동일시되며 수도사업관리자들은 소위 그들의 영역에 대해 "배짱"으로 막으려 하기도 한다. 수도사업체의 정보시스템 부서는 운전 부서나 엔지니어링 부서에 대해 특정시스템에 대한 권한이나 통제력도 갖지 못하며 때로는 이러한 부서들에 포함되지도 않는 경우가 있다. 사업체 내에서 정보시스템을 총괄적으로 관리하고 지시해야 할 중심적인 책임자가 있는 곳은 드물다. 전통적으로 보아서 조직 내에 어떤 곳이라도 정보관리에 대해 성실한 전략계획을 갖고 있는 수도사업체는 거의 없다.

정보시스템 부서가 포함되는 경우에도 수요가담당 부서로부터의 요청으로 전통적으로 시스템의 개발을 우선하여 개발하였다. 전체적인 시스템계획이 없으므로 이러한 요청은 반드시 일원화된 것이 아니며, 또 우선 순위도 요청된 특정시간에 파악된 긴급성에 좌우되기 쉽다. 일반적으로는 임박한 문제를 우선 해결하는 것이 최량의 전술적인 해결책이다. 그러나 이와 같은 방법으로는 조직 전체의 정보처리요구에 대해 통일성이 있는 시스템을 구축할 수 없다. 그 결과는 조직 내에서 개발된 소프트웨어, 계약자가 개발한 소프트웨어 또는 패키지 소프트웨어가 마이크로컴퓨터에서부터 대형 메인컴퓨터에 이르기까지 여러 종류의 하드웨어 상에서 사용되고 있다.

2.2.1 자동화의 외딴섬(孤島)

정보시스템과 제어시스템은 모두가 같은 속도로 발전하지도 못하였고 동시에 교체되지도 못하였기 때문에 종래의 시스템개발 방법은 "자동화의 외딴섬"을 만드는 경향이 있다. 또한 이런 개발제도에서는 동시에 비능률도 생겼다. 특정분야용으로 설계된 시스템은 유연성이 부족하여 변화요구에 잘 순응할 수 없는 경향이 있으며 특히 변동이 심한 정보환경에서는 더욱 그렇다. 또 특수주문된 시스템에 대한 유지관리와 훈련부담도 고려해야 한다.

시스템간의 통신. 만약 그런 시스템이 존재한다면 이 통신에는 일반적으로 복잡한 프로토콜변환이나 데이터해석이 포함될 것이다. 또 데이터수집이나 보관의 중복과 또한 수집된 데이터가 한 시스템에서부터 다음 시스템에 이르기까지 기대했던 것과 같이 완전하게 적합하지 않은 사태를 포함하여 작업량이 중복되는 경우가 많다. 시스템끼리 호환성이 없는 경우에는 데이터베이스를 유지하는 데에 상당한 비용이 소요될 수 있다. 또 데이터의 정의가 시스템마다 다른 경우(예 : 계량기 구경, 마을, 수질항목 또는 측정단위 등의 코드)에는 혼란이 생길 수 있다. 데이터관리에는 "규모의 경제"의 논리는 없다. 또 별개의 시스템에서 사용하는 공통정보에 대해 누가 책임을 질 것인가에 관한 의문도 생긴다.

2.2.2 조직에 대한 영향

제어시스템과 정보시스템간에 보조를 맞추지 않고 개별로 개발하는 것은 수도사업체와 그 수요가에게 봉사해야 하는 수도사업체의 능력에도 크게 영향을 미치게 된다. 정보시스템에 관한 통합된 계획이 없으면 최상의 설계와 능률적인 운영으로 될 수 없다. 적절한 정보가 없는 경우에는 문제해결에 대한 수도사업체의 접근방식은 "소화활동(일이 발생한 경우에 대응조치를 한다)"과 위기관리에 의한다고 특징을 표현할 수 있다. 또 지극히 개별화되고 조정되지 않은 시스템은 정보공급원이 1군데이고 구태의연하며 복잡한 인터페이스이기 때문에 필요이상으로 비용이 많이 소요될 수 있다. 그 결과 긴급시 대응뿐만 아니라 평상시 수요가

응대에도 방해될 수 있다. 호환성이 없는 데이터베이스에서 정보를 관리할 수 없기 때문에 필요한 정보가 없는 상태에서 중요한 전략상 결정이나 자본집약적인 결정이 될 수도 있다.

기존시설은 경쟁의 원천이 된다. 시스템이 일단 실시되고 직원들이 그 사용방법을 훈련한 다음에 상당한 시간동안은 유지되겠지만, 그것은 구식일지도 모른다. 그들이 경제성이 없다고 판단되었기 때문에 유효한 정보시스템 애플리케이션을 창출할 수 없는 경우도 있으며, 그들이 해야 할 부분이 이미 정해지고 기존시스템은 존속이 위태로울 수 있다.

2.3 통합 모델의 해설

종래 수도사업체에서의 개별정보시스템과 제어시스템의 개발패턴은 특히 관리자가 "작은 것으로 더 많은 것을 하라"고 하는 시기에 급속히 발전되는 정보관리에 대한 요구에는 더 이상 적절하지 않다. 시스템개발을 위한 보다 강렬한 접근방법은 통합의 원리를 채용한 것과, 특히 통합화로 설계된 전략적 계획과 제어기구가 포함된다.

통합계획에는 수도사업체 내에서 다음 2가지 정보관리의 기본특성을 바꿨다. 즉 (1) 내부 시스템 애플리케이션을 지원하는 시스템 상호간에 쉽게 정보를 교환할 수 있도록 시스템이 설계되어야 한다. (2) 한번에 모든 것이 달성될 수 없다는 것을 이해하고 장래의 요구를 충족하도록 유연성을 갖춘 모듈방식으로 시스템이 설계되고 구축되어야 한다.

수도사업체의 정보관리에 대한 통합모델은 통일된 데이터베이스구조에서 데이터를 공유하는 자체의 하드웨어 "플랫폼"을 갖는 많은 시스템과 보조시스템의 네트워크로 구성된다(그림 2.1 참조).

2.3.1 정보시스템

각 수도사업체는 조직구조가 다르지만 대부분의 수도사업체에 공통의 기본적인 정보시스템으로서는 다음과 같은 것이 있다.

- 배수계통의 수위, 압력, 유량을 감시제어하는 감시제어 및 데이터수집(SCADA)시스템
- 수요가의 상황, 시설, 사용량 및 요금을 관리하는 수요가 정보시스템(CIS)
- 자재관리를 포함한 수도시설 전체의 보수와 수리작업 일정계획을 수립하고 관리하는 보전관리정보시스템(MMS)

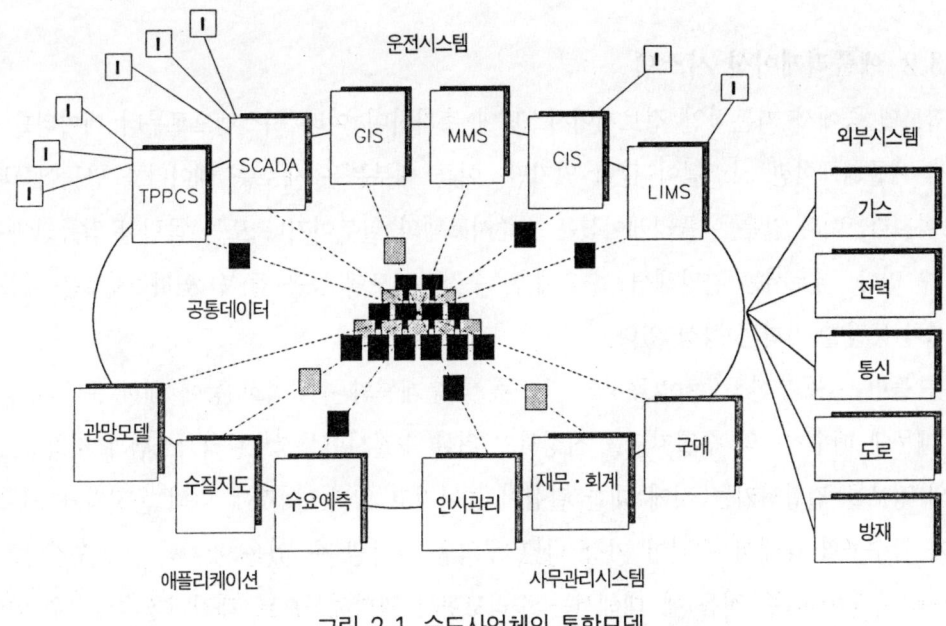

그림 2.1 수도사업체의 통합모델

- 정수장의 운전을 감시하고 조정하여 최소한의 약품주입으로 적절한 수질을 확보하기 위한 정수장 공정제어시스템(TPPCS)
- 정수처리공정과 배수계통의 시료에 대한 수질항목을 감시하고 관리하는 수질시험실정보관리시스템(LIMS)
- 회계재무정보관리시스템

작업관리, 프로젝트관리, 수요예측과 분석 및 인력자원관리에 관한 시스템과 같은 많은 시스템이 있다. GIS는 여러 시스템에 대해 기본적인 위치정보와 지도를 제공할 수 있다. 수요가 계정 또는 공장과 자산과 같은 다른 시스템 내에 저장된 데이터도 지도좌표에 포함시킬 수 있다.

통합모델 중의 많은 시스템은 계측제어장치에 직접 접속될 수 있다. 예로서는 배수계통내의 감시제어 및 데이터수집시스템(SCADA)과 원격단말장치(RTU) 및 정수장공정제어시스템(TPPCS)에 접속된 수운용센터 시스템, 자동계량기검침장치에 의한 계량치를 직접 수신하는 수요가정보시스템(CIS), 수질시험실의 계기류로부터 직접 데이터를 수신하는 수질시험실정보관리시스템(LIMS) 등이 있다. 이것들을 그림 2.1에 나타내었다.

2.3.2 애플리케이션 시스템

통합모델 중에서 기본적인 정보제어시스템에 추가하여 여러 시스템으로부터 데이터를 이용하는 애플리케이션 시스템이 많이 있지만, 이들 대부분은 새로운 데이터를 만들어 내는 것은 아니다. 이와 같은 애플리케이션은 기존시스템의 일부이거나 또는 독립된 컴퓨터에 존재할 수 있다. 예로서는 관망해석, 수요예측, 수질지도모델 등을 들 수 있다. 새로운 애플리케이션이 등장할 기회는 항상 있다.

예를 들면, 소독부산물, 처리공정의 잔류물, 배수계통의 수질악화 등에 대한 문제가 증가하기 때문에 배수계통의 수질지도를 작성하기 위한 수질시험실정보관리시스템과 지리정보시스템의 정보를 결합시키는 것에 대한 관심이 높아지고 있다. 이것에 의해 운전자와 계획담당자가 급수구역 내에서 수질이 가장 나쁜 구역을 찾아낼 수 있을 것이다. 또 수질악화의 원인(예 : 유량이 아주 적음)에 대해서는 수리모형과 관망해석으로 해결책을 찾을 수 있다. 새로운 애플리케이션은 어디에서나 생기지만, 유지보수와 제어를 책임지고 있는 사람들과 기존데이터를 분배받고자 하는 사용자들에게는 이러한 애플리케이션이 필요하다.

2.3.3 데이터베이스

각 시스템은 일련의 데이터를 수집하거나 처리하는 것에서부터 시스템데이터를 관리하게 된다. 이러한 데이터의 전체 또는 일부는 다른 시스템에서도 사용될 수 있는 공통데이터로 간주될 수 있다. 각 시스템에는 다른 시스템에 의해 사용되지 않는 특정시스템의 데이터도 있지만, 그 이외의 많은 데이터는 수도사업체 공통데이터베이스의 일부가 된다. 어떤 데이터를 공통데이터로 할 것인지는 새로운 애플리케이션이 등장하게 되는 것에 따라 변하며, 예전에는 하나의 시스템에서만 유용하였던 데이터가 다른 시스템이나 새로운 애플리케이션에서도 필요할 수도 있다.

공통데이터에는 표준을 적용해야 한다. 이러한 표준에는 용어, 약어, 단위, 코드 등을 정의하는 표준데이터사전도 포함된다. 어떤 하나의 기능에 대한 공통데이터베이스에는 유일한 하나의 데이터만이 있다(예를 들면, 자재재고 파일은 하나뿐이다). 각 특정데이터는 하나의 시스템상에 유일한 "home"을 갖는다. 따라서 데이터의 검색이 쉽다. 중복된 기록은 하나도 존재하지 않는다.

데이터는 출처에 가장 가까운 방에 일단 저장된다. 수작업으로 데이터를 입력시키는 것이 최소화되었다. 각 데이터베이스에 대해서는 1명의 관리자나 책임부서가 필요하다. 일반적으로는 이러한 부서의 요원만이 데이터베이스에 기록할 수 있고 다른 모든 사용자는 데이터를 읽을 수 있을 뿐이다. 때로는 각 부서에서 데이터베이스에 데이터를 추가하기도 한다. 예를 들면, 수요가서비스부서, 설계부서, 회계부서, 건설부서에서는 새로운 서비스를 위하여 데이터베이스에 데이터를 추가하게 된다. 데이터의 품질은 표준의 일부분이다. 책임부서가 불량데이터나 기한이 경과된 데이터를 걸러내고 검사와 제어순서를 관리해야 한다. 한 조의 데이터에는 중복이 없으므로 업데이트도 안전하게 할 수 있다. 데이터베이스의 구조와 그것을 처리하는 하드웨어는 장래의 확장을 대비하여 여유용량을 확보하는 것이 바람직하다. 기존의 처리로 중대한 혼란을 일으키지 않으면서 데이터베이스 중에 새로운 데이터항목을 설치하기 위해서는 때때로 다시 포맷시킬 수 있다. 다중색인표를 사용하여 데이터에 액세스할 수 있다.

2.3.4 처리

데이터의 처리와 분석은 최하위 레벨에서 이루어진다. 자원을 관리하고 보호할 능력을 구비한 주컴퓨터에서 데이터저장, 안전, 그리고 백업을 수행한다. 특히 막대한 작업량의 일상업무(요금고지서 작성 등)는 주컴퓨터에서 수행되지만 대부분의 데이터처리는 워크스테이션이나 소형의 전용 또는 특수컴퓨터에서 처리될 것이며, 비용효과가 큰 계산능력이 점점 증가하는 장치에 공급될 수 있고 사용자인터페이스는 고도의 표시능력이 필요한 양상을 띠게 된다. 의사결정에 관한 기준과 일상적인 절차와 규칙의 대부분은 이들 컴퓨터상의 전문가시스템에 속한다.

앞으로는 수도사업체에서 신경망컴퓨터, 퍼지논리, 영상처리, 전문가시스템과 인공지능이 널리 이용될 것이다. 대량연산과 보관에 대한 메인프레임컴퓨터의 중요성이 감소되고 있다. 통합관리시스템과 공통데이터베이스와 함께 세대가 다른 컴퓨터가 네트워크상에 공존할 수 있다.

2.3.5 네트워크 액세스

각 시스템이나 애플리케이션을 지원하는 미니컴퓨터, 마이크로컴퓨터, 워크스테이션은 공통데이터베이스의 중심적인 처리와 보관소인 주컴퓨터에 직접 접속되거나 또는 관망 내의 시스템서버나 노드인 메인프레임이 근거리통신망(LAN)을 통해 각각에 접속된다. 네트워크에서 노드나 시스템은 워크스테이션에 의해 접속될 수 있다. 정보전송과 액세스에 고속성이 요구되는 경우에는 무선전송, 전용전화선, 동축케이블, 광섬유 등 다중화 능력을 구비한 모든 것들이 장치를 접속하는데 사용될 수 있다. 액세스가 저속으로 충분한 경우에는 단순한 모뎀을 사용하는 것이 적절하다. 네트워크의 경로지정은 컴퓨터장치 자체 또는 네트워크 서버에 의해 처리된다. 통신프로토콜은 신속하고 효율적이어야 하며 따라서 운전자에게 아주 분명한 것이어야 한다.

다만, 필요한 경우에는 적절한 보안제약이 따르지만 처리와 의사결정을 위한 사용자는 이용할 수 있는 모든 정보에 액세스할 수 있다. 공통데이터 부분은 다양한 관련링크나 후크를 통해 많은 다른 시스템에 액세스할 수 있다. 동일한 데이터에 대해 다른 애플리케이션에 의해 다른 방법으로 액세스할 수 있다. 이들은 조직 내의 레벨이나 기능에 관계없이 모든 의사결정자가 액세스할 수 있으므로 기본적으로는 모든 의사결정은 수도사업체 내의 모든 데이터에 의할 수 있다.

서문에서 설명된 가설상의 수도사업체에 대해서 검토해 보자. 수운용센터는 독자적인 서브시스템을 갖춘 하나의 대규모 시스템이다. 이 센터는 매일의 수요예측 등에 관해서는 다른 부서로부터의 정보에 의존하지만, 일반적으로는 이 시스템 운전자는 자율적으로 기능하고 있다. 강력한 통신능력을 갖춘 SCADA장치가 이들의 운용에 대한 기술적인 기반이 된다. 수운용센터는 하드웨어 집약적이지 않으며 특별한 배선으로 연결하지도 않았다. 따라서 최대한으로 유연성이 보증된다. 운전자는 자체 데이터를 저장하고 관리하기 위한 정보시스템에 액세스하며 질문에 대해 신속하게 응답하기 위한 충분한 계산능력을 갖춘 수리모델과 같은 특수화된 애플리케이션과 함께 의사결정지원시스템에 액세스한다.

한편, 이변이 생기거나 문제가 발생하였을 경우에는 운전자가 수도사업체의 다른 부서에서 관리하는 시스템에 간단히 액세스하여 이들 시스템과 정보를 교환할 수 있다. 이들 모든 다른 시스템은 "hooks"이라는 표준화된 공통 인터페이스를 갖는 데이터하이웨이나 네트워크를 통해 결합되고 있다. 이것들에는 통신프로토콜, 데이터정의, 데이터포맷이 포함된다.

수도사업체의 다른 부서에서는 간부직원들이 운전제어시스템과 접속된 워크스테이션을 이용함으로써 최신의 운전상황을 신속하게 입수할 수 있다. 예를 들면, 관리자와 감독자들은 현재의 취수량, 정수량, 배수량의 통계에 관한 일반적인 정보도 주요기기의 가동정보와 함께 필요하다. 또 상급자, 수요가, 정부기관이나 규제기관 또는 보도매체관계자로부터의 질문에도 재빠르게 응답하기 위하여 특수정보가 필요한 경우가 때로는 있다. 기술자와 계획입안자 그리고 수로측량자들은 2개 이상의 수원방식으로 균형유지와 영업행위 또는 시설확장이나 성능개선에 대한 상세설계를 수행하기 위한 잘 다듬어진 계획을 수립하기 위하여 최신정보뿐 아니라 과거의 추세정보에도 액세스할 필요가 있다. 그들은 회계데이터베이스로부터 과거의 운전비용을 검색할 수도 있다. 또 보전관리자는 예방보전관리계획을 수립할 때에 도움이 되는 과거의 고장기록과 수리데이터, 모터의 운전기록을 사용할 수 있다.

수운용시스템 데이터베이스에서는 물 공급에 소요된 전력량 데이터와 함께 수압구역별로 시간대별 소비량 데이터를 이용할 수 있다. 전력량 데이터는 전력회사로부터 나온다. 이런 정보는 비용에 알맞은 수도요금을 설정하고 대구경의 수요가에 대해서는 사용시간대별 요금을 설정하는 데에 사용할 수 있다.

2.4 통합의 원칙

컴퓨터를 통합하기 위해서는 수도사업체가 시스템개발에 관한 일련의 원칙을 세워야 한다. 이러한 원칙에 관해서는 다음에 설명한다.

2.4.1 다중기능의 통합

필요하다고 생각되는 가능한 한 많은 기능을 하나의 장치에 편입시켜야 한다. 1대의 원격단말기로 여러 입력을 처리할 수 있도록 해야 한다. 즉 특정 애플리케이션 전용 원격단말기 숫자를 극소화해야 한다. 예를 들면, 배수계통의 감시용 원격단말기는 압력과 유량 양쪽의 센서를 처리할 수 있어야 한다. 수도사업체가 후일에 센서기능을 추가하기로 결정하면 이 원격단말기에 수질센서를 추가할 수 있어야 한다. 자동검침시스템의 단말장치에는 검침치와 계량기 고유번호(ID)를 제공하는 것과 함께 압력센서, 공명감지기 또는 음청식 누수감지기까지도 취급할 수 있어야 한다.

2.4.2 모듈러 설계

각 처리단계나 시스템기능에 대한 하드웨어는 다른 기능모듈과 함께 동일한 상자에 수납되더라도 개별모듈로서 설계되어야 한다(이것의 아주 간단한 예가 퍼스널컴퓨터(PC)의 모 뎀보드이다). 이에 따라 여러 가지 기능을 갖는 구성요소를 신속하게 교환시키는 것이 가능하다. 하드웨어의 일부 구성요소가 시대에 뒤떨어지거나 용량이 부족한 경우에는 그 구성요소를 업그레이드할 수도 있다. 이것은 모듈이나 구성요소간의 인터페이스를 표준화해야 하는 것을 의미한다(2.4.5 "개방구조"의 항 참조). 또 소프트웨어에 관해서도 모듈러 설계의 동일한 원칙이 적용된다.

2.4.3 분산형 처리시스템

금후의 정보처리는 정보저장, 검색, 처리, 의사결정을 모두 중앙에서 수행하는 것이 아니고, 이러한 기능들을 가능한 한 조작되는 곳에 가까운 장소에서 수행되도록 하는 방향으로 간다. 이러한 원칙은 컴퓨터기술이 진보됨에 따라 더욱 간단히 실현할 수 있다. 예를 들면, 수질시험실은 수질관리를 위한 자체 컴퓨터에 LIMS를 설치할 수 있다. 온라인의 검침처리를 포함한 수요가 정보시스템은 수요가 서비스 부서에 설치할 수 있다. 어떠한 시스템도 필요에 따라 다른 시스템의 정보에 액세스할 수 있다. 기술과 가격 변동에 따라 대형 컴퓨터에 의한 저장과 처리능력을 공유해야 할 필요성은 줄어들고 있다. 개별로 개발된 시스템은 정보를 교환하거나 데이터를 간단히 공유할 수 없는 불편함 즉 호환성이 없을 위험성은 항상 있다. 다만, 잘 계획하고 데이터를 표준화함으로써 이러한 우려를 극소화시킬 수 있다.

2.4.4 장래의 확장성

모든 우발적 사상을 예측할 수 없지만, 시스템과 구성요소 및 컴퓨터간의 상호접속과 관련하여 충분한 용량의 여유를 둠으로써 장래 증설과 필요성을 대비해야 한다. 예를 들어 데이터베이스나 또는 이를 처리할 장치들에는 충분히 확장성이 있도록 설계해야 한다.

2.4.5 개방구조

시스템 내의 각 구성요소는 약간의 추가적이고 강화된 우수한 기능을 수행할 수도 있지만, 이 장치는 고유의 기본기능을 수행해야 한다. 그러나 시스템 구성요소간의 인터페이스는 표준화되어야 하며 소프트웨어의 시방이나 프로토콜과 마찬가지로 하드웨어의 구성은 특정업자에게 전매권이 주어져서는 안된다. 이에 따라 모든 메이커에게는 기술혁신에서 제약을 받지 않고 시스템 구성요소를 설계하고 구축할 수 있게 된다.

2.5 통합실현의 비용과 효과

정보시스템과 제어시스템의 통합을 구상하고 또 이를 실현하기 위해서는 상당한 각오가 필요하다. 수도시설의 현재 상태와 필요성 그리고 기존자원을 분석하고 데이터베이스에서 신규업무와 변경을 평가하고 계획해야 할 특수요원이 필요하다. 그와 같은 계획을 실현하기 위하여 절차와 기존조직 및 데이터베이스의 변경에 대해 검토해야 하고 경우에 따라서는 조직의 책임도 변경하는 것을 검토해야 한다. 일시적이긴 하지만 각 개별 시스템에 비용이 추가될 것이다.

그러나 과거의 경향과 미래의 예측에 의하면 이와 같은 계획이 없는 경우에는 정보관리 비용은 장기적으로 변함없이 또는 일정비율로 증가하게 된다. 그 비용에 관해서는 **그림 2.2**의 점선과 같이 나타낼 수 있다. 계획하고 데이터베이스를 전환시키는 과정에서는 비용이 증가할 것이다. 통합계획에 따라 증가되는 비용은 이 그림의 A부분에 나타낸 면적과 같다. 그러나 일단 통합계획이 완성되면 비용증가율이 감소되며, 그림의 B부분 면적과 같이 절약되는 것으로 바뀌면서 계획은 효율성이 높아질 것이다.

이 책의 서문에서도 시스템 설계에서 이와 같은 통합된 접근방법으로 사업체에 초래되는

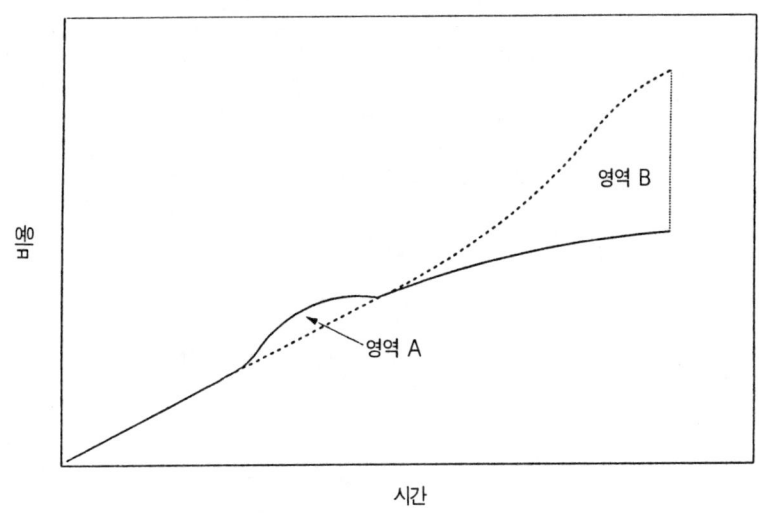

그림 2.2 수도사업체 통합화의 정보관리 비용

몇 가지 이익에 대해 설명하고 있다. 효과적인 의사결정은 문제에 밀접하게 관계되는 요원이 속한 조직의 하위레벨에서 결정할 수 있으며, 또 권한위임으로 이해된 개념과 발생위기를 확신을 가지고 대응할 수 있다. 응답시간은 향상되고 수요가 서비스가 강화된다. 또 상급관리직에게 항상 간결하고 적절한 관련정보가 전해지게 된다. 운전자들은 자신들이 취급하는 업무와 문제의 성질을 여러 시스템으로부터 보다 정확하게 파악하고 보다 나은 해결책을 수립하기 위하여 다른 시스템이 갖는 데이터를 활용할 수 있다.

컴퓨터통합에 대한 반론의 하나로서 이러한 시스템을 계획하고 설계하기 위하여 시간과 자금이 필요하다는 의견이 있다. 그러나 서문에서 설명된 수도사업체의 통합정보제어시스템은 하루 이틀에 구축된 것이 아니라는 것을 지적해 둔다. 수도사업체의 송·배수시설과 마찬가지로 이들도 장기간에 걸쳐 이루어진 것이다.

이는 쉽게 유추할 수 있다. 수도시설의 설계자는 수요패턴의 변화와 관로의 경년변화 등에 따라 시스템의 특성도 변한다는 것을 알고 있다. 또 관로의 구경과 조인트부분 등이 표준화되고 있기 때문에 호환성을 걱정하지 않고 시설을 교체하고 확장할 수 있다. 쓸모가 없어진 장치는 제거하거나 대체시킬 수 있다. 급수구역이나 수요량 증가에 따라 가압펌프장도 비교적 쉽게 증설할 수 있다. 정보시스템의 개발도 동일한 방식으로 장기간에 걸쳐서 계속적으로 추진할 수 있다. 크게 개조하지 않고 추후에 추가함으로써 쉽게 기능을 확장할 수 있다. 통합시스템 계획은 보다 여유있는 시스템을 개발할 수 있다.

제 II 편 기술과 원리

집필자 : Donald L. Schlenger

   정수처리와 배수공정은 다양한 제어컴퓨터에 의해 여러 가지 방법으로 제어되고 있다(다음 페이지 그림 참조). 가장 단순한 제어방법은 완전수작업 또는 자동제어이다(예를 들면, 수력학). 제어알고리즘이 더욱 정밀하게 됨에 따라 운전자들은 제어컴퓨터에서 제공되는 정보에 따라 공정상태와 제어기능을 수정하기도 한다. 보다 고도화된 상태에서는 제어컴퓨터가 현장컴퓨터 등에 정보를 제공함으로써 직접 제어하거나 정보를 다른 컴퓨터에 제공함으로써 간접적으로 제어할 수 있다. 제어컴퓨터는 제어알고리즘을 지원하기 위하여 관리컴퓨터, 주요 데이터베이스 또는 전문가시스템과 인터페이스할 수 있다(**그림** 참조). 근대적 수도시설의 운전제어와 정보관리를 위한 자동화 시스템의 구성요소는 센서와 변환기, 원격단말장치(RTU)와 제어기기, 주변 인터페이스, 컴퓨터와 소프트웨어 및 이들을 조작하는 요원들과의 인터페이스(예를 들면, 키보드와 비디오 단말장치) 등을 포함한다. 이 편에 있는 각 장에서는 이러한 구성요소 중의 몇 가지와 현재 개발상황 및 경향에 대하여 설명한다.

   제3장「센서와 제어기기」에서는 계측제어와 말단의 제어기기에 대하여 취급한다. 기본적으로 수도시설의 운용에는 성능과 공정상태(예를 들면, 수위나 탁도)의 측정과 함께 수도시설의 거동을 조정하거나 제어해야 한다(예를 들면, 밸브의 조작이나 약품주입량의 조정). 이 장에서는 유량, 수위, 수질요소 등과 같은 항목을 측정하는 다양한 기술의 원리와 적용 가능성에 대하여 소개한다. 밸브제어와 펌프의 회전속도를 제어하기 위해 사용되는 다양한 기술에 관해서도 검토한다.

   종래에는 계측제어나 데이터수집과 제어간의 경계 및 제어장치와 컴퓨터간의 경계는 분명하였다. 그런데 최근에는 변환기와 계측제어기기 및 제어기기들은 마이크로프로세서나 마이크로컴

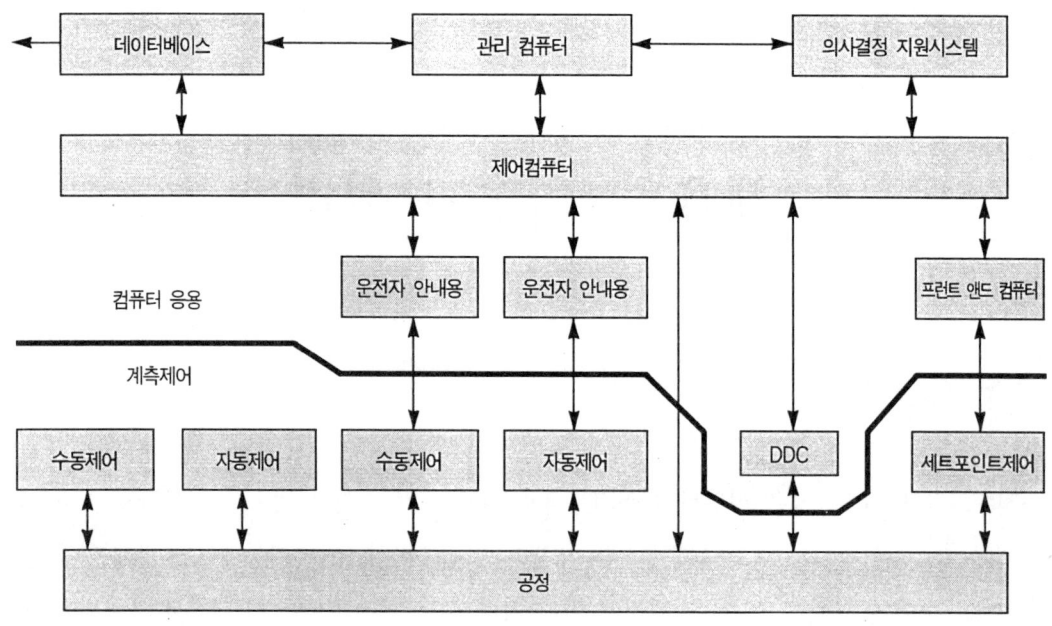

컴퓨터 제어시스템

퓨터를 조합하고 있다. 이 때문에 현장공정을 보다 정교하게 제어할 수 있다. 디지털전자공학의 출현으로 이들 센서기술에 극적인 변화를 가져오고 있다. 예로서는 반도체 스트레인게이지와 변환기에 제어능력을 갖춘 지능기능의 조합형도 포함된다. 제어기능을 갖춘 날렵한 자동기능 센서 출현으로 데이터수집과 제어의 경계가 애매하게 되었다.

제4장 「제어기」에서는 피드백(feedback)제어, 피드포워드(feedforward)제어 및 시퀀스(sequence)제어를 포함하여 원격단말장치(RTUs), 현대의 제어시스템구조의 핵심, 그리고 이들이 채용되고 있는 공정과 알고리즘에 초점을 맞췄다. 최근의 개발특징으로서는 분산형 처리의 직접디지털제어(DDC)가 증가하고 있는 것과 퍼지논리와 같은 최적화 기법을 채용하는 것을 들 수 있다.

더욱이 단순한 제어방식은 원격단말장치와 센서기술에 조합시킬 수도 있지만, 대규모 수도시설의 제어시스템과 정보관리시스템은 대량의 데이터와 처리능력을 필요로 한다. 그래서 컴퓨터가 많이 사용된다.

제5장 「컴퓨터」에서는 기본적인 컴퓨터 구성요소(중앙처리장치(CPU), 메모리, 입출력장치, 운영체제)를 비롯하여 컴퓨터기술의 포괄적인 개요를 나타낸다. PC의 처리능력이 비약적으로 향상되는 것과 함께 2개 이상의 CPU 사용, 복합운용에 대한 2개 이상의 PC와 분

산처리에 관해서도 기술한다.

또 **제5장**에서는 소프트웨어의 최근 진보를 강조하였다. 이것들에는 프로그래밍과 소프트웨어보전을 보다 단순하면서도 보다 강력한 것으로 하는 고급언어, 그리고 컴퓨터와 운전자 간 대화의 성질을 변화시키고 다양한 사용자가 컴퓨터를 이용할 수 있도록 하는 그래픽인터페이스의 광범위한 채택 등이 포함된다. 강력한 온라인 통계처리, 전문가시스템, 데이터베이스관리시스템을 포함한 특수형태의 소프트웨어가 운전자나 관리자에 의해 수행되고 있던 기능을 보강시키거나 또 이들을 대신하고 있다.

수도시설은 데이터 집약적으로 되고 있다. 제어나 관리시스템이 더욱 고도화됨에 따라 이용할 수 있는 데이터 양도 비약적으로 증가하고 있다. **제5장**에서는 데이터관리에서 보다 협조적이고 체계적인 접근방법의 중요성을 강조하였으며 통합계획과 안전의 필요성도 중요하다.

최근 컴퓨터기술의 진보에서 중요한 것 중의 하나는 상호접속성의 보급이다. 현재 수도사업체의 컴퓨터는 필드데이터베이스를 사용하는 PLCs나 원격단말장치와 연결되고 컴퓨터간에 근거리통신망(LAN)을 사용하여 접속된다. 이 장에서는 이러한 애플리케이션, 특히 국제표준화기구(ISO)의 개방시스템 상호접속참조모델을 위한 통신구조에 대하여 취급한다.

제6장「감시제어 및 데이터수집(SCADA)」에서는 원격센서로부터의 유량이나 압력과 같은 데이터의 수집, 펌프나 밸브와 같은 장치를 제어하기 위한 도구인 SCADA시스템에 대하여 검토한다. 다른 장소로부터 받은 운전 설정점을 유지하기 위하여 원격단말장치가 말단의 자체 기기를 제어하는 상황을 취급한다. 이러한 제어는 원격수작업 또는 원격자동식으로 제어된다. 원격자동식의 경우는 미리 정해진 운전순서에 따라 현장기기를 시스템이 제어한다.

제6장에서는 또 단순한 전기기계장치를 단순히 "운전하기 전에 점검"하는 것으로부터 SCADA시스템의 진화에 대하여 검토한다. 컴퓨터시스템의 진화에 따라 감시기능과 제어기능이 통합되었다. 초기의 SCADA시스템은 모든 원격단말장치에서 데이터를 연속적으로 수집하는 마스터집중형 스테이션(master centralized station)을 구비하고 있었다. 마이크로컴퓨터의 출현으로 계층형 SCADA방식이 병렬 배열로부터 직렬 배열로 대체되었다. 이에 따라 처리기능은 말단기기로 분산되었다.

SCADA시스템은 원격단말장치, 통신장치, 마스터 스테이션(master station), 휴먼-머신 인터페이스로 구성된다. 마스터 스테이션은 단일장치일 수도 있고 서브마스터를 갖춘 계층시스템으로 되거나 분산시스템으로 될 수도 있다. 마스터 스테이션의 기능으로서는 원격단말장치에서 받은 데이터를 처리하고 이력 자료의 데이터베이스유지와 휴먼-머신 인터페이스를 작동시키는 기능 등이 있다. 마스터스테이션은 예측이나 최적화와 같은 고도의 기능도 실행할 수 있다. SCADA시스템은 이 책에서 설명하는 모든 네트워크시스템의 중추부이다.

제어기술의 고도화와 다양한 애플리케이션과는 상관없이 취수, 정수, 배수시설과 같은 수도시설은 여전히 운전자에 의해 조작되고 관리된다. 운전자는 상태를 관찰하고 이상을 감지하며 고장을 점검하고 적절한 조치를 강구하는 책임을 맡고 있다. 그러나 운전자가 컴퓨터와 자동화 시스템과 접하는 기회는 더욱 증가하고 있다.

제7장「운전자·공정 인터페이스」에서는 다음과 같은 과제를 취급한다. 즉 컴퓨터는 운전자에게 공정현황을 만족스럽게 표시하며 그에 따라 운전자의 능률을 향상시킨다. 운전자에게 들어오는 정보는 증가하며 운전자의 수는 줄어들고 있다는 것이 중요하다. 제어시스템 기능과 운전자인터페이스는 운전자를 어디에 배치하느냐와 운전자의 책임과 권한이 무엇이냐와 같은 차원을 포함하여 수도사업체의 운영이념에 적합한 것이어야 한다.

아날로그 제어시스템의 단순기능에 비해 디지털 제어시스템 기능은 훨씬 복잡하다. 오늘날 디지털 제어시스템의 대표적인 예로 들 수 있는 것이 비디오디스플레이다. 콘솔은 공정에 대한 운전자의 창이며, 시스템설계자는 운전자에 대해 어떤 정보와 기능을 제공할 것인지를 결정해야 한다. **제7장**에서는 비디오디스플레이와 함께 중요한 것으로 선택스위치와 음성경보기와 같은 장치가 필요하다는 것을 지적하였다. 제어패널, 미믹보드, 트랙볼, 마우스, 라이트펜, 터치스크린도 운전자에게 효율적인 도구가 될 수 있다. 적절한 레이아웃, 운전자콘솔의 인간공학, 색상, 조명의 중요성을 포함하여 제어실의 설계에 관해서도 취급한다. 운전자콘솔에서 그래픽제어에 대한 추세에 관해서도 검토한다.

이 장에서 취급하는 구성요소는 제III편 이후의 주제인 시설제어시스템에 대한 기초가 된다. 이러한 구성요소를 이해하고, 어떻게 편성할 것인지에 따라 실시간 시스템의 애플리케이션을 이해하는 것에 대한 중요한 기반이 된다.

이러한 영역에서의 진보는 기하학적이며 그들을 중단시켜야 할 아무런 이유도 없다. 수도시설에 대한 감시와 제어시스템을 설치하는 것은 경제적인 면에서 제약이 있더라도 컴퓨터제어 기술을 억제시킬 수 없을 것이다. 각 애플리케이션에 대한 적절한 감시제어시스템을 개념화하고 이해하며 계획함과 동시에 구축하기 위해서는 수도시설 관리자와 제작사 쌍방이 제어용 하드웨어와 소프트웨어 및 그들의 함축에 관한 폭넓은 가능성을 이해하는 것이 중요하다.

제3장 센서와 제어기기

집필자 : Yukio Kawamura(川村 幸生)
Ronald B. Hunsinger
부집필자 : Akira Itoh(伊藤 曉)
Michisisa Suzuki(鈴木 程久)
Robert B. Hume
Robert Manross
Walter J. Schuk
Fritz Engler
Keith Wheaton
Thomas Moran

　수도공급시설에는 공정조작의 계측과 공정제어를 위하여 여러 가지 센서와 현장제어기기가 사용된다. 수도시설의 운전에서는 수질 및 수량분석계와 함께 유량, 수위, 압력 등을 측정하는 센서가 필수적이다. 이러한 센서와 관련계기로부터 얻어진 정보는 공정의 수작업이나 자동제어와 공정감시에 사용된다. 수도공급시설에서 수압과 유량을 조절하는데 사용되는 현장제어기기로는 밸브개도제어장치와 펌프회전속도제어장치가 있다. 약품주입제어를 위한 계량펌프제어에는 회전속도제어와 용량제어(가변행정(stroke)과 행정주기제어)가 사용된다.

　과거 40년 사이에 공정계측제어와 컴퓨터가 비약적으로 발전하였고 정교한 제어시스템도 개발되었다. 그러나 단지 공정제어장치(주컴퓨터 등)의 성능향상만으로 전체적인 공정제어 기능을 향상시키는데 충분하다고 할 수 없다. 관련되는 현장 계기류의 정확도와 신뢰성도 이에 동반하여 개선되어야 한다. 컴퓨터업계에서 자주 쓰는 말로 "쓰레기를 넣으면 쓰레기가 나온다"는 표현이 아주 적절하다. 저질의 현장데이터를 고성능인 주컴퓨터에 입력시켜 신뢰성을 주고자 하는데 보다 큰 문제가 있다.

이와 같은 문제를 해결하고 제어시스템의 신뢰성과 안전성을 확보하기 위해서는 고품질의 계측제어계기와 현장 제어기기를 사용해야 한다. 이 분야의 신기술로는 초음파, 레이저, 적외선, 극초단파(전자파), 광학을 이용하는 측정시스템과 고도통신이 등장하였다. 신기술 중에는 기능적으로 우수한 전자부품 적용도 포함된다. 금후에도 센서와 제어기기의 발달은 복합데이터통신과 제어시스템의 발달과 함께 발전해 갈 것으로 예상된다. 그러므로 수도시설 관련 기술자들도 데이터감시와 제어에 관하여 급속도로 발전되는 기술에 한층 더 관심을 갖는 것이 중요하다.

3.1 센서

이 장에서는 여러 가지 센서(압력계, 유량계, 수위계, 수질분석장치)와 제어기기(밸브개도표시기, 밸브조작기, 전동기 회전속도제어장치)의 현행 기술수준과 이러한 기기가 장래에 어떻게 발전할 것인가에 대하여 검토해 보고자 한다.

3.1.1 압력측정

압력측정은 수도공급에서 기본적인 측정항목이다. 일반적으로는 대기압(게이지압, psig)이나 진공압(절대압, psia), 또는 2차압(차압, psid)에 의한 압력에서 액체나 기체에 가해지는 압력을 다이어프램, 벨로스, 부르돈관 등과 같은 기계적인 소자를 사용함으로써 압력을 측정한다. 압력측정소자의 거동은 압력에 비례되는 기계적인 눈금으로 표시하거나 또는 전기적인 신호로 변환된다. 압력센서는 관로와 수조의 정수압(static pressure)을 측정하는데 사용될 뿐만이 아니라 차압식 유량계 및 위어와 플룸과 같은 수리구조물과 액위측정으로도 유량을 측정할 수 있다. 기술적인 상세한 내용에 관해서는 다음 절의 '차압식 유량계'에서 설명한다.

3.1.2 유량측정

유량측정은 정수처리에서 많은 제어조작의 기본이다. 공정제어에서부터 수요가 요금계산에 이르기까지 다양한 목적으로 취급되는 물의 유량을 파악하는 것이 필수적이다. 보다 양질의 수돗물을 요구하는 수요가 요구에 부응하기 위해서는 정수처리원가도 상승되고 정수처리의 복합적인 기술도 필요하다. 이것이 유량계기술을 개발하고 응용하는 동기가 되었으며 차압식 유량계, 전자유량계, 터빈유량계, 용적식 유량계의 기술을 완성하였고, 초음파유량계와 와류(渦流)유량계에 관한 새로운 기술이 등장하는 결과가 되었다.

1) 차압식 유량계

차압식 유량계는 수도공급산업에 사용되는 가장 일반적인 대형 유량측정장치이다. 이 측정장치는 알고 있는 형상의 조리개(목)부에 물을 통과시켜서 유량을 측정한다. 이 장치는 좁아진 목부분에 물이 통과할 때 유속이 빨라지며 이에 상응하여 압력이 감소되는 현상을 설명하는 "베르누이의 정리"로 작동한다. 이 압력 감소는 유량의 간단한 함수로 된다. 2지점 즉 입구부(고압)와 조리개부(저압)에서 압력을 측정한다. 수주의 인치(inch)나 센티미터(cm)로 표시되는 압력차는 유속의 제곱에 비례한다. 이 측정치와 단면적으로부터 유량을 산출할 수 있다. 이러한 형태의 유량계에서 유량은 차압의 평방근에 따른다.

차압에 의한 측정기로는 벤투리미터, 달튜브, 유니버설튜브, 브리티시스탠다드튜브, ASME 스탠다드 튜브, 삽입노즐, DIN 스탠다드노즐, 오리피스판, 피토튜브, JIS 오리피스판, 노즐, 벤투리튜브 등이 있다. 이들 측정기가 알맞게 설치되고 차압발생기의 특성이 적정하면, 차압은 곧바로 유량으로 변환시킬 수 있다. 이 차압장치를 주배관으로부터 분리시키지 않더라도 현장에서 차압을 확인할 수 있다.

차압유량계는 유속(유량)이 차압의 제곱근에 비례하는 특성이기 때문에 측정범위가 낮은 부분(25% 이하)에서는 정확도가 떨어진다. 벤투리유량계를 사용하여 보다 광범위한 유량을 정확하게 측정하려면 다음과 같은 2가지 방식이 있다. 즉 (1) 낮은 beta비(관경에 대한 조리개(목)의 직경비)를 사용하는 방법이다. 이 방법은 동일한 유량에 대해 높은 차압을 요구하기 때문에 수두손실이 크다. 다만, 이 수두손실의 대부분은 조리개(목)부의 하류에서 회복된다. 또한 (2) 대유량 측정부분과 소유량 측정부분으로 나누어진 2개 유량계를 설치하는 방법이다. 이 대안은 2개 별개의 측정범위를 갖는 전송장치가 필요하므로 시설비와 유지관리비가 증가하며 측정이 복잡하기 때문에 거의 채용되지 않는다.

상기 2방식의 대안으로서 ΔP(차압)의 측정정확도를 최대눈금의 $\pm 0.5\%$에서 $\pm 0.1\%$의 값으로 정확도를 향상시키는 방법이다. 이 방법에 의하면 측정범위를 개선하며 전체적인 정확도를 높이고 게다가 손실수두가 크지 않으며 유지관리비용이 거의 들지 않는 이점이 있다.

　압력센서는 정수압(static pressure), 액위(센서상부의 높이), 기체와 액체의 밀도측정을 포함한 유량측정 이외의 계측용으로 광범하게 사용된다. 압력센서기술의 성능을 향상시킬 필요성을 다시 한번 강조하기 위하여 이 문제를 유량계의 절에 포함시켰다. 공정산업계에서는 공통적으로 압력센서의 성능향상을 강력하게 주장하고 있다. 표 3.1에 나타낸 바와 같이 차압전송계의 기술진보는 3단계로 발전하였다. 단순하게 측정의 정밀도와 안정성의 향상으로부터 차압전송계 운용에서 지능장치기능을 추가함으로써 보전성을 향상시키는 방향으로 현재 이행되는 것을 강조한다. 설치공간을 축소시키기 위하여 보다 집약된 설계도 과제의 하나이다. 장래에는 반도체 마이크로일렉트로닉스의 응용을 포함하여 종래에 사용하던 방식과는 별개의 압력검출방법이 광범위하게 사용될 것으로 본다.

표 3.1 차압전송기의 기술진보

기간	측정방식	채용기술
1960~1973	역평형(force balance)식	메커니컬피드백 트랜지스터(transistor) 기술
1974~1985	변위(beam deflection)식	스트레인게이지 일렉트로닉스 기술
1986~현재	센서의 소형화와 석영질 센서 사용	스트레인게이지, 마이크로프로세서와 석영질 센서와 같은 신소자 센서의 사용

2) 전자유량계

　전자유량계는 "도전성 액체가 자장 내를 통과할 때에 액체의 흐름과 직각 방향으로 전압이 발생한다"는 파라데이의 전자유도법칙을 측정원리로 한다. 이 전압은 관로에서 마주보고 있는 2개의 전극에서 측정된다(그림 3.1). 발생전압은 액체의 유속에 정비례하며 관로의 단면적을 알고 있으면 유량을 산출할 수 있다.

　전자유량계는 다음과 같은 많은 이점이 있다.
- 유체의 도전율이 1~5μS(microsiemens)/cm의 임계치 이상인 경우에는 온도, 압력, 농도, 점도의 영향을 받지 않고 측정할 수 있다.
- 유량계에서의 압력손실이 적다(같은 길이의 관로의 저항과 동일함).
- 가동부가 없다.

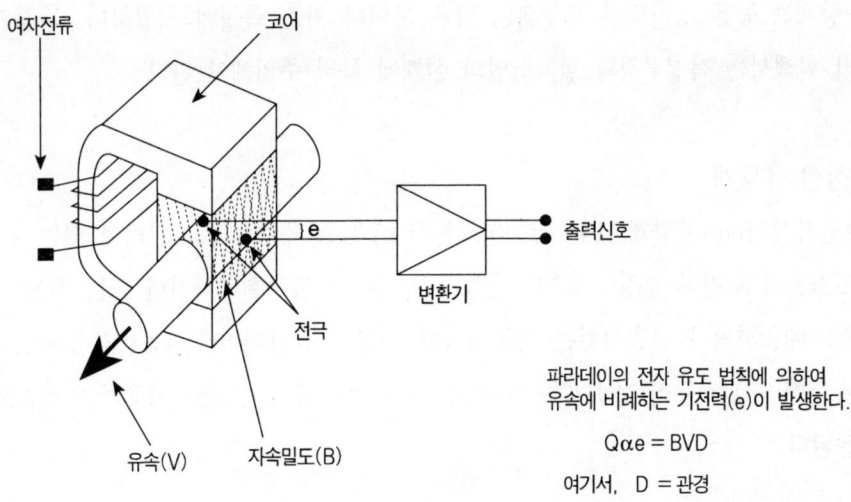

그림 3.1 전자유량계의 측정원리

- 응답이 신속하며 유량에 대한 출력신호가 선형적이다.
- 측정범위가 넓다(30 : 1).
- 용도에 따라 액체와 접촉하는 부분의 재질을 선정할 수 있는 범위가 넓다.
- 자장이 거의 균일한 밀도이므로 차압식 유량계에 비해 설치에 대한 배관조건이 비교적 엄격하지 않다(예 : 전후의 직관부 연장).

전자유량계의 가격이 비교적 비싸다는 점이 주요단점이다.

근년 기본기술의 진보에 따라 교정이 쉽고 편류가 적으며 스케일부착에 의한 감수성이 적은 전자유량계가 개발되고 있다. 이것이 반도체와 디지털 전자기술의 적용과 결부되어 보다 경량화되고 소비전력이 적으며 또한 경제적인 가격의 유량계가 등장하고 있다.

3) 터빈유량계

터빈유량계는 베어링으로 고정된 여러 개의 회전날개나 터빈을 가진 관로단면으로 구성된다. 터빈의 회전방향은 관로단면에 대해 수직방향이다. 터빈은 회전날개에 부딪치는 공정유체의 작용으로 구동된다. 유량계의 측정범위 내에서는 터빈의 회전속도는 유체의 유속에 정비례하며, 따라서 체적유량에도 비례한다. 회전속도에 따라 발생되는 전압맥동(pulse)을 자기픽업으로 측정한다. 부속전자장치가 이 맥동을 체적유량 또는 총 적산유량으로 변환시킨다(Manross 1985).

터빈유량계는 높은 정확도가 요구되는 맑은 물이나 가스 측정에 적합하다. 가장 좋은 결과를 얻기 위해서는 적정구경과 설치작업의 설계에 특히 주의해야 한다.

4) 용적식 유량계

습동회전자식(disc)유량계 또는 진동피스톤식(piston)유량계라고 알려져 있는 용적식 유량계는 피스톤과 회전자가 정압력으로 작동하는 경우에 습동회전하거나 또는 진동할 때마다 일정수량을 배출하거나 송출시키는 작동원리인 정량식 유량계이다(AWWA 1990). 습동회전자식 유량계나 피스톤식 유량계는 50mm 미만 구경의 급수관을 사용하는 수요가용으로 널리 사용된다.

5) 초음파 유량계

초음파 유량계는 크리스털형의 센서를 사용하여 음파의 진동수변이(Doppler방식)나 음파의 전파시간(전파시간차 방식)을 측정하는 것을 작동원리로 한다. 센서는 유체 내(습식)에 장착되거나 관로외측에 고정시킨다. "도플러방식"이나 "전파시간차방식" 모두 압력관이나 개수로의 양자에 광범위하게 이용되고 있다(그림 3.2).

북아메리카에서 사용되고 있는 초음파유량계의 대부분은 음파가 수중의 거품이나 입자에 의해 반사되는 음향파가 수로의 유속에 따라 다른 주파수로 되돌아오는 도플러원리에 의한 방식이다(그림 3.3).

전파시간차방식의 유량계는 흐름과 같은 방향으로 이동하는 음파와 흐름에 역행하는 음파의 전파시간 편차를 측정하는 것을 원리로 한다(그림 3.3 참조). 일측선(single-path)측정법이나 다측선 측정법을 사용할 수 있다(그림 3.2, 3.4).

초음파유량계에는 도플러방식에는 일반적으로 4,000 이상, 전파시간차방식에는 10,000 이상의 높은 레이놀즈수가 필요하다. 도플러식 유량계는 일반적으로는 부유물이 많은 탁질수에 사용되고, 전파시간차방식유량계는 맑은 물에 사용된다. 관로외측설치식 유량계는 모든 배관재에 적용할 수 있는 것은 아니며 특히 라이닝된 관에 대해서는 어렵다.

도플러식 유량계는 반사파의 거동을 완전히 예측할 수 없으므로 정확도가 좋지 않다. 유체에 음파전달심도와 주변의 입자농도나 기포밀도에 의한 변동이 유량계의 정확도에 영향을 미치는 것으로 알려져 있다.

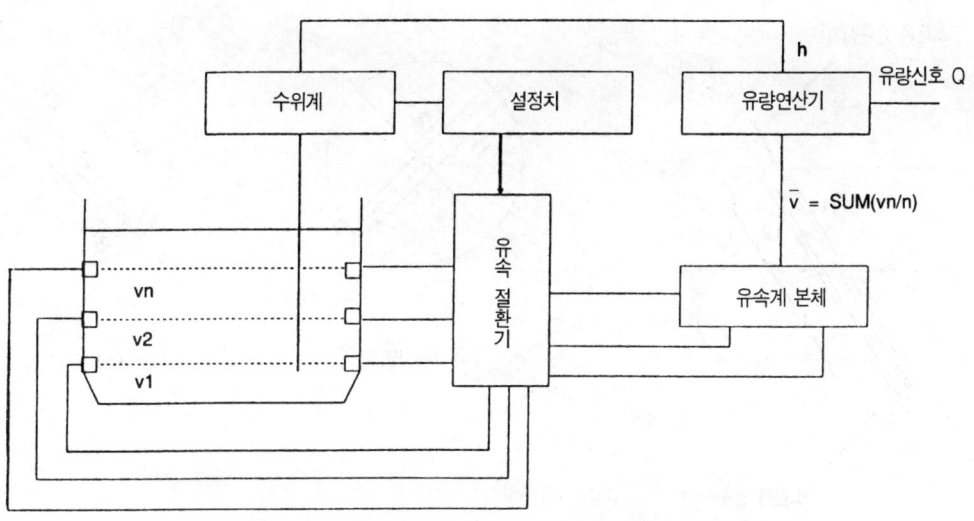

그림 3.2 전파시간차 방식 초음파 개수로 유량계

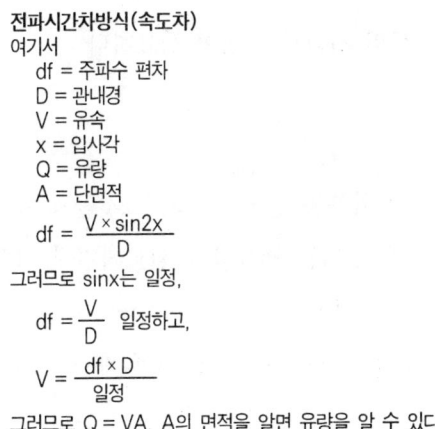

전파시간차방식(속도차)
여기서
  df = 주파수 편차
  D = 관내경
  V = 유속
  x = 입사각
  Q = 유량
  A = 단면적

$$df = \frac{V \times \sin 2x}{D}$$

그러므로 sinx는 일정,

$$df = \frac{V}{D} \text{ 일정하고,}$$

$$V = \frac{df \times D}{\text{일정}}$$

그러므로 Q = VA, A의 면적을 알면 유량을 알 수 있다.

도플러 방식
여기서,
  df = 주파수 편차
  tf = 전송 주파수
  D = 직경
  y = 입사각
  C = 정지유체 중의 음속

$$df = 2 \times tf \times \frac{V \times \cos y}{C}$$

그러므로 cos y는 일정

$$df = 2 \times tf \times \frac{V}{C} \text{ 는 일정하고,}$$

$$V = \frac{df \times C}{2 \times tf \times \text{일정}}$$

그러므로 Q = VA, A의 면적을 알면 유량을 알 수 있다.

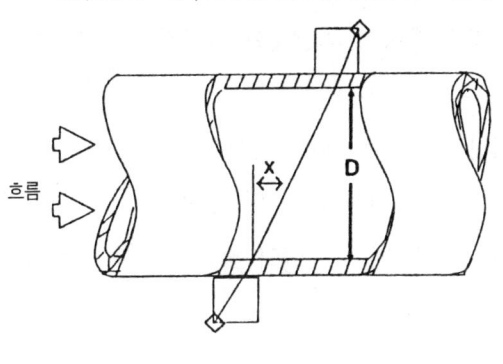

전파시간차방식

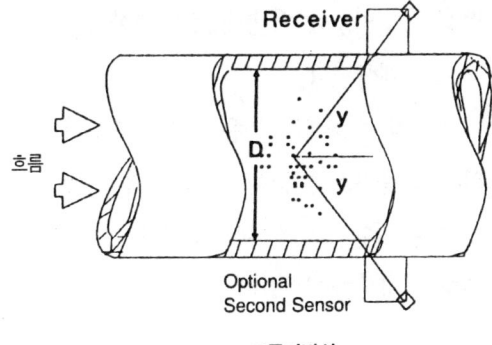

도플러방식

그림 3.3 만수관에서의 초음파 유량계 측정원리

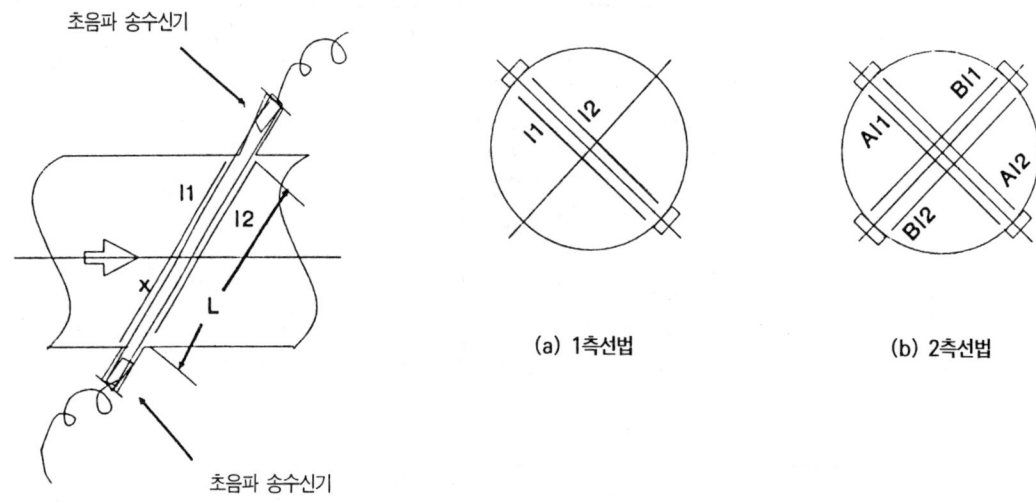

그림 3.4 전파시간차 방식의 초음파 유량계 응용 예

초음파 유량계의 계측시스템을 설계하는 데는 고도의 지식과 경험이 필요하다.

6) 와류식 유량계

와류식 유량계는 상류에 설치된 장애물을 이용하여 와류를 발생시키고, 그것을 하류에 있는 센서로 감지하는 것을 측정원리로 한다. "와류발생체"라는 장애물은 관로직경에 걸친 봉 모양의 것이다. 하류의 센서는 압전(압력)식이나 초음파식이다.

측정원리는 와류발생체의 표면에 경계층을 형성시킨다. 와류발생체의 배후에 저압의 소용돌이나 와류가 형성되면서 와류발생체의 측면에 이러한 경계층이 번갈아 방출된다. 와류가 발생하는 빈도는 유속에 정비례한다. 유량은 측정된 유속과 유량계의 단면적으로부터 전자적으로 계산된다.

와류식 유량계는 높은 레이놀즈수가 필요하지만(최저 10,000), 손실수두는 비교적 적다. 와류식 유량계는 맑은 물이나 가스 및 증기량의 측정에 사용할 수 있다. 이 방식은 일반적으로 손실수두가 작아야 하거나 측정범위(10 : 1 이상까지)가 넓어야 하는 경우에는 오리피스판을 사용할 수 있다.

3.1.3 수위측정

수위측정은 취수펌프장의 흡수정으로부터 정수지와 배수지에 이르기까지의 모든 공정의

탱크나 지에 사용된다. 또한 약품저장탱크에도 수위측정이 필요하다. 측정방식으로서는 표시눈금으로부터 자동연속계측에 이르기까지 다양한 것들이 있다.

1) 부자(float)식 수위계

부자식 수위계는 측정지점의 부자위치를 직접 측정하는 원리로 작동된다. 이 장치는 약품저장탱크와 공정의 수조 내에 설치된다. 또한 부자식 수위계는 유량을 분배하는 위어(weir)나 플룸(flumes)과 함께 수위를 계측하는 개수로에 사용되기도 한다. 부자식 수위계는 회전암(pivot arm)이나 감쇠정(stilling well)을 사용하여 안정화시킬 수 있다. 부자식수위계는 수위변동을 직접 감지하기 때문에 일관된 측정치를 확보할 수 있다. 정밀한 기어와 연동장치 및 전위차계(potentiometer)를 사용하여 ±2% 정도의 정확도를 달성할 수 있다. 높은 내식성이 요구되는 경우나 또는 부자상에 다량의 퇴적물이나 피복이 발생될 것으로 예상되는 경우에는 이 방식이 적절하지 않다.

2) 정전용량식 수위계

정전용량식 수위계는 공기 유전율과 액체 유전율이 다른 것을 원리로 작동하는 장치이다. 프로브(probe)의 정전용량은 수심에 역비례하여 변한다. 부착물이 프로브에 붙으면 교정치가 바뀔 수 있다. 정전용량식 수위계를 사용할 경우에는 설계고려사항을 주의하여 검토해야 한다.

3) 압력식 수위계

압력식 수위계는 적용범위가 넓기 때문에 광범위하게 사용되고 있다. 높은 내식성을 필요로 하는 경우나 액체밀도가 큰 폭으로 변동하는 경우에는 정확도에 영향을 미치기 때문에 사용할 수 없다.

정수압식 수위계로서는 수중펌프를 사용하는 압력캡슐식과 수중변환기를 내장한 프로브형이 있다. 직접압력 또는 배압력(back-pressure)식의 장치로서는 기포관식이 있다.

4) 중량식 수위계

중량식 수위계는 앉은뱅이저울(platform scale) 위에 놓인 탱크 내의 수위를 측정하는 방식으로 탱크 내의 액체중량과 용적의 상관관계를 이용한 것이다. 이 방법은 일반적으로 염소병이나 고분자응집보조제에 널리 이용되고 있다. 기계적인 저울은 형강틀에 설치된 로드셀(load cell)이나 스트레인게이지계를 1차계측기로 하여 아날로그신호나 또는 디지털신호를 출력시키는 전자저울로 대체되고 있다.

5) 초음파 수위계

반사측정의 원리를 사용한 초음파수위계나 극초단파수위계는 대표적인 비접촉식 수위측정 장치이다. 초기의 것은 기능이 완전하게 만족스러운 것은 아니었지만 강력한 전송기와 온도보상기능을 갖춘 최근장치는 높은 정확도와 우수한 보전성을 가지고 있다. 초음파측정장치의 예를 그림 3.5에 나타내었다. 캐나다에서 신설되는 대부분의 수위기록장치는 초음파식이다. 일본에서는 설치조건이 복잡하고 측정범위가 제한되는 문제로 지금까지는 이용이 한정되고 있다.

3.1.4 수질측정

물리적으로나 화학적 또는 생물학적인 수질항목은 온라인수질분석계나 개별시료분석계를

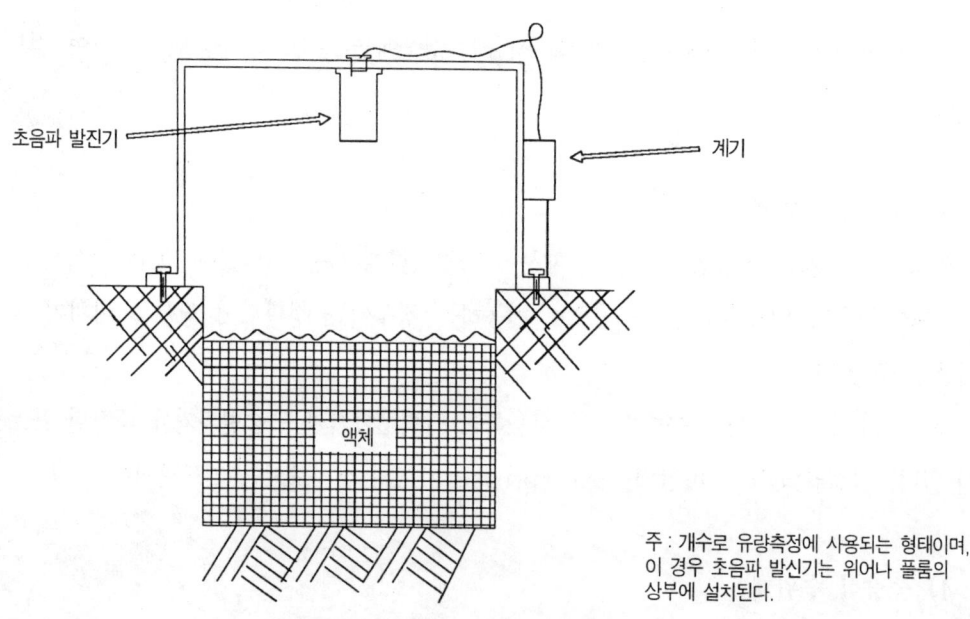

주 : 개수로 유량측정에 사용되는 형태이며, 이 경우 초음파 발신기는 위어나 플륨의 상부에 설치된다.

그림 3.5 초음파 수위 계측 장치

사용하여 분석절차에 따라 측정할 수 있다. 온라인계측제어를 채용하는 정수장 수질시험실이 증가함에 따라 음용수수질측정용으로 사용되는 온라인(on-line)계측제어나 회분(bench)식 계측제어가 합병되고 있다. 온라인분석계의 품질은 신뢰성(reliability)과 정확도(accuracy) 및 정밀도(precision)의 면에서 향상되고 있다.

이 절에서는 온라인공정수질계에 대해 검토하고자 한다. 오늘날 측정할 수 있는 수질항목으로서는 다음 항목들이 있다.

알칼리도,	시안화물,	pH,
알루미늄,	용존산소,	인산염,
암모니아,	불화물,	실리카,
염화물,	경도,	황화물,
염소(총잔류염소),	철분,	SS,
염소(유리잔류염소),	망간,	온도,
색도,	질산염,	TOC,
전기전도도,	오존,	탁도

온라인수질계측제어는 구매가격과 유지관리비용이 높은 것을 포함하여 설비수명비용(life cycle cost)이 높은 것이 특징이었다. 미국에서는 이러한 대부분의 온라인계측제어는 거의 사용되지 않으며 이들 계측제어를 많이 개발하도록 촉구하는 큰 시장도 없다. 이러한 계측제어는 오염되기 쉬운 하천수원의 수질을 감시하기 위하여 일본과 유럽에서 더 많이 사용되고 있다. 온라인센서로 계측되는 아주 일반적인 몇 가지 수질항목에 대하여 아래에 설명하고자 한다. 탁도나 pH와 잔류염소는 전세계적으로 많이 계측되는 수질항목이지만, 알칼리도와 전기전도도는 일본에서 더욱 일반적으로 계측되는 수질항목이다.

1) 탁도

탁도란 점토, 실트, 콜로이드물질, 플랑크톤, 기타 미생물 등과 같이 물속에 부유되는 물질의 광학적인 지표이다. 측정은 물에 광원을 비추어 부유물에 의해 산란된 빛의 양을 측정하는 방법이다. 탁도는 원수와 정수 및 배수 수질감시에 사용되며 응집제와 응집보조제 자동주입방식과 주입률 자동화에도 이용된다.

2) pH

pH값은 물이 산성이나 알칼리성의 상태를 나타내는 수치이다. 연속측정용으로는 일반적으로 글라스전극식을 채용하고 있다. pH계의 사용례로서는 상수원에서의 원수수질감시, 응집제주입률 결정, 처리공정 감시와 배수수질 감시 등이 있다.

3) 알칼리도

물의 산성중화능력(acid-neutralizing capacity)을 나타내는 알칼리도는 효과적으로 응집제를 주입하고 배수수질의 안정성(stability)을 판단하기 위하여 정수장에서 계측한다. 알칼리도계의 사용례로서는 응집제 주입률을 결정하기 위하여 탁도측정과 함께 배수시설에서의 부식성 척도로서 사용되고 또 원수 수질감시와 수질변동 지표로서도 사용된다.

4) 잔류염소

물속의 잔류염소는 유리잔류염소와 결합잔류염소로 구성된다. 잔류염소 측정에는 2종류의 포라로그래픽(전기분해자동기록)방식이 있다. 즉 시약방식은 2종류의 유효염소를 분별하여 측정하는 전류측정법으로서 북미지역에서 일반적으로 채택하며, 또 무시약방식은 유리유효염소를 직접 측정하는 방식이다.

시약형 잔류염소계 응용은 정수장에서의 염소처리제어를 위한 유리잔류염소를 측정하는 것과 암모니아성질소를 제거하기 위한 불연속점염소처리에서 잔류염소를 측정하는 것 및 배수관망에서의 유리잔류염소를 감시하는데 사용된다. 한편, 무시약형 잔류염소계의 응용은 배수관망에서의 유리잔류염소를 감시하고 저농도에서 정수의 유리잔류염소감시에 사용되고 있다.

무시약형의 주요 장점은 유지관리비용이 저렴하다는 점이다. 그러나 pH에 따라 이용가능 범위가 제한된다는 것과 전극오손의 영향이 예민하다는 단점이 있다.

5) 전기전도도

전기전도도란 "전류를 통하기 위한 수용액의 정도를 수치로 나타낸 것"이다(Standard Method 1989). 전기전도도는 물에 포함된 각종 이온의 존재와 농도에 좌우된다. 전기전도도는 원수와 급수수질에서의 염분과 기타 수질변화를 감시하는 것과 원수에 포함된 총용존

고형물(TDS)을 추정하는데 사용된다.

6) 기타 분석

온라인 수질분석계로서는 더욱 색다른 분석을 할 수 있다. 그 예로서 탄화수소와 각종 살충제의 분석, 맛과 냄새에 관계되는 유기산의 이온크로마토그래픽분석, 일본과 유럽에서 채용되고 있는 방법으로 물고기의 거동을 활용한 생물학적인 감시, 암모니아성질소나 철분, 망간, 유기물질 등과 같은 염소소비물질에 의해 염소요구량을 연속적으로 측정하는 염소요구량분석, 그리고 온라인입자분석 등이 있다. 수질관련 법규제의 강화와 이용자들의 수질에 대한 관심이 높아지는 것을 고려하여 미량유기물질의 온라인측정이 절실하다.

그림 3.6은 일본 정수장에서 대표적인 온라인 수질측정을 나타내었다. 또 일반적인 원격수질감시시스템의 구조에 대해 그림 3.7에 나타내었다. 이 그림은 원격수질감시를 감시시스템에 어떻게 접속시키는지에 대해 설명하고 있다.

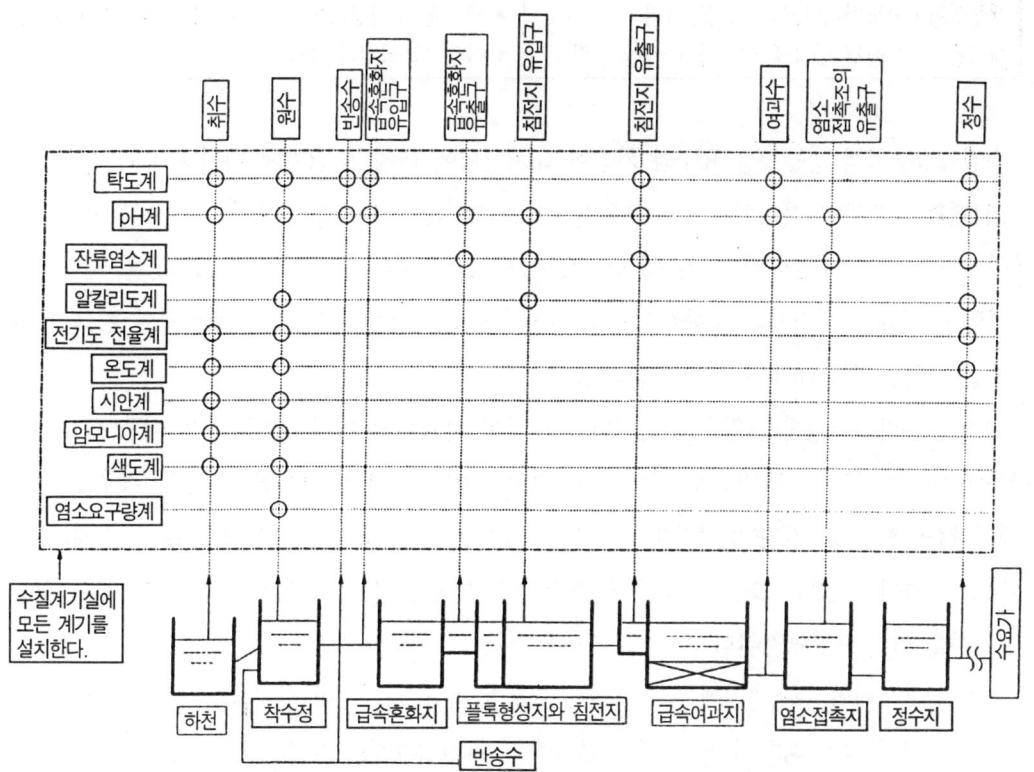

그림 3.6 일본에서 온라인 수질 계측항목과 측정지점의 예

그림 3.7 수질 모니터 시스템의 개념도

표 3.2 정수장 계측제어 요구

요 구	대 책
신뢰성 향상	원격 또는 자동교정기능 셀과 전극세척
유지관리 간략화	센서의 자기진단기능과 원격진단기능
수질규제강화와 측정개소 증가에 의한 더욱 엄격한 수질요건을 충족하기 위한 능력	• 계기의 집중설치에서 분산설치로의 이행 • 1대의 계기로 다점계측 • 무인 실시간 측정 • 시료농축공정의 삭감 • 원가절감
생물산화·고도처리 등의 새로운 처리 기술 또는 새로운 오염 물질 등장에 대응하기 위한 능력	• 새로운 분석장치의 개발(유기물, 입경분석 등) • 다성분분석계의 개발

수질측정장치의 성능향상 요구와 가능한 대처방법에 대해 표 3.2에 나타내었다.

pH계와 탁도계는 온라인으로 오랫동안 이용되고 있는 반면에 앞에서 열거하였던 항목의 분석계 대부분은 최근에서야 온라인방식으로 되었다. 이러한 분석계의 대부분은 시험실의 수작업에 의한 분석절차를 자동화시킨 초기장치에서 디지털전자기기로 뒷받침된 지극히 고도화된 장치인 오늘날의 것으로 변천해 오고 있다.

수질의 온라인측정에는 많은 기술이나 방법들이 사용되고 있다. 많은 경우 어느 특정수질 항목에 대하여 하나의 방법밖에 이용할 수 없지만 여러 방법을 사용할 수 있는 경우도 있다 (예 : 잔류염소). 한 가지 방법밖에 사용할 수 없는 경우(예 : pH)에도 이용하는 소재나 구성방법에 차이가 있다. 그 결과 검수에 포함된 각종 성분이 각각 온라인 수질분석계의 성능에 영향을 미친다고 생각된다.

온라인 분석계의 유지관리에 필요한 기술수준과 소요시간은 이 장치들을 성공적으로 사용하기 위하여 중요한 사항이다. 온라인 분석계의 전기기계적인 문제는 계측제어기기를 유지관리하는 통상적인 능력 범위 내이지만 분석화학적 측면은 그렇지 않다. 이에는 수질시험실

담당과 계측제어기기 유지관리직원간에 긴밀한 협력관계가 필요하다. 보전관리에 소요되는 시간은 기기에 따라 다르지만 구조의 세부에 대해 세심하게 배려함으로써 최소화시킬 수 있다. 접근과 이동이 쉬운 것이 좋은 수질분석계의 중요한 조건이다.

검사시료 이송과 조절방식도 온라인 분석계를 성공적으로 이용하는 중요한 요소이다. 측정에는 손대지 않는 것이 좋지만 대부분의 온라인 분석계는 분석의 일부로서 시료를 적정하게 뿌려주거나 또는 그 밖에 시료를 조정함으로써 주위환경에 더욱 가깝게 조절해야 한다. 관내에 침강되지 않도록 하기 위하여 시료수의 관내유속은 최저 1m/s는 되어야 한다. 분석계가 자동제어되는 경우에는 운송시간을 고려해야 하며 용존산소나 잔류염소와 같은 몇 항목은 시간경과에 따라 변질되는 것에도 주의해야 한다. 온라인데이터와 기준데이터와의 차이를 평가하는 경우에는 평가항목에 시료운송과 시료조정 항목을 포함시켜야 한다.

3.2 현장제어기기

수돗물 공급과정에서의 현장제어기기로는 제어밸브, 밸브조작대와 개도표시기, 계량펌프와 전동기 그리고 펌프회전수제어장치가 있다. 이러한 형식의 계측장비에 대한 최근 기술개발속도는 다른 계측제어기기류에 비하면 비교적 완만한 편이다. 이는 현장제어기기가 전자장치(electronics)보다는 전기기계요소(electromechanical element)에 의존하고 있다는 사실에 기인한다.

3.2.1 제어밸브조작기(control valve operators)

제어밸브조작기에 관한 다음 정보는 The Wastewater Treatment Plant Instrumentation Handbook(Mamoss, 1985)에서 인용하였다.

1) 전동제어밸브조작기
적용분야 : 전동밸브조작기는 비교적 작은 토르크를 필요로 하는 경우에 경제적이다. 큰 토르크용인 대형 전동장치는 유압식이나 공기압식과 비교하여 일반적으로는 조작이 느리고 상당히 무거우며 시간당 조작횟수도 한정되고 있다. 이 방식에 대한 정상자동안전(normal fail-safe) 위치는 "현상태 유지(lock-in-loast state)"이다. 복잡한 밸브제어장치는

"고장시에 열림(failed signal open)" 또는 "고장시에 닫힘(failed signal closed)"이거나 "현상태 유지(as is)"로 되도록 선택시방을 제의할 수 있다. 원격지에 설치되어 있으면서 다른 동력원(공압식 조작기를 위한 압축공기공급)을 이용할 수 없는 경우에는 전동밸브조작기를 사용하는 것이 큰 이점이다.

조작원리-on/off 조작: 전동밸브는 기어박스를 구동시키기 위하여 가역전동기를 사용하거나 밸브를 개폐시키기 위하여 다른 기계적인 개도제어기구를 사용한다. 전동기는 밸브가 완전히 열렸거나 완전히 닫힌 위치로 되었을 때에 밸브구동전동기를 정지시키도록 연동된 릴레이접점이나 정역회전식 전동기동기로 제어된다. 조절할 수 있는 리밋스위치가 밸브의 완전열림 또는 완전닫힘 위치를 감지한다. 만약 밸브에 이물질이 끼이거나 기아가 움직이지 않는 경우에 전동밸브의 전동기나 조절기구의 손상을 방지하기 위하여 가역회전식 기동기에 직렬로 대토르크차단(high torque cutout)스위치를 두는 것이 일반적이다.

조정조작: 전동밸브는 기아박스를 구동시키기 위한 가역전동기를 사용하거나 밸브를 조작하기 위한 다른 기계적인 개도제어기구를 사용한다. '닫힘'접점이 설정되었을 때에는 희망하는 방향으로 밸브개도전동기가 기동되는 반도체가역전동기식 기동기에 의해 전동기가 제어된다. '닫힘'접점으로 지속되는 동안 전동기는 작동을 계속할 것이고 밸브개도를 변경시킬 것이다. 조작접점이 개방되면 밸브개도전동기는 정지할 것이다. 대부분의 제어밸브는 직류 4~20mA로 전자적 위치제어를 수용한다. 밸브개도전송기는 밸브개도에 따라 직류 4~20mA의 출력신호를 발생한다.

2) 수압식 제어밸브 조작기

적용분야: 축압기(accumulator) 내의 액체를 가압시키는 공통펌프장치로부터 고압수를 공급받는 것이 일반적이다. 밸브개도표시기나 또는 수압식 파이로트밸브시스템을 통해 액추에이터(구동장치 : actuator)가 제어된다. 높은 강성(예 : 밸브본체의 변형력에 대한 저항 등)으로 우수한 조임제어(throttling control)특성이 된다. 수압식 밸브조작기는 높은 토르크를 출력할 수 있다. 다만, 초기시설비와 유지관리비용이 높다. 자동안전위치(fail-safe position)는 '현상유지(hold)', '고장시 열림(fail open)', '고장시 닫힘(fail close)'을 선택할 수 있다.

조작원리: 수압식 구동밸브는 일반적인 버터플라이밸브나 볼밸브를 개폐시키기 위하여

피스톤조작기를 사용한다. 각 솔레노이드형 파이로트밸브는 밸브를 조작시키기 위하여 가압수를 피스톤의 한쪽으로 유도시킨다. 밸브가 설정된 위치에 도달하면 밸브액추에이터에 있는 조정식 리밋스위치가 솔레노이드형 파이로트밸브를 닫는다. 실린더 내의 수압은 설정된 밸브개도를 유지시키기 위하여 기계적으로 유지시키거나 배출시킨다. 조정식 리밋스위치는 밸브가 '전개'인지 '전폐'인지를 감지한다. 밸브개도표시기 전송기는 밸브개도에 따른 비율로 출력신호를 발신한다.

3) 공기압식(pneumatic) 제어밸브 조작기

적용분야 : 공기압식 제어밸브 조작기는 다음 2종류의 형식을 이용할 수 있다. 첫째는 수압 액추에이터와 유사한 피스톤 액추에이터이고, 두 번째는 스프링-다이어프램 액추에이터이다.

공기압피스톤식 액추에이터. 피스톤식 액추에이터는 전개/전폐기능과 조절기능에 사용된다. 요구되는 추력이나 토크가 스프링-다이어프램 액추에이터의 능력을 초과하는 경우에는 피스톤식 공기압밸브 조작기를 사용해야 한다. 이 형식은 장치의 작동이 신속하다. 자동안전위치(fail-safe position)는 '최종상태유지(hold-last-state)'나 '고장시 열림' 또는 '고장시 닫힘'이다.

스프링-다이어프램식 액추에이터. 스프링-다이어프램식 액추에이터는 제어용으로 사용되는 장치이고, 시설비용은 적지만 신뢰성이 높고 유지관리가 쉬우며 작동이 신속하다. 통상적인 공기압신호는 21~103kPa〔게이지압〕(약 0.2~1.04kg/cm^2)이기 때문에 밸브개도계를 사용하지 않으면 추력용량이 제한된다. 고장시에 밸브를 열리게 하거나 또는 고장시에 밸브를 닫히게 하도록 액추에이터를 선정할 수 있다.

조작원리 : 공기압작동밸브는 밸브를 열고 닫는데 공기압개도표시기를 사용한다. 밸브개도표시기는 기계적인 위치감지특성과 함께 파이로트밸브의 특성들을 조합한다. 이것은 다이어프램이나 실린더에 최고압력을 공급할 수 있고 밸브작동의 전행정 범위에서 추력을 증대시키고 안정성을 높일 수 있다. 전형적으로 솔레노이드밸브는 개폐제어를 압축공기의 흐름으로 제어된다. 설정된 밸브개도를 유지하기 위하여 구동실린더의 공기압력을 기계적으로 그대로 유지시키거나 또는 배출시킨다.

제어할 수 있는 리밋스위치가 밸브의 전개위치 또는 전폐위치를 감지한다. 특유의 신호조

조건을 갖는 밸브개도전송기는 제어목적으로 밸브의 개도비율에 따라 직류 4~20mA의 출력신호를 발신한다.

공기압작동밸브로는 전형적으로 기계적으로 작동되는 버터플라이밸브, 볼밸브, 플러그밸브 또는 블레이더형 핀치밸브 등이다. 솔레노이드밸브는 밸브개도에 따른 밸브개도표시기에 의해 압축공기를 조절한다. 제어접점이 닫혔을 때에 해당 솔레노이드밸브는 열려 있으며 제어접점이 열릴 때까지 실린더는 밸브조작기를 작동시킨다.

밸브조작 : 외력으로 원격개도를 제어할 수 있다. 제어성이 좋으며 피드백으로 밸브개도신호를 사용함으로써 정확하게 개도를 제어할 수 있다.

4) 밸브조작-최근 경향

현재는 마이크로프로세서와 디지털전송장치에 의한 지능기능을 갖춘 현장제어기기가 시장에 등장하게 되었고 이러한 기기 개발은 계속되고 있다. 밸브조작에 대한 지능형 제어는 다음 3종류의 방법을 사용할 수 있다.

- 다중디지털신호를 사용하는 원격조작단말기로부터 정보를 처리하는 현장버스 개념을 사용하는 「통신버스」 방식
- 제어밸브구동부가 주변에 있는 마이크로프로세서에 설치된 제어장치를 구비하고 있는 「제어밸브 내의 제어기능」 방식
- 밸브 부품자체가 현장데이터저장과 판단기능, 자동안전(fail safe)조작 및 유량조절을 하는 「지능형」 방식

장래의 지능형 밸브에 대한 해결방안은 앞에서 설명한 세 가지 방식을 조합한 형식이 될 것이다.

3.2.2 펌프의 회전속도제어

펌프의 회전속도(rpm)에 따라 출력특성이 바뀐다. 펌프의 회전속도는 이송되는 물이나 약품의 양과 압력을 제어하기 위하여 조정된다. 마찬가지로 혼화기의 회전속도에 따라 출력특성이 변한다. 회전속도는 급속혼화지나 플록형성지에서의 교반강도를 제어하기 위하여 조정된다. 회전속도를 제어하는 2가지 방법이 있다. 하나는 구동전동기(통상적인 전동기)의 회전속도를 제어하는 방법이고, 다른 하나는 전동기에서 전달되는 출력을 제어하기 위하여

와류커플링 또는 액체커플링을 사용하는 방법이다.

펌프의 회전속도제어는 구동전동기의 속도조절로 이루어지는 것이 가장 일반적이다. 이 방법이 비교적 적은 운전비용으로 고도로 제어할 수 있다. 다만, 회전속도제어장치를 설치하는 비용이 고액이고 전기적 제어장치를 유지관리하는 데는 고도의 기술이 필요하다.

실제 양정에 비해 큰 손실수두가 있는 시설이나 실질적으로 유량이 변동하는 운전특성을 가지면서 연속적으로 운전해야 하는 시설에는 펌프회전속도제어가 알맞다. 회전속도제어는 일반적으로 여러 장치를 시퀀스제어로 조합하여 사용된다.

각종 전동기에 대한 회전속도제어방식의 개략을 **그림 3.8**에 표시하고 설명하였다. 또 일본에서 사용되고 있는 펌프회전속도제어방식의 비교를 **표 3.3**에, 미국에서 사용되는 예를 **표 3.4**에 나타내었다.

1) 농형 유도전동기

농형 유도전동기는 인버터에 의한 주파수제어와 전압제어가 사용되고 있다. 주파수제어가 주류로 되고 있다. 이 방식은 효과적으로 제어하기 위하여 전압과 주파수를 변환하는 인버터에 의해 삼상교류입력을 정류하고 재생하는 방법을 쓴다. 주파수제어에 사용되는 인버터는

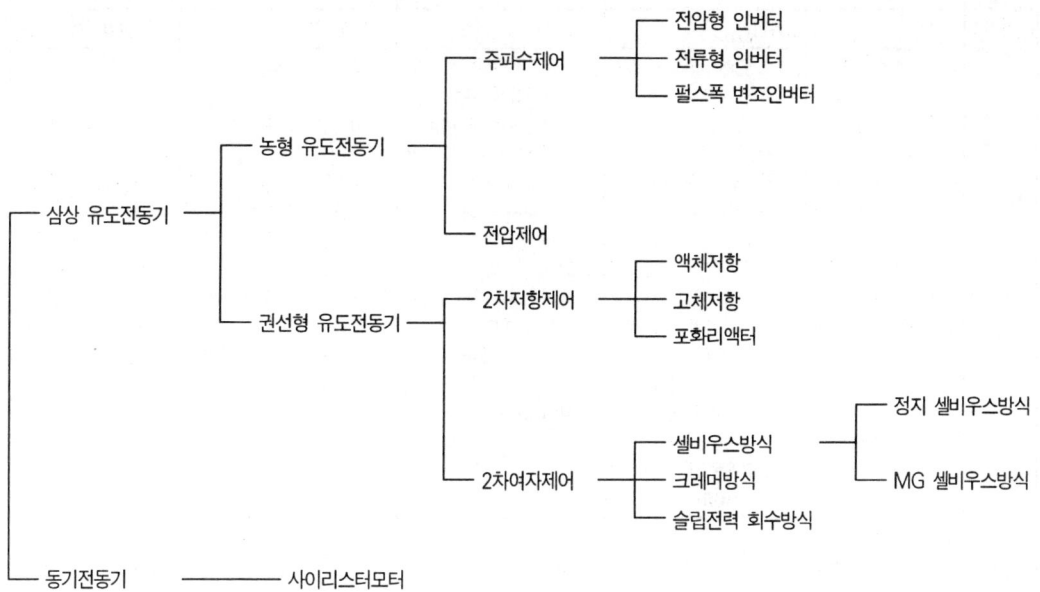

그림 3.8 펌프구동용 전동기의 형식으로 분류된 회전속도제어방식의 종류

표 3.3 펌프회전속도제어시스템의 비교

제어방식	2차저항법	사이리스터셀비우스방식	주파수 제어방식(전압형)	주파수 제어방식(전류형)	사이리스터모터
전동기	권선형 유도전동기	권선형 유도전동기	농형 유도전동기	농형 유도전동기	동기전동기
원리	2차저항치를 조정하여 속도제어 : 회전자의 슬립손실은 저항에서 열로 없어진다.	2차전력은 정류기에서 직류로 정류되며, 이것을 사이리스터인버터를 통해 전원 측에 반환된다. 사이리스터의 위상제어에 의한 속도제어	3상교류는 실리콘정류기에서 일정한 직류전압으로 정류된다 : 3상트랜지스터인버터(PWM)에 의해 출력전압과 출력주파수의 비(V/F)를 일정하게 하여 속도가 제어된다.	3상교류를 사이리스터정류기에서 가변직류전압으로 정류되고, 또한 직류전압을 리액터를 통해 평활해진다 : 속도제어는 3상사이리스터인버터를 통해 교류가변주파수로 변환함으로써 이루어진다.	3상교류입력은 3상순브리지를 통해 정류되고, 3상인버터를 통해 역변환된다 : 속도검출기와 인버터에 의해 속도를 제어한다.
제어범위	60~100%	60~100%	10~100%	10~100%	10~100%
종합효율	55~90%	80~90%	80~90%	77~87%	80~90%
주요제어기기	액체저항기 또는 고체저항기+초퍼(chopper)	실리콘정류기, 제어장치, 인버터, 변압기, SCR인버터, 직류리액터, 고속차단기	실리콘정류기, 제어장치, 트랜지스터(GTO)인버터, 콘덴서	SCR정류기, 제어장치, 인버터, 변압기, SCR인버터, 직류리액터	SCR정류기, 제어장치, SCR인버터, 직류리액터
일상보수	전동기카본브러시 액체저항기(고체저항기 + 초퍼)	전동기의 카본브러시, 기동저항기(고체 또는 액체)	보수 필요하지 않다.	보수 필요하지 않다.	보수 필요하지 않다.
설치면적	100	200	120(저압전동기)	200	200
제어성	액체저항기의 경우는 즉응성이 좋지 않다.	즉응성과 뛰어난 속도제어	즉응성과 뛰어난 속도제어	즉응성과 뛰어난 속도제어	즉응성과 뛰어난 속도제어
에너지 절약효율	좋지 않다.	양호하다.	양호하다.	양호하다.	양호하다.
시설비	저렴하다.	고가이다.	고가이다.	아주 고가이다.	아주 고가이다.
특징	1. 제어기기가 단순 2. 브러시와 저항기의 보수가 필요하다. 3. 회전자의 슬립손실은 저항에서 열손실로 되므로 저속시의 효율이 좋지 않다. 4. 액체저항을 사용하는 경우에 적응성이 좋지 않다. 5. 속도변동률이 크다.	1. 속도제어범위가 좁을수록 정류기와 변압기의 용량이 작다. 2. 2차측전력은 전원측에 반환하기 때문에 저속시에도 효율이 좋다. 3. 대수가 많고 전속 운전하는 경우 일괄 제어할 수 있다. 4. 제어장치의 고장시에는 2차단락으로 정속 운전이 가능하다. 5. 순간정전에 대한 보호책이 필요하다. 6. 고조파에 대한 보호책이 필요하다.	1. 다중접속인버터에 의해 출력전압에 포함된 저차고조파가 삭감된다. 2. 기설유도전동기를 가변 운전할 수 있다. 3. 순간정전에 대한 보호책이 필요하지만, 비교적 용이하다. 4. 초저속역을 제외하고는 역률이 좋다. 5. 고조파에 대한 보호책이 필요(다만, 전류형보다 작음)하다.	1. 다중접속인버터에 의하여 출력전압에 포함된 저차고조파가 삭감된다. 2. 기설유도전동기를 가변 운전할 수 있다. 3. 순간정전에 대한 보호책이 필요하지만 비교적 용이하다. 4. 저속역에서 역률이 좋지 않음 5. 고조파에 대한 보호책이 필요하다. 6. 회생제동을 할 수 있다.	1. 제어성이 뛰어나다. 2. 운전효율이 좋다. 3. 좋지 않은 환경에 사용하기 최적이다. 4. 순간정전에 대한 보호책이 필요하지만, 비교적 용이하다.
적용용량	300~7,500kw 500kw 정도 이하 (고체저항 + 초퍼)	30kw 정도 이상	250kw 정도 이하 220kw 정도 이상(GTO인버터)	75kw 정도 이상	3.7kw 정도 이상

출전 : 수도시설설계지침·동해설 1990(일본수도협회)

표 3.4 북아메리카에서의 회전속도제어장치의 비교

제어방식	전압형 인버터(VVI)	전류형 인버터(CSI)	펄스폭변조인버터(PWM)	직류전동	2차여자법	와류커플링
전동기종별	농형 유도전동기 및 동기전동기	농형 유도전동기 및 동기전동기	농형 유도전동기 및 동기전동기	정류된 직류	권선형 유도전동기	농형 유도전동기
적합 용량(Hp)	1~1,000	50~5,000	5~5,000	0~10,000	400~20,000	1~1,000
감속비= 최대속도/최저속도	10:1	10:1	30:1	개회로 20:1 타코메터 있을 때 200:1	5:1	2:1
제어성(피드백없음)*	5%	5%	5%	0.1~5% 피드백에 의존	2~5%	3~5%
내환경 적응성	좋음	좋음	좋음	나쁨, 유지관리곤란	보통	좋음
종합효율	88~93%	88~93%	85~95%	90~94%	92~96%	0~70%
병렬사용	인버터 정격 내에서 제한 없음	불가	인버터 정격 내에서 제한 없음	가능, 부하분배를 위한 제조업체시방	가능	불가
소프트기동	가능	가능	가능	가능	가능(기동저항사용시)	가능
역률	전류형 인버터보다는 양호 ** 속도에 따라 역률 하락	속도에 따라 역률 하락 **	양호함(거의 일정)	**	비교적 낮음	양호함
고조파	나쁨	전압형 인버터보다는 양호	적음	괜찮음	괜찮음	불량
원리	교류전원을 실리콘정류기에서 일정직류전압으로 변환하고, 인버터를 써서 주파수에 비례한 전압을 유도전동기에 공급한다.	3상교류를 사이리스타정류기에서 가변직류전류로 변환하고, 또한 직류전류를 리액터로 평활한 다음, 3상사이리스터인버터에서 교류가변주파수로 변환하여 속도제어를 행한다.	회로구성은 전압형 인버터와 유사하지만, 1사이클간의 전압을 몇 개의 펄스로 분할하고, 펄스 수와 펄스 폭을 바꿔서 속도제어하는 것이다.	속도는 공급전압이나 회전자전압으로 조정한다.	2차전력을 정류기에서 변환하고 이것을 인버터로 전원측에 반환한다.	유도전동기와 부하와의 사이에 전자커플링을 직결하고 전자커플링부분의 여자를 변경하는 것에 의해 슬립을 변화시켜 속도제어를 한다.
제어요소	전동기전압, 주파수	전동기전압, 전류, 주파수	전동기전압, 주파수	전동기회전자전압이나 전류 또는 공급전압	2차전압	여자전류
회생제동	옵션으로서 가능	가능	옵션으로서 가능	옵션으로서 가능	불가능	불가능
역회전	가능	가능	가능	가능	불가능	빈약
크기와 중량	중	대	소	중	소	제어장치는 소 커플링은 대
장점	동기주파수보다도 고속회전가능 기설유도전동기의 가변속운전가능 소프트기동가능	과부하보호가 쉬움 소프트기동가능	역률이 좋음 기설유도전동기의 가변속운전가능 소프트기동가능	단순구조 광범위속도변환 소프트기동가능	제어폭이 작은 경우에 적합하다. 회로가 단순 기존의 권선형 유도전동기 사용이 가능하다.	시설비가 저렴 제어가 간단 정토르크특성 있다.
단점	고조파가 나온다. 회생제동불가 소용량에만 적용가능	저부하시에 불안정 고조파가 나온다. 기설유도전동기의 가변속운전이 어려움 병렬운전 불가능	제어회로가 복잡하고 설치비용 높다.	브러시와 정류자 유지비용 높다. 중저속용용 한계 가등 불량환경에 부적합 대용량이 비싸다. 저속은 역률 나쁘다.	브러시의 보수점검이 필요하다. 역률이 나쁘다. 속도제어범위 작다.	저속역에서는 효율이 나쁘다. 역회전 제어불가 제어범위가 제한됨 브러시의 보수를 요한다.
용도 일반	소중용량의 병렬운전에 적합하다.	회생제동이 필요한 경우에 적합하다.	여러 가지 부하에 적용할 수 있다.	사용범위 넓고 기동토르크 낮다. 중저속에 사용한다. 범용	회전제어범위가 70~100%에서 역회전을 필요로 하지 않는 부하에 적합하다.	전부하운전에 적합하다.
용도 구체적인 예	컨베이어, 펌프, 팬, 공작기계	펌프, 컴프레서, 팬, 블로어	컨베이어, 팬, 펌프	사출기, 기계공구, 광산호이스트, 크레인, 에리베이터, 회전로, 진동기, 윈치, 대중교통	대형 펌프, 컴프레서, 대형 팬, 믹서, 컨베이어	팬, 펌프, 블로어

출전 : Ontario Hydro.1991. Adjustable Speed Drive Reference Guide Ontario Hydro, Toronto (2nd ed.)
* : 피드백제어에 의해 제어정도를 올릴 수 있다.
** : VVI, CSI와 DC드라이브는 속도에 따라 역률하락. 그 이유는 인버터가 다이오드나 초퍼로 제어되기 때문이다. 이것은 약간의 음향소음과 효율저하를 가져온다.

가변전압인버터, 전류원인버터, 광대역변조인버터가 있다. 이들 인버터에는 트랜지스터, 게이트턴오프(gate turn off : GTO)와 사이리스터(thyristor)소자들이 사용된다.

트랜지스터인버터는 속도제어범위가 넓고 PWM(pulse width modulation)방식으로 고주파분이 적으며 또 전 디지털제어능력을 가지고 있는 장점이 있다. 그러나 출력전압의 상한이 400~600V로 제한된다. GTO인버터는 트랜지스터인버터와 유사한 장점이다. 게다가 전자에 비해 출력전압을 고전압화시킬 수 있으며 현재로서는 4,000V 정도까지 상품화되고 있다. 사이리스터인버터(전류형)는 직접 전류를 제어하며 출력전압이 1,000V 정도까지 상품화되고 있다.

2) 권선형 유도전동기

권선형 유도전동기에 대해서는 2차저항제어와 2차여자제어가 사용된다. 2차저항제어에는 3가지 형태로 분류된다. 즉, 액체저항을 사용하는 것과 고체저항을 사용하는 것 및 과포화 리액터를 사용하는 방식이 있다. 액체저항방식은 대용량까지 제작할 수 있다. 모든 2차저항제어에서는 열을 발생하므로 공랭이나 수냉기구를 필요로 한다. 한랭지에서는 2차측 발생열을 난방용으로 유효하게 이용할 수 있다.

2차여자제어에는 셀비우스제어와 크레머제어 및 슬립(slip)에너지회수제어가 있다. 셀비우스제어에는 정지셀비우스방식과 전동발전기(MG)셀비우스방식이 있다. 일본에서는 권선형 유도전동기 2차전력을 회생장치를 거쳐 전동기 1차 쪽에 반환시켜서 속도를 제어하는 정지셀비우스방식이 널리 사용되고 있다. 고압전동기(3,000~6,000V)의 병렬운전을 제어하는 경우에 유효하다. 그러나 농형 유도전동기나 동기전동기를 사용하는 경우에 비해서 속도제어범위가 작다.

수천kw급의 대용량기에 크레머제어가 사용되고 있는 예도 있다. 크레머제어는 권선형 유도전동기와 직류전동기를 직결시키고, 직류전동기를 구동시키는 여자전류를 제어함으로써 권선형 유도전동기 2차측에서 기전력을 조절하는 방식이다. 셀비우스제어가 2차전력을 전기적으로 전원에 반환시키는 것에 비해 크레머제어는 2차전력을 기계적으로 활용한다. 입축펌프에 크레머제어를 채용하는 경우에는 설치면적이 적고 회로구성이 간단하며 기기설치비가 저렴한 것 등의 이점이 있다. 그러나 크레머제어는 보다 많은 유지보수가 필요하고 직류전동기를 사용함으로써 발생되는 소음문제가 있다.

슬립(slip)에너지 회수에 의한 2차여자도 사용되고 있다. 이것은 회전속도제어에 의해 전동기 토르크가 변하기 때문에 전동기 2차전류를 2차초퍼로 제어하는 방식이다. 보통 공급전력과 같은 교류전력을 회전자 정류기에서 직류전류로 회수하는 변환이다. 종래의 셀비우스 제어방식에 비해 효율이 높으며 동시에 소형화된 방식이다.

3) 동기전동기

동기전동기의 회전속도제어에는 무정류자전동기(thyristor motor)제어가 사용된다. 이것은 3상교류입력이 3상브리지와 3상인버터에 의해 가변주파수로 변환된다. 이 방법은 불리한 환경에서 제어성이 뛰어나고 대용량에도 적용할 수 있으며 전반도체제어를 할 수 있다. 그러나 북아메리카의 수도사업체에는 동기전동기가 일반적으로는 사용되지 않는다.

4) 기타 회전속도제어 방식

기타 회전속도제어방식으로서 극수변환, 와류커플링, 가변익제어, 유체커플링방식 등이 있다. 그러나 플로큐레이터제어와 약품주입펌프 이외에는 정수시설에 이들 제어방식이 거의 사용되지 않는다.

속도제어의 응용에 대해서는 제8장에서 논의하기로 한다. 변속구동의 구체적인 것에 대해서는 Kosow(1973)과 Ontario Hydro(1991)에 설명되어 있다.

3.3 펌프제어

수요지역까지 배수관망을 통해 물을 수송하기 위해서는 펌프, 전동기, 배관, 밸브, 배수지, 제어용건물 등과 같은 많은 시설들이 필요하다. 수요가 있으면 펌프를 구동하는 전동기에 전력이 입력되며 관로상의 밸브도 개도가 조정된다. 그리고 수요가 충족되었을 때에는 펌프운전이 중지된다. 최신의 펌프시설에는 여러 가지 복잡한 것을 고려해야 하며, 장치의 제어 필요성을 충족시키기 위한 단순한 on/off 레벨스위치나 압력스위치는 거의 볼 수 없다.

일반적으로 증가하는 물의 수요와 기대되는 수압을 충족시키기 위한 근대적인 펌프시설에서는 최소한 2대나 그 이상의 펌프가 필요하다. 결과적으로 오늘날의 펌프시설제어는 장치의 모든 주요부품의 효율성과 신뢰성 및 내구성과 관련이 있다.

경우에 따라 다음과 같은 사항들을 필요로 한다.
- 현장이나 원격에서 수작업으로 기동과 정지제어
- 현장이나 원격에서 자동으로 기동과 정지제어
- 현장이나 원격에서 자동으로 일정압력제어
- 현장이나 원격에서 자동으로 일정압력(수위)제어

수요와 관련된 펌프시퀀스, 보호협조, 가변유량제어나 일정압력제어의 필요성, 정보와 데이터전송처리, SCADA에 대한 정보검색과 같이 요구되는 특수시설의 설치와 관련하여 각 제어방식은 개별적으로 고찰할만하다. 수도산업에서 프로그래머블 로직 컨트롤러가 개발되고 상용화됨으로써, 제어장치에서 일반적으로 볼 수 있었던 전기기계장치의 대부분이 소멸될 것으로 예고하고 있다. PLCs와 RTUs는 복합 무인펌프장을 안전하고 신뢰성이 있는 자동운전을 할 수 있는 환경을 조성하였다.

3.3.1 센서

전형적인 펌프시설에서 나타나는 다양한 변수에 관한 기본정보를 얻기 위해서는 센서와 전송기가 필요하다. 가장 일반적으로 많이 사용되는 것은 다음과 같다.

1) 수위감시와 on-off제어
   - 레벨스위치 : 세라믹이나 스테인리스스틸 부자에 의해 작동
   - 전극봉 : 용량식 또는 유도식
2) 수위감시와 비율신호 연속표시
   - 기포식과 부대전송기
   - 초음파식
   - 부자로 구동되는 정전용량식
3) 압력감시와 on-off제어
   - 압력스위치
4) 압력감시와 비율신호 연속압력표시
   - 압력전송기 : 게이지압력
   - 압력전송기 : 절대압력
   - 압력전송기 : 차압

전송기에는 2심 또는 4심 케이블로 구성되고 DC 0~10V, DC 1~5V, DC 0~20mA, DC 4~20mA와 같은 전송신호가 수신장치에 의해 사용된다. 북아메리카의 수도시설에서 사용되는 전송기의 약 95%는 DC 4~20mA형의 것이다.

3.3.2 펌프제어

수도용 펌프시설은 일반적으로는 가변적인 토르크부하 특성을 가지고 있고, 일정범위 내에서 동시에 아래에 기술한 상사법칙에 따르는 원심력펌프를 사용하고 있다. 즉,
- 원심력펌프의 토출량은 펌프회전속도에 비례한다.
- 양정은 펌프회전속도의 2승에 비례한다.
- 동력은 펌프회전속도의 3승에 비례한다.

전동기와 제어의 종류를 **그림 3.8**(79페이지)에 나타내었다.

1) 기동-정지제어

삼상농형 유도전동기(SCIM : squirrel-cage induction motors)의 기동과 정지 제어에는 전동기에 전력을 접속시키고 차단시키는 장치가 필요하다. 목적에 따라 특수한 특성을 가지고 있으면서 이러한 일을 실행할 수 있는 여러 형태의 장치들이 많이 있다. 그 예를 들면 다음과 같다.
- ACL(across-the-line), 일반적으로 50hp까지의 전동기에 사용되며 내습전력 문제가 없는 데에 사용한다.
- RVAT(reduced-voltage autotransformer), 일반적으로 50hp 이상 전동기에 사용된다. RVAT는 기본적으로 전기공급의 안정성을 확보하기 위하여 시도하는 것으로 내습전력을 최소화할 수 있다. 이것은 전력회사의 전원이 단전되었을 때에 펌프장 동력용으로 예비디젤엔진 발전기에 의존하도록 설치된 것과 특별히 관련된다.

일반적인 펌프 설치에서 자주 채용되지는 않는 다른 형태의 감전압 기동기로서는 다음과 같은 것이 있다.
- 감전압, 반도체, 이것은 가속도를 제어하기 위해서 전동기의 타코미터 발전기로부터 피드백으로 응답시킬 수 있는 조정할 수 있는 전류나 전압 램프의 이용가능성
- 감전압, 1차저항

- 감전압, 부분권선(특수전동기 소요)
- 감전압, 스타-델타(특수전동기 소요)

2) 일정압력-일정수위 제어

관망의 수리가 어떻게 변하거나 변동하더라도 일정수위 또는 일정압력 제어에 대한 필요성을 요구하는 공정인 경우로서 자동제어밸브에 의한 공정제어와 가변속구동기(adjustable speed drive : ASD)를 갖춘 원동기(prime mover)를 제어함으로써 공정을 제어할 수 있는 2가지 방법이 있다. 소규모 시스템인 경우를 제외하고는 일반적으로 자동제어밸브에 의한 공정제어방법은 시스템의 효율이나 전력비용을 고려하면 비용-효과적인 방법은 아니다.

수원과 관말 간에 수요구역이 있는 경우에는 자동제어밸브가 아주 중요하고 유용한 목적으로 사용될 것이며, 특히 추가적인 펌프장이 필요한 경우에는 더욱 그렇다.

3) 회전속도제어

수도용 펌프장에서 종래부터 사용되고 있던 일반적인 가변속 구동에는 다음과 같은 것이 있다.

- 와류커플링-와류크러치로 알려진 것과 같음
- 유체커플링
- 직류구동장치
- 액체저항기, 권선형 유도전동기(WRIMs : wound-rotor induction motors) 2차저항제어. 이 방법의 하나는 임피던스 변화에 비례하여 속도가 변화하도록 전해조의 전해질농도를 변경시키는 방법을 채용하였다. 또 다른 방법은 회전자권선의 2차회로 임피던스를 변경시킴으로써 달성하기 위하여 2차전도체 탐사침의 잠입을 변경시킴으로써 전해조에서 일정농도를 유지하는 방법을 채용하였다. 전해조 온도를 제어하기 위하여 열교환기와 순환펌프가 추가적인 필요항목이다.
- 금속저항기, 권선형 유도전동기 2차저항제어장치
- 가포화 리액터, 권선형 유도전동기 2차저항제어장치

권선형 유도전동기에 의한 제어는 일반적으로 유지관리와 운전비용이 높지만 장치는 단순하고 신뢰할 수 있다. 이 전동기는 6개의 전도체(conductor)를 가지고 있는데 그 중 3개는 고정자용이고 나머지 3개는 슬립-링과 카본브러시를 경유하여 2차권선에 연결된다.

2차저항제어방식에서의 손실열을 포집할 수 있으며 동절기에는 일반적인 난방용으로 대체할 수 있다. 역으로 하절기에는 손실열을 강제 환기시켜야 한다.

농형 유도전동기와 권선형 유도전동기 사이의 현재 가격 차이 때문에 가변속구동기에 필요한 신규 펌프설비가 1,000hp 이하인 경우에 권선형 방식을 채택하도록 허용되지 않는다. 북아메리카 그 중에서도 특히 캐나다에서는 유럽에서 이미 이루어진 권선형 유도전동기 2차 전력회수장치를 사용한 펌프장치가 5,000hp 이상에까지 이러한 방법의 가능성을 제의하고 있다.

유럽이나 일본에서 사용되는 권선형 유도전동기 2차여자제어방식의 파생품으로는 다음과 같은 것들이 있다.

- 르블랑(Leblanc)방식
- 크레머방식
- 셀비우스방식

이러한 방식은 2개 이상의 회전소자를 사용하고 있고 북아메리카의 대형 수도시설에서는 일반적이 아니다.

전술한 방식을 한정된 범위에서 특수목적으로 북아메리카에서 개발된 향상된 방식은 다음과 같다.

- 워드레오나드(Ward Leonard) 방식
- 제너럴일렉트릭 BTA 방식(Schrage brush shifting motors에서 인용)
- 로스만(Rossman) 방식

권선형 유도전동기 2차여자제어방식의 중요한 특징은 주제어방식이 고장 난 경우에 저항기를 사용하여 다른 속도로 백업 운전할 수 있다는 이점이 있다.

북아메리카의 수도시설에 설치되어 있는 회전속도제어장치에는 다음과 같은 것이 있다.

- 1,000hp까지의 농형 유도전동기에 대해 600V에서 제어하는 주파수제어구동장치
- 1,000hp 이상의 농형 유도전동기에 대해 4,000V에서 제어하는 주파수제어구동장치
- 1,000hp 이상의 권선형 유도전동기에 대해 제어하는 2차전력회수구동장치

가변주파수제어구동장치는 또 전압형 인버터(VVI), 전류형 인버터(CSI), 펄스폭변조인버터(PWMI)로 나뉜다. 이러한 가변주파수제어구동장치는 기동이 부드럽고 필요한 속도나

부하까지 감전압으로 기동할 수 있는 우수한 기동특성을 갖는다.

가변주파수제어구동장치나 유도전동기 2차전력회수구동장치는 최첨단기술을 사용하고 전동기 회전속도조정으로 사용하는 복잡한 장치이다. 다만 높은 성능과 신뢰성을 갖고 있는 것이므로 지금은 수도시설에 많이 채용되고 있다.

마이크로프로세스로 구동되는 직렬인터페이스는 선택시방과 모뎀을 가지고 있으며 RS 232/422/485채널을 통한 운전항목에 원격제어와 접속할 수 있는 능력을 제공한다.

비율/적분/미분(PID) 루프는 PLC나 SCADA방식에 있거나 또는 분산장치에 홀로 있거나 간에 감시된 변수들이 일시적인 피드백루프로서 작동하므로 수용할 수 있는 한계 내에서 또한 개방루프회로에서 피드백이 없이 공정변수를 유지한다.

이러한 기술을 사용함으로써 생기는 중요한 이점은 전원에서 발생하는 고조파 비틀림과 같은 잠재된 우발사건에 대한 대책이 요구되는 경우가 있다. 이러한 점에서 고조파는 기본 주파수의 배수로 정의된다. 예를 들면, 제5고조파는 $300Hz(5 \times 60Hz = 300)$를 나타내며 제7고조파는 420Hz를 나타낸다. 허용범위를 초과하는 고조파 비틀림은 설치되어 있는 컴퓨터, SCADA(감시제어데이터 수집)시스템, UPS(무정전전원장치), 기타의 기록계와 지시계에 문제를 일으키는 경우가 있다.

펌프의 운전제어는 가능한 한 에너지소비로 필요한 유량이나 압력을 얻기 위하여 Q-H 곡선에 따른 운전을 목적으로 하고 있다. 직접배수에서 펌프제어는 수요특성과 배수관망특성에 따라 토출압일정제어방식 또는 배관말단압일정제어방식의 어느 쪽이라도 된다. 배수지나 고가수조 또는 공기압탱크에 의한 간접배수에서는 배수지나 고가수조의 수위 또는 공기탱크 내에서 수위나 공기압탱크의 공기압에 따라 펌프가 제어(on-off제어)된다.

3.4 조사연구의 필요성

수도시설 관리의 운영강화에 필요한 정보를 중심으로 하였다. 광범위한 필요성이나 애플리케이션에 관해서는 제1장에서 개략 설명하였다. 다음에는 센서와 제어기기에 관련되는 특별한 필요성에 관해 열거한다.
- 유량, 압력, 수위를 위한 물리적 센서에 관해서는 정확도나 응답성에 관한 개선이 필요하다.

- 물리적 센서에는 장치의 상태표시기능을 추가시키는 보수성 강화가 필요하다.
- 센서 전반에 대하여 시간이나 생성된 데이터에 의해 원격자동교정이 바람직하다.
- 표 3.2에는 수질센서에 관한 많은 연구조사의 필요성을 지적하였다. 센서는 제어시스템의 기반이다. 센서기술 특히 수질분야에서 센서기술은 꽤 뒤떨어진 편이며, 또 계기류의 높은 라이프사이클비용과 낮은 정확도 및 정밀성으로 계장에 한계가 있다. 수질센서의 개발을 추진하는 시장의 힘은 제한되어 있기 때문에 사업체가 공동으로나 독자적으로 센서개발에 적극적으로 나서는 것이 필요하다.
- 맛과 냄새의 감각적 항목을 감지하기 위한 센서가 필요하다. 다만 이와 같은 센서개발의 성패는 이러한 항목을 정의하기 위한 금후의 화학적 및 생물학적 연구에 달려 있다.
- 생물학적 센서에 의한 독극물감지기 개발이 필요하다.
- 후민질 이외의 「색도」를 감지할 색도계측수단을 개발해야 한다. 센서개발은 온라인을 전제해야 한다. 일본에서 "색도" 측정은 매일검사항목이다.
- "색도"와 "탁도"를 감지하는 값싼 센서가 필요하다.
- 저농도의 여러 잠재적 오염물질을 감시하는 센서의 평가가 필요하다.
- 센서를 위한 공통프로토콜과 기준이 필요하다.
- 수도용 센서나 제어용 센서와 컴퓨터 사이에 신속하고 통일된 통신을 하기 위한 프로트콜을 연구해야 한다.
- 비용효과가 높고 우수한 정밀도를 갖는 제어밸브액추에이터 개발이 필요하다.
- 마이크로프로세서나 디지털전송시스템에 의해 구성되는 지능기능을 갖춘 진전된 현장 제어기기 개발이 필요하다.
- 보다 우수한(내구성이 보다 뛰어나고 보수의 필요성이 적은) 대용량의 가변속구동제어장치가 필요하다.
- 보수의 필요성을 예측함과 동시에 펌프장치의 고장을 방지하기 위한 펌프진동센서 개발과 그 적용이 필요하다.

참고 문헌

American Water Works Association. 1990. *Standard for Cold-Water Meters*

—*Displacement Type, Bronze Main Case.* ANSI/AWWA C 700-90. Denver, Colo.

Japan Water Works Association. 1990 : *Design Criteria for Waterworks Facilities.* JWWA, Tokyo, Japan.

Kosow, I.L. 1973. *Control of Electric Machines.* Prentice-Hall Inc., Englewood Cliffs, N.J.

Manross, R.C. 1985. *Wastewater Treatment Plant Instrumentation Handbook.* EPA600/8-85/026. USEPA, Cincinnati, Ohio.

Ontario Hydro. 1991. *Adjustable Speed Drive Reference Guide.* Ontario Hydro, Toronto(2nd ed.)

Standard Methods for the Examination of Water and Wastewater. 1989. Clesceri, L.S. ; Greenberg, A.E., & Trussell, R.R.(eds.). American Water Works Association, Denver, Colo.(17th ed.)

제4장 제어기

집필자 : Jerry W. Garrett
Susumu Sano(佐野)
부집필자 : Yukio Kawamura(川村 幸生)
Dennis J. Gaushell

제어란 원하는 목표를 실현시키기 위하여 밸브나 펌프 등과 같은 장치를 조절하는 공정이다. 원하는 목표로서는 압력, 수위 또는 유량을 일정하게 유지하는 것이다.

이 장에서는 시퀀스제어와 연속제어의 2가지 제어형태에 대해 취급한다. 시퀀스제어는 원하는 결과를 달성하기 위하여 분리된 작동의 연속에 따라 제어를 진행시키는 방식이다. 시퀀스제어는 종전에는 릴레이방식을 사용하여 달성하였다. 이런 것들이 발전하여 프로그램논리제어장치(PLC) 등과 같은 저장된 프로그램장치가 만들어졌다. 연속제어로서는 특수한 값을 유지하기 위한 제어장치의 점증변조(incremental modulation)가 대표적이다.

국가에 따라 용어가 다르다.	
제어에 관한 용어가 미국과 일본에서는 다른 경우가 있다. 예로서 다음과 같다.	
미국	일본
sequential control	시퀀스제어
continuous(PID) control	연속제어
RTU	통상 이용되지 않는 장치이다.
SCADA	원격감시시스템 또는 분산형 제어시스템
※ 이 장에서는 미국 방식에 따른다.	

4.1 시퀀스제어

정수공정에서는 장치의 기동과 정지나 개폐 절체를 수행하는 것이 시퀀스제어이다. 예를 들면, 펌프 기동조작에는 다음과 같은 단계가 포함된다.
1. 적절한 용량(구경)의 펌프 선정
2. 선택된 용량의 펌프 중에서 최소가동시간인 펌프 선정
3. 펌프의 흡입밸브 개방
4. 펌프의 기동조건이 전부 정상상태인 것 확인
5. 펌프의 기동기 작동
6. 펌프의 토출밸브 개방
7. 펌프의 운전상태가 모두 정상인 것 확인

펌프를 운전정지, 어느 한 용량의 펌프에서 다른 용량의 펌프로의 절체, 정전 후의 펌프 재가동, 작동 중인 펌프가 고장 난 경우에 백업펌프로의 절체, 기타의 예측되는 우발사상(偶發事象)을 위하여 개별 시퀀스를 프로그램할 수 있다. 좀더 복잡한 예로서는 여과지세척을 수행하기 위한 밸브와 펌프의 시퀀스제어가 있다.

수도시설에서는 릴레이나 타이머, PLCs 또는 원격단말장치들(RTUs)에 의해 일반적인 시퀀스제어가 이루어진다. PLCs와 RTUs에 관해서는 이 장의 후반에서 취급한다.

4.2 연속제어

연속제어용 장치는 높은 성능과 능력을 갖추어서 개발되고 있다. 수도시설에 사용되는 일반적인 제어기는 피드백 모드나 또는 피드포워드 모드의 어느 한 가지로 작동한다.

4.2.1 피드백제어

피드백 모드에서는 제어장치가 설정치와 실측치의 편차를 검출하고 편차를 제거시키기 위하여 제어조작기를 조정한다. 피드백제어의 개념에 대하여 **그림 4.1**에 나타내었다.

피드백제어장치가 편차를 수정하는 방법으로서는 비례제어(편차의 양에 비례), 적분제어(편차의 적분에 기초함), 그리고 미분제어(편차의 변화율에 기초함)를 조합하여 할 수 있다. 이러한 제어장치를 「three mode」 또는 PID(proportional, integral, derivative)제어장치라고 한다.

PID운용과 관련된 비례, 적분, 미분제어 이외에도 1차지연, 불감시간(명령을 받고서 작

동하기까지의 시간), 2차지연과 같이 일반적으로 이용할 수 있는 복잡한 전달요소도 있다. 다만 이들에 관한 토의는 이 책의 범위 밖이다.

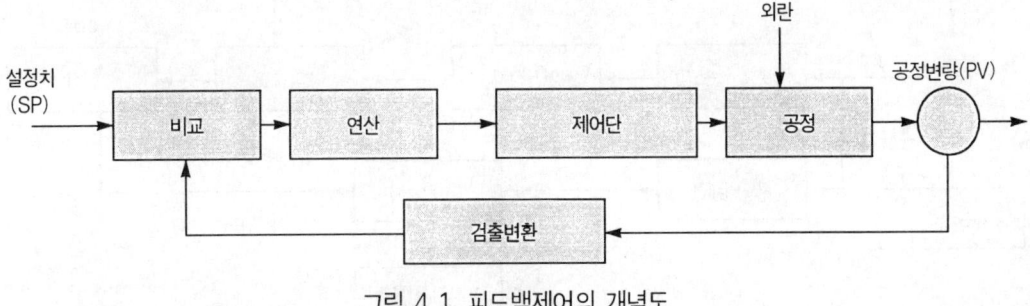

그림 4.1 피드백제어의 개념도

피드백제어의 수식 표시

피드백제어에서의 설정치(SP)와 공정변량(PV)의 편차 $e(t)$와 조작출력 $m(t)$와의 관계는 다음 식에 의한다.

$$m(t) = \frac{100}{Pb} \{e(t) + \frac{1}{Ti} \int e(t) \times dt + Td \times \frac{de(t)}{dt}\}$$

여기서 $m(t)$: 조작출력*
  $e(t)$: 제어편차(입력)
  Pb : 비례대(比例帶)
  Ti : 적분시간
  Td : 미분시간

* 편차를 0(즉, 제어량 = 설정치)으로 하기 위하여 필요한 제어신호

용어의 진화에 대하여

디지털제어란 디지털기술을 이용하는 제어에 대한 일반적인 명칭이다. 이 말은 연속적인 전압이나 전류신호 등에 의해 조작되는 아날로그제어에 대비되는 것이다.

1960년대에 미국에서 설치되기 시작한 디지털제어를 직접 디지털 제어(DDC)라고 하였다. 이 DDC방식은 집중화된 컴퓨터를 이용해야 하므로 DDC란 용어는 집중화방식이 함축되어 있다.

1970년대가 되어서 새로운 제어방식의 제품이 설치되기 시작하였다. 이 변화는 마이크로프로세서의 기능향상, 마이크로프로세서의 가격하락, 플랜트 내에서의 통신기술 진척으로 이어졌다.

1990년대까지 DDC라는 용어로 사용되지 않았으며 새로운 방식의 통칭은 분산제어방식 또는 DCS라고 하였다.

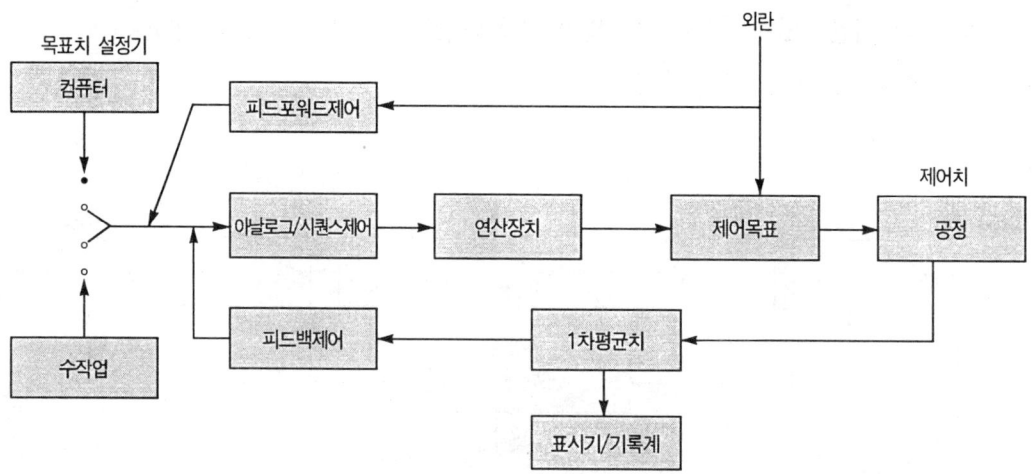

그림 4.2 피드포워드제어의 개념도

4.2.2 피드포워드제어

피드포워드제어는 외란으로서 상류 조건을 감시하고 피제어기기의 제어응답을 적정하게 조정함으로써 작동한다. 이상적인 상태에서는 제어변수가 항상 완전하게 조절된다. 이 점이 제어기능을 작동시키는데 편차가 필요한 피드백제어와는 다르다. 피드포워드제어의 개념을 그림 4.2에 나타낸다.

4.3 프로그램 논리제어장치(PLC)

PLC기술은 1960년대 후반에 등장하였고 현재 모든 산업분야에서 관심을 계속 끌고 있다. PLCs는 처음에 대규모 시퀀스제어가 소요되는 곳에서 릴레이 대신 사용되었다. 이 기술은 시퀀스제어뿐만 아니라 PID제어도 가능한 제어장치로 급속하게 발전하였다. 또 PLCs는 통신기능을 갖추게 되었고 복잡한 제어를 수행하도록 PLCs끼리의 접속도 가능하게 되었다.

4.4 원격단말장치(RTU)

수도시설에서 제어장치로 기능할 수 있는 또 다른 일반장치로서는 원격단말장치(RTU)가 있다(그림 4.3). RTU는 기본적으로는 멀리 떨어진 장소인 현장계측제어기기와 피제어기기를

PLCs 프로그래밍

PLCs가 보급되기 전까지는 시퀀스제어에는 릴레이가 사용되었으며, 이러한 제어장치를 프로그램하기 위해서는 릴레이용 회로도와 유사한 ladder표시방법이 채용되었다. PLCs의 제어능력이 보다 고도화됨에 따라 새로운 프로그래밍방법을 이용할 수 있게 되었다.

다음에 보인 여러 가지 대표적인 방법 중에서 시퀀스제어용으로는 ladder법과 로직다이어그램법 및 테이블 방식이 적합하다. 한편 연속제어용으로는 flow chart와 timing chart가 적합하다.

또한 PLCs에는 보다 고급언어가 사용되게 되었으며, 이것이 망상으로 조직된 애플리케이션에 특히 유용하다.

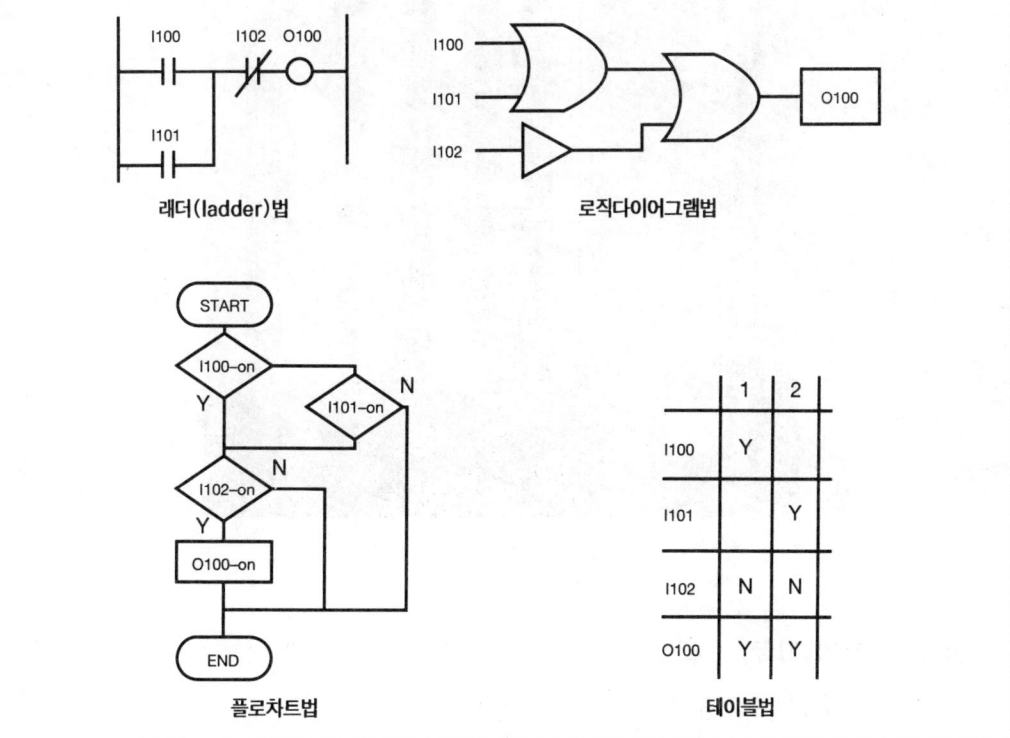

접속시키는 인터페이스장치이다. 다만, 현재 RTUs는 시퀀스제어와 연속제어 양쪽을 실행할 수 있는 다목적 장치로 발전하고 있다.

RTU는 릴레이접점이나 센서입력의 현장 기기에서 전기신호를 받아서 이 신호를 부호화하고 부호화된 메시지를 원격지로 송신한다. 또 RTU는 원격지에서의 명령을 받아서 적절한 전기적인 출력(릴레이접점 출력 등)을 펌프나 밸브 또는 이와 유사한 기기로 보낸다.

RTU의 기본적인 구조에 관해서는 **그림 4.4**에 나타내었다.

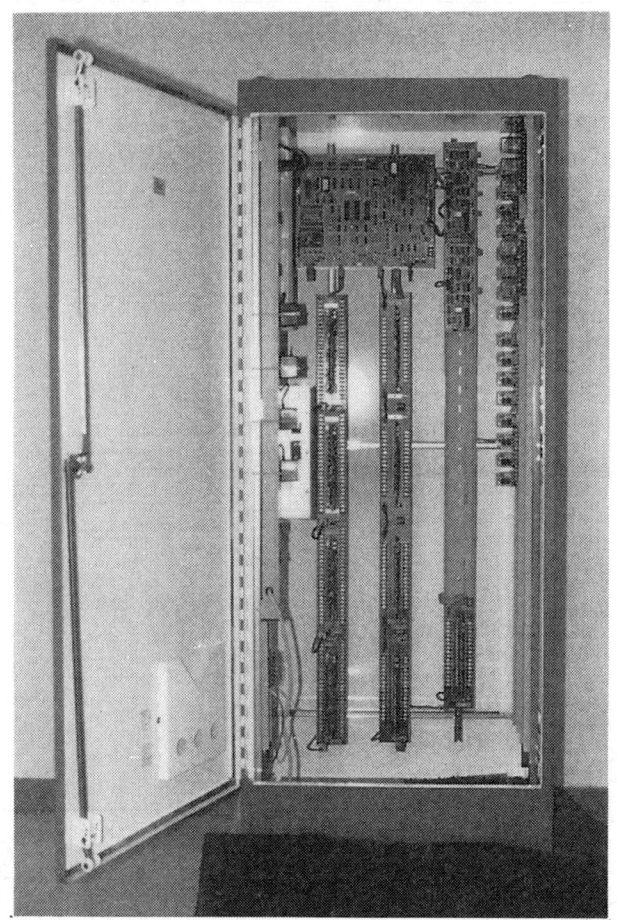

그림 4.3 RTU 캐비닛의 외형

4.4.1 RTU의 기능

수도시설에서 RTU의 기본적인 기능은 다음과 같다.
- 밸브나 펌프, 기타 기기의 상태를 연속적으로 감시
- 아날로그입력을 연속적으로 감시
- 펄스적산과 함께 계량기로부터의 펄스를 축적
- 회선의 연속적인 감시
    - 마스터(master)로부터 데이터요청에의 응답
    - 마스터로부터 수신된 명령의 실행
- 데이터요청에 응답할 때는

- 요청의 타당성 확인한다.
- 모든 상태변화를 인지한다.
- 아날로그값을 디지털화한다.
- 마스터로의 메시지를 부호화한다.
- 마스터에 메시지를 송신한다.
- 명령에 응답할 때는
    - 명령의 타당성을 확인한다.
    - 처리받은 명령을 마스터에 응답한다.
    - 마스터로부터 확인을 수신하였을 때는 명령을 실행한다.
    - 마스터에 명령 실행을 보고한다.

위에서 설명한 기본적인 기능에 추가하여 RTUs는 고도화된 기능의 로직을 가지고 있다. 이러한 것들의 일부는 다음과 같다.

기능 명칭	목적
시퀀스제어	on/off 시퀀스
연속제어	설정치제어
데드밴드(dead bands)	아날로그측정치에서 중요하지 않은 변화치의 전송 최소화
예외보고	변화되지 않은 상태(on/off 또는 accumulator) 자료의 송신을 최소화
자료저장	마스터에 전송하기 편리하거나 가능할 때까지 자료 저장
다른 RTUs와 통신	마스터가 부재일지라도 한정된 제어를 한다.
이중통신 출구	임계 RTUs에서 다중통신회로를 제공한다.
현장 휴먼·머신 인터페이스	RTU에서 상태표시와 상호작동관계를 제공한다.

시퀀스제어와 연속제어 논리를 별개로 하기보다는 RTU에 편입시키는 것이 일반적이다. 이 방법으로 하는 것이 상당한 비용을 경감할 수 있고 또 변경이나 운전에 대한 유연성을 줄 수 있다. 예를 들면, 새로운 제어전략을 쉽게 상위 컴퓨터(master)로부터 내려받을(download) 수 있다. 연속제어에 관해서는 설정치를 RTU에 전송할 수 있고, RTU는 소

수도사업에서 기본요소로서 RTU

RTU는 제6장에서 설명할 예정인 감시제어 및 데이터수집(SCADA)시스템의 중추부분이다. 아래 그림은 SCADA시스템 내에서 RTU기능을 나타낸 것이다.

PLC를 RTU와 결합하여 사용하든지 RTU 그대로를 사용할 수 있지만 경제적으로는 매력이 없다.

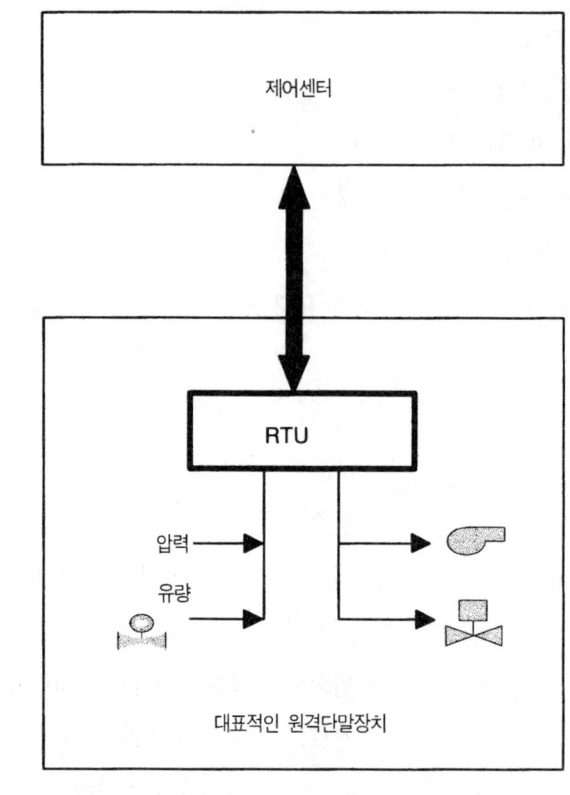

정의 설정치를 유지하기 위하여 펌프나 밸브를 제어한다. RTU는 새로운 설정치를 받을 때까지는 이미 주어진 제어를 계속한다. 통신이 정지된 경우에는 RTU가 최종 설정치로 작동을 계속하도록 프로그램할 수 있다. 즉,

- 사전에 설정된 자동안전(fail-safe) 설정치로 변경한다.
- 근처의 배수지수위 등과 같은 다른 기준을 근거로 작동한다.
- 사전에 설정된 시간이 지나면 펌프운전을 중단한다.
- 기타 유사한 조치를 시행한다.

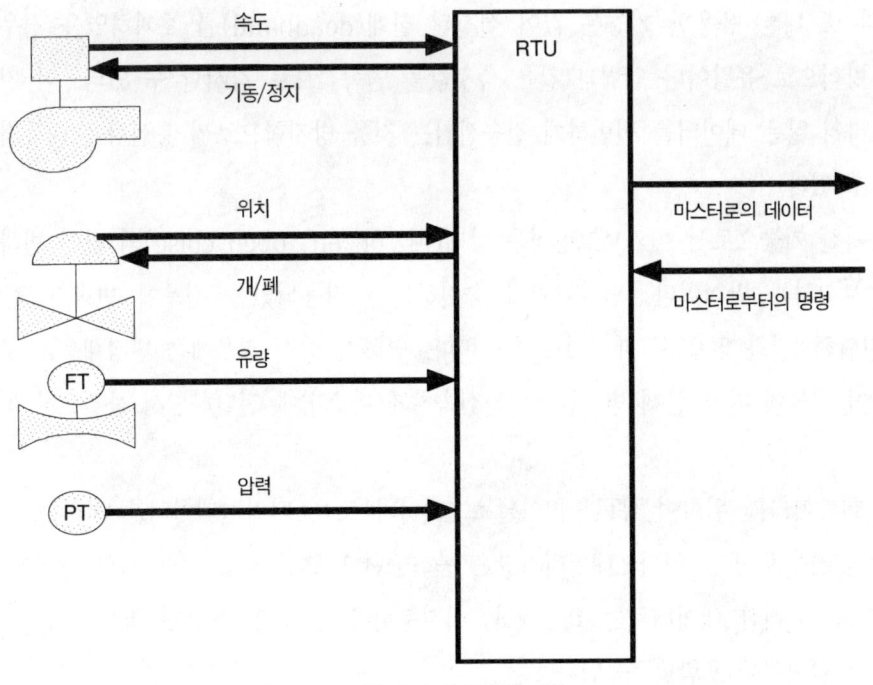

그림 4.4 RTU의 기능

더 이상 말할 것도 없는 RTU 시대

1985년 이전에는 RTU가 일반적으로 주로 그 시스템이 마이크로프로세서베이스인가 아닌가에 따라 "지능형" 또는 "비지능형"으로 분류되었지만, 현재는 "지능형" RTU 와 "비지능형" RTU의 구별은 기본적으로는 없어졌다. 지금은 모든 RTU가 마이크로프로세서베이스로 되어 있으며 어떤 것은 고도의 기능을 수행하기 위한 크기와 프로그램으로 되고 있다.

이벤트(事象)의 시퀀스 기록용

전력공급업계에서는 디지털(狀態)데이터의 단기적인 저장도 광범위하게 이용되고 있다. 이와 같은 방법은 "사상(事象)시퀀스" 기록용으로 사용되고 있다. 이 기능을 실행할 때에 RTU는 몇 천 분의 1초 내에 발생한 상태 변화를 연결된 각 사상발생시간과 함께 저장한다. 발생된 정확한 시간과 변화를 사후에 보고하는 것으로, 거의 순시에 발생된 여러 차단기 트립(Trip)과 같은 사상시퀀스를 상세하게 재구축할 수 있다. 이 기능은 수도시설에는 거의 사용되지 않는다.

시퀀스제어는 RTU에 의해 쉽게 수행된다. 다만, 과열이나 과전류와 같은 중대한 연동은 신뢰성을 극대화시키기 위하여 직접 작동해야 한다. 그러므로 이와 같은 결정적인 연동은 일반적으로 RTU에 포함시키지 않는다.

RTUs의 또 다른 유용한 기능은 값이 설정된 한계(deadband)를 초과하였을 경우에만 보고하는 방식으로 유량이나 압력과 같은 측정값을 연속적으로 감시할 수 있다. 이 기능에 따라 중요하지 않은 데이터를 빈번하게 전송시키는 것을 방지함으로써 통신량을 대폭적으로 삭감시킬 수 있다.

　이와 유사한 기능으로서 예외보고방식은 상태(예 : on/off, open/close)의 값이 변하였을 경우에만 보고하는 방식이다. 단말기기에 송신하도록 작용되었을 경우에 변화가 없으면, RTU는 간단히 "변화 없음"의 메시지로 응답한다. 변화가 생긴 경우에는 변경내용을 보고해야 한다. 이 기능에 따라 실제 변화를 보다 신속하게 마스터에 전달하면서 불필요한 통신을 줄인다.

　사후의 회복처리를 위하여 RTU에 아날로그데이터 또는 디지털데이터를 저장하고 있는 것이 편리한 경우가 종종 있다. 데이터저장은 통신중단으로 인한 중요데이터의 분실에 대한 보호수단이다. 이러한 데이터로는 요금계산, 서지분석 또는 이와 유사한 항목에 관한 필요한 유량치나 압력치를 포함할 수 있다.

　많은 RTU의 편리한 특징은 RTU에서 운전자 공정 인터페이스로부터 현장시설의 감시와 제어를 미리 대비하는 것이다. 이러한 대비로서는 단순한 키패드(keypad)에서부터 정교한 CRT장치에까지 이를 수 있다.

　수도시설의 SCADA시스템에는 RTU에서 마스터로 전송하는 것과 마찬가지로 다른 RTU에도 보고하는 기능을 갖는 것이 편리하다. 예를 들면, 펌프장이 배수지의 송수원인 경우에 배수지 RTU가 펌프장 RTU에 배수지정보를 전송하는 구조이다. 이와 같은 시스템이면 마스터의 통신이 중단되더라도 배수지의 제어범위 내에서 펌프운전을 계속함으로써 펌프장의 RTU기능을 방해받지 않도록 할 수 있다.

　다수의 원격지나 2차적 통신채널에 통신할 수 있는 RTU 능력을 "dual porting"이라고 한다. dual porting은 중요시설의 통신신뢰성을 특히 높이는데 유용하다. 또 2개 기관에 의해 공동으로 감시되거나 관리되는 시설에 대해서도 유용하다.

4.4.2 제어전략

　제어전략 즉 제어순서란 사전에 설정된 일련의 제어동작이다. 수도시설에서 모든 피제어장치에는 이 제어순서가 필요하다. 제어순서는 수작업에 의한 조작방식에서는 그 때마다 임시변통으로 되기 쉽지만, 자동화된 방식에서는 제어순서를 명확하게 정해야 한다. 제어순서는 기동, 정지, 정상운전, 비정상운전, 자동안전(fail-safe)운전 등의 모든 사태에 대해 대처할 수 있어야 한다. 각 제어순서는 시스템 내의 적절한 장소에서 실행되거나 또는 시스템 내에 분산될 수도 있다. 예를 들면, 지능형 RTU는 먼저 설명했던 바와 같은 기동과 정지 시퀀스를 처리할 수 있다.

4.5 장래의 비전

연속PID제어 기술은 급속하게 발전되고 있다. 이미 석유업계에서는 몇 종류의 모델베이스의 제어장치가 사용되고 있다. 이러한 모델베이스의 시스템은 자기조정PID제어장치에서부터 PID알고리즘을 사용하지 않고 제어할 수 있는 뉴신경망장치에 이르기까지 넓은 영역에 달하고 있다(Babb 1991년). 이러한 제어장치에는 일반적으로 밀(密)제어 또는 소(疎)제어에 대한 하나의 사용자조정기능만을 가지고 있다. 이러한 제어장치는 공정특성 그 자체를 배워야 하기 때문에 그 외의 동조변수나 공정변수를 필요로 하지 않는다. 이러한 제어장치는 긴 불감시간(dead time)을 갖는 공정, 공정특성이 역동적인 공정 또는 기타 복잡한 특징을 갖는 공정에 특히 유용하다.

장래의 제어기술에서 전문가시스템의 역할은 아직 명확하지 않다. 룰-베이스의 시스템은 처리가 늦어지는 경향이 있는 동시에 완전히 감지기 데이터에 의존하고 있다. 이러한 문제점을 극복할 수 없는 한 제어장치에서 전문가시스템 이용은 한정될 것이다. 현행의 전문가시스템의 룰은 대부분이 감지기 데이터를 평가하기 위한 것이다. 실제로는 데이터의 평가가 전문가시스템에 대한 이상적인 응용이다.

RTU나 제어장치는 금후 더욱 여러 기능이 주어질 것이다. 제어능력을 갖는 RTU가 더욱 많이 보급됨에 따라 보다 복잡한 기능을 원격지에서 수행하게 될 것이다. 또 모든 양식의 제어장치상호간에 접속성이 높아짐에 따라 제어장치간의 통신이 긴급한 과제이다. 제어장치의 통신프로토콜 기준도 개발되고 있다. 이러한 기준이나 기타 통신기준에 관해서는 이 책의 다른 부분에서 취급한다.

또 다른 기술인 프로토콜변환기는 다른 프로토콜을 취급하기 위한 잠정적인 해결책을 제공한다. 프로토콜변환기는 어떤 한 장치의 언어를 다른 장치의 언어로 번역하는 것이다. 네트워크상에 새로운 장치를 설치해야 하는 경우에는 프로토콜변환기는 불가결한 지원장치이다. 다만, 새로운 장치의 언어를 기존장치의 언어로 변환시키는 것은 문제해결의 일부분일 뿐이다. 새로운 장치의 명령어 구조, 조작특성, 출력데이터 등도 기존장치의 것과는 다를 것이라고 생각된다. 따라서 새로운 장치를 취급하는 소프트웨어는 적절한 명령시퀀스를 내보낼 능력을 갖춘 것이어야 한다.

4.6 조사연구의 필요성

RTU의 프로토콜기준이 필요하다. 이러한 기준이 있으면 [표준품] 판매점에서 새로운 RTU를 구입할 수 있다. 이것은 장기간에 걸쳐 사용될 기존시설에서 대단히 유리할 것이다.

참고 문헌

Babb, M. 1991. Fast Computers Open the Way for Advanced Controls. *Control Engineering*(January).

Senhon, T. & Hanabuchi, F. 1987. *Base and Application of Instrumentation System*. Ohomu-sha. Ltd., Tokyo, Japan.

제5장 컴퓨터

집필자 : Robert B. Hume
Shigeyuki Shimauchi(嶋內 繁行)
부집필자 : Michihisa Suzuki(鈴木 程度久)

컴퓨터가 갖는 힘은 여러 가지 일을 수행하기 위하여 메모리에 축적된 명령(프로그램)을 읽어내고, 이 명령들을 실행하는 능력에서 나오는 것이다. 수도사업에서는 컴퓨터가 이렇게 주어진 명령에 따라 공정의 감시·제어에서부터 수도요금 계산업무에 이르기까지 여러 업무를 처리하는 애플리케이션(프로그램의 집합)에 사용되고 있다. 이 장에서는 개략적인 컴퓨터기술에 대하여 설명하고자 한다.

그림 5.1은 기본적인 컴퓨터의 구성을 나타낸 것이다. 컴퓨터는 대개 다음과 같은 3가지 기능으로 구성되어 있다.

- 명령을 실행하고 또 각 구성요소의 동작을 제어하는 논리장치
- 논리장치가 사용하는 프로그램이나 데이터를 저장하는 메모리(기억장치 또는 저장장치)
- 컴퓨터시스템에 프로그램과 데이터를 입력하고 처리결과를 사용가능한 형태로 출력해 주는 입출력장치

이들 3가지 구성요소는 정보를 고속으로 전송하고 제어하는 시스템 버스에 의해 서로 연결되어 있다. 이들 구성요소의 복잡성, 처리속도 및 용량은 사용하는 애플리케이션에 따라 다르지만, 대부분의 컴퓨터는 이들 3가지 구성요소를 갖추고 있다. 컴퓨터는 명령을 신속하게(초당 수천에서 수십억 개의 명령) 실행하고 신속하게 액세스(접근)될 수 있도록 방대한 정보를 저장하고 또한 이러한 정보가 아주 다양한 형태로 사용되도록 만들 수 있다.

마이크로일렉트로닉스의 진보에 따라 컴퓨터 기술은 급속도로 발달되고 있기 때문에 최신

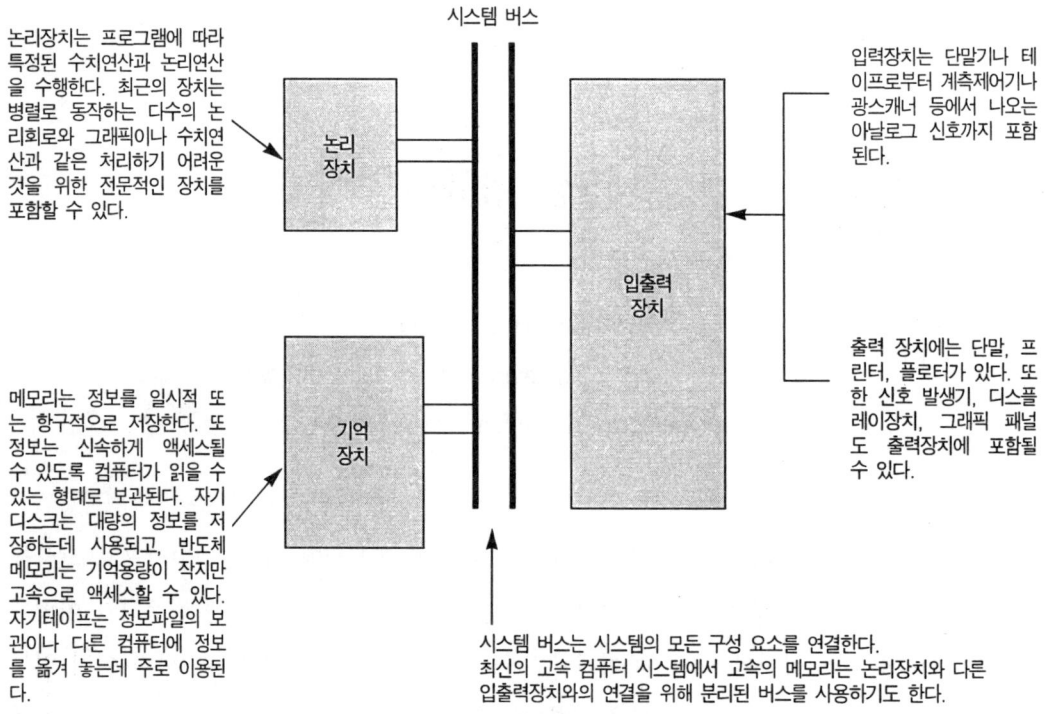

그림 5.1 컴퓨터의 기본 구성

의 컴퓨터기술을 포괄적으로 설명하는 것은 지극히 어렵다. 따라서 이 장에서는 최근 컴퓨터기술의 특색을 설명하고 현재 펼쳐지고 있는 경향을 묘사해 보는 동시에 자동화 시스템의 개발과 실시에 소요되는 비용과 리스크를 경감시킬 수 있는 유용한 기술동향에 대하여 설명해 보고자 한다.

이 장은 4개의 절 즉, 하드웨어, 소프트웨어, 통신 및 향후 전망으로 구성된다. 이들 각 질에서는 컴퓨터시스템의 현재 기술과 새로이 만들어지고 있는 하드웨어 및 소프트웨어의 성능에 대해 개략적으로 설명하고자 한다. 하드웨어의 절에서는 주요 컴퓨터시스템과 수도사업체에서의 컴퓨터 이용 상황에 대해 소개한다. 또 소프트웨어의 절에서 컴퓨터시스템을 움직이는데 필요한 소프트웨어를 소개한다.

통신능력은 수도시설의 제어와 운전관리에서 중요하다. 수도사업에서는 기기 상태를 제어장치에 전송하는 것으로부터 운전자의 작업시간을 급여계산부서에 알리는 업무에 이르기까지 모든 부문에서 통신의 필요성을 접하게 된다. 통신에 관한 절에서는 통신의 필요성이 다양함과 독립된 컴퓨터시스템의 상호접속을 지원하는 방향으로 발전되어 가고 있는 동향에 대해 설명한다.

이 장은 "향후 전망"으로 종결한다. 컴퓨터시스템의 장래는 상호접속과 정보공유 및 표준화에 달려 있다. 이 절에서는 다른 제작사와 상호 접속함으로써 사용되는 기기 성능을 증대시킬 수 있는 개방형 아키텍처와 표준화에 대해 취급한다. 생산성을 향상시키기 위하여 컴퓨터산업에 의해 제공되는 능력을 활용하는 것이 바로 수도사업에 직면한 도전이다.

5.1 하드웨어

메모리에 축적된 명령을 차례대로 실행할 수 있는 컴퓨터 능력은 문제해결 분야나 감시제어 분야에서 대단히 유효한 수단이다. 프로그램과 데이터를 저장할 수 있는 메모리 능력은 컴퓨터에서는 대단히 중요한 것이기 때문에 이 절에서는 메모리에 대한 설명을 먼저 시작한다.

5.1.1 메모리(기억장치 : memory)

컴퓨터 메모리는 반도체와 자기(magnetic) 및 광(optical)의 3종류 기본적인 기술을 사용하고 있다. 반도체 또는 트랜지스터 메모리는 컴퓨터의 중앙처리장치에 의해 저장된 프로그램과 데이터에 고속으로 액세스할 수 있다. 한편, 자기와 광학 기술은 정보를 장기저장하기 위한 보조메모리로서 역할을 한다. 컴퓨터 기술의 모든 영역과 마찬가지로 메모리 기술도 눈부시게 발전하고 있는 분야이다. 오늘날의 메모리는 10년 전의 장치와 비교하여 대단히 싼 가격으로 훨씬 우수한 고속성과 대용량이며 높은 신뢰성을 갖고 있으며, 또 1990년대 중에는 한층 더 개선된 성능이면서 가격도 낮아질 것이다. 표 5.1은 1990년대 초의 메모리 개요를 나타낸 것이다.

1) 반도체 메모리

반도체 메모리는 일반적으로는 읽기전용메모리(read only memory : ROM)와 랜덤 액세스 메모리(random access memory : RAM)의 2가지로 나뉜다. ROM은 정보를 영구적으로 저장하도록 설계된 메모리이다. 어떤 ROM칩은 수정할 수 있으며, 칩에 있는 오래된 정보를 지울 수 있는 분명한 기능을 가지고 있으므로 새로이 프로그램(reprogram)할 수 있

표 5.1 1990년대초에 이용 가능한 메모리

종류	용량(MB)	데이터의 유지	액세스 속도	데이터 전송 속도(MB/s)	비고
ROM	0.01~0.1	전원이 끊어져도 데이터 유지	마이크로초(μs)	1~10	데이터가 소거되지 않는 영구적인 반도체 메모리
RAM	0.1~4	전원 끊어지면 데이터 소멸	나노초(ns)	1~600	고속으로 읽고 쓸 수 있는 메모리
플로피디스크	0.36~2	소거될 때까지 데이터 유지	0.1초 정도	0.1	퍼스널컴퓨터에 이용되는 값싸고 장기 보존할 수 있는 기억 매체
자기디스크	10~2,400	상동	미리초(ms)	0.5~4.0	현재의 컴퓨터에서는 가장 기본적인 대용량의 기억 매체
광디스크	30~1,200	영구 또는 소거될 때까지 데이터 유지	0.01초 정도	0.5~2.0	대량정보의 보존에 사용되는 기억 매체
반도체디스크	10~200	전원 끊어지면 데이터 소멸	나노초(ns)	1.0~4.0	RAM과 마이크로프로세서에 의해 구성되고, 자기디스크와 같은 동작을 하는 고속의 기억 매체
자기테이프	10~1,200	소거될 때까지 데이터 유지	수분	1.0~4.0	정보의 장기보존이나 자기디스크에 기억된 정보의 백업에 사용되는 기억 매체

MB : Megabyte

다. ROM칩은 계측제어기기나 고정된 프로그램을 필요로 하는 다양한 장치들을 위해 프로그램을 저장하는데 사용된다. RAM은 컴퓨터의 고속임시저장용의 주메모리 등에 사용되지만, 전력이 없어지면 RAM에 저장된 정보도 잃게 된다.

2) 자기메모리

자기테이프는 오랫동안 디지털정보의 기억매체로서 사용되어 왔고 대량 정보를 장기 축적하기 위한 가장 경제적인 매체로 되어 있다. 자기테이프 기술에서의 주요 진보는 소형 카트리지식 테이프와 드라이브가 개발된 것과 테이프에 저장시킬 수 있는 정보량도 대폭적으로 증가된 것이다.

자기테이프에서는 데이터를 테이프 선단에서부터 찾아 읽고 가져와야 하지만, 자기디스크는 이러한 결점을 해결하였다. 자기디스크는 테이프와 유사하게 산화물 피막이 씌워진 원판의 원주상에 정보가 저장되며 디스크표면의 시작점을 표시하는 인덱스마크가 있다. 레코드 플레이의 바늘에 상응하는 독해와 기록(read/write)용 헤드가 원판의 내외면상을 이동하면서 정보를 기록하거나 읽어내는 일을 한다. 현재 가장 많이 보급된 디스크드라이브는 대용량이고 고성능인 고정식 하드디스크장치와 착탈가능한 디스켓으로 상대적으로 소용량의 디스크용량을 갖는 디스켓드라이브이다.

3) 광(optical) 메모리

광디스크는 가장 최신 기술이다. 광디스크는 레이저디스크장치로 읽을 수 있는 디스크에 정보를 기록·재생하기 위하여 레이저를 사용한다. 현재 광디스크 중에서 가장 광범위하게 사용되고 있는 것은 제작자에 의해 디스크에 정보를 영구히 저장시키는 것이다. 이러한 디스크를 정보원으로 이용자들이 구매하여 이용한다. 대용량의 정보보존을 위해서는 "한번 기록하여 여러 번 읽는(WORM)" 광디스크방식을 사용할 수 있다. 이러한 디스크에 기록된 정보는 영구히 보존된다. 광디스크는 자기디스크의 장점, 즉 정보에 랜덤으로 액세스할 수 있는 장점이 있다. 현재로서는 광디스크는 자기디스크에 비해 액세스시간이 늦지만, 보다 다량의 데이터에 액세스할 수 있는 능력이 있다. 재기록(rewrite)할 수 있는 광디스크도 이용되고 있다.

4) 기타 메모리

최근에 반도체디스크방식이 등장하였다. 이 방식은 자기디스크를 본뜬 소프트웨어와 결합시킨 배터리로 백업된 RAM으로 구성되어 있다. 반도체디스크는 컴퓨터장치에 의한 대화를 조정하기 위한 내장된 컴퓨터를 가지고 있다. 이 장치는 상당히 합리적인 가격으로 지극히 고속인 보조메모리가 된다. 이러한 메모리는 비휘발성 메모리이지만 정보가 소멸되지 않도록 하는 것은 배터리에 달려 있다.

5.1.2 싱글칩 컴퓨터

지난 4반세기에 개발된 계측제어기술 중에서도 가장 눈부신 발전을 이룬 기술의 하나로 싱글칩 컴퓨터를 들 수 있다. 이들의 적용분야로는 종래 사용되고 있었던 복잡한 전자장치들을 필요정보를 구비한 싱글칩 컴퓨터로 대체시키는 추세이다. 그림 5.2는 계측제어 및 제어분야의 싱글칩 컴퓨의 응용 예를 나타낸 것이다. 싱글칩 컴퓨터는 예전에는 값비싼 전자장치를 필요로 하였던 비선형적인 것과 환경조건들을 처리하기 위하여 프로그램할 수 있다. 또 싱글칩 컴퓨터는 프로그램의 매개변수(parameter)를 바꾸는 것만으로 단순한 계기류를 광범위하게 취급할 수 있다. 또 출력방법과 표현방법도 자유롭게 조정할 수 있기 때문에 프로그램의 출력부분에 유연성이 대폭적으로 높아졌다. 자동차업계에서는 미끄럼방지 브레

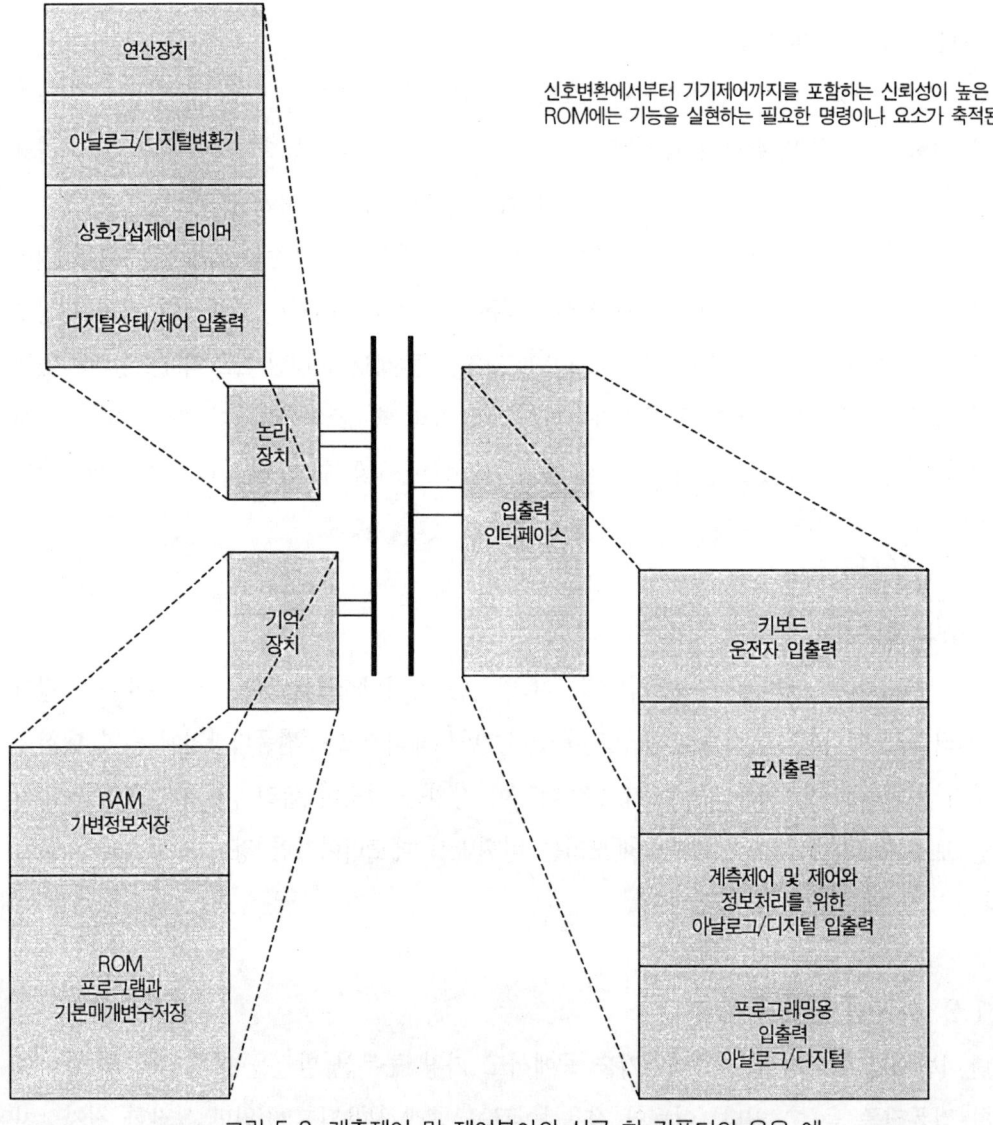

그림 5.2 계측제어 및 제어분야의 싱글 칩 컴퓨터의 응용 예

크장치나 컴퓨터제어점화/연료장치와 같은 부분에 까다롭고 고성능인 컴퓨터를 이용하는 방법을 선도하고 있다. 수도사업에서의 잠재적인 응용범위는 대단히 넓다. 싱글칩 컴퓨터는 알맞은 가격인 자력식(magnetic) 유량계 출현을 가능하게 하였을 뿐만 아니라 지극히 고성능의 모터제어장치를 개발하는데도 기여하였다. 또 싱글칩 컴퓨터는 계측제어기기들에 대해 지능형 전송기능을 갖출 수 있게 하였으며, 계측제어출력을 아날로그형태나 디지털형태로도 보낼 수 있게 하였다. 수도사업에서 싱글칩 컴퓨터를 직접 사용하는 기회는 적지만 이들 싱글칩 컴퓨터는 계측제어와 제어를 보다 신뢰성이 높고 정확하게 만들 것이다. 싱글칩 컴퓨터는 고도의 자동수질분석장치와 같은 응용을 경제적으로 가능하게 한다.

5.1.3 퍼스널컴퓨터와 워크스테이션

퍼스널컴퓨터(PC)의 매력은 개인사용자에게 컴퓨터가 내장된 개인전용 컴퓨터시스템을 제공할 수 있다는 점이다. PC는 사무환경에서 개개 사용자가 조작하도록 설계되었다. 단일사용자방식과 다중사용자방식의 가장 큰 차이는 사용자 대화능력에 주어진 상대적인 관심의 크기이다. 대표적인 PC의 구성을 **그림 5.3**에, 또 그 특징을 다음에 설명한다.

- 보조메모리－1장이나 2장의 플로피디스크. 범용PC는 중소용량의 하드디스크를 내장하고 있으며 또 데이터 백업을 위하여 테이프를 갖출 수도 있다.
- 처리장치에 의해 처리된 사용자대화정도는 다중사용자방식에 비해 상당히 크다. 이 방식은 한사람이 사용하도록 설계되었으므로 다중사용자방식에서 요구되는 정도로 고기능의 프로세서 이용도를 유지할 필요가 없다.
- 보안가능성을 갖는다. 통상 플로피디스크에 데이터가 저장되기 때문에 데이터의 보호성이 뛰어나다. 플로피디스크에의 액세스를 보호하고 장치의 전원차단으로 저장데이터가 지켜진다.
- 개인용의 광범위한 소프트웨어를 이용할 수 있다. 이것들은 문서작성이나 표계산에서부터 쉽게 사용될 수 있는 파일링시스템에 이르기까지의 각종 소프트웨어들이다. 오늘날 전자출판(desktop publishing), 설계와 그래픽애플리케이션 등에서 전문가가 작성한 것과 같은 보고서나 프레젠테이션(presentation)을 만들 수 있다.

주변장치나 데이터를 공유하는 다중사용자방식의 이점을 살리기 위하여 PC들끼리가 상호 접속시키고 있다. 다만, 이와 같은 능력은 상호접속장치를 추가해야 하며 이렇게 부가함으로

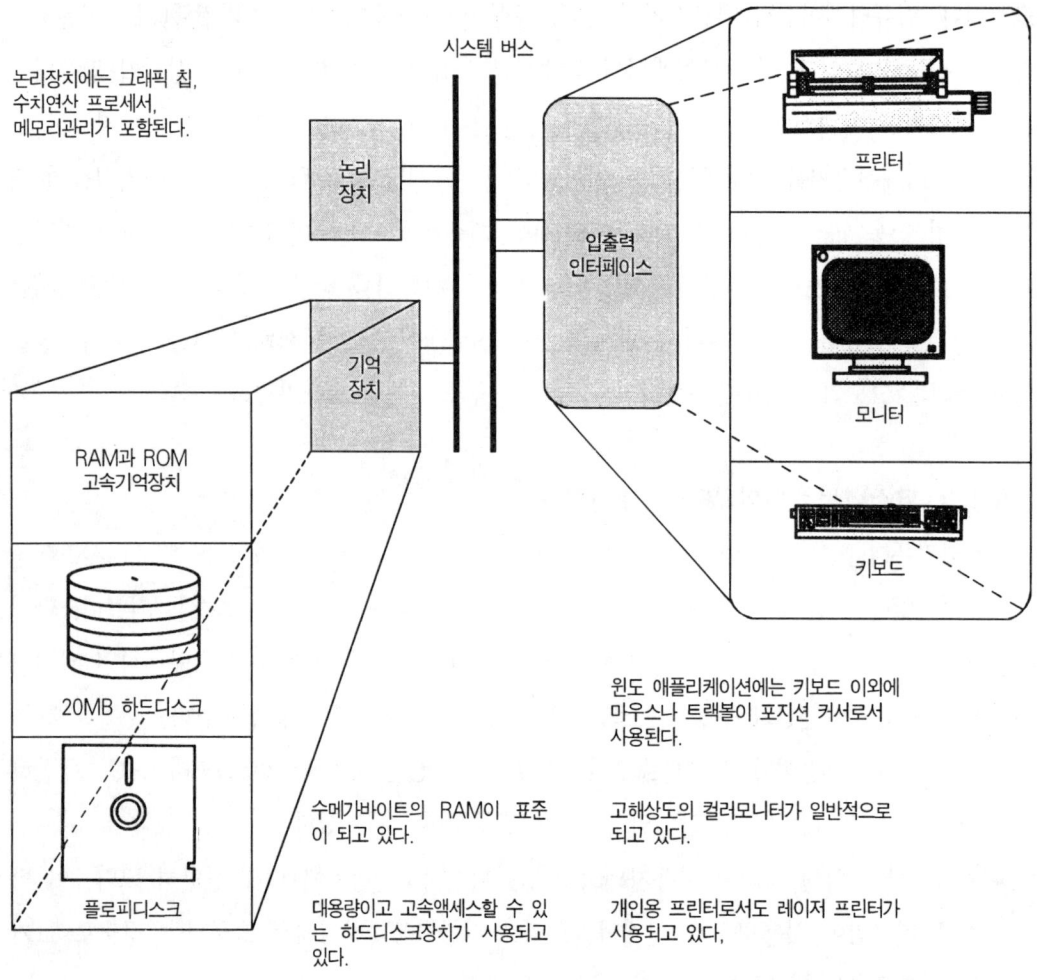

그림 5.3 PC의 구성

써 능력이 확장된다. 그러나 PC의 안전성과 유연성이 어느 정도 상실된다. 따라서 사용자는 상호접속의 규칙에 따라야 하는 동시에 어떤 데이터를 어디에 저장할 것인가에 대해 보다 신중해야 한다.

워크스테이션은 방대한 계산작업을 지원하기 위하여 설계된 고성능의 개인사용자용 시스템이다. 워크스테이션은 고도의 운영체제와 함께 아주 높은 해상도(표시색)를 구비한 고속 프로세서로 되어 있다. 워크스테이션은 네트워크능력을 갖고 있기 때문에 정보를 공유할 수 있다. 또 고도의 CAD기능을 갖추고 있으므로 엔지니어링작업에서 유용한 도구로 이용된다.

워크스테이션과 PC는 수도사업체에서 문서작성기에서부터 네트워크분석에 이르기까지 광범위한 분야에 이용되고 있다. PC의 능력이 향상됨에 따라 이들의 적용범위는 다른 어떤 것보다도 우수한 통신능력으로 제한된다. 워크스테이션은 설계작업이나 자동지도작성에 활용된다. 워크스테이션은 그래픽과 관망해석에 뛰어난 능력을 가지고 있으므로 이러한 양 분야에 이상적으로 사용된다.

5.1.4 미니컴퓨터와 서버

미니컴퓨터는 처음에는 소형용으로 비용효과가 우수한 방식의 컴퓨터로 설계된 소규모 장치이다. 이 장치는 시험소나 부서(국이나 과 등)용으로 이미 광범하게 사용되고 있다. 미니컴퓨터가 배수관망이나 정수장을 자동감시하고 자동제어할 수 있다. 현재 사용되고 있는 미니컴퓨터는 메인프레임(대형 컴퓨터)능력을 갖춘 복잡한 다중사용자장치로 되어 있다.

고성능 워크스테이션이나 고속 PC출현으로 미니컴퓨터의 역할이 바뀌고 있다. 공정제어용으로 미니컴퓨터의 멀티시스템이 사용되게 되었다. 다중과업을 효율적으로 처리할 수 있는 장치의 설계개념이 미니컴퓨터를 이러한 분야에서의 이상적인 장치로 만들었다. 또 기술적인 진보와 경쟁으로 미니컴퓨터 가격이 대폭적으로 떨어졌으며 컴퓨터 능력은 비약적으로 향상되었다. 관료적인 컴퓨터환경에서 최근에는 미니컴퓨터가 다른 종류의 PC간에 커뮤니케이션을 제공하기 위한 서버로도 사용되고 있다. 이와 같은 서버기능은 2개 이상의 PC에 대해 플로터, 컬러프린터, 고성능디스크서브시스템과 백업자원과 같은 값비싼 자원에 공용으로 사용할 수 있다. 이와 같은 서버기능에 의해 2개 이상의 PC에서 공통정보를 활용할 수 있다는 것이 가장 중요하다.

5.1.5 메인프레임컴퓨터

옛날에는 이용할 수 있는 유일한 컴퓨터였던 메인프레임컴퓨터는 수도사업의 중추적인 컴퓨터로 될 정도로 처리속도와 용량이 대폭적으로 향상되었다. 온라인으로 사용하는 것으로 수십억 바이트의 디스크용량을 이용할 수 있다. 현재도 장기저장매체의 기본은 자기테이프이다. RAM은 수백만에서 수십억 바이트를 이용할 수 있고 한 시스템이 몇 개의 처리장치를 처리할 수 있다. 메인프레임 컴퓨터는 비디오단말기를 통해 동시에 수많은 사용자를 지원할 수 있다.

메인프레임컴퓨터는 주변 환경으로부터 보호하기 위하여 실내에 두도록 설계되어 있으며 아주 최상의 냉각기술을 구비시켜야 한다. 그 비용은 많은 이용자에게 미치기 때문에 아주 고도의 기술을 이용해야 한다. 메인프레임의 주요 특징은 다음과 같다.

- **보조메모리** : 메인프레임컴퓨터는 대단히 많은 수의 디스크를 지원하도록 설계되어 있다. 이러한 디스크들은 액세스효율을 극대화하도록 설계된 지능형이고 고성능의 제어장치에 의해 관리된다.
- **중앙처리장치(CPU)의 속도** : 메인프레임은 이용할 수 있는 가장 빠른 처리속도를 가진 기술을 사용한다. 메인프레임분야에서는 2개 이상의 프로세서장치를 갖추는 것이 표준이고 수치계산분야에서는 통합벡터프로세서를 이용할 수 있다.
- **소프트웨어 지원** : 메인프레임은 가장 복잡한 운영체제를 사용한다. 애플리케이션소프트웨어도 가장 최신의 것으로 광범위한 업무를 지원할 수 있다. 광범위한 지원소프트웨어나 보안소프트웨어를 이용할 수 있다. 메인프레임은 대량의 애플리케이션을 다루기 때문에 유연성은 최소의 요구사항이고 또 많은 고도로 숙련된 지원요원이 필요하다.
- **입출력(I/O)기능** : 메인프레임은 각각 독자의 마이크로프로세서를 탑재한 제어장치를 갖춘 여러 개의 I/O채널을 지원한다. 그리고 장치의 프로세서부분은 입출력운용을 시작할 수 있지만, I/O를 완성시키는 주변장치에 대한 인터페이스 부담을 경감시키는 것은 채널프로세서가 담당한다.

메인프레임컴퓨터에는 여전히 고액의 투자가 필요하며 광범위하게 이용되는 정보의 저장용으로 사용된다. 메인프레임은 지금까지 수요가 수도요금고지서 발행, 급여계산, 구매관리 등 수도사업의 주요업무에 사용되어 왔다. 그렇지만 기술진보로 메인프레임과 고급미니컴퓨터시스템간의 차이가 애매하게 되었다. 예전에는 미니컴퓨터나 메인프레임을 특징지었던 아키텍처와 운영체제(O/S)에 관하여 표준화 작업이 진행됨에 따라 양자의 경계는 좁아지고 있다.

메인프레임형 컴퓨터의 최상위는 슈퍼컴퓨터이다. 시뮬레이션프로그램, 영상처리와 실시간그래픽 등의 연산처리중심의 애플리케이션용으로는 이 장치가 최적이다. 이 장치는 매초 수십억의 부동소수점연산을 할 수 있도록 가장 최신 부품과 기술을 사용하고 있다. 기계장치를 통과하는 정보전송속도시간을 고려해야 할 정도로 슈퍼컴퓨터의 내부처리속도는 대단히 고속화되어 있다. 또 개별 프로세서 처리속도를 더 빠르게 하는 것보다는 보다 많은 프로세서를 사용함으로써 처리속도를 빠르게 하는 방법이 유효하였다. 이와 같이 2개 이상의 프로세서를 갖춘 컴퓨터 설계에는 2가지 방법 즉, 단일명령다중데이터(SIMD)설계와 다중명령다중데이터(MIMD)설계 방식이 있다. 우선 첫째의 경우는 여러 개의 프로세서가 다른 데이터에 대해 동일한 명령을 처리하는 것이다. 현재 65,000개 이상의 프로세서를 내장한 장치가 만들어지고 있다. 행렬계산과 같은 용도에는 이러한 장치가 저렴한 가격으로 지극히 고도의 처리능력을 발휘한다. 다른 하나의 방법인 다중명령다중데이터(MIMD)설계는 2개 이상의 독립된 프로그램을 동시에 실행할 수 있다. 이러한 장치가 제품화되어 있는 것은 적지만, 보다 복잡한 처리용에 강력한 처리능력을 구비하고 복잡한 개별 프로세스에 적합하다.

보다 강력한 PC와 워크스테이션을 이용할 수 있게 됨에 따라 메인프레임이나 슈퍼컴퓨터는 아주 큰 서버, 아주 빠른 프로세서, 특수용 프로세서 그리고 집중정보저장고와 같은 특화된 역할을 담당하게 되었다.

5.2 소프트웨어

컴퓨터하드웨어에 명령을 주는 프로그램이 컴퓨터소프트웨어이다. **그림 5.4**에 보인 바와 같이 컴퓨터하드웨어와 사용자간에는 소프트웨어의 여러 계층이 있다. 이들 소프트웨어에는 하드웨어 자원을 제어하는 운영체제로부터 개개 애플리케이션프로그램에 이르기까지가 있다.

5.2.1 운영체제

운영체제(OS)는 많은 소프트웨어(프로그램) 중에서 중요한 소프트웨어의 하나이다. OS나 사용자인터페이스가 컴퓨터 구성소자간의 상호작용(interaction)을 제어하고 사용자와 대화하는 수단이 된다. OS는 프로그램의 그룹이고 사용자가 하드웨어의 개별적인 동작을 의식하지 않고 컴퓨터자원을 효율적으로 이용할 수 있다. OS의 기능은 사용자의 처리스케줄이나 시스템자원에의 액세스 준비, 사용자 데이터와 프로그램의 보호, 디스크에의 정보저장이나 단말기로부터 정보입력 등과 같은 공통적인 작업의 처리 등을 감당한다. OS는 프로그램을 개발하고 실행하는 컴퓨터환경을 제어하는 소프트웨어이다.

지금까지는 대부분의 대형 컴퓨터시스템에서 OS는 효율적으로 작동하도록 하드웨어 제작

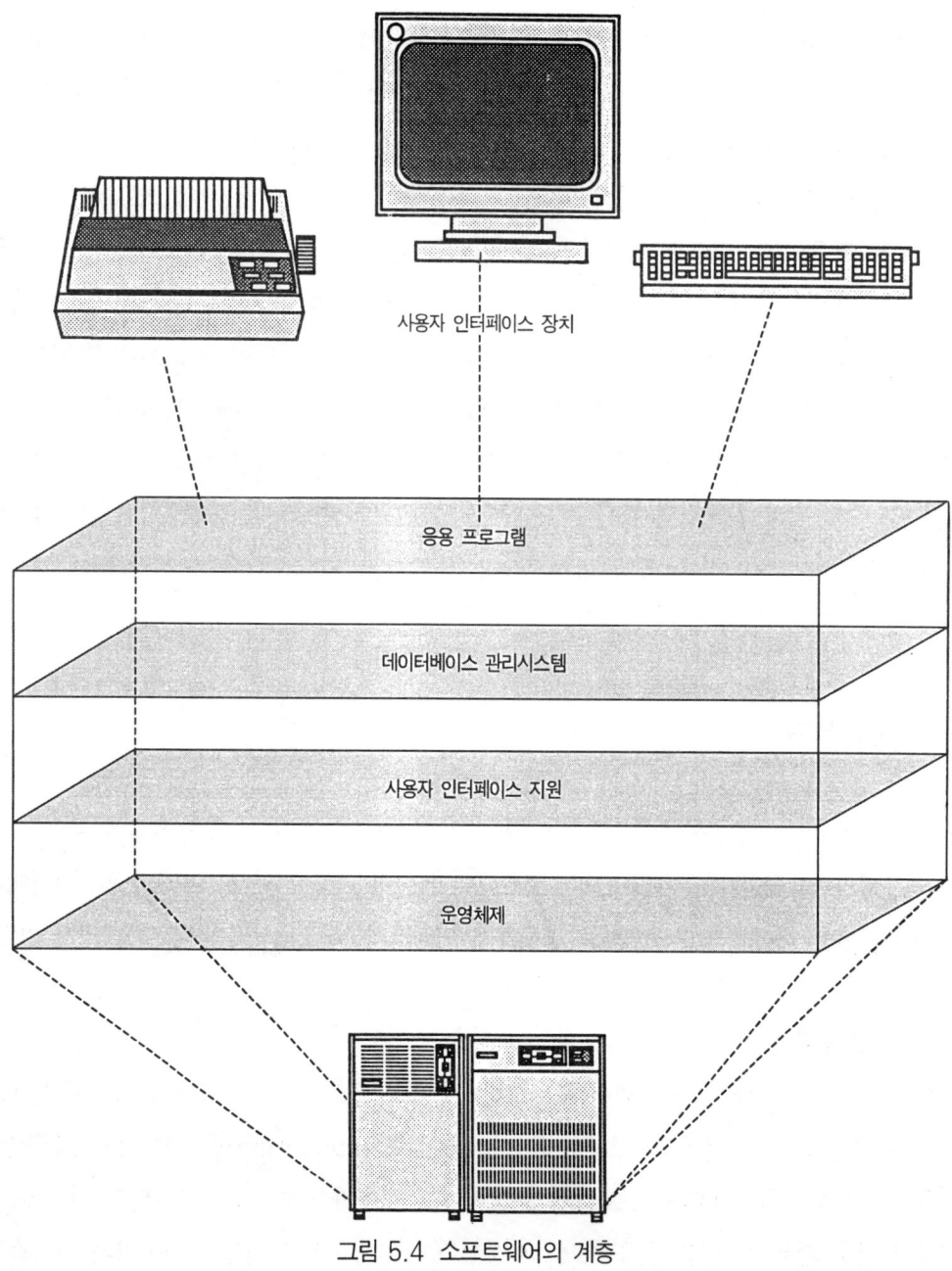

그림 5.4 소프트웨어의 계층

사가 개발하여 왔다. 그러나 최근에는 산업표준화된 OS를 설치한 하드웨어를 제작자가 제조하는 방향으로 가는 추세이다. 이러한 방법은 특정제작사 제품에 의존할 필요가 없으므로 사용자 입장에서는 여러 가지 장점이 있다.

5.2.2 사용자인터페이스 지원

사용자인터페이스는 일반사용자와 컴퓨터와의 대화를 가능하게 하는 것이라고 정의한다. 종래에는 사용자가 컴퓨터와 대화하기 위해서는 명령언어인 컴퓨터언어를 배워야만 하였다. 그러나 최근에는 컴퓨터시스템과 사용자가 보다 직관적이고 보다 간단히 대화할 수 있도록 하기 위한 그래픽사용자인터페이스(GUI)가 개발되었다. GUI는 PC와 워크스테이션용 인터페이스기술로 개발되었다.

사용자인터페이스로서 GUI의 기본은 시스템운용을 보다 시각적으로 실행한다는 개념이다. 화면에는 파일이나 프로그램 또는 시스템기능에 액세스할 수 있는 것과 같은 일반적으로 사용되는 항목을 대표하는 키워드 그래픽기호(아이콘)나 메뉴를 표시하거나 빠르게 액세스할 수 있다. 현재의 GUI는 사용자가 키보드와 마우스를 병용하여 프로그램과 파일에 액세스하여 컴퓨터와 대화가 이루어진다. 표시창의 상단에 나타나는 그래픽기호나 키워드메뉴가 있는데, 이는 사용자가 메뉴를 풀다운할 수 있고 처리메뉴들을 볼 수 있다. 이 메뉴는 그래픽아이콘과 키워드를 포함하고 있으며 사용자가 마우스-키를 사용하여 선택할 수 있다. 그림 5.5는 대표적인 GUI화면을 나타낸 것이다.

GUI는 2개 이상의 과업을 수행하거나 감시하는 편리한 방법을 사용자에게 제공하고 있다. 윈도우를 사용함으로써 그들이 수행하고자 하는 과업이나 여러 개의 과업들을 불러(open)올 수 있고 표시(display)할 수 있다. 사용자가 운용하는 프로그램에 관한 정보를 윈도우에 표시한다. 사용자는 자신이 실행하고 싶은 특정 윈도우 크기를 맞추고 윈도우간을 "앞으로" 또는 "뒤로"를 클릭하여 프로그램을 전환(adjust)시킬 수 있다. 예를 들면, 한쪽 창에는 대화방(communication session)을 실행하고 다른 창에서는 스프레드시트(spreadsheet)를 실행할 수 있다.

많은 GUI가 특수한 OS의 확장으로 개발되었다. 수도사업에서 만약 한 개만의 OS와 하드웨어플랫폼을 사용하고 있는 경우에는 해당 수도사업체에 있는 모든 사용자는 어차피 동일한 GUI를 갖게 된다. 그러나 현재는 네트워크 환경에서 서로 다른 여러 제작사의 다른 종류의 기기들을 상호 접속시켜서 데이터와 값비싼 주변기기를 공유하는 것이 일반적인 추세이다. 이 경우 OS와 GUI가 다르기 때문에 지원용으로 다른 소프트웨어가 있어야 한다. 이 문제를 해결하기 위하여, "X-윈도우"규격이 개발되었다. X-윈도우규격은 특정 OS에

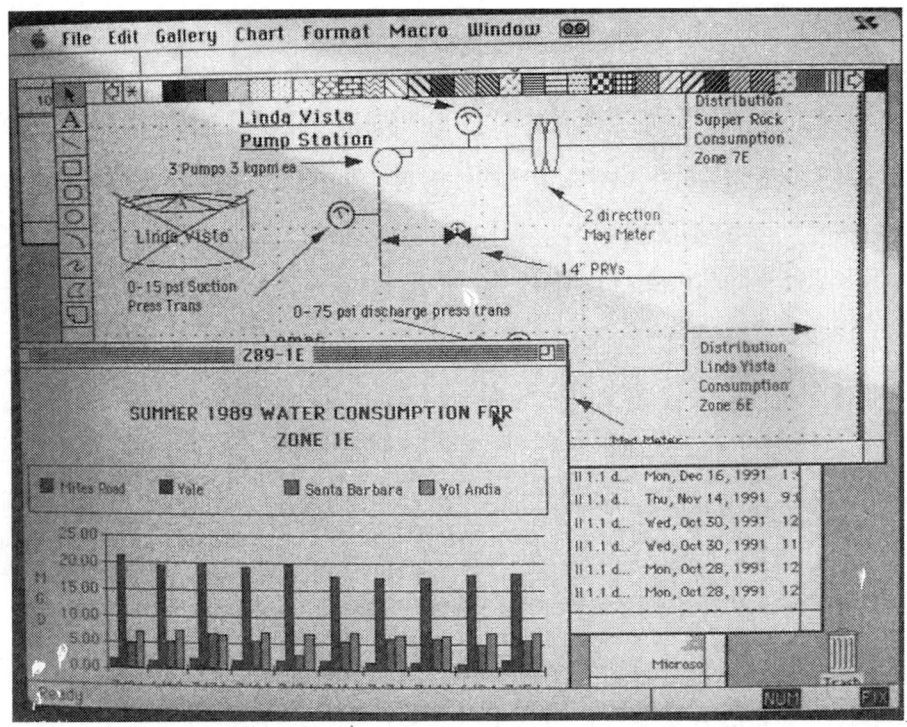

그림 5.5 GUI화면의 예

의존하는 것은 아니고 네트워크를 의식한 것이다. X-윈도우규격은 네트워크에 연결된 모든 컴퓨터에서 애플리케이션을 실행하고, 그 결과를 네트워크 내의 모든 단말이나 화면에 표시되도록 할 수 있다. X-윈도우규격은 현재 대부분의 주요 컴퓨터제작사에서 채용하고 있으며 최종적으로는 이것이 사용자와 컴퓨터시스템과의 인터페이스를 표준화하고 간소화하게 될 것이다.

5.2.3 애플리케이션 지원환경

소프트웨어 개발자는 "애플리케이션 지원환경"이라는 도구의 성장에 의해 도움을 받았다. 제곱근이나 sin(正弦) 등과 같은 기능을 제공하는 대부분의 언어로 된 실시간 라이브러리로부터 이러한 도구가 개발되기 시작하였다. 이러한 라이브러리는 매트릭스 운용을 표준화시킨 FORTRAN과 같은 특수언어에 대한 보조라이브러리에서 확장된 것이다. 이러한 지원 라이브러리의 목적은 빈번하게 반복되는 작업에 필요한 프로그램 양을 줄이는 것이었다.

애플리케이션지원환경에 포함될 수 있는 분석의 특수형태에 관하여 몇 개의 애플리케이션 패키지가 있다. 그러한 패키지의 예로서는 통계분석법, 선형계획법, 시뮬레이션법 등의 패키지도 포함된다. 이러한 패키지의 대부분은 사용자가 결과를 얻을 수 있는 특수한 고유언어를 가지고 있다.

애플리케이션 지원라이브러리는 저장된 절차를 포함하고 있다. 예를 들면, 매트릭스를 전환하는 서브루틴을 불러오거나 정수의 평방근으로 되돌아가는 기능을 불러올 수 있다. 두 경우에 사용자는 빈번하게 되풀이되는 작업을 수행하기 위하여 보조프로그램을 불러오게 된다. 함수나 서브루틴을 사용하기 위하여 사용자는 불러온 보조프로그램에 특수정보를 주어야 한다. 사용자는 보조프로그램에 일정한 형식의 데이터를 입력해야 하며 결과는 정의된 형식으로 나오게 된다. 서브루틴을 사용하는 두 가지의 이점으로는 중복된 코드를 피하고 인터페이스규칙을 따르는 것과 결과가 되돌아온다는 것이다.

종종 데이터 구조가 여러 번 사용된다. 예를 들면, 평면상의 한 지점은 한 쌍의 숫자로 표현된다. CRT화면의 경우를 보면 첫째 숫자가 화면의 수직방향 위치를, 2번째 숫자를 수평방향 위치로 정한다. 그러면 만약 CRT화면이 디스플레이의 특정형식에 관한 규칙(예를 들면, 첫째는 0~640, 둘째는 0~480)을 만족하고 있다면, 이 한 쌍의 숫자로 CRT화면상의 목적한 특정지점(POINT)을 지시할 수 있다. 또 2개 지점(POINTs)은 한 개의 선을 정의할 수 있으며 또한 첫째 지점을 왼쪽 상단 지점의 위치에, 2번째의 지점을 오른쪽 하단의 위치를 지정함으로써 직사각형을 정의할 수 있다. 이와 같이 데이터구조를 설명하는 객체와 그것을 규정하는 규칙을 사용할 수 있다. 절차들을 라이브러리로 조합시킬 수 있게 되었으므로 객체의 라이브러리들은 프로그램을 단순화하였다. 이것은 객체지향 프로그래밍 개념이며 또한 프로그래머의 생산성을 향상시키는 것이다.

5.2.4 데이터베이스 관리시스템

데이터베이스관리시스템(DBMS)은 프로그래머들과 사용자들에게 제공되는 가장 강력한 도구의 하나이다. 데이터베이스는 데이터에 액세스하는 것을 표준화시킨 DBMS소프트웨어로 지원된다. 표 5.2는 3종류의 주요 DBMS의 개요를 나타낸 것이다. 계층형 데이터베이스는 응답이 가장 빠르지만 유연성이 가장 뒤떨어진다. 관계형(relational) 데이터베이스는 응답속도는 약간 떨어지지만 유연성이 아주 풍부하다. 가지고 있는 정보들이 데이터사전이며 이것을 데이터요소라고 정의한다. 데이터베이스에서 데이터구조가 정의되었고 다양한 기

표 5.2 주요 데이터베이스의 구조

분류	구조	특징
계층형	데이터는 상위 데이터(예 : ○○정수장), 하위 데이터(예 : 펌프설비, 수변전설비), 또는 하위 데이터(예 : 펌프1호···)의 거꾸로 된 나뭇가지모양으로 저장된다. 각 노드는 2개의 분기를 가지게 되며 각각의 주종관계로 연결된다.	데이터의 구조는 고정화되고, 데이터 상호연관관계의 변경을 위해서는 데이터베이스의 재구축이 필요하다. 수많은 데이터 상호연관관계는 제한적이다. 사용자의 요구에 고속의 응답이 가능하다.
네트워크형	계층형과 유사하지만 노드는 2개 분기 이상을 가진다. 따라서 수직관계뿐만 아니라 수평관계의 데이터 상호관련의 관계가 존재한다.	계층형보다 많은 데이터간의 상호연관관계가 가능하다. 데이터구조의 변경에는 데이터베이스의 재정의와 재구축이 필요하다. 응답성은 계층형보다 약간 뒤떨어진다.
관계형	데이터는 흔히 관계형 또는 파일이라 불리우는 2개의 구획된 표에 저장된다. 모든 데이터는 상호연관관계를 가지므로 전체적으로 유연한 상호관계를 가진다. 원하는 어떠한 관계형 노드에서도 정보에 엑세스할 수 있다.	대단히 알기 쉽고 사용하기 쉬운 구조이다. 데이터의 기억되는 표는 다른 표와는 독립이지만, 필요에 따라 다른 표와 통합하거나 부분삭제도 가능하다. 데이터베이스의 변경이나 추가도 쉽게 할 수 있다.

능의 액세스 필요성이 요구되었으므로, 다중 DBMSs를 채택하는 것과 이들을 연결시켜 이용하는 것도 고려할 수 있다. 이와 같은 경우에 데이터베이스 설계와 유지관리에 관해서는 중앙관리자가 조정해야 한다는 것을 충분히 유의해야 한다.

운영체제(OS)가 프로그래머에게 효율적인 작업환경을 제공하였던 것과 마찬가지로 동일한 종류의 지원을 DBMS가 정보관리자에게 제공한다. 파일관리와 데이터액세스의 기본기능을 DBMS가 처리하기 때문에 데이터 자체나 사용자가 강조하며 이용하고자 하는 데이터의 상호관계에 대해서 프로그래머나 사용자가 집중할 수 있다. DBMS는 축적된 정보를 관리하고 사용자인터페이스를 보다 자연스럽게 하는 것을 시도하고 있다.

5.2.5 프로그램 개발

컴퓨터시스템에서는 항상 새로운 애플리케이션프로그램이 개발되거나 낡은 애플리케이션 프로그램이 수정되어야 하기 때문에 컴퓨터시스템에는 프로그램을 기록하거나 수정해야 한다. 프로그램개발자는 이와 같은 기능을 프로그래머에게 제공한다. 이런 지원에는 프로그램을 시험하고 기록하는 프로그래머에게 필요한 언어와 편집기 및 링커가 포함된다. 이러한 도구를 사용하여 프로그래머는 작업 시방을 만들고 작업을 수행하기 위한 프로그램을 만들어 오류를 찾아낸다.

모든 신규 시스템에서 많은 비용과 리스크를 갖는 것이 소프트웨어 개발이다. 때로는 개발된 소프트웨어가 이미 진부한 것으로 끝나기도 한다. 또 가격이 떨어지는 것과 함께 하드웨어 능력이 향상됨에 따라 이와 같은 현상은 더 심해지고 있다. 프로그래머의 생산성 향상과 시스템설계공정의 효율을 증진시키기 위하여 많은 노력을 하였다. 그러한 분야와 주요 개선된 것은 다음과 같다.

- 언어의 설계
- 컴퓨터지원 소프트웨어엔지니어링 CASE(개발) 도구
- 소프트웨어 개발요원의 조직화, 훈련, 그리고 지원
- 기업레벨의 아키텍처

언어개선에는 소프트웨어의 일부 재이용성을 향상시키는 것을 목적으로 하는 소프트웨어 구조 지원이 포함된다. 이 분야에서 최근 주목받는 것이 객체지향 프로그래밍이고, 재이용할 수 있는 처리순서나 데이터구조를 재이용할 수 있는 서브루틴의 라이브러리 개념을 확장하는 것이다. 비슷하지만 최근의 DBMSs에는 시스템용의 지원을 위한 4세대언어가 포함된다.

CASE 도구에는 프로그램을 컴퓨터언어로 고치는 시스템설계를 지원하기 위한 도구에서부터 종합적인 데이터해상시설을 정의하고 지원하기 위한 도구에 이르기까지 다양하다. CASE 도구는 데이터해상력에 공통으로 쉽게 액세스할 수 있으며 또 공동 저장고에 정보와 데이터항목을 추가하는 방법도 효율적으로 제어할 수 있다. CASE 도구는 공통 데이터에 근거한 애플리케이션 설계와 제작을 지원한다. 이들은 제작모듈을 재사용하며 생산성을 향상시킬 수 있다.

현재 사용자와 정보시스템 개발요원과의 관계는 좋은 쪽으로 가고 있다. 하드웨어의 가격

이 비쌌던 시대에는 지원요원의 주된 임무가 사용자 요구를 정확하게 파악하고, 사용할 기기를 어떻게 조합하여 사용자 요구에 부응할 것인가 하는 것이었다. 이와 같은 것은 하드웨어 능력이 충분하지 않으면서 생산성을 극대화하기 위해서는 필요하였다. 최근 강력한 성능을 가지면서 싼 가격의 장치를 이용할 수 있게 되었으므로 이와 같은 방법들에도 변화가 생겼다. 시스템을 개발하기 위한 보다 생산적인 방법은 사용자의 도움을 받아서 시스템 견본을 만들고 시스템을 될 수 있는 한 빨리 향상시켜서 사용자가 사용하기 쉽도록 그 시스템을 개량함과 동시에 사용자가 필요로 하는 시스템과 실제로 제공되는 시스템과의 사이에 차이점(discrepancy)을 찾아내는 것이다. 각 기업은 프로젝트를 설계하고 개발하여 실행하기 위하여 고도로 훈련된 전문가팀을 사용하여 장점을 찾아내고 있으며 비교적 단기간(60일 정도)에 일련의 작업을 할 수 있다. 프로젝트를 단기간에 완성시킬 수 있으며 또 시스템변경에 대한 사용자 요구를 수용할 수도 있기 때문에 이러한 접근방법의 설계, 개발, 실행, 개량은 개발자와 사용자 쌍방에게 보다 만족할 수 있는 방법이다.

5.2.6 애플리케이션 프로그램

컴퓨터 가격이 낮아짐에 따라 표준적인 패키지애플리케이션에 의한 해결책에 수반되었던 문제들이 부각되고 있다. "표준화된" PC가 널리 보급됨에 따라 영업업무처리와 과학기술계산에 패키지화된 해결책의 거대한 시장이 열렸다. 이러한 해결책들 중에서 가장 으뜸인 것은 문서처리 패키지, 표계산, 전자출판과 PC용 데이터베이스관리시스템이다.

최근에는 그래픽처리소프트웨어가 눈부시게 발전하고 있다. 고해상도의 그래픽화면을 갖춘 PC나 엔지니어링워크스테이션은 설계작업에서 아주 강력한 능력을 제공하고 있다. 컴퓨터지원설계(CADD)와 컴퓨터지원엔지니어링(CAE)소프트웨어가 이러한 영역의 생산성을 높이기 위하여 개발되었다. 이러한 패키지는 표준설계도면을 더욱 확실하게 갖는 습관 변화를 가져왔다. 컴퓨터시스템은 변경할 수 있고 새로운 도면을 작성할 수 있다.

영상처리(image processing)소프트웨어도 크게 발전하고 있다. 현재 이러한 기술은 위성영상처리나 의학용 영상처리 분야에서 실용적으로 사용되고 있다. 수도분야에서는 일본에서 이 기술을 사용한 플록감시시스템이나 물고기의 행동인식(image recognition)에 의한 독극물감시시스템에 적용되고 있다. 또 지리정보시스템(GIS)은 도면지도(hard copy)를 컴퓨터독취형(machine-readable forms)으로 전환시키는데 사용되는 애플리케이션에 공헌

인공지능

메모리가격에 비하여 컴퓨터 가격이 낮아짐에 따라 컴퓨터가 점점 가까이 있게 되었으므로 컴퓨터와 인간과의 대화형식의 관계가 개선되었으며 불완전한 정보를 처리할 수 있는 컴퓨터 능력이 향상되었다. 접근방법의 한 가지 분류는 인공지능(artificial intelligence)이나 바이오컴퓨팅(biocomputing)으로도 알 수 있다. 이러한 시스템은 패턴의 인식, 추리력, 학습 등과 같은 인간의 행동이나 적응하려고 하는 자연의 섭리나 불완전한 정보를 도출하는 등의 인간두뇌가 하는 연상을 모델화하는 시도이다.

인공지능 개발초기단계에서는 논리적 추론장치를 개발하고 최종적으로 전문가시스템을 개발하는 것에 중점이 두어졌다. 전문가시스템은 인간의 지식베이스를 유지하는 도구인 정보베이스, 추론엔진, 그리고 인간과의 대화인 자연언어인터페이스로 구성된다. 지식베이스는 규칙의 형태로 인간의 지식이 축적된 것이나 시뮬레이션 모델일 수 있으며 또는 이들 두 가지의 조합일 수도 있다. 추론엔진은 사용자로부터 입력된 정보를 기초로 하고 그 정보와 관련되는 지식베이스규칙을 검색하며 사용자 인터페이스에서 결과를 판단한다.

신경망은 인간 두뇌를 모델화하여 시뮬레이션을 시도하는 기술이나 장치이다. 접속된 하나의 신경단위는 2개 이상의 다른 신경단위나 외부로부터 가해지는 데이터를 받아서 단일 출력데이터를 생산하는 것이다. 신경망과 데이터에서 판단하고 배우는 부담으로서의 방법을 신경망의 성질이라고 정의한다. 신경망은 패턴인식분야에 잘 사용된다.

퍼지논리 또는 퍼지추론은 애매한 정보를 처리하기 위한 기술이다. 애매한 정보에 기초하여 확률적으로 판단하여 처리하는 것이 추론규칙이다. 이 기술은 실시간으로 데이터를 처리하는 경우에 특히 이상적으로 알맞다. 센서로부터 잡음(noise)의 존재와 채취된 정보가 불완전한 정보로 나타나는 경우에 퍼지추론기술이 이상적이다. 일본에서는 퍼지추론시스템의 개발에 많은 노력을 기울이고 있다. 퍼지제어는 자동열차운전, 펌프제어, 약품주입량제어 등의 분야에서 채택된 퍼지추론의 응용 예가 있다.

뉴신경망은 수도사업에서 앞으로 문자인식이나 수도사용량 패턴의 예측 등에도 이용될 것이다. 뉴신경망과 퍼지추론에 사용된 기술은 패턴인식이 중요한 분야이며, 입력정보가 애매한 분야인 복잡한 계측제어에서 인간의 사고과정을 모의하는 것에 가장 알맞다는 것을 알게 될 것이다.

유전적 알고리즘(GA)은 생물의 자연진화원리를 모의한 기술습득을 채용한 기술이다. 문제의 한 가지 해법을 유전인자라고 정의하며 여러 해답의 값을 목적함수가 측정한다.

해법은 분화의 새로운 세대를 구축하게 되는 번식과 염색체교차 또는 돌연변이를 일으킬 수 있다. 목적함수값에 따라 번식률의 확률로 단순하게 복제되는 것이 번식이다. 염색체 교차는 두 가지 분화 요소를 상호 교환함으로써 새로운 분화를 창조하는 것이며, 돌연변이는 어떤 분화의 일부분을 무작위로 교환함으로써 얻는다. 처음에는 가능한 해법으로 크고 무작위적인 집합이 생겨난다. 이와 같은 해법은 최적에 가까운 것보다는 가능성 범위 전체를 포함하는 선택으로 된다. 만족스러운 해법을 찾을 때까지 몇 세대를 통한 이러한 알고리즘이 발전하게 될 것이다. 이와 같은 알고리즘은 탐색과 최적화 및 사전지식을 이용할 수 없는 유사한 문제들에 적용할 수 있다.

> ### 인공지능(계속)
>
> 「폰 노이만(Von Neuman)」형이라는 종래의 컴퓨터에서는 프로그램에 사용된 명령이 한꺼번에 한 프로세서단계에서 정보를 교묘하게 처리한다. 프로세서로직이 메모리보다도 훨씬 비싸기 때문에 이와 같은 구조가 구축되었다. 처리순서는 다음과 같다.
> - 메모리로부터 명령을 입력한다 →
> - 메모리로부터 입력데이터를 입력한다 →
> - 결과를 얻기 위하여 데이터를 사용하여 명령을 실행한다 →
> - 메모리에 결과를 저장한다 →
> - 프로그램이 종료될 때까지 이상의 순서를 반복한다 →
>
> 이와 같은 모델은 입력으로 명확한 입력데이터가 메모리에 있고 명확한 출력데이터가 메모리로 되돌아온다고 추정한다. 신경망과 유전적 알고리즘과 같은 접근방법에서는 폰-노이만의 순차해법 컴퓨터구조에 잘 어울리지 않는 기술이다. 이러한 기술은 몇 개의 계산을 요하는 요소들이 일제히 문제 부분에 작동하는 병렬구조로 더욱 쉽게 취급된다. 마이크로칩 컴퓨터의 장점은 더욱 타당하게 이러한 구조를 구축하게 되었으며 이러한 해법의 기술은 더욱더 보편화될 것이다. 병렬구조와 칩이 더욱 널리 보급됨에 따라 인공지능과 바이오컴퓨팅 모델은 더욱 널리 보급될 것이다.
>
> 현재까지의 인공지능으로 채택된 것의 대부분은 전문가시스템분야이다. 그러나 앞으로 효과적인 애플리케이션을 나타내는 인공지능(뉴신경망이나 퍼지추론에 관해서도)의 다른 분야 조사연구가 전개될 것이다. 병렬하드웨어가 좀더 간단히 이용할 수 있게 됨에 따라 이러한 기술들은 더욱더 보급될 것이다.

할 것이다.

컴퓨터가 보다 광범위하게 보급됨에 따라 컴퓨터애플리케이션은 컴퓨터를 잘 모르는 사람도 쉽게 사용할 수 있게 되고 있으며 컴퓨터가 기계적이 아닌 것으로 되고 있다는 것이 중요하다. 인간지능의 특성을 컴퓨터가 갖도록 하는 것이 인공지능의 주요목적이다.

LISP나 PROLOG 등과 같은 비전통적인 컴퓨터언어를 사용하여 보다 인간에 가까운 사고특성을 갖는 컴퓨터가 개발되고 있다. 개발의 여러 수단 중에서 현재 가장 중요한 3개 영역은 전문가시스템, 퍼지추론시스템과 신경망이다.

통계분석, 배수관망해석, 배수조정과 정수장 제어시스템 등은 수도시설에서 해결책을 제시하기 위하여 그래픽출력을 이용하여 강력한 분석기술을 조합시킨 실용적인 소프트웨어의 예이다.

표준하드웨어와 각종 개발도구 활용 및 하드웨어 가격하락에 따라 좋은 소프트웨어 개발과 취득이 쉬워져서 수도사업체 운영능력을 개선시키고 있다.

5.3 통신

컴퓨터통신은 최근 크게 변화하고 있는 분야이다. 종래의 컴퓨터통신은 단말기와 메인프레임 또는 미니컴퓨터간의 통신이 중심이었다. 기기는 거의 모두 동일한 제작사로부터 공급되는 제품으로 구성되었거나 컴퓨터시스템과 상호 호환되도록 설계된 주변기기나 통신제어기를 사용하였다. 워크스테이션이나 PC에서 성능이 좋은 컴퓨터가 보급됨에 따라 통신기술에 근본적인 변화를 가져왔다. 중앙컴퓨터에 의한 집중관리방식에 의하여 정보를 수집하는 종래에는 중앙컴퓨터를 중심으로 한 스타(star)형 토폴로지였던 것을 비교적 가까운 지역에서 동등한 기기들을 상호 접속하는 링형 구성이나 버스형 구성(그림 5.6에 나타낸 바와 같음)으로 대체되고 있다. 이러한 통신방식을 소위 근거리통신망(LAN)이라고 하며 상호접속된 장치간에 고속통신이 가능하다. 일반적으로 동축케이블이나 광섬유와 같은 통신매체에 의해 비교적 가까운 장소에 있는 2대 이상의 컴퓨터를 접속시켜서 LAN이 구성된다.

광역통신망(wide area network : WAN)은 지역적으로 광범위하게 설치된 컴퓨터를 상호 접속시키기 위하여 사용된다. 종래에는 WAN은 원거리에 있는 메인프레임이나 미니컴퓨터간에 상호통신을 하기 위하여 사용되었다. 그러나 LAN끼리를 접속시켜서 WAN을 구축하는 것이 최근 추세이다. LAN간 데이터전송에는 브리지(bridge)나 라우터(router)가 사용된다. WAN의 전송로로는 극초단파무선, 고속전용전화회선이나 위성통신 등이 사용된다. 또 브리지는 2개 LAN사이에 전용전송로가 있는 경우에 사용된다. 라우터는 보다 복잡한 네트워크에서 최적경로를 선택하도록 도와준다. LANs이 상호접속되었을 때 한 LAN에서 다른 LAN으로 전송시켜야 할 메시지를 전달하는데 브리지가 사용된다.

또 여러 종류의 컴퓨터를 상호접속할 때의 일반적인 문제로는 다른 두 제작사의 접속장치이다. 이와 같은 장치에는 두 개의 다른 제작사의 프로그램논리제어기(PLC)나 다른 제작사의 계측제어기기류 및 다른 제작사의 대형 컴퓨터시스템일 수도 있다. 각 경우 문제는 각 제작사의 통신능력과 프로토콜을 어떻게 적용하도록 선택하느냐 하는 것이다. 모든 제작사가 동일한 통신형식을 채용함으로써 각종 통신표준의 진척과 같은 문제가 해결된다. 한편 게이트웨이(gateway)라는 장치는 특정한 제작사의 메시지와 데이터포맷을 다른 회사의 프로토콜로 번역해 주는 것에 이용되고 있다. 이 게이트웨이를 사용함으로써 다른 제작사의 다른 시

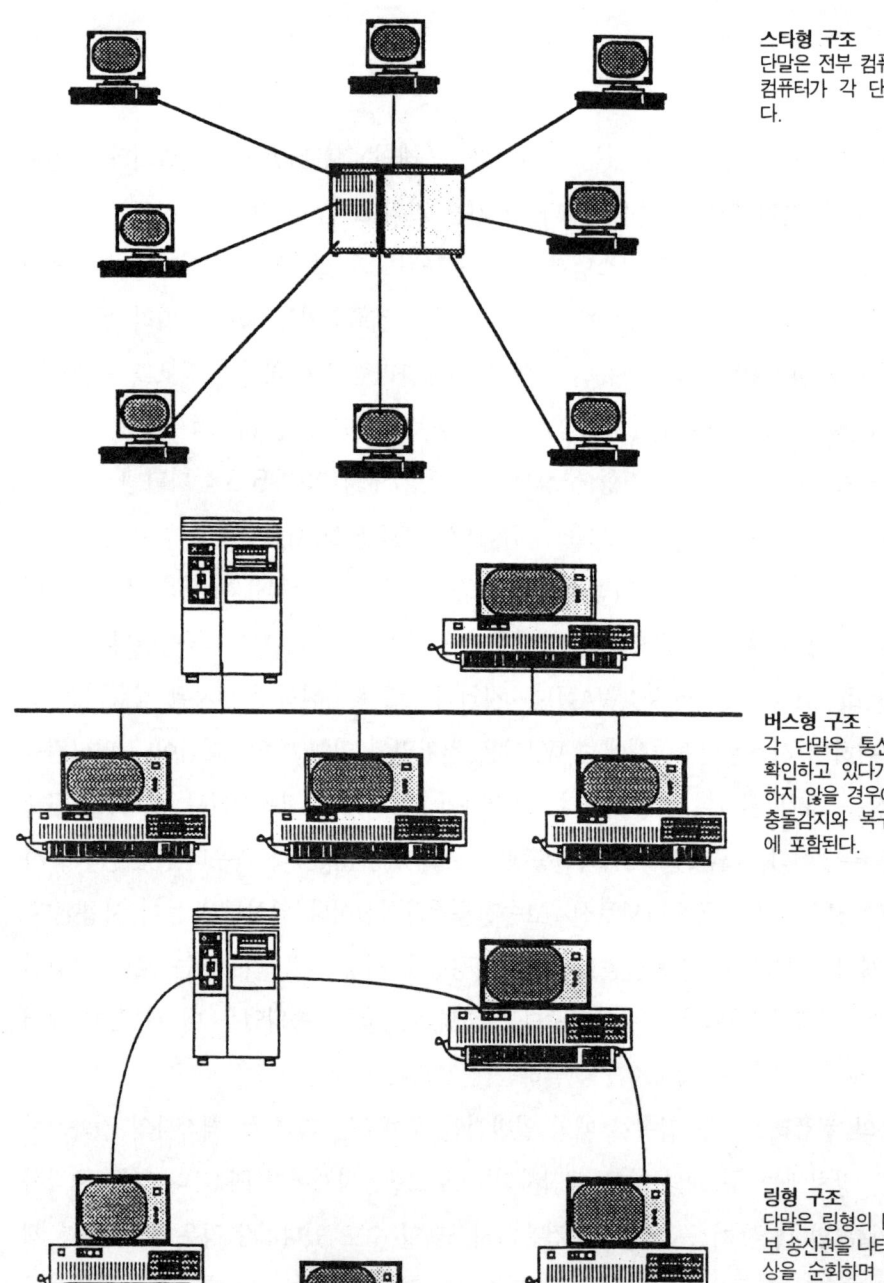

스타형 구조
단말은 전부 컴퓨터에 직접 접속되고 컴퓨터가 각 단말의 통신을 제어한다.

버스형 구조
각 단말은 통신선로의 사용여부를 확인하고 있다가 다른 단말이 사용하지 않을 경우에 정보를 전송한다. 충돌감지와 복구기능이 소프트웨어에 포함된다.

링형 구조
단말은 링형의 LAN에 접속되며 정보 송신권을 나타내는 "토큰"이 LAN 상을 순회하며 "토큰"을 받으면 단말이 정보를 송신한다.

그림 5.6 컴퓨터 네트워크의 대표적 구성

표 5.3 주요 통신 매체

종류	장점	단점
트위스트페어케이블	통상의 전화에 사용되는 것으로 값이 싸고 부설이 쉽다.	잡음의 영향을 받기 쉽다.
동축케이블	전송대역이 넓고 고속전송이 가능하다. 잡음에 강하다.	트위스트페어케이블에 비해 부설이 어렵고 가격이 비싸다.
광케이블	동축케이블보다 더 전송대역이 넓고 고속전송이 가능하다. 유도장애의 영향을 받지 않는다.	다른 케이블보다 가격이 비싸고 부설이 어렵다. (역자 주 : 현재는 저렴함)
무선(VHF/UHF)	값싼 장치로 구성할 수 있다.	사용 가능한 주파수가 적으며, 허가가 곤란하다. 전파장해에 약하다.
마이크로무선	전송대역이 넓고 VHF/UHF와 비해서 전파장해에 강하다.	VHF/UHF와 비교하여 값이 비싸고 유지관리비가 고가이다.
위성통신	광역을 커버하는데 유리하다.	전송지연과 신호손실이 있다.

스템을 전체적으로 유용하게 상호접속시킬 수 있다.

5.3.1 통신매체

표 5.3은 주요 통신매체의 장점과 단점을 나타낸 것이다. 하드웨어와 기술 진보에 따라 이들 매체들의 이용가능성 범위는 더욱 넓어지고 저렴한 비용으로 이용하게 되었다. 트위스트페어케이블이 광범위하게 이용되는 것이 현재까지의 주류지만 앞으로 10년 내에 광케이블이 광범위하게 사용될 것으로 생각된다. 광케이블은 대용량 전송이 가능하고 전자유도의 영향을 받지 않으며 네트워크와 네트워크에 접속된 기기가 절연되는 점 등의 3가지 중요한 특징을 가지고 있다. 한편 트위스트페어동케이블의 주요 장점은 어디에서나 구입할 수 있고 가격이 비교적 저렴하다는 점이다. 저렴한 가격의 금속접속선(트위스트페어케이블이나 동축케이블)과 개선된 광섬유의 고속성과 신뢰성을 비교하여 선택해야 한다.

수도사업 운영에는 다음 3분야에 대하여 통신기능의 분명한 요구조건이 있다.

- **공정제어** : 계측제어기기류로부터 감시제어장치나 기기에 정보를 또는 액추에이터에 제어명령을 전송한다.
- **감시제어 및 데이터수집(SCADA)** : 광역으로 분산되어 있는 수도시설 상태를 원격단

말장치에 의해 통신함으로써 감시한다.
- **정보관리시스템** : 수도사업운영에 필요한 각종 기술업무와 유지관리 및 영업업무를 지원한다.

1) 공정제어

그림 5.7은 대표적인 공정제어통신의 구성 예를 나타낸 것이다. 마이크로컴퓨터를 사용한 프로그램논리제어장치(PLC)가 LAN을 거쳐서 장내제어용 미니컴퓨터와 통신한다. 계측제어기기에서의 아날로그정보는 4~20mA 신호로 피복동케이블로 입력된다. PLC가 이 신호정보를 디지털 형태로 변환시킨다. 디지털정보는 접점정보를 사용하여 기기를 제어하거나 또는 주제어컴퓨터에 필요한 정보를 전송한다. 분산된 정보가 계전기에 의해 제공되기도 한다. 두 경우에 모두 선로는 혼란스런 잡음이나 펄스를 전송할 수 있다. 정보는 센서로부터 지역제어기로 흘러가거나 또는 제어기에서 피제어장치로 흘러간다. LAN전송매체로서는 트위스트페어케이블, 동축케이블 또는 광섬유케이블이 통상 사용된다.

지능형 전송기가 출현함으로써 PLC나 단말을 사용하는 운전자가 센서와 직접 디지털통신을 할 수 있게 되었다. 그림 5.7의 PLC C에 지능형 전송기간 디지털통신의 장점을 설명하고 있다. 디지털통신루프에 여러 개의 장치를 부착시킬 수 있다. 게다가 지능형 전송기는 전송기가 감지한 어떤 문제의 상황들을 PLC나 마스터컴퓨터에 알려줄 수 있다.

2) 감시제어 및 데이터수집(SCADA)

그림 5.8에 나타낸 바와 같이 감시제어 및 데이터수집시스템은 시스템의 특정시설에서 중요한 공정제어를 할 수 있으나 중요한 특징은 영상표시와 저장 및 제어를 위하여 원격제어센터에서 정보를 수집할 필요성이다. SCADA시스템은 먼 곳에 있는 시설간에 통신을 하고 정보를 수집하는 점이다. 최초에는 알맞은 통신매체로서 전화선을 빌려 쓰는 것이었다. 그러나 미국 벨-전화회사의 분할에 따라 전용선 요금이 상당히 비싸게 되었고 또한 표준전화선으로는 신뢰성이 떨어졌다. 무선통신을 사용하는 것이 감시제어 및 데이터수집시스템에는 많은 장점이 있었다. 무선통신 중에서도 마이크로파를 중추로 하고 다중채널을 사용되는 UHF를 사용하여 신뢰성이 높은 통신매체를 이루었다. 또 원격지에 있는 저수지 정보를 전송하는 등 장거리통신에 관해서는 위성통신을 사용할 수도 있다. 감시제어 및 데이터수집

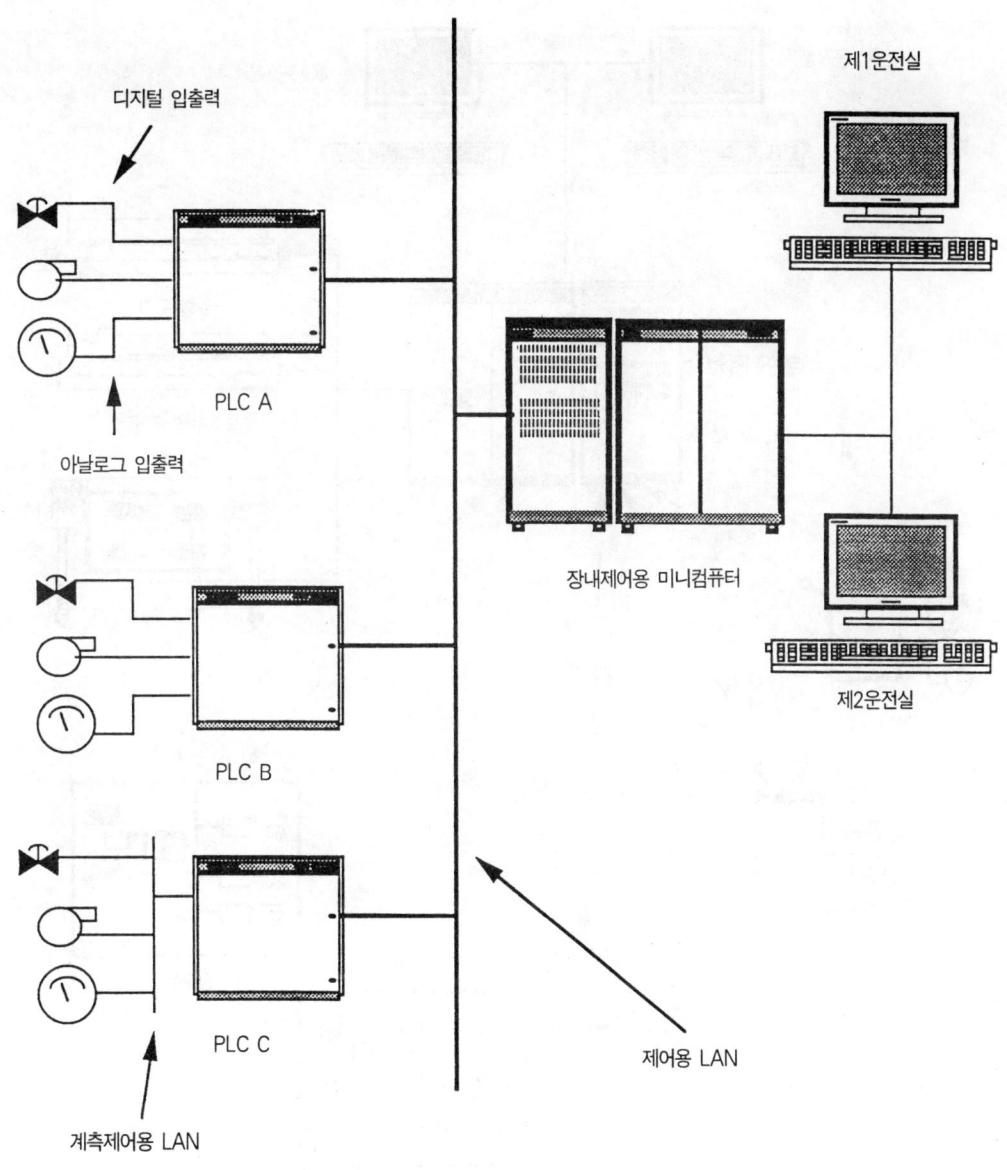

그림 5.7 공정제어통신의 구성 예

시스템은 통상 제작사의 독자적인 통신프로토콜이 사용된다. 감시제어 및 데이터수집시스템은 통신 트래픽을 최소화하기 위하여 예외보고(report-by-exception)절차를 종종 채택한다.

3) 정보관리시스템

종합관리시스템은 수도시설의 공정제어와 감시제어 및 데이터수집시스템으로부터 운영데

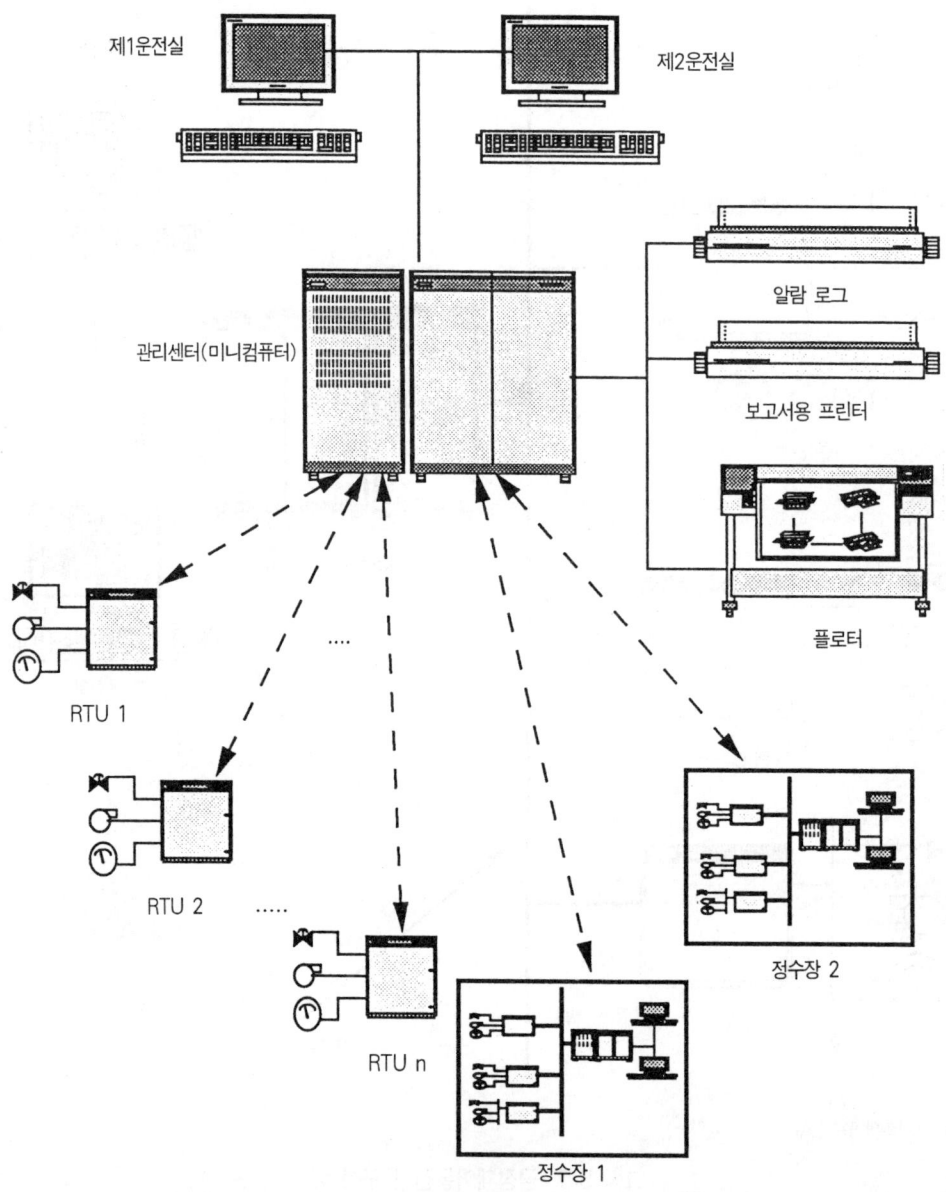

그림 5.8 SCADA통신의 구성(접속) 예

이터를 취하며, 분석적인 용도로서 상응하는 정보를 수집하고 조직을 서로 묶어주는 관리시스템을 통합한다. 이들의 추세는 종래에는 LAN으로 메인프레임과 PC가 연결된 방식이었으나 최근에는 기업과 기업을 연결하는 인터넷연결이 추세이다. LAN에는 여러 가지 방식이 있다. 단일서버를 가진 PC들이 있으며 IEEE 802.3 Ethernet이나 IEEE 802.5 토큰링망 방식이 적합하다. 각각 10Mbps, 16Mbps의 전송속도를 가지므로 용도에 따라 활용할 수 있다. 서버환경에서는 개개 PCs가 서버에서 정보를 취득하지만, 네트워크 부하에 따라 그 응답 속도는 변화한다.

그림 5.9는 수도사업 전체 광역정보통신(utility-wide communication)의 미래상을 나타낸 것이다. 광섬유분산데이터인터페이스(fiber distributed data interface : FDDI) 방식은 100Mbps로 고속전송속도이며 토큰전달방식의 표준이다. 이 LAN은 신뢰성을 높이기 위하여 2회선의 광케이블을 사용하는 것이 특징이다. 즉, 제어를 효율적으로 조정하는 토큰전달방식이며 또한 네트워크의 신뢰성이 높도록 설계된 것이다. FDDI는 당초에는 대량데이터용 컴퓨터와 애플리케이션에 상호 접속하여 사용되었지만 1990년대 후반에 가격이 떨어짐으로써 FDDI가 보다 광범위하게 사용되었다.

미국에서는 T1과 T3의 고속디지털회선서비스가 컴퓨터간의 상호접속용으로 이용할 수 있다. T1은 1.54Mbps의 속도로, 또 T3은 44.7Mbps의 속도로 정보를 전송한다. T1회선은 현재 LAN간을 접속하기 위해 널리 사용되고 있으며, 또 T3회선은 장래 데이터 전송부하가 증가하고 기기 가격이 떨어지게 되면 보다 광범위하게 사용될 것으로 예상된다. 일본에서는 1.5Mbps, 3Mbps, 4.5Mbps, 6Mbps의 고속디지털회선서비스를 이용할 수 있다.

종합정보통신망(integrated services digital network : ISDN)서비스가 제안되고 있으며 현재 많은 지역에서 이용할 수 있다. IDSN은 음성, 데이터, 기타 메시지를 하나의 서비스로 통합하여 고품질의 데스크탑컴퓨터간 통신을 제공하는 것이다. 일본에서는 현재 1.5Mbps의 ISDN서비스를 이용하고 있다.

현재 데이터통신용 매체와 기술은 존재하고 있다. 통신에서 가장 중요한 필요성은 표준화이다. 각 컴퓨터제작사가 독자의 운영체제를 개발하는 것과 같이 통신장치제작사도 독자의 통신표준을 채용하고 있다. 그러나 이 분야가 눈부시게 발전하였으며 국제표준기구(ISO)에서는 개방형 상호접속(OSI)규약을 정하였다. 이는 통신을 위한 국제적인 틀을 마련하는 것이고 정부와 컴퓨터업계 쌍방으로부터 지지를 받고 있다. 마찬가지로 공정제어통신에 관해서도 규약작성을 진행시키고 있다. 이러한 노력의 결실로 가까운 장래에 시스템과 애플리케이션 통합이 훨씬 간단하게 될 것이다.

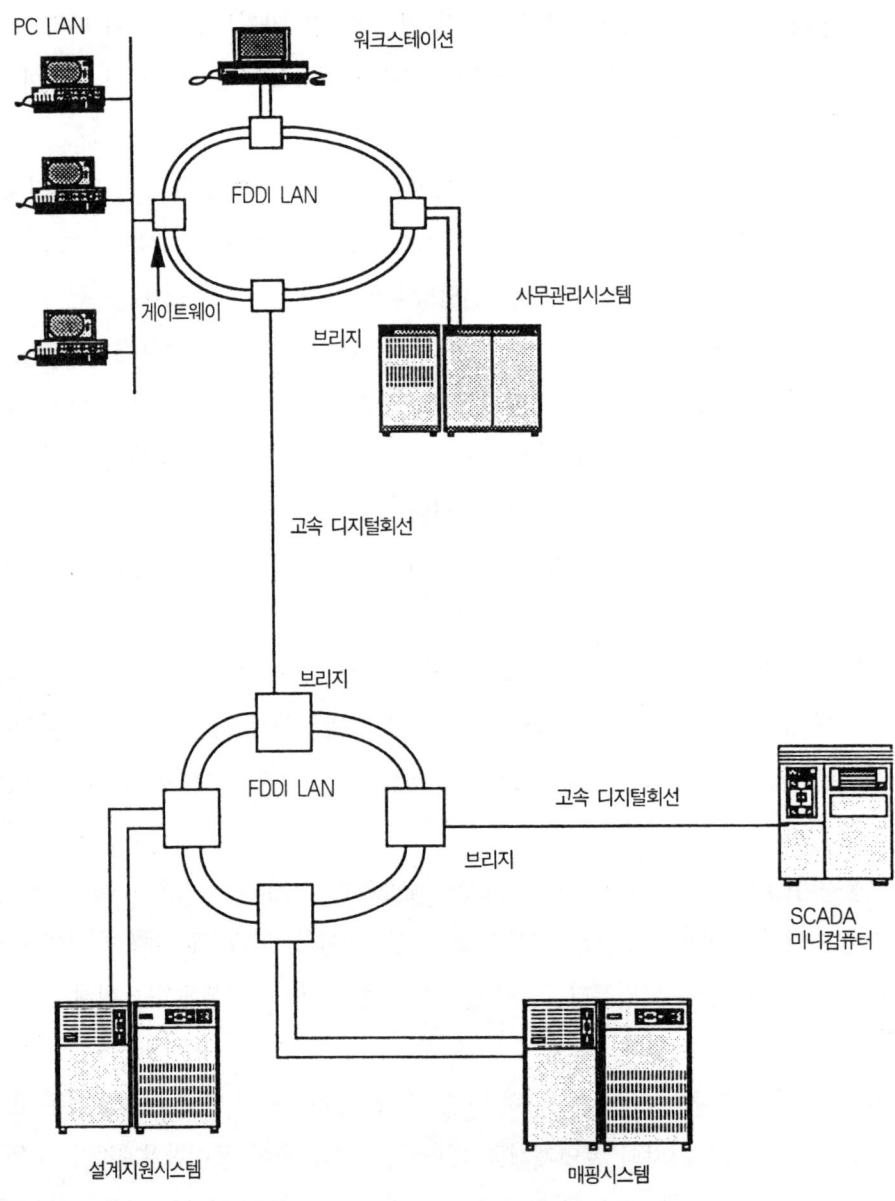

그림 5.9 수도사업체 광역정보 통신의 미래상

5.4 장래 비전

한정된 재원으로 양질의 음용수를 공급하고자 하는 목표를 충족하기 위하여 컴퓨터시스템을 통합시킬 수 있다. 이러한 컴퓨터시스템 통합은 이미 일부 실시되고 있다. 이 책에서 논의하였던 애플리케이션은 현재 이행되고 있거나 이미 이행되었으며 이들 애플리케이션 통합은 기존기술을 이용하여 진행 중이다. 또 앞으로 10년 사이에 시스템 통합을 쉽게 하고 위험도를 줄이며 가격을 낮추는데 기여하는 개발기술이 출현할 것이다. 그러나 이 장에서 전하고자 하는 것은 통합시스템을 구축하기 위해서는 지금부터가 중요하다.

5.4.1 하드웨어

최초로 등장하였던 PC에 비하면 현재의 PC능력은 약 100배 정도 향상된 것과 같이 앞으로 10년 사이에 그 능력이 100배 이상 향상될 것이다. 또 공동프로세서와 다수의 프로세서장치를 보다 효율적으로 활용함에 따라 PCs와 워크스테이션이 최고급품의 능력으로 향상될 것이다. 차세대 PC는 오늘날의 메인프레임 처리능력에 필적하는 능력을 갖출 것이다.

보조메모리는 높은 신뢰성과 용량을 갖추고 보다 소형화되는 경향이다. 주메모리와 보조메모리 등 모든 처리장치의 능력향상과 경합되는 용량확대와 가격인하를 예상할 수 있다. 하드디스크 능력에서 주요 개선점은 컴퓨터에서 디스크를 적당하게 구동시키는 전자제어장치와 소프트웨어의 능력향상이다. 이에 따라 과거에 실행할 수 있었던 것보다 훨씬 빨라지고 신뢰할 수 있는 디스크와 컴퓨터의 상호접속구조로 되는 것이다. 또 가까운 장래 광학식 구동디스크가 보다 보편적인 장치로 될 것이다. 광학식 구동디스크는 오디오업계에서 이미 실용화되었으며 앞으로는 컴퓨터 보조메모리로서 대량기록과 읽기(reading)용으로 광범위하게 사용될 것이다.

화면에서도 해상도나 표시색과 표시속도가 계속 향상되고 있다. CRT의 방사선 문제와 관련하여 앞으로는 보다 소형이면서 더욱 안전한 설계로 대체되도록 서둘러야 할 것이다. 고화질화면텔레비전(HDTV)은 멀티미디어용으로서의 컴퓨터사용이 증대되도록 촉진시킬 것이다. 멀티미디어에 이용하는 초기충격이 훈련목적으로 이용될 수 있을 것이다. 적절한 가격의 PC를 사용하여 화면과 대화훈련능력의 양자를 조합시킬 수 있는 역량이 더욱 바람직한 멀티미디어기술로 될 것이다. 또 여러 개의 화면을 조합하여 대형 벽면화면으로 표시하는 멀티화면도 개발되고 있으며 앞으로는 현재 사용되고 있는 SCADA화면패널을 대체시키거나 더욱 증대시키는데 고화질화면이 이용될 것이다.

데스크탑컴퓨터의 처리능력 향상이 컴퓨터환경을 근본적으로 바꾸게 될 것이다. 메인프레임이나 슈퍼미니컴퓨터는 현재의 범용역할로부터 특수지원기능을 담당하는 것으로 바뀔 것이다. 그 예로서는 한 개나 그 이상의 파일/데이터베이스서버를 수용한 정보센터일 것이다. 또 다른 기능은 컴퓨터서버기능일 것이다. 또 고속연산애플리케이션에 대한 능력을 제공하는 데는 병렬처리아키텍처의 슈퍼컴퓨터로 대체될 것이다.

5.4.2 통신

광케이블이 가장 일반적인 통신매체로서 동선(銅線)을 대체시킬 것이다. 정수장이나 펌프장과 같은 시설분야에서는 광케이블이 상당한 거리를 커버하는 이상적인 통신매체이다. 광케이블은 잡음을 방지할 수 있으며 전기도 흐르지 않는다. 그러므로 광케이블은 보다 신뢰성이 높고 안전한 통신매체로 사용할 수 있다. 현장에서의 광케이블설치는 디지털데이터를 받아들일 수 있는 디지털통신용의 지능형 전송기와 PLCs 및 원격단말장치(RTUs) 및 전송기가 통신용으로 사용하는 합리적으로 작은 프로토콜에 달려 있다.

FDDI는 컴퓨터LAN의 중추가 된다. FDDI는 최초에는 대형 서버나 워크스테이션간의 상호접속과 컴퓨터LAN의 상호접속에 사용되었다. 가격하락에 따라 FDDI가 쉽게 표준LAN이 될 것이다. 이중회로의 신뢰성과 고속·고효율전송 및 통신지점간의 큰 허용거리 등의 장점으로 FDDI가 매력적인 프로토콜이 될 것이다. FDDI가 내구설비로서 현행의 LAN에 대체되면, LAN보다 10배 이상의 고속인 간선계 기술설비로서 FDDI로 대체될 것이다.

컴퓨터접속전용 LAN에 덧붙여 더 많은 데이터를 전송시킬 수 있는 광대역네트워크(wide-band network)가 개발되고 있다. 이러한 멀티미디어LAN은 400~600Mbps의 전송속도를 갖고 있으며 멀티미디어LAN으로 사용되고 있다. 2개 이상의 컴퓨터망에 상호접속하는 것에 덧붙여서 이러한 LANs은 전화, FAX, 영상정보전송에도 사용되고 있다. 이러한 네트워크를 미국의 제작자로부터 구입할 수 있으며 일본에서 멀티미디어LANs으로 구입할 수 있다.

현재 광역통신망(wide area network : WAN)을 형성한 전용 고속디지털회선에 의해 2개 이상의 LAN을 접속시켜가고 있다. 고속라우터 출현으로 고성능인 컴퓨터간의 통신을 지원할 수 있는 고속WAN의 구축이 가능해졌다. 그리고 통신회선과 컴퓨터 양쪽에서는 현재도 성능향상과 저가격화가 진행되는 추세이다.

5.4.3 소프트웨어

운영체제(OS)는 금후에도 중요한 역할을 계속할 것이다. 컴퓨터와의 '보는 대화'가 1990년대의 괄목할 만한 기술이었다. 앞으로 10년간에는 컴퓨터와 '말하는 대화'가 가능하게 될 것이다. 멀티프로세서나 네트워크시스템의 통합된 프로세싱에 대한 효율향상도 OS개발에 포함된다. 하나의 칩으로 강력한 프로세서를 구성할 수 있으면 개별시스템에 다수의 프로세서를 구비하는 것이 일반화된다는 의미이며, 이 OS가 이와 같은 성능을 최대한으로 발휘할 것이다.

네트워크를 구성하는 주된 사유는 정보를 공유함으로써 사용자들의 능력을 향상시키는 것이다. 지금부터의 OS에는 네트워크 전체 데이터베이스에 대한 지원이 포함되어야 할 것이다. 앞으로 10년 사이에 사용자들은 자기의 개인컴퓨터에서 네트워크 상에 등록하고 정보가 어디에 위치하고 있는지를 모르더라도 정보를 입수할 수 있게 될 것이다. OS와 데이터베이스가 결합된 네트워크상에서 정보의 위치를 파악하고 이용자의 개인적인 부담을 경감시키게 될 것이다.

5.4.4 사용자 인터페이스

지난 몇 년 동안에 컴퓨터그래픽 사용자인터페이스를 소개하고 채용하는 것이 눈부시게 발전하였다. 다음 10년간에는 이러한 인터페이스 중에서 「최선」의 것이 수용되는 동시에 표준화가 진행될 것이다. 앞으로 10년 안에 애플리케이션 패키지가 그래픽사용자인터페이스를 포함할 것이다. 대부분의 사용자들에게 사용자인터페이스를 통하여 보다 많은 기능이 제공될 것이다. 네트워크표준으로서 X윈도우를 채용하는 것이 현행화면의 표준으로 될 것이며 GUI의 경쟁은 중요성이 낮아질 것이다. GUIs를 지원하는 것은 더욱 단순해질 것이다.

5.4.5 애플리케이션 개발

새로운 시스템을 개발할 때에 중요한 것은 애플리케이션 개발도구의 능력이다. 복잡한 그래픽 지향적인 사용자인터페이스에 의해 지원되는 통합애플리케이션을 생산하는 프로그래머의 능력을 중대하게 증진시킬 CASE 도구에 의하여 보충된 객체지향적인 언어가 표준으로 되어야 할 것이다. 하드웨어의 능력향상에 따라 보다 직관적인 사용자인터페이스가 더욱 실용화되어야 할 것이다. 2개 이상의 서버가 사용할 수 있는 네트워크 지향적인 데이터베이스는 성능과 유연성이 표준화되어야 할 것이다. 더욱 더 많은 병렬프로세싱지원은 그러한 애플리케이션이 채택되는 결과로 되어야 할 것이다.

5.4.6 표준화와 개방시스템

컴퓨터의 상호접속은 처리능력을 향상시키며 개인은 자기 책상에서 이용할 수 있게 될 것이다. 앞으로는 이상적인 컴퓨터간 통신은 이상은 하나의 과업을 2대 이상의 컴퓨터가 공동으로 실행하는 상호운용(interoperability)의 방향으로 갈 것이다. 여러 개의 다른 컴퓨터 간에 공통통신프로토콜, 하드웨어 플랫폼의 차이에 의한 공통사용자인터페이스 및 데이터 정의와 데이터처리의 공통규칙개발에 상호운용의 성패가 달려 있다. IEEE는 표준운영체제인 POSIX를 제공하고 있다. 이는 전세계 주요 컴퓨터 제작사에서 후원하고 있는 국제조직인 X/open에서는 공통애플리케이션환경(common application environment)을 설명하고 있다(POSIX표준에 관한 적합성도 포함하고 있다). 이러한 노력의 목표는 소프트웨어의 이식(移植)을 쉽게 하기 위한 이식가능성(portability)과 상호운용을 실현하는 것이다. 이와 같은 활동에 따라 하드웨어시스템과 소프트웨어공급자 양쪽에서는 제안된 생산품 가격과 품질 및 유용성을 경쟁체제로 유지하게 될 것이다. 이것은 소프트웨어개발업자에게는 여러 개의 하드웨어용 소프트웨어개발을 필요로 하지 않고 오히려 공통애플리케이션환경의 특징을 제공하는데 치중할 수 있기 때문이다. 또 컴퓨터사용자에게도 대단히 유리하다. 특정컴퓨터나 특정컴퓨터를 위해 쓰여진 소프트웨어에 의존하는 것은 상당히 줄어들 것이다. 사용자에게는 장래에 구입가격이 낮아질 것이고 생산성이 향상되며 특정 제작사에 의존하는 위험성이 상당히 줄어들 것이다. 표준시스템으로의 방향이 대세이다.

제6장 감시제어 및 데이터수집(SCADA)

집필자 : Jerry W. Garrett
Yuuji Sekine(關根 勇二)
부집필자 : Susumu Sano(佐野 進)
Ronald Lauer

 감시제어 및 데이터수집(supervisory control and data aquisition : SCADA)은 감시제어와 데이터수집이라는 2개의 별개 기능을 가지고 있다. 감시제어는 펌프나 밸브와 같은 장치를 원격제어하는 것이다. 한편 데이터수집은 유량이나 압력과 같은 데이터를 원격센서로부터 수집한다.
 미국에서 "공정제어"라는 말은 정수장 운전이나 펌프장에서의 자동제어를 의미하고 있다. 일반적으로 미국에서는 SCADA의 정의에는 공정제어가 포함되지 않는다(다음 **표**의 내용 참조).

6.1 목적

 SCADA는 수도시설의 원격감시와 제어를 실행하기 위하여 사용하는 도구이다. 원격제어는 수작업이나 자동으로 선택할 수 있다. 수작업원격제어에 관해서는 제어센터에 있는 운전자가 마치 현장에 있는 것처럼 밸브나 펌프 또는 기타 장치를 제어할 수 있다. 한편 자동원격제어는 시스템에 미리 설정된 방식에 따라 현장장치를 자동으로 제어시킨다.
 또 SCADA시스템은 선로단선이나 전원이상 등과 같은 긴급사태를 신속하게 파악하고 대처할 수 있다. SCADA시스템에 의해 수집된 수도시설운전의 상세한 데이터는 운전상황을 파악하고 모델화하는데 대단히 가치가 있으며 시스템을 개선하기 위한 설계에도 유익한

> ### SCADA라는 용어에 대하여
>
> 감시제어라는 용어는 원격장치가 다른 장소로부터 수신된 설정치를 유지시키기 위하여 원격장치가 자기동작을 조정하는 시스템을 포함하여 사용되는 것이다. 다만 SCADA라는 두문자에서 사용되고 있는 감시제어라는 말은 그렇게 강제된 것은 아니고 연속적인 (설정치)제어를 포함한 on/off제어를 다룬다.
>
> 일본에서는 SCADA라는 용어가 비교적 새로운 것이긴 하지만 미국에서보다도 광의로 해석되고 있다. 일본에서 사용되는 SCADA라는 말은 미국에서는 일반적으로 포함되지 않는 공정제어를 포함한다.
>
> 이 책에서 취급하는 용어 중에서 SCADA와 같은 의미를 갖는 용어는 계속 바뀌고 있으므로 그 용어가 궁극적으로 어떻게 사용되는가를 설명할 수 없다. 따라서 이 용어를 국제적인 입장에서 사용하는 경우에는 특히 신중해야 한다.

> ### 용어의 유래
>
> 「감시제어 및 데이터수집(SCADA)」이라는 말은 「원격측정」과 「감시제어」라는 호칭으로는 일찍이 오리건 주 포트랜드의 Bonneville Power Administration社에 의해 만들어진 신조어라고 간략하게 설명할 수 있으며 근대적인 장치를 설명하는 데는 적합하지 않다.

자료이다.

미국에서 최근 실시된 975개 수도사업에 대해 실시한 조사(Clauder System Research, 1990년)에 의하면 이러한 수도사업 중에서 93%가 어떤 형태로라도 SCADA시스템을 실시하고 있었다. 초기에 SCADA시스템을 채용하였던 사업체에서는 대부분이 근대적인 장치로 업그레이드할 계획을 가지고 있었다.

6.2 배경

원격제어와 원격표시에 관한 특허가 1880년대 초에 미국에서 신청되었다. 이들 초기 시스템은 원격제어 또는 원격표시의 어느 쪽인가를 목적으로 하는 것이었고, 두 기능을 유지하는 것은 아니었다. 1920년대와 1930년대에는 '운전전 기능확인(check-before-operate)'하는 개념채용과 함께 여러 상태를 전송하는 능력을 갖춘 다양한 상업용 시스템이 개발되었다. 이들 초기 시스템은 전화장치기술에서부터 발전된 전기기계적인 논리에 기초한 것이었다

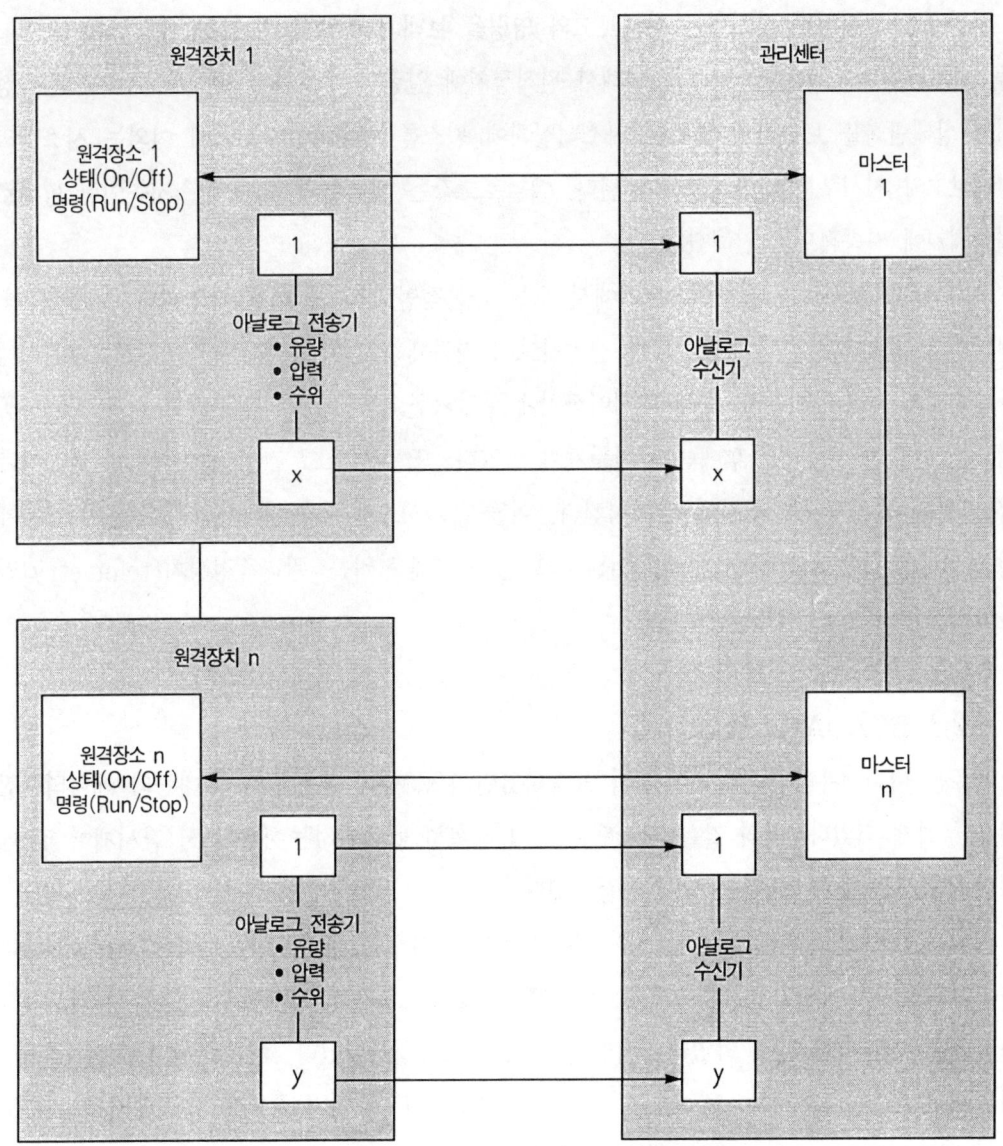

그림 6.1 1:1 원격감시 계측제어장치

(Gaushell and Darlington 1987년).

전기기계적인 시스템은 주로 원격제어와 단순한 상태표시를 크게 하고자 하는 것이 목적이었다. 각 지점의 상태표시나 아날로그 값을 사용하는 실용적인 시스템은 없었다(Gaushell and Darlington 1987년). 즉, 그림 6.1에 나타낸 바와 같이 각 원격장치가 1대 1로 구성되어 독립된 마스터장치에 보고하는 구조로 되어 있었다.

일반적으로 이러한 시스템은 상태보고와 명령을 보내기 위해서 정지모드에서 작동하였다. 즉, 마스터장치가 명령을 보내기 위해서 원격장치에 일련의 부호화된 펄스를 보내고 원격장치는 상태변화를 보고하기 위하여 마스터장치에 펄스를 반송하였다. 이때 이외는 시스템의 상태보고와 지시부분은 정지상태가 된다. 아날로그값은 개별수치 또는 펄스지속이란 형태로 원격계기에 지속적으로 전해졌다.

이와 같은 시스템은 신호전송원리에서 오는 근본적인 많은 문제점이 있었다. 예를 들면, 원격장치-마스터장치의 통신고장을 신속하고 분명하게 발견할 수 없었다. 또 신호왜곡이나 통신회로의 의사잡음 등에 의해 피제어장치에 부정확한 상태보고나 명령받지 않은 기기작동이 많으므로 이러한 시스템에는 보안문제가 있었다. 또 아날로그 값을 연속적으로 원격계측하는 것은 통신자원을 급속히 낭비시킨다. 이들 초기시스템은 명령과 상태보고용의 감시제어장치(supervisory control)와 아날로그 값을 전송시키는 원격측정장치(telemetry)라 하였다.

6.2.1 SCADA시스템

새로운 미니컴퓨터수준의 시스템이 등장하였던 1960년대 후반부터는 대량의 데이터수집이 가능하게 되었다. 이와 같은 시스템을 보다 정확하게 표현하는 용어로서 감시제어 및 데이터수집 또는 SCADA라는 말이 등장하였다.

미니컴퓨터수준의 SCADA시스템이었던 초기에는 시스템 내의 모든 원격장치와 통신하는 마스터(주국)를 가지고 있었다. 모든 아날로그, 상태, 그리고 명령을 처리하는 원격장치를 원격단말장치(RTU)라고 하였다. 이러한 방식이 집중방식이었다. 마스터에서 모든 원격장치에 연속으로 스캐닝하는 방식으로 통신을 실행하였다. 스캐닝 주기는 수초에서부터 수분까지 다양하였다. 스캐닝 주기 내에 단말장치가 응답이 없다면 곧 눈에 띄기 때문에 이와 같은 연속적인 스캐닝으로 통신상의 문제를 조기에 발견할 수 있었다. 스캐닝 주기 중에 마스터는 상태변화나 아날로그데이터를 전송하도록 요청하였다. 이러한 값은 원격장치에 의해 디지털화되었고 마스터에 보고되었다. 운전자의 명령메시지는 우선권이 주어졌으므로 스캐닝 주기를 중단시킬 수도 있었다. 모든 전송은 디지털로 부호화 되었고 에러검출기술의 급속한 진보에 따라 실수한 명령이나 잘못이 포함된 데이터가 배제시키도록 아주 정교해졌다. 또 신뢰성을 높이기 위해서 첫째 프로세서 기능이 정지된 경우에는 다음 프로세서로 자동절

제6장 감시제어 및 데이터수집(SCADA) **139**

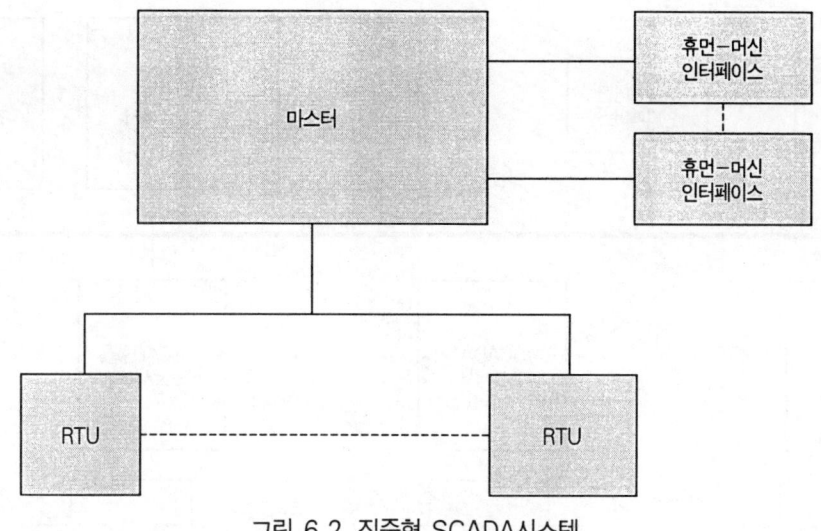

그림 6.2 집중형 SCADA시스템

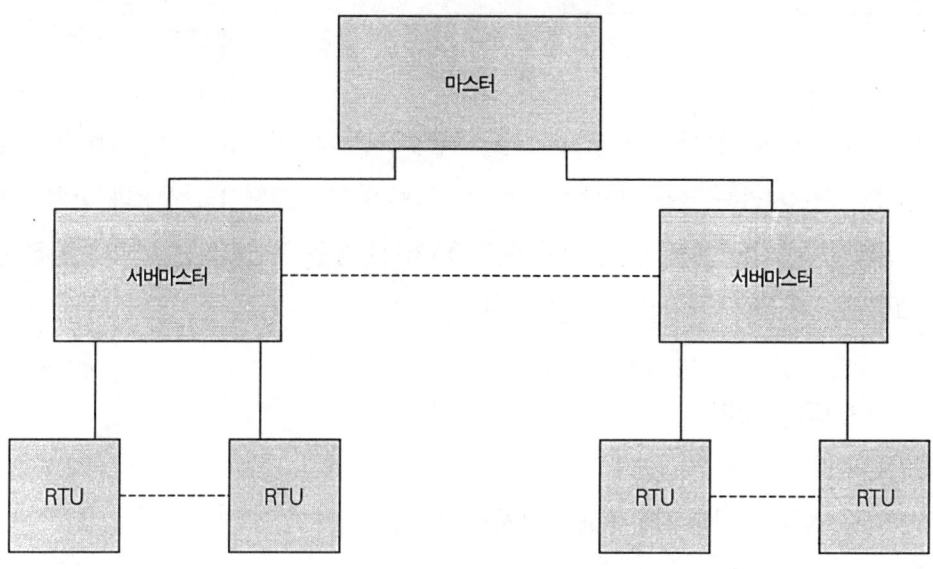

그림 6.3 계층적 SCADA시스템

체되는 2중프로세서도 사용되었다. 그림 6.2는 집중형 SCADA시스템을 나타낸 것이다.

미니컴퓨터 가격이 저렴해지고 상대적으로 SCADA시스템이 대형화됨에 따라 중간처리지점으로 서브마스터(submaster)를 사용하는 것이 실현되었다. 이러한 계층적 시스템은 1980년대 후반까지 많이 채용되었다. 그림 6.3에 계층적 SCADA시스템을 설명하였다.

미니컴퓨터 가격이 더욱 떨어짐에 따라 SCADA시스템 처리범위를 더욱 확장시킬 수 있었

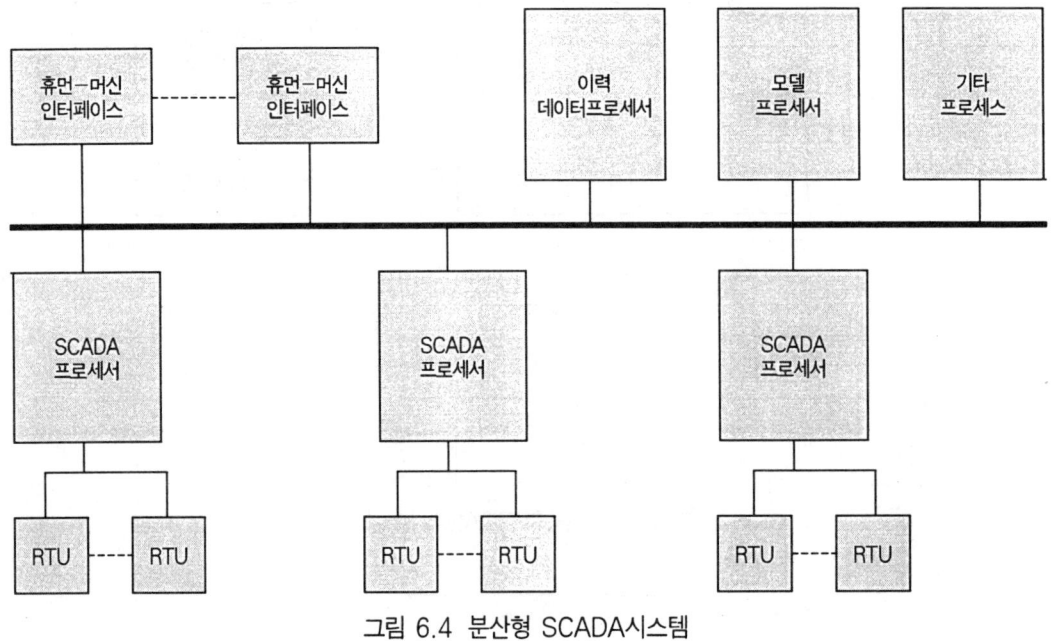

그림 6.4 분산형 SCADA시스템

다. 이것은 마스터와 서브마스터 처리부하를 직렬분산형 계층적 시스템과는 반대로 처리부하를 병렬로 처리시키는 것을 실현하였다. 게다가 마이크로프로세서의 장점과 함께 모듈방식에서 신뢰성과 능력이 향상된 RTU에 SCADA처리기능을 분산시키는 것이 타당하게 되었다. 그림 6.4에 분산형 시스템을 설명하였다.

6.3 시스템의 설명

SCADA시스템에는 다음 4개 주요 서브시스템이 있다.
- 원격단말장치(RTU)
- 통신
- 마스터
  - 1개 마스터에 의한 집중처리방식
  - 계층방식으로 1개 또는 그 이상의 서브마스터를 갖춘 마스터
  - 분산방식으로 병렬 처리하는 1개 그룹
- 휴먼-머신 인터페이스

6.3.1 원격단말장치(RTU)

RTU는 현장 센서와 피제어장치와의 인터페이스를 담당하고 현장제어기능을 수행하며 마스터와의 통신도 실행한다. RTU의 상세한 것에 관해서는 제4장에서 취급하였다.

6.3.2 통신

통신은 SCADA시스템 내의 서브시스템간을 접속시키는데 필요하다. SCADA시스템을 효율적으로 작동시키기 위해서는 통신시스템의 신뢰성이 필수이다.

SCADA통신은 공중통신회선, 무선, 금속케이블, 광케이블케이블과 위성을 조합하여 이루어지는 것이 일반적이다. 통신의 상세한 것에 관해서는 제5장에서 취급하였다.

통신시스템을 계획할 때에는 수도시설의 모든 데이터통신요구를 고려하여 신중하게 해야 한다. 이 계획에는 SCADA에 관한 ① 관리정보시스템, 보수관리정보시스템, 지리정보시스템, 수질시험소정보시스템과 수요가정보시스템 등의 기타 데이터시스템, ② 전화나 이동식무선 등의 음성시스템, ③ 안전시스템 등과 같은 통신요구를 포함해야 한다.

지금까지 수도사업에서는 이동식무선장치를 제외하고는 모든 통신을 전화회선이나 단순무선방식에 의존해 왔다. 분산방식이나 네트워크화된 방식에서 데이터요구 증가에 따라 다른 대체방법을 고려하는 시기가 오고 있다. 또 미국에서는 전화사업 규제철폐로 많은 업체에서 독자적으로 통신망을 설치하여 자기 수요처에 서비스하는 것이 경제적으로 유리하게 되었다.

6.3.3 마스터

앞서 설명한 바와 같이 마스터는 단일장치(집중형 처리방식, 분산형 처리방식)로 하거나, 서브마스터를 갖춘 마스터(계층시스템)로 하기도 하고 또는 병렬프로세서(분산방식)로 할 수도 있다. 이러한 논의 목적을 위하여 이러한 각 방식을 총칭하여 단순하게 마스터라고 한다.

마스터의 기능에는 RTU를 스캐닝하는 것이 포함된다. RTU의 정상동작 감시, RTU의 메시지가 잘못이 없는지를 확인, 메시지가 부적정한 경우에 재시행, RTU나 통신이상의 전송 등에 의하여 스캐닝이 이루어진다. 또 마스터에서는 RTU로부터 수신한 데이터도 처리한다. 경보상태를 조사하고 아날로그데이터를 평균화시키거나 추세를 조사하고, 상태변화를 기록하며 데이터베이스 내에 데이터로 입력하여 저장하는 것도 마스터가 한다.

운전자 명령 전송도 마스터의 또 다른 중요한 기능이다. 전송되는 명령에는 ① 스캐닝을 중단하고 적당한 원격장치를 작동상태로 하는 단계, ② 명령을 부호화 하여 전송하는 단계, ③ 명령이 적절하게 수신되고 있는 것을 확인하는 단계, ④ 명령 실행을 승인하는 단계, ⑤ 명령 실행을 확인하는 단계와 같은 많은 단계가 포함된다.

마스터는 또 이력데이터에 대하여 데이터베이스를 유지해야 한다. 이렇게 하기 위한 방법으로서 RTU의 스캐닝으로 얻은 정보를 시간평균이나 일일평균으로 압축시키며 첨두치의 윤곽을 기록하고, 데이터 저장량을 최소한으로 하기 위하여 여러 데이터를 압축시키는 방법이 사용된다. 또 이력데이터에는 유량, 압력, 수위를 추후에 상대적으로 비교할 수 있도록 펌프운전, 밸브개도, 기타 항목 등도 포함하는 경우가 있다. 또 이력데이터베이스 소프트웨어 항목은 유연성이 풍부한 데이터검색 능력을 갖춘 것이어야 된다.

마스터는 또 휴먼-머신 인터페이스의 역할을 담당한다. 이와 같은 기능에는 비디오 화면장치나 맵보드(mapboard) 또는 프린터 및 그래픽을 포함한 스크린포맷을 정의하여 능력을 제공하고 보고서포맷을 정의하여 능력을 제공하는 등의 이와 유사한 매체를 사용하여 데이터를 표시한다.

서브마스터(계층방식)와의 통신, 프로세서(분산방식) 상호간의 조정, 다른 데이터시스템과의 인터페이스도 마스터가 담당해야 하는 기능이다. 마스터에는 필요한 경우 백업하는 중요한 기능인 고장절체(fail-over)기능도 갖고 있다. 이와 같은 기능에는 백업 프로세서에 이중 데이터파일의 보관, 상용프로세서의 감시(백업용 프로세서에 의함)와 상용 프로세서의 기능정지나 에러를 감지하였을 때의 백업 프로세서로의 절체 등이 있다.

마스터는 또 공급예측, 수요예측, 최적펌프운전과 누수검출 등과 같은 고도의 기능도 수행할 수 있다. 이러한 고도의 기능에 관한 상세한 것은 제12장에서 취급한다.

6.3.4 휴먼-머신 인터페이스

휴먼-머신 인터페이스는 운전자가 SCADA시스템과 대화하는 지점이다. 현재의 SCADA 시스템은 대화형식의 휴먼-머신 인터페이스모듈을 갖추고 있다. 이러한 모듈의 덕택에 프로그래밍에 관한 지식이 없는 사람이 화면을 구축할 수도 있다. 또 이 기능에 의해 시스템을 사용하는 운전자가 자신들의 요구에 정확하게 맞는 그래픽과 표시화면을 구축할 수 있다. 이러한 화면은 대화식일 수도 있다. 결국 펌프의 표시가 펌프의 상태에 따라 색깔이 바뀌거나 저수지의 수위가 올라가면 저수지의 표시부가 「채워짐」으로 표시되는 형태로 바뀔 수 있다.

운전인터페이스를 직접제어하기 위한 운전자 개인에 관한 특징은 최근의 SCADA기술 개발 중에서도 특히 중요한 개발사항이다. 운전자가 "주어진 것만을 사용"해야 하는 종래의 시스템에 비해서 이들 시스템은 사용하기가 훨씬 편리하다. 휴먼-머신인터페이스의 상세한 것에 관해서는 제7장에서 취급한다.

6.3.5 SCADA시스템 입력

SCADA시스템에의 입력은 RTU에 의해 실시간으로 자동적으로 감지되고 보고됨으로써 입력되거나 휴먼-머신 인터페이스를 통해 수작업으로 입력된다. RTU에 의한 입력에는 상태, 유량, 압력, 수위가 있다. 한편 휴먼-머신 인터페이스에 의한 입력에는 개/폐, 실행/정지, 설정치가 있다.

6.3.6 SCADA시스템 출력

SCADA시스템으로부터의 출력은 휴먼-머신 인터페이스를 구동시키기 위해서거나 또는 RTU에서 명령을 실행시키기 위한 것이다. 휴먼-머신 인터페이스를 위한 출력정보에는 정기적인 보고, 경보, 경보요약보고서, 그래픽도, 실시간 데이터화면, 평균화 또는 추세데이터 화면 및 이력보고서가 포함된다. 제어(명령실행)를 위한 출력정보에는 설정치나 on/off 또는 개시/정지가 포함된다.

최근의 SCADA기술은 운전자에 의한 휴먼-머신 인터페이스 화면을 작성할 수 있지만, 마찬가지로 현행방식은 프로그래밍기술이 없는 사람에 의해서도 보고서를 작성할 수 있다. 예를 들면, 한 운전자나 엔지니어가 보고서 포맷을 간단히 정할 수 있다. 이에 따라 특별조사보고서나 일상운용보고서로서 자동출력되는 계획된 보고서를 작성할 수 있다.

6.4 현재 애플리케이션

현재 수도사업에서의 SCADA시스템은 주로 다음 기능을 수행하고 있다.

- 모든 중요지점의 상태감시
- 모든 중요한 압력, 유량, 수위 및 기타 아날로그값의 감시
- 원격 수작업 제어
- 이력데이터의 편집
- 모델작성(또는 다른 모델 소프트웨어의 기초 제공)
- 한정적인 자동제어
- 다른 데이터시스템과의 한정적인 접속

6.4.1 현재의 원격단말장치(RTU)

현재 RTU는 마이크로프로세서로 구성되어 있으며 광범위한 능력을 가지고 있다. RTU 기능을 실행하는데 프로그래머블 논리제어장치(PLC)가 사용되기도 한다. 일반적으로 PLC는 크고 복잡하며 원격지인 경우에 대해서만 경제적으로 유리하다. 가장 싼 가격의 RTU로도 상당한 논리기능을 실행할 수 있다. 또 가격을 약간만 올리면 RTU에 시퀀스제어나 연속제어기능을 갖게 할 수도 있다. 거의 모든 RTU는 전원에 이상이 생겼을 경우에도 상태보고를 실행할 수 있는 배터리 백업을 구비하고 있다.

RTU 통신프로토콜은 제작사에 의존하고 있다. 그러나 대부분의 제작사는 다른 제작사의 RTU가 동일한 마스터와 통신을 할 수 있는 프로토콜변환기를 제공하고 있다. 그렇지만 통신을 실행할 수 있는 것은 다른 RTU가 서로 같이 동작한다는 것을 의미함은 아니다. 명령이나 설정치를 보내거나 경보에 응답하는 등의 절차는 여전히 제작사에 의존한다.

6.4.2 현재의 마스터

일반적으로 마스터는 미니컴퓨터 또는 마이크로컴퓨터로 구성된다. 분산방식을 지향하는 추세가 높아지고 있다. 현재 여러 제작사에서는 컴퓨터나 워크스테이션을 사용하는 분산마스터를 제공하고 있다. 이러한 방식에는 비교적 가격이 싼 프로세서를 추가함으로써 시설을 확장시킬 수 있는 이점이 있다. 새로운 수도시설이나 새로운 애플리케이션에는 이와 같은 방법으로 증설할 수 있다. 따라서 시설이 지나치게 커지는 것은 좋지 않다.

SCADA, 휴먼-머신 인터페이스, 보고서 작성, 화면작성, 평균이나 추세를 위한 데이터 처리와 이력데이터저장과 검색용으로 소프트웨어를 사용할 수 있다. 일반적으로는 자동제어

와 같은 고도기능용으로 미리 만들어진 소프트웨어는 없다.

6.5 주요한 인터페이스

SCADA시스템은 이 책에서 취급하고 있는 네트워크화된 시스템의 핵심이다. SCADA는 모든 수도시설에서부터 다른 시설에 이르기까지의 운용데이터를 제공한다. 이 책에서 설명하고 있는 각 방식은 SCADA시스템으로부터 데이터를 이용할 수 있다. 특히 수요가정보시스템, 보수관리시스템과 수질시험실정보관리시스템(LIMS)은 이러한 SCADA입력정보의 혜택을 받는다.

6.6 신규기술의 동향

SCADA시스템의 구조가 출현한 이래 단기간에 극적으로 변천하였다. 앞으로는 분산방식이 보다 광범위하게 보급될 것이다. 분산방식 등장에 따라 SCADA시스템에 무관한 데이터 진입방지대책의 필요성이 높아지고 있다. 당연한 것이면서 이동단말이나 재택근무용 워크스테이션에서의 다이얼호출식 액세스기능을 갖춘 시스템에는 비인가자의 액세스를 방지하기 위한 적절한 기밀보호조치를 가지고 있어야 한다.

SCADA시스템에서의 한정적이고 긍정적인 변화로서 일상업무에서의 조작, 변경 또는 업그레이드(upgrade)로부터 프로그래머를 없애는 추세이다. 예를 들면, RTU 추가, RTU에 항목 추가, 보고서포맷이나 출력시간의 추가나 수정, 그래픽화면포맷의 추가나 수정, 또는 대부분의 시스템문제 진단과 같은 일에 프로그래머가 필요하지 않게 되었다. 이와 같이 SCADA시스템이 지극히 운전자 지향적이고 운전자 요구에 대응할 수 있는 방식으로 만들어지는 추세이다.

현재 경보처리를 위하여 기준에 근거한 접근방식이 개발되었다. SCADA시스템은 대량 데이터를 감시하는 방향으로 가고 있으며, 그리고 개개의 변화나 한계를 벗어난 상태를 보고하도록 프로그램된 경우에는 많은 경보가 발생할 것이다. 기준에 근거한 접근방식으로 필터를 거치게 되면 경보의 수를 대폭적으로 삭감시키고 운전자에 대해서는 중요한 사건을 압축하여 알릴 수 있다. 예를 들면, 펌프장에서 전원에 이상사태가 발생한 경우에 수많은 경보가 발령되지만 이러한 경보 모두가 전원이상(전문가 시스템에 의하여)에 기인한다고 판단되는 경우에는 전원이상만을 보고하면 된다.

6.7 조사연구의 필요성

하나의 시스템에서 모든 제작사의 RTU를 쓸 수 있도록 하기 위해서는 RTU의 통신을 위한 표준프로토콜이 필요하다. 뉴욕주의 전기전자엔지니어협회(Institute of Electric and Electronics Engineers : IEEE)에 의해 이와 같은 목적을 실현하고자 상당히 노력하고 있으며, 아직 표준은 채택되고 있지 않다. 또 제12장에서도 취급하는 바와 같이 수요예측과 최저비용 펌프운전 등에 대한 표준화된 소프트웨어 패키지도 필요하다.

참고 문헌

Clauder System Research. 1990. *Water Utility Control System Market Data Report and Wastewater Utility Control System Data Report*. Clauder System Research, Sacramento, Calif.

Gaushell, D.J. & Darlington, H.T. 1987. Supervisory Control and Data Acquisition. Special issue of Proceedings of the Institute of Electrical and Electronics Engineers, New York.

제7장 운전자-공정 인터페이스

집필자 : Yukio Kawamura(川村 幸生)
Alan W. Manning
부집필자 : Robert Skrentner
Kazuhiro Kawano(川野 一弘)
Vicki Bruesehoff

    정수처리공정이나 배수과정을 감시하고 정상상태에서 벗어나는 고장이 생긴 원인을 조사하여 고장을 제거하며 적절한 조치를 결정하고 실시하는 것이 수도시설 운전자의 임무이다. 공정을 직접 육안으로 관찰할 수도 있지만 미믹보드(mimic board)나 제어반의 계기 또는 디지털제어시스템의 일부인 화면을 통해 실행하는 경우도 있다. 운전자프로세서인터페이스는 이와 같은 운전자가 임무를 수행하는데 운전자를 도울 수도 또는 방해할 수도 있다.
    맨-머신 인터페이스, 운전자-머신 인터페이스, 휴먼-머신 인터페이스와 같은 일반적인 용어는 인간과 컴퓨터라는 확연하게 다른 정보처리시스템간의 입출력 조작을 위한 시스템을 설명한다. 즉 이러한 용어는 공정이 아니라 운전자와 컴퓨터와의 대화에 초점을 둔다. 이 장에서는 운전자 인터페이스를 공정에 초점을 맞추는 "운전자-공정 인터페이스"라는 용어를 사용한다.
    공정에 초점을 두는 예로서 운전자가 휴먼-머신 인터페이스 조작에 관해서는 거의 어려움 없이 운전하고 있지만 운전자-공정 인터페이스에서는 상당히 어려움을 느끼고 있는 곳이 정수장이다. 그림 7.1은 정수장 약품실의 물리적인 개략배치도를 나타낸 것이다. 이 도면에는 4기의 저장조 평면도와 아래쪽에 있는 약품실 입구를 나타내고 있다. 그래픽 화면도 동일한 개략배치도를 나타내고 있다. 운전자가 이 화면을 볼 때 저장조에는 왼쪽의 아래쪽 저장조를 1번 저장조로부터 오른쪽의 아래쪽 저장조를 4번 저장조까지 시계방향으로 번호

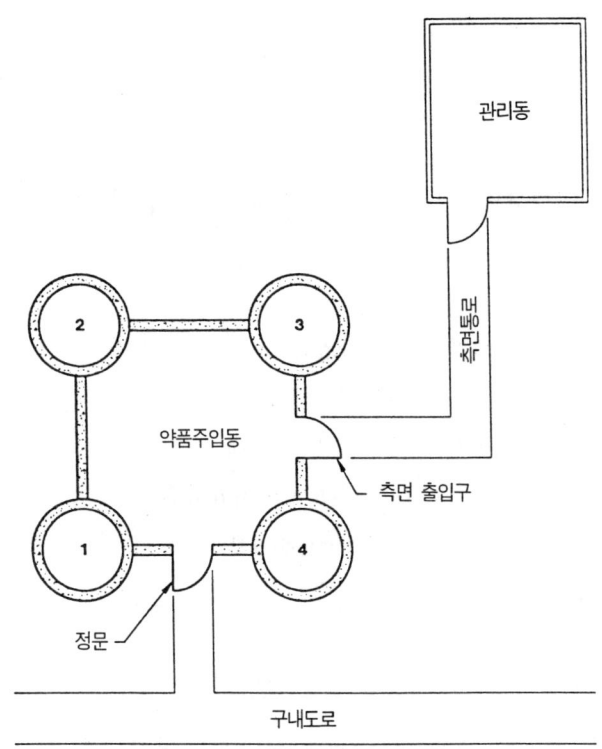

그림 7.1 화면상의 약품주입동 배치도

를 붙여놓았다.

한편 관리동에 있는 컴퓨터제어실에서 약품실로 가는 경우에는 최단거리는 운전자가 약품실의 옆문을 통하여 들어가는 것이다. 그림 7.2에서 알 수 있는 바와 같이, 유리한 점에서 보면 4번 저장조는 운전자의 바로 왼쪽에 있다. 이와 같이 일상체험하고 있는 위치관계의 영향으로 운전자는 4번 저장조와 1번 저장조는 왼쪽에 있다는 의식이 강하다. 그 결과 운전자는 화면상의 위치표시를 감각적인 화면으로 쉽게 변형할 수 없었다. 운전자들은 컴퓨터를 사용하여 약품주입밸브를 조작하는데 어려움을 느끼고 있었다. 운전자들은 약품저장조의 위치를 자신들의 뇌리에 상상된 바와 일치하도록 화면을 최종적으로 수정하였다. 저장조와 밸브를 정확하게 선택하기 쉽게 되었고 조작성도 향상되었다.

이 예에서도 알 수 있듯이 효율적인 제어시스템을 구축하기 위해서는 인간공학에 입각한 운전자-공정 인터페이스 설계가 필수적이다. 운전자는 대량의 공정정보를 신속하게 이해해야 하고 적정하게 조치해야 한다. 운전자-공정 인터페이스에는 감각적이고 이해하기 쉬운 방법으로 정보를 표시해야 한다. 이에는 다음과 같은 것이 필요하다.

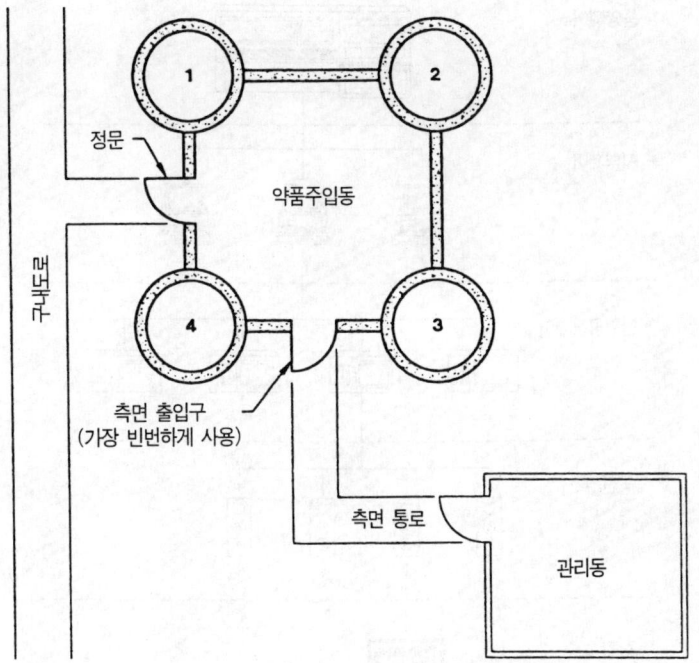

그림 7.2 운전자의 개념으로서 약품주입동 배치

- 운전자가 현장에서 제어실로 또는 한 제어소에서 다른 제어소로 이동하기 쉬울 것
- 생산성 향상에 기여할 것
- 운전자의 입력 잘못을 줄일 것
- 운전혼란으로 이어지는 부주의나 판단 잘못을 방지할 것
- 운전자의 육체적 부담을 줄일 것
- 확실하고 신속하게 응답할 것

7.1 운전자-공정 인터페이스 설계의 고려사항

7.1.1 운전 원칙

모든 정수장 관리자 또는 사업책임자는 각각 독특한 운전원칙을 가지고 있다. 그 때문에 운전자 책임도 단순한 보수요원의 업무에서부터 지극히 자율적인 운전업무에 이르기까지 다양할 수 있다. 완전자동 보완제어를 갖추고 있거나 수작업 보완제어로 할 수도 있다. 제어도 중앙집중식으로 하거나 분산식으로 할 수 있다.

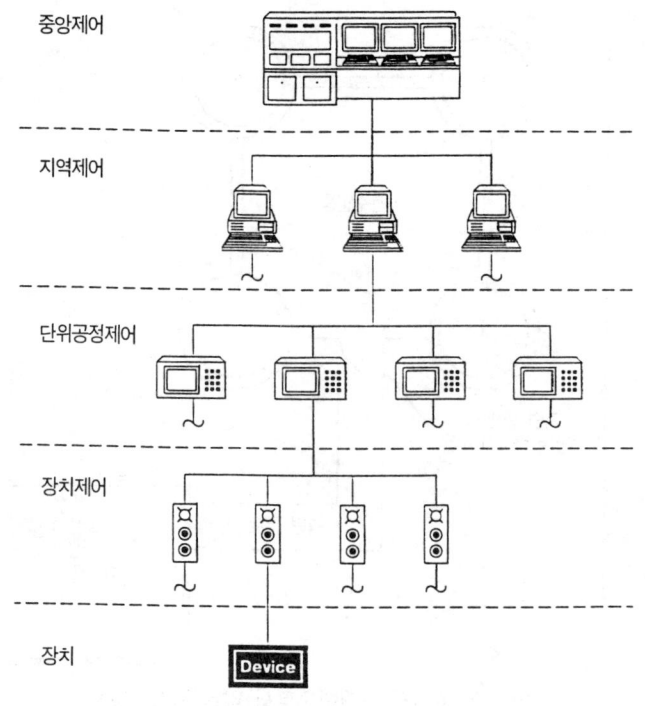

그림 7.3 공장 내의 제어계층

어떤 조직에서는 제어실 운전자가 몇 대의 펌프를 기동하거나 정지시키는 것만을 하고 있다. 경보가 발령되면 운전자는 보수요원을 파견하도록 감독자에게 보고한다. 또 다른 조직에서는 운전자가 정수장 운전과 배수시설 운전 책임을 맡고 있다. 이와 같은 운전자는 수요를 예측하고 배수지 수위를 적절하게 제어하기 위하여 펌프양수량을 설정한다. 그들은 또 수요에 맞추어서 정수처리량을 변경한다. 어떤 정수장에서는 운전자나 감독자가 제어실에서만 일하고 있는 경우도 있다. 또 다른 정수장에서는 운전자가 순회하고 있는 경우도 있다. 그들은 공정을 감시하고 현장 제어소에서 제어하는 경우도 있고 공정을 변경시켜야 하는 경우에는 중앙제어실에 되돌아간다. 통상적인 배수관망의 원격제어시스템에서는 운전자는 중앙제어실에서 제어하기만 한다.

그림 7.3은 각 계층에 다양한 기기를 갖춘 공장 내의 제어계층을 나타낸 것이다. 중앙조정실이나 현장에 비디오화면이 설치될 수도 있지만 단위공정에 비디오화면이 설치된 경우도 있다.

제어시스템기능은 운전원칙에 적합해야 한다. 운전자의 근무위치, 조작반과 패널 및 현장

제어장치 설치장소에 관한 것, 운전자나 감독자의 책임과 권한이 운전원칙에 포함된다. 단순한 경보표시로 충분한 경우도 있으며 전문가시스템 기술에 적합해야 하는 경우도 있다. 운전자-공정 인터페이스는 제어시스템에 맞아야 한다.

7.1.2 단계적 시설에서 조화된 제어

많은 시설은 단계적으로 건설된다. 신규시설과 기존시설의 불일치로 운전자-공정인터페이스가 다양하게 된 것을 자주 볼 수 있다. 이와 같은 상황은 운전자에게 혼란이나 초조감을 일으키고 오조작할 가능성이 있다.

많은 제어시스템은 컴퓨터제어나 현장제어를 선택할 수 있는 스위치를 구비하고 있다. 예를 들면, 하나의 정수장을 건설하는데 10년 이상 걸리기 때문에 스위치 명판의 라벨에는 「computer/local」, 「computer/manual」, 「remote/local」, 또는 「local/automatic」로 표시되었다. 끝의 2가지 라벨은 항상 운전자를 혼란시키는 원인으로 된다. 컴퓨터제어시스템 화면쪽의 명판에는 「computer/local」이라고 쓰고 있었다. 이 시설은 최종적으로는 모든 현장 명판을 「computer/local」로 통일하였다.

「start/stop」과 「on/off」 또는 「hand/off」라는 호칭도 운전자를 혼란시키는 원인이 된다. 빨강색, 초록색, 노랑색 램프의 의미가 다른 경우도 많다. 예를 들면, 빨강색은 '운전 중', '위험' 또는 '정지 중'의 의미가 될 수도 있다는 문제이다.

사업 초기단계에 설계기준을 완성함으로써 이러한 문제를 극복할 수 있다. 명칭, 색, 기타 부호의 설계기준을 만들고 후속되는 설계작업에서도 이 기준에 엄격하게 따르는 것이 중요하다.

7.1.3 운전자-공정 인터페이스 기능

운전자-공정 인터페이스는 다음 기능을 완수해야 한다. 최초의 4기능은 모든 제어시스템에 적용할 수 있다. 나머지 기능은 디지털제어시스템에 적용된다.

1. 경보나 예외사건에 의한 조작변경 표시
2. 경보음을 정지시키고 경보내용 확인
3. 제어지시와 설정치 변경 입력
4. 공정장치 상태 표시

5. keylock 또는 암호(password)에 의한 보호조작모드의 규정. 컴퓨터 시스템에는 표시전용, 조작, 시스템구성의 모드가 필요
6. 현시 화면의 부호, 핵심기능 또는 예외사건 등의 그래픽화면 선택을 허용
7. 입력/출력데이터와 내부연산기능데이터 선택을 허용
8. 제어명령과 설정치의 확인기능
9. 아날로그 입력 이상, 아날로그 경보, 접점경보, 사건발생, 운전자 조작의 요약화면 호출
10. 계측치 추세파악과 추세에 계측치 추가와 삭제
11. 운전자에 의한 시험결과 등의 수작업 입력
12. 특기사항의 입력이나 확인
13. 보고서의 호출
14. 이력데이터의 업데이트
15. 제어시스템하드웨어의 상태 및 통신 통계의 표시
16. 운전자에 의해 실행 중인 작업 확인
17. 신속한 제어동작 출력. 또 운전자를 애타게 하거나, 공정에 이상사태를 발생하는 일이 없도록 공정 변화를 신속하게 표시. 응답은 1초 또는 그 이하로 하는 것이 바람직하다.
18. 운전자 요청에 따른 상태정보, 이력데이터 표시. 이 경우는 정수장 운전에는 영향을 미치지 않으므로 이력데이터 검색의 응답시간은 약간 늦어도 좋다.

7.1.4 운전자-공정 인터페이스의 구성

디지털제어시스템의 추세는 다음과 같다.
- 운전자에게 제공되는 공정정보량의 증가
- 운전자의 인원수 삭감
- 보다 많은 기능의 자동화
- 정보액세스 수단이 제어반에서 비디오화면으로의 변천
- 중앙제어실로 합해진 단위공정상황과 현장상황 비디오화면 장치의 설치

화면장치를 광범위하게 사용하는 이유 중의 하나는 화면의 레이아웃이나 색깔을 개개 사

용자 요구에 맞춰서 결정할 수 있다는 점이다. 이에 따라 운전자가 화면에 표시하기 어려우면 화면을 변경시킬 수 있다.

디지털제어시스템에는 효율적인 인터페이스 구성을 위한 도구가 필요하다. 시스템구성에는 운전자용 화면장치를 거쳐 온라인의 것이나 엔지니어링워크스테이션에 의한 오프라인의 것이 고려된다. 워크스테이션에 따라 화면작성에 CAD기능을 사용할 수 있다.

7.2 운전자-공정 인터페이스장치

7.2.1 제어반

대부분의 수도시설에는 지금도 운전자-공정 인터페이스의 제1단계로는 제어반이다. 일반적으로는 이런 제어반에는 램프, 스위치, 푸시버튼, 제어장치를 구비하고 있다. 제어반에 신호표시기나 미믹보드 또는 비디오화면을 구비한 것도 있다.

선택스위치, 신호표시기, 푸시버튼, 미믹보드와 같은 장치는 운전자가 순회하고, 중앙제어실에서 현장제어실이나 단위공정제어장치를 제어하는 경우에는 특히 중요하다. 시설과 제어실 전체에 걸쳐서 신호표시기를 둘 수도 있다.

다양한 크기와 형태의 미믹보드를 제어반의 기능보완용으로 사용할 수 있다. 미믹보드에는 공정장치의 상대적인 위치나 주요장치의 운전상태를 표시한다. 이에 따라 운전자는 대규모 시설이나 광역의 전체적인 상황을 파악할 수 있다. 여러 회사에서는 변경시키기 쉬운 모자이크식 보드를 제공하고 있다. 또 전력소비량이나 열발생을 줄이기 위해 발광다이오드도 사용되고 있다.

7.2.2 비디오화면(display) 장치

화면장치는 오늘날 운전자-공정 인터페이스 중에서 가장 광범위하게 사용되고 있는 장치이다. 이들은 단위공정이나 공정현장, 플랜트의 중앙조정실 그리고 광역시설에 사용된다. 여기에 표시된 정보에 따라 운전자가 공정운전을 감시하고 제어할 수 있다.

세심하게 색채를 사용하는 것도 중요하다. 화면의 바탕색이 생산성에 영향을 미칠 수 있다. 예를 들어, 바탕색이 검정인 경우에는 인상적인 표시로 되지만, 운전자의 눈이 피곤해지기 쉽다. 연한 색이나 회색의 바탕색은 눈을 편안하게 한다. 경보표시와 같은 화면정보는

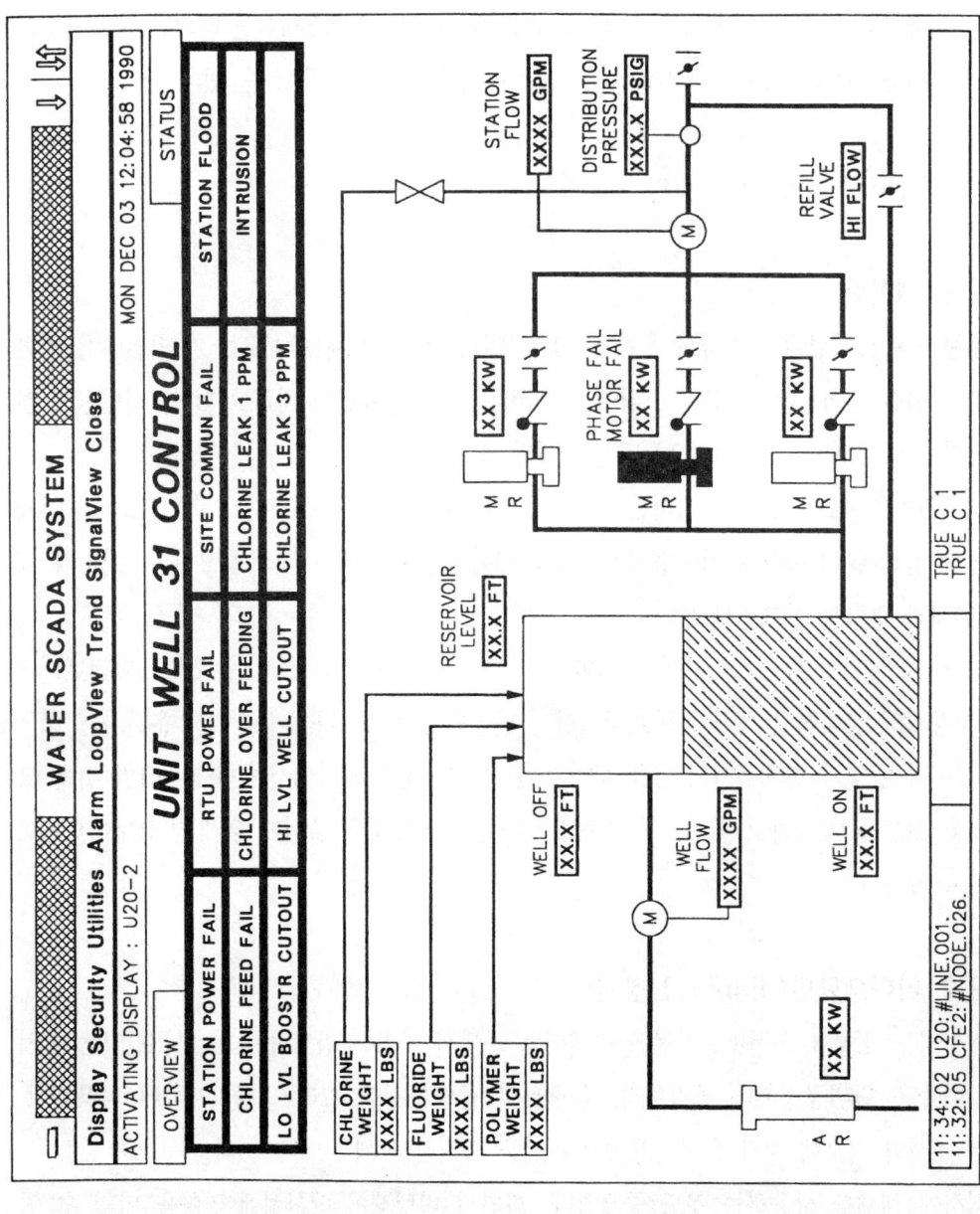

그림 7.4 경보 어넌시에이터가 있는 화면의 예

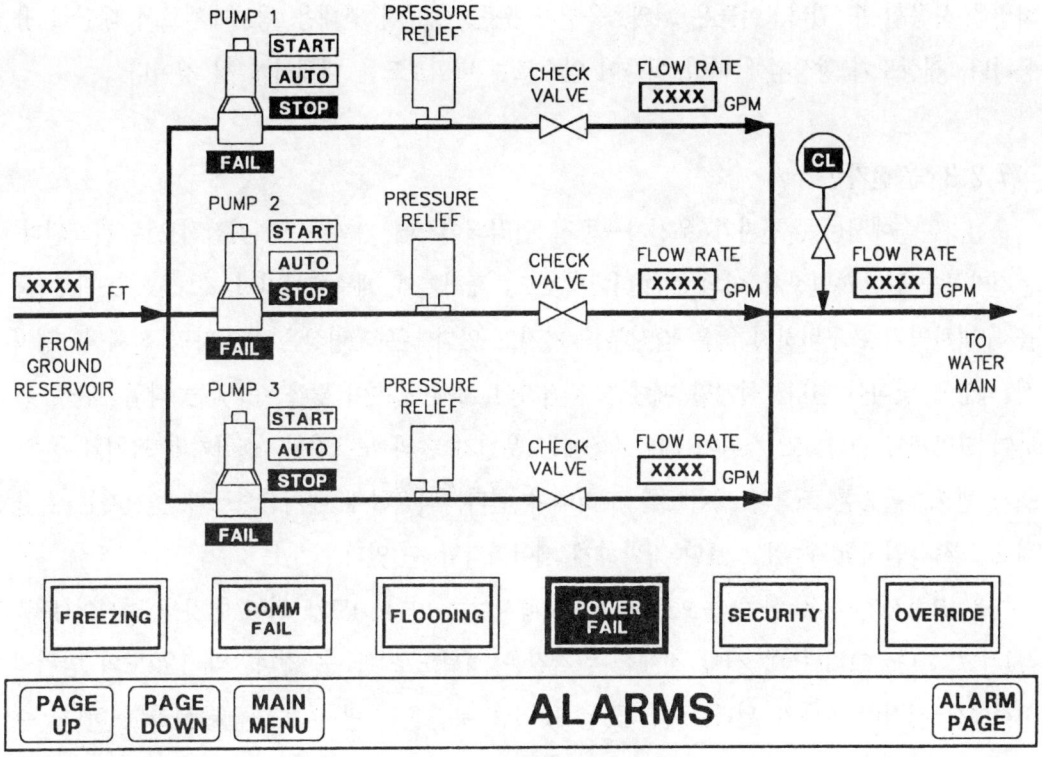

그림 7.5 펌프장 화면의 예

정상상태에서는 바탕색에 숨겨야 하며 경보상황이 발생한 경우에 두드러지게 되어야 한다.

화면장치는 제어반과 유사하다. 그림 7.4의 비디오화면 상부에는 원격지 제어반에 있는 신호표시기와 닮은 경보표시부가 마련되어 있다. 현장 신호표시기가 화면장치의 신호표시기와 유사하게 구성되어 있기 때문에 현장에 있는 운전자가 중앙의 운전자와 대화하는데 유용하다.

사용자의 희망과 제작사의 제약, 이 양자가 화면장치의 표시배치에 영향을 미친다. 그림 7.4는 운전자가 원하는 바와 같이 평면도로 펌프장을 나타내기 위하여 작성하였지만 확정된 것은 아니다. 그림 7.5는 이들의 요구에 만족시키기 위하여 채택된 펌프장 화면이다. 그림 7.4에서는 펌프를 기동/정지하기 위하여 운전자가 펌프심벌 위에 커서를 위치시킨다. 한편 그림 7.5에서는 운전자가 펌프 곁에 있는 '기동(start)' 또는 '정지(stop)'라고 표시된 문자 위에 커서를 위치시키는 구조이다.

투영식 비디오화면장치는 대형 비디오화면을 제공한다. 통상 1.5m × 2.4m 정도까지의 화면을 사용할 수 있다. 이들은 회의, 운전자 훈련, 방문자 안내용 정보매체로서 대단히 유용하다. 해상도가 향상됨에 따라 이들이 앞으로는 미믹보드를 대체하게 될 것이다.

7.2.3 운전자콘솔

운전자콘솔에서는 운전자가 운전자-공정 인터페이스에 가까이 또 직접적으로 관계된다. 운전자콘솔에는 화면장치 이외에 미니미믹보드, 표시기와 계측제어기기, 그리고 조작부 등을 구비하였거나 구비하지 않은 감시부를 가지고 있다. 콘솔 형상은 운전자의 신체적, 생리적 특성에 맞아야 한다. 설계할 때에는 운전자의 자세나 손이 닿을 수 있는 작업공간에 관하여 고려해야 한다. 또 스위치 레이아웃에는 운전자 손의 도달범위, 스위치의 크기와 종류, 조작 빈도, 필요한 조작의 정확도를 고려해야 한다. 적절하게 배치함으로써 운전자는 효율적으로 시각인식할 수 있고 보다 정확하게 제어조작할 수 있다.

눈을 고정시킨 경우 한쪽 눈으로의 최대수평시야는 약 150도가 되며 이것을 정시야(靜視野)라고 한다. 그러나 이 시야 전체를 한결같은 정확도로 볼 수 없다. 약 120도의 범위의 시각에서 시력이 최대가 된다. 이 각도를 벗어난 부분을 주변시야(周邊視野)라고 한다. 주변시야는 섬광이나 물체의 이동을 인식할 수 있지만 세부적인 것을 인식할 수 없다. 따라서 주변시야범위에 있는 물체를 정확하게 보기 위해서는 안구 또는 머리를 움직여야 한다. 사람이 부담을 느끼지 않고 머리를 좌우로 움직일 때 생기는 각도는 45도, 또 상하의 각도는 30도이다. 이 각도가 화면상의 자연스런 시야범위를 시사하고 있다. **그림 7.6 A, 그림 7.6 B**는 시야와 손이 닿는 범위의 한계를 나타내고 있다.

시야한계를 고려해서 설계함으로써 보다 기능적이고 매력적인 운전자콘솔을 제작할 수 있다. 이런 것은 정보를 보다 정확하게 파악할 수 있고 오판이나 오조작을 방지하고 작업환경이 양호하게 되며 눈의 피로 등의 건강문제도 경감된다.

운전자용으로서 운전자를 편안하게 지탱해 줄 적합한 의자를 쓰는 것도 중요하다. 의자 높이와 각도를 조절할 수 있어야 하고 등받이를 조절할 수 있어야 하며 바닥재질에 적합하게 바퀴 달린 것 등이 의자의 특징에 포함되어야 한다.

7.2.4 프린터

프린터는 경보와 사건정보의 하드카피를 제공하고 운전조작보고서를 인쇄하는 것으로 비

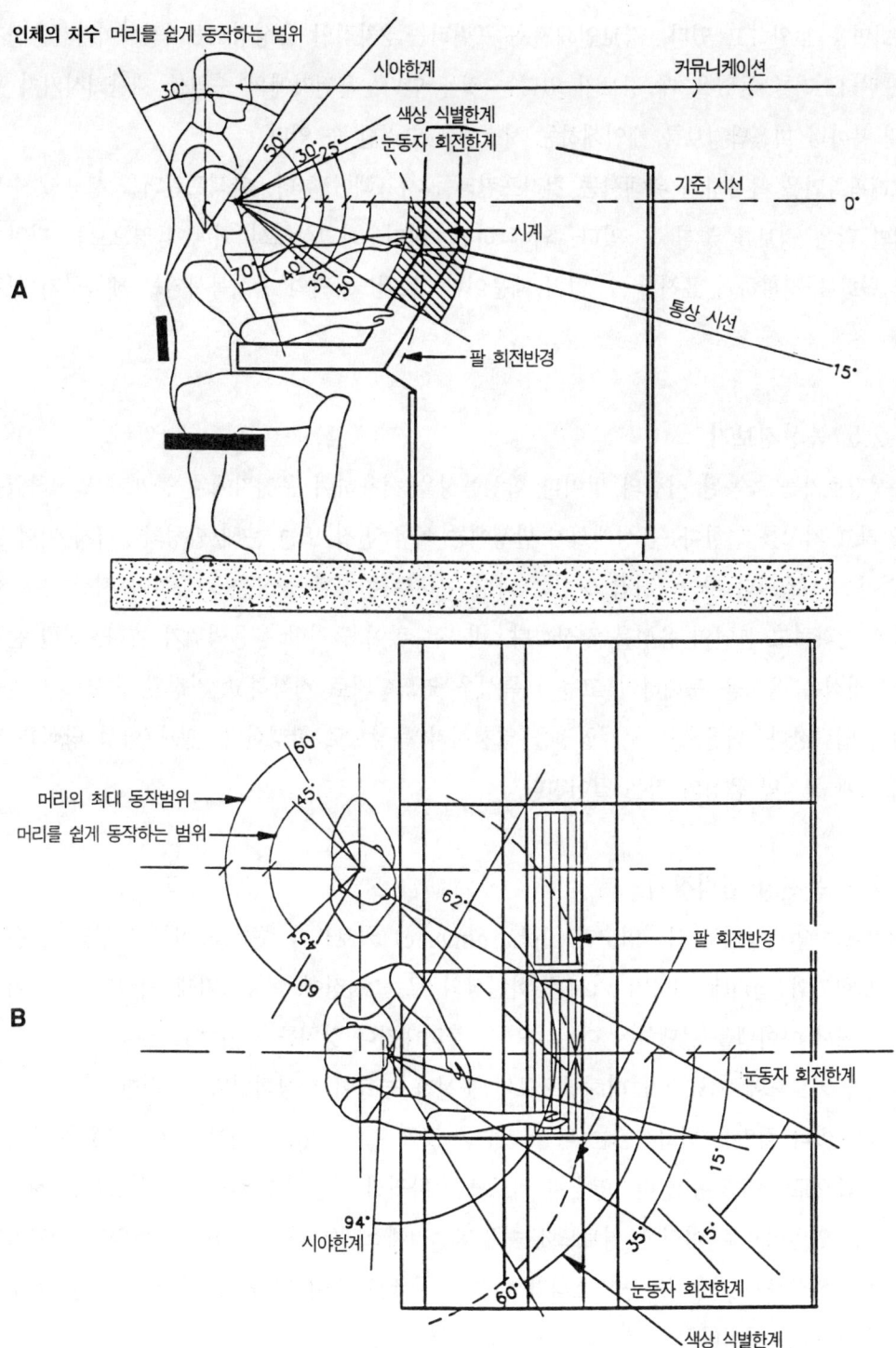

그림 7.6 콘솔의 인간공학 : A 측면도, B 평면도

디오화면을 보완하고 있다. 경보인쇄전용 프린터는 2차적인 음성경보표시장치이다. 운전자가 프린터소리를 들었을 때 경보가 있다는 것을 안다. 운전자에의 주의를 재환기시키기 위해 몇 분마다 미응답경보를 재인쇄하는 시스템도 고려할 수 있다.

그래픽화면을 복사하기 위해서는 컬러프린터를 사용해야 한다. 단색프린터를 사용할 수도 있지만 많은 정보를 놓칠 수 있다. 왜냐 하면, 비디오화면상에서 회색 음영으로는 다양한 색상 변화를 정확하게 표시할 수 없기 때문이다. 트랜드화면의 단색복사기는 해독하기 곤란하다.

7.2.5 음성경보기

음성경보기는 녹음된 사람의 말이나 합성음성을 사용하여 운전자에게 문제가 발생하였음을 알리고 지시를 전한다. 음성메시지 발생에는 녹음/편집 또는 분해/합성의 2가지 기법 중의 하나를 사용한다. 녹음/편집 방식은 파형 형태로 편집된 음성을 기록하여 저장한다. 이 방법은 명확하고 본연의 음성을 생산한다. 비용은 많이 들지만 응용범위가 넓다. 한편 분해/합성 방식은 음성을 분해하여 고유의 특성을 코드형태로 저장하고 지정된 순서로 이들을 읽어서 입력한다. 다음으로 분해공정을 역전시켜 음성으로 합성한다. 분해/합성 방식은 비용이 적게 들지만 음성의 질은 떨어진다.

7.2.6 운전자 입력장치

예전에는 입력장치로서는 영숫자(alphanumeric) 키보드가 주류를 이루고 있었다. 운전자가 방향키와 탭키에 의하여 커서를 화면상의 모든 지점에 이동시키게 되었다. 운전자는 메뉴 중에서 아이템을 선택하여 다른 화면을 불러내거나 장치를 제어하고 있다.

영숫자 키보드에 기능키가 더해짐으로써 운전자 능률이 향상되었다. 이러한 키들은 공통적인 기능이나 화면을 변화시키는 다른 기능을 갖게 할 수 있다. 키보드 레이아웃은 관련기능을 그룹으로 나누도록 한다. 영숫자 키보드를 바꿔서 전용기능 키보드를 사용하는 시스템도 있다. 일반적으로 이러한 키보드에는 강화폴리에스텔(mylar) 피막이 씌워진 스위치를 구비하고 운전자가 키를 누르면 소리가 나오는 구조로 되어 있다. 그림 7.7은 전용키보드의 예를 나타낸 것이다.

화면 해상도와 그래픽처리능력이 향상됨으로써 비디오화면에는 대화능력이 한층 향상되었

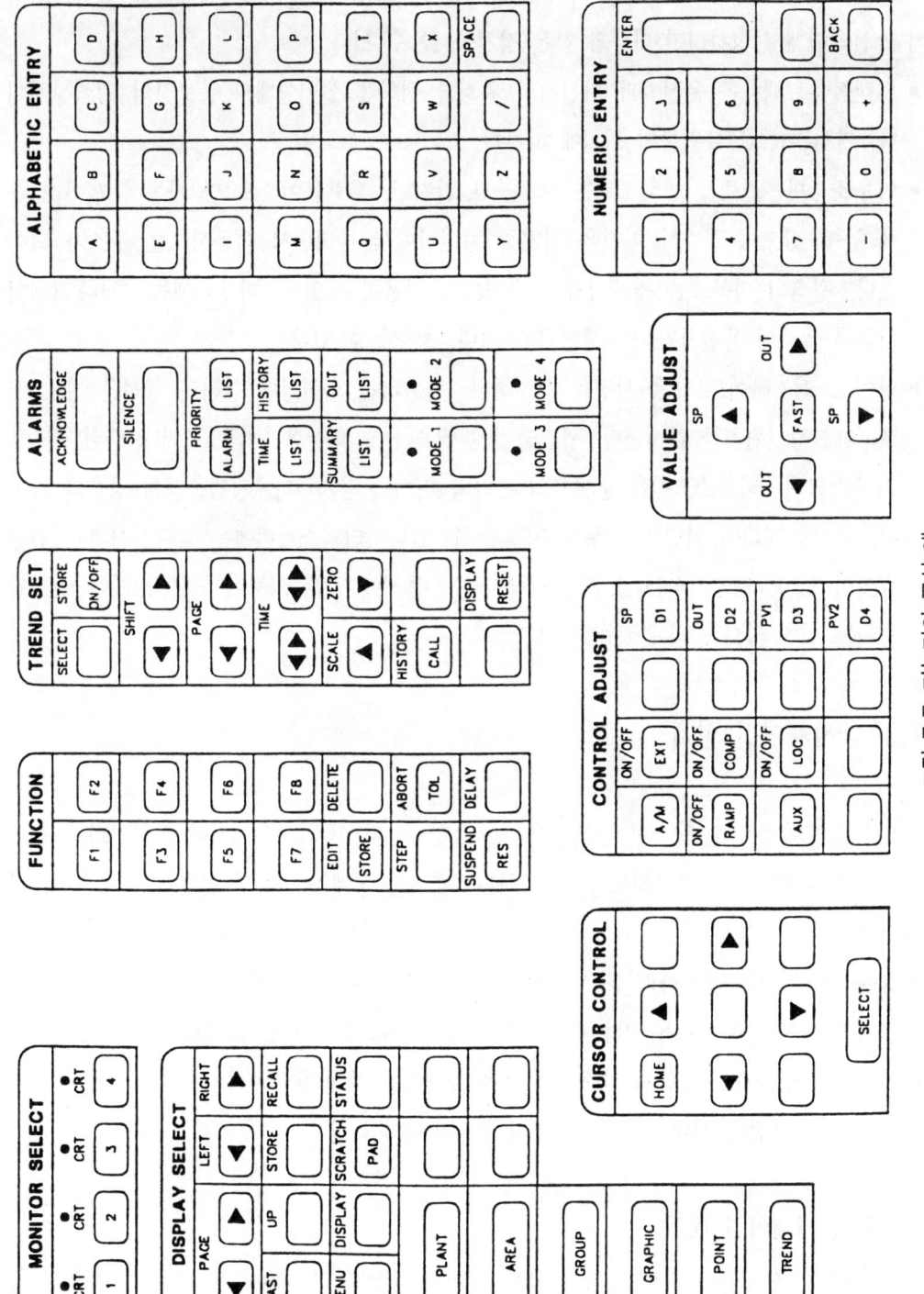

그림 7.7 기능키의 구성 예

다. 많은 지시나 선택들은 커서의 위치선정과 풀다운메뉴 선택기법을 사용하고 있다. 커서 위치를 신속하게 선정하려면 다음과 같은 장치를 쓸 수 있다.
- **트랙볼** : 트랙볼은 운전자가 회전시켜 위치를 정하는 설치형태의 볼모양의 입력장치이다. 커서 이동은 트랙볼의 회전에 따른다.
- **마우스** : 마우스는 기능적으로는 트랙볼과 같지만, 트랙볼이 조그만 가동식 케이스 속에 들어 있고 운전자가 이것을 천천히 평면상에서 돌리면서 이동시키는 구조가 되어 있다. 광학식 마우스는 광센서와 특수패드를 사용하고 있다. 마우스에는 2개나 3개의 버튼에 의하여 운전자가 장치를 선택하거나 제어할 수 있다.
- **라이트 펜** : 라이트 펜은 광원을 감지한다. 컴퓨터는 화면상에 그려진 광점을 잡는 것에 의해 광원위치를 감지한다. 광검출점에 펜을 두고 버튼을 누름으로써 선택된다.
- **터치스크린** : 터치스크린은 운전자의 손가락 위치를 감지한다. 광검출점의 경우와 같이 각 기능에 대하여 화면의 각부를 지정할 수 있다. 터치스크린에는 적외선식과 정전용량식이 있다. 터치지점은 오조작을 방지하는 동시에 많은 기능이 좁은 스페이스에 집중되는 일이 없도록 넓게 해야 한다.

7.3 감시제어실 설계

올바른 감시제어실 설계는 전문적인 기술을 요한다. 이 설계는 운전자에게 건강하고 스트레스가 작은 작업공간을 제공하도록 해야 한다. 제어실 설계는 다음과 같은 조건에 따라 설계해야 한다.
- 효율적인 정보표시에 따라 운전자가 공정 상태를 정확하게 평가할 수 있어야 한다.
- 운전자 실수를 방지하기 위하여 정보의 표시위치와 입력방법을 최적화해야 한다.
- 조작의 간소화와 자동화에 의해 감시성과 조작성을 개선해야 한다.
- 레이아웃, 색상의 선택, 조명과 온도제어도 포함해야 한다.

7.3.1 감시제어실 배치

감시제어실 레이아웃은 방의 면적과 형상, 창과 문짝의 위치, 배선공사를 고려해야 한다. 또 인원수, 정상시와 긴급시의 감시조작의 흐름, 유지보수에 필요한 공간, 프린터류, 자기매체저장(magnetic medium storage)과 이와 유사한 사항에 관해서도 검토해야 한다. 감시제어실은 운전자나 기타의 사람들에게 효율적이고 원활한 동작을 제공하는 공간이어야 한다. 또 관리와 제어를 기능마다 분할하는 것도 고려해야 한다. CRT와 미믹보드 양쪽을 쓰는 것과 같이 복합적인 감시를 수행하는 경우에는 운전자의 시야와 시력에 관해서도 고려해야 한다. 끝으로 효율적인 레이아웃을 위해 운전자간에 효과적이고 원활한 통신을 확보해야 한다.

7.3.2 색상

운전자가 확실하게 감시하고 제어할 수 있는 쾌적한 환경을 만들려면 색상이 중요한 역할을 담당한다. 지나치게 자극성이 강한 색상이나 극도로 수수한 색상 또는 차가운 색상은 피해야 한다. 색상 선택에는 문화의 차이가 영향을 미치기도 한다.

통상적인 벽을 메우는 미믹보드는 판독성을 확보하기 위하여 벽과는 대조적인 색상으로 해야 한다. 심벌이나 라인에는 차이를 명확하게 하기 위하여 여러 색상이 사용된다.

콘솔은 운전자의 작업중심이 되는 장치이다. 콘솔 색상은 내장과 조화된 것으로 해야 한다. 내장 색상보다도 두드려지는 색상이면서 스크린 색상에 가까운 것으로 선정해야 한다. 형상과 색채는 눈에 안정감과 신뢰감에 좋은 인상을 주는 것으로 선정해야 한다.

7.3.3 조명

조명은 쾌적한 환경을 만드는 것으로 중요한 요소이다. 적절한 조명은 작업효율을 향상시키고 확실한 조작을 보증함과 동시에 운전자의 피로를 경감시킨다. 최근 비디오화면은 대단히 우수한 휘도와 해상도를 갖지만 조명에 배려가 부족한 경우에는 문제가 생긴다.

조명계획을 잘못한 경우에는 운전자의 눈에 부담을 주거나 만성적인 눈 문제와 피로를 일으키는 경우가 많다. 화면에서 실내조명의 반사나 지나치게 밝은 주위조명은 경보나 데이터 인식능력을 저하시킨다. 미믹보드와 비디오콘솔을 구비한 종합감시제어실에 대해서는 운전자의 시각인식력을 최적화할 수 있도록 세심한 주의를 기울여 조명을 계획해야 한다. 조명에 관한 지침으로서는 다음 사항이 포함되어야 한다.

- 발광하지 않는 미믹보드가 있는 감시제어실에 대해서는 시각인식을 확보하기 위하여 500~750룩스의 조명을 사용할 것

대형송·배수시설의 성공적인 운용

이 시스템은 518km²의 구역, 30만 명 이상의 주민들에게 물을 공급하고 있는 것이다. 이 송·배수시설은 36개소의 배수지와 27개소의 펌프장으로 구성되어 있다. 각 펌프장에는 2~6대의 가압펌프가 설치되어 있으며 지역배수지로부터 물을 끌어다가 가압하여 고지대로 급수하고 있다. 배수지에 의해 배수관망의 압력이 유지되고 있다.

중앙에 설치된 마스터(master-station)의 소프트웨어나 하드웨어의 설계는 송·배수시설의 조작과 보수성을 중시하였다. 정보는 간단하고 쉽게 인식할 수 있는 형식으로 운전자에 전달된다.

운전자의 쾌적함을 배려하여 설계된 중앙제어실

제어실을 설계할 때에는 정보에 액세스하기 쉬운 것을 중시하고 있다. 운전과 유지보수의 중심이 되는 것이 제어실이다. 이 방은 연중무휴로 24시간 근무체제로 요원이 배치되기 때문에 운전자의 쾌적함을 배려하여 설계되었다. 운전자는 조명과 냉난방을 독점적이고 종합적으로 제어할 수 있다. 또 카펫깔개와 프리액세스플로어 및 흡음벽에 의해 반향음이 없다. 제어실로 들어가지 않고도 감시제어 및 데이터수집시스템(SCADA)에서 정보를 입수할 수 있다. 이는 제어실 출입을 최소화하며 운전자의 집중력을 유지할 수 있다. 감시실은 제어실과 이웃에 위치하고 제어실과는 큰 창으로 구분되며, 관리자나 엔지니어 또는 방문자가 사용하는 컬러콘솔을 구비하고 있다. 이 방은 송·배수시설의 분석과 홍보에 중요한 역할을 담당하고 있다. 이 방에는 운전자와 엔지니어링 요원들이 모이기도 하고 검토용 콘솔이나 제어실의 조작을 확인함으로써 송·배수 업무 상황을 파악할 수 있다. 또 이 장소는 송·배수시설 견학자에게 간단히 설명하는 경우에도 활용되고 있다.

현재 상황의 정보에 신속하게 액세스할 수 있는 인터페이스장치 설계

제어실 중에는 운전자가 송·배수시설의 변화에 신속하게 대응하는 인터페이스장치를 갖추고 있다. 미믹보드는 배수지의 수위, 펌프의 운전상태, 중대한 경보 등 현재의 상황을 나타낸다.

송·배수시설에 관한 보다 상세한 정보를 수집하기 위하여 운전자용의 배광식 기능키보드가 붙은 2대의 컬러비디오화면이 있다. 액세스의 편리함을 고려하여 경보/사상(alarm/event)과 보고서용 로가(logger)는 운전자의 바로 뒤에 설치되어 있다. 제어실에 있는 컬러하드카피는 추후의 분석을 위한 화면카피를 제공한다.

사상이 발생하면 운전자는 송·배수시설의 상황을 분석하고 사상에 관한 그래픽정보와 상세정보를 관리자에게 제출할 수 있다. 운전자는 관련되는 그래픽화면의 컬러카피와 경보/사상 로그(log)를 비교한다. 이 순서의 핵심이 되는 것이 명령과 경보/사상의 순서 ; 우선순위는 6개의 카테고리가 사용되고 있다. 즉 최우선의 경보/사상에서는 미믹보드의 발광다이오드(LED : light-emitting diodes)를 점멸시키고 신호표시기를 기동하며 화면장치 상에 표시하고 인쇄한다. 경보/사상의 우선순위가 떨어지면, 「벨과 경보음」은 작아진다. 우선순위가 가장 낮은 경보/사상에서는 비디오화면을 업데이트하고 인쇄만 실행된다. 이와 같은 우선순위 분류에 따라 운전자는

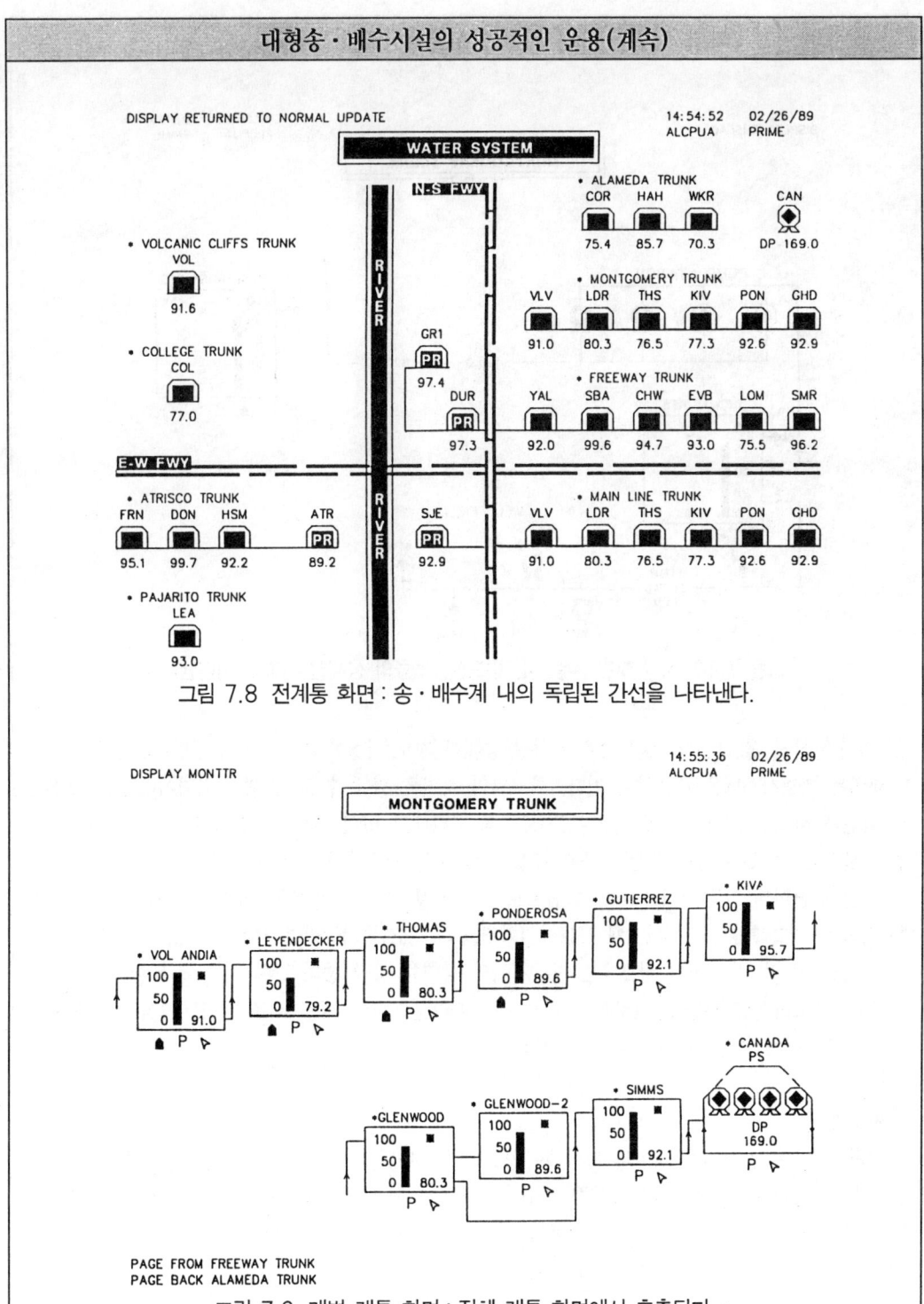

그림 7.8 전계통 화면 : 송·배수계 내의 독립된 간선을 나타낸다.

그림 7.9 개별 계통 화면 : 전체 계통 화면에서 호출된다.

대형송·배수시설의 성공적인 운용(계속)

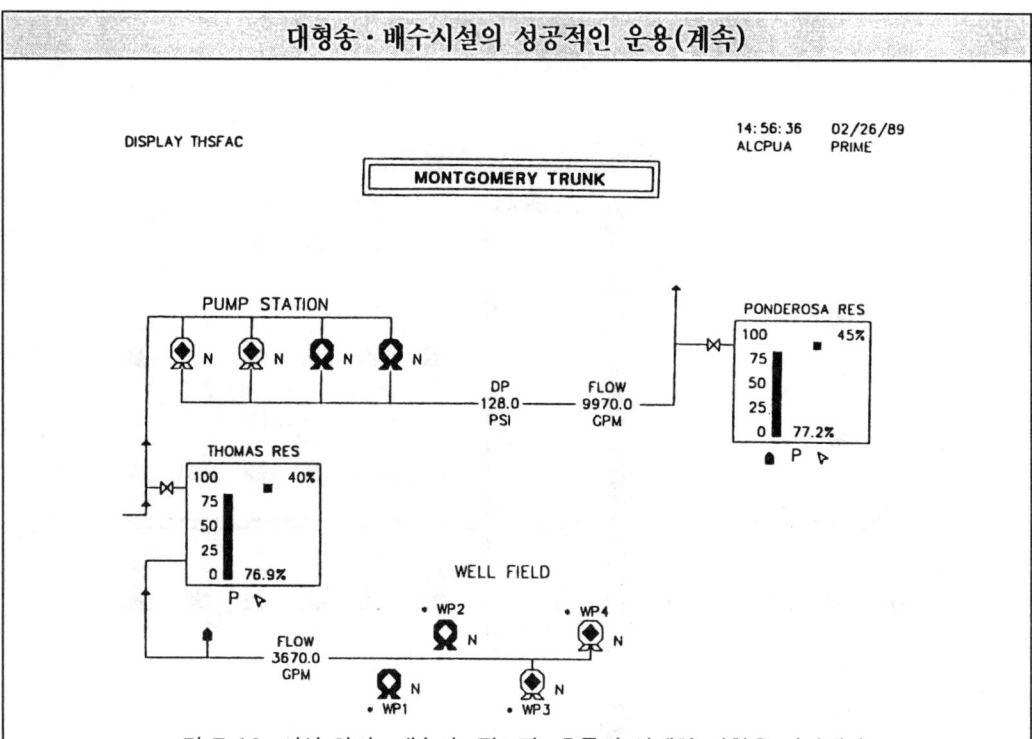

그림 7.10 시설 화면 : 배수지, 펌프장, 우물의 상세한 사항을 나타낸다.

송·배수시설에 큰 변동이 생긴 경우에 가장 중대한 경보/사상에 신속하게 응답할 수 있다.

화면은 계층시스템을 채용하고 있다. 최고위의 화면은 원래 수도시스템의 화면이다(그림 7.8). 이 화면은 시스템 내의 격리된 주요부분 모두를 나타내고 있다. 이 레벨로부터 개별적인 주요 화면을 불러볼 수 있다(그림 7.9). 다음 레벨은 배수지, 펌프장과 우물과 같은 현장정보를 제공하는 시설 화면이다(그림 7.10). 이 화면으로부터 운전자는 개개 우물 화면에 액세스한다. 이것은 최하위의 그래픽 화면이다. 개개의 시설화면으로는 소위 기능키를 사용하여 보다 상세한 정보를 불러낼 수 있다. 이러한 정보에는 자동제어의 상태와 고장 중의 장치, 경보에 관한 화면이 포함된다. 수도시스템 화면을 위로부터 순서대로 따라감으로써 적은 키조작으로 즉석에서 중요한 사항과 생산성에 관한 정보를 얻을 수 있다.

자동제어

그림 7.11은 운전자용 시설의 자동제어정보화면을 나타낸 것이다. 이 화면은 각 펌프의 제어모드상태를 표시한다. 자동모드에서는 배수지수위가 송수펌프를 제어한다. 펌프정 수위는 우물펌프를 제어한다. 계통 내의 다음에 고차의 배수지가 증압펌프를 제어한다. 최적화 서브시스템은 송·배수에 관계되는 에너지비용을 최소한으로 한다.

그림 7.12는 하나의 시설에 대한 운전자용의 경제적 펌프스케줄 화면을 나타낸 것이다. 굵은

대형송·배수시설의 성공적인 운용(계속)

```
DISPLAY ACFINFO                                          17:29:12   02/24/89
                                                         ALCPUA     PRIME
                    AUTO CONTROL FACILITY INFORMATION

PUMP:   NONE                  PONDEROSA           SYSTEM MODE:   ECON
                                                   • AUTO    • ECON
WELL STG TIME REM:   0.0 MIN                      LOCAL RES LEVEL:   53.1%
```

PUMP	RUN STATUS	CALL FOR	GENERAL INHBT	TAG	LRO	MODE	ECON (ON)	SETPTS (OFF)	AUTO (ON)	SETPTS (OFF)
* WP1	RUN	YES	NO	NO	REM	ECON	93.0	98.0	94.0	98.5
* WP2	STOP	NO	NO	NO	REM	ECON	48.0	53.0	91.0	96.0
* WP3	**STOP**	NO	YES	YES	OFF	MANUAL	50.0	55.0	95.0	97.4
* WP4	STOP	NO	NO	NO	REM	ECON	52.0	52.0	92.0	97.7
* WP5	RUN	YES	NO	NO	REM	AUTO	45.0	55.0	50.0	97.7
* WP6	**STOP**	NO	NO	YES	REM	MANUAL	60.0	70.0	92.0	97.0
* WP7										
* WP8										
* WP9										
* WP10										
* WP11										
* WP12										

```
BOOSTER STG TIME REMAIN:   0.0 MIN              GUTIERREZ CONTROL RES LEVEL:   57.9%
```

* BP1	**STOP**	NO	YES	YES	OFF	MANUAL	42.0	49.0	88.0	94.0
* BP2	**STOP**	NO	YES	YES	OFF	MANUAL	45.0	51.0	89.0	95.0
* BP3	STOP	NO	NO	NO	REM	ECON	39.0	47.0	90.0	97.0
* BP4	RUN	YES	NO	NO	REM	AUTO	47.0	52.0	91.5	97.5
* BP5										
* BP6										

```
   * MANUAL    * AUTO    * ECON    * START    * STOP    * EXEO    * CNCL
```

그림 7.11 자동제어 화면 : 각 펌프의 모드를 나타낸다.

```
                                                         14:07:30   03/04/89
                                                         ALCPUB     PRIME

                          OPTIMIZATION SUBSTATION
                          ECONOMIC PUMP SCHEDULE

                FACILITY NO:     7        NAME:    PONDEROSA

                                 HOUR
         8  9 10 11 12 13 14 15 16 17 18 19 20 21 22 23  0  1  2  3  4  5  6  7  8
    WP1  ····──··──··──··──··──··──··──··──··──··──··──··──··
    WP2  ····──··──··──··──··──··──··──··──··──··──··──··──··
    WP3  ····──··──··──··──··──··──··──··──··──··──··──··──··
    WP4  ····──··──··──··──··──··──··──··──··──··──··──··──··
    WP5  ····──··──··──··──··──··──··──··──··──··──··──··──··
    WP6  ····──··──··──··──··──··──··──··──··──··──··──··──··

                                 HOUR
         8  9 10 11 12 13 14 15 16 17 18 19 20 21 22 23  0  1  2  3  4  5  6  7  8
    BP1  ····──··──··──··──··──··──··──··──··──··──··──··──··
    BP2  ····──··──··──··──··──··──··──··──··──··──··──··──··
    BP3  ····──··──··──··──··──··──··──··──··──··──··──··──··
    BP4  ····──··──··──··──··──··──··──··──··──··──··──··──··

            • FK1:  PREVIOUS FACILITY      • FK2:  NEXT FACILITY
```

그림 7.12 펌프 운전 효율 관리 화면 : 수요량에 적합한 최소 비용의 운전 계획용

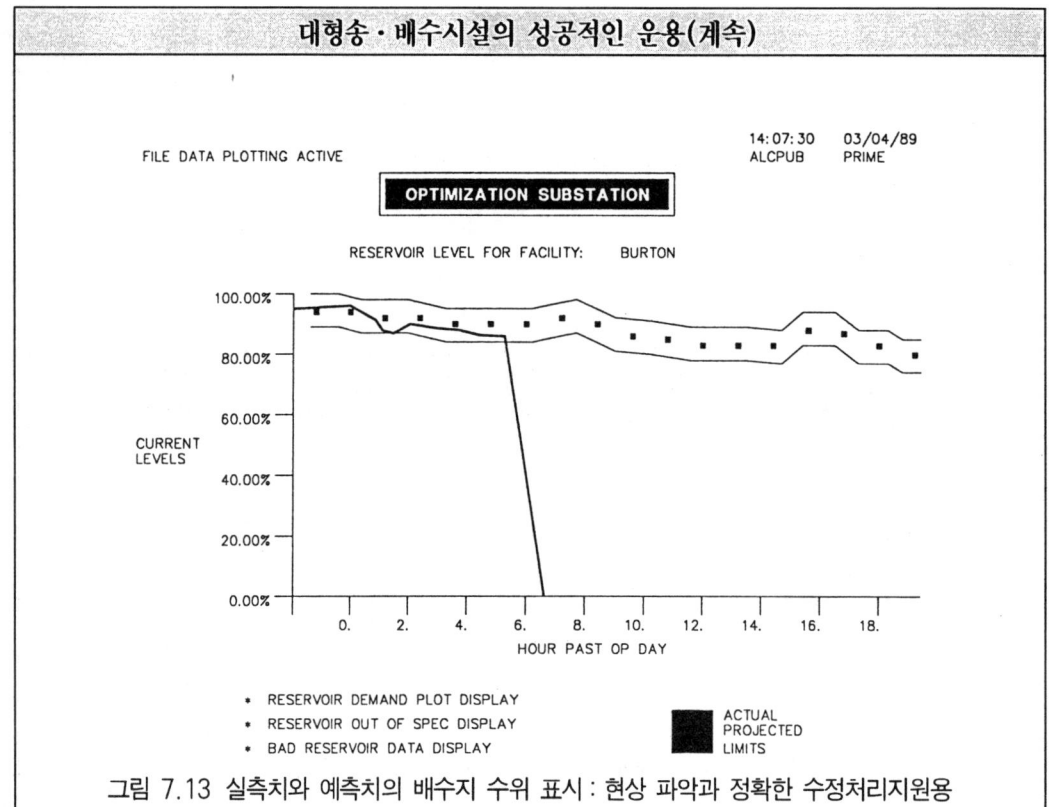

그림 7.13 실측치와 예측치의 배수지 수위 표시 : 현상 파악과 정확한 수정처리지원용

선은 최적화 패키지로 제어하고 있는 운전 중의 펌프를 가리키고 있다. 최적화 모듈은 **그림 7.13**에 나타내고 있는 바와 같이 날마다 30분 간격으로 각 배수지 수위를 예측한다. 실제 수위가 사전 설정된 것 이상으로 예측수위와 동떨어지는 경우에는 운전자에게 그 취지가 통지된다. 운전자는 그 시설에 관한 배수지수위 화면을 끌어내고 상황을 검토하며 적절한 조치를 취할 수 있다. 마찬가지로 공급에 변동이 있는 경우에는 운전자가 대응할 수 있도록 경보를 발령할 수 있다.

- 비디오콘솔을 중심으로 한 조작에 대해서는 300~500룩스의 조명을 사용할 것
- 비디오화면에서 광원의 직접반사를 방지하기 위하여 루버식 조명기구를 사용할 것
- 창문은 비디오콘솔의 앞면이나 뒷면에는 없애고 옆면에만 배치할 것
- 창문에는 직사광선의 강도를 조절할 커튼을 붙이거나 차광막으로 덮어씌울 것

7.4 운전자-공정 인터페이스의 최근 경향

디지털제어시스템에서의 최근경향으로서 정수장이나 배수시설의 모든 부분에 정보를 신속하게 표시하고 대형이고 고해상도의 화면을 이용하고 있다. 또 화면상에 여러 다른 요소를 동시에 표시하는 경향도 보인다.

7.4.1 팬(pan)과 줌(zoom) 및 윈도우표시

팬(pan)과 줌(zoom) 및 윈도우표시는 최첨단 온라인화면관리 도구이다. pan이나 zoom에 의하여 운전자는 하나의 큰 화면이 존재하는 것처럼 공정화면을 이동시킬 수 있다. 운전자는 어느 부분을 확대하거나 다음 장소에 화면을 이동시킬 수 있다. 이러한 화면의 설계와 배치에는 화면 외에 있는 경보를 간과하는 일이 없도록 느낌을 분배시킬 필요가 있다. 이것은 경보표시상에 다른 표시가 중복되면 운전자가 정보를 간과할 수 있기 때문이다.

윈도우를 사용함으로써 운전자는 제어업무의 여러 화면을 표시할 수 있다. 예로서 유량설정치를 변경하고자 하는 경우를 보자. 운전자는 그래픽화면으로부터 먼저 최초로 트렌드윈도우를 열고 과거와 현재의 유량변화를 관찰할 수 있다. 설정치를 변경하기 위하여 다른 윈도우를 열 수 있다. 설정치를 입력한 다음 그 윈도우는 트렌드윈도우의 뒤에 두거나 닫을 수 있다. 운전자는 필요에 따라 특정윈도우의 크기를 조정하거나 윈도우간을 전후로 이동시킬 수도 있다. 동시에 열린 윈도우의 수는 시스템의 응답시간에 영향을 미친다. 그림7.14는 윈도우 환경의 일례를 나타낸 것이다.

그래픽-사용자 인터페이스(GUI)는 운전자가 컴퓨터시스템과의 상호작용을 보다 대화식으로 하도록 함과 동시에 조작의 습득과 실행을 쉽게 한다. GUI는 사용자가 시스템을 사용하여 무엇을 할 수 있는지를 시각적으로 운전자에게 표현할 수 있다. GUI는 화면옵션이나 제어명령과 같이 사용빈도가 높은 아이템을 표시하는 데에 아이콘을 사용하고 있다. 화면상부의 그래픽기호나 문자에 따라 운전자는 메뉴를 끄집어 낼 수 있고 메뉴를 일람할 수 있다. 메뉴에는 운전자가 마우스나 트랙볼을 사용하여 선택하는 그래픽아이콘과 키워드의 양쪽을 포함할 수 있다. GUI는 이와 같은 방법으로 화면상의 정보를 직접 조작할 수 있다. 사용자는 복잡한 글자로 쳐 넣는 명령어 대신에 "point and click"을 사용한다.

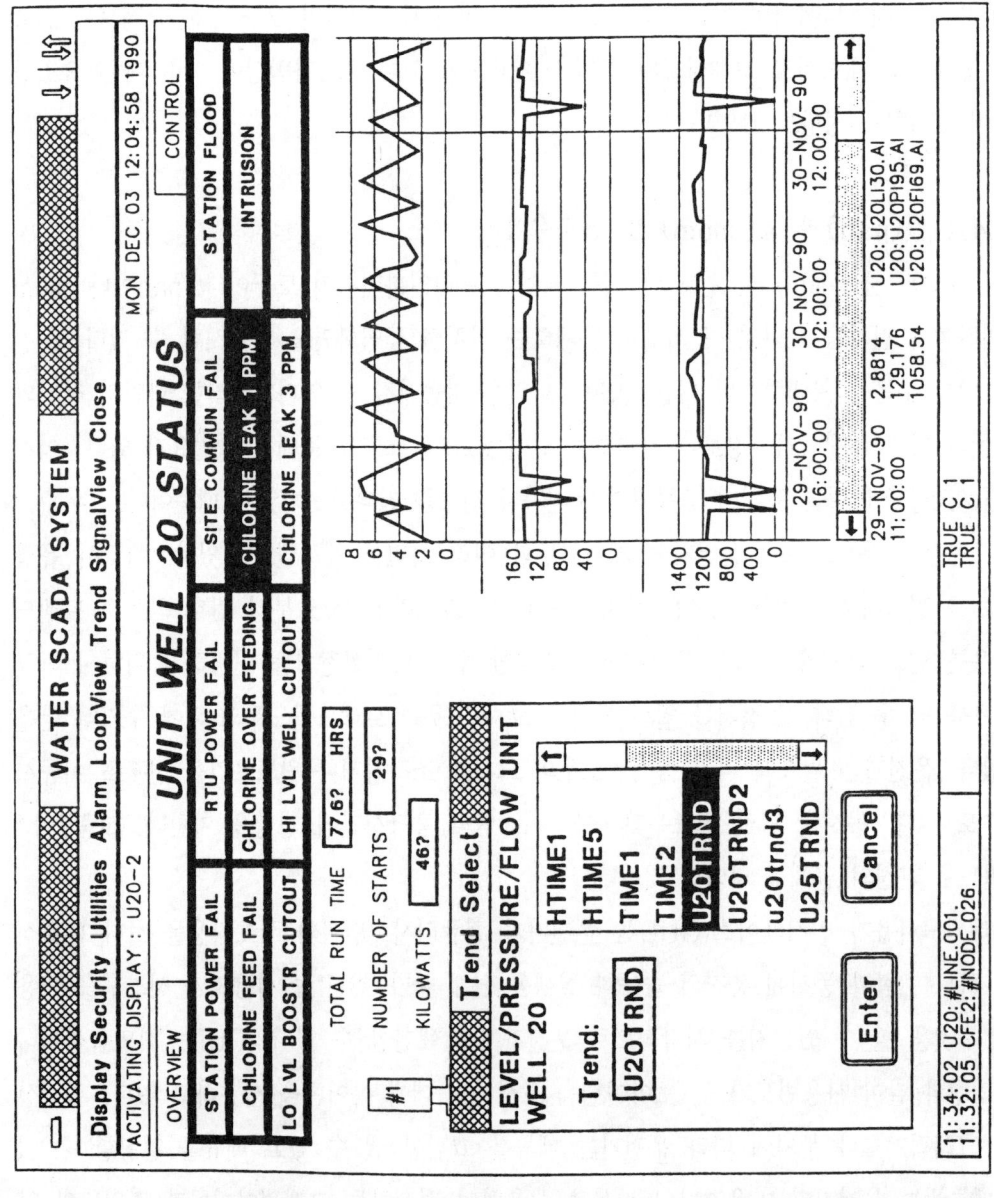

그림 7.14 트렌드윈도우와 동시에 표시되는 트렌드 선택 윈도우

7.4.2 워크스테이션과 X단말장치

팬(pan)과 줌(zoom) 및 윈도우표시에는 대량의 컴퓨터처리가 필요하다. 메인 컴퓨터의 부담을 경감시키기 위하여 최근에는 연산업무를 분담하도록 마이크로프로세서가 화면단말에 장착되고 있다. 현재의 운전자-공정 인터페이스에는 PC화된 워크스테이션도 사용된다. 워크스테이션은 제어와 데이터수집용 컴퓨터에서 그래픽처리와 연산업무 부담을 대폭적으로 경감시킨다. 또 워크스테이션은 프로그램 변경, 파일제어 실행, 데이터 처리, 네트워크화되어 있는 다른 장치와의 통신으로도 사용할 수 있다. 필요한 경우에는 워크스테이션은 단말장치로서 기능을 한다.

X단말장치는 네트워크카드와 처리장치 및 메모리를 구비한 고해상도 화면장치이다. 연산과 파일관리기능은 제어와 데이터수집용 컴퓨터에 포함되어 있다. X단말장치는 컴퓨터에서 그래픽화면으로 명령을 전환한다. X단말장치는 제어와 데이터수집컴퓨터 그래픽처리부담을 감소시킨다. X단말장치와 X윈도우시스템은 다른 컴퓨터간에 공통 그래픽인터페이스를 제공한다.

7.4.3 멀티미디어콘솔

멀티미디어콘솔은 운전자가 공정을 생각하는 사고과정을 보다 한층 더 지원하기 때문에 운전자-공정 인터페이스를 더욱 향상시킨다. 여러 매체가 개발되어 있고 이러한 비용대효과도 높기 때문에 어느 것은 운전자-공정 인터페이스의 핵심적 존재가 된다.

멀티미디어콘솔은 GUI베이스의 화면, 대화식 비디오화면, 음성데이터입력장치, 음성출력장치를 포함하게 된다. 헤드폰을 낀 운전자가 키보드나 마우스에 닿지 않고 화면을 새로이 바꾸면서 제어 조정할 수 있다. 운전자가 실제 공정을 보아야 할 필요가 있는 경우에는 비디오카메라나 비디오디스크에 저장된 영상을 사용할 수 있다. 이것이 공정이나 장치의 한 부분을 생동감이 있도록 도우게 된다.

7.5 요약

공정감시, 문제의 검색, 판단과 조치에 대한 운전자의 제어능력은 훈련과정과 실제공정에서의 경험으로 만들어진 공정의 심리적 모델에 의존한다. 시설의 물리적 레이아웃, 제어방식, 운전자-공정 인터페이스의 종류 등의 다양한 요소에 의해 심리적 모델이 정해진다.

운전자-공정 인터페이스는 공정의 윈도우이다. 윈도우를 통하여 공정을 보는 운전자는 에어리어에서 에어리어로 또는 화면에서 화면으로 일관되어야 한다. 일관되게 잘 설계된 운전자-공정 인터페이스는 쾌적한 작업환경을 제공하는 한편 생산성 향상과 운전자의 질을 높여준다.

7.6 조사연구의 필요성

운전자-공정 인터페이스의 필요성에 관한 연구 즉, 예를 들면, 신체적인 부담을 경감시키기 위한 조작대의 설계, 눈의 피로를 경감시키는 화면장치의 색채편성과 정보부하를 삭감시키기 위한 예외통보 소프트웨어 개발 등은 제어시스템 제작사에 따라 활발하게 수행되고 있다. 비디오화면의 해상도향상과 워크스테이션의 가격하락으로 제작사는 윈도우표시와 그래픽사용자인터페이스에 힘을 쏟고 있다.

7.6.1 운전자의 직무

디지털제어시스템은 워크스테이션, 클라이언트서버기술을 받아들이는 방향으로 가고 있다. 이에 따라 단일 화면에서 다기능에 운전자가 액세스할 수 있다. 또 이 기술에 의하여 운전자는 작업지시서에 기입하는 대신에 정비용 컴퓨터에 직접 입력할 수 있다. 또 운전자는 서류를 처리하거나 디지털방식으로 저장된 운전이나 보수지침서 또는 도면을 검색할 수 있다. 또 보수요원도 파견할 수 있다. 또 수질시험실 컴퓨터, 수요가정보와 요금계산컴퓨터, 네트워크상의 기타 시스템으로부터의 정보에 액세스할 수 있다.

운전자의 주요업무가 정수장이나 송·배수관망 운용에 기본적인 기능을 손상하지 않으면서 어떠한 임무를 운전자가 수행하게 하는 것이 타당한가를 결정하는 일이 앞으로 필요한 연구과제이다. 이것은 국가나 지역의 자격인정과 훈련계획에 영향을 미칠 수 있다.

정수장이나 송·배수관망 운전에서 대량의 정보를 운전자에게 제공할 수 있으므로 운전자가 어떻게 효율적으로 조작할 것인가에 대한 작업한계의 지침을 설정해야 한다. 1명의 운전자로 송·배수관망과 정수장을 효율적으로 조작할 수 있는가? 만일 그렇다면 시스템의 규모에 한계는 있는가? 정보를 가장 효율적으로 표시하는 방법은 무엇인가? 송·배수관망 상태를 적절하게 표시하는데 있어서 전력업계에서 일반적으로 사용하는 거대한 지도가 필요한 것일까? 교대근무제 없이 시설을 무인관리하는 것이 가능한가? 만일 그렇다면, 유효한 관리자·공정 인터페이스를 제공하기 위하여 어떻게, 또 누구에게 경보를 보내면 좋은 것일까?

7.6.2 윈도우표시

윈도우표시환경에 관해서는 일시에 열 수 있고 또 운전자가 이해할 수 있는 윈도우의 수에 효율적인 한도가 있는 것일까? 근무교대할 때에 전교대 운전자가 많은 윈도우를 열고 있었던 경우 어떠한 일이 일어날 것인가? 예를 들면, 추세, 기동/정지 명령 등에서 윈도우에는 어떠한 항목을 표시하면 좋은 것인가? 부적당한 조작을 방지하도록 보증하기 위한 방법으로서 선택과 확인 및 조작에 관한 윈도우/마우스방식에서의 전용 기능키를 대체시키는 것은 무엇인가?

제어시스템 제작사는 이러한 많은 과제에 역점을 둘 것이다. 수도사업에서 제작사가 제공하는 제품의 방향을 정해야 할 시기가 지금이다.

7.6.3 그래픽-사용자 인터페이스

단지 단일 공정관리애플리케이션을 실행하기 위해서라면 그래픽-사용자 인터페이스 표준화의 의의는 적다. 운전자가 운전자화면 중의 애플리케이션을 새로 바꾸는 일이 없기 때문이다. 워크스테이션, 공정제어, 보수, 텍스트나 도면 검색시스템 등 여러 애플리케이션에 액세스하게 됨에 따라 공통 인터페이스의 필요성이 높아질 것이다.

7.6.4 화면 설계

제작사는 현장장치나 비디오화면의 색과 함께 운전자의 오조작을 감소시키는 것으로 가장 효과적인 비디오화면 표시내용에 관한 지침을 만들어야 한다. 그래픽화면기호, 기능키보드의 명칭, 윈도우의 내용, 색의 산업표준은 전국적으로 운전자를 훈련시키고 운전자격을 인정할 수 있다.

제Ⅲ편 제어시스템

집필자 : Jerry W. Garrett

   제3~7장에서는 수도시설 제어에 사용되는 여러 장치에 대해 설명하였다. 이 편에서는 취수, 정수처리, 송·배수시설에 관한 실시간제어방법과 시스템에 대해 취급하고자 한다. 감시제어 및 데이터수집(SCADA)시스템과 공정제어 기술이 이러한 제어에 사용되고 있다(다음 페이지 그림 참조). 다음 페이지의 아래 그림은 수도사업에 있어서 통합 모델 중에서 SCADA 및 공정제어의 위치를 설명한 것이다.
   이 편에서 설명하는 제어시스템에는 다음 사항이 있다.
- 펌프제어
- 취수시설
- 정수처리
- 송수와 배수
- 수운용

   펌프제어는 취수시설과 정수처리 및 송·배수분야 요소이기 때문에 이를 분리하여 언급한다. 제9장, 제10장, 제11장에서는 수도시설의 주요한 제어기술에 대해 취급하고, 제12장에서는 이러한 각 제어시스템을 통합시켜서 설명하는 동시에 제Ⅲ편에서 취급된 정보시스템과 결합되는 발판으로 하였다.
   제8장 「펌프시스템 제어」에서는 펌프의 특유한 문제 및 중요기술에 대해 설명한다. 펌프는 취수시설과 정수처리 및 송·배수에 사용되기 때문에 이 절의 다른 부분과 이 장을 자연스럽게 중복시켰다. 그러나 이 장에서는 펌프의 수리적 기계적 또는 전기적인 고려사항에 대해서는 철저하게 검토하지 않는다.

174 수도사업에서 계측제어와 컴퓨터의 통합

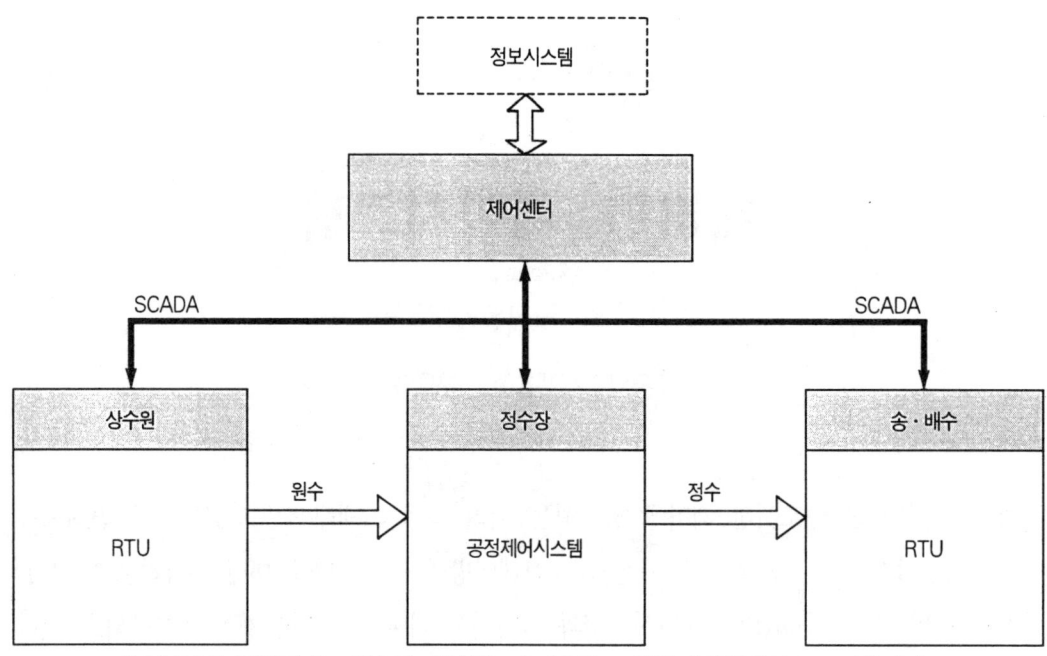

SCADA와 공정제어는 상수원, 정수장, 송배수를 포함한 수운용방식으로 사용된다.

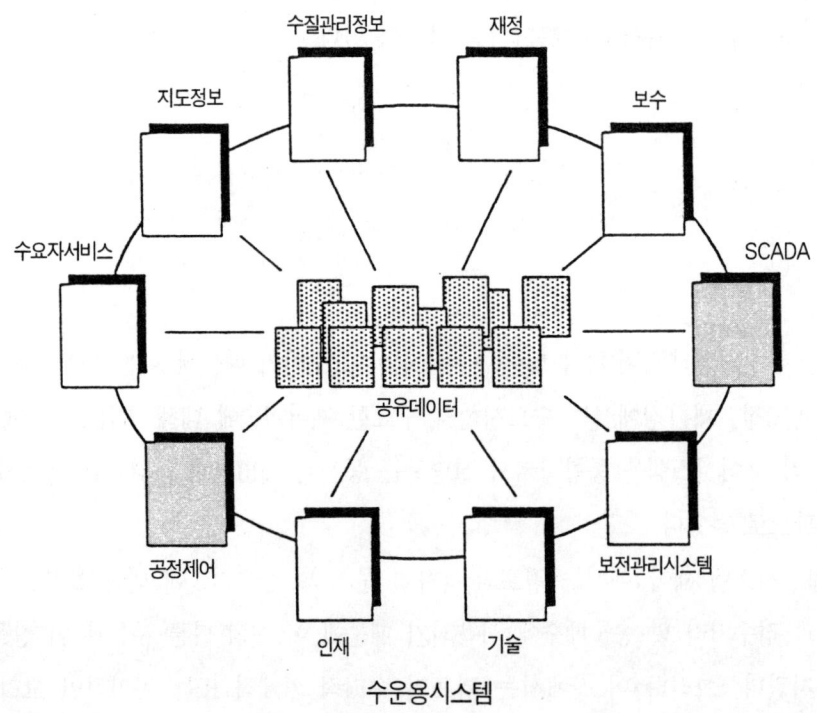

수운용시스템

제9장「상수원의 제어」에서는 원수공급을 제어하기 위한 계획 및 기술에 대해 취급한다. 상수원에는 우물과 저수지 및 수로가 포함된다. 이 장에서는 이러한 시설을 설계하기 위한 입문서가 아니고 이들 시설들의 제어를 검토하는 것을 기술하였다.

제10장「정수장 공정제어」에서는 각 정수공정의 제어기술 및 방법을 소개한다. 주안점은 제어기술과 계획에 두었다. 이 장에서는 정수처리공정 자체를 취급하는 것은 아니고 특수처리기술을 강조하는 것은 더욱 아니다.

제11장「송·배수시설 제어」에서는 송수와 배수제어에 관한 계획과 기술에 대해 취급한다. 여기서는 송수나 배수의 토목공학적인 또는 기계공학적인 측면에 관해서는 취급하지 않는다.

제12장「수운용시스템」에서는 앞에서 설명한 각 서브시스템을 하나의 시스템 속으로 어떻게 하여 통합시킬 것인가에 대해 검토한다. 이 장에는 기술개발과 현상에서의 과제에 관한 것도 포함한다. 또 이런 문제에 관하여 다른 업종의 동향에 관해서도 이 장에서 취급한다.

제Ⅳ편「정보시스템」에서는 실시간제어방식 이외의 방식을 설명하고 이러한 방식들이 수도사업에서 전체적인 제어와 정보시스템에 어떻게 정착되는지를 취급한다.

제8장 펌프시스템 제어

집필자 : Akira Itoh(伊藤 曉)
Ronald B. Hunsinger
부집필자 : Yoshinori Mizuno(水野 義則)

수도에서 펌프는 중요한 역할을 담당한다. 펌프시설은 취수와 도수·송수 및 배수시설에서 필수적이다. 일본수도시설에서 용도별로 분류한 펌프를 표 8.1에 나타내었다. 펌프시설의 전력소비량은 수도시설 전체 소비전력량의 88%를 차지하며 수도사업경영에 큰 영향력을 미치고 있다.

펌프와 그 제어기술 진보에 따라 시설규모에 맞춰서 에너지 효율이 좋고 에너지절약형인 시스템을 설치하는 것이 가능하게 되었다. 많은 펌프장에서는 이미 원격제어나 자동제어가 일반적인 것으로 되었다. 또 원격제어되는 펌프장에서는 완전히 무인자동화 시스템이 사용되고 있어서 인건비절약형으로 되고 있다. 펌프제어에 관계되는 감지기와 제어장치는 제3장에서 취급하였다.

표 8.1 일본 수도시설에서 사용되고 있는 펌프의 실태 (현재 급수인구 10만 명 이상)

구분	취수·도수		정수		송수		배수		계	
	대수	원동기 출력 kw	대수	원동기 출력 kw	대수	원동기 출력 kw	대수	원동기 출력 kw	대수	원동기 출력 kw
용수공급 사업	459	63,088	292	27,102	767	101,506	81	8,441	1,599	200,136
상수도 사업	3,586	183,126	767	29,582	2,929	231,667	5,149	403,562	12,431	847,937
계	4,045	246,214	1,059	56,684	3,696	333,173	5,230	412,003	14,030	1,048,073

8.1 펌프설비계획

 펌프시설을 계획할 때는 정확한 수요예측에 근거하여 개개의 물 공급과 수요를 충족하는 펌프와 제어방식을 선정해야 한다(수요예측에 관한 더 많은 정보는 제11장 참조). 이 장에서는 수요예측에 기초한 펌프시설계획에 대하여 설명하고자 한다. 계획의 기초가 되는 여러 조건으로는 지형적인 특성 ; 도수량, 송수량, 배수량 ; 수요특성(평균수요량, 시간최대수요량, 화재시수요량 등) ; 단수되지 않고 또한 신뢰할 수 있는 수돗물 공급 ; 그리고 종단도와 관로 재질과 크기 등의 관로특성 등이다.

8.1.1 지형
 어떤 지형에서는 필요한 수량을 자연유하로 이용할 수 있다. 결국 이런 곳은 펌프로 압송할 필요가 없다. 그러나 일반적으로 물을 송수하는 데는 펌프압송이 필요하다.

 배수구역 내에 단일가압시설로 공급할 수 없을 정도로 고저차가 큰 경우에는 표고(elevation)에 따라 결정된 블록시스템(block system ; pressure zone)으로 배수구역(distribution system)을 나눠야 한다. 각 압력구역(pressure zone) 내에서는 될 수 있는 한 동일 표고의 등고선이나 지반고를 동일한 압력구역으로 선정해야 한다. 블록시스템 내에 표고가 높은 장소가 포함되어 있는 경우에는 그 지구를 대상으로 별도의 가압펌프를 설치해야 한다. 또 배수관망 종단도에서 다른 지역보다 훨씬 낮은 지역인 경우에는 희망하는 수준으로 압력을 유지하기 위하여 감압밸브를 사용할 수도 있다.

8.1.2 수요특성
 도수량과 송수량은 주로 계절과 날씨에 따라 좌우되고 수요량의 일일변화는 그다지 중요하지 않다. 다만 수요량의 일일변화가 각 배수구역에 따라 다르며 이러한 변화의 특성은 각 배수구역마다 독특하다.

 주택지역에서는 아침과 저녁때에 큰 첨두수요량이 있으며 심야에는 배수량이 아주 적어진다. 한편 공업지역에서는 공장 가동계획에 따라 최대와 최소수요량이 크게 변한다. 시간적인 변동이 큰 배수구역에서는 고가탱크나 펌프시설에 의해 적절하게 압력을 유지해야 한다.

펌프제어를 사용하는 경우에는 펌프특성곡선(Q-H 곡선)이 급경사인 펌프를 사용하거나 적정가변속용량의 펌프를 사용해야 한다. 펌프특성곡선(Q-H 곡선)이 급경사인 펌프는 요구압력을 더 정확하게 맞출 수 있다.

8.1.3 공급의 신뢰성

수도사업에서는 물을 안정적이고 연속적으로 공급하는 것이 분명히 중요하다. 주택지역뿐만 아니라 공업지역 수요가에 대해서도 단수로 인하여 예기치 못한 혼란이나 적수 등 음용수의 수질저하는 허용되지 않는다.

필요하다면 배수를 위하여 그리고 도수와 송수를 위하여 예비펌프와 예비전원 및 백업제어시스템을 설치해야 한다. 이러한 백업시스템을 계획할 때에는 일상의 유지보수와 정기점검을 위하여 시설을 정지시켜야 하는 것을 고려해야 한다. 배수지나 예비관로, 압력탱크 또는 고가수조를 포함한 배수시설들은 연속적으로 급수를 유지하기 위하여 펌프직송방식의 대체수단이다.

일반적으로 미국에서는 안정급수를 위하여 고가수조로부터 자연유하에 의존하고 있다. 일본에서는 미국의 시설과 비교하여 저수시설의 수가 적고 규모도 작으므로 안정급수는 펌프직송에 의존하는 경우가 많다. 수요예측과 펌프제어를 포함한 취수에서부터 배수에 이르기까지 제어는 종합제어시스템을 채용하고 있다.

전원 : 펌프시설 운전에는 안정되고 신뢰성이 높은 전원이 어떤 수도시설에서도 필수적이다. 신뢰성이라는 관점에서는 일반적으로 저전압보다도 고전압, 고전압보다는 특별고압으로 수전하는 쪽이 안정된다.

일본에서는 전력공급상황이 대단히 안정되어 있기 때문에 장시간동안 정전이 발생할 가능성은 극히 적다. 그러나 장시간동안 정전이 허용되지 않는 대규모 펌프장이나 정수장에서는 비상용 자가발전시설을 구비하거나 전원계통을 2계통화(상위변전소가 다른 변전소에서 수전)하는 것이 필요하다. 미국에서는 전원계통을 2계통화하는 것은 거의 없고 예비용 디젤발전기를 사용한다. 또 수전선을 예비선으로 절체하거나 외부에서 수전하던 수전선에서 자가발전기 쪽으로 절체를 자동으로 되도록 하여 펌프운전을 조속히 회복하여 정상운전할 수 있다. 펌프제어와 관련되는 계측제어전원을 정전압정주파수전원장치(CVCF)로부터 공급하는 것에 대해서도 고려해야 한다.

8.1.4 관로특성

펌프장을 설계할 때는 장래 관망정비계획과 펌프용량확장을 반드시 고려해야 한다. 만약 수요증가가 관로저항손실을 지나치게 증가시키지 않으리라고 예측되는 경우에는 기존펌프를 보다 용량이 큰 펌프로 교체시킴으로써 개량할 수 있다. 만약 관로를 교체하거나 신설해야 할 것으로 예상되는 경우에는 관로저항곡선이 상당히 크게 바뀐다. 이와 같은 경우에는 증설공간을 확보해 두어야 하고 펌프제어시스템과 펌프 형식이나 용량 및 대수 변경도 고려해야 한다.

8.1.5 관리체제와 시스템화

특별한 상황을 제외하고는 펌프장은 무인으로 운전해야 한다. 인력감축이 가장 큰 구동력이다. 압력감지기 등 계기류의 개선, 펌프제어장치의 개선, 원격측정회로를 포함한 전기통신기술의 진보와 감시제어를 위한 고도화된 기술개발에 의해 펌프시설의 무인운전이 고도로 개발되었다. 원격감시제어와 백업운전은 장래 확장개념을 포함한 계획에 함께 고려해야 한다.

원격제어시스템 실시를 계획할 때에는 전기신호와 원격측정의 표준화와 함께 전체적인 수도시설 자동화와 시스템화 수준을 고려해야 한다. 시설을 정비함에 있어서 새로운 제어시스템으로 시스템 전체를 대폭적으로 교체하는 것이 좋은 경우가 많다.

8.2 펌프 운전제어

펌프제어는 수요량 변동에 따라 필요한 유량과 수압을 확보하기 위하여 펌프나 전동기를 안전하고 원활하게 운전하는 것을 목적으로 한다. 일반적인 접근 방법은 원활하고 정확하게 펌프를 기동하고 정지하는 자동운전용 기기를 설치함으로써 시작한다. 이 접근방법은 토출량과 압력을 자동제어함으로써 진행된다.

펌프운전제어는 될 수 있는 한 적은 에너지로 필요한 토출량과 토출압을 얻기 위하여 Q-H곡선에 따른 운전을 확보하는 유량제어이다. 직접펌프제어는 토출압력일정제어 또는 말단압일정제어 형태로 이루어지고 있다. 또 배수지나 고가수조 또는 압력탱크를 사용하는 간접펌프방식(펌프의 기동과 정지만이 행해진다)에서는 배수지나 고가탱크의 수위 또는 압력 탱크의 공기압에 의해 제어된다.

8.2.1 토출압일정제어

토출압일정제어 목적은 유량변동에 관계없이 토출압력이 일정하도록 제어하는 방식이다. 목표로 설정된 압력과 펌프토출압력과의 편차분만을 펌프회전속도나 펌프대수 또는 제어밸브 개도를 증감시켜 조절한다(그림 8.1, 8.2). 이 제어방법은 관로저항이 작으며 펌프토출압을 일정하게 유지하면 유량이 변화하더라도 관로말단 압력이 거의 일정하게 유지되는 계통에 적용된다.

8.2.2 말단압일정제어

말단압일정제어는 유량이 변화하더라도 배수관망 말단압력이 일정하게 되도록 펌프토출압을 제어하는 방식이다. 이 제어방식은 관로의 수두손실이 큰 경우나 다중분기관로에 의한 수요량 변동이 큰 경우에 적합하다. 말단압일정제어에는 추정방식과 실측방식의 2가지 방식을 이용할 수 있다.

1) 추정방식(추정말단압 일정제어)

추정방식은 수요말단에서 목표압력을 일정하게 유지하기 위하여 유량에 의한 관로저항의

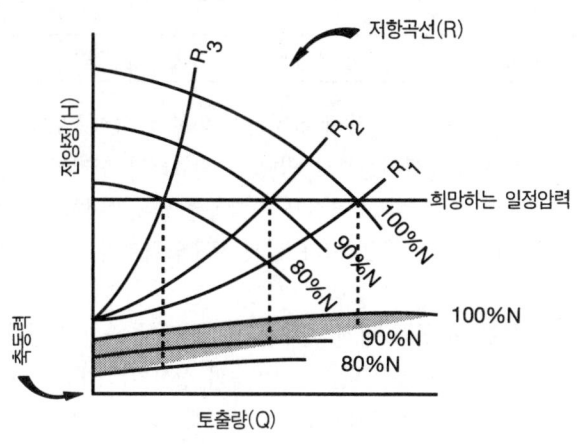

그림 8.1 토출압일정제어

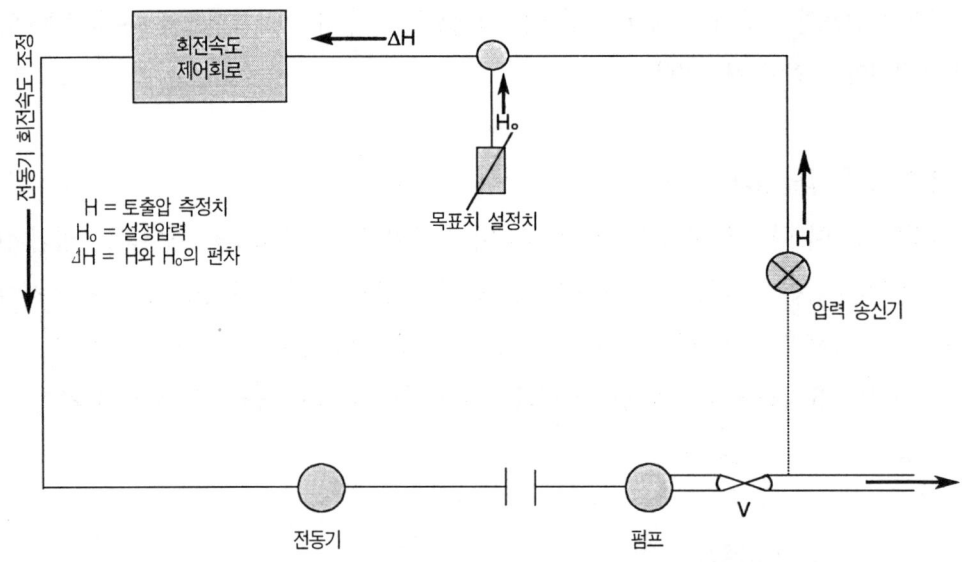

그림 8.2 토출압일정제어 계통도(회전속도제어)

오하루(Oharu : 大治)정수장 펌프제어 – 토출압일정제어의 예

나고야(名古屋)시 수도국 오하루(Oharu)정수장의 배수펌프계통에는 토출압일정제어를 채용하고 있다(그림 8.3).

오하루정수장

펌프의 종류	용량/대수	제어방법
횡축양흡입볼류트펌프	140m³/min × 50m × 1,600kw 2대	가변속제어, 정지셀비우스방식, 80~100%
횡축양흡입볼류트펌프	65m³/min × 50m × 750kw 8대	정속

  토출압일정제어로서는 토출압력을 일정하게 유지하기 위하여 회전속도제어되는 펌프와 몇 대의 고정속으로 대수제어되는 펌프로 조합편성하고 있다. 주컴퓨터가 현지의 원루프프로그램제어기에 대하여 토출압력치를 설정하여 주고 이 제어기가 가변속펌프를 제어하며 정속펌프를 운전하거나 정지시킨다. 현지의 원루프제어기는 목표압력과 실제 토출압력과의 편차에 의하여 펌프회전속도를 증감시킨다.
  가변속제어기는 고정속펌프의 기동과 정지 회수를 최소화하기 위한 설정치 주변에 변동유량 흐름이 있도록 한다. 조작에 필요한 정속펌프들은 가변속의 상한치(최대속도의 98%)에서 가동되고 하한치(80%)에서 정지된다. 이러한 방법에 의하여 압력제어용으로 가변속펌프와 또 유량조정용으로 고정속펌프를 사용하여 24시간 연속으로 자동 운전된다.

제8장 펌프시스템 제어 **183**

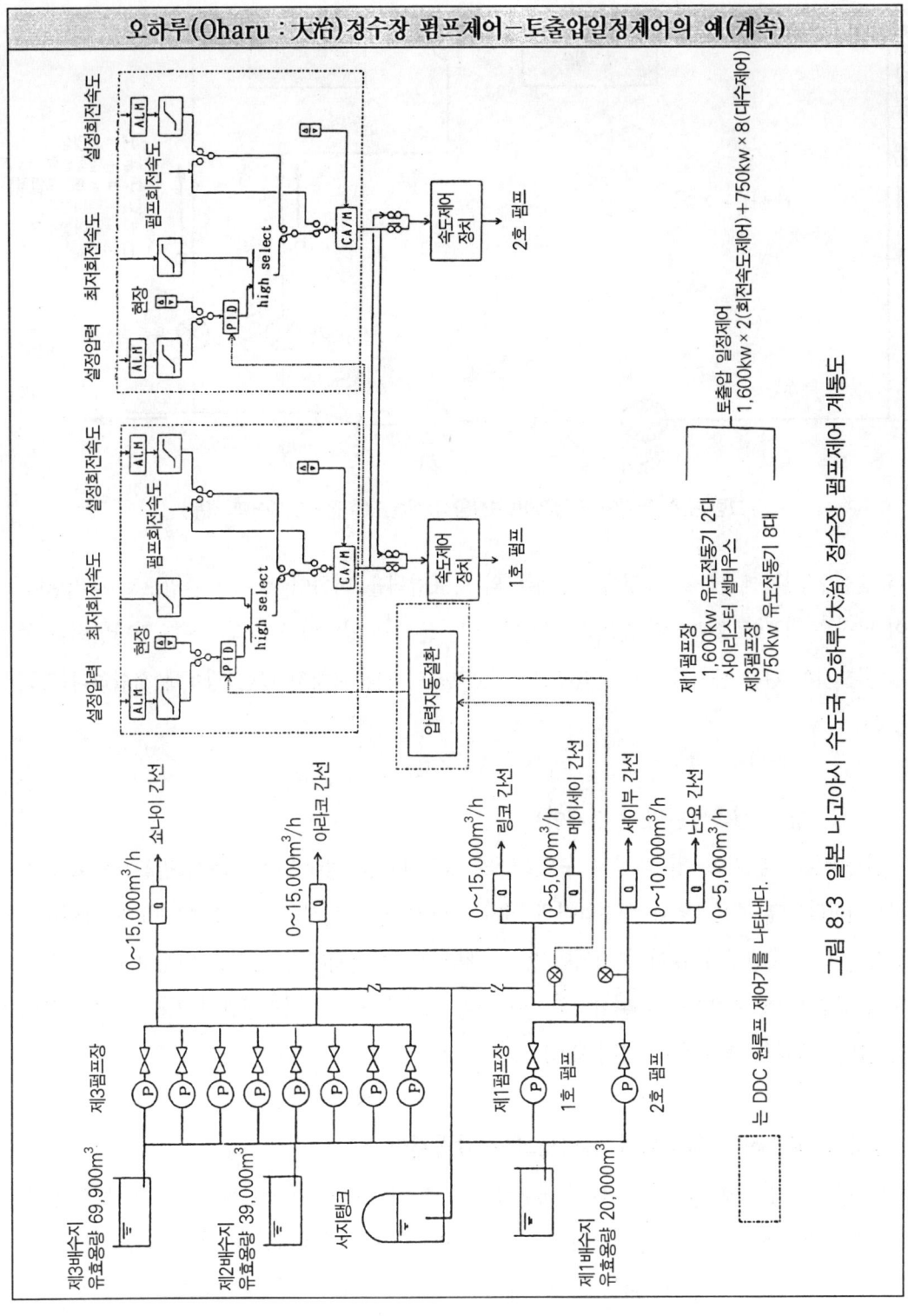

그림 8.3 일본 나고야시 수도국 오하루(大治) 정수장 펌프제어 계통도

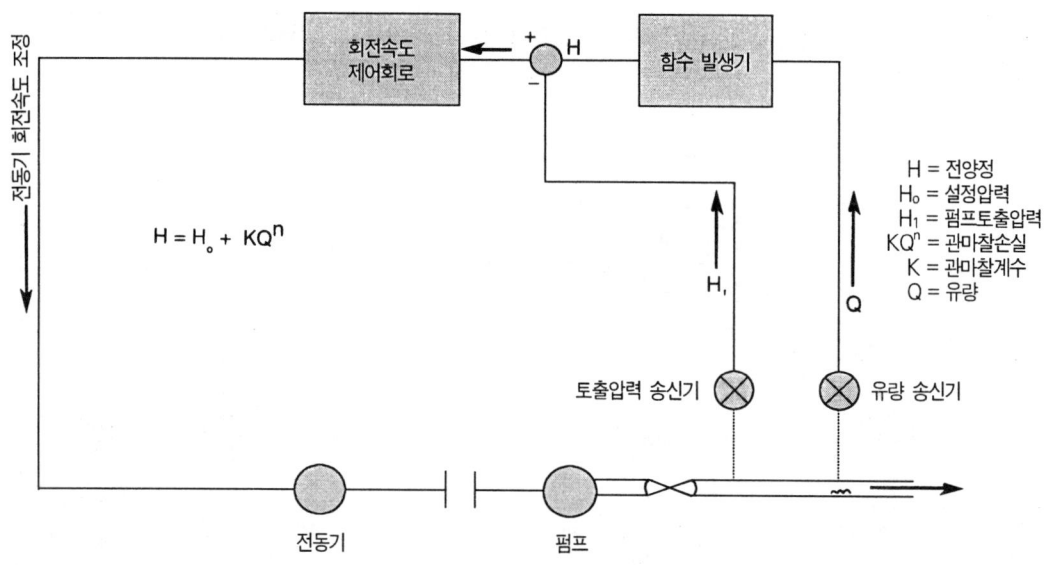

그림 8.4 말단압 일정제어(연산방식)계통도(회전속도제어의 경우)

의 손실수두를 계산하고 그것에 수요말단의 목표압력을 더하여 펌프 토출압으로 설정한다. 이 방식은 펌프 토출관로에 분기가 없거나 또는 분기가 있더라도 임의의 수요말단압력을 설정하는 것이 다른 분기관로의 압력조건에 특별한 영향을 미치지 않는 경우에 적합하다(**그림 8.4**).

2) 실측방식(실측말단압 일정제어)

실측방식은 펌프토출압 대신에 수요말단의 실측압력을 텔레미터에 의해 펌프장으로 직접 피드백한다. 그 목표압력과 측정압력의 편차에 의해 펌프 회전속도와 밸브 개도를 제어하는 방식이다. 토출관로가 많이 분기되어 있는 배수관망의 특정지점 압력을 일정하게 유지해야 하는 경우에 이 제어방식이 적합하다. 이 경우 펌프장과 정압력지점과의 거리가 먼 경우에는 불연속제어를 해야 한다(그림 8.5).

8.2.3 배수지 수위제어와 압력탱크의 압력제어

이 방식은 펌프에 의하여 직접 송배수되는 것은 아니고 배수지나 배수탑, 압력탱크를 경유하여 송배수된다. 직접 송배수되는 경우와 비교하여 펌프장시설과 제어시설을 간략화할 수 있다. 잠시동안 단전되더라도 탁질수나 단수가 생기지 않고 안정된 급수를 할 수 있다.

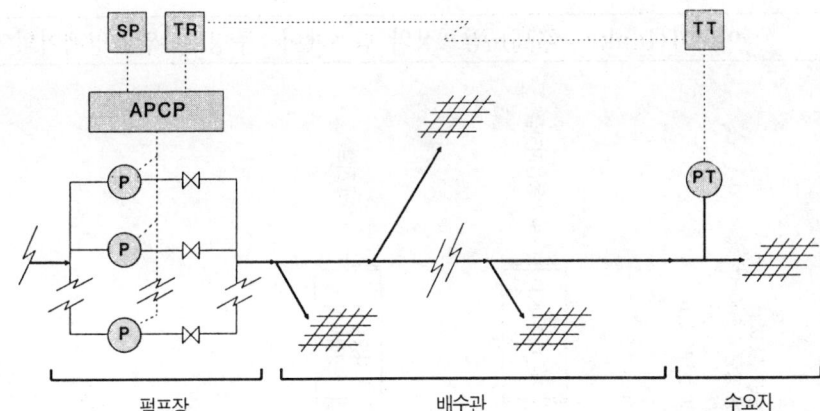

PT = 압력 발신기
TT = 텔레미터 송신기
TR = 텔레미터 수신기
SP = 제어목표치
APCP = 펌프자동제어반

그림 8.5 말단압일정제어 방식, 실측 방식

이다카(Idaka : 猪高) 펌프장의 펌프제어 : 추정말단압일정제어의 예

나고야시(名古屋市) 수도국 이다카(猪高)펌프장(계획배수량 381,100m³/d)은 회전속도제어펌프와 고정속펌프의 조합편성에 의하여 송수와 배수를 추정말단압일정제어하고 있다. 정전 등에 의한 탁질수 발생을 방지하기 위하여 1985년에 배수탑(7,500m³)이 건설되었다. 지금은 펌프에 의한 직접송수와 배수탑으로부터 자연유하식 배수를 조합하여 사용하고 있다. 제어방식은 필요한 추정말단압력을 확보하기 위한 토출압력 대신에 배수탑 수위를 사용하는 일정수위제어운전으로 변경하였다(그림 8.6).

이다카(猪高)펌프장

펌프의 종류	용량/대수	제어 방법
횡축양흡입볼류트펌프	54m³/min × 40m × 500kw 3대	회전속도제어, 사이리스타모터, 70~100%
횡축양흡입볼류트펌프	108m³/min × 40m × 1000kw 2대	회전속도제어, 사이리스타모터, 70~100%
횡축양흡입볼류트펌프	108m³/min × 30m × 750kw 1대	고정속도

이다카(猪高)펌프장에는 추정수위제어와 배수탑수위제어의 두 가지 제어방식을 이용하고 있다. 전자에는 추정말단압력곡선(말단수위 수요곡선)에 의한 수요량 변동에 따라 연속적이고 자동적으로 배수탑 수위를 제어하는 방식이다. 후자는 마이크로컴퓨터와 콘솔에 있는 아날로그식 수위설정기를 사용하여 배수탑 수위를 일정하도록 제어하는 방식이다. 통상은 추정말단압력제어방식이 사용된다.

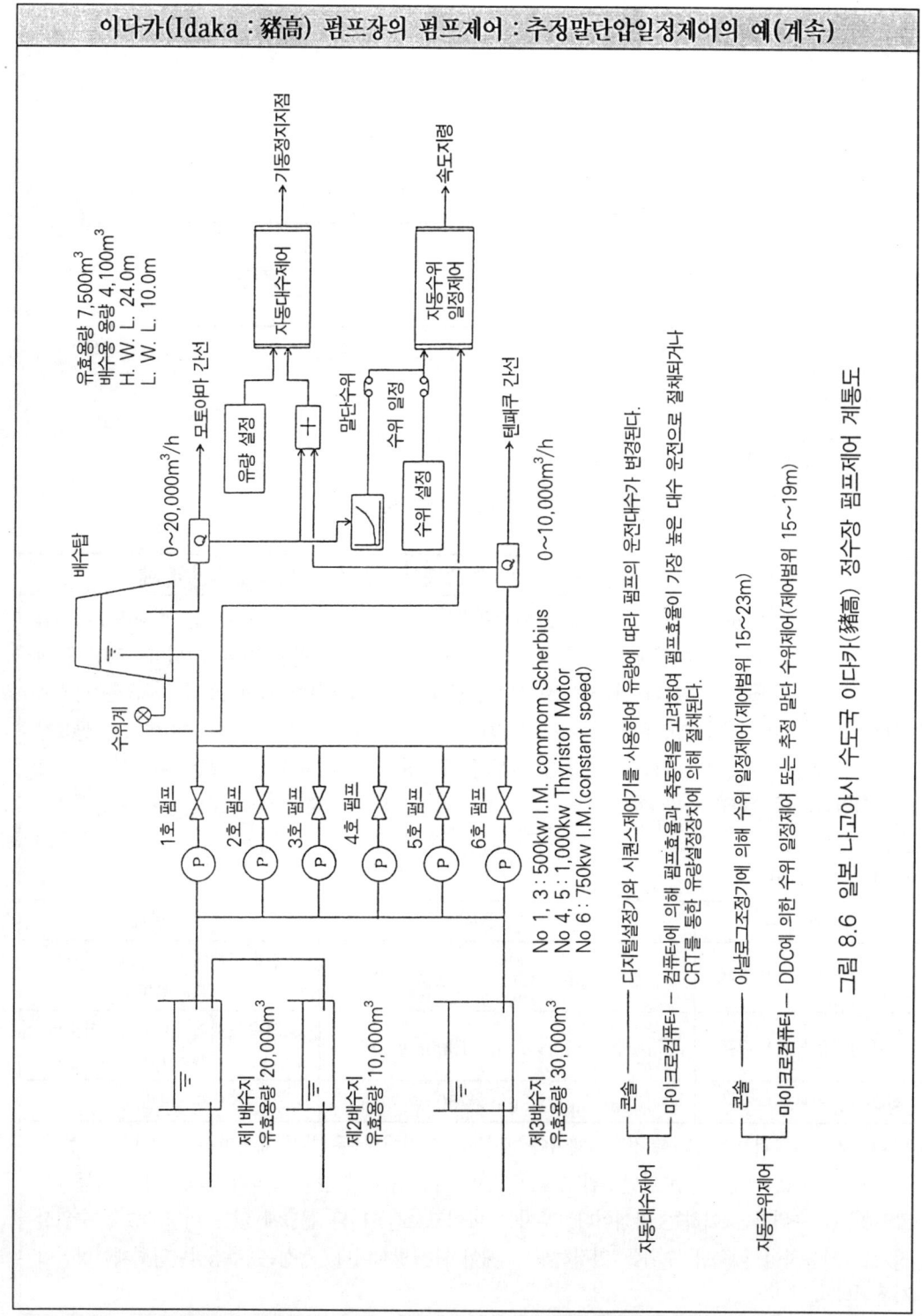

그림 8.6 일본 나고야시 수도국 이다카(豬高) 정수장 펌프제어 계통도

1) 배수지(배수탑)수위 제어

이 제어방식은 높은 곳에 설치된 배수지 또는 배수탑에 펌프로 양수하고, 거기에서 자연유하로 송배수하는 경우에 사용되며, 일반적으로 배수지 운용상한과 운용하한의 수위를 정해 두고, 그 사이에서 펌프의 기동과 정지 또는 운전대수를 제어하는 방식이다.

2) 탱크압력 제어

이 방식은 압력탱크에 채워진 물을 공기압에 의해 배수하는 방식으로 압력탱크 내의 수위

레이크뷰(Lakeview : 캐나다)정수장의 펌프제어

레이크뷰(Lakeview)정수장

펌프의 형식	용량/대수	제어방법
횡축 편흡입펌프	$62.4m^3/min \times 70m \times 1,007kw$ 3대	정속
횡축 편흡입펌프	$43.8m^3/min \times 70m \times 672kw$ 4대	정속
횡축 편흡입펌프	$31.2m^3/min \times 70m \times 522kw$ 1대	정속

레이크뷰정수장의 배수구역은 각각이 지하배수지를 구비한 5개 압력구역(pressure zone)으로 되어 있다. 각 배수지에 있는 초음파수위계가 수위를 측정하고, 그 정보를 주제어센터로 보내며 이 정보에 기초하여 펌프의 기동과 정지가 이루어진다. 앞에서 설명한 펌프들은 5개 배수지에만 음용수를 우선 공급하고 그 다음의 각 2차 배수지에는 펌프로 송수하도록 되어 있다. 또 레이크뷰정수장에서는 펌프에 의하여 직접배수도 하고 있으며 운전은 토출압일정제어로 하고 있다. 최근에는 정전에 의한 배수관압 저하를 피하기 위하여 배수지급수와 접속시키고 있다.

나루미(Narumi : 鳴海)펌프장의 펌프제어 : 배수탑수위제어의 예

나고야시(名古屋市) 수도국 나루미펌프장에서는 배수지와 배수탑의 수위일정제어방식에 의하여 운전되고 있다.

나루미펌프장

펌프의 형식	용량/대수	제어 방법
횡축 양흡입볼류트펌프	$16m^3/min \times 30m \times 110kw$ 6대	정속/대수제어 중구배수구역
종축 양흡입볼류트펌프	$8m^3/min \times 52m \times 110kw$ 4대	정속/대수제어 고구배수구역

제어방법은 고구와 중구 모두 수위일정제어이고, 고구와 중구 배수탑에 각각 펌프대수제어용의 상하한 운용수위를 정하며 이 수위에 따라 펌프대수를 제어하고 있다(**그림 8.7**).

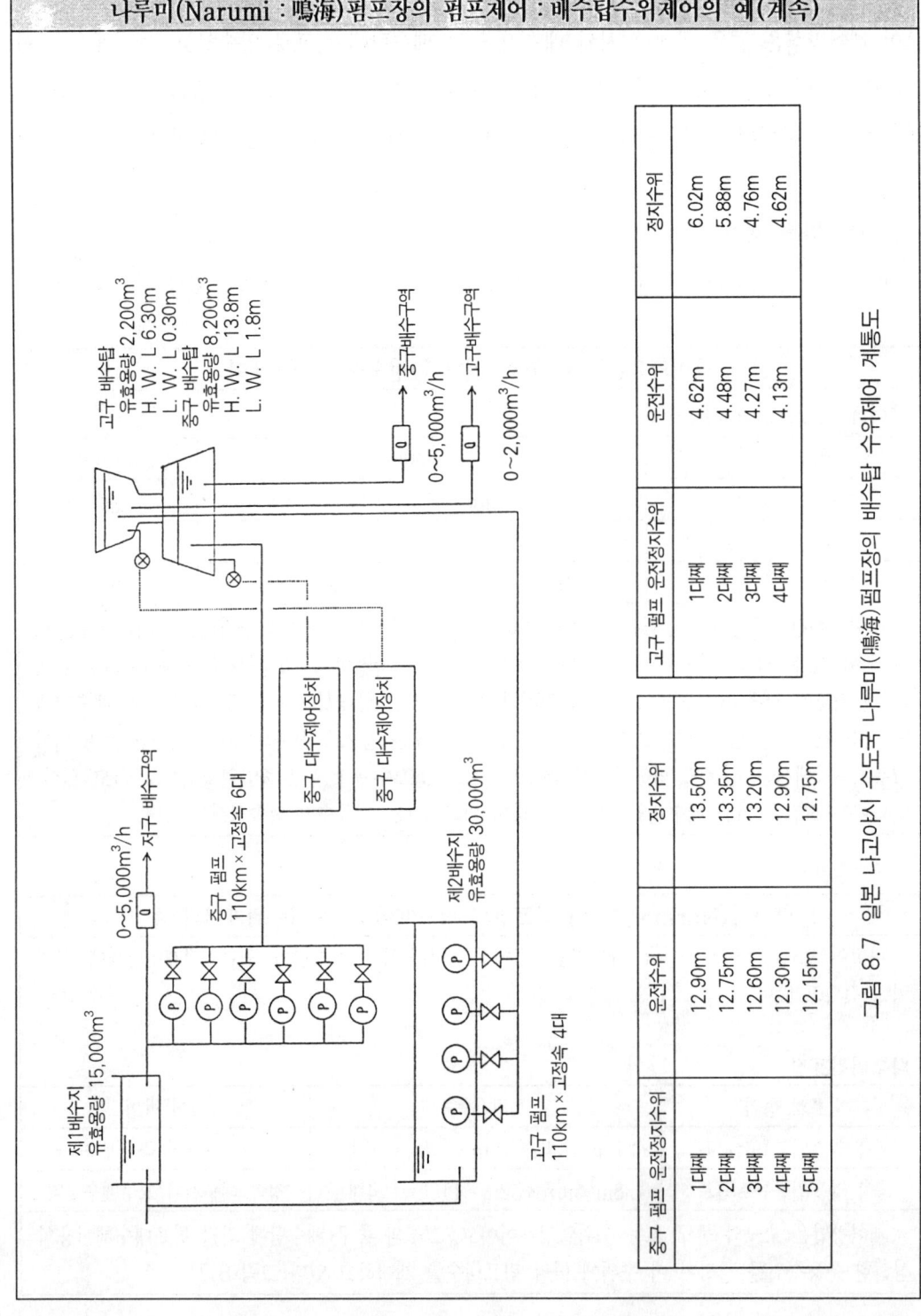

그림 8.7 일본 나고야시 수도국 나루미(鳴海) 펌프장의 배수탑 수위제어 계통도

를 일정한 범위 내에 유지되도록 펌프를 기동하고 정지하거나 대수를 제어하며, 배수압력은 컴프레서 등에 의해 압축된 공기압에 의한다. 소규모 배수시설에서 채용하는 경우에는 시설투자가 적고 배수시설도 압력탱크, 펌프와 컴프레서와 그 제어장치로서 간단하게 구성할 수 있고 또 단시간의 펌프정지에도 대응할 수 있다.

8.3 펌프용량제어 목적

펌프용량제어는 관로에서의 수량과 수압을 조절하는 것과 특정 기준에 따라 배수지 수위를 조절하는 것을 목적으로 한다. 펌프 토출량과 토출압은 Q-H곡선으로 표현되고, 한편이 정해지면 다른 쪽도 자동적으로 정해지기 때문에 결과적으로는 양쪽을 동시에 제어할 수 있다.

펌프용량제어시스템을 도입하는 이점으로는 다음 4가지를 들 수 있다.

- 적절한 수량과 수압을 보증할 수 있다. 제어시스템 용량은 물의 수요에 대한 추종성이 수작업제어보다 뛰어나다고 할 수 있다.
- 수작업제어에 비해 에너지가 절약된다. 다만, 건설비, 연간의 유용성(serviceability in years), 유지보수비, 전력비 등을 고려하여 실시를 결정해야 한다.
- 노동력을 절약할 수 있으며 이것은 시설 관리면에서 제어를 간략화시킬 수 있다. 제어의 단순화, 적정수량과 수압으로 물을 공급하는 것은 펌프의 신뢰성 향상, 감시업무와 자동제어의 감축 등 모든 것이 인원 감축에 기여할 수 있다.
- 용량제어를 펌프회전속도로 제어하면 같은 정도의 제어를 고정속 펌프대수로 제어하는 경우에 비교하여 시설에 유연성을 갖게 할 수 있고 펌프시설의 대수를 감축할 수 있다. 이것은 일반적으로는 "대용량"의 "소수"로 펌프시설을 설계할 수 있기 때문에 장래의 수요변동에 유연하게 대응할 수 있다.

8.3.1 용량제어 방법

펌프용량제어방법은 운전대수 변경과 토출밸브조임 등의 부하특성 변경 또는 회전속도제어에 의한 펌프특성 변경이 있다.

1) 운전대수제어

전동기를 포함한 펌프시설의 정격치에 근접되게 운전할수록 펌프시설의 운전효율이 높다. 이 때문에 배수지나 배수탑에 송수하는 경우에는 펌프직송배수에 비해 다소의 압력변동이 허용되기 때문에 정속펌프의 대수제어방식이 많이 사용된다.

- **소용량 펌프의 대수제어**

    소용량 정속펌프를 필요한 대수만큼 설치하고 이 운전대수를 제어하여 송·배수하는 방식이다. 이 방식은 설치면적이나 건설비 면 또는 유지관리 면에서는 결점이 있지만, 토출밸브를 제어하지 않아도 비교적 미세하게 제어할 수 있어서 효율적인 펌프운전이 가능하다.

- **대용량과 소용량 펌프의 편성에 의한 대수제어**

    대용량과 소용량 펌프를 편성하고 대수를 제어하여 송배수하는 방식으로 앞에서 언급한 소용량 펌프를 많이 구비한 방식이다. 이 방식은 앞서 언급한 방식과 비교하여 설치면적도 적고 건설비도 싸고 유지관리비도 적다. 그러나 유량변동이 심한 배수구역에서는 펌프절체 횟수가 많고 차단기나 접촉기 또는 이와 유사한 기기들의 기계적인 마모가 심하다.

- **고양정과 저양정 펌프 편성에 의한 대수제어**

    대유량 시간대역에는 고양정 펌프로 운전하고 소유량 시간대역에는 저양정 펌프로 운전하는 방법으로, 관로저항 곡선이 급경사이고 소유량 시간대역으로 운전하는 시간이 긴 경우에 유효하다. 배수량이 감소되는 동절기에 저양정 펌프로 바꾸는 등 계절변동에 따라 펌프를 바꿔서 효율적으로 운전할 수 있다. 앞서 언급한 바와 같이 단위시간당 유량변동이 큰 경우에 이 방법을 적용하는 것은 적합하지 않다.

2) 토출밸브제어

펌프토출밸브 개도를 제어함에 따라 시스템저항을 변화시킴으로써 압력과 유량을 제어하는 방법이다. 용량제어 중에서는 가장 간단하고 값싼 방식이다. 그러나 회전속도제어와 비교하면 운전효율이 나쁘고 운전비용도 많이 든다. 따라서 실양정에 비해 관로손실수두가 적은 관로계나 중소용량 펌프에 적합하다. 일반적으로는 대수제어와 병용하여 사용되는 것이 많다.

이 방법을 적용할 때에는 펌프에서 캐비테이션과 같은 제어의 충격발생을 방지해야 한다. 토출밸브제어는 비속도(Ns)가 그다지 크지 않은 볼류트펌프에 적용할 수 있다.

유량제어밸브로서는 버터플라이밸브와 콘밸브를 선호한다. 유량을 자동제어하는 경우에 통상 적용되는 밸브의 개도범위는 버터플라이밸브에서는 15~70%, 콘밸브에서는 10~80% 이다.

이러한 밸브를 채용할 때에는 해당되는 밸브 특성과 사용조건을 충분히 검토할 필요가 있다. 또 밸브에 의해 유량을 제어하는 경우에는 제어밸브를 닫아 조이는 것에 의해 캐비테이션이 발생되지 않도록 유의해야 한다. 캐비테이션 발생 경향은 밸브의 캐비테이션 계수에 의해 예측할 수 있다.

3) 회전속도제어

회전속도제어는 그림 8.1에 나타낸 바와 같이 펌프회전속도를 변화시키는 것에 비례하여 펌프특성이 변하는 장점을 이용한 것이다. 회전속도제어는 제어성이 좋고 운전비용도 저렴하다. 그러나 다른 제어방법과 비교하여 시설비가 고가이고 유지관리에 고도의 기술을 필요로 한다.

이 방법은 실양정에 비해 관로손실이 큰 관망이고 유량변동이 크고 연속 운전해야 하는 관망에 적합하다. 이 방식은 대수제어와 병용하는 경우가 일반적이다. 회전속도제어 방식에 관해서는 제3장을 참조하기 바란다.

8.4 펌프제어에 의한 에너지절약

에너지절약운전은 관로저항곡선에 따라 펌프운전을 효율적으로 하는 것이 목적이다. 토출밸브제어는 관로저항곡선에 따라 펌프를 운전하기 위하여 토출밸브를 닫아 조여서 운전하는 방식이다. 회전속도제어는 토출밸브를 조작함으로 인한 압력손실 없이 관로저항곡선에 따라 펌프를 운전하는 제어방법이다. 그러므로 회전속도제어가 에너지절약 측면에서 더 바람직하다.

운전되는 여러 대의 펌프를 대수제어하는 경우에는 정속펌프와 가변속펌프로 편성된 펌프그룹을 적용할 수 있다. 대규모 펌프장에서는 정속펌프와 가변속펌프를 조합하여 제어하는 쪽이 더 경제적이고 또한 정확하게 운전을 제어할 수 있다.

용량이 다른 펌프 여러 대를 대수제어하는 경우 최적 제어효율인 운전대수와 조합을 사전에 모의운전에 의해 결정해야 한다. 이렇게 하는 것이 펌프효율곡선의 가장 높은 부분에서 운전되도록 하며 에너지절약에도 기여한다.

8.4.1 운전상 에너지절약 대책

펌프 설계정격점과 함께 각 펌프 전력사용량과 토출유량을 비교함으로써 펌프시설 효율을 연속적으로 감시하는 것이 필요하다. 회전속도제어 펌프에서 수냉방식을 채용한 경우에는 계절에 따라 냉각수량을 적절하게 조정해야 한다. 계절에 따라 환기설비 운전대수를 조정하고 운전온도를 조정함으로써 효율적이고 경제적으로 환기시설을 유지해야 한다.

8.4.2 유지관리상 에너지절약 대책

효율적인 펌프운전을 지속하려면, 경년변화에 의한 품질저하를 방지하고 캐비테이션에 의한 손상을 방지해야 한다. 이것은 정기적으로 펌프를 점검하고 보수함으로써 이루어진다.

만약 배수관망을 정비하고 개량한 결과 펌프양정이 실제 요구되는 양정에 비해 지나치게 높은 경우에는 펌프토출관압을 낮춤으로써 불필요하게 낭비되는 전력을 줄여야 한다. 펌프 임펠러를 교환하거나 알맞도록 절삭해야 한다.

만약 배수관로나 수요량에 영향을 미치는 다른 조건들이 대폭적으로 변경된 경우에는 펌프장을 확장하거나 교체할 때에 함께 펌프용량을 재검토하고 펌프시설을 교체하도록 계획해야 한다.

8.5 캐비테이션, 워터해머(수격작용), 소음과 진동

캐비테이션과 워터해머 및 소음과 진동은 수도시설의 유지관리에 크게 영향을 미칠 수 있는 펌프운전에 관련된 현상이다. 설계와 운전 그리고 문제의 처치법에 대해 다음에 검토한다.

캐비테이션은 펌프흡입측의 절대압력이 양수되는 물의 증기압보다 낮아졌을 때에 발생하고 기포방울이 형성된다. 펌프에서 압력이 증가하였을 때에 기포방울이 파괴된다. 캐비테이션은 펌프 성능저하와 양수량 감소의 원인으로 될 수 있으며 펌프케이싱과 임펠러에 점침식

(pitting)손상을 일으키기도 한다(Metcalf & Eddy 1981).

워터해머는 갑작스런 펌프운전중단으로 관로 내의 압력이 떨어지는 것이 원인이며 부압파가 관로 종단까지 오갈 때에 발생한다. 이것은 에너지 전부가 분산되어 없어질 때까지 계속된다(Metcalf & Eddy 1981). 워터해머는 펌프와 밸브 및 배관계통에 일시적이나 영구적인 손상을 일으키는 일이 있다. 통상 펌프를 기동하거나 정지할 때에도 일어날 수 있지만 예기치 못한 정전사고와 같은 펌프운전이 갑작스럽게 중단되는 경우에 워터해머가 더 심각하다.

펌프운전 중에 발생하는 소음과 진동은 개개 펌프와 제어기기들, 또 펌프장 부근의 환경, 주변기기와 이웃주민들에게도 폐를 끼칠 수 있으므로 충분히 배려해야 한다.

캐비테이션, 워터해머, 소음과 진동은 다음에 더 구체적으로 논의한다.

8.5.1 캐비테이션 대책

펌프는 설계 정격치로 운전하는 것이 가장 바람직하지만, 수요량 변동에 따라 관례적으로는 일정한 범위 내의 양정과 토출량으로 운전된다. 펌프 캐비테이션 특성은 설계 정격치 부근에서 가장 좋으며 정격치로부터 멀어질수록 나빠진다. 캐비테이션이 너무 심하면 펌프운전상태가 나빠지고 진동을 일으키는 원인으로 되며 결국에는 펌프운전이 불가능하게 된다. 만약 캐비테이션이 계속된다면 펌프내부는 침식되고 손상된다.

캐비테이션 발생을 방지하는 대책으로는 다음과 같은 것이 있다.

- 횡축펌프의 설치위치를 가능한 한 최대로 낮게 하거나 임펠러 설치위치가 낮은 입축펌프를 채택한다.
- 펌프회전속도(rpm)를 낮춘다. 편흡입펌프보다 양흡입펌프를 선정한다. 앞의 것으로도 불충분한 경우에는 펌프 단위당 양수량을 작게 하고 펌프대수를 증가시켜야 한다.
- 지나친 편류나 와류가 있으면 흡수정의 형상이나 크기를 검토해야 한다.
- 흡입관 구경을 크게 한다. 손실수두를 줄이기 위하여 흡입관에 설치된 밸브나 곡관을 가능한 한 줄인다.
- 흡입밸브에 의해 유량을 조정하지 않는다.
- 캐비테이션에 강한 재질을 사용한다. 캐비테이션을 피할 수 없는 범위에서 운전해야 하는 경우에는 부식에 견딜 수 있는 재질을 사용한다.

- 펌프 운전대수를 변경시킬 때에 과도한 토출량으로 운전되지 않도록 해야 한다. 수요량이 변경되었기 때문에 펌프운전대수를 변경시켜야 할 때에는 캐비테이션 발생점보다 작게 펌프토출량을 설정해야 한다.
- 펌프를 계획하고 설계할 때에 펌프 실양정에 필요없는 여유를 두지 않도록 해야 한다.
- 캐비테이션을 감지할 수 있는 제어시스템을 채택한다. 센서에 의해 캐비테이션을 일으키는 비정상적인 소음이나 진동, 토출압력 등을 감지한다. 또 회전속도와 실양정을 감시한다.

8.5.2 워터해머 대책

워터해머를 방지하거나 감소시키는 하나의 만능적인 방법은 없다. 그 때문에 배수관망을 설계할 때에는 워터해머에 의한 손상가능성을 줄이기 위하여 배수관망에 대한 광범위한 컴퓨터해석이 필요하다. 워터해머가 일어나는 경우에는 각각의 현상을 하나하나 해석하는 것과 함께 적절한 대책을 선정해야 한다.

워터해머가 발생하는 것을 방지하는 데는 다음과 같은 대책이 있다.

1) 초기부압발생(수주분리)방지 대책
- 펌프에 플라이휠을 붙여서 토출압력의 급격한 감소를 완화시킨다.
- 관로에 서지탱크를 설치한다(표 8.2와 그림 8.8). 컨벤셔널 서지탱크와 원-웨이형 (one-way type) 서지탱크를 이용할 수 있다. 후자는 체크밸브나 급수장치, 수위감시장치가 필요하지만 높이를 낮출 수 있어서 채용되는 경우가 많다.
- 관로에 에어쳄버를 설치하고 압력이 떨어질 때에는 관로에 물이 채워지게 한다.
- 큰 구경의 관로를 채택하여 관내유속을 작게 한다.

2) 압력상승경감 대책
- 펌프 토출측에 제어밸브를 채택한다. 이것은 명확한 제어밸브이거나 체크밸브이다.
- 안전밸브를 설치한다.
- 서지탱크를 설치한다.

표 8.2 워터해머 대책으로서 서지탱크 설치 예

설치 장소	형식	설치수	높이(m)	내경(m)	비고
도쿄도 아사카(朝霞)정수장~히가시무라야마(東村山) 정수장간	원-웨이	5	9.6~16.5	5.0~≠6.5	
나고야시(名古屋市) 카수가이(春日井)정수장~이다가(猪高)배수장간	원-웨이	2	4.4	14.2	각형
			16.6	24.5	※1
나고야시 오하루(大治)정수장~시내 배수간선간	원-웨이	1	36.1	20.0	※2

※1 급속여과지 역세척탱크 겸용
※2 탁수발생 방지용

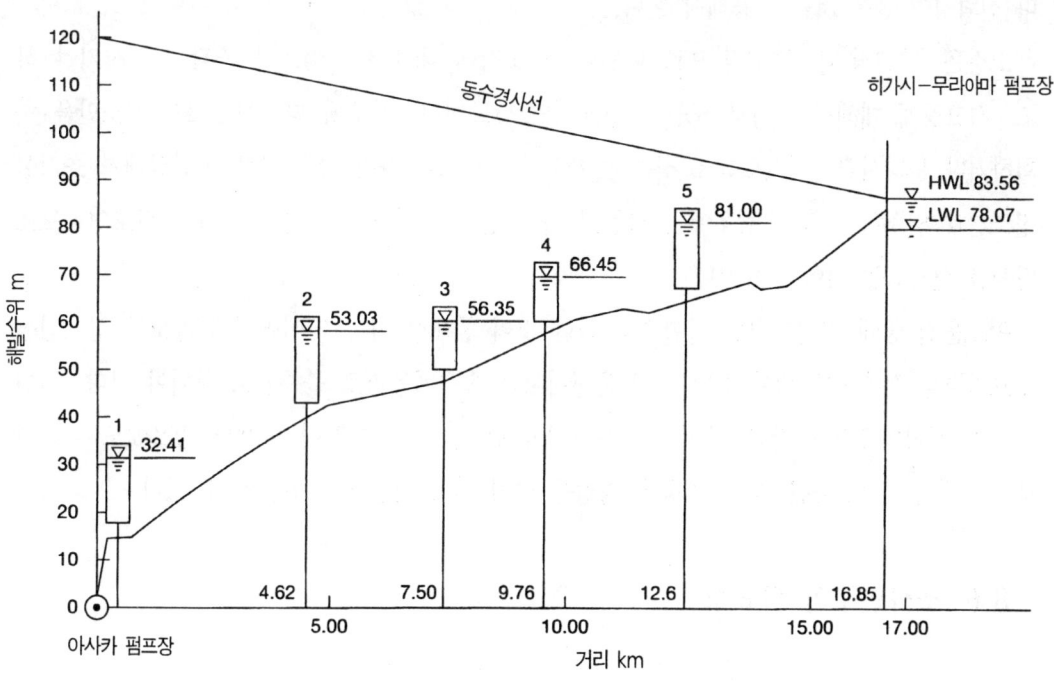

그림 8.8 일본 도쿄도의 송수관로에 서지탱크 설치의 예

8.5.3 소음과 진동 방지대책

민가에 가까운 곳에 설치된 펌프장과 수도시설에는 소음과 진동 방지시설을 설치해야 한다. 펌프나 관로, 전동기, 기타 전기설비로부터 발생되는 소음과 진동은 이웃에 있는 주민들을 불안하게 한다. 대책으로서는 부지 경계선상에서 소음과 진동치를 내리도록 기기배치

와 건물계획을 특히 고려해야 한다. 시설 전체로서 합성된 소음과 진동을 저감시키는 것이 필요하다. 또 소음과 진동센서는 감시용으로 뿐만 아니라 기기 고장을 예측하는 수단으로서도 사용되어야 한다.

8.5.4 보호장치

기동 중이나 운전 중인 펌프와 전동기 및 보조기기 등이 고장난 경우 또는 펌프 기동 중이나 운전 중에 냉각수나 토출압력 또는 다른 조건에 이상사태가 발생한 경우에는 경보를 발신하거나 의심스런 기기를 정지시켜서 사고발생이나 확대를 미연에 방지해야 한다. 검출기와 경보장치, 비상정지장치 등은 시설을 효율적으로 운전하는데 불가결한 것들이므로 보다 신뢰성이 높은 것을 사용해야 한다.

고장은 "중고장"과 "경고장"으로 나뉜다. 중고장에 대해서는 펌프를 즉각 정지시켜야 하고, 경고장에 대해서는 경보 또는 고장표시만으로 한다. 경우에 따라서는 고장개소만을 우회하거나 분리시킬 수 있도록 고려해야 한다. 또 필요에 따라 작동 중에 운전상태가 초기설정조건과 일치하지 않는 경우에는 작동이 다음 단계로 이행되지 않도록 하는 상호연동보호장치를 설정하는 것이 중요하다.

펌프운전 중에 기기를 오조작함으로 인한 것이 중대한 사고로 이어지지 않도록 상호연동보호기능을 갖추도록 해야 한다. 펌프운전에서는 송수계통별로 블록으로 나눠야 한다. 전원공급과 제어회로도 각각의 펌프별로 분리해야 한다. 만일 고장이 발생한 경우에도 이러한 대책들이 수립되었다면, 다른 계통은 영향을 받지 않고 정상으로 운전될 수 있다.

8.6 조사연구의 필요성

펌프제어에 관하여 다음 연구가 필요하다.
- 내구성이 있고 유지관리비용이 저렴하며 신뢰성이 보다 좋은 대용량의 가변속구동 제어장치를 개발해야 한다.
- 보수시기의 대응예측이나 펌프장치의 고장방지를 목적으로 하는 진동센서 이용방법에 관하여 연구해야 한다.
- 보수의 문제점을 진단하고 보수행위를 확인하기 위한 전문가시스템/인공지능의 응용에

관하여 연구개발해야 한다.
- 운전과 보수매뉴얼을 위한 표준소프트웨어를 개발해야 한다.
- 비용대효과가 높으며 정확하게 조절할 수 있는 밸브구동장치(valve actuator)를 개발해야 한다.

참고 문헌

Metcalf & Eddy, Inc. 1981. *Wastewater Engineering : Collection and Pumping of Wastewater*. McGraw-Hill Book Co., Inc. New York(2nd ed.)

Japan Water Works Association. 1990. *Design Criteria for Waterworks Facilities*. JWWA, Tokyo, Japan

Yakabayashi, T. 1966. Example of One-way Surge Tank Installation. 17th Water-works Research Sympsium. JWWA, Tokyo, Japan.

제9장 상수원의 제어

집필자 : Robert B. Hume
　　　　　Katsuyuki Makino(牧野 勝幸)
부집필자 : David L. Browne
　　　　　Shinichi Sasaki(佐佐 眞一)
　　　　　John K. Jacobs

　수도사업체의 최종목표는 물을 확보하고 현행 수질기준에 적합하게 원수를 정수처리하여 수요가에게 급수하는 것이다. 이 장에서는 새로 대두되는 정보시스템에 대하여 취급하지만, 그 목적은 상수원의 운용과 관리의 향상, 정수처리에 필요한 수질확인, 장·단기적으로 전망되는 이용할 수 있는 수량 평가 및 상수원 관리와 보호를 포함한다.

　지구상에 있는 물의 대부분은 바닷물로서 소금기가 있기 때문에 처리하지 않고서는 사람들이 이용하는 데는 적합하지 않다. 수문학적 순환으로는 지구의 물 덩어리로부터 물이 증발하여 구름을 형성하고 그리고 빗물이 되어 지구상으로 되돌아오게 된다. 빗물은 바다나 호수 또는 하천으로 유입되고 지하수를 함양하거나 증발되어 대기 중으로 되돌아간다. 이 순환을 **그림 9.1**에 나타내었다. 수도사업체는 **그림 9.2**에 나타낸 바와 같이 이용할 수 있는 수량과 수질을 계측하고 사람들의 이용에 제공하기 위하여 취수한 다음에 정수장으로 도수해야 한다.

　표류수에서 음용수를 공급해야 한다는 사명은 다음에 나타낸 바와 같이 서로 경합되는 필요성과 균형을 이루어야 한다.

- 수력발전
- 농업용수
- 어업과 레크리에이션용수

그림 9.1 수문학적인 순환

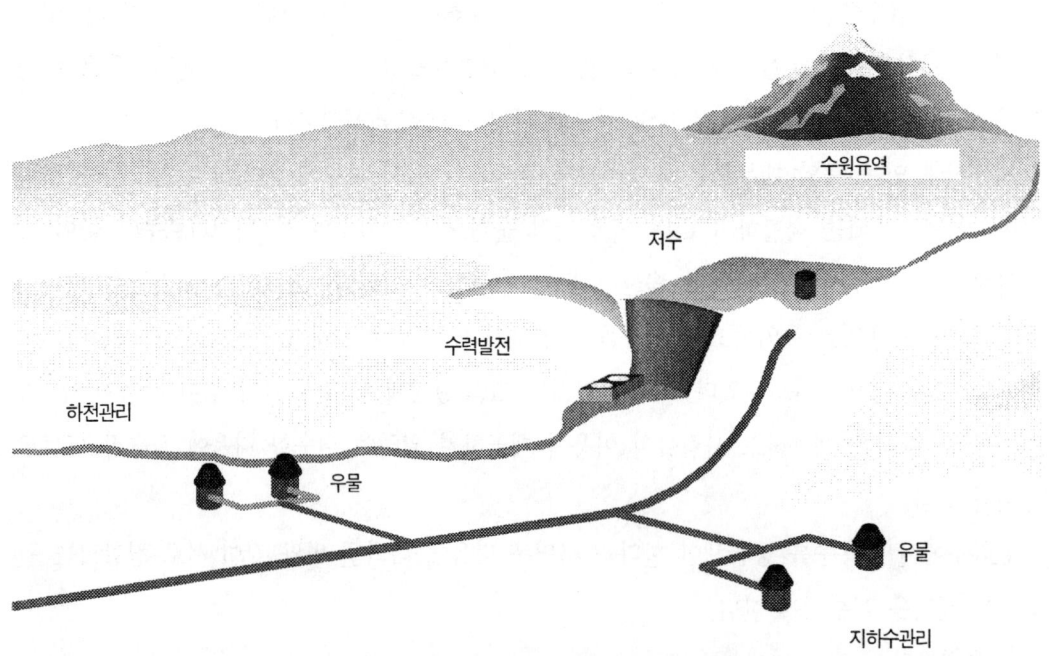

그림 9.2 수원으로부터 물이용 형태

• 선박항행용수

이와 같이 서로 경합되는 필요성은 수도관리에 관한 법규제나 공적인 견해가 변하고 물 수요가 공급을 초과함에 따라 심각한 문제로 되고 있다. 신뢰할 수 있는 과거와 현재 및 장래의 정보를 이용하고, 수도운용계획을 신중하고도 정확하게 책정하는 것이 경합되는 필요성을 충족시키기 위한 장래의 효율적인 수도사업경영의 열쇠가 될 것이다. 장래에는 수도공급에 관한 '대구상'을 분석하고 계획할 수 있는 능력을 갖도록 수도공급모델과 정보시스템을 통합시켜야 할 것이다. 다음으로 중요한 도전은 이용할 수 있는 수자원으로 필요한 물공급의 균형을 도모할 도구를 이용하는 것이다.

9.1 상수원의 종류

상수원은 기본적으로 표류수와 지하수의 2가지로 분류된다. 미국에서는 국민의 약 절반이 지하수를 공급받고 있다. 또 일본에서는 약 28%가 지하수를 공급받고 있다.

9.1.1 지하수

지하수를 수원으로 하는 전형적인 수도방식은 물을 우물로부터 펌프로 양수하여 처리한 다음 배수지에 저류하였다가 수요가에게 급수하는 방식이다. 지하수를 원수로 하는 수도사업체는 강수량에는 직접 영향을 받지 않지만 유역에 내려서 지하수맥으로 침투하는 연평균 강수량을 추적해야 한다. 이 강수량이 지하수계에 자연 유입되는 주요한 구성요소이고 따라서 안정된 지하수량을 확보하기 위한 하나의 요인이다.

지하수를 수원으로 하는 수도사업체는 또 취수하는 대수층의 특성을 파악해 두어야 한다. 우물의 규모와 설치장소 그리고 가장 효율적인 운전은 대수층에 관한 이해와 펌프양수시에 어떻게 반응하느냐에 따라 정해진다. 지하수를 이용하는 수도사업체는 간접적이고 제한된 정보에 기초하여 수돗물의 성질을 추정해야 한다.

9.1.2 표류수

표류수를 수원으로 하는 경우 원수는 호수나 하천 또는 수로에서 취수하거나 펌프로 양수한다. 표류수에 의존하고 있는 수도사업체는 정수처리하기 위하여 원수 상황을 알아야 한다. 게다가 방류를 제어하기 위해서는 수도수요가의 장래 물 수요를 예측해야 한다. 표류수는 직접 빗물에 좌우되는 것이므로 수도사업체에서는 필요수량을 추계하기 위해서도 집수구역에 내린 강수량에 세심한 주의를 기울여야 한다. 이에 따라 수도사업체에서 장래 이용할 수 있는 수량을 추정할 수 있다. 또 기온이나 홍수 또는 조류증식이나 탁도의 현저한 상승을 가져오는 계절변화와 같은 자연상황을 사업체에서는 예의주시하고 이들 영향에 대비해야 한다.

9.2 상수원의 기능적인 요소

예전에는 맑고 깨끗한 물을 공급하는 것이 비교적 쉬운 명제였으며 사람들은 신뢰할 수 있는 맑고 깨끗한 수원 가까이에 살았다. 19세기 중엽에 급속한 인구증가와 산업경제의 발전에 따라 물 수요가 지수급수적으로 증가하게 되었다. 동시에 공업화와 농업에 의한 오염과 함께 엄격한 수질기준에 따라 맑고 깨끗한 물의 공급량은 감소되어 왔다. 오늘날 기본적인 급수량 감시와 함께 수질감시와 수질보전이 수도사업체의 중요한 역할로 되었다. 수도는 표 9.1에 나타낸 바와 같이 상수원에 관한 정보나 제어를 서로 제공하는 몇 개의 서브시스템으로 분할할 수 있다. 이들이 밀접하게 관련되는 서브시스템에 대하여 다음에 설명한다.

9.2.1 강수량

빗물은 전세계 어디서도 이용할 수 있는 기본적인 담수원이다. 수도에서 이용할 수 있는 수량은 결국 당해 지역에 내린 강수량으로 정해진다. 지하수인 경우에는 이 관계는 약간 희박하지만, 취수되는 물의 상당량이 빗물로 치환되거나 또는 취수에 의해 수원의 규모가 축소되거나 하는 중의 하나이다. 따라서 수원에서의 기본적인 문제는 집수구역 내에 내리는 연평균강수량이 어느 정도인가 하는 것이다. 하천이나 호수 또는 지하수에서 취수하더라도 물의 순환에서 볼 때 빗물이 있는 지점에서의 수원으로 된다. 이와 같으므로 분별있는 사업체에서는 독자적으로 유역 내의 강수량을 관측하거나, 지하수를 이용하는 업체의 경우에는 독립된 정부기관으로부터의 정보를 취득하기도 한다. 급수구역 내의 강수량 관측은 수요량의 실태파악과 예측에도 중요하다.

빗물은 지하에 침투되거나 우수배수관로에 흘러들게 된다. 지하에 침투되는 총량은 지질이나 지형 또는 강우강도에 의해 좌우된다. 다른 조건이 동등한 경우에는 강우강도가 크면 유

표 9.1 상수원의 계측제어 : 운용

항목	계측제어	적요
강수량	열전대/측온저항체	전도바킷(tipping bucket)은 아주 정확하지만 고장나기 쉬우며, 압력계는 강우중량 또는 적설압을 측정한다.
온도	전도바킷/압력계	첨단기술, 마이크로프로세서를 이용한 계측제어의 전형이다.
하천유량	웨어/프럼/고정식 기록계	수위측정이 필요하다.
저수지수위	초음파계/압력계/부자(float)	초음파계는 계기를 수면에, 압력계는 바닥에 설치한다.
우물 양수수위	압력계/가변용량프로브/송기관	송기관은 수면에 압력계를 사용하여 간단히 관리할 수 있음. 가변용량프로브는 적정하게 설치하면 신뢰성이 높고 정확하다.
양수량	전자/초음파/터빈프로펠러계량기	전자유량계는 값싸고 높은 정확성을 가지며 유지관리가 용이하다.
소비전력	전력량계에서 제어·텔레미터시스템으로	양수량과 양수수위 정보를 일체화해서 효율적으로 감시할 수 있다.
댐의 안전성	변형계/변위지시계/침투류/침투류탁도	변형계는 댐의 변위응력을 측정. 변위지시계는 이론치와 비교한 댐의 미소변화를 검출. 침투류는 댐으로부터의 침출수를 측정. 침투수의 탁도는 사력댐의 긴급사고파악이 가능하다.

출량도 많아진다. 따라서 강수량 측정에서 중요한 요소로는 폭풍우에서의 총강수량과 매월 총강수량 및 간헐적인 강수강도가 포함된다.

싸락눈이나 진눈깨비 또는 함박눈과 함께 땅속으로 침투되는 수량은 강수량과 단위체적당의 수분 및 융해속도로 정해진다. 만약 적설심도만을 원격으로 측정하는 경우에는 코어샘플을 채취하여 단위체적당의 수량이나 융설량을 추정해야 한다. 이 방법 대신에 내린 눈을 녹여서 강우량으로 측정하는 방법도 있다.

그림 9.4는 강수관측시설의 배치를 나타낸 것이다. 위성을 이용한 단기예보용의 광역기상방식의 개요이다. 기상레이더를 이용함으로써 대상지역 전역에 걸친 강수강도 분포를 얻을 수 있다. 이 데이터와 우수량계에 기록된 값을 조합하여 단위면적당 강수량의 절대분포를

캘리포니아주의 적설모니터링

캘리포니아주는 우기와 건기가 명확한 일기패턴을 갖는다. 대부분의 강수량은 11월부터 4월 사이에 내린다. 5월부터 9월까지는 식물 성장기인 한편 전형적인 건기이다. 그래서 건기에 필요한 곡식과 경관에 관개(물을 대는 것)가 필요하며 주정부에서는 건기의 물수요에 충당하기 위하여 동절기의 강설량에 의존하고 있다. 이 물은 레크리에이션용으로서 또 주민 생활용수로서도 이용된다. 물이 필요한 때를 대비하고 또한 홍수대책으로서도 많은 저수지나 관련시설이 건설되었다. 이들 시설이 경합되는 용도에 효율적으로 사용되도록 하기 위하여 캘리포니아주에서는 이용가능한 물정보를 제공하기 위한 적설관측시스템을 상당한 기간동안 여러 곳에 설치하여 측정하고 있다.

가뭄이 드는 해에 가장 필요한 것은 물이 부족할 가능성이 최소가 되도록 댐의 물을 조절하여 방류하는 것이다. 비가 많은 해에는 어떠한 폭우에도 홍수량이 최소에 그치도록 방류량과 방출시기를 추정하는 것이 필요하다. 어떠한 경우에도 융설로 예상되는 수량, 저수지의 저수용량 등을 알아야 하며 또 선택적인 물이용에서 경합될 압박을 알아야 한다. 캘리포니아주에서는 지난 20세기 초반에 적설심도와 융설수량의 양자를 측정하기 위한 일련의 적설관측로를 설치하였다. 당초 이 관측로에는 적설조사팀이 배치되었고 말을 타거나 설상화를 신고 도보로 조사하였다. 관측로에는 따뜻한 계절에 조사팀이 거주할 오두막집도 설치되어 있었다. 이 관측로에 의해 많은 이력 데이터를 얻고 있다.

최근의 건기를 포함하여 과거 30년간에 걸친 계속적인 연구로 최신정보의 필요성이 높아졌다. 비용을 제한시키면서 보다 많은 정보를 제공받기 위하여 원격정보수집시스템을 설치하였다. 그림 9.3은 원격지를 대상으로 한 대표적인 감시시스템을 나타내고 있다. 관측된 정보는 위성을 경유하여 캘리포니아주 새크라멘토에 위치한 중앙수집소로 보낸다. 새크라멘토에 있는 제어컴퓨터는 위성을 거쳐 정기적으로 각 원격지의 감시시스템에 문의하고, 이들 감시시스템에서는 최후의 문의이후에 저장된 정보를 전달한다. 근래에는 적설조사팀이 원격현장의 품질관리나 보수작업을 시행하고 있다.

캘리포니아주에서는 1980년대 후반에서부터 1990년대 전반까지 경험하였던 강수부족에 따라 많은 자치단체가 물 사용에 엄격한 할당정책을 채택하게 되었다. 동시에 이와 같은 긴박한 상황에서 물공급추계에 이용할 수 있는 최신정보를 얻는 것이 급선무로 되었다. 샌프란시스코만 동안 공공사업구역(EBMUD)에서는 유출예측의 수준을 높이기 위하여 현재 적설량과 평년치 및 건기예측을 이용한 예측기술을 거듭해 오고 있다. 이러한 기술에 따라 수도사업체에서는 계속적인 물 부족의 영향을 예측하고 수요가에게 신뢰성이 높은 급수를 확보하기 위하여 공급량할당이나 보충적인 공급설비 설치 등 긴급대책을 추진하게 되었다.

이에 관련되어서 적절한 상황하의 인공강우에 의하여 강설량을 증대시키는 노력을 하고 있다. 이러한 활동에는 상황이 좋으면 인공강우를 할 수 있는 정확한 극히 최근기상을 예측할 수 있는 인공강우 전문기관을 필요로 한다. 인공강우에 유리한 정보(빙점하에 대기 중에 물방울 존재)를 확실하게 하기 위하여 다른 계기와 함께 기상레이다도 사용하고 있다. 강수증량계획의 운영분석에

캘리포니아주의 적설모니터링(계속)

의하면 강설량이 상당히 증가되고 있다. 인공강우에 의하여 하천유량이 6~17% 증가하였다는 보고도 있다(Henderson.1989).

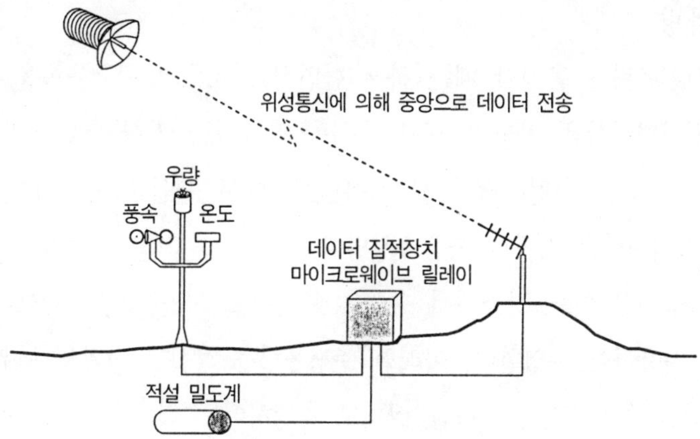

그림 9.3 원격 적설 관측 설비

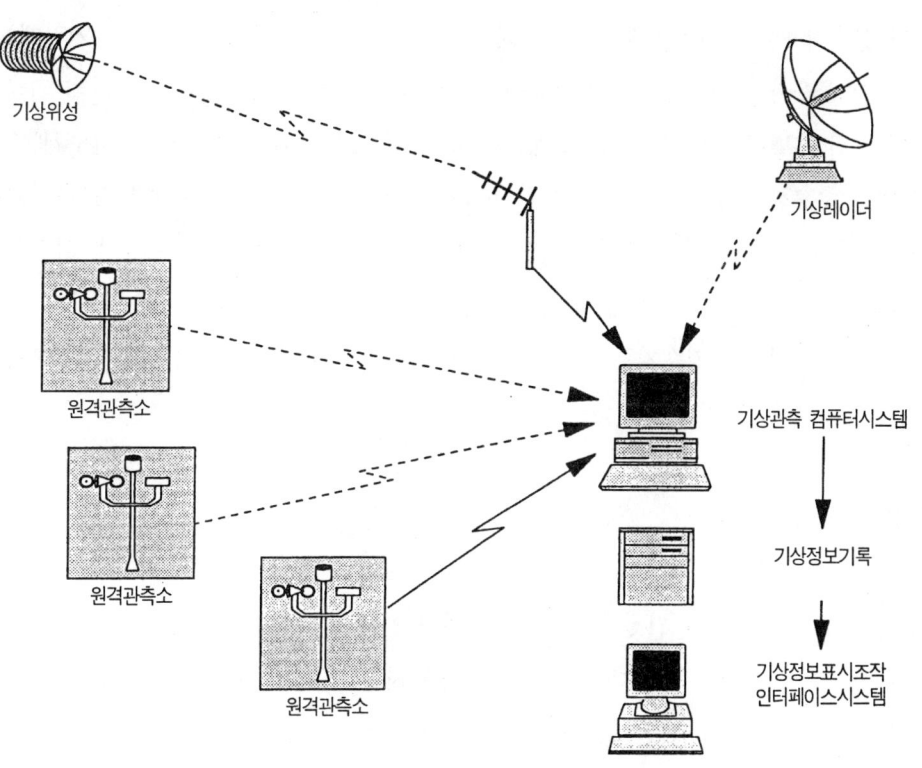

그림 9.4 강수 관측 시스템

결정할 수 있다. 강수량데이터는 물의 수요계획뿐만 아니라 재해경감대책이나 폭풍우대책 또는 우수배수시설 계획에도 지극히 유효하다.

9.2.2 하천 유량

임의지점에서 하천유량을 측정할 때는 하천 단면적과 흐름의 평균유속을 측정해야 한다. 측정지점에서 하천단면형상을 알고 있으면 수심을 측정하는 것만으로 단면적이 측정된다. 이것은 침투정 바닥수압을 측정하거나 직접 하천표면에서 수심을 측정하여 얻을 수 있다. 어느 방법이라도 합리적이고 정확한 수심측정법이다.

일반적으로 하천유량은 어느 장소에서 수심을 측정하고 이 수심을 유량으로 환산하는 수위-유량환산표를 사용하여 추정한다. 이러한 추정유량을 적절한 정확도 범위 내에 들게 하기 위하여 각 지점의 하천단면과 유속을 실제로 측정하여 수위-유량표를 최신의 것으로 업데이트해야 한다.

우기와 건기를 반복하고 있는 하천유량을 적정하게 모델화하기 위해서는 하천과 주변 지하수계의 상호작용을 모의실험해야 한다. 강수가 충분하게 있어서 유량이 많은 기간에는 하천수와 주변 육수가 지하수면으로 옮아간다. 이에 따라 주변 지하수면이 상승하게 된다. 건기에 하천수위가 떨어질 때에는 지하수계에서 하천 쪽으로 물이 옮아간다. 지하수계는 지표수계에 대한 주요한 저수지와 같은 역할을 한다. 이 과정은 호수가 존재하면 잘 조절되는데 이는 물이 지하수계에 출입하는 기회가 많기 때문이다. 이 현상이 있기 때문에 하천유량서브시스템은 유역에서의 지하수에도 배려해야 한다. 이 서브시스템에서는 탱크모델을 이용하여 일정구간의 하천이나 저수지를 모의실험할 수 있다. 여러 수원간의 상호작용을 모의실험하는 데는 탱크유출모델이 이용된다.

9.2.3 하천유역감시

위에서 설명한 2개 서브시스템은 하천유역감시시스템의 구성요소이다. 이러한 시스템에는 저수지 상류 유역이나 하천 전체가 포함된다. 하천 전체가 포함되는 경우의 감시서브시스템에는 하천에 따른 각 저수지에 대하여 다음에 설명하는 저수지운용시스템도 포함되어야 한다. 이와 같은 시스템에는 많은 강수와 기상관측점이 마련되고 또 여러 개의 하천유량관측소와 수질관측소가 설치되어야 할 것이다. 전형적인 하천유역에서 다양한 성질이 주어지면

이 시스템의 중요한 구성요소는 정보를 수집하기 위하여 이용되는 중앙관리실의 제어/감시 시스템이 된다. 원격감시시스템은 무선이나 전화 또는 전용회선으로 구성되고 있다. **그림 9.5**는 도야히라강(豊平川-일본)에 설치되어 있는 하천유역감시와 제어용 서브시스템의 구성을 나타낸 것이다.

9.2.4 저수지의 운용과 제어

지표수계에서는 배후 댐으로 만들어진 인공호수가 중요한 저수지이다. 경합되는 물 이용자를 만족시키는 것이 저수지 운용의 주요한 기능이다. 저수지는 수도사업체에 충분한 물을 공급하기 위하여 물을 비축할 뿐만 아니라 홍수제어, 레크리에이션, 수력발전 용도로도 이용하고 있다. 저수지 운용제어는 홍수제어, 레크리에이션, 수력발전과 상수도라는 서로 경합

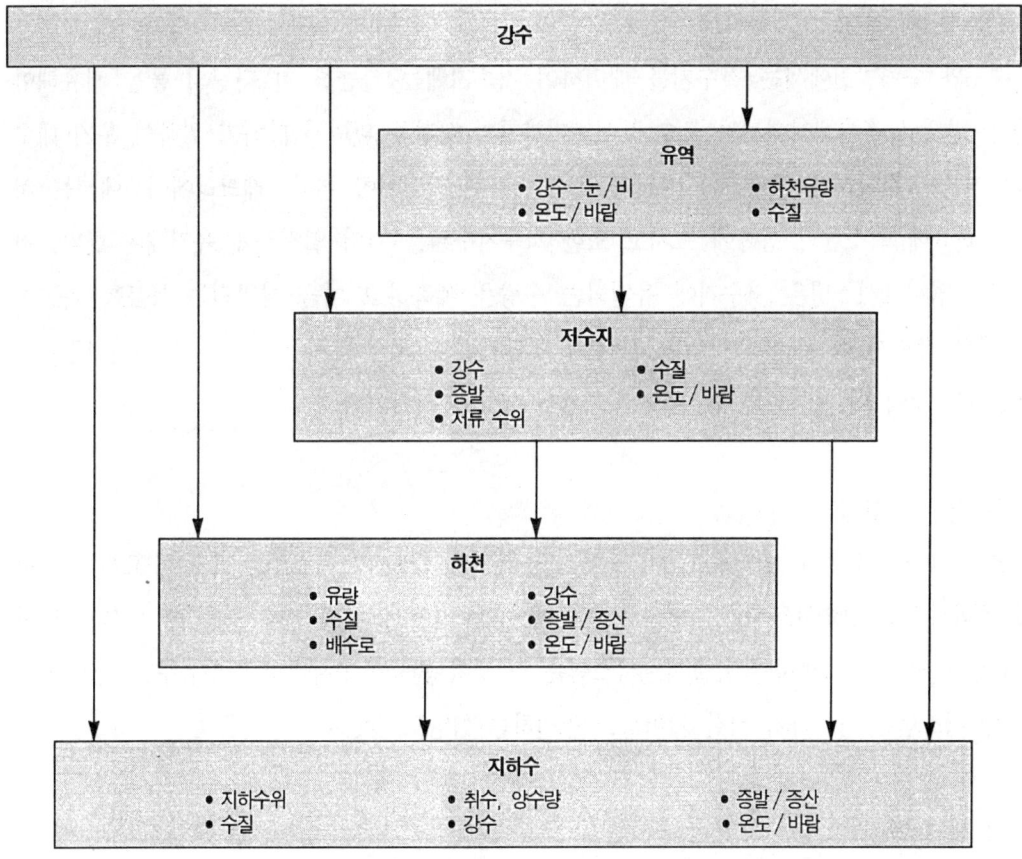

그림 9.5 하천유역 감시시스템의 구성

> ### 하천정보센터
>
> 일본에서는 건설성이 하천정보센터를 설치하고 있으며, 여기서는 전국 규모의 하천상황에 대해 집중적으로 고품질의 정보를 제공하기 위하여 수원에서의 여러 정보를 수집한다. 이 센터에서는 인공위성과 레이더 그리고 전국의 기상대로부터 강수정보를 수집한다. 포괄적인 하천정보를 수도사업체 등의 이용자에게 제공하기 위하여 강수정보와 하천이나 댐에 관한 정보를 연계시킨 정보이다. 이 센터에서는 실시간으로 공통적이고 고품질의 정보를 각 수도사업자나 정부기관에 제공하고 있다.

되는 요구를 충분하게 만족시켜야 한다. 따라서 감시제어서브시스템에는 실시간 정보를 제공할 수 있어야 하고, 또 사전에 정해진 운용계획과 모든 필요성에 대한 기준에 적합하도록 조절하는 것이 요구된다.

1) 저수지 유입

수도와 수력발전에서는 갈수기를 대비하여 저수지에는 가능한 한 다량의 물을 저류해야 한다. 반대로 홍수제어에서는 홍수에 이르기까지의 상황을 완만하게 하기 위하여 우기(대수량) 기간에 적당하게 알맞도록 비워진 용량을 가지고 있어야 한다. 레크리에이션에서는 저수지 하류에 최소한의 방류에 그치고 또한 저수지수위를 거의 일정하게 유지해야 한다. 저수지 유입서브시스템은 저수지에 유입되는 수량을 예측하고 이들 상반되는 목표를 가능한 한 균형 잡히게 잘 관리하기 위한 것이다. 모델개발과 교정에 사용하기 위한 실시간정보를 제공하는 것이 이 하천유역 감시서브시스템의 중요한 역할이다.

2) 저수지 유출

초기 저수지 상황과 예상유입량이 주어지면 저수지 유출서브시스템은 모든 수요를 가능한 한 효과적으로 만족하도록 저수지 유출량 즉, 저수지에서의 최적방류량을 결정한다. 일단 방류량과 시간이 정해지면 유출서브시스템은 또 방류량과 저수지에의 영향유무를 감시한다. 또 이 시스템은 방류하기 위한 게이트를 조절하는 책임도 갖는다.

3) 댐의 안전

상황이 변화할 때마다 댐은 변위응력을 받는다. 댐 안전서브시스템의 주요한 기능은 댐을 감시하고 측정변화치와 계획변화치를 비교하여 댐이 예측대로 움직이고 있는지를 확인하는 것이다. 실제 댐의 움직임에 대해서는 환경조건에 의한 댐의 안정성을 정확하게 측정하기 위하여 경보점들을 설치하여 사용한다.

9.2.5 지하수시스템

지하수계의 급수능력은 수요수량보다 큰 급수능력과 재저류능력을 가진 대수층이 있는지에 달려 있다. 또 충분한 능력이 있다고 추정되는 경우 대수층 특성에 따라 우물의 위치, 처리의 필요성, 성장가능성이 결정된다. 또 수질에 대한 요구가 차츰 엄격해지고 있고 검사의 시행보고 의무가 한층 더 중요시되고 있는 것도 인식해야 한다.

중공업지대나 주택개발지역에서는 지하수가 오염되지 않도록 물 이용과 폐수배출을 관리해야 한다. 지하수원 관리는 각 사업체의 법적 권한이나 재정능력 밖의 일일지도 모르지만, 수도사업자는 대수층 수질감시나 보전에 관한 선도기관으로서의 자세로 임해야 한다.

지하수공급서브시스템은 사업체의 정보수집과 이용의 기초가 된다. 지하수계 문제를 고려하면 이러한 활동에 관련되는 필요한 데이터와 연산능력은 방대해 질 수 있다. 지하수관리시스템 비용의 대부분은 데이터 수집과 보수관리에 관계되는 것이다. 이 시스템은 대수층데이터베이스와 지하수모델이라고 하는 2개 부분으로 구성된다.

1) 대수층데이터베이스

대수층에 관하여 축적되고 관리된 정보를 위해서는 일련의 순서, 합의사항, 하드웨어, 소프트웨어가 준비되어야 한다. 유량과 이에 관련되는 수질문제를 모델화하기 위하여 적합한 대수층데이터베이스를 작성한다는 것은 본래 어려운 일이며, 이러한 어려운 일을 하나의 기관만이 사용하고자 하기에는 지나치게 비용이 많이 소요되며 지나치게 값비싼 것이 된다. 따라서 성공적인 대수층서브시스템을 작성하려면 지하수 전체의 관할권을 갖고 있는 모든 정부기관과 이와 같은 데이터를 필요로 하는 민간기관과의 사이에 합의하는 것이 필요하다. 서브시스템 개발과 개량에는 막대한 자금이 소요되기 때문에 이러한 기관에서는 권리나 책임을 정한 공적인 체계를 만들어 두는 것이 바람직하다.

대수층서브시스템은 대수층에 관한 완전하고 정확한 정보를 제공하기 위하여 가능한 한 많은 종류의 입력정보에 액세스할 수 있다. 서브시스템은 여러 형태의 모델작성과 표시데이터 그리고 그래픽개발을 위하여 관련정보를 이용할 수 있는 소프트웨어를 포함해야 한다.

2) 모델화의 요소

대수층의 특성, 우물의 위치와 용량, 우물에서의 취수량을 알면 지하수시스템모델은 대수층에 대한 사업체 양수량의 영향을 모의실험할 수 있다. 개개 우물 상호간의 영향과 지하수 위면이나 수질에 대한 전체적인 양수의 영향을 예측하는 것이 특히 중요한 사항이다. 단기적인 문제로서는 펌프양수로 인한 수면저하 시기에 관한 것과 수질장애가 일어나지 않는다는 사실의 보증에 관한 것이다. 급수서브시스템에서 중요한 것은 조사구역 경계층의 흐름상태와 우물에 의해 발생되는 집중부하점이다. 여러 수질문제를 분석하기 위하여 수도서브시스템에서는 지하수의 수류특성에 대한 우물물의 양수영향을 모델화해야 한다. 장기적인 문제로서는 지하수면에 대한 계획펌프양수량의 영향과 관련된 것이다.

9.2.6 수질

수질감시나 보고를 위하여 많은 정보가 수집된다. 정보원은 2개의 카테고리로 분류할 수 있으며, 그것은 실시간이나 또는 이에 가까운 형태로 측정된 온라인센서로부터의 정보와 시험기관에서 분석한 시료에서 얻은 정보이다. 이러한 정보를 여러 규제기관에 제출해야 하며, 또 이러한 정보는 정수처리의 적정한 수준과 방법을 결정하기 위해서도 이용될 수 있을 것이다. 예를 들면, 상수원 상류에 농업이나 주운이 있는 경우에는 여러 유기화합물을 측정해야 할 것이다.

9.2.7 상수원의 감시시스템

상수원의 상태나 이에 관련되는 여러 변화에 관해서는 여러 해에 걸쳐 갖가지 수작업에 의해 일상적으로 감시되어 왔다. 최근에는 수도사업체가 이용하기 위하여 원격계측제어나 통신수단을 사용하고, 이와 같은 정보가 보다 많은 장소에서 보다 정확하게 실시간으로 제공되고 있다. 다음에 어떠한 정보가 어떻게 수집되고 있는지를 간단히 설명하고자 한다.

1) 계측제어

상수원용으로 대부분의 현장계측제어설비는 지리적으로 분산되어 있고 자주 액세스하지 못하는 경우도 있다. 이러한 이유로 계측제어설비는 신뢰성과 견고함의 양쪽을 구비해야 한다. 계측제어설비는 자기교정기능과 자동영점조정기능을 갖고 있어야 한다. 이상적인 변환기는 원격으로 프로그래밍하고 조정하며 고장을 발견할 수 있는 것이다. 표 9.1은 상수원의 운용목적으로 사용되는 일반적인 계측제어기기 일람이다.

미국 환경보호청(EPA)이 더욱 엄격하고 포괄적인 요건을 발표함으로써 상수원시스템에서 중대한 수질측정이 더욱 중요하게 되고 있다. 일반적으로 수질정보는 운전데이터보다도 복잡하다. 표 9.2는 상수원시스템이 수집해야 하는 대표적인 수질정보를 표로 정리한 것이다. 계기류의 난에는 신뢰성이 높은 현장 계측제어기기 설치의 실현성 또는 휴대용기기에 의한 수질분석으로 적합한 것과 혹은 기준에 알맞은 시험분석이 필요한 것을 나타내고 있다. 최근의 경향으로서는 신뢰성이 있는 센서가 타당한 가격으로 개발되어 제조되고 있어서 여러 형태의 온라인측정을 부가시키는 추세이다.

2) 통신

수도에서 계측제어설비가 광범위하게 보급되고 있다는 사실은 중앙 컴퓨터에 신뢰할 수

표 9.2 상수원의 계측제어 : 수질

항목	계측제어	적요
pH/산화환원전위/전도도/온도	• 현장상설 또는 이동식계기	• 이들은 1개의 계기에 여러 검출단으로 편성되는 것이 많으며, 정수처리목적이나 생물서식에 필요한 물의 청정도나 pH 등 기본적인 것을 측정한다.
탁도	• 현장상설계기	• 첨단기술, 마이크로프로세서를 이용한 계기의 전형이다.
부식도	• 현장상설 또는 이동식계기	• 신안전음용수법의 중점적 규칙에서 대단히 중요하고 안정된 물을 확보하는 것이 필요하다.
방사성핵종	• 현장이동식계기, 수질시험	• 물에 기인되는 것은 자연방사선의 폭로량에 비해 그다지 큰 요인으로는 되지 않는다.
무기물	• 수질시험	• 저수지에서 질산염, 인산염이 문제가 있으며, 지하수에는 비소가 문제로 된다.
유기물	• 수질시험	• 살충제, 제초제가 문제이다.
미생물	• 수질시험	• 수돗물에서 대장균이 문제. 우물물에는 철박테리아가 문제이다.

있는 정보를 전송하는 통신수단이 중요하다. 개발 정도에 따르지만 원격단말장치나 마이크로웨이브 또는 전화회선이 가장 타당한 매체가 될 것이다. 원격센서에 관해서는 기기배치와 전송매체에 따라 고장에 대비하여 여유시설을 구비해야 한다. 정보감지빈도가 1시간 정도인 곳에 있는 원격설비는 위성과의 링크나 유성군기술(meteor particle technology)을 이용하는 것이 타당하다.

3) 통신데이터베이스

여러 서브시스템에서 수집된 정보량은 데이터의 이용과 보관에 충분한 주의를 기울여야 한다. 예를 들면, 강수량정보는 양적인 것뿐만 아니라 지리적 속성이나 시간속성도 동일한 특성이 된다. 상수원데이터에 관련된 모든 정보는 효과적으로 분석되도록 유지해야 한다. 저장된 데이터간의 잠재적인 관계가 소멸되는 성질이 있기 때문에 간단히 수정할 수 있는 구조로 하는 것이 좋다. 지리정보시스템에 연계된 것은 데이터베이스에 대해서도 제공되어야 한다는 것이 급수데이터가 갖는 지리적 특질이다. 제어 목적과 모델화 목적으로 데이터를 사용할 수 있기 때문에 정보를 항구적으로 저장할 수 있도록 정리해야 한다.

상수원지역의 많은 다양한 데이터베이스에는 수질보증을 위한 포괄적인 소프트웨어와 순서가 포함되어야 한다. 비교적 적은 수이면서 광범위하게 퍼져 있는 샘플링지점에서의 정보가 올바른 정보라는 것이 중요하다. 이 정보는 운전목적이나 모델용의 입력정보로 이용되므로 정확도나 신뢰성이 필수적이다.

9.3 현재의 응용 예-최신기술

지하수와 표류수원을 관리하기 위한 최신기술은 부가가치를 갖는 수도모델을 이용하는 방향으로 가고 있다. 수도사업체의 효율을 증진시키고 수도시설 운전의 복잡한 업무를 간소화시키는 모델이 등장하고 있다. 이 모델은 시스템의 운전계획과 제어 및 모의실험을 위한 수단으로도 된다. 가장 최신기술은 그림 9.6에 나타낸 바와 같이 공통데이터를 지리정보시스템(GIS)과 통합함으로써 이들 모든 모델을 연결짓는 기술이다. 수도사업체에서 발생된 최근의 최신기술모델과 이들 모델의 응용에 대하여 다음에 설명하고자 한다.

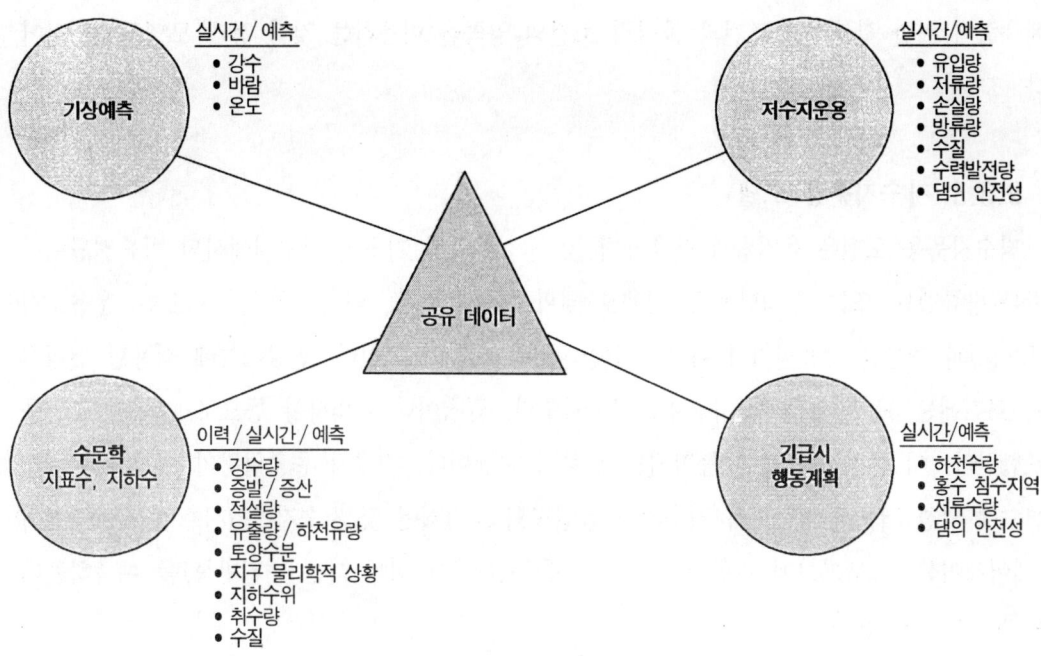

그림 9.6 통합 정보 시스템

9.3.1 기상예측모델

기상예측모델은 특히 홍수경보와 같은 특수기상관련정보를 수도사업체에 제공한다. 국가 기상청에서는 보다 우수한 감시능력과 분석능력을 갖춘 강력한 컴퓨터가 등장함에 따라 데이터관리와 통합이 확대되면서 더욱 정확도가 높은 보다 고성능의 정보시스템을 부가하고 있다.

9.3.2 수문학적 시스템모델

수문학적 시스템모델은 확률상관 또는 물리적 조건에 기초하여 집수구역이나 소집수구역에서의 유출량을 예측하기 위하여 사용된다. 수계 내의 동일장소에 관한 광범위한 이력 데이터베이스가 있어야 확률모델을 만들 수 있다. 현재 수질예측을 포함한 고성능의 물리적 모델이 등장하고 있다. 이들 모델에는 소집수구역의 기상조건과 집수구역의 지리적 및 물리적 특성과 함께 적설량, 기온, 강수상황 등의 보다 상세한 정보가 필요하다. 이들 물리적 모델은 강수량으로부터 적설량, 토양수분, 증발과 증산에 이르기까지 모든 물을 실시간으로 추적하여 우수한 수문학적 정보시스템 개발에 기여하게 된다. 유출량과 하천유량을 예측하기 위한 확률적인 조건과 물리적 조건의 양쪽을 이용하는 것이 장래 모델로 될 것이다.

9.3.3 저수지운용 모델

저수지운용 모델은 유입량과 운용규칙 및 수질예측에 기초한 저수지에서의 방류전환이나 방류(방류밸브 또는 수력발전소 경유로)계획에 이용된다. 이 모델에는 필요한 운용로직(logic)과 추론을 적용시키기 위하여 인공지능을 사용하고 있다. 인공지능에 적용할 전형적인 로직에는 시기, 유입량, 유출량, 저수지수위, 규칙이나 합의사항 등으로 정해진 조건을 포함한다. 이 물리적 모델에 통합되는 모듈이 수질이다. 저수지 유출입량의 시간관련 조건변수에 의한 저수지 성층화와 저수지 유출입량의 조작제어 및 저수지관리시스템의 조작제어(에어레이션시스템 등)에 관련되는 수온과 용존산소(그 외에 다른 수질항목)를 예측하는데 이 모듈이 사용된다.

9.3.4 댐의 안전모델

댐 특성과 물리적 응력을 실시간으로 감시함으로써 고장을 예측하거나 고장을 경보하는데 댐의 안전모델을 사용할 수 있다. 현장계측제어 및 전문가시스템 애플리케이션과 함께 관측이 이 모델에 포함된다.

9.3.5 긴급시 행동계획모델

대규모 홍수나 상류댐 사고가 발생하는 것에 대하여 예상저수량과 하천유량 및 홍수로 인한 침수지역에 관한 지리정보와 시간정보를 제공하도록 GIS에 근거한 수리적인 수도시설모델이 의사결정지원시스템과 결합될 수 있다. 긴급사태를 대비한 모의시험과 운전자 훈련에 이 강화 모델이 제공될 수 있다.

9.3.6 지하수시스템모델

지하수시스템모델은 지하수 거동을 모의시험하고 취수되는 지하수 수질을 예측하며 그리고 제안된 펌프운전계획에 기초한 지하수위를 감정하는데 이용된다. 지하수 모델화가 광범위하게 시행되게 된 것은 극히 최근의 일이다. 이와 같이 모델화가 늦은 것은 대수층 데이터베이스 구축에 막대한 자금을 요하는 것과 광범위한 연산능력이 필요하기 때문이다. 오늘날 수도사업체에서는 일상운전에서 교정된 지하수모델을 활용하지 않는다. 그러나 여러 지하수모델의 응용 예가 있다. 앞날이 유망한 결과를 보이고 있는 분야로서는 점오염원문제, 지하수함양연구, 그리고 염수(바닷물)관입 모델화가 있다. **그림 9.7**은 지하수 모델화 시스템의 데이터 흐름도를 나타낸 것이다.

그림 9.8은 해수침입에 관한 연구 결과를 나타내고 있다. 이 그림은 지하수 모델화에는 많은 정보를 처리해야 한다는 중요한 과제를 나타내고 있다. 이와 같은 모델에서 만들어 진 정보량은 많지만 결과를 표현하는 것이 어렵다. 이 예는 그래픽 표시가 뛰어났기 때문에 선택된 것이다. 모형 삼차원 화면과 애니메이션이 모델결과를 판단하고 전달하는 능력을 개선하였다. 오늘날까지 지하수연구에서 가장 성과를 얻고 있는 분야는 해수침입연구와 점오염원연구 및 지하수위연구이다.

모델화 과정은 먼저 실제정보를 사용하여 모델을 개발하고 모델의 정확도를 확인하기 위하여 모의실험한 결과와 실제정보를 비교하며, 또 모델을 다듬기 위하여 추가정보를 사용한

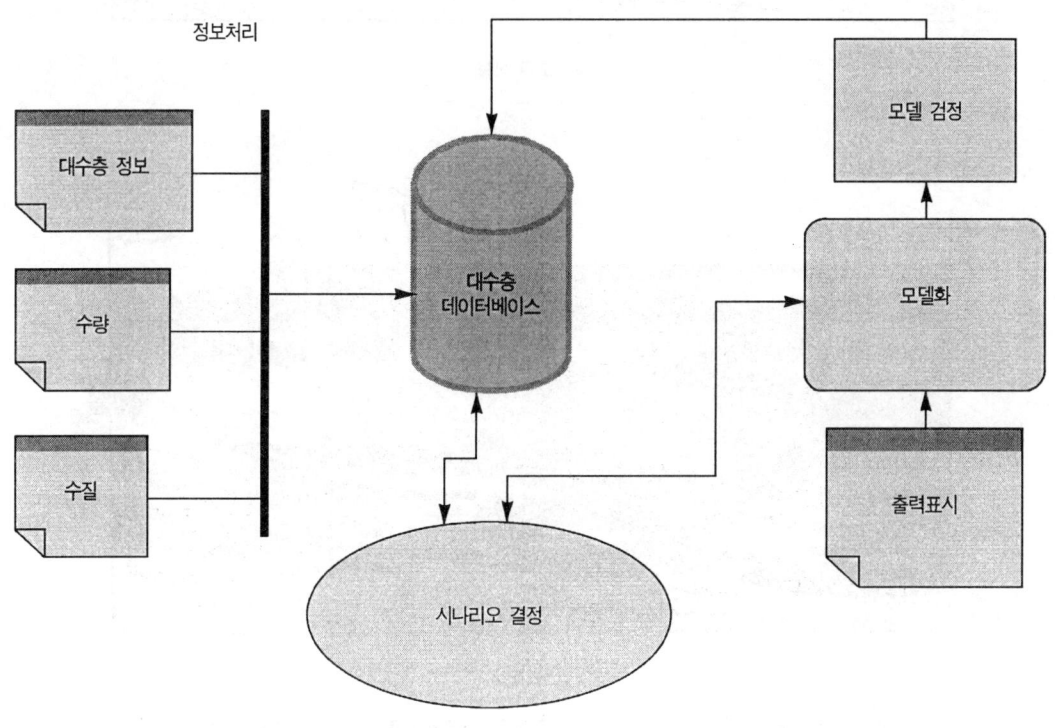

그림 9.7 지하수 모델 프로세스

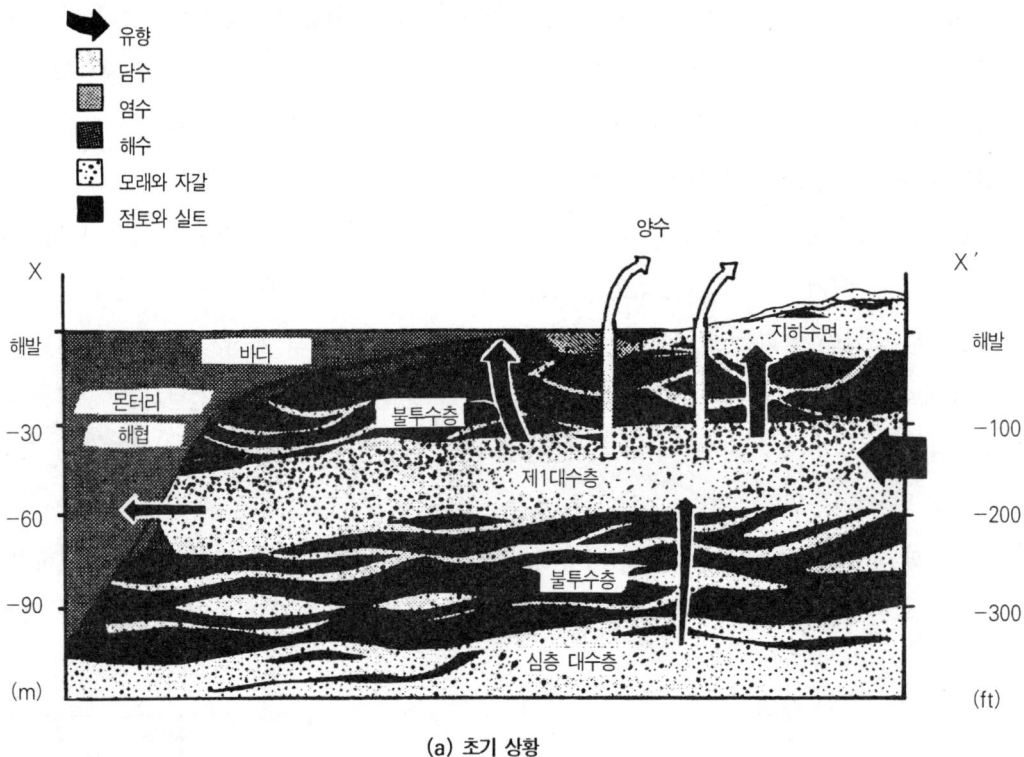

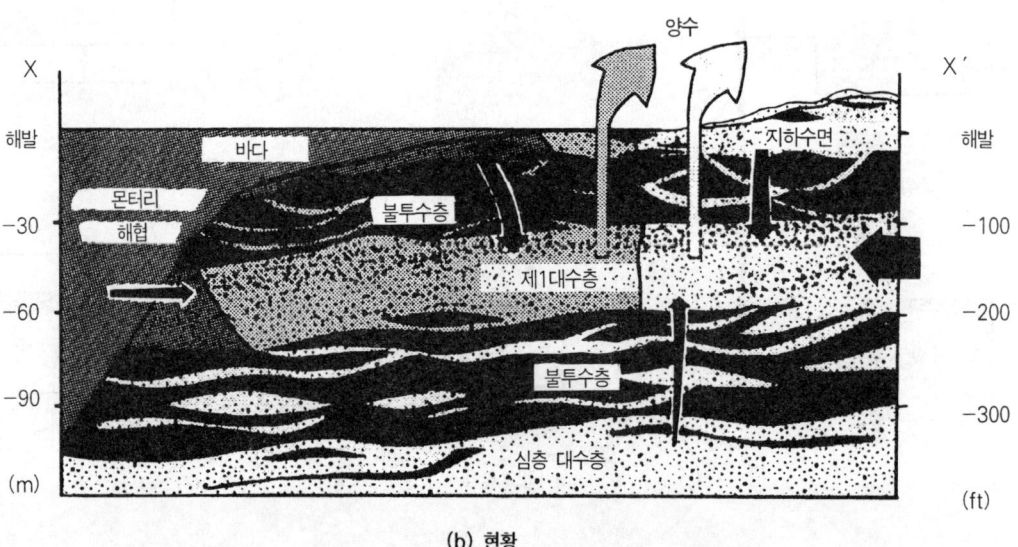

그림 9.8 캘리포니아주 파자로 계곡 대수층의 단면도, 지하수의 흐름과 해수 침입

다. 많은 모델로부터 대량의 정보가 발생하기 때문에 모델화할 때에는 정보표시를 이용하기 편하고 알기 쉬운 형태로 하는 것이 모델화 작업 그 자체만큼 중요하다. 앞으로 10년 내에 연구되는 모델화의 많은 것이 모델의 출력표시 개선과 데이터베이스를 보다 포괄적이고 정확도가 높게 개선해 나가는 것에 중점이 두어질 것이다. 모델화의 성패는 질 높은 데이터의 존재 즉 위에서 설명한 것과 같은 계측제어와 통신 및 데이터베이스의 구성요소는 성공적인 모델화를 위하여 대단히 중요하다.

9.4 장래의 추세

어업, 홍수조절, 레크리에이션, 항행, 농업, 수력발전, 상수도 등의 경합되는 물의 유효이용은 공급량에 따라서 제한 받으며 또한 강수량, 유출량, 하천유량, 저수량, 수질을 포함한 물과 관련된 물리적 조건에 의해서도 제약된다. 역사적으로 보더라도 물 공급량은 이용도에 기초하여 분배되었고 또한 경합이용의 균형을 유지하도록 확립된 일련의 '규칙'에 기초하여 분배되어 왔다. 사회가 더욱 복잡하게 되고 있으며 경합되는 물의 유효이용에 대한 균형유지에 기초한 물의 가치가 조정되고 있고 또한 더욱 많은 물 공급량을 추구하게 됨에 따라 이 '규칙'들은 더욱 복잡하여지게 되었고 때로는 변경시켜야 하는 사태도 생겼다. 게다가 보다 많은 정보, 특히 수도시설의 운전관리에 관련되는 환경영향에 관한 정보를 이용할 수 있게 되었으므로 수도사업을 운영하기 위한 수단도 변경되어야 한다.

앞에서 설명한 최신식 모델은 새로운 수요에 대처해야 하는 미래의 수도사업체에 대단히 유용할 것으로 기대된다. 이러한 모델을 개발하는 것에 추가하여 일반적인 물 이용자간에 정보 협력과 통합이 다양한 필요성의 균형을 유지하는데 중요한 요소가 될 것이다. 이 장에서는 수도사업자로부터 공급되는 유효공급량을 균형시키는 여러 문제와 함께 컴퓨터시스템과 모델의 장래 추세를 설명한다.

9.4.1 수도에서의 여러 문제

수질과 어업진흥은 수도사업체에서도 중요한 관심사이다. 지표수와 지하수의 수질은 수원오염에 관련된 단기적으로나 장기적인 문제가 현실화됨에 따라 더욱 규제가 증가하고 있다. 또 수도운전관리가 어업에 영향을 미치고 있다고 보고된 사례가 많다. 이러한 문제들에 의하여 감시가 더욱 강화되고 있다(표 9.3 참조).

 이러한 문제에 대응하여 이용할 수 있는 정보가 많아졌으므로 경합되는 요구에 균형을 도모하는데 도움이 되는 새롭고 확장된 분석능력이 등장하게 될 것이다. 그림 9.9에 실현가능한 개념모델을 나타내었으며 이것은 광범위한 하천유역에서 균형잡힌 물의 유효이용을 도모할 때에 수집되고 평가되는 정보의 형태를 나타내고 있다. 어업진흥조사를 위한 다음 사례는 이 개념모델을 더욱 상세하게 해설하기 위하여 나타낸 것이다. 여러 종류의 어류가 절멸의 위기에 처해 있기 때문에 장래 어업진흥은 더욱 중요한 과제로 되고 있다.

예 : 연어(chinook salmon)의 생식에 알맞은 어업진흥

 연어는 3~4년생의 물고기로서 담수와 해수에서 사는 여러 서식단계를 갖고 있다. 수량과

표 9.3 상수원-최근 등장된 과제에 관한 감시

등장된 과제	감시 조건	감시 항목
어업진흥	어군생식장소 어획고와 감소량	수량/수질 ; 위기에 처한 물고기-생활단계 물고기 총수-생활단계 ; 생식장소/상황 ; 날씨
수질-표류수	배출수에 의한 하천의 오염	수질-유기물 ; 다양한 장소
수질-지하수	폐수의 유출/배출에 의한 대수층의 오염	오염물질의 수명주기 ; 토지이용상황

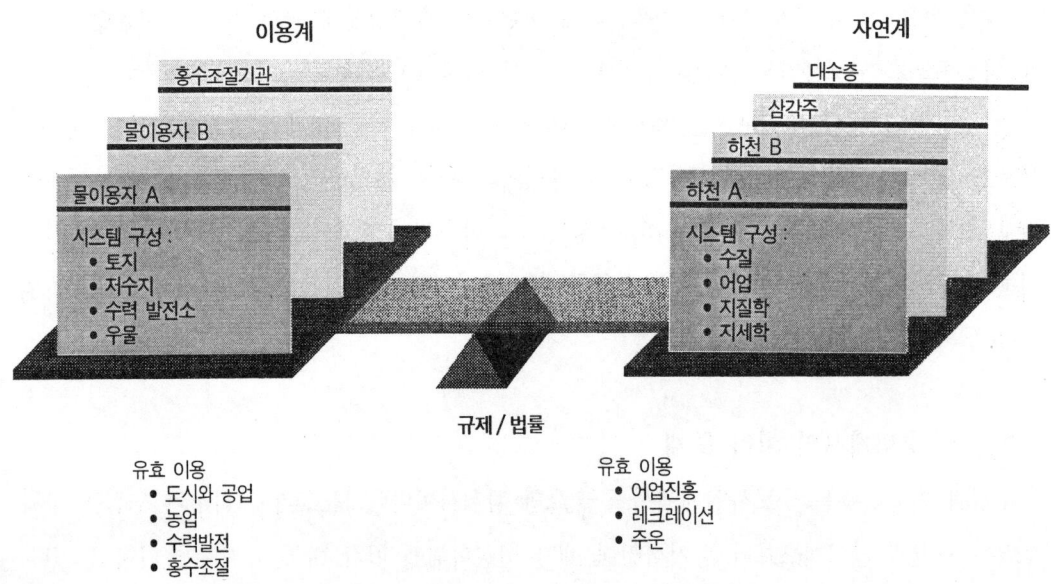

그림 9.9 균형을 유지하는 유효이용

표 9.4 어업진흥목표 : 연어 생산의 최적화

시스템	물고기의 단계	모델과 감시항목		
		수질	유량	어획고의 손실
저수지, 부화장	알	×		×
	치어, 2년	×		×
하천	성어	×	×	×
	알	×	×	×
	2년	×	×	×
만, 삼각주	치어, 2년	×	×	×
	성어	×	×	×
해양	유어			×
	성어			×

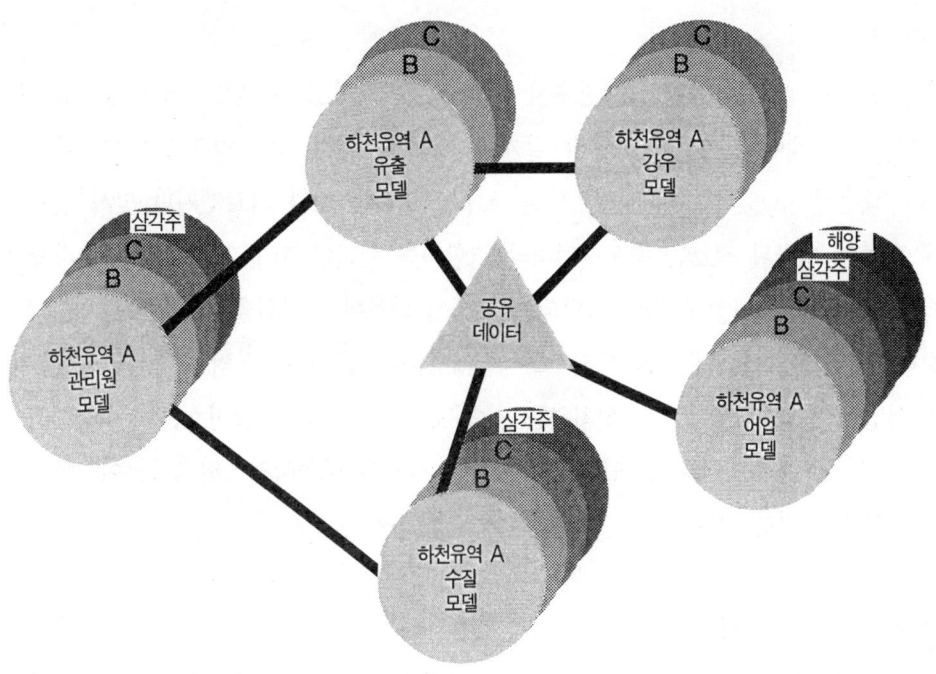

그림 9.10 어업진흥-종합 모델과 공유 데이터

수질조건이 물고기의 생식상태 즉, 어획고에 영향을 미친다. 표 9.4는 어획고와 서식지를 모델화하기 위하여 수집한 데이터의 종류를 나타낸 것이다. 그림 9.10은 최적어획고를 분석하기 위하여 표 9.4에서 수집된 데이터를 어떻게 다른 수도모델(이미 설명한 것)과 통합화시킬 수 있는지를 개념적으로 나타낸 것이다.

9.4.2 다목적 저수지의 제어

대부분의 선진국에서는 댐과 관련 공작물에 투입된 고액의 자금으로부터 이익을 극대화하기 위하여 경제적인 측면에서 저수지를 다목적용으로 이용해야 한다. 저수지의 운전관리에서 균형을 유지해야 할 필요가 있는 다목적용으로는 다음과 같은 것이 있다.

- 음용수 공급
- 수력발전
- 농업
- 레크리에이션
- 어업
- 홍수제어

이러한 요구는 때로는 상반되는 저수지 제어를 동반하게 된다. 다만 어느 정도까지는 사업개발의 초기단계에서 시설의 요구와 설계에 세심한 주의를 기울임으로써 이러한 다양한 요구에도 대응할 수 있다. 기존시설, 또한 요구의 변화에 따라 다르겠지만 앞서 설명한 시스템에 의하여 제공된 정보는 수도사업체와 경합되는 기관이 저수지를 가장 유효하게 활용하도록 할 것이다. 수자원에 관한 상반되는 요구에 의하여 수자원을 효율적으로 이용하도록 유도한다. 그 일례로서 일본 북해도의 모이와(Moiwa : 藻岩)취수장의 교체사업을 들 수 있다. 이 사업에는 소수력발전소를 설치하는 것이 포함되었으며 이 발전소는 정수장에서 사용하는 전력의 대부분을 공급하고 있다. 이와 같은 사업은 공공사업에서 얻는 이익을 극대화하려는 시도의 당연한 결과이다.

9.4.3 컴퓨터시스템

지표수를 감시하기 위한 자동화된 시스템과 방법은 크게 진전된 분야이다. 과거 20년 사이의 디지털컴퓨터 기술과 계측제어에서 보인 발전은 대폭적인 가격저하를 가져왔다. 그 결과, 수도사업에서는 문제해결을 위한 더욱 강력한 기술을 이용할 수 있게 되었다. 장래에는 수도사업의 여러 문제에 대하여 능력이 있고 통합된 해결방법을 이용하게 될 것이다. 앞으로 발전이 기대되는 분야에 대하여 다음과 같이 논의하고자 한다.

운전정보의 수집과 축적기술은 향상될 것이다. 동시에 이러한 정보를 서로 관련시키는 능력 향상이 개선된 데이터베이스 관리시스템의 온라인화를 가져올 것이다.

 모델화의 기술과 사용자인터페이스도 진보될 것이다. 대량정보가 기존모델을 개량하고 또한 보다 새로운 애플리케이션을 개발하게 될 것이다. 저렴한 가격에 고성능의 워크스테이션과 결합된 정보는 애플리케이션이 실질적이고 경제적이라는 양면으로 타당하게 될 것이라는 의미이다. 동시에 모델 출력은 그래픽으로 더욱 이용하기 쉽게 될 것이다. 영상화된 그래픽이 복잡한 현상을 표현하는 방법의 표준으로 될 것이다.

 음용수에 대한 요건이 차츰 엄격해지고 모델화 기술과 계측제어능력이 보다 세련됨에 따라 수질분야에도 우수한 모델이 구축될 것이다. 이러한 모델에는 특정오염물질이 대수층에 확산되는 것을 표현하는 지하수이송모델도 포함될 것이다. 이와 같은 모델은 오염원이 언제, 어떻게 수도에 악영향을 미칠 것인가를 예측하는 시도이다. 수질에 대한 자연현상과 비점오염원의 영향을 모델화하려고 시도하는 것인 지하수의 화학모델은 확장되고 개량될 것이다. 이들 모델은 물 속의 비소농도와 같은 문제라든지 또는 자연적으로 발생한 오염물질의 영향을 극소화하기 위하여 어떻게 대수층을 이용해야 하는지에 대한 문제에 관계가 있을 것이다. 지표수계에서의 오염사고를 추정하는 지표수이송모델은 수도에 대한 영향을 모델화하려고 시도할 것이다. 또 상수원으로부터 정수장까지의 오염물질 도달시간과 오염농도에 관해서도 모델화하게 될 것이다.

 수질오염사고를 처리하는 운전자를 지원하기 위하여 전문가시스템이 개발될 것이다. 이 시스템은 미지의 화학물질이 누출되었거나 또는 이와 유사한 문제에 대처하는 가장 타당한 대응법을 개별적으로 줄 수 있을 것이다.

 하드웨어의 성능이 좋아짐에 따라 모델을 개발하고 실증하기 위한 필요한 데이터베이스를 구축하는 쪽으로 시스템 실시비용의 대부분이 옮겨갈 것이다. 이것은 즉 대수층데이터베이스 개발이 주요작업인 지하수계에 대해서 특히 동일하게 말할 수 있다. 그러나 많은 시스템은 다중사용자를 위한 애플리케이션을 얻을 것으로 기대되지만, 이 분야에서의 예상되는 추세는 시스템개발과 유지관리비용을 분담하기 위한 많은 기관간에 합의형성일 것이다. 시스템의 비용과 편익을 배분함으로써 리스크를 감축시킴과 동시에 개별기관에 되돌아오는 이익을 증대시킬 것이다.

9.4.4 주요 인터페이스

상수원시스템은 미래의 다른 운전 및 정보시스템의 패키지로 인터페이스되고 대량입력으로 제공될 것이다. 그림 9.11은 상수원모델을 구성하는 각 요소간의 주요 인터페이스를 상세히 설명한 것이다. 이러한 인터페이스에 대하여 다음 문장에 상세하게 해설한다.

운전시스템과 정보제어시스템은 서로 정보를 제공하게 된다. 제어시스템은 유량, 펌프양정, 펌프양수량, 정수장의 처리수량, 최종적으로는 말단수요가의 수요량과 같은 펌프통계치를 포함한 상수원시스템에 대한 중요정보를 수집하고 저장할 것이다. 수질정보의 대부분은 상수원시스템과 함께 수집되고 인터페이스될 것이다. 최초에는 데이터가 수작업으로 수집되고 시험실정보관리시스템(LIMS)에 저장될 것이다. 최종적으로는 수원시스템과 수질시험실 정보관리시스템의 전송에 대해서는 제어시스템에서 실시간으로 수질데이터를 수집하고 저장시키게 될 것이다.

지리정보시스템(GIS)은 상수원시스템에서 지극히 중요한 정보를 저장, 표시, 보고하는 도

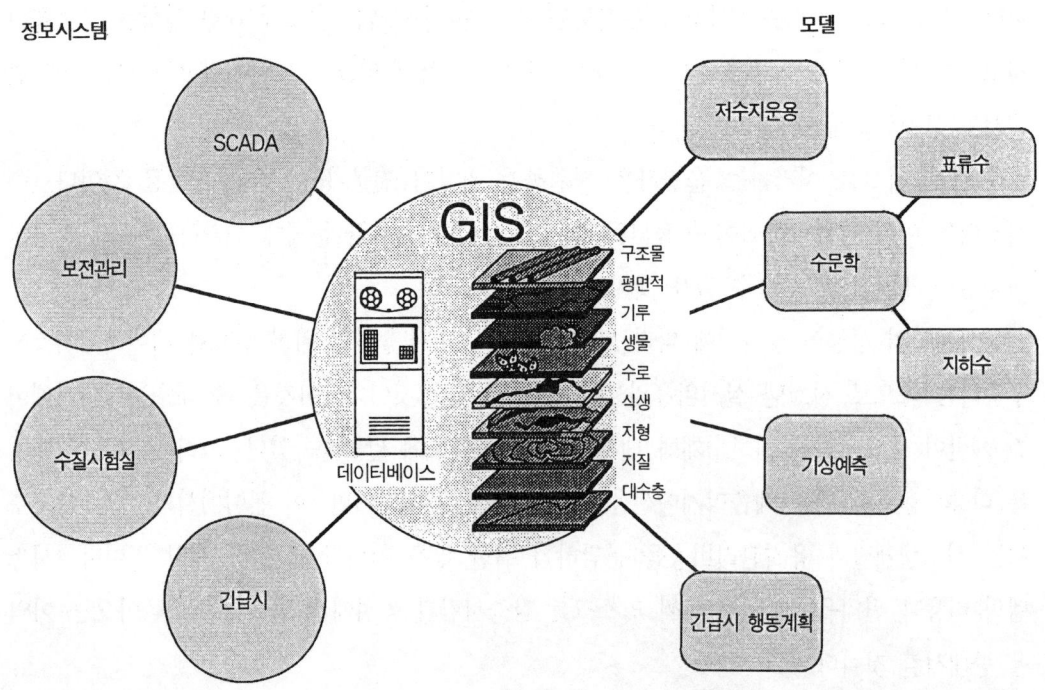

그림 9.11 시스템 인터페이스

구로 될 것이다. 적절하게 설계된 데이터베이스를 구비하였다면 좌표를 토대로 하여 데이터를 저장하는 GIS의 능력은 지리적으로 분산된 상수원정보를 저장하기 위한 기초가 될 것이다. 데이터베이스가 지리정보로서 수집되고 제어되어야 하는 정보량은 방대하며 GIS는 이 작업을 위한 도구로서 선택된 것이다.

무엇을 분석하는 경우에 출력모델은 아주 방대할 것이다. GIS의 그래픽처리기능은 적절한 형식으로 출력모델을 간편하게 표시하는 수단으로 분석자에게 제공될 수 있다. GIS는 가장 이상적인 방법으로 모델링된 출력을 표시하는 필요한 구동자(Driver) 모두를 포함할 뿐만이 아니라 GIS는 더욱 전문화된 화면이 가능한 데이터를 좌표시스템으로 처리하게 할 것이다.

수질시험실정보관리시스템(LIMS)은 수질향상에 중요한 역할을 하고 있다. 초기에 LIMS는 수질데이터의 정보원이다. 수질데이터 분석은 수질시험실이 시행한 데이터뿐만 아니라 LIMS가 이들 데이터를 이용할 수 있도록 할 것이며, 수질을 사후 보증하고 일관되게 분류하여 기계판독을 할 수 있는 형식으로 가공될 것이다. 지금까지는 선례가 없는 분량의 수질데이터를 처리할 수 있게 되며, LIMS는 이와 같은 데이터를 입력목적으로 직접 모델화함으로써 변환시킬 수 있을 것이다.

보전관리시스템(MMS)은 우물의 유지관리를 위한 지침으로서 우물의 효율에 관한 정보를 다룬다. 어떤 시점에서 펌프의 운전수위, 즉 펌프능력이 저하되는지를 예측하기 위한 계획펌프운전 패턴을 지하수의 모델화 시스템에 편입시킬 수 있다. 이 지하수시스템의 직접출력이 반드시 필요하지는 않더라도 수위, 유량, 소비전력, 지하수시스템에 들어간 관련 입력사항 등의 펌프지식은 유지관리순서에 관한 지침으로서 우물의 효율을 감시하는데 사용될 것이다.

상수원시스템에 정보를 입력하기 위하여 현장에 새로운 계측제어설비를 설치하는 경우에도 MMS는 신규 또는 색다른 계측제어설비를 정기점검하기 위한 수단을 제공할 것이다.

9.5 조사연구의 필요성

상수원시스템에 대한 디지털 전자기술의 영향은 기본적으로는 기존시설의 능력을 개선하는 것이다. 진보된 계측제어와 경제적이고 고성능인 소형 컴퓨터의 이용도가 높아짐에 따라

10년 전에는 최대규모의 메인 컴퓨터에서만 가동되었던 능력을 충분히 이용할 수 있게 될 것이다. 이러한 성능은 더욱 엄격해지는 수질기준에 대처하며 또한 유한한 수자원에 대하여 증대되는 물의 수요에도 대응하도록 할 것이다. 금후에는 관계되는 조직간에 모두가 협력하는 속에서 모델과 그 기초인 정보데이터베이스를 개발하고 지원하는 것에 대한 각 부서간의 협조가 이 분야의 과제일 것이다.

9.5.1 계측제어

상수원감시를 위한 계측제어는 수개월간 접근하지 못할 수도 있다. 따라서 이러한 계측제어는 높은 정확도나 자동영점조정과 자동교정능력을 구비하며 신뢰성이 높고 튼튼하도록 개선되어야 한다.

수질계측센서는 수질기준을 만족시키기 위하여 조기에 경보를 발신할 수 있도록 개량되어야 한다. 또 이들 수질계측센서는 물이 수도시설에 들어가기 전인 상수원에서 오염을 감지하는 것이 중요하다.

9.5.2 모델

시스템 전체의 모델에 통용되는 모듈을 개발할 수 있게 데이터와 모델의 기준을 개발해야 한다. 이상적으로는 이러한 기준이 복잡한 시스템을 해석할 수 있도록 모델과 데이터베이스를 접속할 것이다. 그래픽유저인터페이스를 데이터와 지리정보에 동시에 액세스할 수 있도록 개량해야 한다. 상수원감시와 모델을 구축하기 위하여 데이터베이스를 표준화시키고 지역간과 국내나 국제간에 데이터를 공유할 수 있도록 해야 하다.

시스템운전의 모델을 논리적이고 직관적으로 구축할 수 있는 인공지능개발이 결과에 대한 근거서류로서 필요하다. 사용자는 이 모델이 무엇을 하였는지를 손쉽게 검증할 수 있어야 하고 분석능력이 확장된 인공지능을 사용할 수 있어야 하며, 이에 따라 모든 경합되는 필요성에 대응한 시스템운전을 최적화할 것이다.

1) 기상예측 모델

강수량(강도·계속시간·장소), 기온, 바람 등에 관하여 보다 신뢰성이 높고 장기적인 모델개발이 촉진되어야 할 것이다. 개선되는 최초의 이점은 홍수제어기능이 향상된다는 점이다. 장기예측은 더욱 신뢰할 수 있게 되고 저수지 운용계획을 최적화시킬 수 있는 동시에 경합되는 물의 유효이용에도 효과를 극대화함으로써 공급수량이 증가될 것이다.

2) 수문학적 시스템 모델

유출량 예측의 정확도를 개선하기 위하여 필요한 것이 무엇인가를 결정하는 연구가 필요하다.

3) 저수지운용 모델

댐 사고나 홍수상황에 대하여 신뢰성이 있는 긴급경보를 발령할 수 있는 능력을 개발해야 한다. 또 1시간 이내의 유량증가를 실시간으로 예측하기 위하여 모델에서 모의유량 결정능력을 개발하는 것도 필요하다.

4) 지하수시스템 모델

지하수오염의 동정과 추적법의 개발에 관한 연구가 필요하다.

참고 문헌

Bond, L.D. & Montgomery, J. 1987. The Role of Leakage in the Sea Water Intrusion of a Confined Coastal Aquifer. Proc. : Solving Ground Water Problems With Models, vol. 1. Association of Ground Water Scientists and Engineers, Denver, Colo.(p.74)

Henderson, T.J. 1989. Results From Three Rain/Snow Enhancement Cloud Seeding Programs in the Southern Sierra Range of California. Paper presented at the ASCE Water Resources Planning and Management Conference, Sacramento, Calif(May 21-25, 1989)

Stein, R.E. 1990. Using Ratios of Runoff to Snow Water Content and Projected Rainfall-to-Come as Method of Narrowing the Water Supply Forecast Range. Paper presented at the Western Snow Conference,

Sacramento, Calif.(April 17-19, 1990).

제10장 정수장 공정제어

집필자 : Katsuyuki Makino(牧野 勝幸)
Jean Dumontel
부집필자 : Shinichi Sasaki(佐佐木 眞一)
Alan W. Manning
Yasuo Matsuura(松浦 八州雄)
Anthony Harding
Vicki Bruesehoff

  이 장에서는 정수장에서 채용되고 있는 일반적인 자동화 원리를 설명하고, 이에 따른 잠재적인 여러 문제들에 대하여 취급하기로 한다. 정수장 공정에 따라 처리수의 수질이 결정되므로 정수장은 수도시설 중에서는 가장 중요한 위치를 차지하고 있다. 처리수의 질과 양의 양쪽을 제어해야 한다. 정수장 계획과 설계 및 유지관리는 정수장 운전의 경제성과 효율성을 고려하여 중단될 수 없는 일이다. 자동화 시스템을 포함하여 수도시스템 전체의 신뢰성과 안전성에 기본적인 중점을 두어서 고려해야 한다.

10.1 공정자동화의 목적과 중요성

  정수처리공정을 자동화시키고자 하는 몇 가지 이유가 있지만 그 이유는 나라에 따라 다르다. 초기 단계에서는 자동화의 주목적이 공정운전에 종사하는 취급자의 육체적 작업을 배제시키거나 또는 경감시키는데 있었다. 이러한 종류의 자동화는 단순하며 공정은 센서나 구동부(액추에이터)가 단순하며 엄밀한 시퀀스로 구성되었다. 다음 단계의 목적은 적어도 인간과 동일하게 작업을 할 수 있는 자동화 시스템의 개발이었다. 기술의 진보에 따라 자동화 시스템이 수작업에 의한 운전제어를 개선시키는 경우도 있었지만 다른 경우에는 이상으로 하는 목표와 실제와의 사이에는 여전히 상당한 간격이 있었다.

음용수의 공급분야에서 수도시설은 다양한 기술의 집적에 의존하기 때문에 정수장에 자동화를 실시하고 조장하여 오고 있다. 정수처리분야에는 여러 종류의 장치와 정보 및 공정제어를 위한 복잡한 절차가 포함된다. 이 분야에서 여러 해에 걸친 경험을 통하여 근래에는 광범위한 지식을 이용할 수 있으며 공정제어를 하지 않는 새로운 정수장 설계는 생각할 수 없다.

정수시설의 자동화는 각각의 필요에 따라 개발되고 또한 변천되어 왔다. 이러한 필요는 현대 기술환경에서 추세를 반영하고 있다. 따라서 "무엇을 해야 하는지, 어떻게 감시하고 제어할 것인가, 정수장에 이 기술을 어떻게 적용시킬 것인가"라고 하는 공정제어기술의 철학이 중요성을 더해가고 있다. 오늘날의 자동화는 단지 최신장치나 컴퓨터를 설치한다는 단순함과는 훨씬 벗어나 있다.

10.1.1 컴퓨터제어운전의 이점

컴퓨터제어에 의한 정수공정의 실제 이점은 (1) 생산성의 향상, (2) 원가절감, (3) 직무의 만족감이라는 3개 범주로 나눌 수 있다.

1) 생산성 향상

수도에서 생산성 향상은 항상 한결같은 관심의 대상이고 특히 그것이 소비자의 수요요구와 관련되는 경우에는 더욱 그렇다. 정수처리를 최적화하고 공정의 신뢰성을 확보하며 급수의 안전성을 확보하고 응답시간을 단축함으로써 생산성 향상을 실현하였다.

(1) 정수처리 최적화

정수처리를 최적화할 때 운전비용과 수질을 가장 우선적으로 고려해야 할 사항이다. 운전비용은 유량에 따라 약품주입량을 조절하거나 일정주입률로 조절함으로써 절감할 수 있다. 이에 따라 사용되는 약품량을 상당히 절감할 수 있다. 처리수량에 큰 변동이 있더라도 수질은 일정하게 유지해야 한다. 그러기 위해서는 수질데이터를 피드백시켜서 약품주입률을 자동조절함으로써 다른 면에서 수질 최적화를 도모할 수 있다.

(2) 공정의 신뢰성

공정의 신뢰성도 다른 중요한 목표이다. 이것은 상당수의 센서를 설치하여 공정의 감시능력을 높임으로써 달성할 수 있다. 일반적으로는 분산화 배치와 여유용량 확보에 따라 시스템의 신뢰성은 강화된다. 그렇지만 계측제어설비만으로는 감시할 수 없는 공정도 있으므로 전체 시스템의 요구조건을 조화시키는 것이 중요하다. 적절한 센서와 설치위치 선정은 수요가가 수질변화를 알아차리기 전에 장치 고장을 신속하게 감지할 수 있도록 한다.

(3) 급수의 안전성

공정제어에 의해 급수의 안전성을 더할 수 있으며 중대한 결과를 가져올 수도 있는 인위적인 조작 잘못을 회피할 수 있다. 동일한 한사람이 종종 조작과 감시 양쪽을 취급하는 수작업운전과 비교하면 상당히 중요한 장점이다.

(4) 응답시간 단축

응답시간 단축은 공정을 자동화하는 다른 하나의 좋은 이유이다. 수도분야의 대부분 공정에서 응답속도는 그다지 큰 문제로 되지 않는다. 그렇지만 기술발전에 따라 응답시간도 향상되고 있다. 이에 따른 장점은 문제가 생겼을 경우에도 즉각 조치를 강구함으로써 영향을 극소화시킬 수 있다는 것이다.

2) 비용 절감

투입자본과 운영비라는 2가지의 비용절감은 공정제어의 또 한 가지 이점이다. 실제 절감액은 실시되는 각국의 물가에 따라 다르다. 따라서 최대의 절감으로 이어지는 보편적인 해결책을 권장하는 것은 불가능하다. 오히려 투자비에 대한 회수기간을 판단할 것을 권장하고 싶다. 이 판단기준에 기초하여 시스템에 실시할 수 있는 고도화의 정도뿐만 아니라 장기적인 절감액을 판단할 수 있다. 모든 비용을 절감하는 것이 주목적은 아니다. 첨단기술을 보유하고 인건비가 고액인 나라에서는 가장 유익한 절감가능비용이 인건비가 될 수 있으며 다음으로 동력비와 약품비의 순서이다.

(1) 인건비 절감

인건비 억제와 절감은 일상 운전에 필요한 요원을 감축시키는 것으로 할 수 있다. 반복적인 작업은 대폭적으로 배제하고 또 여과지세척, 약품주입, 전동기나 펌프의 감시, 제어를 자동화 시스템으로 총체적으로 대체시킬 수 있다. 반대로 비숙련공들은 생산설비를 제어할 수 있는 유지관리기능자들로 대체시켜야 한다. 이에 따라 실질적인 경비절감과 직원들의 기술능력을 향상시킬 수 있다.

(2) 전력비 절감

전력비 절감은 사용전력량 절감으로 가능해진다. 일반적으로 이러한 절감은 도송수 펌프와 배수펌프의 운전단계에서 이루어지지만 전력공급계약을 잘하는 것도 중요하다. 어떤 나라에서도 전력회사는 이용자에 대해 시간조정방식(time-modulated)의 계약을 내세우고 있는데, 이것은 발전량의 경제적인 제약을 고려한 것이다. 계약조건의 장점을 최대한으로 활용하고 자동화함으로써 전체적인 동력비를 최적화시킬 수 있다.

(3) 약품량 절감

약품량 절감은 주로 각 약품주입량을 일정하게 조절하는 것과 정수장 전체의 최적화를 꾀하는 것에 의해 실현할 수 있다.

3) 일의 만족감

자동화에 의한 노동조건의 전체적인 개선으로 일에 대한 만족감을 가져올 수 있다. 자동화는 귀찮고 반복적인 일에 종지부를 찍는 동시에 직원들에게 보다 동기유발적인 일을 하도록 하는 것이다. 수작업 운전으로부터 자동화된 설비라도 그 설비를 숙지하고 있는 직원을 확보하는 것이 중요하다. 이들 직원에 대해서는 사용되는 새로운 기술을 훈련시킴으로써 일의 질을 향상시키는 한편, 현장 업무의 지식에 관해서는 더욱 계속성을 가지게 할 수 있다.

10.1.2 준비되지 않은 자동화와 과대계측제어

지금까지 설명해 온 점에 덧붙여 과대계측제어와 부주의한 자동화 및 과도한 고도제어시스템을 피해야 하는 것도 중요하다. 교환되는 정보량과 제어변수의 수량 및 자동제어의 계획은 시스템의 크기에 알맞은 것이어야 한다. 자동화는 확립된 기술에 따라서 단순한 반복작업에 대하여 적용해야 한다. 자동화에 따라 시스템의 신뢰성이 높아지는 경우에는 수작업 운전을 자동운전으로 새로 바꿔야 한다.

10.1.3 인재

자동화 시스템의 설계에서 인재가 지극히 중요하다. 인간과 기계간의 균형을 유지함으로써 효율적으로 운전할 수 있다. 인간과 기계의 기능을 명확하게 나누는 것은 물론 취급자가 습득한 기능이나 지식을 염두에 두는 것이 중요하다. 취급자의 업무를 경감시키고 시스템의 안전성이나 안정성을 보증하기 위하여 사용정보량을 한정해야 한다. 자동공정제어를 실시하기 전에 상세한 수요분석도 필요하다. 이것에 의해 최소한의 필요정보를 가장 유용한 형태로 취급자에게 제공할 수 있다.

취급자와 기기의 인터페이스는 명확한 커뮤니케이션을 고려하고 시스템의 최적감시와 조작성을 고려하여 설계해야 한다. 운전과 유지관리의 견지뿐만 아니라 지식과 기능을 계속적으로 향상시킨다는 관점에서 자동화 기술의 기본과 응용에 대하여 직원을 연수시키는 것이 중요하다. 당연하지만 자동제어시스템 자체의 유지관리와 지원소프트웨어에는 항상 주의를 기울여야 한다. 그림 10.1은 일반적인 정수장에서의 대표적인 감시와 제어장치를 나타낸 것이다.

10.2 시스템론

정수장의 공정제어와 자동화의 전망을 검토하기 위해서는 정수장이 수도시설의 다른 구성요소와 어떻게 관계되고 있는지를 이해해야 한다. 그림 10.2는 처리공정과 이 절에서 취급하는 다른 공정과의 관계에 대하여 나타낸 것이다.

우선 정수장 그 자체를 명확하게 정의해 두는 것이 정수장의 공정제어를 이해할 수 있다. 미국, 프랑스, 영국, 일본의 경험을 반영시키기 위하여 가설의 정수장(그림 10.3)을 설명하고자 한다. 이 일반적인 정수장은 8개의 공정으로 구성되어 있다. 이 도면은 실제 있을 수 있는 정수시설 중의 일례임을 염두에 두고 정수장 공정제어를 논하기 위한 일반적인 모델로서 사용할 수 있다.

일반적으로 전체적인 공정제어는 다음과 같이 이루어지고 있다. 물의 사용량에 따라 배수시설의 수압이나 수위가 떨어진다. 이 수압이나 수위에 따라 정수지나 고압배수펌프의 운전이 제어되고 정수지수위가 원수펌프를 제어하게 된다. 원수의 펌프양수량과 수질에 따라 약품주입이나 여과수량이 제어된다. 여과지유입량은 여과수량을 제어하고 있는 수위를 변화시킨다.

10.2.1 개개의 제어 모듈

제어되는 개개의 공정 또는 모듈에는 다음과 같은 것이 포함된다.

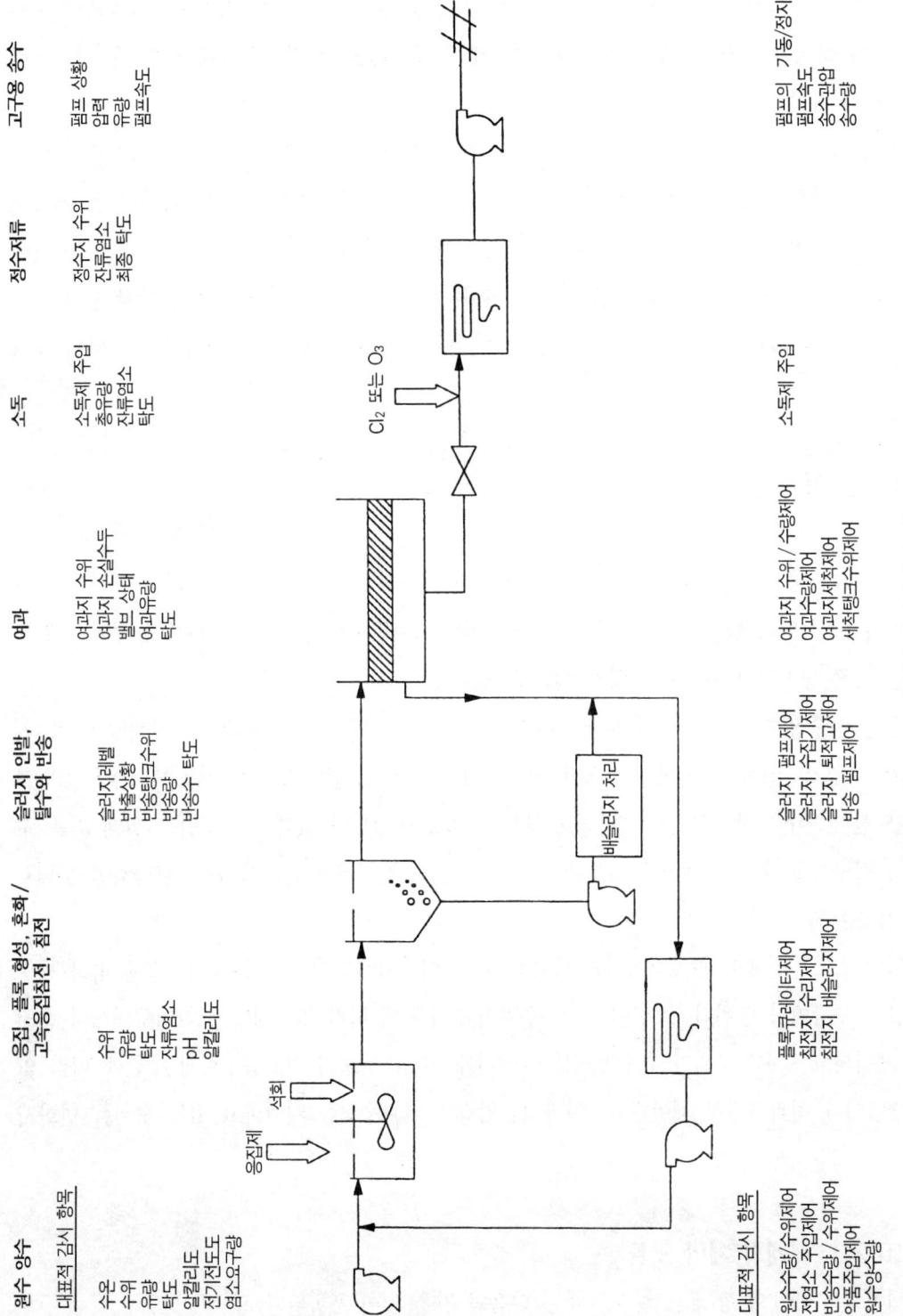

그림 10.1 정수장 감시제어의 개요

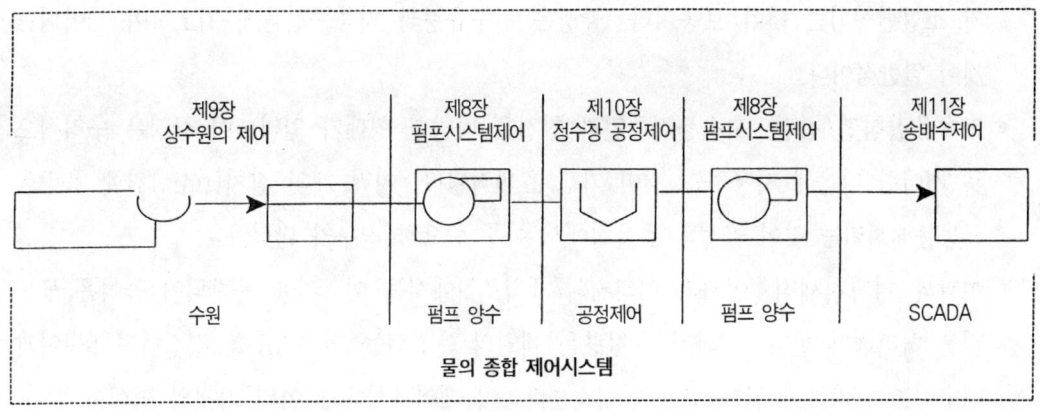

그림 10.2 공정제어 모듈

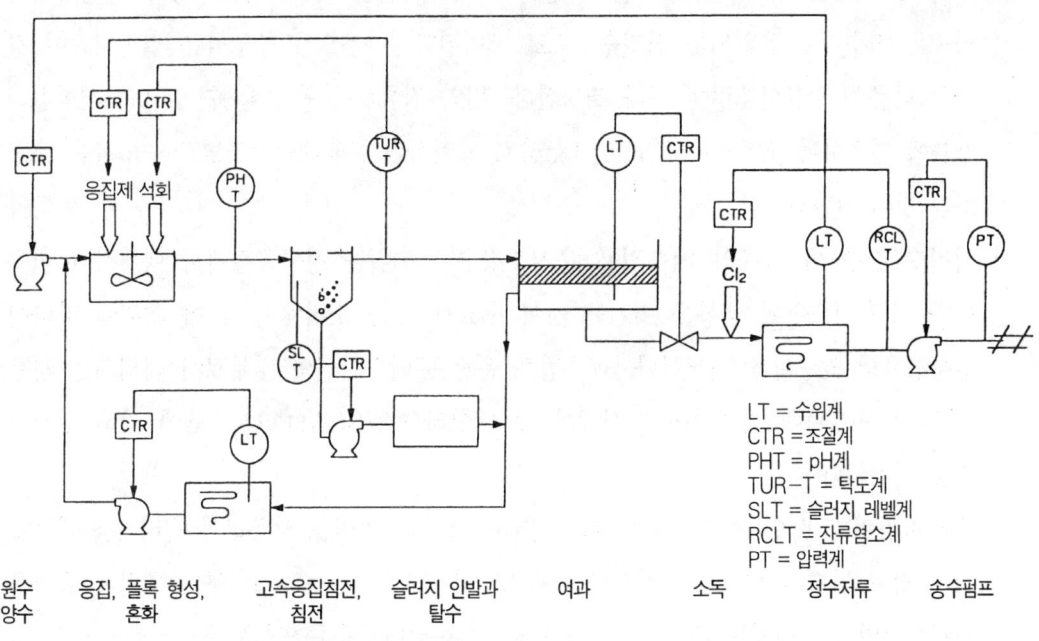

그림 10.3 전체적인 정수장 제어 체계도

- **원수펌핑**: 원수가 정수장까지 다다르는데 펌프(제8장 참조)가 사용되고 있다. 수급량에 따른 정수지수위에 의해 펌프를 제어한다.
- **응집약품 주입**: 정수처리과정에서는 응집제나 연화제를 첨가하는 것이 일반적이다. 유량과 원수수질에 따라 약품주입이 제어되며 또 처리 후의 수질에 따라 조정된다.
- **응집/플록형성/혼화**: 통상의 응집제가 사용되고 있을 때는 응집과 플록형성 및 혼화

가 조합편성되는 것이 보통이다. 공정은 원수유량과 약품주입률에 기초하여 제어되는 것이 일반적이다.

- **고속응집침전/침전** : 고속응집침전과 침전은 다양한 형태가 있다. 이 공정은 수리적으로 제어한 다음에 사용하는 것이 가장 효과적이다. 여러 개의 장치(unit)간에 유량을 균등분배시키는 것이 공정의 효율화에서 아주 중요한 경우가 많다.
- **여과와 여과지세척** : 여과와 여과지의 세척조작에서는 여과지에 운반되어 들어온 모든 것을 처리해야 한다. 여과지 유입량은 계열의 운전되는 여과지수를 결정하며 또 여과지수위는 처리하게 될 수량을 결정짓는다. 이 제어방식에는 여러 가지의 형식이 있다. 여과지 세척시퀀스는 이 단위공정에서 핵심이 되는 공정제어의 응용형태이다.
- **소독** : 소독에는 여러 방법과 선택시방들이 있다. 일반적으로는 소독용으로 사용하는 약품은 정수지에 유입되는 처리수량으로 제어된다. 다음으로 주입률은 접촉시간이 경과한 다음의 잔류약품량에 따라 조정된다. 만약 잔류량을 측정할 수 없으면 시험실의 샘플에 기초하여 오픈-루프(open loop)로 제어하거나 교대근무조별로 주입률을 조정하는 것이 일반적이다.
- **처리수(정수)의 저류와 배수펌프 운전** : 정수지 수위는 정수공정에서 핵심적인 변수이다. 정수지수위에 영향을 미치는 것이 수요량 또는 소비량이다. 이 수위에 따라서 원수펌프의 양수량을 제어한다. 배수펌프 운전은 배수시설의 일부로서 다뤄지는 경우가 많고 수요량에 기초하여 감시제어 및 데이터수집(SCADA)시스템에 의해 수작업으로 제어된다.
- **슬러지펌핑과 탈수** : 여러 가지 선택시방(option)과 변법을 사용하여 슬러지를 펌프로 퍼 올리고 탈수시킨다. 일반적으로는 슬러지의 고형분농도를 제어하기 위하여 유량을 변경시키면서 슬러지를 펌프로 연속적으로 퍼 올린다. 탈수조작은 단위공정에 대한 고형분 부하에 기초하여 제어된다.

10.2.2 요약

일반적인 정수장 설명은 적용 가능한 제어시스템을 검토할 때의 보통 정수장 형태를 조건으로 하였다. 다음에는 단위공정별로 계측제어와 제어방법을 상세하게 설명한다.

10.3 현재의 응용 예

여기서 설명하는 계측제어와 제어의 응용방법은 일반적인 정수장(그림 10.3)에서 나타낸 단위조작에 한정한다. 그 응용방법은 다음과 같다.
- 원수펌프(및 수리적 제어)
- 응집과 pH조정을 위한 약품주입
- 응집과 플록형성, 혼화
- 고속응집침전 또는 침전
- 여과와 여과지세척
- 소독과 산화
- 처리수 저류와 고압배수펌프
- 슬러지 펌핑과 탈수

10.3.1 원수펌핑과 수리적 제어

펌프운전은 제8장에서 상세하게 설명하였다. 여기서는 이 장의 목적에 따라 원수도수공정의 제어에 한정하여 설명하고자 한다.

도수되는 원수량(정수장 유량설정치)은 일반적으로 수요량 또는 정수지수위(처리수 저류량)로 이어진다. 정수장의 유량설정치가 원수양수량 제어기에 입력되고 이 제어기에 의해 펌프의 시퀀스를 제어한다(그림 10.4 참조).

여러 계열로부터 원수를 도수하는 경우에는 수리적 제어를 검토해 볼 수 있다. 이들 여러 계열마다의 유량배분제어가 빈번하게 필요하게 된다(그림 10.5 참조). 연산기는 각 공정에 배분시켜야 하는 수량이 어느 정도인가를 판단하고 펌프 유량제어기에 설정치를 전달한다. 각 공정의 유량제어기는 유출량 또는 각 장치의 정수지수위에 의하여 주어진 설정치로 되도록 실행하며 또한 실측된 유량지시치를 사용하여 밸브를 제어한다.

10.3.2 응집과 pH조정을 위한 약품주입

약품주입은 정수처리에서 가장 신경을 쓰는 것 중의 하나이다. 바람직한 수질시험결과와

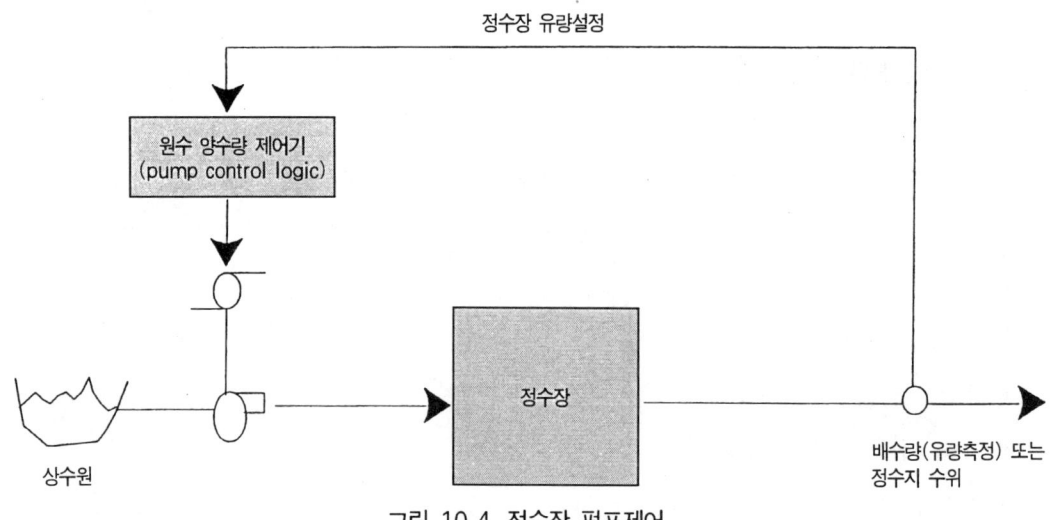

그림 10.4 정수장 펌프제어

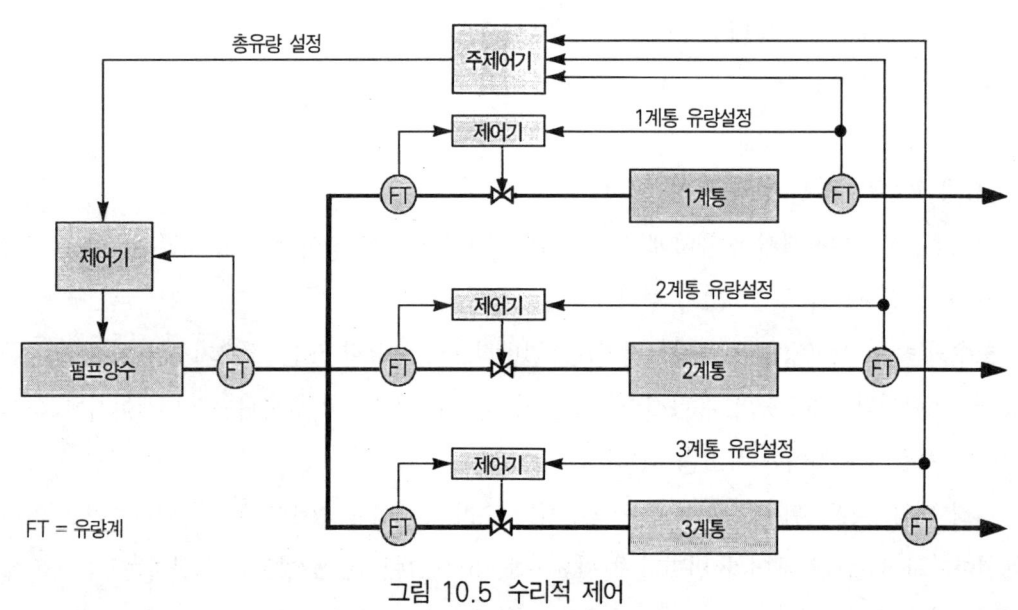

그림 10.5 수리적 제어

함께 약품을 적정하게 주입하기 위한 여러 방법이 사용되고 있다.

1) 응집, 플록형성시험
가장 일반적인 방법은 시험실에서 응집과 플록형성시험(자-테스트)을 하는 것이다.
(1) 자-테스트

공정제어를 위한 신뢰할 수 있는 자동화

적절한 장치를 선정하는 것과 함께 장치의 가동상태를 연속으로 감시하는 자동화를 도모하는 것이 아주 중요하다. 이것은 소수의 직원이나 또는 무인으로 운전하는 시설의 자동화를 도모하기 위해서는 일정한 원칙을 정해두는 것이 필요하다는 의미이다. 다음에 이 원칙들을 정리하였다.

- 조작단에 주어진 명령이 확실하게 실행되고 있는지를 확인할 수 있도록 해야 한다. 예를 들면, '밸브를 열어라'는 명령은 그 리밋스위치의 상태로 확인할 수 있어야 한다.
- 조작단의 상황을 직접 감시할 수 없는 경우에는 그 결과로서 상황을 판단할 수 있지만, 그 결과는 될 수 있는 한 조작단의 상황을 나타낼 수 있는 것이어야 한다. 예를 들어 밸브에 리밋스위치가 없다면 밸브상태는 압력이나 수위 지시치를 조사함으로써 판단할 수 있을 것이다.
- 자동화에 의해 공정의 자동운전에 관련되는 모든 설비의 상태를 파악할 수 있어야 한다. 자동제어공정에 영향을 미칠 수 있는 어떤 설비가 수동으로 제어되고 있는 경우에는 하위조작에서 수정할 것인가를 판단하도록 하기 위하여 정보시스템을 자동화시켜야 한다.
- 자동화에는 장치의 고장에 대응하기 위하여 하위조작에의 절환장치를 갖추어야 한다. 하위조작 모드에의 절환장치로는 실행 불가능한 것이 감지되었던 장치를 사용해서는 안 된다.
- 정수장은 될 수 있는 대로 독립된 기능을 갖는 소집합체로 분할시켜야 한다. 각 소집합체의 조작에 대해서는 공정의 목적이 달성되었는지를 판단할 수 있는 항목을 감시하기 위하여 상시 출구 쪽에서 확인해야 한다.
- 자동공정제어와 공정조작 감시용의 양쪽에 동일한 아날로그계기를 사용해서는 안된다. 사실, 만약 계기가 진동(drift)하는 경우에는 아날로그값의 경보설정은 의미가 없다.
- 사고의 원인으로 되는 설비에 대하여 가능한 한 면밀하게 고장의 원인을 분석해야 한다.

이러한 간단한 규칙들을 따르는 것에 의하여 신뢰성이 있는 운전을 보증하는 자동화 수준을 갖춘 시설을 설계할 수 있다. 약품조 등의 설비나 시설의 용량에도 충분히 주의를 기울이는 경우에는 이 원칙들에 따라 완전자동화된 무인시설을 설계할 수 있다. 게다가 펌프나 밸브와 같은 설비에 작동상 결함이 있는 경우에는 비상용 예비기가 자동적으로 운전되어야 한다. 이 비상용 예비기는 수작업운전도 필요하지만 그 조작은 자동화하여 두어야 한다. 이와 같은 시설들의 자동절환 운전지속시간은 최소한 24시간이 필요하지만, 일반적으로는 72시간의 자동절환으로 운전이 지속되도록 설계해 두어야 한다.

자-테스트에서는 약품주입량을 변경시킬 비커를 두고서 실제 응집지와 같은 교반속도로 물을 교반시킨다. 이 시험에 기초하여 침강률과 약품주입비용 및 최종탁도를 최적화할 수 있는 주입률을 선정할 수 있다.

약품주입률은 일정한 비율로 증가하며 처리수량에 비례하여 약품량이 첨가되는 것으로 한다. 이 원칙은 수질이 일정하게 유지되는 시설에서는 아주 적합하지만, 원수수질이 급격하게

수질센서 : 설치하는 경우와 문제점

수도사업체에서는 맑고 깨끗하고 안전한 음용수를 공급하는 것이 당연하다. 따라서 수질제어가 그 중요성을 갖는다. 산업활동, 도시로의 인구집중, 생활양식의 변화에 따라 상수원 오염이 증가하기 때문에 수돗물의 수질관리를 강화시키는 것이 지금까지보다 더 중요한 과제로 되고 있다.

연속감시를 위한 수질센서

상수원의 수질변화와 정수공정에서의 운전이나 제어의 실제변화를 가능한 한 조기에 발견할 수 있도록 하기 위하여 연속감시용 수질계기가 보다 광범위하게 설치되고 있다. 여기서는 일반적인 연속감시용 수질센서인 탁도계와 pH계, 잔류염소계, 알칼리도계, 전기전도도계, 염소요구량계에 대하여 설명하고자 한다.

탁도계

정수공정 기능 중의 하나는 수중의 불용성 불순물을 제거하는 것이다. 탁도계는 비교적 넓은 의미에서 불순물의 양을 측정하는 것으로 사용된다. 이 탁도계는 원수나 처리수 또는 배수수질을 체크하는 것으로도 널리 사용되고 있다. 적용 예로서는 원수와 처리수의 수질감시가 있다. 동시에 탁도계는 응집제 주입량과 자동주입률을 결정하기 위하여 사용되고 있다. 시료수로부터 가능한 한 기포를 제거시키기 위하여 탈기장치를 구비해야 한다. 이 탁도계는 유지관리하기 쉬운 장소에 설치해야 한다.

pH계

물의 pH치는 물의 산성 혹은 알칼리성의 정도를 나타낸다. 이 값은 운전조건이나 처리공정의 운전상태를 파악하는데 유용하며 수질제어로도 유효하다. 공정의 연속측정으로 통상 사용되고 있는 글라스전극형에 대하여 다음에 설명한다.

(1) 적용 예
- 응집제 주입률의 결정과 정수공정 감시
- 배수수질 감시

(2) 설치
- 유지관리하기 쉬운 장소에 설치해야 한다.
- 센서는 높은 임피던스에 대하여 전위차를 발생시키기 때문에 변환기는 주위의 조건이 좋은 장소(습기가 없는 장소 등)에 설치해야 하고, 또한 높은 절연강도의 기준에 합치되어야 한다.
- 한랭지에 설치하는 경우에는 적절한 대책을 수립해야 한다.
- 시료수의 전기전도도가 $50\,\mu S/cm$ 이하인 경우에는 저전도도수용의 pH계(탈염수 pH계)를 사용해야 한다.

잔류염소계

수중의 잔류염소는 유리유효염소와 결합유효염소의 합계를 말한다. 잔류염소의 측정으로는 통상 이들을 분리하여 측정한다. 잔류염소를 측정하는 폴라로그래피에는 2종류의 유효염소를 시약

수질센서 : 설치하는 경우와 문제점(계속)

을 사용하여 측정하는 시약형과 유리유효염소를 직접 측정하는 무시약형으로 나눠진다. 후자의 방법이 시약을 사용하지 않기 때문에 비교적 유지관리비가 저렴하다는 이점을 갖는다. 그러나 무시약형은 물의 pH 범위에 따라 적용범위가 제한되고 있으며 전극의 더러움이나 결합유효염소의 영향을 받기 쉬운 결점도 있다. 적용하기로 결정하기 전에 신중하게 검토해야 한다.

(1) 시약형 잔류염소계의 적용 예
- 정수장에서의 전염소, 중간염소, 후염소제어를 위한 유리유효염소 측정
- 결합유효염소를 생성하는 고농도의 암모니아성 질소를 포함하는 원수의 불연속점 염소처리 제어를 위한 잔류염소 측정
- 배수 중의 유리유효염소의 감시

(2) 무시약형 잔류염소계의 적용 예
- 배수관망이나 말단급수전에서의 유리유효염소 감시
- 정수 중의 비교적 저농도의 유효염소 감시

(3) 설치
- 시약탱크, 잔류염소계는 유지관리하기 쉬운 장소에 설치하고 충분한 공간을 확보해야 한다.
- 시료수에 기포가 있는 경우에는 오차가 생길 수 있다. 잔류염소계에 기포가 들어가지 않도록 시료수를 사전에 탈기시켜야 한다.
- 시료수가 흐려져 있는 경우(원수, 침전수 등)에는 사전에 모래여과 등으로 처리해야 한다.
- 실내에 설치된 경우에는 환기 등을 위하여 적당한 장소를 선정해야 한다.
- 물과 염소의 반응이 완료된 다음에 잔류염소를 측정해야 하고, 시료채수지점은 염소주입지점으로부터 충분하게 떨어진 지점으로 해야 한다.

알칼리도계

효과적으로 응집제를 주입하기 위하여 정수장에서 알칼리도를 측정해야 한다.

(1) 적용 예
- 탁도와 함께 알칼리도 측정은 정수장에서 원수를 처리하기 위한 응집제 주입률을 결정하는 데 영향을 미친다.
- 저알칼리도의 물은 철관을 부식시키기 때문에 배수관(정수장에서 수용가까지의)에서 물의 알칼리도를 일정 수준이상으로 유지해야 한다. 알칼리성 물질(물속의 중탄산염, 수산화물 등)은 철관의 내면에 부착되어 부식을 방지한다. 도장이나 피복 또는 전식대책 등을 하지 않는 노후관에서 적수가 발생하지 않는 경우가 있는 것은 수중의 알칼리성 물질이 유용함을 입증하고 있다고 생각된다.
- 알칼리도는 하수나 광산폐수 또는 산업폐수의 영향으로 급격하게 증가하거나 감소한다. 오염에 관한 데이터를 수집하기 위하여 정수장에서는 알칼리도계로 원수수질을 감시한다.

(2) 설치
- 각 알칼리도계는 그것 자체로 하나의 시스템을 구성하며 다른 수질센서와 조합하여 설치하

수질센서 : 설치하는 경우와 문제점(계속)

기가 어렵다. 이에 따라 센서를 각각으로 설치해야 한다.
- 유지관리하기 쉬운 장소에 설치해야 한다.
- 형식에 따라서는 물이나 압축공기 등이 필요한 경우가 있다. 이와 같은 설비를 설치할 때에는 신중하게 검토해야 한다.

전기전도도계

전도도계는 센서 내의 2개 전극간에 흐르는 전류량을 측정함으로써 수중의 전해질량을 표시한다.

(1) 적용 예
- 하천수와 급수전수 중의 염류증가와 수질변화를 감시한다.
- 하천수에 포함된 용해성 물질량을 추정한다.

(2) 설치
- 선정한 전도도계의 허용범위 내로 주변온도를 유지해야 한다.
- 설비 내 또는 배관 내에서는 기포가 전극수조에 침입하지 않도록 유의함과 동시에 측정용 배관의 막힘을 방지하도록 유의해야 한다.
- 슬러리를 포함하는 시료수의 흐름이 지나치게 빠른 경우에는 전극이 조기에 손상된다. 적정한 유속과 수압에서 전도도계를 사용하는 것이 중요하다.
- 전기전도도계는 유지관리하기 쉬운 장소에 설치해야 한다.
- 글라스지지전극을 사용하는 경우에는 시료수에 이물질이 혼입되지 않아야 한다.

염소요구량계

염소요구량계는 암모니아성질소, 철, 망간, 유기물 등과 같은 염소를 소비하는 물질에 의해 원수중의 염소요구량을 연속하여 측정하는 것이다. 정수장에서의 전염소주입은 잔류염소수준에 따라 과잉주입하거나 부족주입하는 문제가 있다. 이들은 급격한 수질 변화에 대한 대응이 지연되었기 때문이다. 염소요구량을 원수의 수질제어에 이용함과 동시에 원수수질 변화에 정확하게 대응시키기 위하여 전염소제어시스템에 편입시킬 수 있다.

염소요구량계는 현재 그다지 광범위하게 사용되고 있지 않으며 응답특성, 보수성, 신뢰성의 관점에서 검토해야 할 문제가 남아 있다. 그렇지만 일반적으로 말하여 원수수질은 앞으로도 악화될 것이라고 생각되므로 장래에 염소요구량계는 크게 기대해도 된다. 증대되는 원수수질의 난제에 대응하기 위하여 전염소를 제어하기 위한 염소요구량계가 더욱 많이 사용될 것이다. 이 계기의 구성이 복잡하고 조정도 어렵기 때문에 공업용계기로서의 안정성을 유지하기 위하여 더욱 개량해야 한다는 것을 특기해 둔다.

요약

수질센서를 채용할 때에는 시료채취 시간지연(time delay)이나 일상의 사용에서 빈번한 점검과 조정의 필요성 등 고려해야 할 점이 아직 있다. 수질센서를 채수지점에 가깝게 설치하여 시간지연을 제거시키는 것은 안정성이나 시스템제어의 정확성을 고려하는 경우에도 바람직하다. 그렇

> **수질센서 : 설치하는 경우와 문제점(계속)**
>
> 더라도 시료를 채수지점에서 수질시험실까지 수송해야 한다. 수질센서는 적정한 정확도를 유지하기 위하여 일상점검이 필요하다. 또 채수지점의 주변환경이 수질센서의 적정한 작동에 적합하지 않은 경우가 많다. 이와 같은 제약조건이 없는 수도사업체도 있지만 대부분의 수도사업체에서는 이러한 상황이 중대한 문제로 나타나는 것을 보고 있다.
>
> 사용자들이 요구하는 유지관리와는 별도로 수질센서제작자는 유지관리가 적게 필요하며 설치조건이나 운전조건에 견딜 수 있는 제품을 만들기를 계속해야 한다.

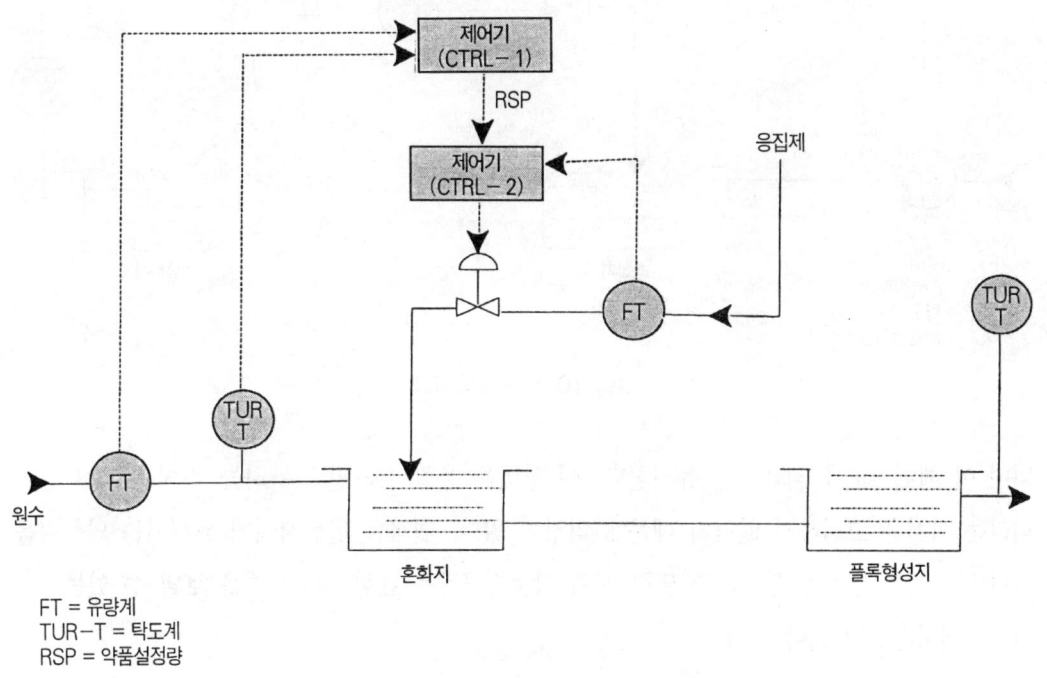

FT = 유량계
TUR-T = 탁도계
RSP = 약품설정량

그림 10.6 피드포워드제어

게 변동하는 경우에는 적합하지 않다. 시험실시험에 적합하지 않을 정도로 수질이 빈번하게 변동하는 경우에는 2개의 다른 방법이 사용된다.

(2) 피드포워드(feedforward)제어

제1의 방법은 원수탁도를 고려한 방법으로 원수탁도를 측정하여 주입약품량을 결정하는 방법(피드포워드제어)을 기본으로 한 것이다(그림 10.6). 탁도와 약품주입률과의 관계식을 사용하며 구해진 주입률에 처리수량을 곱하여 약품주입량을 결정한다. 다음으로 제어기는 주입해야 할 약품량에 상당하는 신호를 보낸다. 이 신호가 자동제어회로에서 유량설정치가

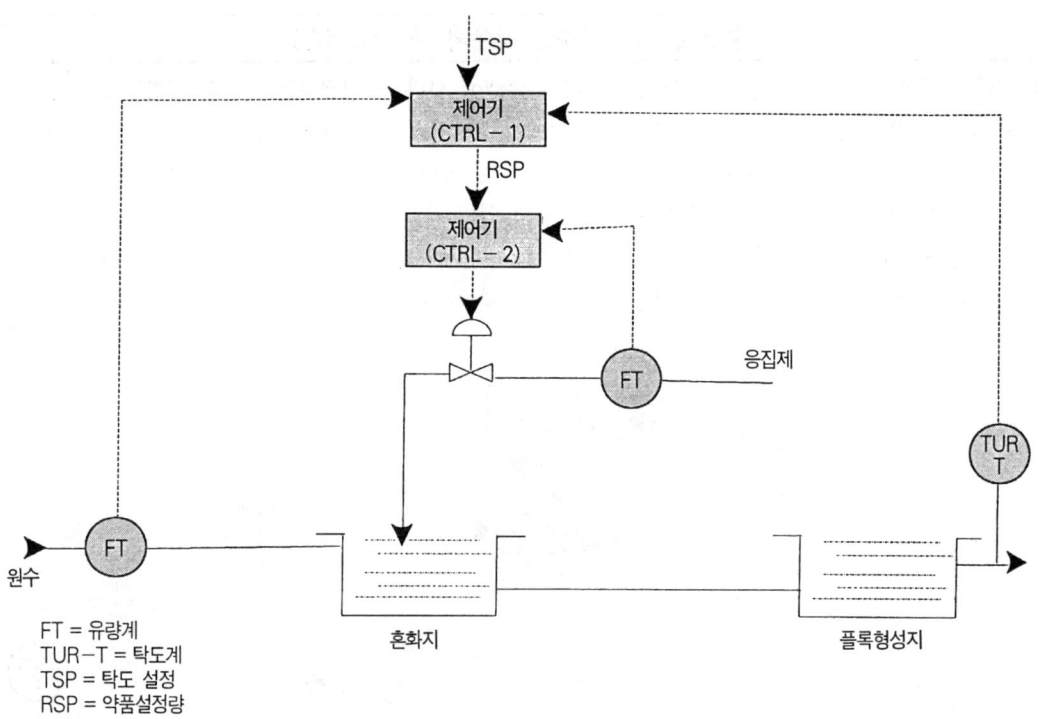

그림 10.7 피드백제어

되며 이 제어회로가 약품량을 유지한다. 이 방법은 응집제를 필요로 하는 것이 탁도만이 아니라는 사실을 고려하지 않았기 때문에 약점이 있다. 결과를 향상시키기 위해서는 약품량을 나타내는 여러 인자를 통합하고 또한 전체 약품요구량을 표현하는 신호를 보낼 수 있는 1~2대의 센서를 사용해야 한다.

(3) 피드백(feedback)제어

제2의 방법은 유출수의 탁도를 탁도설정치와 비교하여 주입률을 피드백으로 수정하는 방법이다(그림 10.7). 이것은 표준적인 자동제어회로로 구성되어 있지만, 동력학은 비교적 복잡하고 현상도 잘 알려져 있지 않다. 설정치는 최종측정치와 같이 탁도로 표현된다. 그림에서 제어기(CTRL 1)가 측정치와 설정치의 차이를 고려하여 주입률을 계산하고 이 주입률에 유량을 곱하여 약품주입량 설정치를 얻는다. 이 제어기는 주입순간과 주입결과가 유출점에서 측정되는 순간과의 시간지연을 고려해야 한다. 이 시간지연은 원수량에 따라 변화한다. 제2의 제어회로가 실제 약품량을 제어한다. 이 방법은 수질의 최종결과에 착안한 것이므로 피드포워드제어보다 설득력이 있다. 그렇지만 이 방법에 의해 약품비를 최소한으로 한다는 보장은 없다.

(4) 조합제어

이들 2개의 방법이 병용되는 경우가 있다. 피드포워드제어로는 운전개시할 때의 대강 주입률을 찾아낼 수 있고 피드백제어로는 실제 운전상황에서 약품주입을 계속할 수 있게 한다. 일반적으로 어떤 방법으로 하거나 최종적인 수질경보를 발령할 수 있도록 처리시설의 출구에서 별도로 탁도를 측정해야 한다(피드백제어의 경우와 같이 비록 1대가 설치되어 있는 경우에도).

(5) 약품주입

약품주입이라는 말은 2종류의 자동화 영역을 커버하고 있다. 그 하나는 약품주입설비와 주입량결정의 자동화이고, 다른 하나는 주입량 감시와 결과의 자동화이다. 자동기기(조작단과 센서)의 선정은 설비의 배후에 있는 이론과 마찬가지로 설비가 어디(어느 나라)에 설치되느냐에 좌우되는 것이고 여기서는 거론하지 않는다. 선정되는 설비에 관계없이 약품의 용도는 거의 유사하다.

주입제어방법은 다음과 같다.
- 정량주입 제어
- 처리수 비례주입 제어
- 피드포워드주입 제어
- 피드백주입 제어(수질일정 제어)
- 피드포워드/피드백주입 제어
- 수학적 모델에 의한 제어

일반적인 제어요소(제어설비)는 다음과 같다.
- 제어 밸브
- 정량주입 펌프
- 건식주입용 주입기와 동종 기기

2) pH조정

pH조정은 대부분의 대규모 시설에 사용되고 있다. pH는 폭기에 의해 이산화탄소를 물리적으로 제거시키는 것으로 조정할 수 있다. 많은 경우 pH는 정수공정 중의 여러 지점에서

석회나 산을 첨가하여 조정한다. 석회는 일련의 처리공정 중의 최초나 중간단계(플록형성 또는 망간 제거의 전단계)에서는 석회유(石灰乳)로 첨가되고, 처리의 최종단계에서는 석회수로 첨가된다. 석회는 기계적으로 교반시킨 탱크 내에서 일정 농도가 되도록 하여 용량식 주입기(나선형 또는 회전익)나 중량식 주입기(계량)로 주입하고 있다. 통상적인 석회유는 용량식(정량) 펌프로 공급된다.

어떤 약품이나 주입방법이 사용되더라도 반응은 신속하고 모든 pH조정은 비례조정회로(proportional correlation loop)에 의해 자동적으로 제어된다. 가변속장치(회전날개 주입기, 나선형 주입기, 가변속 펌프)로 주입되는 경우에는 제어회로로부터 나오는 신호는 주입되는 약품량에 상당하는 것으로 된다. 주입장치는 이 데이터를 수신하며, 이 데이터는 장치의 주입량과 속도 관계를 알려주는 주입기 모터의 속도설정치로 변환된다. 이 속도설정치는 모터에 적용되지만 모터가 실제로 정해진 속도로 회전하고 있는지에 대한 보증은 없다(모터는 부하변동[주입약품의 압력, 농도, 점성의 변화]의 영향을 받는다). 이 경우 제2의 자동속도제어회로가 사용된다. 속도설정치가 제어기에 입력되며 이 제어기는 모터의 실제속도도 수신하고 있다. 실제속도와 희망속도와의 편차에 따라 변속기(speed variator)에 주어지는 명령이 수정된다. **그림 10.8**은 이 복합회로장치를 나타낸 것이다.

게다가 하나는 제어, 또 다른 하나는 최종결과를 감시하는 2개의 다른 센서를 사용하는 것이 바람직하다. 제어기로 측정치를 보내는 센서가 진동(drift)하는 것은 약품의 이상주입으로 이어진다. 석회주입의 경우는 이것이 석회의 과잉주입으로 되며 따라서 다음 처리단계에서는 장치의 폐색으로 이어진다. 한계를 넘는 값을 감지하기 위하여 또 2개의 센서로부터 보내오는 신호를 연속적으로 비교하기 위하여 제2센서 신호를 사용한다. 측정치간에 현저한 차이가 생긴 경우에는 경보가 발령된다.

자동화할 때에는 운전할 때의 공정관리뿐만 아니라 운전중지하기 전에 주입관의 세척단계도 포함해야 한다. 정상상태에서 이러한 조작이 실행되지 않으면 석회가 들어가고 있을 때 막히는 것을 방지하기 위하여 또한 산이 들어가고 있을 때의 부식을 방지하기 위하여 경보가 즉시 발령되어야 한다. 위험을 피할 수 있는 설비 상황이 설정되도록 자동화를 설계해야 하고 공정에 사용된 모든 장치 상황을 연속적으로 감시해야 한다. 수력기계를 선정하는 것이 시스템을 안전하게 한다. 장비수준에서 취급되어야 하는 안전기능에 대해서는 자동화에만 의존하지 않는 것이 중요하다. 예를 들면, 2개의 온/오프 밸브가 항상 2개가 동

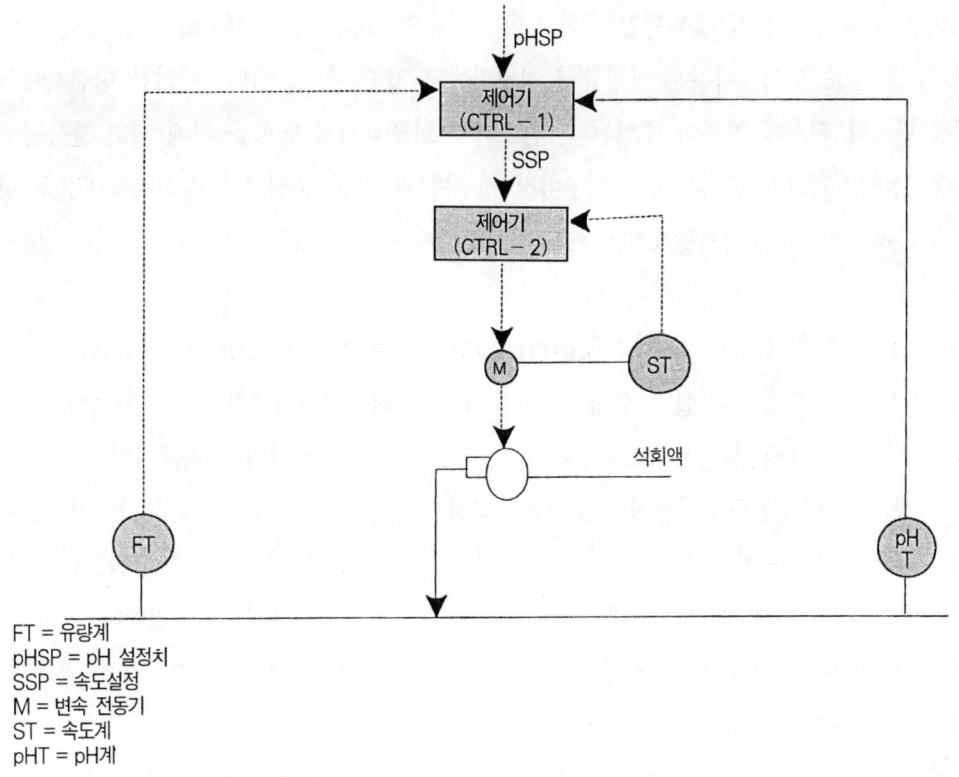

그림 10.8 pH 자동제어 회로

시에 열리거나 닫히는 경우에는 이들을 전기적으로 또는 기계적으로 인터페이스하게 하여 오직 1개의 제어기구만이 존재한다. 이와 같이 하면 오조작은 불가능하며 이러한 것은 자동화의 범주가 아니다.

10.3.3 응집·플록형성·혼화

응집은 체류시간이 1~3분인 패들식 혼화지에서 또는 약품을 관내에 직접 주입하는 경우에는 정지식 혼화(static mixer)로 이루어진다. 수중에서 약품을 양호하게 혼합시키기 위하여 이들 장치로 충분히 교반시켜야 한다. 이 단계에서는 임펠러의 회전속도가 수온이나 오염도에 따라 자동적으로 제어되는 것을 제외하고는 자동화와 관련되는 부분은 거의 없다.

플록형성은 약품을 혼합시키는 것이 아니고 이미 형성된 플록을 파괴시키지 않도록 천천히 교반시키는 장치를 구비한 탱크 내에서 이루어진다. 여기서도 자동화는 교반장치의 자동제어에 한정된다.

설비에 따라서는 응집/플록형성/혼화공정이 하나의 고속응집침전(clarifier)영역에서 이루어지는 경우도 있다. 이것은 상향류식 침전지에서 자주 볼 수 있다. 이러한 침전지에서는 상향류 단계의 직전에 약품이 주입된다. 관로가 혼화조로서의 역할을 하게 되며 플록형성은 고속응집침전지의 내부혼화실에서 이루어진다. 약품에 의해 응집되며 슬러지블랭킷을 형성한다. 다음에 흐름은 슬러지블랭킷을 거쳐서 상승하여 월류위어로 넘어가서 여과지로 향한다.

10.3.4 고속응집침전 및 침전(clarification and/or sedimentation)

침전공정은 여러 형태의 설비(정지식침전지 또는 슬러지제거기부착 정지식침전지, 슬러지순환식침전지, 농축형 침전지)로 이루어진다. 침전지는 보통침전지와 약품침전지로 분류되며, 약품침전지에는 중력식침전지와 고속응집침전지가 포함된다. 이 침전지들은 침전효율을 높이기 위하여 정류판이나 유사한 장치를 가지고 있는 것이 많다. 이러한 설비들은 고정식이며 비제어운전식이다. 제어시스템은 이러한 설비를 단지 감시하기 위한 것이다.

여기서는 전세계적으로 널리 사용되고 있는 슬러지블랭킷형 고속응집침전지에 대하여 설명한다. 그 모식도는 **그림 10.9**에 나타내었다.

처리되는 플록형성된 물은 슬러지블랭킷(팽창되어 있는 대량의 슬러지)을 통하여 상승하

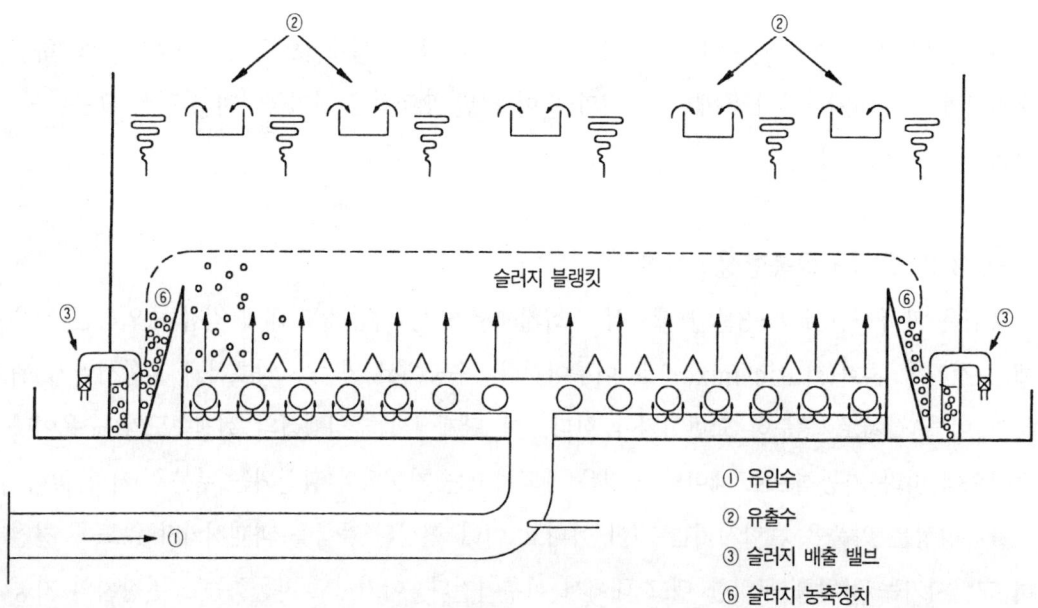

그림 10.9 고속슬러지 블랭킷형 침전지

며 그 과정에서 플록형성이 촉진된다. 연속교반과 플록형성 그리고 침전지 전표면에 균일한 수류를 보증하는 침전지 바닥의 분배장치를 통하여 원수가 유입된다. 침전지 상부의 월류위어에서 처리수를 모을 수 있다. 운전 중에는 슬러지블랭킷의 분량이 증가하므로 과잉슬러지를 특수구역(슬러지농축 장치)에 모아서 슬러지를 정기적으로 배출시킨다.

고속응집침전지의 운전성능은 혼화, 슬러지제거, 주입약품량에 의존하며 각 공정은 자동화된다. 에너지를 이용한 혼화, 수리적인 유량제어, 슬러지블랭킷의 높이 등은 제어변수로서 중요하다. 일반적으로 혼화에너지는 수작업으로 설정하고 수리적인 것은 자동제어하며, 슬러지블랭킷은 슬러지펌프의 작동빈도와 속도에 의해 제어된다. 이들 슬러지블랭킷형 고속응집침전지의 대부분은 문제없이 양호하게 운전되고 있다.

10.3.5 여과와 여과지의 세척

여과의 목적은 물 속의 현탁입자를 포착하고 이들을 일시적으로 억류하였다가 역세척에 의해 이들을 분리시키는 것이다. 따라서 설비에는 반드시 여과장치와 이에 부수되는 세척장치가 설치되어 있다. 전체 여과공정의 자동화는 여과과정에서 적정한 운전 확인, 세척의 필요성 감지, 기동, 세척주기의 감시 등 4개 부분으로 나뉘고 있다. ① 지지여재를 사용하는 여과(체가름), ② 입자층을 통과하는 여과(모래 또는 활성탄여과), ③ 막여과로 여과기술을 분류할 수 있다. 다른 여과방법은 일반적으로 거의 사용되지 않는다. 이 장에서는 급속입상여과에 초점을 맞춰 설명하기로 한다.

1) 급속여과지

급속여과지는 규모와 적용요구조건에 따라 분류할 수 있으며 여과의 경제성과 효율성을 높이도록 추구한다. 급속여과지는 다음과 같이 분류한다.

- 여층 구성 : 단층과 복층
- 유향 : 상향류와 하향류
- 여재 : 모래, 안트라사이트, 활성탄 등
- 수리적 원리 : 중력식과 압력식
- 여과수량 시간 변화 : 정속여과와 감쇠여과
- 여과수량 조절 방식 : 유입수량제어와 유출수량제어 및 유량제어와 수위제어

- 세척방식 : 역세척탱크 또는 역세척펌프에 의한 세척으로 공기세척병용의 유무

여과지 계측제어는 각 여과방식에 맞추어야 하며 다음 사항을 고려해야 한다.
- 투자비용과 운전비용
- 운전과 정지 및 여과수량 제어를 임의로 또한 쉽게 수행할 수 있을 것
- 세척은 임의로 조작할 수 있을 것. 세척시간과 세척수량은 여층의 완전함을 확보하면서 가능한 한 작아야 할 것

2) 여과공정

여기서는 여과유량제어의 대표적인 예로서 정속여과공정에 대하여 해설하고자 한다. 총여과량의 설정치는 정수장의 단위제어시스템에 의해 결정된다. 이 설정치에 의해 최적인 여과지 숫자가 정해진다. 이들 여과지 운전에 대응할 제어기에 이 숫자를 보낸다. 총여과유량 설정치를 운전되는 여과지 수로 나눈다. 다음으로 1지당의 목표유량(설정유량)을 운전 중인 각 여과지의 유량제어기에 보낸다. 각 여과수량 제어시스템에서 설정치에 급격한 변동이 생기지 않도록 구조를 설계한다. 시간기준이 주어져 있고 기존 설정치에서 신규 설정치로의 이행은 점진적으로 이루어진다. 한 여과지가 세척상태에 들어갈 때는 운전 중인 다른 여과지들의 유량이 증가함으로써 총여과량은 변동하지 않도록 계측제어구조가 되어 있다. 설정치를 점진적으로 변경되도록 함으로써 여층의 여재표면에 엉성하게 억류된 플록의 탈락을 방지할 수 있다. 한편, 급격하게 유속을 변화시키면 플록입자가 탈락해 버린다. 세척 후에 여과를 재개할 때 점진적으로 여과량을 증가시키는데도 이 기능이 이용된다.

3) 여과지 세척관리

여기서는 여과 중인 여과지관리에 대하여 설명하지만 동시에 여과지의 세척관리에 관한 설명이기도 하다. 우선 각 여과지의 세척이 언제 필요한지를 판단하는 것이 중요하다. 하나 또는 그 이상 항목이 한계치(threshold)에 도달하였을 때에 세척해야 하지만 이들 항목은 수질과 시설규모에 따라 다르다. 일반적인 판단기준은 여과수량 또는 전회세척으로부터의 경과시간, 여과수탁도, 여과지폐색상태 등이다. 동력비가 최소로 되는 때인 비첨두수요시간대에 자동적으로 세척되도록 하는 것이 목표이고 세척요구는 시간순으로 기록된다. 세척시간간격을 최적(배출수지는 비워지고, 세척수조는 가득 채움)으로 하기 위하여 세척프로그램

으로 세척펌프를 관리한다.

다음에 설명하는 여과지자동세척시퀀스는 하나의 예이며 실제로 설치된 계측제어에 따라서는 다를 수도 있다. 여과지의 계측제어구성은 **그림 10.10**에 나타내었다.

1. 유입밸브를 닫고서 여과지 수위가 사면 위의 설정수위에 내려갈 때까지 여과를 계속한다.
2. 설정수위에 도달되면 유출밸브를 닫는다.
3. 세척배출수밸브를 열어서 여과지에 있는 미여과수를 배수한 다음 표면세척펌프를 기동하고 표면세척밸브를 열어서 표면세척을 개시한다.
4. 역세펌프를 기동한 다음 역세밸브와 역세유량제어밸브를 서서히 열고서 차츰 유속을 규정유속까지 증가시킨다. 일정유속으로 세척을 계속한다. 규정된 세척시간이 경과되면 먼저 표면세척밸브를 닫고 그 다음 역세밸브와 역세유량제어밸브를 닫는다.
5. 세척배출수밸브를 닫는다.
6. 유입밸브를 열어서 여과지 내로 물(비여과수)을 유입시킨다.
7. 여과지 내의 수위가 규정된 수위로 상승된 다음에 유출밸브를 천천히 열고 여과를 개시한다.

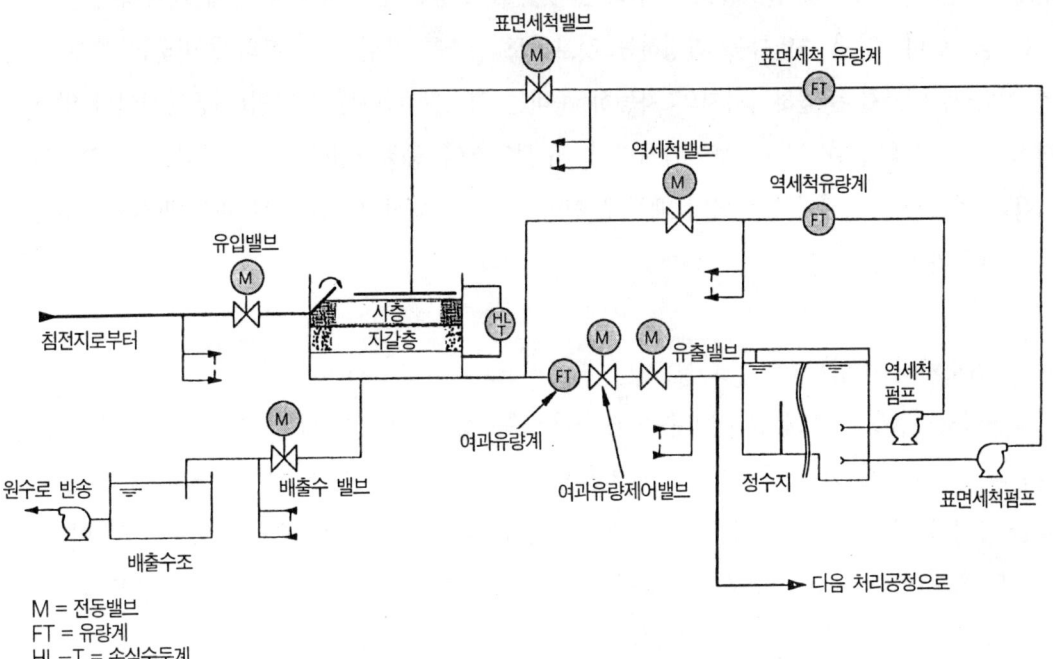

그림 10.10 여과지 자동화의 개요

이상과 같은 복잡한 제어순서와 유량제어를 종래에는 릴레이시퀀서와 아날로그 계측제어에 의해 제어하고 있었다. 오늘날에는 이와 같은 제어계에 대해서는 디지털계측제어가 가장 적합하다. 여과유량설정치는 여과지수위로 제어하거나 처리계통마다의 여과지 숫자에 의해 수정된 바람직한 정수장 유량으로 제어된다.

10.3.6 소독과 산화

살균을 위한 소독에는 일반적으로 염소를 사용하며, 그 형태로는 액체염소 또는 차아염소산나트륨이다. 염소는 물 속에 존재하는 철분, 망간, 암모니아성질소, 유기물 등의 물질과 반응하지만, 트리할로메탄과 같은 바람직하지 않은 물질을 형성하거나 이상한 냄새의 원인이 되기도 한다. 이러한 문제를 해소하기 위하여 다른 소독방법, 특히 오존처리가 개발되고 있다. 이 절에서는 염소처리와 오존처리에 대하여 설명한다.

1) 전염소처리(주입)

전염소처리의 목적은 철분, 망간, 암모니아성 질소, 유기물 등을 산화시키는 것이다. 전염소처리는 일반적으로 일정률로 주입하는 것만으로 충분하기 때문에 쉽게 자동화시킬 수 있는 공정이다. 실제 주입률을 결정하는 것보다도 염소를 주입하기까지의 준비하는 쪽이 훨씬 어렵다. 염소를 주입하기까지의 자동화 준비는 염소를 뽑아내는 방법(진공방식이나 압력방식)과 저장에 관한 규제, 누설감지방법, 누설염소의 중화방법에 따라 정해진다. 염소의 작용은 처리공정 전체에 지속되기 때문에 전염소처리에 대하여 폐루프로 자동제어하는 것은 불가능에 가깝다.

2) 염소처리(주입)

최종염소주입을 한 다음에 처리수는 배수지 또는 정수지에 송수되며 그 곳에서 염소가 혼화된다. 이 혼화에 의해 잔류염소를 균일하게 퍼지도록 할 수 있다. 배수지에서 배수관망으로 유출되기 직전이나 또는 오존처리직후에 최종염소를 주입하였을 때에는 염소요구량이 극히 적으며 주입된 염소의 대부분은 유리염소상태로 잔류한다. 이 경우 잔류염소 피드백제어를 사용하는 처리방식은 양호한 결과를 나타낸다.

(1) 염소주입방식

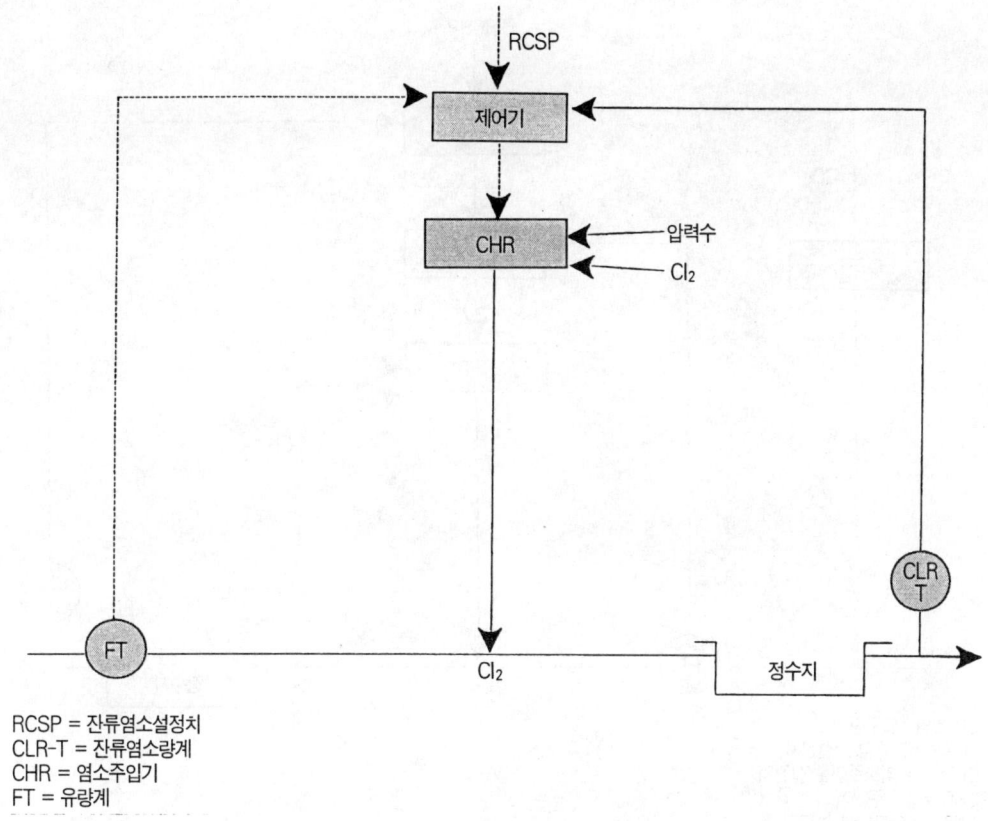

RCSP = 잔류염소설정치
CLR-T = 잔류염소량계
CHR = 염소주입기
FT = 유량계

그림 10.11 잔류염소에 의한 피드백

염소주입방식에는 액체염소습식진공식, 액체염소습식압력식, 자연유하식, 인젝션주입식, 정량펌프식이 있다.

(2) 염소주입제어

정치(定値)제어, 유량비례제어, 잔류염소제어(캐스케이드제어), 그리고 이와 유사한 공정들이 염소주입제어에 사용될 수 있다. 통상적으로 전염소처리에서는 피드포워드제어, 피드백제어, 캐스케이드제어를 조합하여 사용한다. 유입유량에 대하여 사전에 주어진 비율로 염소를 주입하는 유입량비례방식이 널리 사용되고 있다. 이 방식은 대단히 단순하지만 결과를 보증하지는 못한다.

그림 10.11에 나타낸 바와 같이 잔류염소에 의한 피드백제어에는 수질센서(잔류염소계)를 포함한다. 염소는 주어진 잔류염소농도를 유지하도록 주입된다. 이 피드백제어는 유량비제어로 변경시킬 수 있도록 구성해 둘 필요가 있다. 염소는 유기물을 산화시키면서 소비되

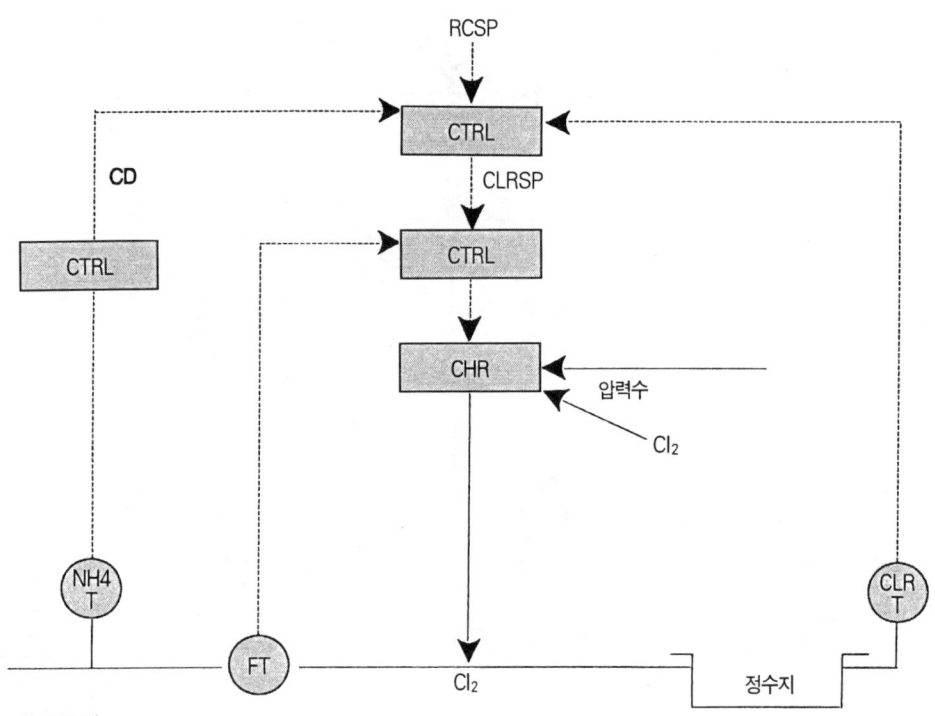

CD = 염소요구량
RCSP = 잔류염소 설정치
CLRSP = 염소주입률 설정치
CHR = 염소주입기
NH4T = 암모니아 농도계
FT = 유량계
CLR-T = 잔류염소계

그림 10.12 염소요구량에 의한 제어

고 염소주입 후에 잔류염소 농도가 안정될 때까지 시간지연이 있기 때문에 수질에 의한 피드백제어에는 시간지연보상기능을 가지고 있어야 한다. 또 전염소처리의 경우 주입점과 측정점간에 혼화지, 채수펌프 등이 있기 때문에 쓸데없이 낭비되는 시간이 발생된다.

염소요구량에 의한 제어(그림 10.12)에는 우선 원수 중의 암모니아농도를 측정함으로써 염소요구량을 결정(피드포워드제어)한다. 염소주입제어는 원수량에 비례하고 주입률은 염소요구량신호에 따라 결정된다. 염소주입 후의 잔류염소신호는 주어진 잔류염소농도를 유지하기 위하여 제어기로 송신된다.

이 이외에도 많은 방식이 있지만 어느 방식이라도 앞에서 설명한 기본적인 방식의 조합에 지나지 않는다. 이러한 방식은 정수장이나 배수시설의 특성에 맞춘 것이어야 한다.

3) 오존처리

오존처리는 정수공정의 여러 단계에서 사용되고 있다. 지역에 따라 다르지만 그 목적은 다음과 같다.

- 물의 색도나 맛의 개선
- 세균이나 바이러스의 제거
- 유기물질, 미량오염물질, 용존금속(철, 망간)의 산화
- 입상활성탄처리의 전 단계에서 생물분해성 향상

공정제어 측면에서 보면 오존처리설비는 명확한 2개 부분으로 구성된다. 그 하나는 오존 생성과 주입 및 분해이고, 다른 하나는 오존이 주입되는 처리수량 제어이다. **그림 10.13**은 오존처리공정 내의 여러 단계 또는 처리공정에서 공기 흐름을 나타낸 것이다.

이와 같은 설비를 적정하게 운전하기 위해서는 많은 공정들이 필요하다. 이들의 운전은 일체화되어 있고 오존처리시설의 운전에 고장이 생기면 다른 공정에 장애나 고장으로 이어진다. 따라서 철저한 자동공정경보와 낮은 수준의 운전전략(downgraded operating strategies)이 필요하다. 또 설비의 특정한 필수부분을 2중화시키는 경우도 많다. 이에 따라 긴급시의 해결책이 얻어지지만, 동시에 구조가 상대적으로 복잡하게 됨으로 공정 전체를 제어하기가 더 어렵게 된다.

처리량 조절은 일반적으로 피드백제어방식이고 사용되는 구조는 응집제 주입률을 조절하는 경우에 제안되는 것과 동일하다. 조절변수는 오존발생기에 공급되는 전력량이다. 측정되는 항목은 잔류오존량이고 설정치는 잔류오존량으로 표현된다. 오존발생기에 공급되는 전력량은 처리수량에 비례하고 이 전력량은 제2루프의 설정치로 이용된다. 이 제2루프에서 오존발생기에 공급하는 전력량을 효율적으로 제어하게 된다.

조절에 덧붙여 수질을 최종확인하고 잔류오존의 과부족과 같은 이상사태에는 경보를 발생

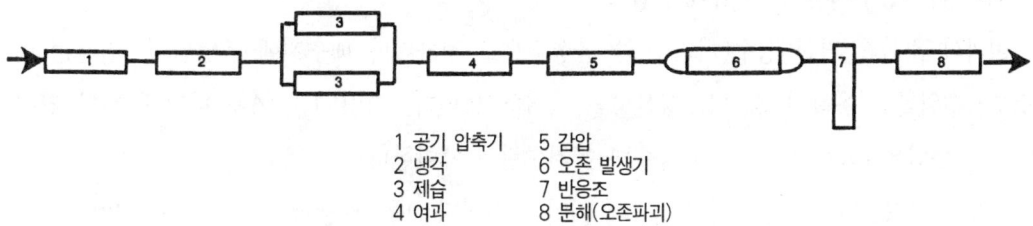

1 공기 압축기 5 감압
2 냉각   6 오존 발생기
3 제습   7 반응조
4 여과   8 분해(오존파괴)

그림 10.13 오존 처리 공정에서의 공기 흐름

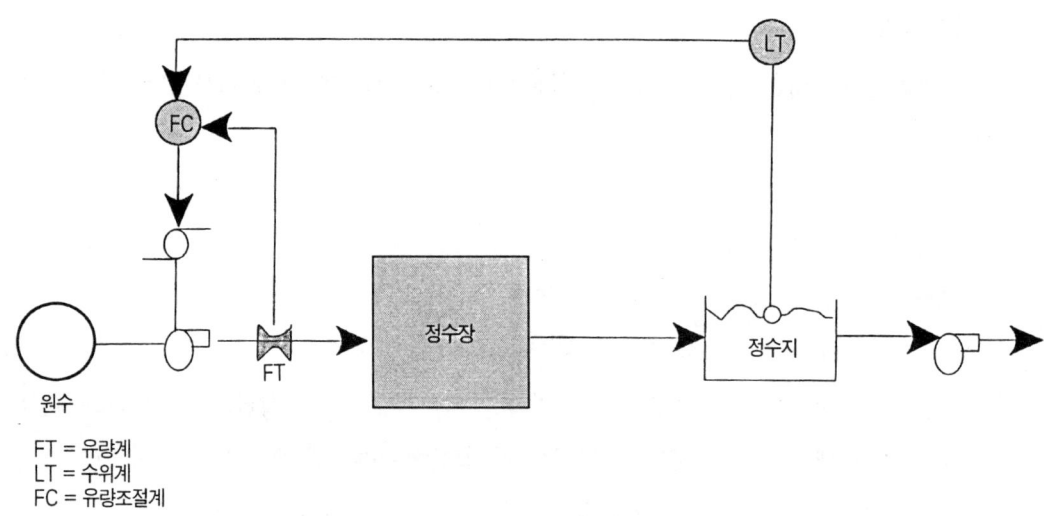

그림 10.14 정수저류와 취수펌프

시키는 것이 필요하다. 다른 공정에 관해서는 이러한 일을 하는 센서와 조절하기 위하여 측정치를 보내는 센서를 구별해야 한다. 과도현상을 고려하여 잔류오존의 과부족경보는 빠르지 않아야 한다. 예를 들면, 개시단계에서는 물은 아직 오존을 포함하지 않으며 또한 최초의 오존수가 검출기를 통과할 때까지는 오존을 포함하지 않은 것으로 된다. 최초의 오존을 포함한 물이 검출기에 도착하기까지의 시간은 설비를 통과하는 수량에 좌우된다. 유량에 비례하는 기간에는 경보가 없도록 유의해야 한다.

이 단계에서 처리수량을 수정하기 위하여 잔류치를 고려하여 제어하는 경우에는 함유량이 일정하게 부족하기 때문에 곧 최대치에 달한다. 이런 현상 때문에 그 사이에는 제어루프를 열어두고서 미리 정해진 양을 공급해야 한다. 일반적으로 이 양은 정상상태에서 행해진 최후의 제어 중에 나타난 양이다.

10.3.7 정수저류와 고압배수펌프

여과와 소독을 거친 정수(처리수)는 통상적으로 정수지나 배수지에 유입된다. 현재는 이 정수지수위를 이용하여 정수장 생산량을 제어하고 있다. 그림 10.14에 나타낸 바와 같이 배수지 수위에 따라 정수장에서 양수하는 취수량을 제어한다.

배수지수위는 배수관망의 수요변동에 따라 변화한다. 배수관망에서는 수위나 수압이 변동되므로 수요량에 알맞도록 고구용(高區用)펌프를 온라인 혹은 오프라인으로 가동시키거나 속

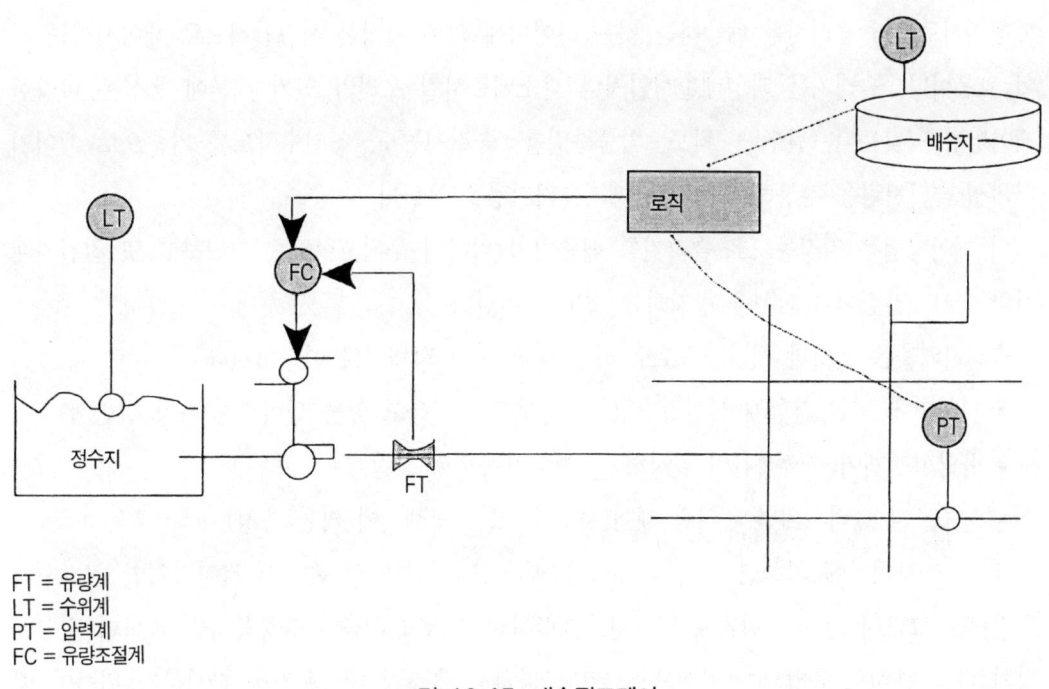

FT = 유량계
LT = 수위계
PT = 압력계
FC = 유량조절계

그림 10.15 배수펌프제어

도를 변경시키거나 한다(그림 10.15 참조). 펌프는 정수장이나 배수펌프제어센터(SCADA)의 어느 쪽에서도 제어할 수 있다.

10.3.8 배슬러지펌핑과 탈수

대부분의 국가에서는 정수장에서 배출되는 슬러지는 법규제의 대상으로 되고 슬러지처리에 의해 발생되는 케익도 산업폐기물처리법의 대상으로 되고 있다. 이 때문에 일정한 규모 이상의 정수장에서는 슬러지처리설비를 설치해야 한다.

기본적으로 슬러지처리방식에는 천일건조, 기계탈수, 열건조의 어느 방식으로 운전된다. 슬러지처리시설은 농축, 탈수, 건조와 기타 공정으로 구성된다. 압력계, 유량계, 수위계, 온도계와 같은 통상적인 측정기기에 덧붙여서 슬러지레벨계와 슬러지압밀계가 사용된다. 설치조건과 다른 세부사항에 대해서는 신중하게 고려해야 한다. 그렇게 하는 것은 측정대상에 따라서는 예를 들면, 주위 조건 등에 따라 기기가 부식되거나 고장을 일으키기 쉬워지기 때문이다. 슬러지수집방법은 기계적인 갈퀴로 밀어와서 침전지바닥에 설치된 호퍼에 떨어뜨리고 그 다음 슬러지에서 수분을 제거(탈수)시킨 다음 지상에 투기한다.

침전지로부터 슬러지를 배출하는 것은 타이머에 의해 일정한 시간간격으로 제어시키는 것이 보통이다. 슬러지를 과잉배출시키거나 과소배출시킬 우려가 있기 때문에 통상은 다양한 제어방법을 갖는다. 원수량, 탁도, 약품주입률, 슬러지농도, 침전수탁도를 기준으로 제어기기에서 슬러지량을 추정하고 적정한 제거슬러지량을 구한다.

이 제어방법은 일정농도로 슬러지를 배출하기 위하여 누적고형량을 고려하고 또 침전지에서의 슬러지압밀이나 희석을 방지하는 것도 고려한다.

슬러지배출은 일정한 시간간격으로 하고 또한 여러 방법으로 이루어진다.
- 타이머에 의한 간헐제어(일정수량, 수질에서 운전하고 있는 설비로는 가장 일반적)
- 유량비례제어(배출시간이 일정하게, 배출간격으로 조정)
- 농축조의 슬러지계면에 의한 제어(초음파 또는 광센서에 의한 측정)

슬러지농축이론에 의하면 슬러지 배출시간이 길어지면 물의 손실이 많아지지만 처리수의 수질에는 그다지 영향을 미치지 않는다. 그렇지만 슬러지 배출이 불충분하면 플록이 정수공정의 다음 단계로 유입되는 원인으로 된다. 따라서 슬러지 배출운전을 감시하기 위하여 밸브가 정상으로 열리는 것과 슬러지블랭킷의 레벨감지기를 설치하여 슬러지블랭킷이 적정한 레벨에 있는 것을 확인해야 한다.

10.4 주요 인터페이스

수운용 시스템에서는 각 애플리케이션이나 서브시스템이 다른 시스템과 연결되어 있다. 이 접속은 데이터 교환을 통해 구성되며 각 애플리케이션을 접속하기 위해서는 주로 3가지 방법이 있다. 제1의 방법은 각 애플리케이션을 위한 고유의 데이터베이스를 구축하는 것이고, 다른 애플리케이션이 이 데이터베이스에서 읽고 기입할 수 있도록 하는 것이다. 데이터는 시스템 중에서 한번만 나타나기 때문에 그 시스템은 적당한 애플리케이션으로 읽고 기입하는데 장시간이 걸린다. 제2의 방법은 모든 애플리케이션이 읽고 기입할 수 있는 공통 데이터베이스를 구축하는 것이다. 이 방법으로는 어느 애플리케이션에 대한 특별한 데이터베이스는 필요로 하지 않지만 이 데이터베이스에서 읽고 기입하는데 장시간이 걸린다. 절충형인 제3의 방법은 하나의 애플리케이션에 의해서만 이용되는 정보를 보유하는 고유의 데이터베이스를 유지하고, 같은 데이터를 이용하는 애플리케이션에 대해서는 공통 데이터베이스를

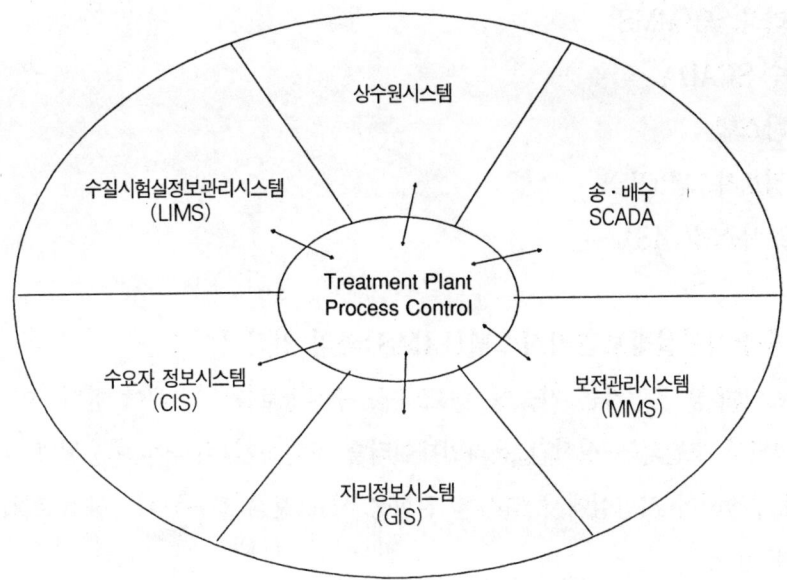

그림 10.16 실시간 공정제어의 시스템 인터페이스

공유하는 방법이다. 이 방법에 의해 애플리케이션간의 데이터교환을 최소한으로 할 수 있다. 다음 항에서는 애플리케이션간에 공유하는 데이터의 종류에 대하여 설명하지만 데이터베이스 내에서의 로케이션에 관해서는 언급하지 않는다.

공정제어시스템, 송·배수의 SCADA시스템, 상수원시스템 등은 그 구조에서 특수한 위치를 차지하고 있다. 이러한 시스템은 데이터의 집적저장방법으로서는 가장 빠른 방법인 실시간처리를 기준으로 작동하고 있다. 이러한 시스템 내의 데이터저장에는 일반적으로 2종류의 방식이 있다. 하나는 운전자와의 인터페이스하기 위한 것으로 비교적 높은 샘플링 빈도를 필요로 하는 데이터저장이며, 특히 추세를 정확하게 표시하는 경우에 사용된다. 그렇지만 이 데이터는 다른 애플리케이션에는 거의 도움이 되지 않고 다른 애플리케이션과의 인터페이스도 없다. 2번째는 샘플링빈도가 적은 데이터베이스이고 이 데이터에서 데이터베이스를 만들고 다른 애플리케이션에서 사용된다. 이 데이터는 일반적으로 이력데이터베이스의 기초가 된다.

수운용시스템에서 공정제어와 함께 인터페이스된 주요한 애플리케이션은 다음과 같다(그림10.16).

- 수질시험실정보관리시스템(LIMS)

- 보전관리시스템(MMS)
- 송·배수 SCADA
- 상수원시스템
- 수요가정보시스템(CIS)
- 지리정보시스템(GIS)

10.4.1 수질시험실정보관리시스템(LIMS)과의 인터페이스

일반적으로 정수장 운전자는 가능한 한 조속히 수질정보를 입수해야 한다. 이 정보는 공정제어시스템에서 수집되는 실시간 온라인데이터를 보완하기 위하여 이용된다. 시험실에서도 공정에서 수집되어 시험실에서 검사한 일회성 시료 분석결과를 확인하기 위하여 실시간 데이터가 이용된다.

LIMS와의 주요 인터페이스는 공정에서 수집된 실시간 수질데이터를 전송하는 것과 운전상태를 분석할 때에 이용할 수 있도록 시험실데이터를 가공하는 것으로 구성된다. 대표적인 실시간데이터에는 pH, 유리염소와 결합염소, 잔류오존, 염분, 전도도, 수온, 또한 빈도가 많은 것으로서 암모니아, 아질산염, 질산염이 있다. 이러한 측정으로 공정을 보다 잘 이해할 수 있다. LIMS에 데이터 저장은 배수관망에서 감지된 현상을 설명하는 것이 필요한 경우에 대단히 중요하다. 사실, 공정 상태와 공정 내의 수질을 비교하는 것은 며칠 후에 배수관망에서 발견될 문제를 설명할 수도 있다.

10.4.2 보전관리시스템(MMS)과의 인터페이스

보전관리데이터 인터페이스의 필요성은 대단히 높다. 운전자는 설비상황, 작업순서, 발주부품, 추정작업완료일, 보전관리업무에 지연원인으로 되는 주문예비품 등을 파악해 둘 필요가 있다. 보전관리시스템에는 설비 가동시간, 운전 전의 점검요구, 고장보고가 필요하다.

공정제어시스템과 보전관리시스템은 서로 대단히 광범위한 데이터를 제공할 수 있다. 이러한 데이터는 사고보고나 일상관리에 이용된다.

1) 사고보고

운전자는 공정에 관한 어떠한 고장도 보고해야 하기 때문에 사고보고도 공정제어의 일부라고 할 수 있다. 일반적으로 장치를 진단하거나 고장을 수리하기 위하여 어떠한 고장이라도 유지관리부서가 보고를 받아야 한다. 정보가 해석하기 곤란한 경우도 있고 시스템에 따라서는 정보의 상세함이 시스템에 달려 있기 때문에 정보가 있는 그대로 전달되지 않는다. 이 정보들은 장치의 고장, 센서검출한계초과, 측정항목 이외의 것이라고 하는 3개 그룹으로 분류할 수 있다.

(1) 장치의 고장

장치의 고장에 관한 정보는 최저한의 것으로서 지리적인 위치, 장치의 상태(정지 또는 가동 중), 만일 가능하면 고장의 상세내용을 포함한다. 이 정보에 기초한 유지관리시스템은 고장횟수와 빈도, 정지시간, 예방보전관리비용을 포함한 보고서를 작성할 수 있다.

(2) 센서검출한계초과

센서검출한계초과 경보는 측정항목의 종류나 검출기의 주변환경을 고려하지 않고 센서를 하나의 독립된 설비로 취급하고 있다. 이러한 고장에는 내부고장이나 전원고장이 있다(전기, 압력).

(3) 측정항목 이외의 것

측정항목 이외의 것에 대한 경보에는 한 개나 두 개의 의미가 있다. 검출기가 고장 나서 정확한 정보를 제공하지 못하거나 또는 측정항목의 범위를 벗어난 것이다. 공정제어에서는 문제의 성질에 따라 다른 조치를 정해야 하기 때문에 공정제어에 자동결정기능을 실시하는 것은 대단히 중요하다. 자동결정기능은 기존의 인터페이스에서도 중요하다. 예를 들면, MMS는 검출기가 고장인지 아닌지와 관련이 있으며, LIMS는 측정치가 측정범위를 벗어났는지 아닌지와 관련이 있다.

2) 정상보수

조작단이나 검출단의 상태가 항구적으로 공정제어시스템에 전해지고 있기 때문에 각 설비의 운전경과시간과 각 설비의 조작회수를 계산하는 것은 아주 쉽다. 이들 2종류의 계산으로부터 보전관리애플리케이션은 최후에 시행한 보수로부터의 경과운전시간과 같은 특수정보를 만든다.

10.4.3 송·배수시설과의 인터페이스

송·배수시설과 정수장 공정제어시설과의 사이에 인터페이스는 대단히 중요하다. 일반적으로 정수장의 고압펌프나 고구용(고구급수)펌프는 배수시설제어의 일부이다. 정수처리한 다음에는 송·배수SCADA시스템에 의해 펌프가 제어된다. 따라서 공정제어시스템에서는 펌프의 상태와 배수시설의 상황을 파악해 둬야 한다. 또 송·배수시설에서는 정수장의 정수지수위 상황, 펌프장의 펌프토출량과 그 상황, 정수장 고압펌프의 이용가능성을 파악해 두어야 한다.

10.4.4 상수원시스템과의 인터페이스

수질, 유량, 수위, 침입/안전에 관계되는 상수원시스템으로부터의 정보는 정수장 제어시스템에도 이용할 수 있는 것이어야 한다. 상수원시스템과 교환되는 정보에는 자동화를 위한 실시간데이터와 데이터베이스를 통한 기타 정보의 2개 형식이 주로 있다.

1) 실시간데이터

교환되는 데이터의 성질은 주로 정수장과 상수원과의 사이에 설치된 관리형식에 따라 정해진다. 상수원(主)이 정수장(從)으로부터 처리수량을 필요로 하는 경우이거나 또는 정수장(主)이 상수원(從)으로부터 원수량을 필요로 하는 경우의 2가지 관리형식이 일반적으로 사용된다.

두 가지 형식 모두 한계가 있다. 수량이 상수원에 따라 좌우되는 경우에는 정수장 능력이 한계이고, 수량이 정수장에 의해 좌우되는 경우에는 상수원의 공급능력이 한계이다. 교환데이터의 종류는 다르지만 원리는 같다. 종(從)이 되는 것은 유량의 형태로 능력을 주고, 주(主)가 되는 것은 종(從)의 능력 범위 내에서 유량을 요청하는 것으로 된다. 배관구성에 의하지만 관내의 유량과 압력, 밸브의 개폐상황, 펌프나 경보의 상태 및 수질과 같은 자동화의 목적을 위한 많은 데이터가 메인데이터에 덧붙여서 교환된다.

2) 기타 정보

상수원시스템과의 사이에 교환되는 기타 데이터로서는 저수지수위와 용량, 저수지와 배관 작업일정, 수요예측 등이 있다.

10.4.5 수요가정보시스템(CIS)과의 인터페이스

정수장 공정제어시스템은 경우에 따라서는 수요가로부터의 불평을 받는 일이 있다. 경위를 조사하고 적당한 요원을 파견하기 위하여 이용할 수 있는 수요가정보에의 액세스를 마련해 두는 것이 대단히 유용하다(대규모 수리, 시료채취, 조작, 세관). 또 수요가의 불평으로 이어질 수 있는 운영상의 여러 문제, 예를 들면 소화전에서의 방수계획, 수질이 떨어지는 우물 사용, 배수지의 변형 등을 수요가정보 담당자들이 알리는 것도 중요하다.

10.4.6 지리정보시스템(GIS)/컴퓨터지원설계제도시스템(CADD)과의 인터페이스

정수장 운전에는 공정의 문서화와 유지관리상의 의문에 대응하기 위하여 CADD데이터에 액세스해야 할 필요가 있다. 일반적으로 운전 측에서는 실제의 "현황도" 또는 도면기록을 보유하고 있지 않을 수도 있고, 실제의 현황도가 존재하지 않는 경우도 있다. 공정제어시스템에서 도면이나 매뉴얼에 액세스해야 하는 것처럼 CADD시스템에서도 조작/보전그룹에 의하여 업데이트해야 하며 그렇게 업투데이트(up-to-date)하여 기록도면이 최신의 것으로 된다. 이와 같은 전자인터페이스는 업투데이트된 기록도면을 유지하는데 도움이 될 것이다. 배수시설의 운전에서도 정수장 운전과 유사한 방법으로 GIS에 액세스해야 한다.

10.5 장래의 비전

제어시스템의 장래를 예측하는 것은 언제나 모험적이지만, 금후 5년에서 10년 사이에 일어나는 것에 대하여 그다지 리스크없이 타당하게 전망할 수 있을 것이다. 왜냐하면, 기존설비 특히 기업문화는 개발의 보조를 늦추는 경향이 있기 때문이다. 또 기업문화는 그 자신의 재산이긴 하지만 몇 가지 영역에서는 진전속도를 떨어뜨릴 수도 있다. 그 이유는 일반적으로 공정운전 담당자는 기업 내에서 그들의 권위에 의문을 던지는 것과 같은 어떠한 변화에도 대항하려고 하기 때문이다. 전문가시스템을 통해 그들의 식견을 수집하고 이용한다는 아이디어는 정보시스템과 그 제창자에 대해서도 그들을 조심성이 많게 한다. 한편, 수도사업체에게 목적(objective)을 변경하도록 끊임없는 외압이 강해오고 있다.

공정제어시스템의 변혁을 가져오는 가장 결정적인 외부인자로는 다음과 같은 것이 있다.

- 새로운 처리방법을 필요로 하는 원수수질의 완만한 악화
- 더욱 엄격해지는 수질기준의 강화
- 기술 진보

악화되는 원수수질과 더욱 엄격해지는 수질기준에 따라 새로운 공정 개발과 지금까지는 예외적이었던 방법들을 이용함으로써 처리공정을 개량해야 할 필요성이 생겼다. 신기술의 사용을 재촉하는 주요 이유는 살충제(아트라진, 아니라진 등)와 같은 새로운 오염물질을 제거할 필요성이 있는 것, 염소나 특정약품을 사용하는 현행 방법이 의문시되고 있거나 또는 앞으로 의문시될 것 등의 2가지이다. 정수처리공정에서 염소를 배제한다고 하면 예외적으로 사용되어 오던 기술, 예를 들면, 활성탄, 오존, 탄산염의 이용이나 아질산염, 질산염의 제거공정이 더 널리 사용될 것이다.

다른 관점에서는 기술진보에 따라 정수장 설계 그 자체가 문제될 수도 있다. 예를 들면, 대규모 정수장에서 막여과시설을 사용하면 현행 방법에 변혁을 가져오게 될 것이다. 이것은 상상도 할 수 없는 결과로 기술혁신의 돌파구가 될 것이다. 자동화의 실현으로도 중대한 충격을 줄 수 있다. 정보시스템은 하드웨어와 소프트웨어 양쪽이 모두 대단히 급속한 속도로 발전해 오고 있지만 이 상황이 큰 혼란을 가져온 것은 없었다. 실제 이미 자동화된 현장에서는 센서, 휴먼-머신 인터페이스, 간편한 유지관리와 운전관리, 장치간의 통신 등이 발달할 것이고 현존시스템을 개량하지만 기본적으로는 현행 정수장을 문제시하는 것은 아니다. 그러나 통신, 시스템구성, 자동화용 언어, OS에 관한 표준이 출현함에 따라 설비가 제작사에 의존하던 체질을 벗어날 것이다. 이에 따라 현존시스템의 발전과 영속성을 더욱 향상시킬 것이다. 이 분야에는 이미 상당한 진보가 있었지만 표준화는 전혀 이루지 못하고 있었다.

통신에 관한 표준화는 예기되는 것과는 다를 가능성이 높다. 정수처리분야에서 가장 어려운 것은 광범위한 지역에 널려 있는 설비와의 대화인데, 다른 공기업도 동일한 문제를 가지고 있다. 전력, 전화, 철도와 같은 기업체는 통신매체로서 자체 네트워크를 이용하게 되었으며 반면에 가스와 수도 공급망은 다른 해결책을 찾아야 한다. 현재의 연구는 근거리통신망(LANs)과 대량처리의 통신링크에 중점을 두고 있는데, LANs은 너무 한정적(정수장을 제외)이다.

10.5.1 신규기술의 동향과 애플리케이션

정수장 자동제어에 대한 최근경향으로는 산업용 PC와 조합하거나 통합된 흥미있는 사례들이 포함된다. 또 정수장의 종합자동화 시스템에 대한 야심적인 시도가 있으며 신뢰성을 개선하기 위하여 마이크로컴퓨터를 사용한 공정시뮬레이션, 광케이블에 의한 네트워크화, 그리고 감시와 제어용의 대형 스크린화면의 개발 등도 포함된다. 정수처리분야에서는 퍼지논리에 의한 약품주입률 추정 및 프로그래머블제어기에 의한 약품자동주입이 관심을 끌고있다. 응집분야에서는 영상인식(image recognition)을 사용한 플록감시계측 및 약품주입의 피드백시스템이 정수장에서 채용되고 있다. 생물학적 정량에 의한 효과적인 감시도 영상처리를 사용함으로써 가능하게 되었다.

지금부터의 계측제어는 컴퓨터와 계측기기분야의 기술개발에 따라 더욱 활발하게 전개될 것이다. 그러므로 정보의 활용을 포함한 넓은 의미에서의 계측제어를 고려해야 한다. 이 때문에 기기의 개발이나 개량에 덧붙여서 더욱 복잡해지는 계측제어를 취급해야 할 운전자의 능력개발이 더욱 중요하게 되었다.

계측분야에서는 바이오계측, 패턴계측, 관능계측이 개발되고 실용화될 것이다. 컴퓨터는 보다 소형화되고 기능도 한층 정교해질 것이다. 뉴러컴퓨터(neurocomputer : 신경망컴퓨터)도 가까운 장래에 실용화될 것이다.

데이터통신분야에서는 사진기술의 진전을 이용하면서 LANs, 종합정보통신망(ISDN)이 보다 쉽게 또 광범위하게 이용될 것이다.

정수장에서는 퍼지제어시스템, 전문가시스템, 데이터베이스시스템과 같은 진보들이 더욱 유효한 정수장 수질제어와 수량제어에 기여할 것이고 상수원의 취수에서부터 배수에 이르기까지 복합단위제어를 실현하게 될 것이다. 정수장 운전의 안전성과 안정성을 상당히 강화시키게 될 것이다.

계측제어설비는 정수장의 규모에 따라 신뢰할 수 있고 취급도 용이해야 한다. 그렇지만 관리방식은 수도사업체의 기본방침, 기술수준, 시설의 중요도와 같은 요인을 반영하여 일률적이지 않다. 그러나 일반적으로는 시설 규모가 커지면 취급하는 정보량이 증대됨과 더불어 계측제어설비의 고도화는 피할 수 없다. 이 고도화가 계측제어설비제어를 더욱 복잡한 일거리로 만들기 쉬운 것에 주의해야 한다. 즉 국부적인 문제가 전체의 공정감시와 제어운전을 교란시키는 일이 없도록 해야 한다.

오늘날 앞서 말한 바와 같은 문제를 해결하기 위하여 정수장의 제어는 분산제어를 채택하고 있다. 또 전체 시스템제어는 종합관리하는 형태가 주류이다. 시스템의 안전성과 종합관리라고 하는 두 가지 목적을 동시에 실현하기 위하여 이러한 형태로 설계한다.

10.5.2 종합제어시스템

컴퓨터를 중심으로 구축된 종합제어시스템은 행정정보, 도로관리정보, 기상정보 등의 외부정보망과 정보를 교환하기 위하여 이용된다. 고도정보화 사회의 진전에 보조를 맞추기 위하여 사무자료처리와 정수장감시제어 및 설비유지관리의 내부시스템 망을 구성하는 것도 포함되어야 할 것이다.

수도에서 종합제어시스템은 실시간제어 및 옥내 LAN에 의해 통합된 데이터처리시스템을 통상 컴퓨터화하는 것이다. 이 시스템은 다른 수도시설과 관련된 공공기관 및 비디오텍스트와 같은 새로운 통신매체와도 접속하기 위한 통합 LAN을 사용할 것이다. 이와 같은 통합 LAN은 1개의 광케이블을 사용하면서 전화와 팩시밀리신호, TV와 같은 영상신호 외에 컴퓨터간의 신호도 함께 전송할 수 있다. 이와 같이 업종에 관계없이 전화가입자들이 다양한 정보를 다목적으로 이용할 수 있도록 광역망을 구축하는 것이 유익하다.

10.5.3 LAN의 표준화

개개 시스템규모가 단계적으로 확대되면서 시스템네트워크가 발달되었기 때문에 시스템을 증설하거나 또는 교체할 때에 구기종과의 호환성이나 네트워크를 구축할 때에 다른 기종간의 접속(호환성)에 대한 문제가 주로 제기되고 있다. 이와 같은 문제를 해결하기 위해서는 기술의 표준화가 불가결하다.

10.5.4 광(섬유)케이블

종래의 신호전송방식은 공기식과 전자식이 주류였었다. 낙뢰 서지의 내성, 내소음성, 보수성, 방폭, 배선/배관공사 등 많은 개선해야 할 여지(과제)를 가지고 있다. 광케이블계측제어시스템은 광대역성, 전기절연특성과 무유도성, 우수한 방폭성, 경량이며 공간절약 등 광케이블이 갖는 이점을 살림으로써 종래의 여러 문제를 극복할 수 있다.

광케이블계측제어에는 일렉트로닉스가 갖는 인텔리전트 기능도 살릴 수 있다. 수도에서 광케이블계측제어를 사용하는 이점은 주로 신뢰성과 안전성 그리고 경우에 따라서는 건설비도 경감할 수 있다.

10.5.5 전문가시스템

지금까지 전문가시스템은 진단시스템으로 이용되어 왔다. 수도에서 금후의 이용형태는 정수장진단과 자동제어기능을 융합시킨 지능적인 감시제어정보처리가 될 것으로 전망된다. 이 시스템은 정수장 운전을 완전 자동제어하기 위하여 컴퓨터 추론에 통상 의존할 것이며, 한편 요구하였거나 또는 사건이 발생하였을 때에는 운전자에게 정보를 제공할 것이다. 이에 따라 운전원이나 시스템관리자는 플랜트의 모든 데이터감시에서 해방되고 필요한 때 컴퓨터에서 지능적으로 처리된 플랜트정보를 받을 수 있을 것이다. 게다가 컴퓨터는 공정진단과 이상신호의 주시를 계속할 것이다.

긴급사태나 사고발생시에는 컴퓨터가 복구대응처리순서의 정보를 운전원에 제공할 것이다. 또 컴퓨터가 정수처리와 수운용을 어떻게 하면 좋은 것일까라는 제어원리를 설명하게 할 수도 있다. 간단히 말해서 감시/제어정보처리용의 전문가시스템이 더욱 알기 쉽고 정교하게 조율된 그리고 고도화된 기능을 발휘할 수 있게 될 것이다.

10.5.6 퍼지추론

약품주입제어에 적용된 퍼지추론은 종래의 고정된 알고리즘에 의한 제어보다도 더욱 원활하게 제어될 수도 있다. 여러 가지 방식이 개발되었고 일부는 실용되고 있는 퍼지추론은 정수장 운전의 약품주입제어에 가장 유용한 방식이다.

10.5.7 영상인식

최근 컴퓨터기술 응용에는 영상인식으로 작동하는 감시시스템이 있다. 종래에는 현장에서의 육안관찰이나 TV에 의한 플록관찰이 적정한 약품주입과 그 결과인 플록을 평가하는 유일한 수단이었다. 그렇지만 이러한 방법으로는 플록의 상시감시는 불가능하다. 더불어 원래부터 개인차나 수질에 따라 영향을 받기 때문에 육안관찰과 원격 TV감시는 충분히 객관적이지 않다.

1) 영상인식에 의한 플록형성의 감시와 계측

영상인식에 의한 플록감시시스템은 장래의 정수장 감시제어에 대단히 기여할 것으로 기대되고 있다. 이것은 위에서 설명한 바와 같은 문제점을 해결하면 약품주입을 보다 정밀하게 제어하는데 일조할 것으로 생각된다.

수중카메라영상은 고속영상프로세서에 의하여 디지털형태로 변환된다. 다음으로 각 플록에 번호를 부여하고 투영면적과 등가직경을 추정한다. 동일한 직경의 구를 상정하여 플록의 체적을 계산한다. 이 계산에서 입경분포를 계산하며 평균치나 표준편차 등 입경분포의 통계적 특징량으로부터 플록형성 상태를 평가한다.

또 영상계측결과에 기초하여 약품주입률의 증가에 대한 플록밀도의 감소를 추정할 수 있다. 혼화지에서 유동하고 있는 플록의 영상을 붙잡아서 영상인식으로 플록형성의 좋고 나쁨을 판정하고, 그 결과를 제어에 활용하는 플록감시시스템을 구축할 수 있다.

2) 영상인식에 의한 생물검정법(bioassay)의 연구

플록의 영상인식과 함께 영상처리가 유익한 것으로 고려되는 분야로는 원수 중의 급성독성을 체크하기 위한 생물검정법이 있다. 영상인식의 과학에서 주장하는 것에 의하면 물고기의 미묘한 행동을 더욱 상세하게 관찰하는데 적용할 수 있다. 또 영상인식은 여러 가지 형태의 분석에도 이용할 수 있다. 가까운 장래에 물고기와 다른 생물들을 관찰함으로써 보다 더 구체적으로 수질의 변동상황을 파악할 수 있을 것이다.

다른 생물들의 행동으로부터 간접적으로 수질의 이상을 감지하기 위한 신뢰할 수 있는 생물검정법으로는 육안관찰이 있다. 그러나 육안관찰에는 개인차가 있고 야간감시는 불충분하게 되기 쉽다. 그래서 자동으로 관찰하기 위한 안정된 어류영상을 인식하는 방법이 개발되었다(제18장의 box 내 「수질감시」 참조).

이 방법을 사용하여 물속에 시안이 전혀 없는 정상상태와 시안을 조금 용해(0.1mg/L)시킨 이상상태에서 물고기의 위치적 분포와 속도를 계측하였다. 시험용 물고기는 로체스(잉어과의 담수어)와 흑잉어 및 일본비타링스(바라타나고 속의 물고기)이다. 정상인 경우 로체스는 바닥으로부터 깊이의 중앙에 분포하는 경향이 있었다. 이상일 때에는 수면으로 자주 부상하였으며 속도를 더욱 빠르게 또한 자주 움직이며 돌아다녔다. 흑잉어와 일본비타링스도 로체스와 같은 위치적 분포나 속도를 나타내었다. 속도나 위치적 분포에 나타나는 차이를 비교함으로써 수질의 이상 사태를 감지할 수 있다고 생각된다.

독성물질농도, 어류, 수온, 용존산소 등의 영향이 차츰 명백해지고 있다. 또 시스템의 신뢰성을 향상시키는 감지시간을 단축시키기 위하여 몇몇 어류종에 의한 군집행동변화를 수치화하려는 개발활동이 진행되고 있다.

10.5.8 공정제어를 필요로 하는 고도처리

냄새나 기타 문제에 대응하기 위하여 통상의 정수처리공정에 특별한 공정을 추가시킨 고도처리가 등장하고 있다. 근년에는 대도시를 중심으로 고도처리 실증플랜트가 실시되기 시작하였고 수도사업체에서는 냄새문제에 진지하게 임하고 있다.

원수수질의 상황에 따라서 다음에 말하는 공정이 단독으로 또는 조합하여 사용되고 있다.

- 폭기(aeration)
- 알칼리제 주입
- 분말활성탄 주입
- 입상활성탄 흡착
- 오존주입
- 생물처리

이들 각 공정에 각각 계장과 제어가 필요하다.

10.5.9 막여과

막을 이용하는 것에 의해 단일장치 내에 응집침전과 여과기능을 조합시킬 수 있다. 막을 사용하는 경우에는 유출수 수질이 유입수 수질의 영향을 받지 않으며 약품도 필요하지 않고 사용되는 막의 종류에 따라서는 세균이나 바이러스성 오염물질을 배제시킬 수 있다.

그 공정은 단순하고 튼튼하다. 처리될 원수는 재순환루프로 들어가며 여기서 부유입자가 농축된다. 물은 막을 통과하고 막표면에는 여과케이크가 형성된다. 막에 걸린 압력이 한계치(threshold)로 정해진 값에 도달하면 막을 역류세척시킨다. 역류세척시간은 60분마다 약 30초이다. 온/오프 프로그래머블 논리제어기에서 제어되는 자동화는 단순하며 비록 대규모 정수장이라도 마찬가지이다. 즉 필요로 하는 능력을 발휘하도록 막모듈을 직렬과 병렬로 배열하는 것이다.

10.6 컴퓨터자동제어의 이점

정수장 제어의 기본 목적은 운전자가 정수공정의 정확한 상태를 파악하고 적절하게 판단할 수 있도록 하는 것이다. 주의를 요구하는 정보와 피제어변수의 증가에 대하여 운전자의 감시나 의사결정능력이 따라갈 수 없는 경우가 늘어나고 있기 때문에 대규모 정수장에서 컴퓨터화가 필수적이다. 이에 대해 소규모 정수장에서는 정보량이나 제어량이 적기 때문에 운전자만으로도 효율적으로 처리할 수 있는 경우가 많다.

10.6.1 유형의 이익

다음에 나타낸 것과 같은 컴퓨터 제어에 의해 얻어지는 유형의 이익은 이들 계측제어설비가 적정하게 설계 실시 보수되고 적정하게 관리되는 경우에 얻을 수 있다.

- 노동력 저감
- 약품량 절감
- 전력 수요량제어에 의한 전력비 절감
- 집중화에 의한 처리의 일관성

1) 노동력 저감

공정제어와 자동화의 제일 목적은 노동력 저감이다. 이것은 예외운전의 원리를 채택함으로써 가능하게 된다. 통상의 운전범위를 초과하는 비정상적인 사상을 제어시스템으로 감지하고 운전자에게 그 대응을 알리는 것에 의하여 설비의 일상감시나 수작업의 데이터로깅에 필요한 인력을 감축하거나 배제시킬 수 있다.

2) 약품사용량 절감

적정한 제어에 필요한 약품주입량 절감은 많은 공정에서 경제적인 이익을 가져온다. 약품량 절감은 적절한 계측제어, 컴퓨터에 의한 의사결정, 효과적 제어알고리즘을 조합시킨 자동제어시스템에 의하여 최적화시킬 수 있다.

3) 전력 수요량제어에 의한 절감

전력요금 고지서에는 전력사용량과 최대전력수요량(maximum power demand)의 2개 요소를 고려한 것이다. 기본요금은 전력사용량에 대한 것이지만 전력수요요금은 기본요금에 대한 과태료 또는 할증료로 간주할 수 있다. 전력회사는 전력수요량을 10~30분마다 감시하고 있다. 예를 들면, 신시내티가스전력회사(CG&E)에서는 전력수요량을「1개월간 중에 이용자가 최대로 사용한 15분간에 대하여 회사의 전력수요량계량기로부터 얻은 kW수」라고 정의하고 있다. 전력수요량에 대한 요금의 청구방법은 한 나라에서도 여러 가지이다. CG & E에서는 6개월간의 최대수요량 계량치에 대해 특정한 율(50%)을 붙여서 요금을 청구한다. 다른 전력회사에서는 매월의 최대수요량 계량치에 대해 요금을 청구하고 있다. 또 동절기의 매월 수요량 계량치가 하절기 첨두수요량의 특정비율이하로 되지 않도록 하절기제동기(summer ratchet)가 있을 수도 있다. 따라서 전력수요량 제어는 경제적으로도 타당성이 있는 것은 명백하다.

4) 처리의 일관성을 유지하는 공정제어

공정제어의 집중화는 공정제어의 의사결정을 지원하기 위하여 1개소에서 실시간 공정정보를 이용할 수 있는 것을 의미한다. 집중화는 일관된 제어의사를 결정하는데 유용함에도 불구하고 이 방법을 이용하지 못하는 중요한 요인은 신호선과 도관부설에 소요되는 비용 때문이다. 디지털기술의 도래와 분산형 디지털기술의 응용에 따라 집중화는 경제적으로도 한층 더 매력적이다.

집중화의 이점은 높은 생산성, 적어진 수질문제(안전한 수질확보), 그리고 노동력저감과 약품절감 및 동력비 절감 등으로 얻어지는 높아진 공정효율이다. 집중화에 의한 공정제어는 계측제어에 크게 의존하기 때문에 고급 유지관리요원이 필요하게 되어 당초의 노동력저감 가능성은 그렇게 크지 않다. 운전인건비에 제약이 있기 때문에 실제 노동력저감은 장기적으로 된다.

10.6.2 무형의 이익

디지털시스템의 특성은 검토하거나 평가할 수는 있어도 숫자로 표현할 수 없는 무형의 이익을 가져다준다. 이와 같은 이익은 디지털시스템을 실시할 때에 얻을 수 있는 참된 정당성

표 10.1 디지털 제어의 일반적 이점

항목	이점	
	종래의 아날로그시스템	디지털시스템
제어방식	자동, 수작업	컴퓨터직접, 운전자직접, 수작업직접, 수작업
신뢰성	양호, 루프로	다단계 용장성
장치수명	비최적화	교환의 감소
일체운전	운전원이 설정	컴퓨터에 의한 계산과 프로그램화
능력초과이용	없음	통계적 프로그램
유연성	한도 있음	프로그래머블
운전자와 공정의 인터페이스	미믹보드 기록계	컬러 도형표시단말
고장대책	수작업으로 절체	변경불이행돌입, 고장시 Hold

이다. 예를 들면, 전력업계에서는 안전성의 향상으로 이어지는 정보의 이용가능성이라는 관점에서 1천만 달러의 디지털시스템을 구매하는 것을 정당화하는 것은 그다지 드문 것은 아니다. 이것이 비용절감으로 되지는 않지만 최소리스크 가능성으로 운전하기 위해서는 필요하다.

무형의 이익은 바로 현실이지만 유형의 이익은 모두 가능성을 가진 것이다. 유형의 이익은 특수한 경우나 특정 상황에 더 의존하게 된다. 무형의 이익이 가져오는 일반적인 이점을 표 10.1에 나타내었다. 이러한 이익은 아날로그 제어와 재래식 제어를 비교한 이점으로 표시하였다.

디지털시스템을 채용하는 무형의 이익으로 두 번째 카테고리는 보고와 책임능력 및 관리 정보능력을 구비하는 것이다. 이러한 정보는 의사결정을 지원한다. 이 이점은 관리면 뿐만 아니라 운전면에도 영향을 미친다. 펌프가 기동되었을 때나 고장일 때, 장치가 고장일 때, 각 설비의 운전시간, 아날로그센서가 고장일 때 그리고 이와 유사한 사고가 발생하였을 때에 알리는 것이기 때문에 관리와 운전정보라고 할 수 있다. 이것은 대표적인 관리형 정보이며 일반적인 아날로그계측제어에서는 제공되지 않는다. 이러한 이점을 표 10.2에 요약하였으며 상세한 것은 다음 절에서 설명한다.

10.6.3 이익의 실현

자동화와 집중화는 여러 가지 바람직한 목표를 실현할 수 있지만, 가장 중요한 것은 운전에서 보전관리로 노동력이 이행되는 것이다. 운전요원수가 감축됨에 따라 보다 많은 운전자를

표 10.2 운전기록의 비교

항목	기록능력	
	비프로그램아날로그 시스템	디지털 시스템
운전변경	기록 없음	모든 상황을 기록
아날로그 리밋체크	선택	조작성에 따라 3 분리로 확인
경보기록	경보	필요에 따라 확인
경보일람	반복하지 않음	시계열
수질데이터 입력	부적	보고와 운전에 이용
기록양식	부적	변경, 보고에 추가
운전기록	부적	각종 한정 없음
부품의 공급부족	부적	수작업 또는 단수 형식
보전관리기록	부적	장치마다 4과제 필요에 따라 확인
추세기록	부적	다점, 다종
이력데이터의 축적	부적	이용자에 의한 후일 열람용

를 보전관리에 집중시켜야 한다. 포괄적인 예방보전관리계획 확립은 계속적이고 효과적으로 계측제어설비와 제어설비를 사용하며 보다 일관된 생산량을 확보하는데 크게 도움이 될 것이다.

지금까지의 경험에서 보면 앞에서 설명한 모든 이점은 실현할 수 있지만 아직 많은 프로그래머블시스템은 그들의 기대를 달성하지 못하였다. 이러한 이점을 실현하기 위하여 무엇을 해야 할 것일까? 확실히 기술적인 문제를 건의해야 한다. 그렇지만 이러한 문제가 해결되었다고 상정하면 비기술적인 공식에 따름으로써 고장을 회피할 수 있는 것을 지금까지의 경험은 나타내고 있다.

성공의 열쇠가 되는 제일 중요한 것은 관리자의 책무이다. 관리자는 시스템을 선택하고 적절하고 완전하게 실행할 것을 명백하게 해야 한다. 시스템의 목적과 기대하는 것이 무엇인가가 명백해진다.

두 번째로 중요한 것은 직원을 중요시하는 것이다. 시스템에는 누군가 「챔피언」(프로)이 있어야 한다. 이 챔피언은 사용자가 시스템을 이용할 수 있도록 운전하고 시스템이 적절하게 사용되고 있다는 것을 보증하는 책임이 있다. 이와 같은 위치에는 라인계통 또는 부서 요원이 될 수 있으며 그 목적은 시스템을 항상 사용할 수 있는 상태로 유지하는 것이고, 사전에 정해진 시스템의 목적 이외의 것으로 변경할 수 없다. 따라서 초점을 두는 것은 시스템이지 공정이 아니다.

세 번째로 중요한 것은 시스템에 대한 규칙을 명확하게 확인하는 순서의 설정이다.

어떤 기능을 실행할 책임을 누가 가지는 것일까? 누가 어떤 수준의 실권을 쥐고 있는가? 라는 해결해야 할 문제점이다. 이러한 순서는 시스템의 완전무결함을 보증하기 위하여 시스템관리자와 시스템 사용자가 따라야 하는 규칙서이다.

이들 3개 요점은 동등하게 중요하고 또 시간을 두고 일체화시킴으로써 성공할 수 있다.

관리자의 책무 + 직원 중시 + 순서 + 시간 = 성공

이 공식은 성공하고 있는 모든 자동화 사업에서 의식적으로나 무의식중에 이용되고 있다.

10.7 조사연구의 필요성

10.7.1 공정모델의 개발

공정제어분야에서는 실시간 모델이 필요하기 때문에 공정모델이 완전하게 개발되지 못하고 있다. 공정은 처리수의 수질에 따라 통상의 처리수량과 통상의 원수수질 범위를 고려하여 설계된다. 이 공정제어는 공정자체의 설계에 기초하고 수질 범위에 따라 구축된다. 예측된 범위 내에서 수질이 변화하는 경우 공정을 제어함으로써 비교적 일정한 수질을 유지하기 위하여 약품주입과 여과지운전을 잘 조화시킬 수 있다. 그렇지만 수질센서에 의해 오염이 발견되거나 사고 후에 오염이 예측되는 경우 공정제어는 뒤따라 갈 수 없게 되고, 전문가조차 최대유량이나 공정에 대하여 무엇을 수정해야 하는지를 결정할 수 없다.

이와 같은 상황에서는 공정모델은 대단한 진가를 발휘한다. 이 모델은 공정고유의 특성, 그리고 입력정보로서 처리수의 수질을 포함하고 있어야 한다. 출력은 최대유량, 약품주입률, 공정이 있는 지점에서 첨가되어야 할 새로운 약품, 처리 후의 추정수질을 제공하는 것으로 일련의 해결책이 될 것이다. 해결책을 선택하는 것은 대단히 복잡한 것이기도 하지만 수질 저하의 허용범위를 고려하여 여러 가능성을 모색해야 한다.

이와 같은 모델을 구축하기 위해서는 2개 방법이 있다. 달성해야 할 제일 중요하고 가장 어려운 방법은 오염물질과 모든 공정수에 대한 그들의 반응(물리적, 화학적, 미생물학적) 리스트를 포함한 데이터베이스를 중심으로 한 모델을 구축하는 것이다. 이와 같은 모델은 새로운 정수장을 예비조사하는 경우, 원수수질 변경을 처리하기 위하여 새로운 처리공정을 부가하는 경우, 물론 오염사고 발생시의 공정운전을 변경·결정하는 경우에도 이용할 수 있다. 현재로서는 원수 중에 여러 화합물의 반응은 모델화할 수 있을 정도로는 충분하게 해명

되어 있지 않고 공정 중의 정확한 거동도 파악되어 있지 않다. 또 오염물질의 수가 대단히 많기 때문에 그 대부분을 모델에 집어넣는 것은 불가능하다. 이 모델은 정수장 근무자의 꿈이긴 하지만 아직 장래의 목표일뿐이다.

다른 방법으로서는 여러 전문가(수질시험소 직원, 정수장 근무자)의 경험을 활용하여 전문가시스템을 구축하는 것이다. 이 해결법은 공정이 한정되며 많은 오염물질까지 고려할 수 없지만, 응답시간이 단축되고 응답의 신뢰성도 뛰어나다. 검사될 오염물질의 선정은 원수에 대한 잠재적인 리스크를 조사한 다음에 이루어져야 하고 파일럿플랜트로 처리방법을 시험해야 한다. 이와 같은 모델의 주요이점은 오염사고가 발생하였을 때에 현장에서 전문가의 지시를 바라는 경우에 비교하여 대응시간이 빠른 것이다.

10.7.2 공정의 최적화

정수장에서는 일반적으로 각 공정이 최적화되어 있으며 정수장 전체가 국부적인 최적화의 집합체이다. 그러나 일반적으로 전체적인 공장최적화(plant optimization)는 없다. 예를 들면, 최적의 침전 방법은 가능한 한 적은 약품으로 최저 탁도를 얻는 것이다. 여과에서 최적의 방법은 세척에 소요되는 전력비를 최저로 하고 또한 배출수의 재이용이 없다면 최소 수량손실로 최저탁도를 얻는 것이다. 이들 2개 문제는 별개로 최적화되는 것이 일반적이다. 최적화의 목적이 운전비를 저감시키는 것이면 약품량을 줄이고 세척횟수를 늘리거나 그 반대의 방법을 취하는 것이 더욱 좋은 방법이 될 것이다. 어떤 경우에도 설비 전체로서의 운전비용 최적화는 2개 공정의 최적화를 별개로 하는 것보다도 좋은 결과를 얻을 수 있다. 그 예로서는 처리공정 중의 2개 부분만을 고려했기 때문에 대단히 단순하지만 정수장에 생물처리, 오존처리, 활성탄여과의 공정이 있으면 더욱 복잡하다.

10.7.3 고수준 범용소프트웨어 컴파일러

공정제어시스템은 통상 제작사가 달라도 공통 통신프로토콜로 서로 링크된 프로그램논리제어장치(PLCs)를 기초로 하는 경우가 많다. 이렇게 하는 것의 주요이점은 어느 메이커의 PLC를 다른 제작사의 PLC와 동일한 통신프로토콜을 이용하여 교체할 수 있기 때문에 발주자가 제작사에 의존하지 않아도 좋다는 것이다. 그렇지만 PLC가 다른 제작사의 것과 교체되는 경우 다른 제작사의 PLC언어에는 호환성이 없기 때문에 프로그램을 변경시켜야 한다.

  이러한 문제를 방지하기 위해서는 대단히 수준높은 표준그래픽언어와 제작사 고유의 언어와 같은 많은 컴파일러를 개발해야 한다. 그렇게 함으로써 모든 PLC에 대한 프로그램을 분석하고 기입할 수 있다. 단지 장비를 바꾸고 새로운 PLC에 종래의 프로그램을 이용함으로써 공정제어를 고급품화할 수 있기 때문에 시스템의 영속성을 높이기 위해서는 이것이 중요하다.

  유럽에는 3~4종류의 다른 PLC언어에 대하여 이와 같은 도구가 존재한다. 이러한 종류의 컴파일러 이용은 수정이 필요한 때에 2개의 다른 문제로 당황하게 한다. 고급언어를 사용하거나 또는 PLC언어를 직접 사용하여 수정할 수 있다. 그렇지만 PLC언어를 사용하여 수정하면 고급언어는 수정되지 않기 때문에 다른 PLC상에서는 이용할 수 없게 된다. 한편 고급언어를 사용하여 수정하는 경우에는 모든 수정가능성을 고려하여 이 고급언어를 설계해야 한다. 이와 같은 형태로 개발된 제품은 PLC로서 사용하려면 너무 값이 비싼 것으로 될 것이다.

  만일 이와 같은 컴파일러가 그렇게 값이 비싸지 않다고 하더라도 그 밖에 고려해야 할 점이 있다. 즉, PLC 제작사에 의존하는 것이 좋은 것일까? 그렇지 않으면 고급언어 작성자의 영속성에 의존하는 것이 좋은 것일까? 현존하는 모든 PLC의 컴파일러는 그렇더라도 장래의 PLC를 위한 새로운 컴파일러가 존재한다는 것이 보증되는가?

  이와 같은 소프트웨어를 개발하는 것이 기술적인 어려움은 없을지 모르지만 모든 제작사 간에 표준을 찾아내고 고도의 영속성을 구비한 형태로 소프트웨어를 개발하는 것이 가장 큰 어려움이다. 이와 같은 것이 존재할 것인가? 제작사는 이와 같은 제품 공급을 바라고 있을까? 공교롭게도 수도의 시장규모가 작기 때문에 제작사의 의사결정에 영향을 미치지 못하며 특히 많은 다른 PLC가 사용되고 있기 때문이기도 하다. 그렇더라도 수도사업전용으로 이와 같은 소프트웨어를 개발하려면 너무 비용이 많이 드는 것이 아닐까?

10.7.4 완만한 화학반응에 대한 수질계기(센서) 개발

  염소, 응집제, 오존과 같은 약품의 반응시간은 대단히 길기 때문에 장기적인 잔류목표치에 기초하여 정확한 주입량을 계산하는 것이 대단히 어렵다. 채수지점이 주입지점 근방이면 유리염소 측정치는 반응이 완료되기 전의 것이 되며 대표치로는 볼 수 없다. 채수지점을 주입점으로부터 충분히 떨어져서 염소반응을 완전하게 하면 수정주입이 지연되고 잔류측정치가 파상(wave)을 나타내게 된다. 더욱이 유량은 변할 수 있으므로 채수지점이 1개소밖에 없다면 관내에서나 지내에서 반응시간이 변하고 측정 의의도 변하게 된다. 공정제어에 사용되고 있는 모든 시스템에서는 유속에 따른 반응시간을 측정하고 잔류측정치 등을 추정함으로써 이러한 문제를 방지하도록 하고 있다. 더욱 좋은 해결법은 수질목표치에 따라 원수의 염소요구량을 직접 측정하는 것이다. 이 경우 주입량 제어는 이 측정치에 기초하게 된다. 소독에 대해서는 주입률의 궁극적인 작은 수정으로 하며 잔류염소 측정은 수질관리로서만 사용된다. 염소반응이 완료되고 관망 중에 잔류염소의 진실된 모습을 파악할 수 있도록 충분하고 가능한 범위에서 주입점으로부터 떨어진 장소에 채수지점을 설치해야 할 것이다.

같은 모양의 요구량계는 장시간 후에 약품반응 결과를 측정할 수 있는 공정 중의 모든 약품에 대단히 유효하다고 생각된다. 이러한 약품 중에 가장 일반적인 것이 오존과 응집제이다.

10.7.5 보수하지 않는 수질센서 또는 1회용 수질센서 개발

수질센서 보수비용이 대단히 높지만 보수가 충분하지 않은 것에 의한 비용은 결과적으로 더 높게 된다. 따라서 현재 이용할 수 있는 대책으로서는 비용이 소요되는 보수를 확실하게 하는 것뿐이다. 이 과제에 관한 연구로는 2개 방향이 고려되고 있다. 그 첫 번째는 저렴한 가격으로 한 번 쓰고 버리는 센서 개발이고, 그 두 번째는 유지관리가 필요하지 않은 수질센서 개발이다. 어떤 방법으로도 정확도 향상과 제어장치와의 통신을 개선시키는 것이 필요하다.

한 번 사용하고 버리는 센서라는 아이디어는 대단히 흥미롭다. 자기교정방식을 갖춘 이와 같은 센서는 폐색이나 부식 등의 문제가 나타나기 전에 교환할 수 있다. 더욱이 이와 같은 센서가 출현하면 대량생산으로 인하여 가격이 매우 싸지고 이에 따라 센서를 2중화하며 신뢰성을 향상시킬 수 있다. 이 아이디어는 교환이 쉬우며 정수장 분야보다도 큰 시장(난방, 가정용 연수기 등)인 경우에 적용할 수 있으며 pH, 잔류염소, 잔류오존, 칼슘 등의 화학적 수질센서에만 적용할 수 있다.

한편 물리적 센서(유량, 압력, 수위)는 지극히 높은 정확도의 현장버스에 자기교정기능, 자기세척기능, 자기고장검출기능과 통신기능을 갖출 필요가 있다.

제11장 송·배수시설의 제어

집필자 : Susumu Sano(佐野 進)
Jean Dumontel
부집필자 : Shigeyuki Shimauchi(嶋內 繁行)
John K. Jacobs
Toshihiko Tsukiyama(築山 俊彦)

   수도시설에는 수요가에게 물을 공급하기 위한 송·배수시설이 필요하다. 이 시설은 설치·운전·유지관리 면에서 수도시설 중에 가장 많은 비용이 소요되는 시설이다. 송·배수시설은 수도시설 중에서도 가장 오래도록 존재하였던 것이고 사람과 기구의 이용법에서 개량을 거듭해 오고 있지만 컴퓨터가 사용된 것은 극히 최근의 일이다. 시설의 효율은 이러한 시설의 운용방법에 따라 크게 좌우된다. 또 수요가 서비스도 송·배수시설에 관련된 모든 구성요소와 기능을 관리하는 시설의 능력에 의존하고 있다. 이 장에서는 송·배수시설의 운전·관리에 사용되는 컴퓨터나 첨단기술에 관한 현재의 동향과 앞으로의 추세에 초점을 맞추는 동시에, 이에 관한 연구의 필요성에 관해서도 취급하고자 한다.

11.1 총설

   송·배수시설은 주요밸브와 송·배수관로 그리고 급수관이라 하는 관망의 물리적 요소로 구성되어 있다. 이러한 구성요소와 깊이 관계되는 것으로 시설의 변경계획, 설계기준, 운전이나 보수에 관한 기준/순서/실행(결정) 즉 엔지니어링과 관리라는 측면이 있으며, 이들의 양부가 수요가에 대해 효율적이고 신뢰할 수 있는 물의 공급을 좌우한다. 즉, 송·배수시설은 송수 중인 물과 기자재와의 상호작용과 외적인 위험과의 접촉이 포함되며, 이들 모두가

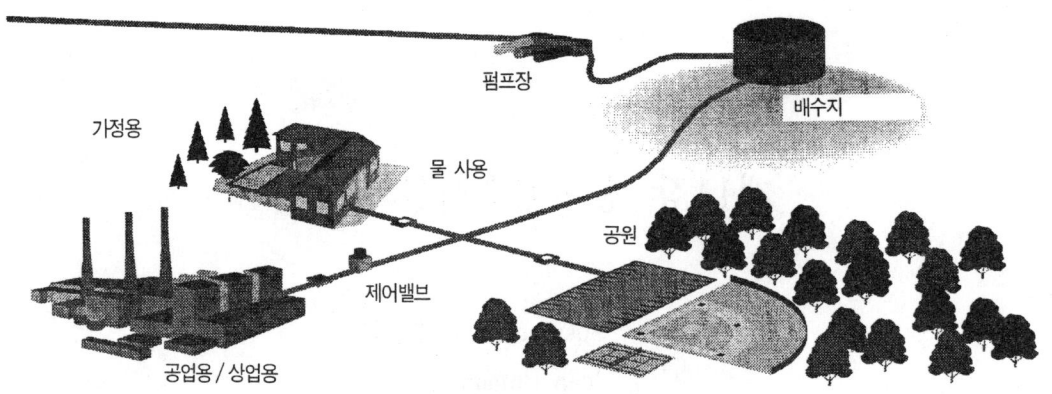

그림 11.1 대표적인 송·배수시스템의 예

최종적인 공급수질에 영향을 미친다. 그림 11.1에 대표적인 송·배수시설의 예를 나타내었다.

11.1.1 관망 관리

일반적으로 배수관망 관리에는 정보를 수집하는 것과 이런 정보를 계기나 컴퓨터시스템에 전송하는 것이 포함된다. 계측제어와 컴퓨터에 관한 상세한 것은 이 책의 다음 부분에서 별도로 취급하고자 한다.

- 수질시험실정보관리시스템(LIMS)
- 펌프시스템
- 감시제어 및 데이터수집(SCADA)시스템
- 검침 및 수요가정보시스템(CIS)
- 자동지도/시설관리/지리정보시스템(AM/FM/GIS)
- 보전관리시스템(MMS)
- 누수방지시스템(LCS)
- 재난복구시스템

일반적으로 유량과 압력 및 동수경사선을 측정하기 위한 계기들은 펌프시스템이나 SCADA시스템 내에 설치되고 있는데, 물리적 조건과 관련이 있는 관이나 밸브 기타의 요소를 포함한 관망의 설계·설치·변경에 관계되는 정보는 다른 시스템에 의해 표시된다.

이러한 시스템은 일반적으로는 각 기능을 효율적으로 관리하기 위하여 분리시켜 사용된다. 또 우수한 취급자가 이러한 시스템을 사용함으로써 설비의 유지비용을 억제하면서도 양질의 제품을 제공하는 향상된 서비스를 할 수 있다. 이러한 시스템의 상세한 것에 관해서는 다른 장에서 상세하게 설명하겠지만, 이 장에서는 배수관리에서의 응용에 대하여 설명하고자 한다.

앞으로는 이러한 시스템이 데이터를 공유하는 공통 데이터베이스에 의해 통합될 것이라고 본다. 이와 같은 시스템의 통합은 생산성을 더욱 향상시키는 동시에 의사결정의 효율성도 높인다. 현재 수도설비에 사용하고 있는 정보시스템이 통합됨에 따라 새로운 응용방법이 출현할 것이다. 표 11.1은 동적수리모델, 수질모델, 수요예측, 에너지관리와 예방보수모델을 포함한 통합화로 예상되는 응용의 예를 나타낸 것이다.

표 11.1 송·배수 통합시스템의 응용

통합화 응용	정보시스템							
	기타	누수방지	GIS	SCADA	MMS	LIMS	CIS	긴급시 대책
수리모델		•	•	•	•	•	•	•
수질모델			•	•	•	•		
수요예측		•	•	•			•	
에너지관리	•			•				
예방보수모델		•	•	•	•			

11.1.2 송·배수시설의 기원

송·배수는 수도시설의 구성요소 중에서도 가장 오래 전부터 있었던 것이다. 물을 도관으로 수송한다는 사고방식은 고대문명 시대에 생각하였던 것이다. 고대 로마에서는 질(역자주 : 벽돌 등을 만드는 점토질)로 만든 수도본관과 배수관을 포함하여 아주 발달된 방식이 사용되고 있었다. 배수가 얼마나 중요한 것이었는가 하는 것은 납관을 사용하였으므로 납성분이 포함된 물 때문에 시민들이 납에 중독되었으며 이것이 로마제국 붕괴의 원인 중의 하나가 되었다는 사실로부터도 알 수 있다. 로마제국에서 최초의 송·배수시설은 수원으로부터 자연유하로 저수지와 배수관망에 흘러들도록 하였으며 배수관망은 배수지와 수요가를 연결하도록 구성되어 있었다.

이와 같은 방식의 운전은 단순하였으며 자기조절 방식, 즉 취수가 과잉인 경우에는 초과되는 많은 물을 허비해 버렸고 또 사용량이 취수량을 상회하는 경우에는 배수지에서 그 부족분을 공급하는 방식이었다. 수도시설에서 최대 과제는 적절한 규모의 배수지를 만드는 것과 공급원으로부터 단수(물의 흐름이 끊어짐)되지 않도록 유지하는 것이었다. 수량에 관한 유일한 경보이면서도 감시장치의 역할을 하였던 것은 충분한 수량이 공급되지 않는다는 것을 알고서 불평을 제기하는 수요가뿐이었다. 누구도 수질에 대하여 염려하지 않았으며 「맑고 깨끗하다」는 것이 수원의 대명사였으므로 수질에 대해서 의문을 갖는 사람은 아무도 없었다. 이와 같은 한가로운 시대를 생각하면 그 사이에 대단히 많이 변하였다.

11.1.3 부설공사

여러 해에 걸쳐 배수시설 개선의 초점은 건설자재로 쏠리고 있다. 부식을 방지하기 위한 주철관의 재질개선이나 강관의 사용량증가, 건강에의 악영향을 최소한으로 하기 위한 재료의 선택과 효과적인 비금속제의 재료 등 기술면에서 노력과 연구가 되어 왔다. 최근의 중요한 진보로서는 교체의 우선순위를 결정하는 프로토콜의 개발과 도시부에서 수도관의 수리나 부설을 위한 기술개발을 들 수 있다.

11.1.4 컴퓨터 응용

최근 엔지니어들은 수도시설의 계획, 설계, 운전과 종합관리 등의 많은 분야에서 컴퓨터를 이용하는 쪽으로 이행되어 가고 있다. 실시간수리관망 모델의 출현으로 지금은 이러한 컴퓨터가 관망 전체의 유량이나 압력뿐만 아니라 급수전 수질까지도 도면으로 표시할 수 있다. 송·배수분야에서 컴퓨터기술을 응용하는 것은 직원들의 생산능력과 기술수준을 향상시키는 것과 마찬가지로 기본적인 서비스수준도 향상시켰다. 이러한 수도시설의 개선은 유럽, 북미, 일본을 포함한 전세계로 퍼져가고 있다.

현재 상황을 보다 정확하게 이해하기 위해서는 배수관망에 많은 투자가 필요하다는 것과 이러한 관망이 50년 이상 사용할 수 있도록 설계되고 있다는 점을 염두에 둬야 한다. 이는 배수관망의 개선이 어려움을 의미함과 동시에 오래된 배수관망에서 실제로 사용되었던 기술에 비하여 오늘날의 기술 쪽으로 왜 진행되고 있는가를 설명하고 있다. 이러한 결점에도 불구하고 배수관망은 물 수요 증가와 수요가로부터 가해지는 새로운 요구에 의해 급속하게 발전하고 있다. 이러한 압력에 직면하여 요구를 만족시키는 해답은 기술을 향상시키고 관망구축과 운영에 새로운 개념을 도입하는 것이다.

11.1.5 관망의 수리모델

수도시설의 계획자, 설계자, 관리요원, 보수요원, 수요가서비스 담당자나 수도시설 전체의 관리자에게 정보를 제공할 수 있는 실시간 동적수리관망 모델이 송·배수를 위한 컴퓨터 통합애플리케이션시스템으로 등장하였다. 이 모델은 평상시나 비상시를 불문하고 의사결정을 향상시키는 것이다. 또 수도시설의 송·배수시설을 위한 단기적 수요와 장기적 수요의 분석이나 의사결정 면에서도 효과적인 수단을 제공하고 있다.

관망의 수리모델은 수도시설의 장래계획을 세우는데 있어서 컴퓨터응용이 핵심이다. 다음의 것은 현재 개발되고 있는 특수한 수리관망모델이다. 이러한 모델 이용이 경제적으로 펌프를 운전할 수 있게 할뿐만 아니라 보수서비스에의 투자효과를 평가하는데 따라 자본과 보수작업의 우선순위를 결정할 수 있는 시스템을 효과적으로 관리할 수 있도록 수도사업체를 지원할 것이다.

- **관망관리모델**: 개수, 신규건설의 우선순위와 시방을 만들기 위한 기초자료가 되는 재질, 성능, 보수, 개량에 관한 기록과 상황에 관한 정보시스템
- **관망모델**: 배수시설에 대한 개선으로 최소한의 투자로 최대한의 효과를 달성하기 위한 기초자료를 제공할 수 있는 관망구성이나 유량에 관한 정보를 구비한 기능적 성능모델
- **수질모델**: 수질에 대한 재질의 영향, 배수시설의 내구성과 유량변화의 영향, 수요가 수도꼭지까지의 수질 등을 판단하여 수질변화를 분석하기 위한 모델
- **효율분석모델**: 펌프운전(동력)의 최적화, 배수시설 구성요소의 노후화나 관로파열시의 누수최소화를 포함한 수요가에의 송·배수비용 최소화를 지원하기 위한 분석모델

이 수십 년 사이에 컴퓨터화를 채택하고 있는 대부분의 시설에서는 가스업계나 전력업계 등의 다른 업계용으로 설계된 프로그램을 원용하거나 독자적인 소프트웨어를 개발하여 독자적인 단일 프로그램을 채용하는 방법을 취하고 있다. 이용분야로서는 자재나 소모품의 재고관리, 교체에 관한 우선사항의 분석, 배수시설의 컴퓨터에 의한 배관망도작성과 배수시설의 컴퓨터제어 등을 들 수 있다.

컴퓨터시스템의 개발과 이용은 각 수도사업의 조직에 따라 상당히 다르다. 조직 내의 책임부담은 정기적으로 변하고 있지만 배수시설관리의 컴퓨터화에 대한 책임은 배수시설 담당

부서뿐만 아니라 여러 부서에 걸치고 있다. 이것은 컴퓨터시스템의 계획과 설치 및 이러한 시스템의 일상적인 조작운영에 관하여 흥미있는 관리면에서의 문제를 생기게 하고 있다. 이 시스템은 운영관리에 사용될 최신정보를 제공하는 것뿐만 아니라 또 중요한 역할로서 모든 시스템에서 이용할 수 있는 소스데이터의 장래 중심창고로서 기초를 제공하게 될 것이다.

11.1.6 관망 구성요소

송수시설은 송수간선 또는 송수관로에 의하여 급수구역 내 또는 급수구역간에 물을 수송하지만 일반적으로는 개개 수요가에는 직접 급수하지 않는다. 펌프장, 배수지/탱크는 송수시설의 대표적인 구성요소들이다. 한편 배수시설은 개개 수요가에의 급수에 필요한 모든 구성요소를 포함하고 있는 것과 함께 일반적으로 배수시설 구성요소로는 다음과 같은 것이 포함된다.

- 밸브(제어밸브, 게이트밸브)
- 관로(공기밸브나 배수(drain)밸브 등의 부속품 구비)
- 소화전
- 급수관/계량기

송·배수관망에는 정수장이나 펌프장의 출구로부터 수요가까지 물을 공급하는 것에 필요한 모든 기기와 장치가 포함되고 있으며, 여기서 수요가라고 함은 일반적으로는 개개 수요가이지만 대량으로 물을 사용하는 기관들이나 기업의 경우도 있다.

11.2 일반적인 원칙

11.2.1 송·배수관망의 설명

이 장에서는 송·배수관망의 설계와 운영원리에 대하여 설명한다. 이 설명은 수도시설에서 새로이 대두되는 계기류나 컴퓨터시스템 기술을 앞으로 받아들일 때에 유용한 기본적인 원칙을 제공하는 것이다. 이러한 원칙의 대부분은 여러 해에 걸쳐 추구해 온 것이고 또 수도시설을 운영하기 위한 가장 효과적이며 경제적이고 또한 신뢰성이 높은 방법에 기초한 것이다. 컴퓨터에 의한 감시와 제어는 한층 증가하는 수요가서비스와 수질향상에 대한 요망을 충족시킬 수 있는 수도시설 능력을 대폭적으로 개선할 것이다.

배수관망은 배수지나 배수펌프장에서 시작되며 급수구역에 물을 분배하는 시설이다. 이 관망은 배수본관(distribution main), 배수간선(trunk line)과 수요가 급수관(service line)을 직접 접속시키기 위해 배수간선으로부터 분기시킨 분기배수관(배수지관 : distribution branch)으로 구성되어 있다. 배수구역 전체에 걸쳐 균일한 수압을 유지하며 관로 중에서 물의 정체를 방지하기 위하여 이러한 배수관로를 망목형으로 만드는 것이 바람직하다. 관경과 송수관로 노선은 가까운 미래의 수요증가를 고려하여 결정해야 한다. 또 간단하고 효율적으로 보수할 수 있도록 하기 위하여 블록시스템(block of pressure zone)에는 제수밸브, 공기밸브, 드레인밸브, 소화전, 감압밸브, 유량계와 수압계 등의 부속장치를 알맞은 장소에 설치해야 한다. 또 송수시설을 자연유하방식으로 할 것인가 또는 펌프압송방식으로 할 것인가를 명확하게 구별해 두는 것이 바람직하다.

1) 관망설계의 원칙
송·배수관망을 구축할 때의 주요원칙을 다음에 나타내었다.
- 배수본관에서 분기된 지관은 관망(망목)이 형성되도록 가능한 한 서로 연결시켜야 하고 상호 연결된 많은 지관에는 제수밸브를 설치해야 한다. 이는 본관 파열사고가 발생하였을 경우 그 본관을 분리시킬 수 있으므로 단수구역을 최소화시킬 수 있다(이것은 본관을 상호 접속시켜서 환상시스템으로 된다).
- 각 지관 구경은 당해 배수구역(distribution area)의 수요를 충족시킬 뿐만 아니라 인접된 배수구역의 백업기능도 할 수 있게 충분한 크기의 것이어야 한다. 백업기능의 수량은 이상상황을 모의시험하고 이 수량을 정상상태에서 추정수요량에 추가하여 계산해야 한다.
- 급수구역 전체로서 수압의 균형을 유지하기 위하여 동일한 수압구역(pressure zone -block)에 서로 다른 배수지로부터 공급되는 배수본관에 연결해 두어야 한다. 이러한 방법으로 각 배수지의 수위가 정상상태일 때나 비정상상태일 때에도 모두 일정하게 유지될 수 있다.
- 배수본관은 우수한 내구성을 구비한 것이어야 하고 또한 매설환경에 적합한 것이어야 한다. 내구성 강화에 관해서는 특히 충분히 배려해야 한다.
- 최소동수압은 현재나 장래에 예측되는 물 수요에 따라 결정해야 한다.

- 연약한 지반이나 불안정한 지반에는 배수관을 부설하지 않도록 해야 한다. 부득이 그런 지반에 부설해야 하는 경우에는 적절한 예방조치를 취해야 한다.
- 부득이하게 수지상(樹枝狀)으로 배수본관을 배치해야 하는 경우에는 신뢰성을 확보하도록 설계에 세심한 주의를 기울여야 한다.
- 인접된 수도사업체나 수도용수공급사업체간에는 배수간선에서 상호 연락시키고 압력제어밸브나 펌프를 설치하여 상호지원체제를 구축해야 한다.
- 급수구역(service area)의 지리적 특성에 기초하여 급수구역 전체를 블록시스템(pressure zone)으로 분할해야 한다. 목표로 하는 것은 압력이 다른 블록시스템의 수를 최소화하고 또 수질 악화를 최소화하면서 균일한 수압을 확보하는 것이 목적이다.
- 분기관(branch pipeline)은 각 블록 내에서 50~100m 간격으로 설치하고 배수본관과 접속시켜야 한다. 접속점은 배수간선(distribution trunk line 포함)으로부터의 유출점이 된다. 배수지관망은 충분한 소화용수를 공급해야 할 뿐만 아니라 신규급수관의 분기작업이나 기존구역의 관로를 수리할 때에 단수의 영향을 최소화하도록 격자상으로 배치해야 한다.
- 급수관이나 소화전은 적절하게 배수지관에 접속시켜야 된다. 수리계산을 할 때에 급수관은 소화전이나 학교 또는 공장 등과 같은 대구경 수요가의 급수관을 제외하고는 관망의 격점에 집중된 것으로 가정해야 한다.

이와 같은 블록방식의 관망구성에는 다음과 같은 이점이 있다.
- 정상시의 설계유량과 소방용수 사용시의 설계유량을 별개로 할 수 있다.
- 유량과 수압을 쉽게 측정하고 제어할 수 있다.
- 분석과 설계계산을 쉽게 할 수 있다.
- 고장이나 수리로 인한 단수의 영향을 경감시킬 수 있다.
- 관망 중에서 물의 수송시간(체류시간)을 감소시킬 수 있다.

2) 블록시스템(pressure zone : block system)의 설계

급수구역을 블록시스템화하고 급수량을 효과적으로 조절함으로써 적절한 수압을 유지하고 누수를 줄일 수 있는 동시에 고장을 조기에 발견하고 대처할 수 있다. 이것은 관망 중의 유량과 블록마다의 수요량 급변을 감시함으로써 실현된다. 따라서 이 방법은 급수개선, 배수계획, 누수방지 등을 위한 기본적인 데이터를 수집하고 분석하는 용도에 기여할 것이다. 또 갈수시나 기타의 비정상사태가 발생하였을 때에도 급수제한을 최소화하는데도 유용하다.

블록시스템을 계획할 때에는 블록에서의 물 수요 형태, 기존의 배수지와 펌프장 및 배수관로나 급수시설의 상태, 산이나 하천과 같은 지형적 특성과 개발계획(철도, 도로, 도시개발) 등에 대하여 신중하게 검토해야 한다. 또 신규로 배수지용지를 취득할 가능성과 배수관망을 설치하는 비용을 포함한 경제적인 측면에 관해서도 충분히 검토해야 한다.

블록시스템을 계획할 때의 주요 원칙을 다음에 나타내었다.

- 블록시스템은 당해 지역의 지리적 특성을 충족하는 것으로 하고 또한 수질을 유지시킬 수 있도록 규모를 제한해야 한다.
- 인접되는 블록과 접속되어 있는 배수관에는 필요에 따라서 물의 흐름을 중단시킬 수 있도록 제수밸브를 설치해야 한다. 또 압력이 높은 블록에서 압력이 낮은 블록으로 비상 급수할 수 있도록 주요한 지점의 블록 사이에도 밸브를 설치해 둬야 한다.
- 각 블록시스템의 틀을 만들게 될 핵심 배수지관에는 특히 내구성이 큰 관종을 선정해야 한다. 관로의 내구성 강화에 관해서도 충분한 주의를 기울여야 한다.
- 직결급수구역의 확대 계획 등 당해 지역의 상황에 따라 최소동수압을 결정해야 한다.
- 절대로 필요한 경우를 제외하고는 막다른 골목관(dead-end pipe)을 피해야 한다.
- 적수, 관로의 막힘, 고장 등이 일어나기 쉬운 배수지관은 관망정비종합계획에 따라 교체하거나 라이닝해야 한다. 적수나 관로의 막힘은 라이닝되지 않은 주철관이나 강관에서 발생하기 쉽다.

3) 송수관로

송수관로는 정수장에서 배수펌프장이나 배수지로 물을 수송하는데 사용된다. 이 송수관로는 일반적으로는 배관, 수관교, 펌프장 및 밸브류로 구성되어 있다. 송수관로는 자연유하식으로 운전되는 것이 좋지만 급수구역이 정수장보다 표고가 높은 장소에 있는 경우에는 펌프장을 구비해야 한다.

송수관로를 설계할 때에는 첨두수요시와 화재 발생시에서부터 저수요시에 이르기까지 유량의 변화를 검토해야 한다. 일반적으로 송수관로는 대유량에서 효율적이고 경제적으로 운전하기 위하여 대형의 관로와 펌프장이 필요하다. 유량이 작을 때에는 관로 중의 수질유지에 중점을 두어 운용해야 한다. 특히 수도시설로는 유량이 작을 때에 관망 전체를 통해 적절한 잔류염소를 유지하도록 관로운용을 변경시키거나 처리를 변경시켜야 한다. 또 펌프운전의 에너지비용을 고려할 때에 가장 경제적인 장기투자를 판단하는 관로구경을 경제적으로 분석해야 한다.

송수관로 중간에서 배수관을 분기시키는 것을 될 수 있는 한 피해야 한다. 이와 같은 분기가 필요한 경우에는 분기점에 유량계와 압력계를 설치하여 각 분기관에서 유량을 측정하여 급수구역의 수요를 충족시키고, 급수구역 전체를 통해 최소동수압을 유지해야 한다. 최소동수압이 지나치게 낮거나 지나치게 높은 경우에는 분기점 상류에 있는 송수관로, 펌프장 등을 포함한 급수구역 전체에 영향을 극소화하기 위하여 적절한 대책을 강구해야 한다(소용량펌프를 설치하거나 배수관망 내의 감압밸브를 설치 등). 또 송수의 안전성을 검토할 때에는 송수관을 2개 이상으로 분할하거나 송수시설의 중간에 긴급용이나 조정용의 핵심인 배수지를 만들거나 배수지에 접속된 관로를 설치하는 것도 고려해야 한다.

송수관로 하류에서의 사고를 상정한 경우 적절한 저류량을 확보하고 2차 재해를 방지하기 위하여 정수장 유출구와 각 배수지 유입구와 유출구에 비상용 긴급차단밸브를 설치하는 것을 고려해야 한다. 이러한 차단밸브는 자동적으로 닫히거나 중앙감시컴퓨터를 사용하여 운전자가 원격으로 닫을 수도 있다. 또 유량조절밸브는 일정한 사전설정수준을 상회하는 유

일본에서의 배수관망의 블록시스템

일본사회가 성숙기를 맞이하여 이용할 수 있는 토지공간이 한정됨에 따라 건설용지의 확보가 상당히 어렵게 되었으며, 긴급시의 급수능력을 강화하는 것이 필요하게 되었으므로 블록시스템의 구성은 대블록에서 중소규모 블록으로 바뀌고 있다.

대블록시스템(東京都) : 급수구역의 주변에 있는 11개소의 정수장은 송수간선에 의하여 상호 접속되어 있으며 송수간선망이 넓은 급수구역에 설치되었다. 수압과 유량은 21개소에 있는 송수/배수제어소에서 제어되고 있다.

중블록시스템(橫浜市) : 급수구역은 21개 블록(1블록당 평균면적은 $21km^2$, 급수대상 인구는 15만명, 평균 급수량은 일일 $60,000m^3$)이다. 각 블록에는 배수지(평균 유효저장량 $40,000m^3$)가 있으며 배수방식은 자연유하방식과 펌프압송방식으로 구별된다.

소블록시스템(橫須賀市) : 급수구역은 5개소의 대규모 구역, 23개소의 중규모 구역으로 나누어지며(자연유하식이 10개소, 펌프압송식이 13개소), 또한 186개소의 소규모 급수구역(자연유하식이 122개, 펌프압송방식이 64개)으로 나누어져 있다.

량이나 유속을 감지한 경우에 밸브가 자동으로 닫히도록 설계할 수 있다.

운전자가 밸브개폐상태를 중앙감시실에서 알 수 있도록 하기 위해서는 전화회선, 무선회선을 이용할 수 있다. 어떠한 경우에도 유량제어에는 유출밸브(압력과 유량 조절밸브), 펌프, 유입밸브, 비상용 긴급차단밸브, 압력조절탱크 등이 필요하다. 또 송수시스템의 감시와 제어에 관해서는 전화회선, 무선회선에 추가하여 컴퓨터의 이용가능성도 적극적으로 검토해야 한다.

4) 배수관로

배수관망은 송수관로와 같이 안전하고 간단히 보수할 수 있어야 한다. 그 때문에 자연유하식이 좋지만 급수구역이 배수지보다도 높은 장소에 있는 경우에는 필수적으로 펌프압송방식을 채용해야 한다. 또 급수구역 내의 수압을 균등하게 유지하고 관로 중에서 물이 정체되지 않도록 하기 위하여 망목구조를 채용해야 한다. 또 자연유하식 관로와 펌프압송식 관로를 명확하게 구별해야 한다. 관의 구경, 관로의 노선은 가까운 장래의 수요변화를 고려하여 결정해야 한다. 또 쉽게 보수할 수 있도록 하기 위하여 제수밸브, 공기밸브, 유량계, 압력계, 드레인밸브를 적절한 장소에 설치해야 한다.

급수구역 내의 높은 구역과 낮은 구역에 대해서는 필요에 따라 소규모의 펌프장이나 감압밸브를 설치해야 한다. 급수량의 급격한 변화에 대처하기 위하여 배수관망 내의 적절한 지점에 유량과 압력조정용의 배수탑이나 고가탱크를 설치하는 것이 바람직하다. 또 긴급시의 백업운전용으로서 다른 급수구역과 상호연락관을 설치하며 사수문제를 처리하기 위하여 소구경관을 사용하여 별개로 접속하고 드레인밸브를 설치하는 것 등이 필요하다.

펌프, 유량제어밸브, 압력조절밸브, 배수탑, 고가탱크는 배수제어에 도움이 된다. 댓수제어, 밸브제어장치, 회전속도제어, 임펠러각도 제어, 바이패스안전밸브 제어, 임펠러외경 제어 및 이들의 조합을 펌프제어에 이용할 수 있다.

5) 수도용수공급시설

급수구역에 따라서는 수도사업자 또는 지방자치단체는 제삼자가 운영하는 수도용수공급시설로부터 정수를 공급받는 경우가 있다. 이 절에서는 수도용수공급시설에 관련되는 주요한 원칙에 대하여 간단히 검토한다.

수도용수를 공급받는 사업자는 받은 물을 그 급수구역 전체에 배수하게 된다. 이 경우 수도용수를 배수하기 위한 기준과 절차를 확립하는 것이 중요하다. 일반적인 검토사항으로서는 다음 사항들이 포함된다.

- 저수능력과 매일 받을 목표수량
- 물을 받는 지점에서의 수질과 수압
- 긴급돌발사고
- 계량방법과 가격계산

일반적으로 용수공급사업자는 물을 받아쓰는 고객에게 공급한 물의 수질과 수량 및 변동에 관한 기록과 정보를 유지하고 있다. 이 기록은 용수공급시설을 연구하고 개선하는 것은 물론 처리공정을 변경하는데 사용된다. 용수공급사업자와 물을 받아쓰는 고객과의 사이에 정보교환상황을 **그림 11.2**에 나타내었으며, **표 11.2, 11.3**은 정보인자를 나타낸 것이다.

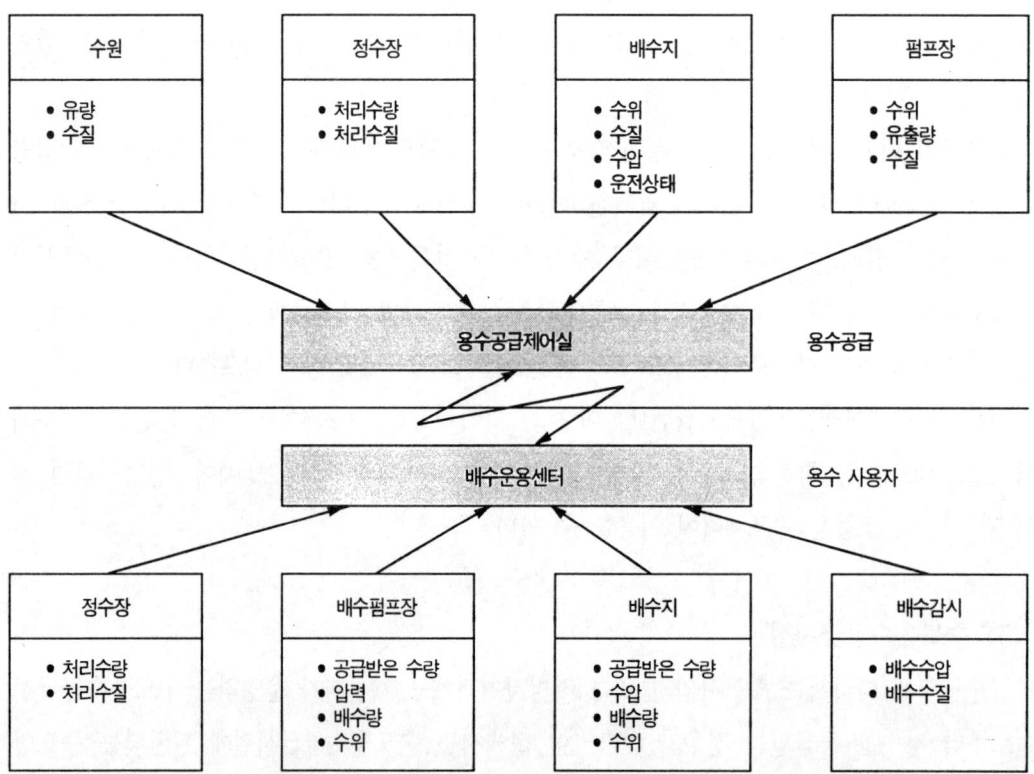

그림 11.2 수도용수공급사업자와 공급 받는 자 사이의 정보 교환의 예

표 11.2 수도용수공급 사업체 쪽의 정보인자

정보인자		주기	수요예측	가뭄분배	긴급시 할당	일량조작	일량처리 조작	약품관리
물을 받아 쓰는 쪽의 정보	받는 쪽의 수요량	월	•	•	•	•		•
	긴급시의 정보	발생 즉시	•		•	•		
	실제 공급압력	월			•	•		•
	실제 공급량	월				•	•	•
	실제 수요량	월	•		•			

표 11.3 물을 받는 쪽의 정보인자

정보인자		주기	요구공급량	긴급대책	일 조작	염소주입량
수도용수 공급사업 자 쪽의 정보	수원정보	연속	•	•		
	배수지수위	연속	•	•		
	송수수질	연속		•		•
	송수량과 송수압	연속	•	•	•	
	설비정보	연속	•	•	•	
	사고정보	발생 즉시	•	•		
	복구정보	발생 즉시	•	•		

11.2.2 배수지

1) 배수지의 개념

배수지는 급수구역의 수요에 따라 공급하기 위하여 정수를 저류하여 두는데 이용된다. 배수구역에서의 수요는 시간, 주간, 계절에 따라 또한 긴급시에도 변한다. 배수지는 이와 같은 수요변화에 대처할 수 있는 규모의 크기여야 한다. 종래에는 고장을 감지하고서 운전자가 대응하는 시간으로 배수지 크기를 결정지었다. 매일 현장의 일상검사에 의존하고 있었던 변화의 정도나 비율에 대한 것이 원격계측장치로부터의 송신정보, 중앙제어실, 또한 컴퓨터화된 SCADA시스템으로 이행되어 발전해 오고 있다. 저수량에 영향을 미치는 고장감지 시간을 단축시킬수록 배수지 크기가 축소되었다.

현재 일반적으로 배수지의 저수량은 1일최대사용수량에서 최소한 6~12시간의 수요량(첨두일 때의 유량의 시간당 변화에 대응하기 위하여)에 긴급용으로서 6~12시간분의 수요량(펌프장의 정전이나 본관의 파손 등) 및 소화용 예비저수량(소화시간요건 및 유량요건에 기초한 수량)을 더한 수량으로 하고 있다. 또 이 유효용량에는 수원의 종류, 급수구역의 특성,

급수시설의 안정성과 기타 비정상상황의 예비분도 포함된다. 그림 11.3에 캘리포니아주 오클랜드시의 샌프란시스코만 동안공공지구사업단(East Bay Municipal Utility District)에 의해 제공된 저수량에 관한 설계요건을 나타낸다.

　최적의 배수지 입지는 급수구역의 중심부에 있는 구릉이다. 배수지가 급수구역의 중심부나 중심부에 가까운 변두리에 설치되는 경우에는 배수관의 연장이 짧아지고 또 손실수두도 줄어든다. 이렇게 되면 관경이 작은 배관을 사용할 수 있으며 배관 부설비용과 보수비용도 절약할 수 있다. 더욱이 급수구역의 중심에 높은 장소이면 자연유하로 안정되게 급수할 수 있다. 이러한 배수방식에서는 정전과 같은 고장에 의한 단수(water service failure)는 거의 발생하지 않는다. 주택지역이 고지대를 포함한 급수구역 전체에 확대됨에 따라 배수방식 중에서 펌프압송방식이 중심적인 역할을 차지하게 되었다.

　일반적인 배수지 깊이는 수위변동이 급수구역 내의 수압에 큰 영향을 미치는 일이 없도록 하기 위하여 3~15m 범위로 하고 있다. 지역에 따라서는 배수블록(pressure zone)을 2개 이상의 소규모 배수지를 갖춘 소블록(subzone)으로 나누는 새로운 경향이 등장하고 있다. 이 방식을 채용함으로써 배수관로 자체는 물론이고 수두손실이 줄어들며 급수의 경제성과 수질도 향상된다. 이와 같은 급수개선은 지형에 따라 고르지 못한 급수압력의 분포를 극소화하

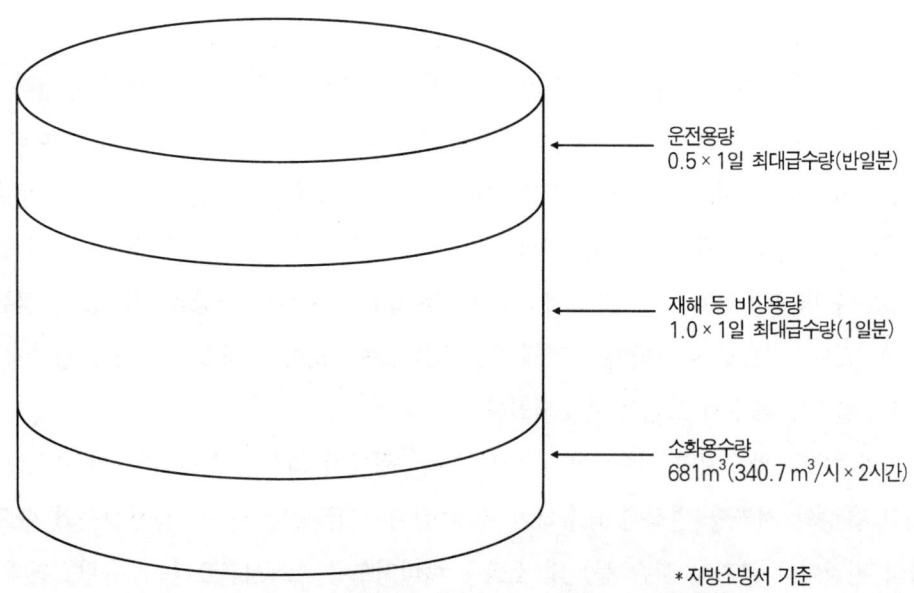

그림 11.3 단일펌프장 압력 구역의 배수지 용량 기준

운전용량
0.5 × 1일 최대급수량(반일분)

재해 등 비상용량
1.0 × 1일 최대급수량(1일분)

소화용수량
681m³(340.7 m³/시 × 2시간)

*지방소방서 기준

고, 긴급용과 소화용으로서 급수구역 전체에 저류기능을 분산 배치한다는 사고에 기초하고 있다. 일군의 소규모 배수지 그룹을 몇 개 배수지역(water conveyance system)으로 정리하여 분할하고, 중심부분에 핵심인 대형 배수지를 설치하여 배수제어의 유연성을 높이는 방법을 상상할 수 있다.

배수지 용량이 커짐에 따라 배수지 내에서 정수의 체류시간도 길어지고 있다. 이러한 상황은 잔류염소 부족과 증가된 세균번식가능성 및 트리할로메탄과 같은 유기염소화합물의 생성량 증가와 같은 수질문제를 초래하고 있다. 대응책으로서는 배수지 내벽에 방수성 내식도료로서 종래의 콜타르 도료에서 에폭시수지 도료로 바꾸고 정수 체류시간을 적절하게 균일성을 확보하기 위하여 배수지를 몇 개의 탱크로 분할하며, 또한 염소제 주입장치를 설치하고 정체시간을 줄이기 위하여 빈번한 저류수 회전율을 확보하기 위한 운전방식 등이 있다.

2) 최적의 배수지운전

배수지 운전은 평상시와 비상시가 다르다. 평상 운전에서는 배수지 기능에 따라 하루 종일 비교적 시간별로 일정한 생산량으로 정수장 운전이 계속되게 하거나 전력요금이 저렴한 시간대에 펌프를 운전시킬 수 있다. 이와 같은 운전 때문에 전력요금이 저렴하고 수요도 적은 야간시간대에 저류량이 최대가 되었다가 첨두수요가 발생하는 시간대에 저류량이 최소로 될 때까지 배수지가 시간대별로 변동한다. 평상시 운전 중에는 항상 소화용이나 정전 또는 정수장의 고장을 대비하여 배수지에는 긴급용의 비축량이 유지되어야 한다. 또 배수지 내에서 물이 이동되고 교환되는 것을 확인하고 잔류염소를 유지하며, 배수지 내에서 접촉시간과 도장부분과의 상호작용을 극소화하기 위하여 운전자는 날마다 또한 매주마다 저수량을 관리해야 한다.

비상시의 운전은 소화용이나 수요가의 비상급수용으로 적절한 저수량을 확보하기 위하여 긴급시(지진 등)에는 배수지의 유입밸브 차단을 포함하는 경우가 있다. 이 경우에는 배수지의 수위를 최고수위로 유지하는 것이 적당하다. 송수가 펌프에 의존하고 있는 경우에는 전원이나 펌프시설의 고장에 대비하여 운용수위를 가능한 한 높게 유지해야 한다. 또 긴급시의 2차 재해를 방지하기 위하여 배수지에 적절한 수량의 예비량을 저수함과 동시에 긴급차단밸브를 설치하는 것도 필요하다.

요코하마시의 배수지운전

요코하마시의 배수지는 일반적으로 다음과 같이 운전되고 있다.
- 운전고수위 : H.W.L. -10cm
- 운전저수위 : 긴급시저수위 +10cm
- 긴급시저수위 : L.W.L. +170cm 또는 유효저수용량의 약 30%

여기서 긴급시저수량은 급수구역 내의 인구에 86L을 곱하여 구한 것이다(1인당 2주일분의 음용수와 조리용수의 수량).

다음에 소개하는 사례는 비상사태에 대처하기 위한 비상급수 저수와 2차 재해방지를 위한 긴급차단밸브 설치에 대한 예이다.

요코스카시

주요한 배수지(14개소 용량 70,000m^3)에는 긴급차단밸브가 설치되어 있고 큰 지진이나 비정상유출량을 감지하면 자동적으로 작동된다.

요코하마시

정수장구내의 배수지 : 정수장 감시실의 운전자는 긴급시에 확보해야 할 수위 이하로 수위가 떨어지면 30분 이내에 소방서에 연락하는 체제가 되어 있다. 최저확보수위에 도달하였을 때에는 운전자가 밸브를 폐쇄시킨다.

정수장구역 외 배수지 : 이 배수지들은 무인운전이며 데이터 수집과 제어는 무선으로 이루어진다. 조정센터의 지하에 설치되어 있는 지진계가 25gal(가속도를 측정하는 것에 사용되는 단위 : 거의 0.1g에 상당한다)이상의 지진을 감지하면 감시실의 컴퓨터가 감지해내고 제어한다. 밸브를 닫는 순서는 위의 설명과 같다.

소규모 배수지나 탱크의 가장 간단한 운전방법은 저수위에 도달되면 유입밸브를 열어 저류하고 고수위가 되면 유입밸브를 닫는 방법이다. 유입량의 시간변동은 크지만 수량은 그다지 많지 않기 때문에 이 방법은 상위 배수지나 정수장에는 큰 부담을 가하지 않는다. 다만, 배수관로의 부하는 증가하기 때문에 일시적이기는 하지만 일부 구역에서 압력이 저하될 가능성이 있다. 이 때문에 유입밸브의 개도를 조정하고 또한 관망을 정비해야 한다.

이와 같은 상황하에서는 평상운전 중의 재해나 사고를 고려하여 필요한 수량을 설정하고, 설정된 수량을 저류하기 위하여 유지해야 할 수위를 최저저수수위로서 간주한다. 따라서 이 설정된 수위를 상회하는 수위에서 배수지를 운전시켜야 한다. 다만, 배수지가 1개소밖에 없는 경우에는 필요수량을 저수해 두는 것이 상당히 어렵다. 이 때문에 동일한 송수계열에 속하고 있는 다른 배수지 또는 지리적으로 근접해 있는 다른 배수지와의 연대운전을 검토하는 것도 필요하다.

오사카부의 송수제어실

오사카부 수도부의 송수제어시설은 1977년에 운전을 개시하였다. 이 시설은 오사카부 전역에 급수하고 있는 대규모 시설인 무라노(村野) 정수장 내에 있는 제어센터에서 제어되고 있다. 이 제어센터에서는 무라노 정수장과 미시마(三島) 정수장의 양 정수장을 제어하고 있다. 무라노 정수장은 최대처리용량 1,790,000m^3/일으로 12개소의 급수펌프장과 4개의 배수지가 포함되어 있다. 미시마 정수장의 최대처리용량은 33만m^3/일이다. 제어센터는 사전에 설정된 운전계획에 따라 급수프로그램을 실행하고 있다. 이 제어센터에서는 수요가에 대한 압력변동을 최소화시키며 또 펌프장 유량을 가능한 한 균일하게 유지함으로써 전력기본요금에 대한 지출을 절감시켰다.

제어센터에서의 수요예측은 지역마다 일일수요예측과 시간별 수요예측이라고 하는 2개의 카테고리로 나누고 있다. 일일수요예측에는 기상데이터와의 상관관계를 분석한 결과에 따라 회귀분석으로 작성된 모델을 사용하고 있다. 또 시간별 수요예측은 일일수요예측결과를 기본패턴으로 하고 계절마다 3개 지역을 커버하는 것으로 분류한다. 다음으로 패턴에 의한 결과를 곱하고 여기에 그 주의 요일과 특수한 날 및 기후에 대한 변수로 수정하여 각 지역의 시간별 수요량을 구하고 있다. 그 다음 시간별 수요예측량과 일일수요예측량의 결과에 따라 급수운전계획이 작성된다. 이 계획은 실제 수요에 뒤쫓아 가도록 급수를 조정하던 지금까지의 방식과는 다르다.

수요예측으로는 일일 총수요량과 시간별수요량은 배수관 별로 추정된다. 이 추정은 전일수요량, 최고기온, 요일과 현재의 날씨 등의 인자를 고려하고 있다. 배수지 수위의 최적치와 각 펌프장 유량은 수요예측 결과에 따른 최적운전계획의 계산으로 산출된다. 이것은 컴퓨터를 사용하여 선형계획법으로 계산되고 있다. 펌프 운전단계에서는 이 계산결과에 따라 선택되고 실제 운전으로 유효성이 검정된다. 이 검정결과가 수요예측의 수정에 사용되고 있다.

11.2.3 물 수요예측

기존 배수시설을 사용하여 최적조건에 가깝게 운전하면서 안정적이고 경제적으로 수요가에게 급수하려면 정확한 수요예측을 포함한 운전계획이 필요하다. 수요예측은 운전계획을 책정하는 기초가 된다.

운전계획에는 배수시설의 제약 등 수요량 이외의 요소를 포함하고 있다. 운전계획을 책정할 때에 고려해야 할 제약사항과 요소에 관해서는 이 장의 후반부(「관망해석 모델」의 항 참조)와 제9장에서 소개되었다. 이 절에서는 배수시설 운전에 가장 잘 사용되는 수요예측에 영향을 미치는 방법과 요소에 초점을 맞추고자 한다.

배수시설의 운전관리에는 수요량을 파악하는 것이 포함된다. 수요량에 관한 정보는 생산량을 계량하는 단순한 방법으로부터 시작하여 현재는 실시간으로 개개의 수요가를 측정하는 한층 더 면밀한 방법이 채용되고 있다. 현재와 장래에 배수시설을 관리하는데 중요한 것은 단기적인 수요예측과 장기적인 수요예측이다. 단기적인 수요예측은 펌프시설과 정수장의 확장계획에 필요하고 장기적인 수요예측은 수원확보계획에 중요하다.

수요량은 일별로, 주별로, 또한 계절에 따라 변한다. 사용패턴은 예측가능한 것으로 되며 또한 물 수요를 예측하는데 통계적인 분석이 사용되고 있다. 수요가의 수요예측에서 가장 중요한 변수들은 다음과 같다.

- **기상** : 급수구역 전체로서 기후가 변하는 곳에서는 강우와 기온의 지도적인 분포가 중요한 변수이다.
- **요일** : 토요일과 일요일 및 휴일의 사용량에 비하여 월요일부터 금요일까지의 물 사용량은 독특한 경향이다.
- **계절** : 옥외 살수용수의 수요는 계절에 따라 다르다. 하절기의 수요가 첨두로 되고 동절기는 수요가 적은 시기이다.
- **사회경제** : 조경, 수영장, 온천장과 기타 물을 소비하는 기기들과 함께 목욕과 세탁과 같은 문화적인 관습에 따른 수요가의 투자결정에 기초한 수요량에 수요가의 생활양식(생활수준)이 영향을 미친다. 이러한 요소 중에는 앞으로는 급수제한(가뭄 등)이나 개선된 절수기기(절수형 변기 등)사용에 따라 변할 수도 있다.
- **인구** : 수요가 총수는 물의 총수요량에 관계된다. 또 수요가의 위치나 분포상황도 배수블록별로의 수요밀도와 관련된다.

현재 몇 가지의 수요예측기법이 개발되어 있다. 이러한 기법에는 회귀분석법(regression analysis), 이동평균법(moving average method), 자동회귀이동평균법(auto-regressive moving average method : ARMA), 지수평활법(exponetial smoothing method), 그룹데이터법(group method of data handleing : GMDH)과 칼만필터법(Kalman filter method) 등이 있다. 수요예측기법을 선택할 때에는 컴퓨터의 종류에 관한 검토, 변수 선정, 예상모델, 데이터의 양, 계산의 복잡성, 예측의 정확도와 비용 등이 포함된다.

11.2.4 수질에 관한 검토사항

송·배수시설이 큰 경우에는 관로나 배수지에서 물의 체류시간이 길어져서 잔류염소가 소실되는 결과가 되어 수질이 악화될 수 있다. 또 정확한 보수를 수행하는 것도 어렵다.

수질을 바람직한 수준으로 유지하기 위한 기본적인 검토사항을 다음에 열거한다.
- 강철제나 주철제 배수관의 내부표면상에 녹 슬은 것이 적수의 원인으로 되는 것과 같은 부식은 수도시설에서 반드시 제어해야 할 심각한 수질문제이다. 정수에 방청제를 첨가하며 관로에 음극방식장치를 접속시키는 등의 방식대책과 부식물을 제거하기 위하여 라이닝이나 관교체 등의 조치를 일부 수도시설에서 취하고 있다.
- 막다른 골목의 배수지관은 유량이 작기 때문에 수질악화의 원인이 될 수 있다. 드레인밸브를 구비한 세척장치를 설치하거나 망상형으로 만들어서 막다른 골목관(dead-end pipe)을 없애야 한다.
- 수도시설은 운용과 보수 등의 모든 면에서 오염을 방지하고 안전하고 위생적인 시설로 유지되도록 수도시설에서 실행해야 한다. 예를 들면, 배수관을 수리한 다음에는 관내에 모래나 기타의 이물질이 남아 있어서는 안된다. 소화전이나 드레인밸브의 배출능력에 따라 유속이 제약되기 때문에 많은 경우 세척에 의해 관망으로부터 이물질을 제거시키는 것이 어렵다. 따라서 관로세척은 설치직전과 설치직후 즉시 세척하는 것이 바람직하다.
- 배수지 내의 수질악화나 오염은 장기간에 걸쳐 배수지를 가득 채워 유지하면 사수가 발생한다. 이렇게 장기간에 걸치면 잔류염소가 소실되고 세균이 번식하며, 도장재와 물의 반응 또는 염소와 물의 작용에 의한 부산물 형성 등과 같은 문제가 생길 수 있다.

정수장에서 내보내는 물의 수질은 좋더라도 급수전에서의 불량한 수질과 관련한 수요가의 불평에 직면할 때가 종종 있다. 관망 중의 수질을 유지하기 위해서는 관망의 각 지점까지의 유달시간과 함께 시간과 장소별로 다양한 물질의 분포상황을 파악해 두는 것이 필요하다. 또 관망에 대하여 상세하게 숙지하는 것(in-depth knowledge)이 미생물 번식을 제한하거나 우발적인 오염사고가 발생한 경우에 관망을 청소하거나 또는 관망의 특정부분을 수리하는 등의 방책을 가장 효과적으로 활용하도록 도울 수도 있다.

또 배수관망 내의 여러 인자의 실제 측정치를 모델링한 결과와 비교할 수 있다는 것은 대단히 유익한 일이다. 관망의 비정상뿐만이 아니라 그 최선의 해결책은 정량적인 방법을 통하여 보다 정확하게 판단할 수도 있다.

수리분석소프트웨어와 연동된 모듈이 배수관망 내의 수질진행상태를 모의시험하도록 최근에 개발되었다. 이 소프트웨어는 관망을 통하여 이동하는 특정물질의 분산상태, 혼합, 증가 또는 감소를 통계적으로 또는 동적으로 추적할 수 있게 되었다. 또 이 소프트웨어를 사용함으로써 특정물질의 정확한 농도를 장소와 시간별로 파악할 수 있게 되었다. 또 운전자는 관망 중에서 오염물질이나 반응물질의 확산과 분포상황 및 증감을 모델화할 수 있다. 특히 이 소프트웨어는 잔류염소와 세균번식 및 독성물질을 평가하는데 직접 이용될 수 있다. 또 이 소프트웨어를 사용함으로써 여러 수원수질의 영향범위를 완전히 판단할 수 있으며, 관망 세척작업을 하는 동안에 유지보수팀을 안내하는 도구로서 사용할 수도 있다.

관망의 수질을 판단할 때에 관계되는 주요 지표로서는 물리화학적 지표, 생물학적 지표, 관능적 지표와 관망에서 물의 이동시간 등 4가지로 분류할 수 있다.

- **물리화학적 지표**
  - 수온 : 수온이 높은 경우에는 물리화학적 반응과 생물학적 반응을 가속시키는 결점을 가지고 있다.
  - 질소화합물 : 직접적으로나 간접적으로도 유해하다.
  - 용존산소, 탁도, 탄산칼슘의 평형량과 용해성유기물 : 관망에서 이동하는 동안 변화한다.

- **생물학적 지표**
  - 세균 : 분변성 오염으로부터 발생(이론적으로는 정수시설에서 처리함으로써 완전히 제거되거나 불활성화됨)한다.
  - 일반세균 : 비병원성이다.
  - 생물막 : 관의 내벽에서 성장한다.

생물학적 순환은 잘 인식되어 있으며 모든 종류의 미생물번식을 제거시키기 위한 최선의 방법은 무영양분인 물로서, 특히 소비가능유기탄소(consumable organic carbon)가 없는 물을 관망에 주입하는 것이다.

- **관능적 지표**

색도 및 맛과 냄새 등의 관능적 지표는 수요가에게 가장 민감한 지표이다. 관내에서 물과 접촉되는 물질의 성질을 주의깊게 관찰해야 한다. 덕타일주철관이나 강관 내부에 역청질 재료로 도포시키는 것은 피해야 하고 시멘트에 의한 피막재만을 사용해야 한다. PE나 PVC제품이 수돗물의 맛에 관한 시험요건에 따르기 때문에 소구경관에는 이러한 제품들이 많이 사용되고 있다. 다만, 이 관들은 용제나 살충제 또는 자동차연료 등 많은 유기화합물의 침투성이 있다는 결점으로 인하여 관망에서 수질문제를 야기할 수 있다.
- **관망에서 물의 이동시간**

관망에서 수질변화를 감시할 때에 고려해야 할 주요지표 중의 하나가 '물의 이동시간'이다. 배수관망의 각 지점에서 '물의 이동시간'을 수량화하기 위한 유일하고 타당한 방법이 관망모델의 작성이다.

11.3 현재의 응용 예

수도사업체에서는 송·배수시설의 계획과 운전 및 유지관리를 효과적으로 개선시켜야 할 필요성이 높아지고 있다. 이러한 필요성은 이 장에서 취급하는 계측제어나 컴퓨터를 이용하는 수도사업체에서 앞으로 만나게 될 것이다.

11.3.1 서비스향상에의 요구

수도사업체에는 수요가서비스에 대하여 규제면에서부터 실용면에 이르기까지 서비스향상을 위한 많은 요구가 밀려오고 있다. 여기서는 송·배수시설에 관련되는 이런 요구에 대하여 설명한다. 이런 요구를 충족시키기 위해서는 일반적으로 송·배수관로의 블록화에 의하거나 또는 보다 정확한 감시와 제어에 의하여 배수관망의 운용을 향상시켜야 할 필요가 있다.

일본 수도사업체에서는 수요가에의 서비스를 향상시키기 위한 대책으로서 2층 건물까지의 급수에서 3층 이상의 높은 건물까지 직결급수범위를 확대하는 방법을 채택하기 시작하였다. 이 때문에 배수블록 내의 배수관압을 보다 높게 유지해야 한다. 수압을 상향조정하는 경우에는 관로에서 누수가 증가되는 문제도 고려해야 한다.

어떤 나라에서도 오염을 방지하고 급수전에서의 안전성을 확보하기 위한 배수관망 내의 수질유지는 대단히 복잡해지고 있다. 수도사업체와 수요가 및 규제당국이 수질과 배수관망에서의 상호작용에 대하여 보다 많은 정보를 입수하게 됨으로써 이러한 상황은 앞으로 더욱 복잡하게 될 것이다.

끝으로 긴급사태가 발생한 다음에 발생하는 모든 수요가의 절박한 요구를 충족시킬 수 있도록 안전급수의 필요성이 배수시설에서 고려되어야 한다. 일반적으로는 감시와 자동고립의 필요성에 대해 배수지가 중요한 역할을 담당하고 있다.

11.3.2 정보시스템의 구조

컴퓨터기술은 송·배수시설의 관리에도 이용되고 있다. 배수시설의 현장에서 펌프나 계측기기 등의 운전상태에 관한 정보를 전달하거나 운전변경에 관한 제어명령을 받는 것도 컴퓨터기술이다. 이 밖에도 컴퓨터기술은 데이터를 컨트롤센터에 전송하거나 컨트롤센터에서 송·배수시설의 계획이나 제어를 관리하기 위한 많은 애플리케이션을 지원하는데 컴퓨터를 사용하는 등 컨트롤센터 내부에서 이용되고 있다.

정보시스템의 아키텍쳐(구조)를 설명하기 위하여 앞의 문단에서 설명한 수리관망에 적용할 수 있는 가설적인 시스템을 **그림 11.4**에 나타내었다. 이 시스템은 장치와 소프트웨어에 의해 실행되는 기능에 따라 4개의 레벨로 나뉘어진다.

- 레벨 1, 2는 구내자동화와 데이터전송기능을 맡고 있다. 특히 이 2개의 레벨은 레벨 3과의 접속이 없어졌을 경우에 컨트롤센터로부터 고립된 부분의 자동운전을 보증할 수

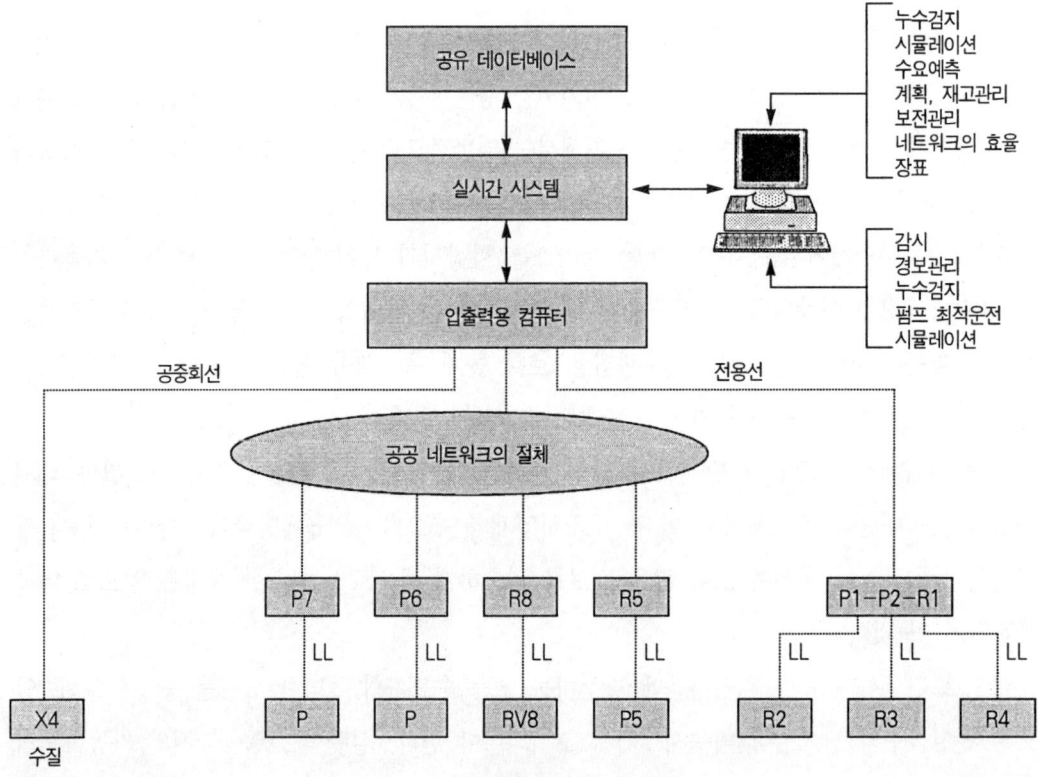

그림 11.4 정보시스템의 구성 예

> **배수관의 증압에 관한 일본 수도사업체의 방침**
>
> 최근에는 수요가서비스향상의 일환으로 수도사업체가 3층 이상의 건물에 직접 급수하는 방침을 채택하는 경향이다. 그 결과 최소동수압을 약 0.2~0.3MPa(2~3kg/cm^2)로 높이고 있다.

있다. 아키텍처와 구내제어로직의 설계에서는 특별한 주의를 해야 한다.
- 실시간 제어되는 레벨 3은 레벨 1, 2와 레벨 4와의 통신기능을 처리하는 외에 컨트롤센터의 휴먼-머신 기능도 처리한다. 감시, 제어명령, 경보관리, 누수감지와 관망운전의 최적화와 같은 모든 실시간 데이터베이스에 의한 애플리케이션이 컨트롤센터에서 수행된다.
- 레벨 4는 기록된 데이터사용을 요청하는 애플리케이션에 관한 것이고, 관망운전의 시뮬레이션, 수요량예측, 컴퓨터지원에 의한 보전관리, 보고서작성과 관망수량의 계산 등과 같은 애플리케이션을 취급한다. 이 레벨에서는 애플리케이션이 도수관로와 배수관로 이외의 상수원으로부터의 데이터사용을 포함하고 있다. 반대로 이 시스템은 다른 애플리케이션을 위한 데이터를 제공한다.

11.3.3 배수관망의 감시

다음의 것은 송·배수관망을 운전하기 위하여 사용되는 기본적인 감시기능의 개요를 나타내었다(유량, 압력과 수질).

1) 유량감시

배수지의 유입량과 유출량, 자연유하방식과 펌프가압계통의 송수수요량 등의 급수구역 내의 유량데이터는 연속적으로 측정되고 시간별, 일일별로 정리된다. 이것은 배수지와 펌프장의 유출입구, 배수간선의 주요한 분기점, 블록의 접속점과 기타 적절한 지점에 전자유량계나 초음파유량계 또는 벤투리유량계를 설치해서 측정된다. 또 유량데이터는 자동기록장치와 원격전송기를 사용하여 수집되며 감시되고 있다. 유량계로 정밀하게 측정하기 위해서는 설치조건과 유속에 적합한 유량계를 설치해야 하는 것이 필수적이다.

시간적인 수요특성과 계절적인 수요특성의 최소유량, 평균, 최대유량과 시간은 이러한 데이터와 수도사용량데이터를 종합하고 분석함으로써 주택지구와 상업지구 및 공업지구의 급수구역에 대해 요약할 수 있다. 이러한 결과들은 송수계획과 배수계획 및 수리관망 모델을 위한 기본적인 정보가 된다. 또 이러한 정보는 배수관의 누수와 파열사고의 조기발견 및 적절한 대응책의 신속한 실시에도 유용하다.

2) 압력감시

일반적으로 압력계는 배수지의 유입부(배수지 내부에서 별도로 설치된 감시라인상에 설치할 수 있음), 펌프장의 유입부 및 유출부, 배수본관의 주요분기점, 배수지관의 종단부분, 압력조절밸브(고압측과 저압측) 그리고 고지대 등 만성적인 저수압지구에 자동기록장치나 원격전송기와 함께 설치된다. 이 장치는 배수관망 전체의 압력을 연속적으로 감시하고, 수운용센터의 운전자에게 서비스의 이상을 즉시 경고하며 시스템제어를 변경하게 한다. 수리관망모델을 사용하여 이러한 데이터를 분석하기 위하여 시간적인 수압변화와 계절적인 수압변화 및 급수구역의 최저압력과 평균압력 및 최고압력을 특징적으로 요약한다.

3) 수질감시

일반적으로 자동수질감시장치는 정수장에 공급되는 상수원과 정수장의 유출구, 배수지의 유출구, 펌프토출관 및 배수관망의 말단에 설치된다. 수질데이터는 현장시료와 시험실분석으로부터 자동기록장치나 원격전송기를 사용한 현장조사에 이르기까지 다양한 방법으로 수집되고 감시된다. 원격감시와 송신은 수질변화를 즉시에 감지할 수 있고, 그 다음 정수처리와 약품주입을 최적화하며 수질이상에 대해 경고와 조치를 조속히 실행할 수 있다.

11.3.4 배수관망제어장치

배수관망 내의 유량과 압력제어에 사용되는 장치들은 펌프와 유량조절밸브 및 압력조절밸브의 3종류로 대별된다. 유량계와 압력계 및 제어환경에 의한 측정치를 송신하는 원격전송기는 전송용으로 사용되며 측정치에 의한 로직을 수행하는 컴퓨터이다. 이 절에서는 유량조절밸브와 압력조절밸브 및 이러한 장치를 사용한 배수관망의 제어에 대하여 설명한다. 펌프에 관해서는 별도의 장에서 취급한다.

1) 유량조절밸브

유량제어에서는 유량을 설정치로 유지하기 위하여 밸브를 열거나 닫히도록 유량계와 유량조절밸브를 연동시키고 있다. 이 작동의 정확도는 밸브특성과 관로의 마찰손실에 밀접하게 관련되고 있다. 장대관로(長大管路)에 마찰손실이 큰 경우에는 제어특성이 떨어진다. 양호한 제어특성을 얻기 위해서는 우선 관로특성에 따른 제어범위를 결정하고 적절한 밸브종류 선정과 개폐시간 선정이 필요하다. 자동제어모드에서의 밸브제어는 캐비테이션에 기인하는 소음방지와 밸브개폐빈도의 최소화를 고려하고 가능한 대책을 수립해야 한다.

유량제어에 사용되는 대표적인 밸브로서는 버터플라이밸브, 콘형밸브, 볼밸브 및 슬리브밸브 등이 있다.

2) 압력조절밸브

수압제어에 대해서는 1차 쪽의 수압변화 및 2차 쪽의 유량변화와 압력변화에 대하여 2차 쪽의 압력을 설정압력으로 유지하기 위하여 수압조절밸브가 개폐되는 구조로 되어 있다. 조절밸브의 1차 쪽과 2차 쪽의 압력으로부터 구해진 캐비테이션계수의 변화 범위에 따라 낮춰지는 압력이 결정된다. 조절밸브로는 캐비테이션계수의 변화 범위에 적합한 것을 선정해야 한다.

압력조절용으로 사용되는 대표적인 밸브로서는 버터플라이밸브, 슬루스밸브, 콘형밸브, 니들밸브, 슬리브밸브 등이 있다. 또 압력조절용으로 자동감압밸브도 있다.

3) 유량과 압력조절밸브를 사용한 배수관망의 제어

배수관망 제어는 급수구역전역(pressure zone)에 적절한 압력으로 급수하는 것을 목적으로 하고 있다. 자연유하방식에서는 전원이나 펌프의 고장으로 인한 단수(water loss)의 위험이 없기 때문에 유리하다. 다만, 수압을 조절하기 어렵고 야간이나 휴일에 수요량이 줄어드는 경우에는 수압이 지나치게 높아질 수 있다. 이와 같은 문제의 발생을 방지하기 위하여 급수구역을 블록화하고 타이머나 유량계를 구비한 감압탱크나 감압밸브를 사용하여 수압을 제어하는 것이 필요하다.

펌프가압식에서 수압과 유량제어는 비교적 간단하다. 다만, 수요량에 큰 변동이 있는 경우에 효율적으로 운전하기 위하여 관로의 특성과 배수시설의 규모 및 압력제어범위를 신중하게 검토해야 한다. 또 토출압을 일정수준으로 유지하는 동시에 배수관말부의 압력을 추정

감압밸브의 계획과 설치에 대한 일본 수도사업체의 고려사항

계획과 설계에 대하여
- 설치와 유지관리의 관점에서 보아 감압밸브는 공공용지에 설치하는 것이 바람직하다. 또한 배수본관에서 분기되는 분기점으로 도로에 면한 지점에 위치해야 한다.
- 감압밸브의 조작 방법에는 ① 유량 변동에 관계없이 2차 쪽의 압력을 일정한 수준으로 유지해 두는 방법과 ② 1차 쪽의 압력을 일정하게 유지해 두는 방법이 있다. 또 2차 쪽의 압력을 주간이나 야간에 따라 변경시킬 수 있도록 보조장치를 감압밸브에 부착하는 방법도 있다. 또 다른 방법으로서는 주간에는 밸브를 개방한 그대로 두고, 야간에만 압력을 줄이기 위하여 조작한다.
- 감압밸브에는 크게 분류하여 직동식과 파일럿식의 2종류가 있고, 후자는 피스톤식과 다이어프램식으로 나눠진다. 또 컴퓨터제어형 감압밸브도 이용할 수 있다.

설치에 대하여
- 밸브구경은 반드시 관로구경과 같아야 할 필요는 없다. 많은 경우 밸브구경은 관로구경보다도 1~2사이즈 작다. 밸브구경이 지나치게 작은 경우에는 밸브 유입측의 내부에 난류가 발생하여 마모된다. 유속은 0.1~2.0m/s의 범위로 해야 한다. 차압은 최대에서 약 0.7 MPa(7.0kg/cm^2), 최저에서 약 0.1~0.15 MPa(1.0~1.5kg/cm^2)가 좋다. 차압이 지나치게 크면 소음, 진동, 마모, 캐비테이션 등의 문제가 생긴다.
- 2개 이상의 감압밸브가 관로에 직렬로 설치된 경우에는 난조(hunting)현상을 일으킬 수 있다. 안전밸브나 서지탱크를 감압밸브들 사이에 설치해야 한다. 다만, 밸브들 사이에 분기관로가 있고 비교적 대량의 물이 흐르는 경우에는 문제가 일어나지 않는다.
- 어느 지구에 배수하기 위하여 몇 개의 감압밸브가 사용되고 있는 경우에는 각 밸브의 2차 쪽의 정수압을 신중하게 설정해야 한다. 사용수량이 많은 시기에는 문제가 생기지 않지만, 사용수량이 적은 시기(예를 들면 심야)에는 밸브의 상호간섭에 의하여 이상하게 밸브가 닫히거나 진동하는 등의 문제가 생기는 것이 알려지고 있다. 이와 같은 감압밸브의 방식을 채용하는 경우에는 수압을 측정하고, 2차 쪽의 정수압을 균일하게 해두는 것이 필요하다.
- 다음 이유에서 가능한 경우에는 각 배수블록(pressure zone) 내의 배수에는 감압밸브를 1개만 사용하는 것이 좋다.
  - 밸브의 조작에 의해 관로의 어느 부분에서도 부압이 생기게 해서는 안된다. 밸브고장으로 인하여 1차 쪽의 압력이 직접 2차 쪽에 걸리더라도 관로에 사고가 일어나지 않도록 밸브 위치는 신중하게 결정해야 한다.
  - 감압밸브의 양쪽에는 완전 차단할 수 있는 슬루스밸브를 설치해야 한다. 필요하다면 스트레이너도 사용해야 한다. 또 점검이나 수리 또는 일상적으로 유지관리할 때에 배수블록이 단수되지 않도록 하기 위하여 우회관로를 만들어둬야 한다.
  - 감압밸브는 블록의 규모에 관계없이 사용할 수 있기 때문에 유지관리하기 좋다. 또 사용수량에 따라 2차 쪽의 압력을 설정함으로 관로 중에서 거의 동일한 동수압을 얻을 수 있

> **감압밸브의 계획과 설치에 대한 일본 수도사업체의 고려사항(계속)**
>
> 다. 다만, 감압밸브가 고장 난 경우에는 단수나 탁수가 생길 가능성이 있다는 것을 특기해 둔다. 감압밸브는 일정기간 물을 저류한다는 점에서는 감압수조보다는 편리한 것이 아니다.
> – 감압밸브의 고장을 발견하기 위해서는 2차 쪽의 압력을 자동수압 측정장치에서 감시하도록 함과 동시에 해마다 한 번씩 점검할 필요가 있다.

하기 위하여 배수수압을 제어해야 할 필요가 있다. 가장 간단한 제어방법인 대수제어에 밸브의 개도제어와 펌프회전속도제어를 조합해야 한다. 주간수요량이 야간수요량의 10배 이상인 경우도 있으므로 적절한 수압을 유지하고 전력사용량을 절약하는 것이 특히 중요하다. 이것은 펌프의 회전속도를 제어하거나 야간에 유량이 줄어들었을 때 소형 펌프로 바꿔서 운전하는 방법으로 실현할 수 있다. 펌프 운전은 오로지 현장에서의 자동제어에만 의지해서는 안된다.

펌프 토출압과 유량 설정치에 대한 시간적인 변화에 대해서는 온라인으로 감시해야 한다. 또 급수구역의 높은 곳에 있는 배수본관 말단부의 적절한 지점에 유량계와 압력계를 설치해야 하며, 이들 유량계와 압력계에 의해 수집되는 데이터에 따른 피드백제어의 가능성에 관해서도 고려해야 한다. 급수구역이 높은 곳이나 일시적인 수요증가가 생기는 장소를 포함하고 있는 경우에는 필요한 용량의 펌프를 설치해야 한다. 급수구역의 일부에 표고가 높은 지역이나 수요량이 일시적으로 증가하는 지역이 있는 경우에도 적절한 용량을 갖춘 펌프를 설치하고, 필요한 기간동안 이들 펌프를 운전함으로써 수압을 조정할 수 있다.

11.3.5 관망해석모델

관망해석소프트웨어는 오랫동안 수도사업체가 광범위하게 이용하고 있다. 지금은 숙련된 엔지니어 이외의 사람들도 사용할 수 있는 그래픽 기능과 증대된 기능을 갖는 컴퓨터모델이 등장하고 있다. 이 증대된 기능(예:동적 모의시험이나 앞으로는 실시간 조작으로도 사용할 수 있는 모델이 등장하고 있다)과 그래픽기능으로 지원된 사용하기 편리함은 앞으로 관망운용에서 수도사업체의 기술을 증진시키기 위하여 여기서 설명하는 소프트웨어를 수도사업체가 실질적으로 채용하게 될 것이다. 이 절의 목적은 수학적 이론이나 수리학적 이론을 전개하는 것은 아니고 이렇게 새로이 등장한 소프트웨어의 사용법에 대하여 설명하는데 있다.

수리적 관망해석은 송·배수관망 정비계획, 펌프와 밸브의 개도선정, 관경결정 등 광범위하게 사용되고 있다. 이 해석을 정확하게 사용하기 위해서는 대상관로의 결정과 수요설정 및 관로의 유속계수를 적절하게 지정하여 분석하는 것이 중요하다.

그림 11.5에 관망의 동적 모의실험(simulation : 통상 실시간으로 사용된다) 수리모델을 갖는 통합정보시스템으로 등장한 소프트웨어를 나타내었다. 이 통합정보시스템에서는 수요가정보, 보수관리, 지리정보, 수질시험실정보, 누수방지, SCADA와 재해복구계획 등의 서브시스템에서 수집된 공유데이터를 사용한다. 이 도면에는 대표적인 공유데이터를 나타내었다.

1) 관망해석대상관로의 결정

관망 중의 어느 지점의 시설변경과 수요변동 및 배관재질이나 구경 또는 사용년수에 따라 변하는 손실수두를 포함한 여러 변수에 따라 전체 배수관망의 유량은 변동한다. 따라서 수리적으로 관련되는 모든 관로를 대상으로 관망해석하는 것이 필요하다. 그러나 실제의 배수관망은 배수본관에서부터 급수관에 이르기까지 많은 관로로 구성되어 있기 때문에 관망의 모든

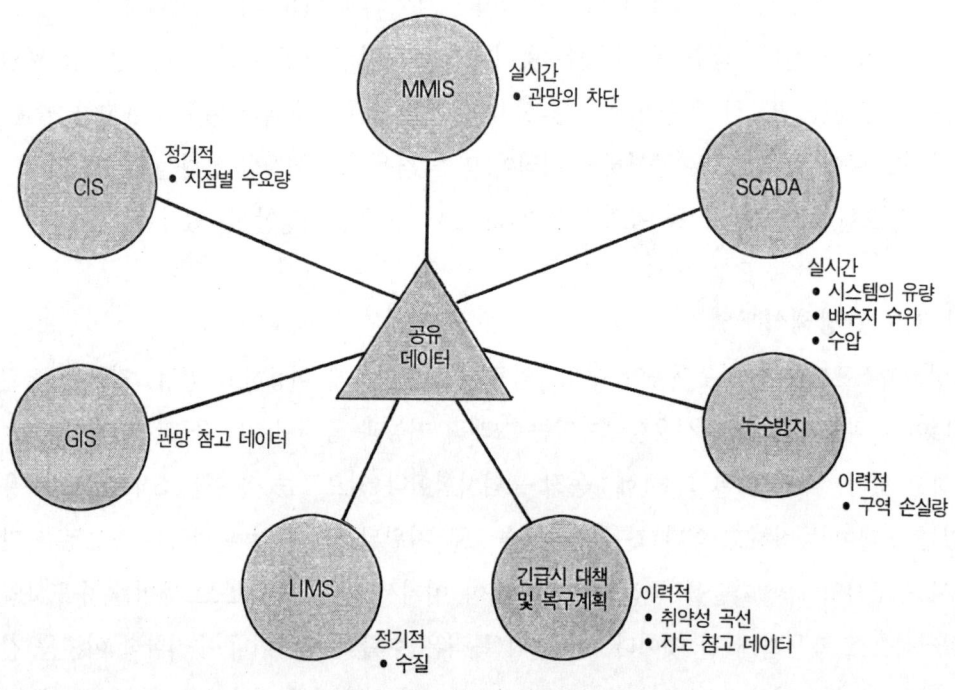

그림 11.5 수리모델-통합 정보시스템

> **센다이시수도국의 예**
>
> - 급수구역 내의 표고차가 200m이며 고구, 중구, 저구의 3개 지역으로 나누고 있다. 이들 지역은 다시 49개 소블록으로 나눴다.
> - 4개소의 정수장과 6개소의 배수지 및 17개소의 저수조가 있지만 펌프장은 없다. 또 85개의 감압밸브와 감압수조가 있다.
> - 각 배수블록 내의 정수압은 0.34~0.44MPa(약 3.5~4.5kg/cm^2)이고, 동수압은 0.15MPa (약 1.5kg/cm^2)이상으로 되어 있다. 배수탱크에서는 기본적으로 감압하지 않는다.
> - 감압방법 : 상시 일정하게 감압시키고 있다. 표고차가 적으며 주야간의 사용수량에 큰 차이가 없다.

관로를 명세서로 만드는 것도 방대하고, 또한 컴퓨터의 능력과 처리시간의 제약도 있기 때문에 종래는 모든 관로를 대상으로 해석하는 것은 어려웠다. 그래서 과거에는 구하려는 정확도와 해석 가능한 관망규모를 감안하여 중요한 관로만을 해석대상으로 선정하고 있었다.

컴퓨터용량이 비약적으로 증대되고 있으며 또한 지리정보시스템(FM/AM/GIS)으로부터 관로목록데이터를 사용할 수 있는 수리모델이 출현함으로써 모든 관로를 대상으로 모델링할 수 있게 되었다. 또 모든 관로를 대상에 포함하게 되었으므로 지도시스템 중에서 단지 상세한 데이터베이스만을 업데이트하면 모델을 유지할 때에 도움이 될 것이다.

2) 수요량의 설정

대상 관로가 선정되면 배수관망의 각 지점(node)의 수요량을 결정해야 한다. 여기서 소비점(consumption node)은 배수관망 내에서 자유롭게 설정할 수 있다. 그러나 해석하는 관망을 합리적인 규모로 유지하기 위해서는 관망해석에 사용하기로 결정된 각 지점위치가 배당된 지역수요량을 갖는다.

수요량을 결정할 때에는 먼저 검침데이터에 의하여 수집된 실제수요량을 각 수요점에 할당한다. 다음으로 관망해석에서 망라된 최종년도까지의 수요량 증가율을 고려하여 계획수요량을 산출한다. 이 계획수요량을 최종년도의 평균수요량으로 간주한다. 그러나 실제 해석에서는 이 평균값에 어느 계수를 곱하여 최대수요량과 최소수요량을 사용하는 경우가 많다. 또 시설을 계획할 때에는 소화용수는 지장없이 공급될 수 있는지를 확인하는 것이 또한 중요하다.

동적모의실험이나 실시간모델링을 고려하는 경우에는 실시간으로 관망을 감시하는 데는 각 지점(node)에 대한 계수(coefficient)가 필요하다(역자 주 : 각 수요점 수요량에 대한 총배수량의 비율을 계수로서 모델에 결정하고 계측된 총 배수량에 계수를 곱하여 각 수요점의 수요량을 결정한다). 유달시간과 압력 및 가장 결정적인 지점의 소화용수 사용과 같은 변수를 나타내는 각 지점의 연산결과의 모델에 이 실시간 데이터가 입력되어야 한다.

3) 관로의 유속계수 결정

관로의 유속계수는 관의 종류와 구경 및 관 내부의 스케일 부착상황에 따라 다르게 된다. 유속계수를 적절한 값으로 설정하는 것은 관망해석에서 높은 정확도를 얻기 위하여 대단히 중요하다.

유속계수는 수질, 관의 재질, 구경에 따라 동일한 사용년수에서도 크게 다르다는 것에 주목해야 한다. 따라서 먼저 관의 재질과 사용년수에 의한 적절한 유속계수를 가정한 다음 이 계수를 사용하여 관망해석을 수행해야 한다.

그 결과를 관망 중의 실제유량, 압력과 비교해야 한다. 오차가 큰 경우에는 유속계수를 수정하고서 관망해석을 재차 실시해야 한다. 이와 같은 작업과정을 반복함으로써 최종적으로 합리적인 유속계수가 설정된다.

4) 관망해석의 이용

수리관망해석의 주요 목적은 수요가에게 안정되고 또한 공평하게 급수하기 위한 시설계획과 제어시스템의 구축이다. 이 해석은 또 누수량의 확인과 누수방지 및 경제적인 배수의 목적으로도 사용되어 왔다.

배수관망을 계획할 때에는 최소비용으로 표준급수를 달성할 수 있는 관로나 펌프, 제어밸브 또는 배수지 설치와 같은 배수시설개선을 위한 최선의 정책을 결정하는 것이 필요하다. 다만, 이 결정을 할 때에는 해당시설의 신설이나 교체와 관련되는 기존 배수관망에의 영향도 고려해야 한다. 또 신설이나 교체지점이 배수관망의 어떤 부분에 있는지에 따라 기존 배수관망에 대한 영향의 정도가 다르기 때문에 관망해석을 완성하기 위해서는 많은 관망모델링이 필요할 수도 있다. 모든 관로를 대상으로 하는 완벽한 관망해석모델이 등장함에 따라 기존 관망에의 영향을 분석하기 위하여 개량에 따른 변경내용만을 추가하면 충분하며 새로운 모델을 작성할 필요는 없다.

장래 수도사업체에서 동적 모의실험으로 수리모델링을 사용할 때에 고려해야 할 사항들의 예를 다음에 나타내었다.

- **설비평가 모의실험(simulation)**

  설비가 정지되었을 때의 시설성능을 평가한다. 연산에 의한 시설개선이나 관로접속과 같은 계획된 현장작업을 최적화하기 위한 작업일정계획은 실제 관망을 현장운전하지 않고 수리모델에 의하여 작성한다.

- **수운용계획**

  수질목표치와 규제치를 만족하는 연간 및 월간대책을 포함한 수운용계획은 배수계통전체로 가장 경제적으로 운전하며, 최적운용기간 동안에 정수장 등 주요시설의 점검개량을 위한 최적 운휴계획도 수립한다. 수요예측과 수질 및 시간모델을 조합한 것으로 수운용계획에서는 각 배수지의 수위에 대한 시간변화곡선을 산출하기도 하며 수운용계획에 대한 실적을 평가하기도 한다.

- **자산평가계획**

  자산평가계획은 관로나 펌프와 같은 시스템구성요소에 의하여 좋은 서비스수준을 유지하고 경제적으로 운전하기 위한 시설의 점검빈도에 관한 월간보고서와 연간보고서를 작성한다. 이 보고서는 통계적인 관계를 제공하며 더 상세한 해석과 시설개량에 관한 우선순위의 판단에도 사용할 수 있다.

- **모의실험에 의한 훈련**

  평상시나 우발적인 비상상황을 포함한 이상시의 대응을 모의실험으로 훈련한다. 이 모의실험은 직원의 기능개발과 이상시의 대응능력 향상에 유용할 뿐만 아니라 긴급시의 대책을 입안하거나 시설개량 성과를 평가하는데도 유용하다.

- **배관세척계획**

  측정된 수질이나 수요가의 불평에 비교하여 저유속의 유량빈도에 기초한 배관세척계획. 이 관망모델정보는 관계형 데이터베이스를 사용하여 수질시험실 정보와 수요가 데이터를 조합시키는 것이다.

- **긴급시의 대응체제**

  이 긴급시의 대응체제는 긴급사태(예 : 관로파열, 지진, 수질사고, 화재, 정전 등)가 발생하였을 때와 그 후의 서비스를 극대화하기 위한 우선사항과 설계기준을 입안하기 위한 분석적인 소프트웨어를 마련한다.

5) 수질평가 모델

현재 관망 중에서 수질변화를 정량화하는 것은 배수분야에서의 주요한 연구개발 영역의 하나로 되어 있다. 이 책에서 취급하고 검토하는 여러 측면이 정량화와 관련된다. 즉 정량화에는 관망 중의 유량에 관한 유체역학적인 지식과, 화학반응과 생물반응의 동력학 및 화학적 평형상태를 이해해야 하는 열역학, 또한 여러 변수와 사상의 중요관계를 해명하기 위한 통계학적 방법을 이용해야 한다.

관망 내에서 물의 정적인 흐름과 동적인 흐름을 모의실험하는 응용소프트웨어를 사용하는 관망모델은 여전히 예외로 남는다. 지난 몇 해 동안에 데이터처리분야가 발달함에 따라 컴퓨터사용자가 전문적인 기술 없이도 쉽게 컴퓨터를 작동시킬 수 있는 사용하기 쉬운 소프트웨어가 개발되었으며, 이것은 관망운용을 쉽게 하기 위한 강력한 소프트웨어이다. 관망을 해석하기 위하여 수행해야 하는 대규모의 현장측정은 정밀하게 보정해야 한다는 것을 잊지 말아야 한다. 모델링소프트웨어는 바로 관망에 설치된 센서로 연결될 수 있으며, 관망의 누수감지와 펌프와 밸브의 자동제어 및 배수지의 최적운용을 포함한 관망의 수리적 변화를 실시간으로 감시하도록 작동될 것이다.

화학반응과 생물반응의 동력학을 충분히 이해하는 것이 대단히 중요하다. 이러한 반응은 이질영역의 정확한 위치를 확인할 수 있고 그 현상을 규명하며 해결책을 찾을 수 있을 것이다.

또 이러한 수질현상에 대한 연구로 정밀도를 상당히 높일 수 있다. 수도관망의 경우에는 상호작용(예 : 생물막과 부착물)은 한정되지만 종종 복합적으로 발생하는 경우가 많다. 이러한 현상은 현미경적인 척도 즉, 1mm 이하인 현미경급(예 : 생물막과 흡착), 1cm급(예 : 난류와 경계막)과 육안관찰급(예 : 평균 수평류)의 3개 등급으로 분류된다. 그러나 관망해석모델에서는 관망 중의 수리현상을 간략화하여 해석하기 때문에 관련되는 수질도 앞에서 설명한 것 중의 마지막인 육안관찰급의 것에 한정된다. 다음과 같은 가정은 현재 사용되고 있는 모듈의 성질을 고려하여 실질적인 관점에서 만들어진 것이다.

• 흐름과 유향 및 유속의 시각화

- 임의의 절점에서 수질변화의 작도(plot)
- 염소주입량의 감축
- 배관세척의 최적화
- 배관말단까지의 대장균이 없다는 것을 보증할 수 있는 적절한 조치(역자 주: 예를 들어, 잔류염소농도의 확보)

이와 같이 미생물의 번식과 실제 관망에서의 측정치와 같은 다른 현상들을 동력학적으로 잘 이해하면 관망해석모델에서 이러한 현상을 고려하게 할 수 있을 것이다.

11.4 주요 인터페이스

송·배수관로를 관리하기 위하여 수도사업체에서 사용하는 정보시스템간에는 주요한 인터페이스가 있다. 이러한 인터페이스가 있어야 하는 이유는 공통데이터 때문이고 공유데이터베이스를 갖는 시스템을 통합시킴으로써 형성된 공통 데이터를 필요로 하는 새로운 애플리케이션 때문이다. 다음은 공유데이터와 애플리케이션의 설명이 붙은 주된 컴퓨터정보시스템의 인터페이스이다.

11.4.1 상수원과 정수장의 공정제어

상수원과 정수공정제어의 인터페이스는 상수원과 정수처리 및 송·배수의 전체적인 조합에 적용되는 자동관리원칙에 의하여 의존한다. 관망이 수요예측을 포함하지 않고 자동화되어 있는 경우에는 관망에서 사용수량의 충격은 정수장에 전달되고 정수장에서도 또한 이 충격을 상수원에 전달한다. 관망의 사용수량 변동은 정수장에서 유량변동을 제한하는 정수지 용량을 이용함으로써 편편해진다.

관망이 수요예측을 고려한 최적화 시스템에 의해 운전되는 경우에는 이 예측치들은 설정치의 형태로 정수장과 상수원에 직접 전해진다. 이 경우 일반적으로 전송되는 데이터는 예측사용수량과 이 사용수량의 시간변동곡선이다. 이 변동곡선은 각 시설의 구속력을 고려하여 수정된다. 따라서 정수공정에서는 정수지의 저류능력에 따라 사용수량의 변동곡선이 편편하게 된다. 상수원에서도 처리시설에서와 같이 될 수 있는 한 일정유량을 유지하도록 운전한다.

11.4.2 지리정보시스템

현재로서는 지리정보시스템과의 사이에 많은 인터페이스가 존재하고 있지만 최초의 애플리케이션은 매핑과 관망용이었다. 지리정보시스템에 포함되어 있는 데이터와 애플리케이션에 관한 상세한 것에 관해서는 여기서 취급할 수 없지만 지리정보시스템에 포함되어 있는 데이터를 활용하는 주요 애플리케이션은 다음과 같다.

- 지리정보시스템 내의 관망구조와 여러 구성요소의 특성을 활용한 관망계산
- 간이모델작성기(simplified model generator), 특히 최적화를 목적으로 한 것이다. 데이터는 지리정보시스템에서 직접 얻거나 지리정보시스템으로부터 관망계산모델에서 얻을 수 있다.
- 관망구역을 고립시키는 조작의 자동결정과 급수정지로 중대한 사태가 되는 수요가 목록의 자동작성

11.4.3 수질시험실 정보관리시스템

수질시험실 정보관리시스템과의 정보교환은 배수관망수질관리의 면에 한정되고 있다. 제어센터는 실시간 수질데이터를 받고 있다. 이 데이터는 특히 경보라는 형태로 실시간으로 사용되지만 또 수질시험실에서 받는 다른 분석결과와 마찬가지로 수질데이터베이스에 저장된다. 그 다음 이 데이터들은 펌프운전과 밸브 상태에 관한 데이터와 관련되며 관망 중의 수질변화를 모의실험에 사용할 수 있다. 반대로 수질시험실에서 비정상적인 분석치를 감지한 경우에는 즉시 시정 조치할 수 있도록 하기 위하여 이 데이터를 배수관리책임자에게 전송한다.

11.4.4 보전관리시스템

배수시설에는 정기적으로 보전관리를 해야 하는 많은 부속장치(밸브, 체크밸브, 배수지, 서지방지장치)와 측정장치(유량계, 염소계, 압력계, 수위계)가 포함된다. 시설에 따라서는 현장에서의 보전관리작업 내용이 휴대식 마이크로컴퓨터에 입력되는데, 이 컴퓨터는 보전관리에 종사하는 직원이 휴대하게 된다. 중앙컴퓨터로부터 입력이 되며 전송된 데이터에는 현장에서 보전관리해야 할 모든 정보가 들어 있다. 보수작업이 실시되면 데이터를 마이크로컴

퓨터에 기록한 다음 중앙의 보전관리 애플리케이션에 전송시키며, 중앙에서는 다음에 실시해야 할 보전관리작업을 판단하기 위한 처리가 이루어진다. 이 원리는 주요한 유량계나 전력량계의 측정치를 데이터로 입력하는데 이용된다. 이 경우 데이터는 균형운전을 도모하는데 사용된다.

11.4.5 누수방지시스템

누수감지는 실시간으로 이루어지거나 구역유량계가 설치된 구역에 대하여 일일사용량의 상황을 파악하여 감지한다. 전자는 수리모델에 입력데이터를 보내기 위해서는 누수감지소프트웨어가 압력과 배수지수위 및 유량측정치를 받는다. 후자는 지역마다의 소비량을 계산하기 위하여 배수관망으로부터 측정치를 애플리케이션에서 수신한다. 누수감지방법에 관해서는 제17장에서 상세하게 설명한다.

11.4.6 펌프시설

펌프시설은 전체적으로 송·배수시설에 포함된다. 따라서 시설의 관리원칙에 따라 많은 인터페이스가 있다. 시설이 자동으로 관리되면 수요예측을 할 수 없지만, 배수지가 있는 경우에는 펌프의 기동과 정지명령은 송수하는 배수지의 수위와 펌프장에 있는 특성곡선에 따라 또는 배수지에 있는 볼-콕(ball-cock) 접점에서의 기동과 정지명령에 따라 발령된다.

시설 전체가 수요예측에 근거한 최적화 방식에 의하여 관리되는 경우에는 중앙의 최적화 전송기가 최적화에 의해 발생된 기동과 정지명령 또는 최적화에 의해 계산된 운전방법을 펌프장의 자동화 시설에 전송한다.

관망에 배수지가 없는 경우에는 펌프장에 전송되는 데이터는 관망 전체에서 압력의 대표치인 압력이다. 이 경우에는 수요예측에 상관없이 펌프장 토출유량은 사용수량과 같아야 한다.

11.4.7 수요가 정보시스템

수요가정보시스템은 물 사용량과 수요가의 종류 및 수요가의 주소 등의 데이터를 포함한다. 이 정보는 수요예측에 관한 관망을 계산하는 것과 관망의 배수능력을 계산하는 것에 사용된다.

11.5 장래 추세

서문에서도 말했던 바와 같이 관로는 수도부분의 자산 중에서도 최대의 것이다. 가까운 장래에 새로운 개념으로 변경되더라도 전체적으로는 기존 관로를 개량시키려면 상당히 긴 세월이 소요될 것이라고 본다. 따라서 10년 후의 관로는 오늘날의 관로와 비슷할 것이라고 생각된다. 이것은 금후에는 변화가 없을 것이라는 것은 아니고 여러 시나리오를 상정할 수 있다는 것이다.

다만, 여기서는 이러한 시나리오를 구축하기보다도 큰 변화를 유발한다고 생각되는 요소에 대하여 고찰하는 것이 좋을 것이다. 최소한 그럴 수는 없겠지만 먼저 소독용으로 염소사용이 금지될 가능성이다. 실제 역학적인 연구에서는 염소사용으로 야기되는 리스크를 문제시하는 경향이다. 이 경우 현행 소독방법의 원칙이 개정된다면 좋겠지만 간단히 대체시킬 해결방법을 현시점에서는 아직 찾지 못하고 있다.

다음으로 생각되는 시나리오는 음용수의 사용량을 줄이는 것으로 이는 음용수를「보다 고급의 물」로 전환되어야 하기 때문이다. 그렇게 되면 다른 용도를 위한 다른 수질의 물에 대한 해결책을 찾아야 할 것이다. 이 물은 개인이나 공동체에서 하수를 처리한 다음에 순환에 의해 확보하거나 또는 전용의 비음용수시설로부터 공급될 수 있다. 다만, 두 번째 가설인 전용의 비음용수시설 구축은 비용이 많이 들기 때문에 거의 비현실적이다. 새로운 문제를 제기하기는 하지만 첫 번째의 방안이 현실적이며 이미 이와 같은 연구가 실제로 진행되고 있다.

세 번째로서 들 수 있는 것이 배수관으로 신소재의 개발가능성이다. 우수한 기계적 특성과 자기소독특성을 갖춘 경제적이고 비부식성이며 또한 비투과성인 소재가 개발되었다는 것을 상정하는 것도 반드시 비현실적인 것은 아닐 것이다. 현시점에서는 이와 같은 아이디어는 웃음거리 정도로 되겠지만 10~20년 후에 어떠한 소재가 등장할 것인가는 누구도 모른다. 더욱 중요한 것은 기존수도관을 교체할 수 있는 수도사업체의 능력이다. 대부분의 관로수명은 약 100년이기 때문에 기존관망을 전환시키는 배관소재의 대폭적인 변화는 21세기가 되고 나서의 일일 것이다.

끝으로 관망관리에 대한 컴퓨터 기술은 어떻게 될 것인가? 이 문제에 대해서는 다음과 같은 집중형 애플리케이션을 포함한 이상적인 도구를 상상해 보는 것이 좋을 것이다.
- 이것은 수행해야 할 조치의 결정, 수요가에의 즉시통지, 현장 요원에게 즉시작업에 필요한 모든 데이터의 전달 등이 포함된 정밀한 위치추적기술을 갖춘 누수탐지
- 가정 내의 컴퓨터시스템에 의해 2일 이내에 요금계산서와 청구고지서를 발송하는 것을 포함한 수요가계량기의 자동검침
- 관망 중의 수질저하개소의 자동표시와 대책결정기능
- 인간의 개재(介在)없이 전송된 자료로 작성된 배관 및 계량기의 교체일정을 정밀하게 작성

컴퓨터 기술은 꿈을 현실로 실현하는 분야이긴 하지만 정보시스템이 직원을 대체시키는 것보다 비용이 더 소요되는 곳에서는 어떤 애플리케이션에 대해서도 그 지점에 빨리 도착하기보다는 애플리케이션의 분야는 상당한 기간 유지될 것이라고 생각된다.

상수원의 유한성과 상수원의 오염이 개발비용을 끌어올리기 때문에 수도사업체의 안전성과 신뢰성을 더욱 향상시키는 것이 적절한 대책을 수립하도록 하는 과제이다. 취수, 정수, 송수와 배수를 포함한 보다 합리적이고 통합된 급수업무를 실현하기 위하여 소프트웨어의 개발과 송·배수시설의 강화를 촉진시키는 것이 필요하다. 문제는 배수제어에 한정해서는 안되며 배수제어는 급수업무의 일부에 지나지 않는다. 이러한 소프트웨어를 실시하고 운전자를 훈련시키는 임무를 맡고 있는 것이 수도사업관리자이다.

수도사업관리자의 공헌을 구체적으로 인식될 수 있게 하기 위하여 효율적인 관리를 계속해야 한다.

11.6 조사연구의 필요성

조사연구의 필요성은 다음 2개의 그룹으로 나눌 수 있지만 제1그룹이 다음과 같이 컴퓨터 애플리케이션에 직접 관련되는 것이다.
- 배수관망의 새로운 제어기술
- 관망의 자동교정
- 관망 중의 수질변화를 일으키는 현상의 동력학
- 누수감지의 자동화와 실시간화

- 관망모델의 간략화 연구

현장에서의 문제에 관계되는 두 번째의 그룹에 관해서는 여기서는 상세한 것은 생략하지만 배수관망의 운전에 직접 관계되기 때문에 항목만 기재한다. 관련되는 것은 다음과 같다.

- 경년변화에 대하여 보다 정밀하고 신뢰성이 높은 유량계의 개발
- 비용과 안전의 면에서 문제가 크기 때문에 비개착공법의 관로부설과 수리를 위한 기술개발
- 관로의 내외면이 부식되지 않으면서 수리가 간단한 신규 배관소재(복합소재)의 연구

11.6.1 새로운 관망제어기술

현재 비교적 단순한 수지상의 배수관로에서는 다음과 같이 제어하고 있다.

- 배관의 말단 사용자측에서 측정된 압력에 의한 피드백제어
- 배수본관의 유량과 압력에 의한 추정말단압력 일정제어

한편 복잡한 배수관망에 대해서는 펌프나 밸브의 제어유량을 결정하는 방법이 쉽다. 이 방법은 이 장의 처음에 설명한 바와 같이 실시간 관망해석과 연산으로 보증된다.

실시간 관망해석에는 방대한 계산이 필요하며 또한 이를 단시간에 실행하기 위해서는 고속컴퓨터시스템이 필요하다. 현재 관망해석의 고속화를 위한 연구가 행해지고 있지만 이와 함께 새로운 제어기술을 개발하는 것이 바람직하다. 이와 같은 기술은 이른 아침에 급격하게 수요가 증가는 것에 대응하며 펌프와 토출밸브의 조작빈도를 줄이고, 또한 배수본관에서의 수질변화에 따른 배수를 목적으로 하는 피드포워드제어로 취급될 것이다.

현재 주목받고 있는 인공지능(artificial intelligence : AI), 퍼지논리(fuzzy logic), 신경망기술(neuro technologies) 등에 관해서도 검토해야 한다. 이러한 기술들은 배수관망 제어에 유효하다고 생각된다.

11.6.2 관망모델의 자동교정

모든 수학적인 모델은 관망교정을 해야 하고, 이 관망교정은 시간과 비용이 드는 운전이며 정기적으로 반복해야 한다. 그 방법은 원칙적으로는 현장에서 측정하고 측정치를 계산결과와 비교하여 현실에 가까운 결과를 얻도록 모델의 요소를 시행착오법으로 수정하는 것으

> **Hardy-Cross법**　　　　　　　　　　　　　　　　　　　　　　　　**Keiji Gotoh**
>
> 　관망수리해석은 일리노이즈대학의 토목공학과 교수(1936 Cross)였던 Hardy-Cross에 의하여 발명되었다. 최근 보다 고도인 관망해석방법, 관망 내의 수질변화의 해석도 Hardy-Cross법에서 출발하였다고 말할 수 있다(Gotoh 1982, 1988).
>
> 　Hardy-Cross법은 1936년 Senda(扇田 彦一)에 의해 일본수도계에 번역 소개되었다. 또 이 방법이 개발되고서 50주년, 또 Hardy-Cross(1885~1959)의 생신 101년을 기념하여 일본수도협회잡지 1986년 5월호에 번역판을 게재하였다.
>
> - Cross. H. 1936 "Analysis of Flow in Networks of Conduits or Conductors"(관망 내의 유량분석) Engrg. Exper. Str., University of Illinois.
> - Gotoh, K. 1982. "Analysis of Water Quality Change in Distribution Network"(배수관망 내의 수질분석) AWWA, Journal No. 1-3, pp 569-571
> - Gotoh, K 1988 "Residual Chlorine Concentration Decreasing Rate Coefficients for Various Pipe Materials"(다양한 배관소재의 잔류염소농도감소율계수) Special Subject No. 21. 17th ISWA World Congress, Rio de Janeiro
> - Senda(扇田 彦一) 1936,「관망 내의 유량분석(Hardy-Cross 저」번역

로 충분하다.

　이 분야에서의 연구는 설치해야 할 센서의 수와 센서의 위치를 최소화하는데 초점을 맞춰야 한다. 그러면 거의 연속적으로 교정되기 때문에 요소에 적용된 수정이 자동으로 결정되도록 하는 것이 최선이다. 보통 2~3회 측정하고 있는 현재의 교정방법과 비교하여 이 방법이 비용이나 시간 면에서 큰 이점을 가지고 있다. 유량과 압력 및 수위 등의 단순한 센서를 사용하는 양적인 모델링에 대한 시스템을 구축하는 것은 비교적 쉽지만, 맛과 냄새 및 특수 화학성분의 존재가 중요하게 되는 수질모델을 충족시키기는 더욱 어렵다.

11.6.3 관망 중의 수질변화 현상

　관망해석의 신뢰성과 완전성을 더하기 위하여 관망 중에서 일어나는 수질변화과정을 이해하는 것이 필요하다. 몇 개의 현상에 관해서는 이미 해명되어 잘 알고 있는데 염소와 질소가 존재하는 경우의 아질산성물질의 거동과 같은 특수한 것에 관해서는 상세한 연구가 필요하다. 또 관망 중의 염소소비와 같은 기타 현상에 관해서는 지금까지도 오랫동안 연구되었지만 금후에도 이런 연구는 계속되어야 한다.

11.6.4 누수탐지의 실시간 자동화

최근 몇 년간 누수감지의 실시간 자동화에 관한 연구가 진행되었으며 몇 가지의 방식이 개발되었다. 이런 방식의 일반 원리는 관망 중의 수리평형(유량과 압력)에 급격한 변화현상을 감지하는 것이다.

오늘날에도 해결되지 못한 과제로서는 일반누수와 대구경 수요가에 의한 소비량을 식별하기 어렵고 감지가능한 누수량이 아직은 너무 크며 미량누수는 아직까지는 감지하기가 곤란하다는 점 등이다. 관망모델의 자동교정인 경우와 같이 이 관망모델의 민감도와 이 관망모델의 지리적인 정밀도는 모델교정의 질에 직접적으로 달려 있다.

11.6.5 관망모델의 자동간략화

관망계산에 사용되는 관망은 일반적으로는 지리정보시스템으로 계산대상이 되는 최소관경을 선정함으로써 간략화된다. 그러나 해석대상 관경을 지나치게 작은 것까지 뽑으면 관망모델이 대규모로 복잡한 관망으로 된다. 한편 해석대상인 관로의 구경을 지나치게 크게 취하면 관망이 망목상의 특성을 잃게 되고 중요한 관로가 해석대상에서 빠질 가능성이 있다.

특히 펌프의 최적토출압을 검토하는 경우에는 망목상의 관망계산을 반복해야 한다. 그러므로 관망모델이 적절하게 간략화되지 않으면 방대한 계산시간을 요하게 된다. 따라서 실제 배수관망의 주요한 특성을 갖는 간략화된 관망모델에 의해 해석하는 것이 절대적으로 필요하다.

이러한 관망모델을 정교하게 만들기 위하여 최신 관망자료가 축적된 GIS시스템으로부터 최적화의 요구조건을 갖춘 극히 단순화된 모델을 자동적으로 만드는 방법이 필요하다. 최적화에서 이용할 수 있는 최신모델을 갖는 유일한 수단이고 조회하는 곳인 GIS로부터 관망데이터를 취하기 때문에 이 방법은 반드시 자동화되어야 한다.

제12장 수운용시스템

집필자 : Jerry W. Garrett
Yuuji Sekine(關根 勇二)
부집필자 : Yoshimichi Funai(船井 洋文)
Susumu Sano(佐野 進)
Toshihiko Tsukiyama(築山 俊彦)

수운용시스템은 상수원과 정수처리 및 송·배수에 대하여 필요한 제어를 하는 것이다. 전장에서는 이러한 시스템의 모델화와 제어기술에 대하여 취급하였지만, 이 장에서는 이러한 제어요구를 효율적이고 통합된 방법으로 어떻게 조화시킬 수 있는지에 대하여 설명한다.

12.1 총설

대부분 수도사업체에는 상수원과 송·배수시설의 제어에는 감시제어 및 데이터수집(SCADA) 시스템을 채택하고 있다. 또 정수장 제어는 공정제어시스템의 형태를 채택하고 있다. 또 많은 수도사업체에서는 급수능력과 수요량을 예측하기 위하여 모델화하는 방법도 갖추고 있다. 다만, 이러한 모델 중에 많은 것이 SCADA나 공정관리시스템과는 느슨하게 결합되어 있다.

일반적으로 SCADA와 공정관리 및 모델화는 각각이 개별로 발전해 왔다. 그 결과 이른바 "자동화의 외딴섬"인 상태로 되었다. 수운용시스템(integrated water control system)[*]의 목적은 이러한 고립된 자동화 시스템을 통합시키고, 다음 절 이후에서 설명하는 정보시스템의 통합을 위한 기반을 만드는 것이다.

12.1.1 배경

도시화가 수도사업에도 많은 변화를 초래하였다. 이들 중에서도 특히 중요한 것은 급수과정에서의 수질변화, 급수관리의 안전성 보증, 재해나 기타 긴급상황에 대한 대비, 그리고 급수구역과 서비스 복잡성의 계속적인 확대 등에 대처하기 위한 조치가 필요하다. 이러한 난제에 직면한 도시의 급수시설을 유지할 때에는 다양한 부대시설(가압장이나 증압펌프장의 제어시설)들을 제어용으로 설치해야 한다.

기술적인 어려움 때문에 이러한 부대시설들의 통합이 널리 보급되지 못하였다. 그 결과 통합관리는 부대시설의 수준에 머물고 있다. 그러나 현재는 최신기술에 의해 이와 같은 복잡한 수도시설의 통합관리를 진행시킬 수 있게 되었다. 또 급수에 대한 다양화된 지역사회의 수요에 통합관리의 필요성과 공중의 환경의식이 높아지는 것도 통합관리의 요구를 더하고 있다.

주 : 제6장에 설명한 바와 같이 일본에서 SCADA(감시제어 및 데이터수집)라고 하는 용어는 주로 SCADA와 공정관리를 주체로 한 시스템인 수운용시스템을 의미하는 것처럼 사용되는 방법이 많다.

12.2 시스템의 구성요소

12.2.1 서브시스템

수운용시스템의 서브시스템에는 다음의 구성요소가 포함된다.
- 상수원시스템과 송·배수시설을 제어하고 감시하기 위한 SCADA서브시스템
- 정수장과 복잡한 펌프장을 제어하기 위한 하나 또는 둘 이상의 공정제어서브시스템
- 공급량과 수요량을 예측하기 위한 모델
- 최적제어를 위한 대책

이러한 서브시스템들은 이상적으로는 하나의 시스템으로 운용해야 한다. 통합시스템 사용자는 다른 서브시스템이라고 의식하지 않아야 한다. 수운용시스템에서 이러한 서브시스템의 배치를 그림 12.1에 나타낸다.

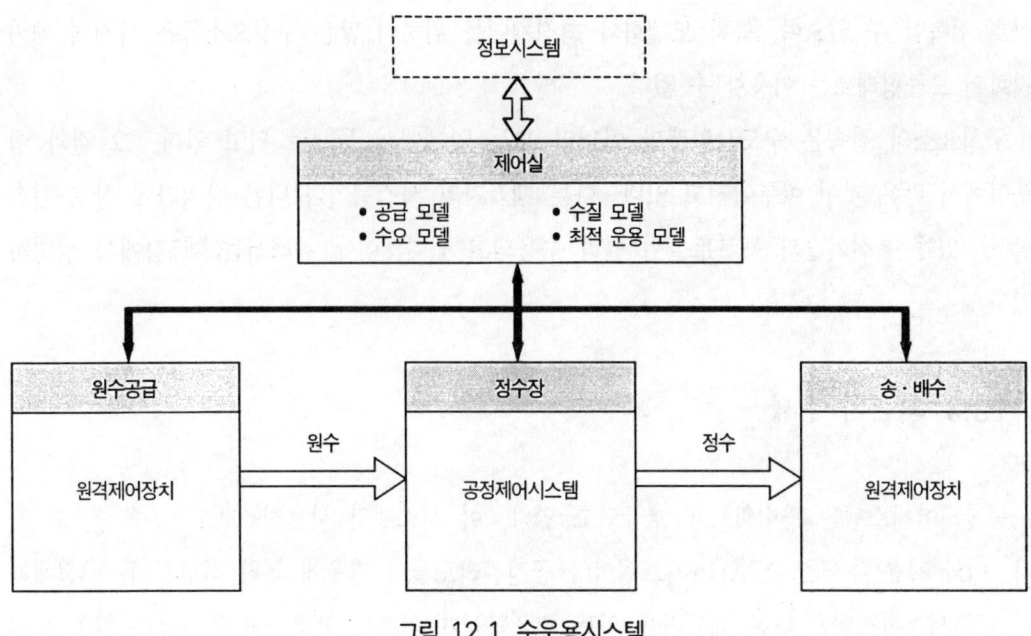

그림 12.1 수운용시스템

12.2.2 입력과 출력

수운용시스템의 입력에는 다음 사항이 포함된다.
- 강수량과 유출량, 수요추세, 운용변경과 기상 등의 예측정보
- 목표 관압과 수위와 같은 운전정보
- 정전과 같은 긴급상황
- 에너지비용, 배수지 용량 및 배관구경과 같은 요소

수운용시스템으로부터의 출력에는 다음 사항이 포함된다.
- 총배수량의 확인과 수요예측 및 수도시설 상태와 같은 예측정보
- 운전목표달성과 현재 운전상태의 확인과 같은 운전정보
- 평균부하운전과 첨두부하의 확인과 같은 이력정보
- 문제발생 정보

12.2.3 구성요소의 접속

그 운용기술은 수도시설을 모델화하고 제어하기 위하여 필요로 하는 각 구성요소를 충족하는데 있다. 그렇지만 유감스러운 것은 이러한 구성요소 개개의 자동화 시스템은 간단하게

상호 접속할 수 없으며, 특히 모델화와 최적제어를 위하여 많은 구성요소들은 사전에 패키지화된 모듈형태로는 이용할 수 없다.

구성요소의 접속은 수도사업뿐만 아니라 모든 업계에서 문제로 되고 있다. 그 결과 이 분야에서 많은 것이 이루어지고 있다. 다른 제작자의 시스템이나 다른 장치간에 상호 접속할 수 있는 통신기술과 프로토콜이 널리 수용되고 있다. 이에 관해서는 제5장에서 설명하였다.

12.3 최근의 추세

통합제어시스템은 광범위하게 보급되고 있다. 이 시스템의 서브시스템도 자주 볼 수 있다. 이와 같은 추세는 SCADA시스템이나 공정관리모듈의 경우에 특히 적합하다. 이전에는 이러한 서브시스템은 다른 메이커에 의해 제조되었고 시스템 상호간의 유사점은 거의 보지 못하였다. 오늘날에는 대부분의 메이커가 SCADA와 공정제어시스템 양쪽을 제작하거나 이 양자를 내부 접속시키기 위한 간단한 방법을 제공하고 있다. 따라서 미국에서도 일본과 마찬가지로 SCADA와 공정제어시스템과의 구별은 사라지고 있다.

12.3.1 표준 소프트웨어 모델의 필요성

현재 많은 수도사업체에는 시설의 감시와 원격제어를 위한 SCADA시스템을 채용하고 있다. 많은 수도설비에는 기본적인 SCADA시스템에 자동제어방법을 추가하여 운전효율을 개선하는 경우가 많다. 다만, 유감스러운 것은 대부분의 수도사업체에서는 이러한 고도화된 기능을 독자적으로 개발하는 것은 비용이나 위험성이 너무 크다. 제어와 최적화를 위한 고도소프트웨어 개발은 수도사업체에서 '자동차를 다시 개발'하는 것과 같을 정도이다. 왜냐하면, 고도화된 수도시설 제어를 위하여 패키지화된 모듈이 존재해야 하기 때문이다. 이러한 문제가 기본적인 SCADA시스템 애플리케이션을 뛰어넘는 발전을 많은 수도사업체들이 단념하도록 하고 있다.

12.3.2 해결책

수도사업체용으로 고도애플리케이션의 패키지 소프트웨어 모듈이 없는 것은 메이커 쪽에서 간단히 해결할 수 있는 문제이다. 다만, 필요조건으로서 메이커는 수도사업체가 어떠한 소프트웨어를 바라는 것인지를 알아야 한다. 이와 같은 패키지 소프트에 의한 방법은 이미 전력공급사업의 고도애플리케이션에 대해 실시되고 있으며 가스공급사업의 고도애플리케이션에 대해서도 어느 정도 실행되고 있다. 이와 같은 모듈(교환가능한 구성부품의 단위)의 개념적 지침(guideline)을 개발하고 시스템을 지정할 때에 이러한 지침을 사용하는 것이 수도사업자의 책무이다. 다음 구절에서는 전력공급사업에서 이것이 어떻게 실행되었는가에 대하여 설명한다.

1) 전력공급사업(전력도매업)에서의 예

1960년대와 1970년대에는 전력공급사업과 수도공급사업은 기본적인 SCADA시스템을 사용하고 있었다. 그렇지만 1970년대 후반이 되면서 전력공급사업에서는 고도화된 애플리케이션을 개발하기 위하여 결정적으로 다른 방법으로 접근하기 시작하였다. 전력공급사업은 모듈형태로 고도화된 애플리케이션을 고려하고 말하며 지정하기 시작하였다.

처음 시작된 것이 자동발전제어(automatic generation control : AGC)였다. 이것은 시스템의 주파수나 전력융통의 필요조건을 유지하기 위하여 유니트발전을 위한 자동폐루프로 제어하는 것이었다. 이것에 이어 수분부터 1주일의 기간에 대한 전력발전의 원가를 최소화하기 위한 소프트웨어가 개발되었다. 단기용 패키지는 '경제적인 급송' 방식이었고, 장기적인 패키지는 '유니트 계약' 방식이었다. 유니트계약에 필요한 입력(정보)으로는 단기적인 부하예측, 융통스케줄러, 시스템제약, 유니트 특성과 이용가능한 발전장치가 포함되었다. 수력발전소를 갖는 시스템에서는 수력발전 스케줄프로그램이 사용되었다.

장래의 설계계획에 관해서는 전력량의 계획과 발전확대의 프로그램이 개발되었다. 전력량의 계획에 따라 엔지니어는 시스템 전체에 대하여 새로운 송배전선로의 영향을 결정할 수 있다. 또 발전확대프로그램은 새로운 발전소의 추가와 같은 기능을 갖는다.

다음에 기술하는 박스 내의 각 모듈은 전력공급업계의 합의를 얻었고 메이커는 이런 기능을 실행하는 소프트웨어 개발에 착수하였다. 수년의 세월을 거치고 전력공급업체로는 모듈의 확실한 기초를 이용할 수 있게 되었다. 이러한 모듈과 각 모듈간의 상호관계를 **그림 12.2**에 나타내었다.

이와 같은 소프트웨어 모듈을 이용할 수 있음으로써 전력공급업체는 새로운 소프트웨어를 개발할 필요없이 대단히 어려운 제어부분을 자동화시킬 수 있었다. 당연한 것이지만 이러한 설비에는 시스템의 요소를 입력시키는 동시에 모듈을 조정해야 한다. 이것은 그다지 간단한 작업은 아니지만 이러한 각 기능에 대해 새로운 소프트웨어를 개발하는 것보다는 훨씬 쉬웠다.

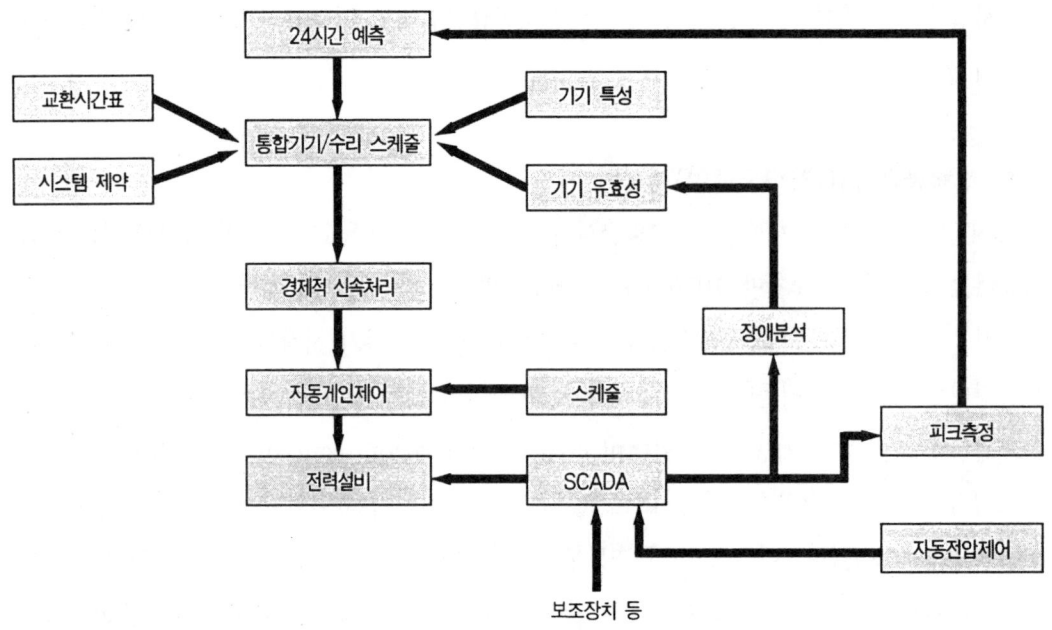

그림 12.2 모델화된 소프트웨어에서 전기설비의 SCADA/에너지 관리시스템

퍼스널컴퓨터(PC)의 소프트웨어에 표준모듈이 실시되었다

표준 소프트웨어 모듈의 사용은 PC에 의해 생산성을 비약적으로 증가시켰다. PC는 스프레드시트(표계산소프트), 워드프로세싱과 다른 패키지화된 프로그램을 구비함으로써 놀랄 만큼 생산성을 향상시켰다.

현재 급수시스템용의 패키지형 SCADA시스템을 이용할 수 있게 됨으로써 널리 보급되고 있다. 고도화된 애플리케이션을 위한 소프트웨어는 개별적으로 개발되어야 하며 또 현재 채용되고 있는 고도화된 애플리케이션은 아주 적다. 이와 같은 고도화된 애플리케이션모듈의 개발은 PC의 스프레드시트·소프트웨어를 각각 새로운 스프레드시트를 위하여 다시 고쳐서 써야 하는 아날로그이다.

전력사업에 표준 소프트웨어 모듈이 실시되었다

전력공급사업은 메이커가 개발한 다음과 같은 표준 소프트웨어 모듈에 의하여 표준화되었다.
- 감시제어 및 데이터수집(SCADA) : 스위치의 상태나 아날로그값을 자동감시하고 원격장치를 운전자가 제어하게 한다.
- 자동발전제어(AGC) : 주파수와 융통요건을 맞추기 위하여 발전기를 폐루프제어하게 한다.
- 경제적 급전 : 발전원가를 최소화하기 위하여 수분마다 발전기의 운전레벨을 온라인으로 최적화시킨다.
- 전력융통스케줄러 : 다른 전력사업체와의 전력융통을 요약한다. 자동발전제어(AGC)모듈에 입력한다.
- 단위책임 : 총생산비를 최소화하기 위하여 1주일의 동안에 매시간 운전해야 할 발전기유니트의 최적대수를 결정한다.
- 수력스케줄링 : 추정부하, 수리적예측, 융통스케줄, 유지관리, 저수와 유량제약에 따라 24시간에서부터 1주일까지의 기간에 대한 수력발전 스케줄을 만든다.
- 단기부하예측 : 이력데이터와 기상예보에 따라 1주일까지의 기간에 대한 매시간의 시스템부하를 예측한다.
- 외란 분석 : 송전선이나 발전기가 정전된 다음에 스위치의 상태와 아날로그값을 저장한다.
- 첨두 결정 : 각각의 지점에서 첨두를 결정하기 위하여 선정된 지점으로부터의 아날로그값을 비교한다.
- 자동전압제어 : 버스전압을 지정범위 내로 하기 위하여 변압기의 탭과 캐패시터뱅크를 조정한다.
- 발전소의 확장 : 발전소에 대하여 여러 장래 증설에 대한 경제적인 분석과 장래 건설을 결정하기 위한 재원을 제공한다.
- 전력망 계획 : 장래 건설을 결정하기 위하여 가정된 수정과 전력망의 확대에 대한 전력망 방정식을 푼다.

12.4 장래의 비전

근대의 공공시설은 우수한 고객서비스, 효과적인 긴급대응, 최적의 조작, 성장과 새로운 기능의 유연성을 구비한 고도화된 애플리케이션소프트웨어를 필요로 한다.

이러한 고도화된 애플리케이션을 다음과 같이 분류할 수 있다.
- 온라인 관망모델
  - 안정된 압력과 유량

- 과도압력과 유량
    - 누수감지
    - 수질추적
- 수요량 예측
    - 단기적 예측
    - 장기적 예측
- 최소비용의 펌프
- 최고품질을 위한 조합(2개 이상의 공급체계)
- 최소급수원가(2개 이상의 공급체계)
- 우연성 분석

12.4.1 SCADA/물 관리시스템(WMS)

1) 기능적 구조

그림 12.3은 제안된 SCADA/물 관리시스템의 기능적 구조를 나타낸 것이다(Donnell, Gaushell and Milan, 1987년). 이 모듈들은 전력공급시스템에 이용하는 것과 같은 고도화된 기능을 급수시스템에 이용할 수 있다. 이렇게 제안된 SCADA/물 관리시스템의 기능모듈은 다음과 같다.

- 다이내믹 매스 밸런스(dynamic mass balance : DMB) : 지정된 영역(시스템 전체, 압력범위와 압력범위의 구획)에 대하여 급수시스템의 매스밸런스(물질수지)를 마련한다. DMB가 사용되어 생성된 측정된 변수나 계산된 변수는 당해 영역 내의 압력, 당해 영역으로의 물의 저장량 변경, 유입량과 유출량이다.
- 예측기능(forecaster) : 장·단기적인 물의 수요량을 예측한다.
- 계획운전효율(planned operational efficiency ; POE) : 각 상수원의 순간 생산원가와 각 영역의 수요량 및 이러한 수요를 맞추기 위하여 이용할 수 있는 상수원정보를 계산한다. 가변요금스케쥴과 고정생산원가 및 이용할 수 있는 저수지정보를 사용하여 가장 비용 대 효과가 높도록 운전하기 위한 생산전략을 수정한다.
- 자동감시제어(automatic supervisory control ; ASC) : 운전비용을 최소화하기 위한

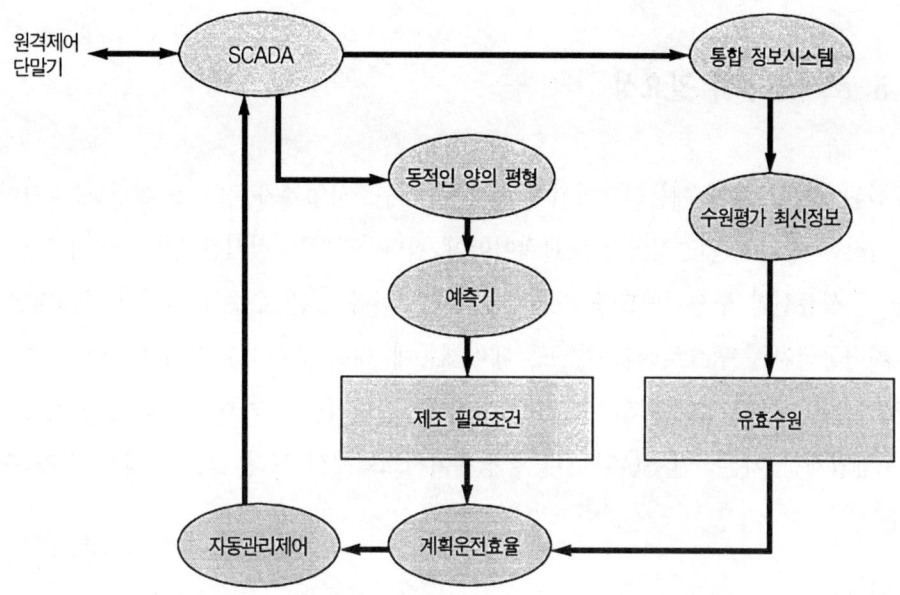

그림 12.3 모델화된 소프트웨어에서의 SCADA/물 관리시스템

수도시설을 제어하기 위하여 POE의 결과를 이용한다.
- 자원평가업데이터기능(resources evaluation updater ; REUP) : 새로운 비용이나 수질 또는 시스템제약 정보를 수집하고 각 생산자원의 현재 이용가능성과 바람직함을 계산한다.
- 종합정보시스템인터페이스(integrated information interface) : 다음 사항을 제공한다.
  - 유지관리의 추적 : 선택된 기기에 대해서 언제 유지관리가 필요한가를 결정하기 위해 온라인·카운트를 유지한다.
  - 이력데이터의 수집과 저장 : 이력데이터를 수집, 검토, 편집, 표시, 압축, 저장한다.

2) 기능 표준화의 이익

물관리용 소프트웨어 모듈을 표준화함으로써 얻는 이익은 많다. 새로운 시스템을 이용하기 위하여 필요한 것은 시스템 구성뿐이고 SCADA/WMS시스템의 지정과 운용에 대한 저렴한 비용으로 가능하다. 또 인수와 설치 및 기동시간도 단축시킬 수 있다. 또 조직 내의 소프트웨어 요원수에 대한 필요성을 줄일 수 있고 소프트웨어 보전관리비용과 수정비용도 줄어든다. 끝으로 변경과 확대의 유연성도 있다.

12.5 조사연구의 필요성

고도화된 소프트웨어 애플리케이션에 관해서는 수도사업계가 정의를 설정하는 것이 중요하다. 이러한 정의는 기능적이고 포괄적이어야 한다. 정의는 실시간 입력, 실시간 출력, 처리기능, 구성옵션과 구성커맨드를 확인해야 한다. 이와 같은 수준의 기준이 주어지면, 많은 소프트웨어공급자는 필요로 하는 소프트웨어제품에 대해 합리적으로 투자하며 많은 사용자들간에 개발원가를 분담되게 할 수 있을 것이다. 합리적인 가격과 사용하기 편리함으로 많은 수도사업체는 기본적인 SCADA나 공정제어시스템에서 보다 많은 이익을 얻을 수 있을 것이다.

참고 문헌

Donnell. G.P. ; Gaushell, D.J. ; & Milan. D.J. 1987. Standardization of Software Modules for Monitoring and Control of Water Distribution Systems. Presented at AWWA Ann. Conf., Kansas City, Mo.

제Ⅳ편 정보시스템

집필자 : Alan W. Manning

    제Ⅲ편 제어시스템에서는 공정제어와 함께 주로 실시간 애플리케이션에 대하여 취급하였다. 이 편에서는 실시간이라고는 생각되지 않지만 '온라인'이라는 정보시스템에 대하여 취급한다. 다음 페이지에 있는 모델이 이 편에 포함되어 있는 정보시스템을 가장 잘 강조하고 있다.

    데이터처리와 정보시스템 개발은 공정제어를 구성하지 않으며, 온라인애플리케이션은 실시간애플리케이션과는 동일한 것이 아니다. 이 책에서는 정보시스템을 제어시스템으로부터 분리시킨 이유를 이해하기 위하여 이것들을 분명하게 하는 것이 중요하다.

    이 절에 포함된 정보시스템은 다음과 같다.
- 수요가정보시스템(CIS)
- 지리정보시스템(GIS : AM/FM/GIS)
- 수질시험실 정보관리시스템(LMIS)
- 보전관리시스템(MMS)
- 누수방지시스템(LCS)
- 재해대비

    또 인사와 자재구매 및 재무와 같은 업무관련시스템은 정보시스템 논의에서 제외하였다. 이것이 업무관련시스템에 대한 상세한 설명에서 특별히 제외된 이유는 이것을 제대로 설명하려면 이 책의 크기만한 크기의 다른 책을 필요로 할 것이기 때문이다. 이 책의 초점은 운전과 관련된 정보시스템에 있다.

    제13장의 「수요가정보시스템(customer information system ; CIS)」에서는 수요가에

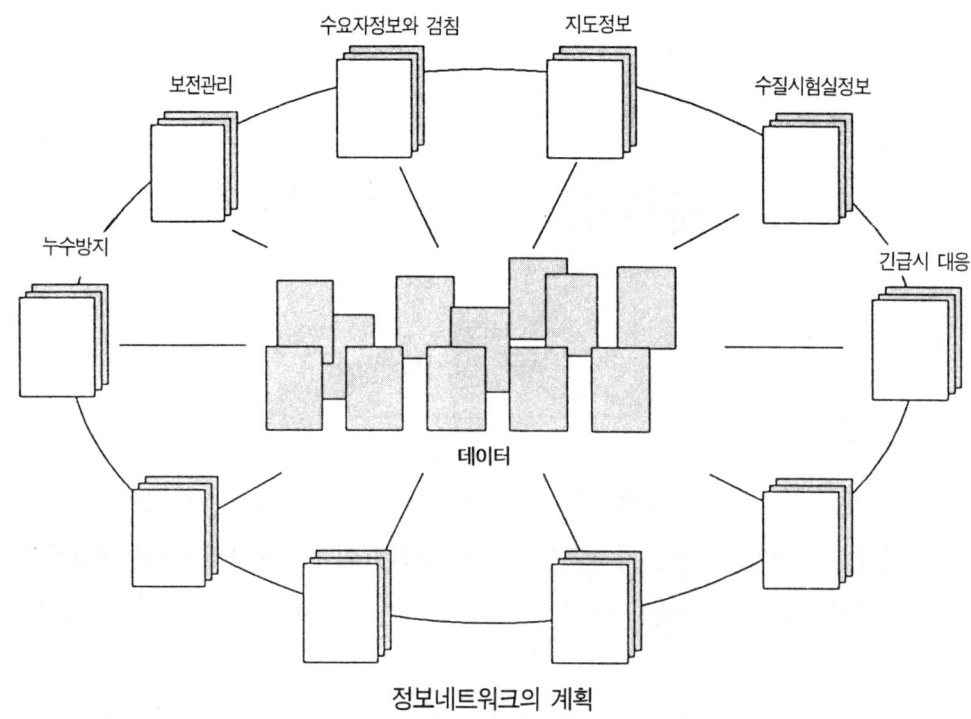

정보네트워크의 계획

관한 정보, 즉 수요가에게 편의를 제공하는 계량기의 위치와 설비들 그리고 가장 중요한 것으로 물 사용량에 관한 수요가의 정보를 수집하고 관리하는 시스템에 대하여 취급한다. 이 장에서는 요금고지서발부에 대하여 상세하게 취급하지 않으며, 이 시스템은 모든 수도사업 운영을 지탱하는 수입원의 기본이다. 이들도 운영하는 입장에서는 또한 중요하다.

제14장의 「지리정보시스템(automated mapping/facility management/geographic information system : AM/FM/GIS : 이하 GIS라고 약칭함)」의 목적은 조직 내에서 GIS 활동을 개시하거나 확대하는 것을 검토하고 있는 수도사업체의 관리자와 기술요원에게 관련되는 정보를 제공하는데 있다. 이 장에서는 시스템의 구성요소와 필요한 능력, 조직에의 효과와 실현가능성, 수도업무에의 응용, 시스템통합, 비용과 효과, 시스템개발과 운용, 요원에 대한 고려사항과 장래동향 등을 포함한 실질적인 GIS기술의 측면에 초점을 맞춘다. GIS는 전 세계에서 광범위하게 실시하여 이용되고 있는데, 이 장에서 취급하는 이용방법과 실시사례는 미국과 일본의 수도사업체에서의 사례이다.

제15장의 「수질시험실 정보관리시스템(laboratory information management systems ; LIMS)」은 시료를 받은 이후 분석기기로부터 분석데이터의 자동수집(실시간)에 이르기까지

의 시험실기능을 자동화하는 것에 대하여 취급한다. 이 장은 수질정보관리시스템에 관한 보고서가 아니고 수질시험실에서의 정보관리에 초점을 맞추고 있다.

제16장의 「보전관리시스템(maintenance management system ; MMS)」은 작업계획, 재고관리와 부품구입계획에 대하여 취급한다. 이 장은 부품구입자체에 관해서는 기술하지 않지만 구입과 보관의 시스템에 대한 인터페이스에 대하여 취급하고 있다. 초점의 하나는 보수계획과 다른 시스템과의 통합이다.

제17장의 「누수방지시스템(leakage control system ; LCS)」에서는 효과적인 누수관리방침과 시스템에 대하여 증가하는 사용자의 요구사항들을 취급하고 있다. 이 장에서는 특정조직이 올바른 시스템을 선택하기 위해서는 상세한 계획이 필요함을 강조하고 있다. 수리모델이나 모의실험과 같은 다른 시스템과의 결합효과와 함께 측정과 분석 및 제어방법에 관해서도 설명한다.

제18장의 「비상대응(emergency response)」에서는 주로 수요가에의 급수서비스에 중대한 영향을 미칠 수 있는 사상에 대하여 취급하고 있다. 이러한 사상에는 지진이나 태풍 등의 자연재해, 정전사고와 중대한 시스템고장 등이 포함된다. 이 장에서는 정보시스템이 이러한 중대재해에 대하여 어떻게 시설을 지킬 수 있는지에 대하여 취급하고 있다.

제IV편 정보시스템에 이어 이후에서는 수도사업이 직면하고 있는 여러 과제에 관한 장이 계속된다. 이들 장에서는 조직과 요원, 표준화, 전략적 컴퓨터화 계획, 리서치의 우선순위와 장래의 계획 등이 포함되고 있다.

제13장 검침과 수요가정보시스템(CIS)

집필자 : Donald L. Schlenger
Yuuji Sekine(關根 勇二)
부집필자 : Yoshimichi Funai(船井 洋文)
King Moss II
William Austine Jr.

   수요가정보시스템(customer information system : CIS)은 수요가서비스와 요금고지서 발행에 필요한 정보를 제공한다. 이 시스템은 수요가에 관한 광범위한 정보 즉, 수요가의 주소, 당해 수요가에게 서비스를 제공하는 개개 설비(예 : 계량기), 수요가의 사용수량과 사용요금 등의 정보를 관리하고 처리하며 제어한다. 이것은 수요가와의 커뮤니케이션을 원활하게 한다.

13.1 정의

CIS는 다음과 같은 3개의 상호접속기능이나 서브시스템으로 구성되어 있다.
- 수요가요금시스템은 사용량과 요금고지서 발행의 이력, 계량기와 서비스정보, 주소, 계정상태, 미수납금, 처리요약 등의 수요가에 관한 관련정보의 데이터베이스를 유지하고 있다.
- 수요가요금고지서발행시스템은 수요가의 계량기, 수요가요금시스템, 경우에 따라서는 수요가서비스시스템으로부터 데이터를 꺼내서 요금고지서를 작성하고 지불을 처리하며 미수납금을 추적하여 징수처리하도록 지시한다.
- 수요가서비스시스템은 특별한 요구에 관한 수요가로부터의 정보를 수집(예 : 고액청구

에 대한 불만이나 문의, 단수, 요금처리나 변경, 급수개시 등)하고, 이들을 문제나 조회에 관한 대책을 검토하여 작성한 다른 필요한 정보와 결합한다.

이들 서브시스템의 상호관계는 별개의 것으로 생각되기 쉽지만 다른 것과는 대립적으로 이 기능들은 CIS의 일부로서 실행되는 것이다. 지역에 따라서는 수도공급에 대한 수요가요금이 하수도요금, 세금, 회비, 기타의 요금과 함께 부과되는 경우도 있다(미국).

CIS는 넓은 의미로 해석하여 계량기 검침시스템이라고 할 수 있다. 약간은 독립적이긴 하지만 CIS에 대한 주요입력데이터를 제공하는 이 검침시스템은 하드웨어(계량기), 검침과정(예 : 검침기능-완전한 수작업으로부터 완전한 자동조작에 이르기까지를 포함), 사용량 데이터를 수집하고 이 데이터에서 요금고지서를 작성하기 위한 고지서시스템과 처리표시하기 위한 수요가계정시스템에 사용량 데이터를 전송하는 소프트웨어로 구성된다. 「자동검침」(automatic meter reading : AMR)시스템이라고 알려진 고도화된 계측시스템은 원격계측장치에 의해 계량치(reading)를 수집하고 수도당국의 사무소에 이 데이터를 전송하는 구조로 되어 있다. 따라서 자동검침시스템 관리는 수요가정보의 처리와는 본질적으로 구별된다.

이 장에서는 현재의 상황과 기술적인 추세에 초점을 두고 CIS와 고도계측시스템에 대하여 검토한다.

13.2 배경

수도의 급수계약은 수도사업체와 각 수요가와의 사이에 기본적인 공급계약을 맺고 있는 것이다. 이와 같이 계약하기 위하여 수도사업자는 수요가의 이름, 주소로 시작되는 요금분류, 사용량, 급수관의 위치 등의 필요한 데이터를 포함하여 방대한 분량의 수요가정보를 모으고 있다. 이러한 정보는 대단히 방대하고 또한 빈번하게 데이터를 변경해야 하며, 또 정보의 상당부분이 언제라도 어떤 영업소에서도 무작위로 입출력되어야 하기 때문에 CIS없이는 효율적으로 정확하게 대응할 수 없다. 수요가와 그 관련특성과 함께 사용량과 요금의 추이에 관한 정보를 계속 추적함으로써 CIS는 수요가와 수도사업자의 양자에게 정보를 제공하게 된다.

일본, 북미, 유럽 대부분의 수도사업체에서는 계량기로부터 계측된 사용량에 의하여 수요가에게 요금을 부과하고 있다. 이 방법은 일반적으로는 수요가의 자산수준, 급수장치의 설치수 등에 의하여 수도요금을 청구하는 방법보다도 효율적이고 보다 공정하다고 생각된다. 통계적으로도 정액제(unmetered connection)의 요금체계에서는 대량의 물이 쓸데없이 낭비적으로 사용되는 것이 나타나며, 이 때문에 종량제(metered)의 요금체계를 채택하는 사업자의 비율이 늘고 있다.

계측시스템과 CIS는 수도사업에서 고객관리의 기초이고 공급측인 수도사업자와 이용자를 이어주는 중요한 정보인 동시에 수입원의 주종이기도 하다.

- 계량기는 말하자면 수도사업자의「금전등록기」이다. 계량기를 검침하여 사용량을 확인하고 제공된 서비스 등으로부터 수입을 만들어 내는 이 시스템은 계량기의 계속적인 관리와 보수에서 중요하다(또 수도사업량기의 검침치가 하수도요금의 청구용으로 사용되는 경우가 있고 하수도요금 쪽이 수도요금보다도 높은 경우도 있다). 수도사업자는 그들이 제공한 서비스(급수)에 관하여 능률적인 방법으로 요금을 부과하고 때맞추어 또한 정확하게 고지하며 확실하게 요금을 수납하도록 해야 한다.
- 물을 공급하는 것은 중요한 서비스이고 서비스에 대한 문의나 문제에 대하여 신속하게 회답하고자 하면 충분한 정보를 구비해 두는 것이 중요하다. 즉 사업자는 특별한 처리나 서비스요청(예 : 최종고지)을 효율적으로 처리해야 한다.
- CIS에 포함된 정보는 수요가의 물 사용량으로부터 어떤 일이 일어나고 있는 것인지를 사업자에게 알리는 기능을 갖고 있다. 또 이러한 정보들을 계획하고 예측하는 것은 대단히 중요하다.

종량제로 수도요금을 고지하는 방식인 경우에는 계량기를 정기적으로 검침해야 한다. 전자장치, 원격시스템 또는 자동검침시스템을 사용하고 있는 사업체를 제외하고는 통상적으로 이와 같은 계량기 검침은 검침원이 각 수요가를 방문하여 수도계량기의 수치를 직접 읽는 방법으로 하고 있다. 대부분의 사업체에는 검침치를 수작업으로 대장이나 카드에 기록하고, 다음에 이것도 수요가요금시스템 또는 요금고지서시스템에 수작업으로 키로 입력하고 있다. 검침원이 휴대식 데이터입력단말장치(hand-held data entry terminal : HDET)를 사용하고 검침치를 기록하는 방식을 채용하고 있는 사업체도 있다. 이러한 장치에서의 데이터는 전자적으로 요금고지서시스템에 전송된다. 또 키입력 대신에 마크센스카드리더나 광학식 스캐너를 사용하고 있는 사업체도 있다.

일본에서는 앞에서 설명한 방법에 따르고 있는 사업체는 아직까지도 많지 않으며, 검침원이 현장에서 사용량을 계산하고 요금고지서를 작성하며 이 정보를 수요가에게 건네고 사무소에 되돌아와서 계산을 확인하고 수요가정보시스템에 입력하기 위한 데이터를 작성하는 방법이 아직 대부분을 차지하고 있다.

검침원의 작업환경은 좋지 않다. 예를 들면, 일본에서는 거의 모든 수도계량기가 배수지관으로부터 분기된 급수관의 대지 내에 설치되어 있고 지표면 밑의 계량기보호통 속에 수용되어 있다. 계량기보호통 내에는 물이나 곤충 등이 차있는 경우도 더러는 있다. 또 계량기보호통의 뚜껑 위에 화물 등이 놓여 있는 경우도 있어서 검침작업에 지장이 되는 경우도 많다. 미국에서도 계량기는 대지 내에 설치하며, 일본과 마찬가지로 주간(낮)에 부재중인 가정이 많고 검침원과 응대하는 사람이 거의 없으므로 출입이 문제가 되는 경우가 자주 발생한다. 대구경계량기가 되면 대형 철뚜껑(鐵蓋)을 구비한 계량기실 내에 설치되지만, 철뚜껑을 쉽게 여닫지 못하며 검침원이 검침할 때 산소부족으로 인한 사고에도 주의하는 의미에서 철뚜껑을 열고 안으로 들어가기 전에 충분하게 환기시켜야 한다.

불쾌한 작업환경과 함께 검침하기 어려워서 생기는 상당한 검침비용을 포함하여 이들 계량기의 검침에 관련되는 여러 문제에 대한 궁극적인 해결책으로는 계량기 지시치를 읽어서 컴퓨터에 의해 결과를 처리하는 완전히 자동화된 시스템이 필요하다. 그래서 제일 먼저 등장한 것이 기계적 부호(mechanical encoded)방식에 의한 실용적인 전자부호화 등록계량기이고, 다음으로 집적회로기술의 발달에 의한 전자계량기의 개발, 이것과 non-POTS (non-plain old telephone service)방식에 의한 기존전화선에 액세스하는 방식, 저출력 무선전송기의 상업화에 따른 무선원격계측방식 등으로, 자동검침에 대한 주요 기술상의 장벽은 상당히 경감되었다고 할 수 있다. 현재 자동검침시스템을 채용한 수도사업체도 있지만 이 시스템은 지금은 비용면, 표준화되지 않은 것, 제도상의 어려움 등으로 일반적으로는 채택되지 않고 있다. 현재 수도사업체 중에는 전면적으로 자동검침시스템을 실시하기까지 잠정적인 조치로서 현지에서의 데이터처리를 위하여 원격계측계량기나 HDET를 채용하고 있다.

13.2.1 일본에서의 자동검침개발

일본에서의 자동검침개발 역사는 일본전신전화공사(NTT)가 「금후 10년간의 전신전화서비스의 전망」이라는 표제로 발표한 보고서에서 전기, 가스, 수도사업의 원격측정개념을 명백하게 밝힌 1967년으로 거슬러 올라간다. NTT와 「전기, 가스, 수도사업」에 의한 공동시험이 1969년에 개시되었다. 6년에 걸쳐 4단계로 나눠 시행된 이 시험에서 수요가의 전화벨을 울리지 않으면서 통상 통화에 우선권을 주는 off-hook감지로 전화회선상에서 전자적으로 계량치를 검침하는 방법이 기술적으로 실현가능한 것으로 확인되었다. 이 시험 결과에 의하여 전용전화회선과 부호화 등록계량기를 사용하는 자동검침시스템이 개발되었고, 당시 개발 중이었던 도쿄도(東京都)의 다마(多摩) 뉴타운에 설치되었다. 급수구역 25.25km^2, 장래인구 32만명, 1일 최대급수량 186,000m^{3}이고 계량기 숫자 약 5,000개를 커버하는 이 시스템은 그 후에도 개량을 거듭하여 현재도 가동되고 있다.

다마 뉴타운에 최초로 채용된 계량기는 복잡한 기계식 부호기(encoder)를 편입한 방식으로 비교적 고장이 많은 것이었다. 게다가, TCU(단말제어장치)와 검침센터간에는 공중전화회선을 차용하는 것으로 시스템 전체의 경제적 측면에는 개선의 여지가 있었다. 그 후 수도계량기나 전자기기메이커가 참가함으로써 전자계량기를 개발하는 프로그램이 개시되었다. 1975년에는 전자부호데이터송신(electronic encoder and data transmission)기능을 갖는 소구경계량기 개발에 성공하였다.

1975년에는 또 「전기통신에 의한 원격자동검침시스템(telemetering system)」의 실천적 응용에 관한 여러 가지 문제를 검토하기 위하여, 우정성은 도쿄도(東京都) 수도국, 도쿄가스, 전기사업연합회, NTT, 통신장치제작사와 학술전문가의 참가를 얻어 「텔레미터링시스템조사위원회」를 설립하였다. 1977년 12월에는 2년간에 걸쳐 위원회에 의해 실시된 일련의 연구과업 보고서가 발표되었다.

이 보고서와 「가입전화회선의 현재 보급(약 4,500만대)으로부터 판단하여 기존가입회선을 텔레미터링시스템의 회선으로서 사용하는 것이 좋다는 것과 이와 같은 방법은 텔레미터링시스템의 실현가능성을 높이게 된다」라고 하는 보고서의 결론에 의하여 우정성은 1978년 7월에 「종합텔레미터링시스템 개발협의회」를 발족하게 되었다. 이 협의회에는 NTT, 공공사업체, 가스협회, 통신장치제작사, 계측장치제작사, 학술회 전문가 기타가 참가하였다. 개발협의회에서는 1978년부터 1982년에 걸쳐 활동내용에 관한 보고서를 매년 발행하였다. 또 1981년부터 1982년에 걸쳐 NTT, 「도쿄가스, 도쿄수도국과 기타 멤버」는 전체적인 시스템에 대하여 일련의 현장시험을 실시하였고 대부분의 기술적 문제를 해결하였다.

1983년에는 공업용수부(도쿄도 수도국)가 지구 내의 약 700개의 공장을 커버하는 논-링잉 테스트트렁크(non-ringing test trunk)를 사용하는 표준화 시스템 중앙전화국베이스의 폴링시스템을 채용하였다. NTT에 의하여 직접 제어되는 단말장치만이 계량기데이터를 전송할 수 있다고 우정성으로부터의 답변으로 승인되었다. 그러나 1987년이 되면서 우정성은 사용자가 스스로 선택한 단말장치를 설치하는 것을 인정한 「뉴 논-링잉 서비스」를 허가하였다. 이것이 고도화되고 값싼 수요가옥내기기(customer premises equipment ; CPE)의 개발을 촉진하게 되었다. 오늘날에는 저렴한 가격이면서 다기능단말기의 새로운 유형이 고도화된 개발단계에 들어가고 있다.

13.2.2 미국에서의 AMR 개발

미국에서 1896년 처음 전신선(telegraph line)을 통해 가스계량기를 검침하는 AMR의 특허신청이 제출되었다. 1960년에는 트랜싯텔시스템(transitel system : 중계전송)을 사용하는 신세대의 AMR장치가 개발되기 시작하였다. 이 장치에는 반도체(solid-state) 전자설계, 기계적 계량기부호기, 그리고 중앙전화국 내의 논-링잉 테스트트렁크를 사용하고 있었다. 트랜싯텔시스템은 오늘날의 자동검침기술로 설계된 개념의 대부분을 편입하고 있었지만 이 시스템은 비경제적이라는 것이 증명되었다.

이 후 15년 이상에 걸쳐 미국에서는 수도사업체를 포함한 몇 개의 자동검침시험이 실시되었다. 이러는 중에서 가장 주목해야 할 것으로는 다음과 같은 것이다.

- 1966년부터 1986년에 걸친 ARMETER의 시험. 이 시스템은 McGraw Edison사, Duncan Electric사, 그리고 2개의 수도계량기 제작사에 의해 개발되었다.
- 1960년대 후반과 1970년대 전반에 행하여진 미국전신전화회사(AT&T)의 시험. 3단계로 나눠 실시된 AT&T의 시험에는 자동검침시스템의 기술적 실행가능성과 신뢰성에 관한 최초의 대규모 시험인 동시에 2개 이상의 제작자와 2인 이상의 사용자가 참가하여 시행하였던 최초의 대규모 시험이기도 하였다. 이 시험이 종료된 1974년에 AT&T는 「예비적 자동검침시스템시방」이라는 보고서를 발표하였다. 동 보고서의 추신 중에서 AT&T는 「현시점에서는 자동검침장치를 제조하는 것에 관심은 가지고 있지 않다. 다만, 이 책은 AMR의 하드웨어 제조에 관심을 가지고 있는 제작사의 사실상의 시방서가 되었다.」라 하고 있다.
- 1973년부터 1975년에 걸쳐서 미네소타주 Mankato에서 Badger 계량기 회사에 의해 시험이 시행되었다.

계량기 제작사가 원격발전계량기의 시장에 초점을 맞추었기 때문에 1970년대 중반까지는 수도사업에서 자동검침에 대한 관심은 잠시 중단되었다. 또 전력공급설비가 1970년대 초기의 에너지위기를 맞이하였으며 전력경비를 줄이기 위하여 전원중첩전송방식에 대하여 주목하게 되었다.

1980년경까지는 전자적으로 부호화 수도계량기가 소형계량기 중의 상위제품으로서 신뢰성을 얻고 있었다. 동시에 새로운 저소비전력, 저렴한 가격, 대규모 집적회로소자의 이점을 살린 몇 개의 자동검침기술과 장치도 개발되고 있었다. 1980년 초기에 시작된 시험도 성공적으로 끝나게 되었으며 자동검침을 대대적으로 채용한다는 결정이 뒤따르게 되었다. 특히 주목해야 할 것은 뉴저지주 Hackensack수도회사의 22만 5,000의 수요가에 대한 시스템, 펜실베니아주 York의 18,000의 수요가에 대한 케이블TV에 의한 시스템, 위스콘신주 Waukesha의 14,000의 수요가에 대한 전화회선에 의한 시스템이 있다. 1990년까지 400만개 이상의 수도계량기에 대해 수도사업체에 의한 시험이 실시되었으며 50만개 이상의 수도계량기가 자동검침으로 교체되거나 교체될 예정이다.

13.2.3 수요가정보시스템(CIS)

높은 수준의 정밀도를 보증하면서 방대한 분량의 수요가에 관한 정보를 관리한다는 것은 복잡한 일이다. 이와 같은 과정을 수작업으로 한다면 상당한 인력이 필요하게 되며 자동화하지 않고는 어떠한 크기의 시스템이라도 실제 불가능하리라고 생각된다. 그렇지만 수년 전까지는 특히 소규모 시설에서는 CIS기능의 대부분은 수작업으로 이루어졌다.

1975년경까지는 뱃치(batch)처리를 중심으로 한 비교적 단순한 구성의 시스템이 CIS전개의 주류를 이루었다. CISs에서의 초기컴퓨터화는 프로그램하기 어려운 유니트레코드컴퓨터를 하였다. 물 사용량데이터를 수작업으로 기록한 검침대장으로부터 키펀치로 입력하였다. 그 다음에 개발된 애플리케이션은 메인프레임컴퓨터상에서의 뱃치처리를 포함하였다. 많은 경우 검침치는 단말장치나 테이프기록장치에 키로 입력되었다. 일부의 경우에는 OCR에 의한 마크센서카드로 읽어서 입력하는 것이 대부분의 수작업 입력을 대신한 경우도 있었다. 컴퓨터의 가격이 떨어지고 처리능력이 향상됨에 따라 미니컴퓨터 상에서 뱃치중심의 CISs가 개발되었다. 컴퓨터 기술이 더욱 발달되고 더욱 낮은 가격에서도 강화된 처리능력은 보다 우수한 수요가서비스에 대한 필요성증대와 결합되어 대규모 수도사업체를 위한 다양한 정보를 실시간으로 처리할 수 있는 대규모 온라인CISs와 소규모 수도사업체용의 마이크로컴퓨터에 의한 CISs의 인기가 높아지고 있다.

일본에서 지방자치단체가 수도공급책임을 갖고 있는 곳에서는 온라인시스템의 실시속도는 민간섹터와 비교하여 느린 편이다. 온라인시스템 설치가 수도사업체간에 탄력을 받게 된 것은 1980년 중반이 되고 나서부터였다.

기술적 관점에서 보면 오늘날의 온라인CISs는 긴 역사를 가지고 있고 상당한 정도로 세련되어 있다. 온라인CISs는 이미 확립된 기술로 간주되고 있다. 게다가 CISs개발에 사용할 수 있는 많은 종류의 범용 패키지도 있다.

13.3 검침시스템

검침시스템은 수요가의 대지 내에 있는 계량기와 데이터수집기(data capture)와 입력프로세스로 구성된다(그림 13.1). 현재 사용되고 있는 검침시스템은 광범위하고 다양하게 자동화되고 또 기술적으로 선택할 수 있는 것에 따라 특징을 나타낸다.

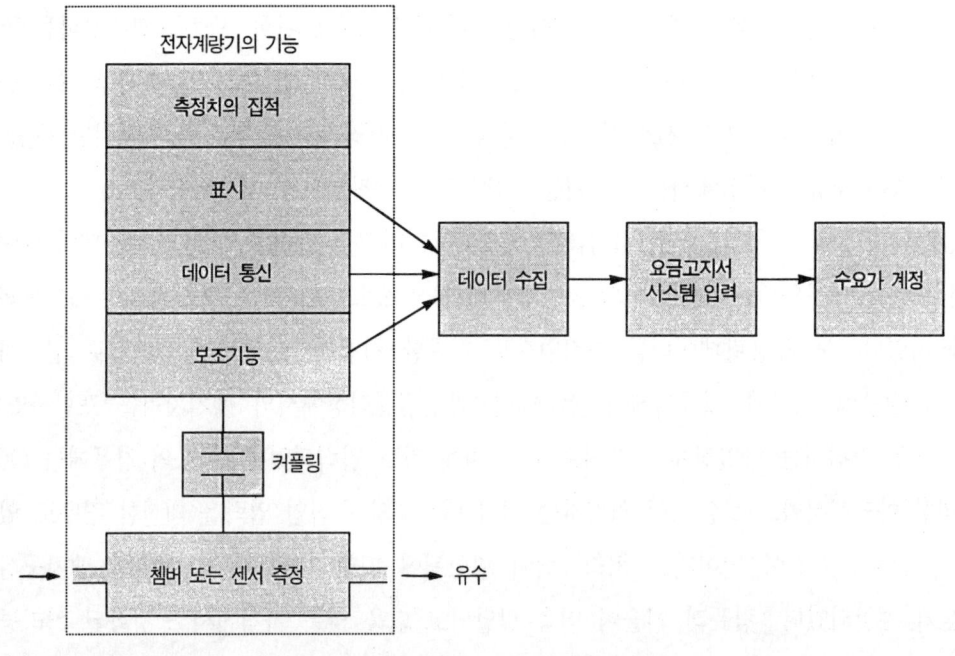

그림 13.1 수도계량기 검침시스템의 개념도

기능적으로 보면 계량기는 유체를 측정하기 위한 임펠러(센서 : 또는 쳄버), 임펠러와 레지스터(카운터)의 커플링, 계량치를 축적하는 레지스터, 그리고 데이터통신기능으로 구된다. 계량기의 기본적인 기능은 임펠러(또는 측정쳄버)를 통과하는 유량을 적산하고 시각적으로 표시하는 기능이다. 지금 근대적인 전자계량기는 적산부(totalizer), 화면부, 데이터통신모듈, 그리고 누수감지기와 같은 몇 가지 보조기능으로 구성되고, 이러한 구성부품은 전부 밀봉된 플라스틱케이스 내에 들어 있다. 전자계량기(encoded register meters)로부터 일련의 출력데이터는 ID번호, 사용량을 알 수 있는 6자리 수와 누수감지를 표시하는 전자적인 "별침(flags)"을 포함한다.

근대적인 용적식 유량계(물의 유량을 측정하기 위하여 회전식피스톤 또는 원판용적유량계를 사용)의 쳄버(센서)부는 초기 모델에 비교하여 소형이고 보다 정확하며 또 가격도 저렴하다. 마찰이 적은 플라스틱을 많이 사용하기 때문에 오늘날의 계량기는 이들을 회전시키는 회전력을 적게 필요로 한다. 쳄버(센서)부 설계와 카운터(레지스터)의 개량에 따라 보다 적은 유량에서도 정밀하게 측정할 수 있게 되었으며(예 : 0.94 l/분 이하), 이것이 나아가서는 유수수량의 비율증가로 연결될 수 있다.

다음 방법 중의 어느 한 가지 방법을 사용하여 계량기로부터 계량기검침장치가 데이터를 읽는다.

- 계량기검침부에 수작업으로 기입
- 마크센스카드에 수작업으로 의한 입력
- 휴대식 데이터입력 단말장치(hand-held data entry terminal : HDET) 또는 기록장치에 수작업으로 입력
- 계량기로부터 현장에서 복사된 검침치를 휴대식 데이터단말장치 또는 디스플레이장치에 직접 전자입력(일반적으로는 원격콘센트를 끼워서)
- 무선자동검침이나 전화회선자동검침과 같은 원격측정링크에 의한 입력

검침치나 기타 정보를 입수하는 방법에 따라 데이터는 다음과 같은 방법 중의 한 방법으로 수요가 요금계정시스템과 고지서발행시스템에 입력된다.

- 계량기검침부 또는 카드에서 단말기에 키로 입력
- 마크센스카드의 스캔
- HDET, 기록장치(recorder) 또는 '검침장치(guns)'에서 업로드

- 자동검침을 거쳐서 직접송신
- 수요가 대지에 가까이서 작동(예 : 이동 중의 자동차 속)하는 이동무선기에 의한 오프사이트계량기검침기(OMR)로부터 디스켓을 거쳐서 업로드(upload)

많은 수도사업체에서 검침원들이 여러 가지 사유로 상당한 부분의 계량기를 검침할 수 없다(접근할 수 없음, 악천후 등). 예를 들면, 미국 전세대의 반수이상은 검침원이 방문하는 낮시간 동안에는 집이 비어있는 것으로 추정된다. 이와 같은 경우 수요가에게 우편이나 전화로 계량기검침치를 알려줄 것을 의뢰하는 카드를 남겨 놓는다. 수요가서비스담당자는 수요가로부터 제출된 검침치를 처리해야 하며 요금고지서를 발송하기 위한 수요가파일에 데이터를 입력해야 한다. 검침원에 의하거나 또는 수요가 협조를 통한 검침치가 입수되지 못한 경우에는 요금고지서를 발행하기 위한 사용량을 추정해야 하며 실제검침치가 입수된 시점에서 정산하게 된다. 수요가가 검침치를 보기 전에 이미 요금고지서가 발송된 경우도 발생할 수 있다. 이와 같은 경우에는 먼저 송달된 요금고지서는 취소시켜야 하고 수요가에 대해 요금고지서를 재발행해야 한다. 수도사업체 중에는 수요가계량기의 검침을 위해 별도요원을 임명하거나 다른 기회에 검침원이 이전에 검침치를 입수할 수 없었던 수요가를 방문하여 검침하여 돌아오게 하는 방법을 채택하고 있는 곳도 있다. 그림 13.2는 대지 내에 계량기가 설치된 전형적인 급수장치의 검침상황 내역을 나타낸 것이다.

대부분의 검침업무에 관해서는 검침일정계획을 지키고 있다. 또 도보나 자동차를 사용하는 검침원을 위한 검침루트가 작성되어 있다. 계량기 설치장소와 기타 상세한 정보(예 : 개가

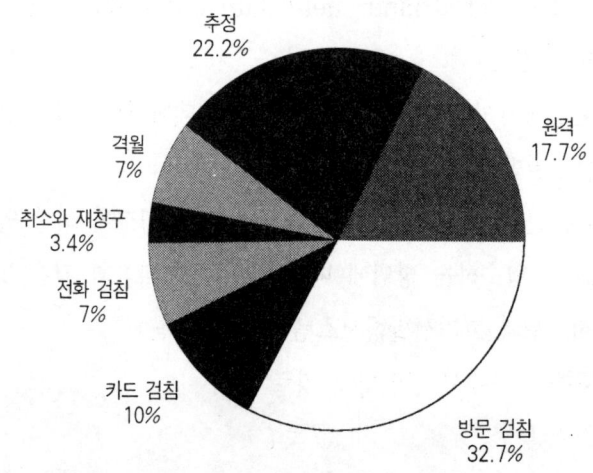

그림 13.2 요금산정의 내역

있는지 없는지)에 관해서도 검침원에게 제공되는 경우도 있다. 어떤 시스템에서는 전회사용량 데이터에서 예상한계치를 초과하는 사용량(검침원이 과실을 범했거나, 사용량이 예상보다 지나치게 높거나 낮은 경우가 있기 때문)의 데이터가 HDET에 전송된다. 또 작업의 능률화를 위하여 검침작업강도를 균등하게 하고 생산성의 표준을 유지하기 위하여 계량기검침 생산성정보를 유지하는 경우도 있다(예 : 검침치가 휴대식 단말기 내에 「시간표시」된다).

계량기검침시스템의 서브시스템은 검침예정일정과 출동과정이다. 이 서브시스템은 검침에 관한 노선과 일정계획 정보를 유지하고 있다. 이 서브시스템은 수작업으로 되지만 컴퓨터화된 검침출동과 검침코스프로그램을 사용하는 사업체도 있다.

13.3.1 원격계량기(remote register meters)

미국에 있는 모든 계량기 중 약 3할은 전기기계식 원격계량기이다(그림 13.3 참조). 일반적으로는 전기기계식 원격계량기는 계량기 내의 기어와 기어에 의해 감겨 있는 코일스프링기구로 구성되어 있다. 스프링에는 작은 발전장치가 설치되어 있으며, 계량기가 일정사용량(예 : $100ft^3 - 2.8m^3$)에 도달하였을 때에 트립되어 풀린다. 발전장치의 스프링은 솔레노이드와 한조의 계수휠(counter wheel)로 구성되어 있으며 수요가 대지 밖에 설치된 원격계

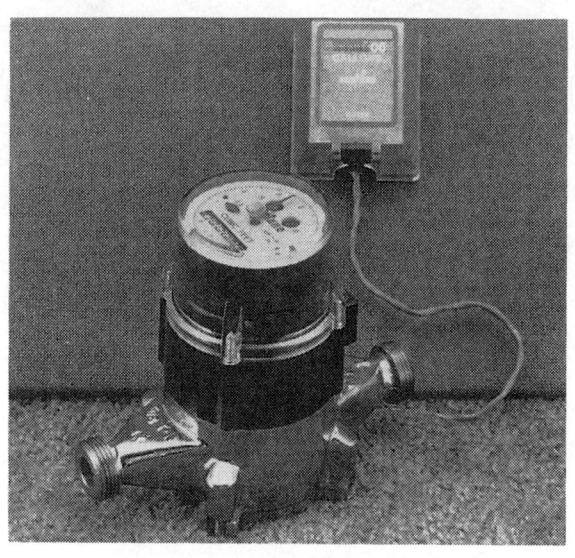

그림 13.3 전자기계식 원격계량기

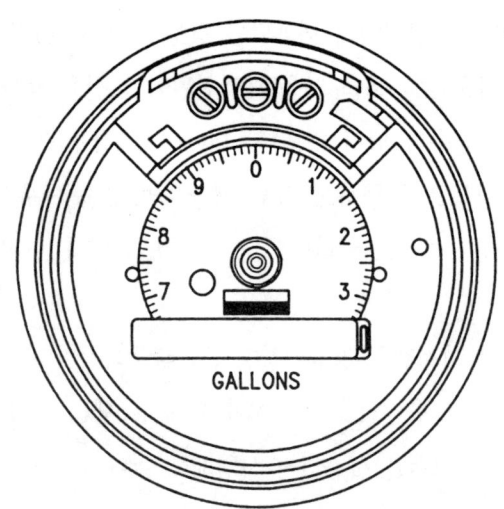

그림 13.4 부호화 원격전자계량기

수표시기에 사용량에 비례하는 전기펄스를 보낸다. 이 솔레노이드작동(펄스)이 휠의 최소 유효숫자를 한자리씩(a digit) 돌리게 된다. 이 기술은 1960년대에 계량기에 대해 일반적으로 사용되고 있었던 것이다.

계량기와 원격계수표시기와의 거리가 비교적 짧은 경우에는 수도계량기는 원격배열(자동차주행기록계에 사용된 것과 유사하게)을 위하여 케이블드라이브를 사용하여 전송된다. 일반적인 응용으로는 철개로 덮인 대형 계량기에 적용된다.

전자부호화 원격계량기가 일반화되고 있다. 이와 같은 계량기를 제작하는 큰 회사가 몇 개 있으며 이 계량기가 발전장치식 원격계량기를 대체시키고 있다. 원격전자계량기의 일반적인 구성으로서는 계량기 내에 계량기 문자판의 계수휠 사이에 소형 집적회로(LSI)를 내장한 인쇄회로기판이 조합된 형태이다. 계수휠에 부착된 wiper blade가 계량기 검침치의 숫자에 대응하는 인쇄회로기판의 지시점을 접촉한다. 외부전원에 의해 시간이 되면 소형 마이크로프로세서는 인쇄회로기판상에 wiper blade의 위치를 결정하고 직렬코드 출력으로 이 정보를 변환시킨다. 이 출력이 HDET에 의해 읽혀지고 기록되거나 자동검침시스템 내의 계량기 인터페이스장치에 의해 재전송된다. 부호화 원격전자계량기를 **그림 13.4**에 나타내었다. 일본의 전자계량기는 임펠러축에 묻혀 있는 자석(마그넷)에 의해 자기저항소자가 변화하며 이것을 계수기가 계측하는 무접촉형이다.

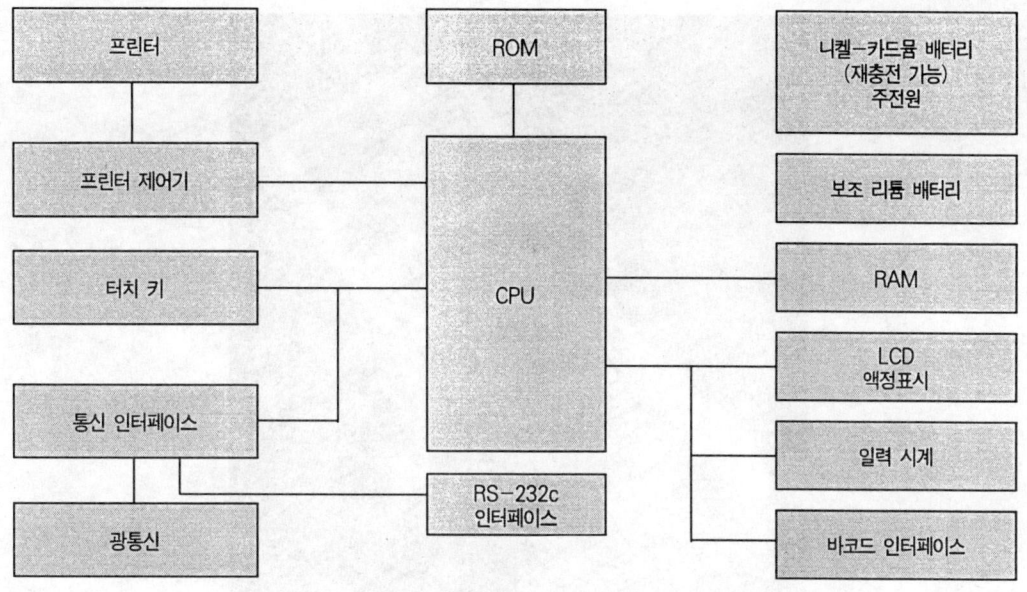

그림 13.5 HDET의 구성 예

13.3.2 휴대식 데이터입력 단말장치(hand-held data entry terminals)

미국과 캐나다에서 사용되는 계량기의 약 반수이상은 검침치를 기록하기 위하여 자기테이프나 반도체메모리(현재의 기술)로 된 휴대식 HDETs를 사용하여 검침하고 있다. 이 장치는 프로그래머블 마이크로프로세서, RAM, 키페드, 화면부, 전원 등으로 구성되고 이들 모든 구성요소는 내기후성·내충격성외함 속에 들어 있다(그림 13.5, 13.6 참조). 또 이 장치는 인터페이스포트(interface port)를 구비하고 있기 때문에 필요한 검침노선설명(예 : 주소, 개가 있는지, 계량기의 설치장소, 최종계량기의 검침일)을 메인컴퓨터에서 이 장치로 내려받으며(download) 검침치를 입력(upload)시킬 수 있다. 일본에서는 대부분의 검침원이 수요가에게 검침표를 교부할 수 있도록 프린터를 구비한 HDETs를 휴대하고 다닌다.

검침원은 HDETs의 노선설명에 따라 검침한다. 계량기나 원격계량기를 읽어서 입력할 수 있는 경우에는 검침치데이터가 입력된다(key in). HDETs 프로그래밍에는 검침치가 상·하한을 넘고 있는지를 판단하여 계량기검침치를 확인하고 정보를 재입력하도록 요청할 수도 있다. 또 어떤 HDETs는 검침원이 수요가 대지 내에 대한 특기사항들을 입력할 수 있는 능력을 구비한 것도 있다. 대부분의 장치는 계량기 검침일시를 기록하기 위한 캘린더시계

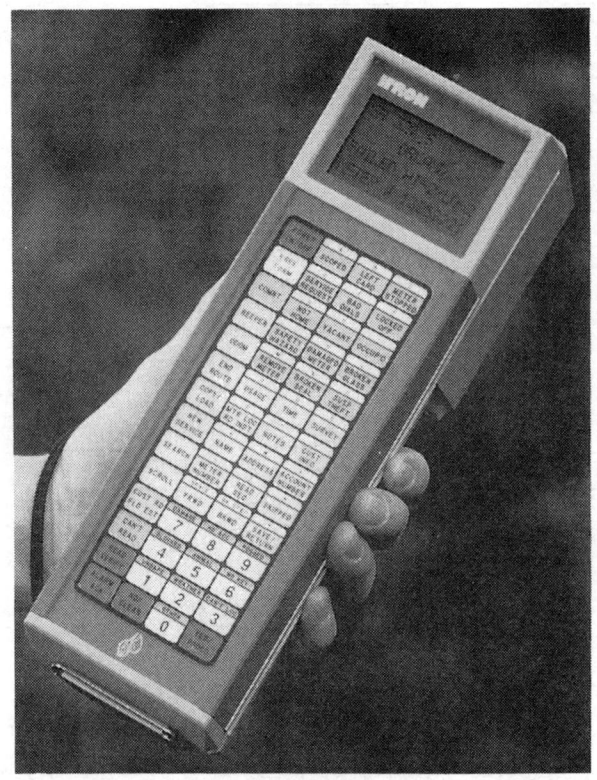

그림 13.6 HDET의 예

도 들어 있다.

검침이 종료되면 검침원은 HDETs를 사업소로 가지고 되돌아와서 HDETs로부터 주컴퓨터에 데이터를 입력하고, 이때 HDETs의 전지도 충전시키며 다음 날의 계량기 검침노선을 HDET에 입력(download)시킨다. 이 순서를 **그림 13.7**에 나타내었다. 어떤 HDETs는 전화로 데이터를 입력할 수 있다.

HDETs는 검침치를 CIS에 입력하는데 쏟았던 많은 노력과 직원의 잠재적인 이기실수(transcription errors)를 배제하였다. 이것들은 수요가서비스의 질적인 향상에 공헌하고 있다. 일본에서 HDETs는 데이터확인과 요금고지서의 계산기능을 대신함으로써 CIS의 부담을 경감시키고 있다. 어떤 사업체에서는 현대적인 컴퓨터화된 CIS시스템 실시를 앞두고 검침치관리기능을 개선하기 위한 수단으로서 대신하고 있다. 또 일부 사업체에서는 자동검침시스템 실시에 앞서 잠정적인 수단으로 대신하고 있다. 일반적으로는 HDETs를 실시하더라도 상각기간은 짧다.

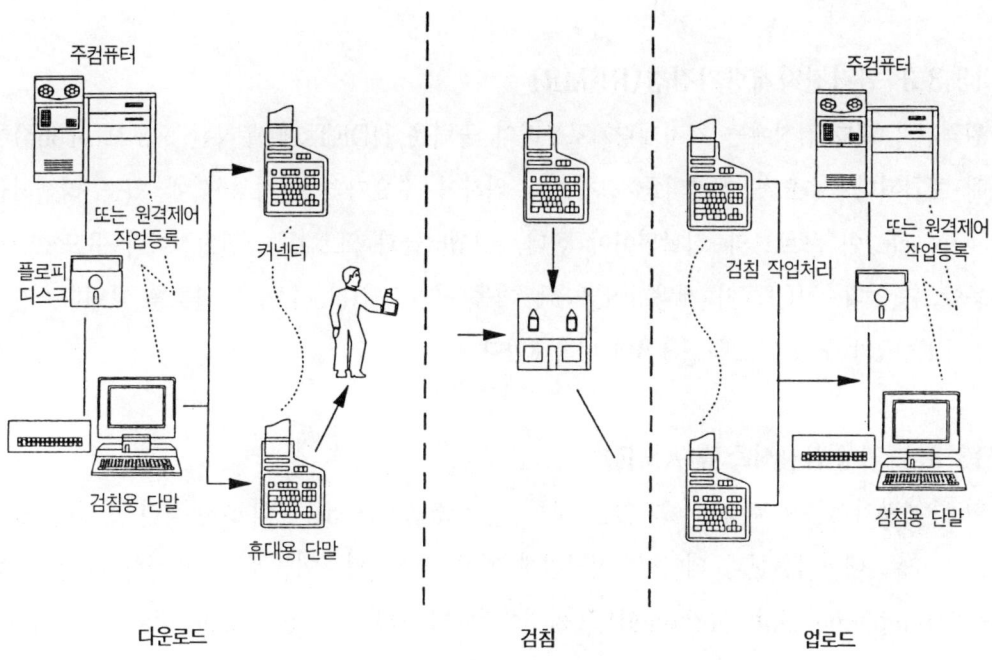

그림 13.7 HDET를 이용한 계량기 검침의 예

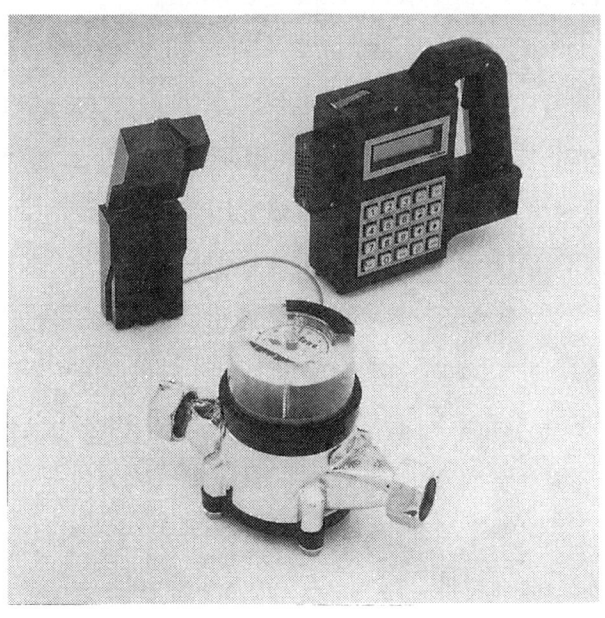

그림 13.8 원격전자계량기 시스템(사진은 원격전자계량기의 검침 장치들)

13.3.3 원격전자계량기검침(REMR)

원격전자계량기검침에는 전자계량기로부터의 출력은 HDETs에 부착된 프로브(probe)에 의해 포착된다. 수요가 계량기를 검침하기 위하여 수요가의 대지 바깥에 있는 리셉터클(receptacle)이 프로브와 결합되어야 한다. 리셉터클과 프로브는 편접점이나 유도코일을 사용할 수 있다. HDET가 계량기엔코더에 기동/시간도달(clocking) 신호를 보낸다. 전형적인 REMR의 구성을 그림 13.8에 나타내었다.

13.3.4 자동검침시스템(AMR)

현재 계량기검침에 이용할 수 있는 자동검침시스템에는 5종류의 기본적인 형식이 있고 이들은 주로 데이터통신과 데이터수집방법에 따라 구별된다. 이들에는 ① 전화다이얼 아웃바운드(telephone dial-outbound), ② 전화다이얼 인바운드(telephone dial-inbound), ③ 양방향전화, ④ 케이블텔레비젼, ⑤ 무선 등이 있다.

1) 전화다이얼 아웃바운드(telephone dial-outbound)

「센터폴링시스템(center-polling system)」이라고 하는 전화다이얼 아웃바운드시스템에서는 수요가 대지 내의 전화회선에 계량기인터페이스장치(meter interface unit ; MIU)인 소형 전기통신모듈이 설치되어 있다(그림 13.9). 수도사업자는 전화회사의 중앙국에 있는 논-링잉 테스트트렁크(non-ringing test trunk)에 접속된 중앙국액세스장치(central office access unit : COAU)를 불러냄으로써 계량기를 읽는 방식으로 검침한다. 수도사업자의 컴퓨터가 일단 중앙국액세스장치에 접속되면 중앙국액세스장치가 수도사업자의 컴퓨터에서 수요가 전화번호를 다이얼하는 것으로 수요가 대지 내의 계량기인터페이스장치로 액세스되지만 이 경우 수요가 전화벨은 울리지는 않는다. 경보가 발령되면(전압과 톤으로) 계량기인터페이스장치가 계량기를 읽고 그 정보를 수도사업체 컴퓨터에 중계하며 여기서 정보를 확인한 다음 계량기 검침파일에 저장한다. 전화다이얼 아웃바운드시스템으로 대량의 검침작업이 이루어진 경우에도 각 계량기 검침에는 9~16초가 걸린다.

이 시스템을 사용함으로써 수도사업체는 전화가 혼잡하지 않을 때를 선택하여 계량기를 검침할 수 있다. 그러나 수도사업자는 수요가 전화번호를 파악해야 한다. 다이얼 아웃바운드

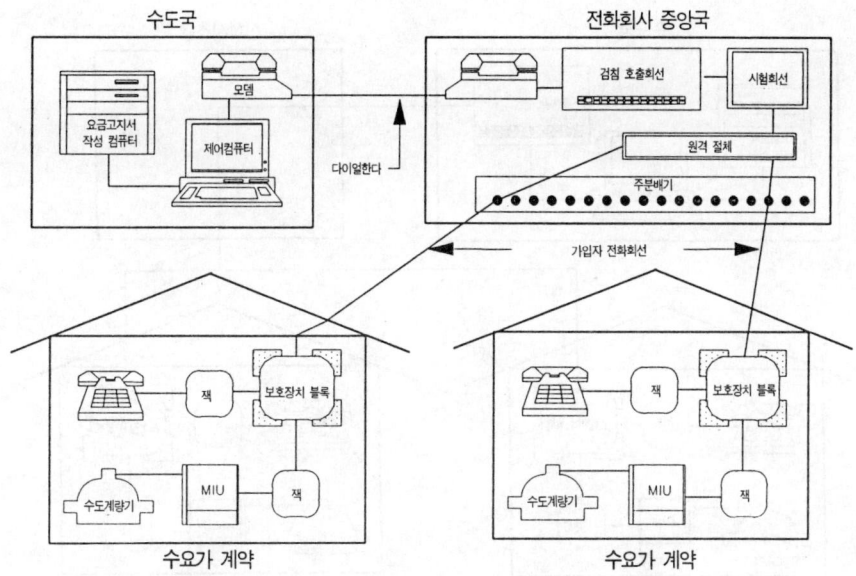

그림 13.9 전화회선을 이용하는 자동 검침 시스템

시스템에 필요한 전화장치의 부가장치는 비교적 별로 크지 않다. 이 시스템은 전화회선의 전압으로 작동하기 때문에 별도의 전원이 필요하지도 않다. 따라서 이들 2가지 면에서 전화회사의 유료서비스가 필요하다. 다이얼 아웃바운드식 자동검침시스템은 계량기가 여러 개 있는 경우의 애플리케이션에 적합하다. 현행 계량기인터페이스장치(MIU)는 3~4개의 계량기를 위한 포트(port)를 구비하고 있다. 현시점에서는 전화다이얼 아웃바운드시스템을 경제적으로 하려면 수도사업체의 서비스구역과 전화회사 구역 내의 비교적 밀집된 수요가를 전화회사 교환구역으로 조정해야 할 것으로 본다.

일본에서는 통상 계량기인터페이스장치는 무료대여형태로 전화회사에서 제공하고 있다. 미국의 전화회사는 전화국 내의 통신제어장치만 제공하고 계량기인터페이스장치는 수도사업자가 소유하고 유지해야 한다.

2) 전화다이얼 인바운드(telephone dial-inbound)

일본에서는 「단말기점시스템(terminal-originating system)」이라는 명칭으로 알려 있는 전화다이얼 인바운드시스템(telephone dial-inbound)은 각 계량기인터페이스장치가 통상 사전에 정해진 시간에 수도사업자의 컴퓨터에 전화를 걸어서 계량기의 최신검침치를

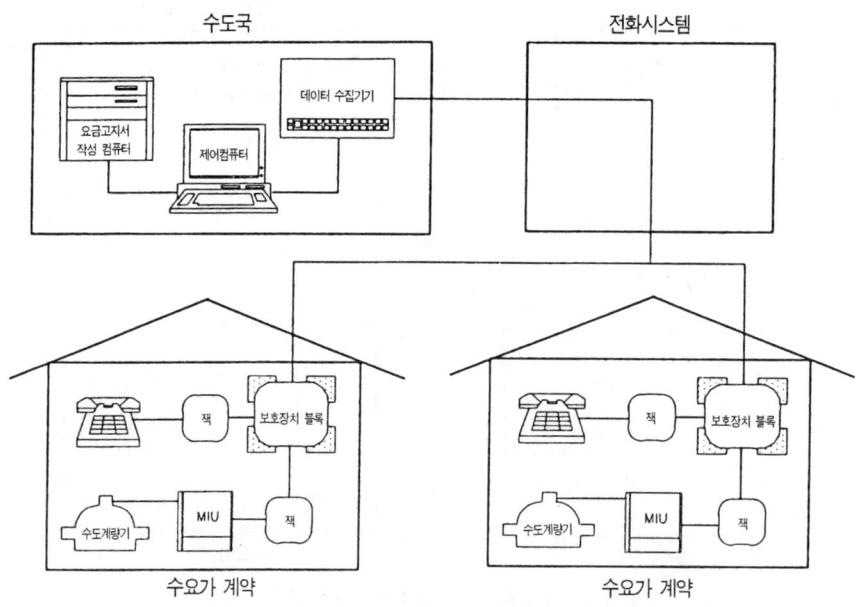

그림 13.10 전화회선을 이용한 자동검침시스템(인바운드 방식)

전송한다(그림13.10 참조). 계량기인터페이스장치는 안전성을 높이고 설치비용을 절약하기 위하여 계량기레지스터(register)에 편입시킬 수도 있고 별도로 설치할 수도 있다. 별도로 설치된 계량기인터페이스장치는 부호화계량기나 또는 개조된 발전장치원격계량기를 검침할 수 있다. 전화회선이 통화 중이거나 계량기를 검침하는 중에 수화기를 드는 경우에는 계량기인터페이스장치는 다음에 다시 검침을 시도해야 한다. 다이얼 인바운드시스템은 수도사업자의 사무실에 있는 데이터수집장치(DCU)를 사용하여 착신을 처리하고 있다.

다이얼 인바운드시스템의 계량기인터페이스장치는 계량기를 조작하였거나 기타 경보상태를 감지하면 즉각 호출할 수 있는 구조로 되어 있다. 계량기는 수도사업체 요구에 따라 읽을 수 있지만, 이때에는 수요가의 전화번호를 파악해 두어야 하는 것과 또 경우에 따라서는 수요가의 협조가 필요하다. 다이얼 인바운드시스템은 전화망에 대하여 비교적 분명하다.

계량기인터페이스장치에서의 통화를 받기 위하여 수도사업체 내에 설치된 중앙시스템장치 (그림 13.11)는 모뎀, 전화회선접속장치, 중앙관망제어장치와 변환된 데이터를 분석하기 위한 중앙처리장치(일반적으로는 컴퓨터)를 포함한 전화선접속장치로 구성된다. 계량기인터페이스장치는 관망제어장치, 시계, 전자계수기와 자동다이얼기능, 기밀유지정보입력단말 등으로 구성되어 있다. 유량정보전송용 계량기가 이 단말에 접속되어 있다.

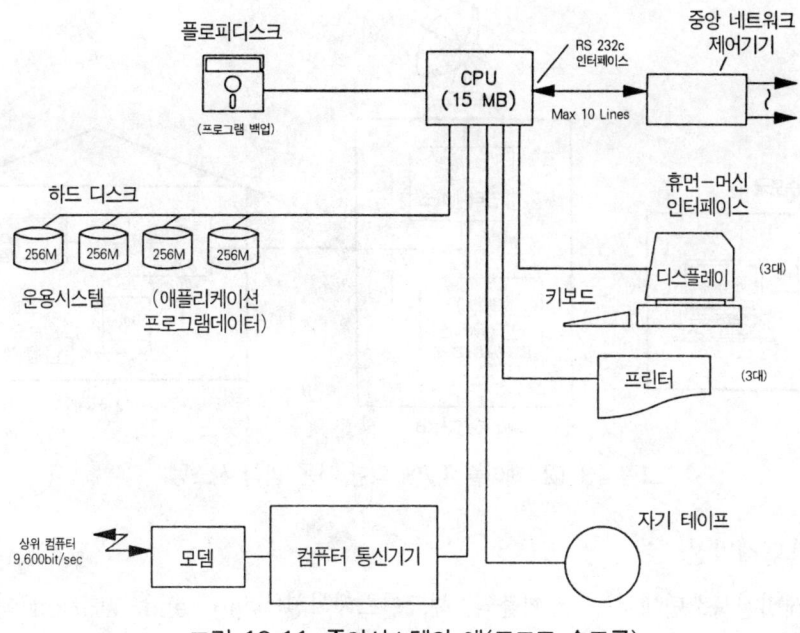

그림 13.11 중앙시스템의 예(도쿄도 수도국)

일본에서는 특정 자동검침시스템애플리케이션은 전용회선을 사용하는 방법 또는 수도사업체의 중앙처리장치에서 전화를 걸 수 있는 기능을 갖는 일반적인 가입회선에 의해 많은 계량기를 검침하는 방법이 채용되고 있다. 예를 들면, 1개 회선으로 수백 개의 계량기를 검침할 수 있도록 몇 개 공동주택이 하나의 그룹으로 되어 있다. 이 방법은 회선이용의 효율성과 함께 검침시간을 단축할 수 있다.

3) 양방향전화 다이얼(bidirectional-telephone dial-in/outbound)

양방향전화시스템은 논-링잉 회선을 사용하여 위에 설명한 다이얼아웃바운드와 다이얼인바운드의 양쪽 기능을 조합하고 있다. 이 시스템을 사용하는 것으로 계량기를 자유자재로 읽거나 수도사업체 제어센터로부터 지시를 필요에 따라 계량기인터페이스장치로 보낼 수 있다.

논-링잉회선을 이용할 수 없는 경우에는 이 시스템을 잠정적으로 다이얼인바운드시스템으로 사용할 수 있다. 이와 같은 우수한 독자적 기능을 갖기 때문에 장래에는 이 시스템이 검침업무에만 한정되지 않고 멀티미디어로서 광범위하게 보급될 것이다.

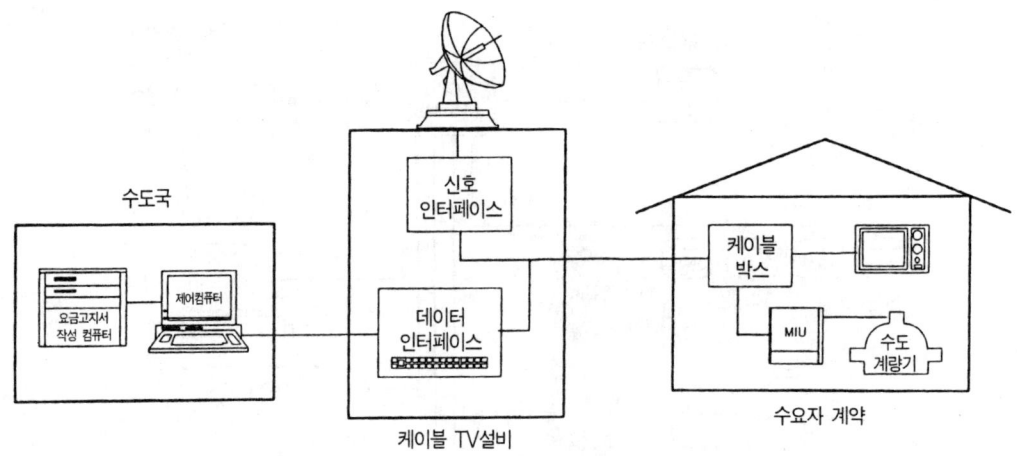

그림 13.12 케이블 TV에 의한 자동 검침 시스템

4) 케이블텔레비젼

케이블텔레비젼시스템에서는 케이블의 헤드엔스테이션(head-end-station)에 설치된 하드웨어가 케이블회선에 선택신호(address signal)를 발사한다(그림 13.12). 모든 계량기인터페이스장치가 신호를 감시하지만, 적합한 주소(address)를 갖는 계량기인터페이스장치가 응답한다. 이 시스템은 처리가 신속하지만, 각 계량기에 양방향의 케이블시스템(신호송신, 데이터회송)과 케이블 「드롭(표시)」이 필요하다. 또 계량기인터페이스장치에는 독자적인 전원이 필요하다. 케이블텔레비젼자동검침시스템은 아직까지는 광범위하게 사용되지 않는다.

5) 무선(radio)

무선주파수를 송신매체로 사용하고 있는 기본적인 자동검침시스템은 단순한 구조이다. 계량기부분에 전송기가 설치되고 수신기는 임의의 장소에 설치할 수 있는 것으로서, 고정된 장소(예:수도사업체 가까운 곳 또는 무선탑 위)도 좋고 이동식(예:자동차나 비행기 또는 보행 중에 휴대)으로 할 수도 있다(그림 13.13 참조). 수신기가 이동식인 경우에는 시스템의 양측에 전송기와 수신기가 설치되고 이동식 장치가 가까이 왔을 때에만 알릴 수 있도록 한다. 고정장소에 수신기를 구비한 시스템은 계량기인터페이스장치에 미리 설정된 시간 또는 검침치가 변경된 경우에 검침치를 전송한다. 이 시스템의 계량기인터페이스장치에는 독자적인 전원이 반드시 필요하다. 왜냐 하면, 무선파는 대상물에서 반사, 잡음, 신호의 감쇠 등의

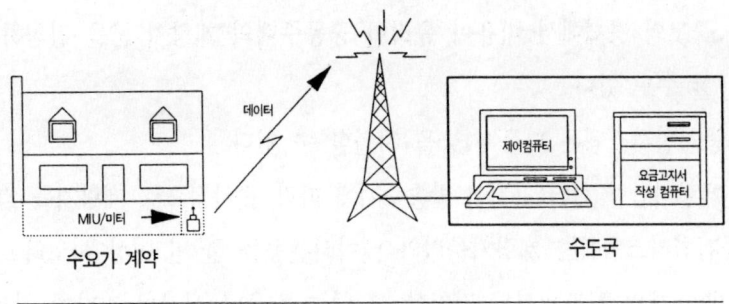

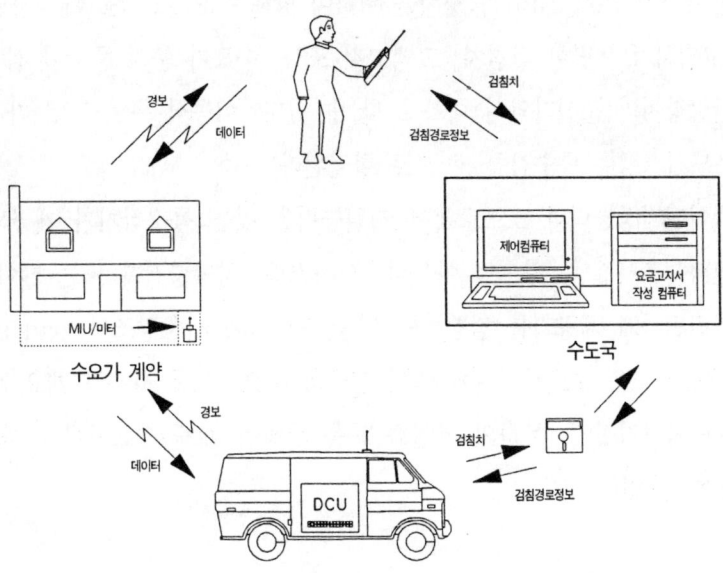

그림 13.13 무선 기술을 이용한 자동검침시스템

현상으로 영향을 받기 때문에 계량기인터페이스장치 설치위치를 선정할 때 주의해야 한다.

6) 기타 시스템

그 이외의 자동검침시스템으로서는 전력선 반송에 의한 시스템, 전화주사시스템(telephone scanning system : 기본적으로는 중앙전화국의 고객전화회선에 대해 하드와이어로 된다), 그리고 하이브리드(hybrid)시스템(신호전송로로서 전력선을 사용하여 반송하고 수도사업체의 사무실은 전화회선으로 바뀐다) 등이 있다. 시스템은 대형수도계량기검침에 간편하게 이용할 수 없지만, 도시의 전력시설을 이용하는 경우에는 정보전송에 적합한 방법이 될 것이다. 이 경우 뉴타운개발과 같이 주택이 지역적으로 밀집되어 수도계량기검침을 부가하기에 적합한 경우나 규모의 경제에서 비용이 유리한 공동주택의 계량기 군을 검침하는 등의 특별한 용도에 사용할 수도 있다.

대부분의 자동검침시스템은 다음 기능을 지원할 수 있다.

- 정기적인 계량기검침 : 요금고지서 발송주기에 따라 순차적으로 계량기를 검침한다. 대부분의 자동검침시스템에는 계량기문의와 데이터전송을 한 번 이상 시도하고 있다. 두 번째 또는 세 번째의 시도에서도 검침할 수 없는 경우나 시간이 지나게 경과되는 경우에는 필요한 추적(follow-up)과 정정을 위하여 당해 수요가요금을 에러파일에 넣는다.
- 최종요금고지서가 특별한 검침치, 고액고지 조사, 수요가 문의 등 : 이 검침치들은 수도사업체 단말장치의 운전자와의 대화로 할 수 있다. 이동식 무선과 몇 가지의 전화다이얼 인바운드시스템은 특수검침능력으로 한정된다.
- 대량의 데이터저장능력과 소프트웨어 지원능력을 갖는 특수장치가 제공되는 경우에는 다이얼 인바운드시스템, 다이얼 아웃바운드시스템, 양방향전화 또는 케이블텔레비전시스템으로 빈번하게 계량기를 검침하는 것을 포함하여 사용량조사(load survey)를 할 수 있다. 이 기능은 수도사업자에 대해 일군의 수요가그룹 사용량 개요에 관한 정보를 제공하거나 에너지절약, 부하의 균일화 등을 위하여 개개 수요가에 대한 사용량 데이터를 제공할 수 있다.

13.3.5 일본에서 자동검침시스템의 구성

장치구성은 자동검침시스템 종류에 따라 다르다. 다만, 시스템마다 단말제어장치 또는 계량기인터페이스장치와 중앙제어장치 또는 데이터수집장치를 포함한다. 일본에서 채용된 양방향시스템 구성의 대표적인 예를 나타내었다. **그림 13.14**에 보인 바와 같이 이 시스템은 중앙컴퓨터시스템, 통신제어장치, 수요가계량기, 그리고 접속회선 및 교환장치를 갖는 계량기인터페이스장치로 구성된다.

1) 중앙컴퓨터와 통신제어장치

중앙컴퓨터는 계량기 검침명령을 내리고 계량기인터페이스장치에 의해 계량기로부터 수집된 데이터를 받아서 사용량을 계산한다. 이 구조는 일반적인 컴퓨터시스템과 크게 다른 것

제13장 검침과 수요가정보시스템(CIS) **353**

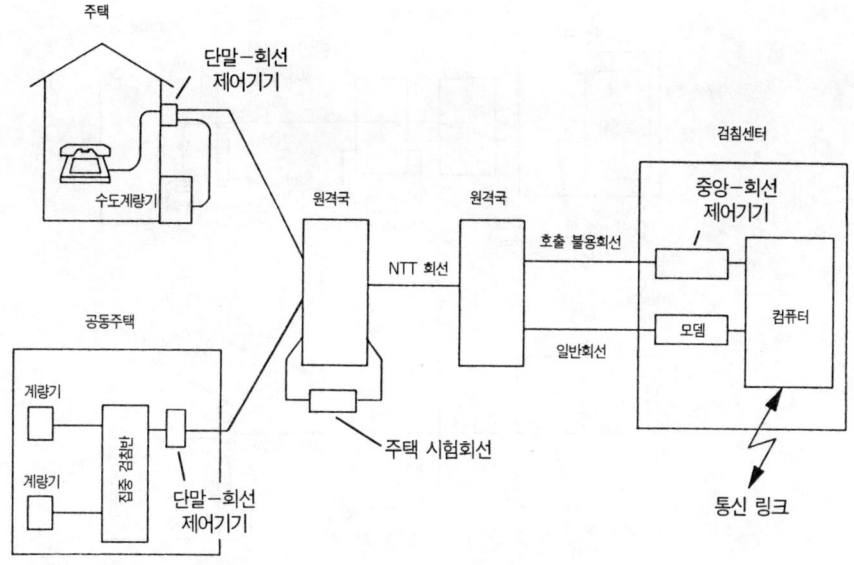

그림 13.14 자동 검침 시스템

은 거의 없다. 일반적으로 중앙컴퓨터시스템은 CIS에서 검침해야 할 수요가의 리스트를 받고, 그것에 의해 정기적으로 또는 수시로 계량기를 읽어서 수집된 데이터를 CIS로 보내서 요금을 계산한다. 또 중앙컴퓨터시스템 중에는 수요가 전화번호파일을 업데이트하는 기능, 고액고지의 문의에 대해 특수검침치를 처리하는 기능 등을 구비한 것도 있다. 중앙컴퓨터를 통신회선에 접속시키기 위하여 통신제어장치가 사용된다. 이 통신제어장치는 계량기인터페이스장치를 불러내고 통신을 확인하는 기능을 구비하고 있다.

2) 회선

일본에서 자동검침으로 가장 일반적으로 보급된 매체의 하나로 NTT에서 제공하는 논-링잉 회선이다. 이 회선은 중앙전화국에 설치된 논-링잉 테스트트렁크(NRT)를 사용하고 전화벨을 울리지 않고 가입회선을 거쳐 수도사업체의 중앙컴퓨터와 수요가의 대지 내에 있는 계량기인터페이스장치를 접속시킨다. 일반적으로 말하면 모두가 동일한 전화교환국 내에 있는 경우에는 논-링잉 테스트트렁크에서 순차적으로 계량기인터페이스장치들에 액세스할 수 있다.

수요가 대지 내의 수화기가 통화 중인 경우에는 통상의 통화가 논-링잉 통신을 우선하게 된다. 그러나 개인 사생활침해가능성을 피하기 위하여 논-링잉 액세스는 유선통신법 조항

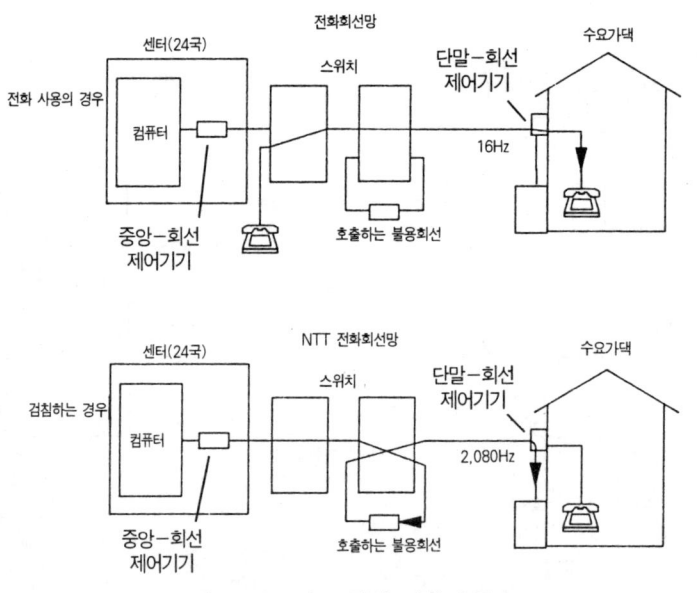

그림 13.15 논-링잉 기법의 접속

에 따라 전화가입자의 승낙을 받아야 한다. 이것이 논-링잉 검침시스템 보급에 최대의 어려움이다. 그림 13.15는 논-링잉 통신의 기구를 나타낸 것이다.

전용회선이나 전용일반서비스회선(논-링잉용으로 구성되지 않는 가입회선)도 자동검침으로 이용할 수 있다. 그러나 통상적인 계량기 검침에는 수초밖에 걸리지 않으며 특별한 경우를 제외하고는 각 계량기는 보통 한 달에 1회 또는 3개월에 1회 정도만 검침하기 때문에 회선의 사용효율이 대단히 낮으며 회선비용은 비교적 높다. 따라서 전용회선을 사용하는 경우에도 1개 회선에 가능한 한 많은 계량기를 접속시켜 회선의 이용효율을 높여야 한다. 공동주택의 경우와 같이 한 지역에 많은 계량기가 설치된 경우에는 모두를 1개 단말회선제어장치에 접속시킬 수 있다. 이러한 구성방법에 따라 1개 회선으로 수천 개 계량기검침치를 전송할 수 있다. 공동주택용 장치를 내부 그룹에 접속하기 위하여 사설전용선을 부설하고, 선로이용률을 높이기 위하여 중앙제어센터에 데이터를 송신하는데 전용회선이나 일반가입회선을 이용하고 있는 예가 일본에서는 많이 있다.

3) 단말제어장치

전화교환국에서의 호출이 통상의 통화와 계량기검침의 문의신호를 구별하여 단말제어장치를 기동하거나 또는 계량기인터페이스장치를 동작시킨다. 계량기검침의 경우는 계량기인터

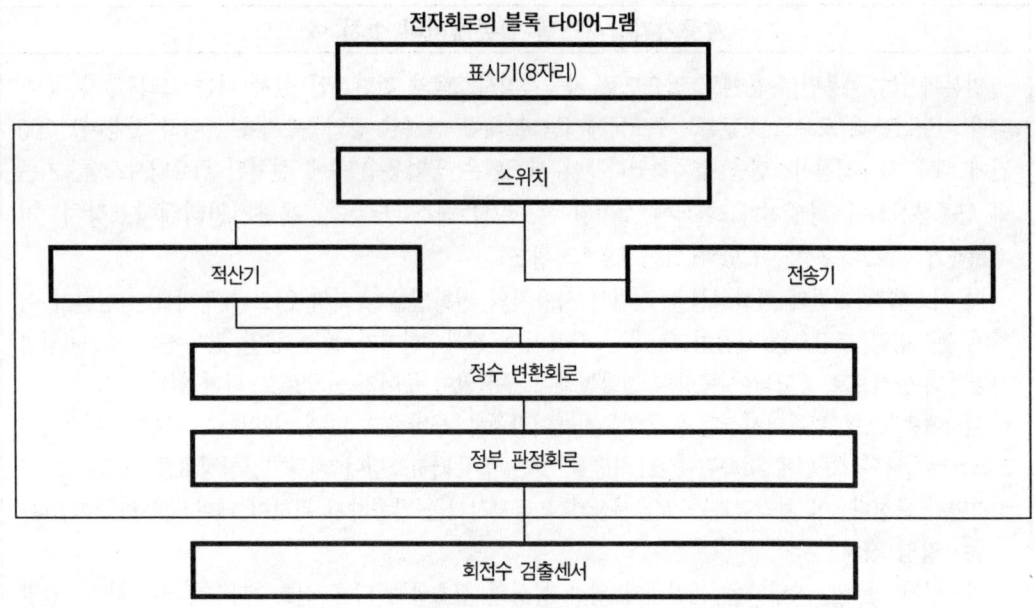

그림 13.16 전자(자동검침)계량기의 기능 구성

페이스장치가 계량기를 검침하여 표시치를 센터에 보낸다. 일반적으로는 1대의 계량기인터페이스장치가 수도, 가스, 전기계량기 또는 이 이외의 비공공시설의 계량치를 포함하여 4개 이상을 읽을 수 있다.

전용회선 또는 일반가입회선을 통해 대량의 계량기를 검침하는 자동검침시스템의 경우는 계량기인터페이스장치는 계량기와의 접속을 제어해야 하며 사전에 설정된 시간에 센터에 통화할 수 있다.

일본에서 최근 개시되었던 「뉴논-링잉 서비스(new non-ringing service)」에 따라 계량기인터페이스장치는 이미 NTT의 독점소유물이 아니고, 홈시큐러티기능도 제공할 수 있는 마이크로컴퓨터화단말을 포함한 보다 고도의 단말기개발에 박차를 가하고 있다.

4) 자동검침계량기

자동검침계량기는 전기적으로 계량된 값을 적산하고 적산치를 전송한다. 자동검침능력을 구비한 전자계량기의 구성을 그림 13.16에 나타내었다. 이 계량기는 임펠러 내에 매립된 자석의 회전속도를 감지하기 위한 센서와 임펠러의 회전속도를 감지하기 위한 전자회로로 구성되어 있다. 전자회로는 센서신호처리, 운전, 적산, 표시, 데이터송신 등의 기능을 구비하

계량기검침시스템 일본에서의 설치 예

일본에서는 비용면의 문제도 있으므로 자동검침시스템의 전면적인 설치 예는 그리 많지 않다. 다만, 1983년에 도쿄도(東京都) 수도국에서는 도내에 산재된 공업용수사용자(이하 사용자) 700건에 대해 자동검침시스템을 설치하였다. 이 시스템은 공업용수 쪽에 설치된 컴퓨터시스템, 기존의 공중통신회선, 중앙전화교환국에 설치된 논-링잉 테스트트렁크, 계량기인터페이스장치, 전자계량기 등으로 구성되어 있다(그림 13.17 참조).

이 시스템은 기존의 전화회선을 거쳐서 사용자의 전화벨을 울리지 않고 계량기를 검침하기 위하여 논-링잉 트렁크를 사용하고 있다. 사용자의 전화수화기가 통화 중인 경우에는 계량기검침기능이 자동적으로 중단되어 통상의 전화통화에 우선권이 주어지는 구조로 되어 있다.

센터에는 소형 컴퓨터시스템과 중앙통신제어장치를 구비하고 있다. 프린터, 키보드, 플로피디스크드라이브와 CPU에 접속된 CRT화면을 갖는 컴퓨터시스템이 계량기검침정보를 수집하고 처리하며 기록한다. 이 처리결과는 요금계산과 요금고지서를 발송하기 위하여 테이프로 만들어진다.

논-링잉 장치

논-링잉 장치는 가입자를 불러내기 위한 통상의 신호와는 다른 신호주파수를 사용하고, 단말제어장치를 불러내기 위하여 중앙전화국에 설치된 논-링잉 트렁크를 사용한다. 이 장치는 NTT에서 유료서비스의 형태로 제공된다.

수요가시설로 설치된 단말장치는 단말회선제어장치와 보호장치 및 전자계량기로 구성된다. 단말

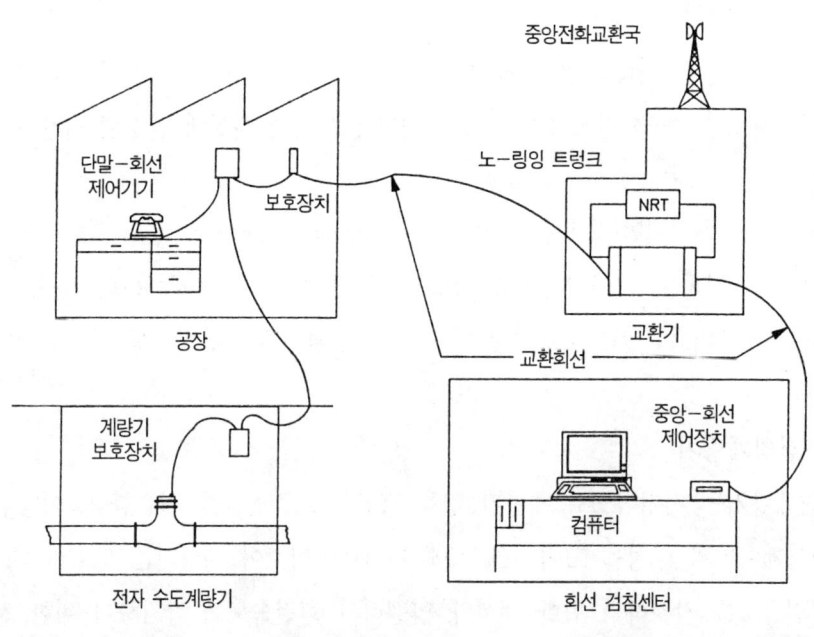

그림 13.17 일본에서 논-링잉 트렁크를 이용한 최대 자동검침시스템의 구성 예

> ### 계량기검침 시스템 일본에서의 설치 예(계속)
>
> 회선제어장치는 보호장치의 가까이에 설치되며 전화통화신호와 계량기검침신호를 구별함으로써 접속을 제어한다. 계량기를 검침할 때는 이 제어장치에서 계량기에 전압을 가함으로써 계량기를 불러내고, 계량기상의 표시치를 읽으며 이것을 센터로 전송한다. 계량기보호장치는 장치를 낙뢰서지나 무선방해전파로부터 격리시키는 기능을 갖는다. 전자계량기는 계량기에 기록된 사용량을 전기적으로 적산하고 적산된 값을 전송한다.
>
> 검침센터 내의 검침파일에 저장된 전화번호에 의해 센터통신제어장치가 논-링잉 트렁크를 호출하고 접속하며, 이 논-링잉 트렁크는 수요가 대지 내에 있는 단말통신제어장치를 호출한다.
>
> 이 시스템은 3가지의 조작모드를 갖고 있다. 즉 ① 사전에 설정된 시간에 정기검침, ② 공장이전에 대한 대비, 수요가의 요청을 처리, 사용량이 이상적으로 증가하였거나 감소한 것을 확인하기 위한 수시검침, ③ 사용량 개요를 만들거나 누수 또는 기타 비정상신호를 확인하기 위하여 계량기가 일정한 주어진 시간간격으로 자동적으로 설정된 횟수만을 검침하는 사용량조사(load surrey) 등이 있다.
>
> 이 시스템은 기존건물의 외관을 보존해야 할 필요성 때문에 단말회선제어장치와 전자계량기간에 케이블을 포설하는 것이 가장 어려운 작업이다. 기존의 전화회선을 사용하는 것은 전화가입자의 승인을 얻는 것이 필요하다. 그러나 전화가입자들은 이런 시스템에 익숙하지 못하고 또한 통신기밀을 보증하기 위한 조치를 취하는 것을 완전하게 파악하지 못하므로 승낙을 얻는데 상당한 시간이 걸린다.

고 있다. 원가를 절약하고 소비전력을 줄이기 위하여 대규모 집적회로를 사용한다. 또 대부분의경우 전원으로 고성능리튬전지를 사용한다.

자동검침시스템을 경제적인 것으로 하려면 이것을 사용하는 수요가가 상당히 많아야 한다. 이것은 법적인 규제완화와 전화가입자간의 협조를 얻어야 하는 새로운 과제이다.

13.4 수요가정보시스템(CIS)

CIS에 의해 관리되는 수요가에 관한 정보에는 다음 사항이 포함된다.
- 수요가명, 요금고지서의 주소, 수요가의 주소, 수요가 분류, 지불정보(예 : 은행구좌번호) 등의 기본적인 수요가 정보
- 급수관 구경, 요율분류, 특별요금 등의 요금정보
- 계량기정보(설치일, 식별번호, 구경, 최근의 검사일 등)와 특징(예 : 역류방지장치)

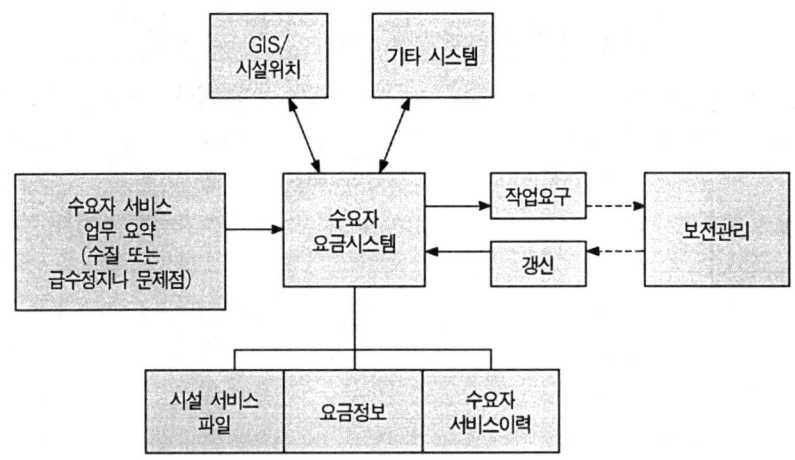

그림 13.18 수요자정보시스템을 중심으로 한 수요자요금시스템

- 사용량의 이력, 날짜에 의한 검침경과
- 처리경과, 납부상황, 미불금의 합계 등

또 CIS는 수리를 위한 방문의 기록, 불평이나 물음에 답하고 단수 등의 수요가서비스 이력도 포함할 수 있다.

13.4.1 수요가 요금시스템

수요가 요금시스템은 CIS의 핵심이다(그림 13.18). 이 시스템은 다음 3개의 기본적 기능을 지원한다.

- 모든 수요가정보의 업데이트와 저장. 신규 또는 변경된 요금이나 수요가정보, 계량기검침치, 납부상황, 그리고 담보보관료 등을 포함한 CIS의 다른 부분으로부터 처리관련정보는 데이터베이스에 기록된다(때로는 처리공정과 함께).
- 보고. 작성된 보고서에는 ① 미수요금, ② 수요가종별, 계량기의 크기, 지도의 구역 등의 사용량과 수입금, ③ 요금고지서발송 빈도분석, 그리고 ④ 여러 예외보고서 등이 포함된다. 보충적인 다른 보고서로는 계량기의 연식과 계량기번호를 포함한 계량기 재고와 현장설치상황을 유지한다. 이것은 계량기보수관리계획을 수립하는데 중요하며 수도사업체가 벌어들일 요금의 기초라고 정의할 수 있다.
- 수요가기록에 온라인액세스. 데이터는 수요가서비스단말을 이용할 수 있도록 포맷하고 만들어야 한다.

계량시스템과 고지서발송시스템은 수요가요금시스템에서 다소간 일상적인 정보를 제공하며, 수요가서비스시스템은 비정상적이거나 비계획적인 정보를 취급한다. 이것에는 처리서비스의 설정, 서비스의 중단, 또는 요금의 변경이 포함된다. 이 시스템은 중계(hook-up)배치나 허가기능을 포함할 수도 있다. 또 계량기의 검침치, 요금고지서, 검침일정, 그리고 유사한 종류 등에 대한 불평이나 문의 사항도 처리한다. 단수, 수압문제, 그리고 수질이나 서비스수준에 관련된 기타의 문의나 불평에 관한 전화도 처리할 수 있다. 이러한 대응처리의 대부분은 서비스를 위하여 수요가를 방문하게 된다. 작업순서서브시스템에 의한 다른 종류의 유지관리, 수리, 또는 현장조사를 위한 서비스순서를 작성하고 업데이트한다.

13.4.2 수요가정보시스템(CIS)의 특성

CIS는 수요가에 관한 여러 종류의 정보를 처리하고 있기 때문에 다음과 같이 특징지을 수 있다.

- **수도사업체 운영 등 다른 분야의 정보시스템과 비교하여 입출력데이터가 대용량인 것.** CIS는 모든 수요가의 계량기검침과 요금납부를 처리하며 요금고지서와 영수증을 발행하기 때문에 이 시스템의 정상적인 운영에는 방대한 분량의 입력데이터와 출력데이터가 포함된다.
- **유연성이 없는 처리일정계획.** 일반적으로는 계량기검침과 요금고지서발송의 작업계획은 고정되어 있고 요금납부의 최종기한이 설정되어 있다. 일정계획을 흩뜨리는 것은 많은 수요가에 대해 문제를 야기하는 동시에 수도사업체의 현금 유출입을 혼란시킨다. 따라서 시스템은 적절한 백업방식, 제어, 그리고 회복순서를 포함하여 높은 신뢰도를 구비해야 한다.
- **광역을 커버** : 대규모의 수도시설에서는 수요가가 지역이나 지구로 나뉘고 수요가 서비스기능이 지역사업소간에 분할되는 곳도 있다. 어떤 경우에는 다른 운영부서가 CIS에 액세스할 수 있고 CIS의 일부를 업데이트할 수 있다. 따라서 지역수요가 서비스부서나 다른 부서의 온라인 접속을 지원하는 것이 필요하다. 메시지의 교환과 원격입력작업에 더하여 CIS는 조회와 응답의 실시간 처리에 중점을 둔다.
- **온라인과 뱃치(batch)작업의 균형** : 온라인작업은 많은 수요가 서비스단말로부터의 조회를 처리하게 되지만, CIS는 방대한 분량의 계량기검침치와 납부데이터에 의해 요

도쿄도 수도국에서 CIS의 구성 예

그림 13.19는 도쿄도(東京都) 수도국의 많은 지소(支所)를 통해 관할 350만 건의 수요가에게 서비스를 제공하는 대형 CIS의 개략을 나타낸 것이다. 이 시스템에서는 중앙처리는 자기디스크드라이브, 라인프린터 등을 구비한 2대의 대형 컴퓨터에 의해 이루어진다(그림 13.20). 프린터, 광학식 문자리더 등을 구비한 수요가서비스 단말기가 비디오화면단말기의 주변에 구축되었다.

영업소 구내단말기에 의한 온라인 실시간처리로 수요가로부터의 조회에 응답하는데 사용된다. 수요가명과 주소, 계량기구경과 급수관경, 계량기번호와 설치장소, 검침일정, 요금계산, 조정, 요금고지서발행과 미불금 등의 데이터를 실시간으로 이용할 수 있다. 이 시스템은 키로 수요가 번호를 입력함으로써 검색과 디스플레이한다. 또 다른 방법으로 수요가명과 지구명을 키로 입력하더라도 검색과 디스플레이 할 수 있다.

수요가 계정정보는 모든 지소에서 검색할 수 있고 디스플레이 할 수 있으며 조회, 요청, 요금납부, 환불에 관해서도 수요가의 주소에 관계없이 모든 지소에서 접수하고 처리할 수 있다. 급수개시 또는 중단요청이나 기본계정정보의 변경에 관한 데이터는 영업소 내의 수요가서비스 단말기에서 출력된다. 이 데이터들은 수요가요금 데이터베이스의 뱃치업데이트를 위하여 수집된다. 지소의 현금 수납창구에서 고지요금을 납부하는 수요가에 대해서는 그 자리에서 인쇄된 영수증을 발행한다. 수요가 민원의 접수만은 실시간 기준으로 수요가정보파일에 기록해야 한다.

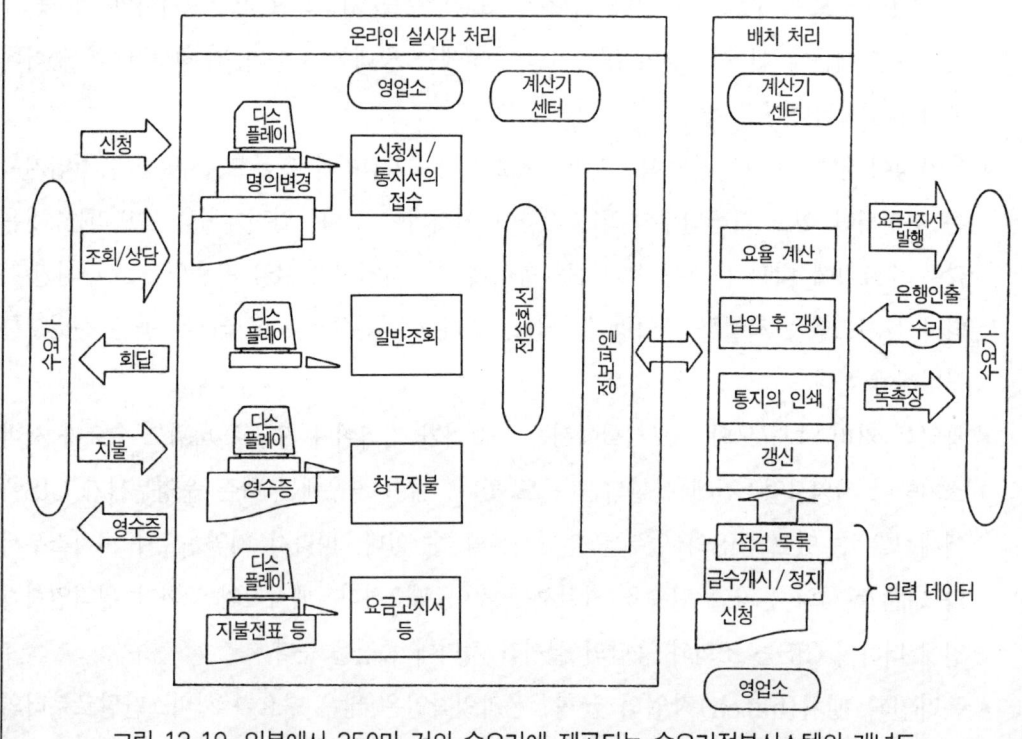

그림 13.19 일본에서 350만 건의 수요가에 제공되는 수요가정보시스템의 개념도

도쿄도 수도국에서 CIS의 구성 예(계속)

이중 중앙처리장치(CPU)구성과 여러 개의 단말기 설치와 함께 이 시스템에서는 무정전전원장치의 설치와 여유를 갖기 위하여 CPU와 영업소간에 2중으로 통신제어장치를 구비하였다. 언제라도 통신을 유지하기 위하여 각 영업소에는 최소 2개 회선이 확보되어 있다. 급수개시의 내용 또는 계정정보변경에 따른 수요가 계정파일의 업데이트, 검침치의 입력, 사용량 계산과 요금고지서발행, 보고서의 작성(예: 미불, 요금고지빈도분석, 수입관리)은 뱃치모드로 실행된다. 수요가의 가입이나 해약, 계정의 업데이트 또는 유사한 작업에 관해서는 단말기로부터의 직접 업데이트하는 경우보다도 뱃치처리가 우수한 마스터파일제어와 보전성을 갖는다.

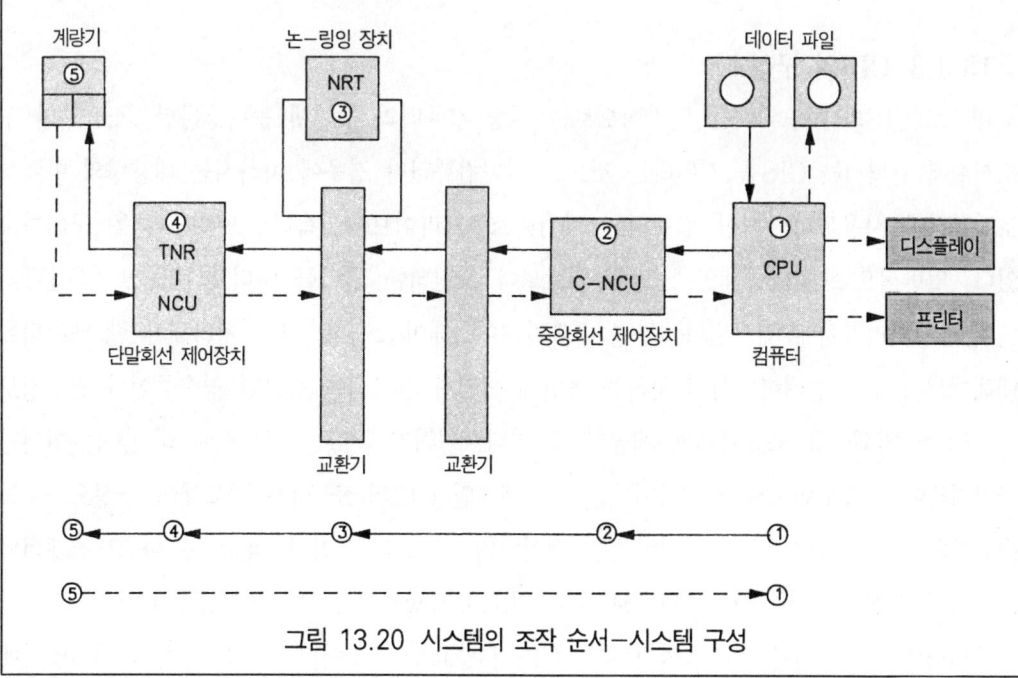

그림 13.20 시스템의 조작 순서-시스템 구성

금고지액의 계산, 요금고지서발행, 체납일람 등의 광범위한 뱃치(batch)처리기능을 실행해야 한다. 이러한 작업은 시스템에 대해 큰 부담이 된다. 따라서 온라인작업과 뱃치작업의 균형을 유지하는 것은 CIS의 필수요건이다.

근대적인 CIS는 대형 컴퓨터에 접속된 단말기에 의해 검침이나 요금고지에 관한 서비스 조회(고액청구의 불평)와 신규요금 및 최종검침과 같은 특수변경을 동시에 처리할 수 있다. 또 완전한 수요가 기록에도 긴급하게 액세스할 수 있다. 수요가정보는 수요가 기록 중의 여러 분야를 사용하여 액세스할 수 있다. 수요가 서비스담당자는 수요가 계량기, 지수밸브의 위치, 급수관 등에 관한 정보를 꺼낼 수 있다. 수요가 데이터의 입력, 요금고지액의 계산, 영수증의 발행, 조정과 결제, 그리고 이와 유사한 정보에 대해서는 온라인실시간 처리로 사용된다. 관련되는 수요가정보 모두에 포함되는 작업순서는 자동적으로 산출할 수 있다. 긴급을 요하지 않는 현장작업은 최적인 일상작업으로 일정을 계획할 수 있다. 일정계획작성과 제어를 위하여 현장서비스의 생산성과 성능측정결과를 감시하고 사용할 수 있다. 대규모 수도사업체의 CIS는 현장이나 지구사업소에 설치된 단말기를 통해 수백만의 수요가를 취급하고 있다.

13.4.3 CIS의 구성요소

대규모 CIS의 하드웨어는 일반적으로는 대형 컴퓨터의 주변에 둔다. 다만, 소규모의 수도시설에 관해서는 CIS를 지원하는 것으로 미니컴퓨터나 경우에 따라서는 대용량의 마이크로컴퓨터가 사용된다. 대형 컴퓨터는 자기디스크드라이브, 고속라인프린터 등을 구비하고 있다. 일반적으로는 다중배열에 의해 키보드나 프린터를 구비한 비디오화면단말기(VDTs)들이 중앙처리장치에 접속된다. 한편 수요가데이터베이스가 몇 가지 처리해야 할 데이터에 대해 실시간으로 업데이트하지 못하는 동안에 이러한 단말기는 필요한 영수증이나 변경정보를 포함한 인쇄물을 수요가에게 제공할 수 있다. 원격지에 있는 사무소에 대해서는 이러한 단말기들이 고속모뎀으로 접속되어 있다. 근대적인 CIS의 또 다른 하드웨어 구성요소로는 수요가의 요금고지에 관한 사전인쇄용 데이터의 광학식카드리더(OCR)나 바코드스캐너와 HDET를 위한 데이터 업로드/다운로드(up-load/down-load)장치가 포함된다.

데이터의 기밀보전과 시스템의 보호는 CIS의 중요한 요소이다. 기밀보전은 데이터입력에 대한 액세스제한에 따라 처리되며 데이터에 대하여 여과하고 포획한다(trap)(예:한계를 벗어난 것 또는 잘못된 형식). 시스템보호기능에는 무정전전원장치(UPS), 병렬장치, 정상데이터백업과 이력데이터의 안전저장이 포함된다.

13.5 신규기술과 장애사항

거의 1세기에 걸쳐서 기계식 계량기와 검침방법에는 두드러진 변천을 보이지 않았으나, 최근 10년 사이에 검침방식과 이러한 방식을 적응시키기 위하여 필요한 계량기 자체의 변화도 빠른 속도로 바뀌고 있다. 보다 정확한 쪽으로 특히 미소유량도 측정하는 방향으로 가고 있다. 동시에 새로운 계측시스템, 컴퓨터구성과 용량에서의 진보, 그리고 새롭고 통합된 애플리케이션에 대한 필요성이 CISs에 영향을 미치고 있다.

13.5.1 계량기

계량기는 특히 미소유량에서도 광범위한 측정범위를 보다 정확하게 측정하기 위하여 더욱 작은 쳄버(small chamber)를 사용하는 방향으로 갈 것이다. 세라믹, 고강도플라스틱, 탄소파이버, 그리고 합성물과 같은 신소재들이 보다 경제적인 재질이기 때문에 이러한 재질들이 계량기 외갑의 제조용 소재로서 청동(bronze)을 대체하게 될 것이다.

장래에는 계량기 기록부(register)는 도수감지와 같은 부가적인 특성을 구비한 전자회로 소자를 사용하는 것이 증가할 것이다. 아직 광범위하게는 채용되지 않지만 현재 기어가 전혀 없는 전전자계량기(그림 3.21)가 생산되고 있다. 1차 자석의 회전속도를 감지함으로써 이 계량기 내의 기록부가 디스크, 피스톤 또는 임펠러의 움직임(nutation)이나 회전속도를 전기적인 숫자로 계수하여 사용량을 결정하도록 적산한다. 이 방법은 마찰을 대폭적으로 삭감시켰으며 임펠러계량기에서 특히 중요하다. 기록부는 액정화면을 채택하고 있다. 장래의

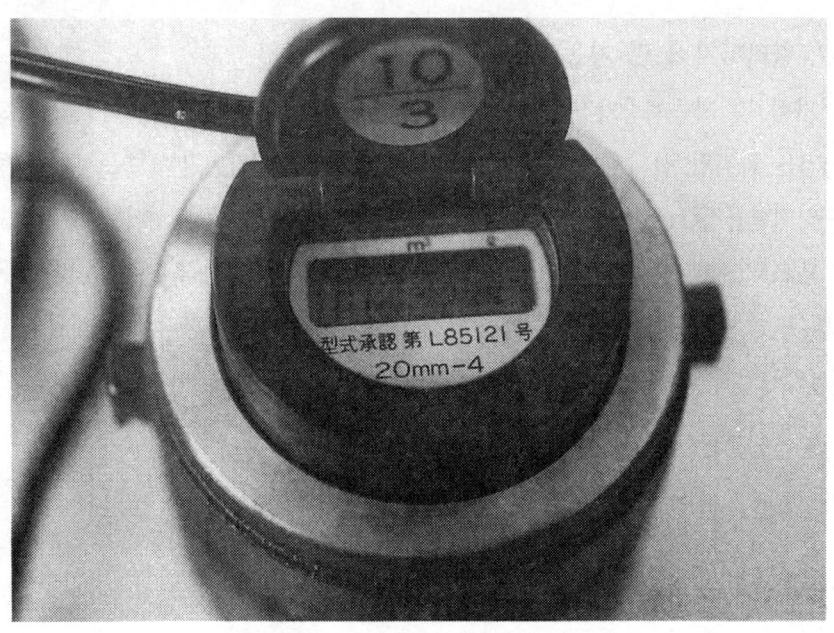

그림 13.21 전전자기록식 수도계량기

계량기를 전망하면 마이크로프로세서에서 보상프로그래밍을 사용하여 전유량의 범위에 대해 완전히 평평한 정밀도곡선을 만들 것이다. 또 시간요금용으로 내부시계를 구비하고 영구전지에 의해 작동될 것이다. 최종적으로 전자회로소자는 전지가 필요 없게 되고 1차 자석의 회전력이나 전력용의 소형 열전대에 의존하게 될 것이다.

전자계량기의 원가, 성능, 그리고 신뢰성이 안정화됨에 따라 제작사는 제품의 차별화와 시장점유율 획득에 착수하게 될 것이다. 계량기는 누수나 역류의 감지와 같은 보다 우수한 감지능력을 갖게 될 것이다. 간단한 변환기를 사용함으로써 급수관이나 근처 배수관의 누수를 감지하고 보고하거나 급수압을 통보할 수 있는 계량기도 가능하게 될 것이다. 또 원격급수차단기능을 계량기에 적용할 수도 있게 될 것이다. 사업체나 메이커가 다양한 구동전원옵션을 갖는 것이 편리하기 때문에 계량기나 계량기인터페이스장치는 보다 많은 메모리에 의한 애플리케이션을 구비하게 되고 메모리용량도 증가하게 될 것이다. 이것은 사용시간(time-of-use)에 의한 계측이나 정상적인 사용감시 또는 사용량조사(load study)를 보다 간단히 할 수 있게 될 것이다. 이러한 보충적인 특성은 수도사업체가 수요가에게 제공하는 서비스의 수준을 향상시키는 동시에 보다 많은 조작항목을 부가함으로써 계량기의 상대적인 원가를 낮추게 될 것이다.

13.5.2 원격전자식 및 자동 계량기검침장치

원격 전자식 및 자동계량기검침(EMR 및 AMR)에 대해서는 받아들이고 사용하는 속도는 완만하기는 하지만 전세계에서 큰 관심과 주의를 끌고 있다. 일부 수도사업체 중에는 기본적인 수익전환공정(revenue-generation)인 계량기검침업무의 제어를 포기하고 완전자동화 시스템으로 이행시키는 것을 망설이고 있는 곳도 있다. 원격 전자식 및 자동 계량기검침시스템은 생산성을 향상시키는 동시에 수도사업체와 수요가간의 인간개입(인터페이스)의 양을 삭감시키게 될 것이다. 최종적으로 수도사업체 관리자는 이러한 시스템을 사용하여 수요가에 대한 서비스수준을 향상시키는 방법을 찾게 될 것이다. 현재 몇 개 수도사업체가 이러한 방식을 채용하였고 안정적이고 성공적으로 운전된다는 보고도 나오기 시작하게 될 지금부터 3~5년 안에 이러한 방식의 수용이 급속히 증가하게 될 것이다. 현재 제작자는 제품에서 많은 결함들을 제거하였다. 또 일부 전화회사 중에서도 유료서비스로 자동계량기검침지원을 제공하는 곳도 있다.

자동계량기검침의 대대적인 사용과 실제적인 애플리케이션을 방해하는 요소로는 기술면과 관리면의 어려움과 표준화가 이루어지지 않는 것을 들 수 있다. 또 원가도 여전히 자동계량기검침시스템의 실제적인 사용에서 최대의 장해물이 되고 있다. 신규계량기, 계량기인터페이스장치, 중앙처리장치, 영업소의 단말장치 등의 원가는 설치할 때의 노임, 프로젝트관리, 운영 및 유지보수와 기타 비용을 고려하면 인력검침과 요금고지서발송의 원가에 비교하여 높다. 앞으로는 전체적인 시스템비용을 낮추고 상승작용과 규모의 경제를 촉진시키는 부가가치를 높이는데 중점이 두어질 것이다. 일반적으로는 자동계량기검침방식은 각 수요가 대지 내에 계량기인터페이스장치를 구비하고 있다. 따라서 계량기인터페이스장치의 가격을 낮추는 것이 전체적인 시스템 원가를 낮추는데 결정적이다. 계량기인터페이스장치 회로소자의 계속적인 통합화가 도움이 될 것이다. 특히 NTT의 독점이 풀린 일본에서는 격화된 경쟁체제가 원가를 낮추는데 기여하게 될 것이다.

수도사업자가 자동계량기검침시스템을 안심하고 이용하도록 기술적 어려움을 극복하는 것이 결과적으로 필요한 성능을 높이는 것으로 이어진다. 전화회선에 관해서는 무선주파수에 의한 혼신과 기타 잡음에 관한 문제가 포함된다. 잡음문제는 무선방식에서도 또한 고민거리이다. 최근에는 이러한 문제의 많은 것을 해결하기 위한 하드웨어와 소프트웨어가 조합되어 제작자의 설계가 개량되고 있다.

관리면의 어려움도 또한 실용적인 보급을 제약하고 있다. 수도사업자가 자동계량기검침을 사용하는 경우에는 계량기의 설치장소를 빈번하게 방문하지 않도록 하기 위하여 수요가가 사용한 수량 전부를 파악하고 정확하게 계량기를 검침하고 있다는 것을 확인하기 위하여 제어장치를 두어야 한다. 전화에 의한 자동계량기검침방식의 관리에서 주요한 부분은 전화번호 관리이다. 수요가의 성질(예 : 대학도시의 경우에는 변경률이 지극히 높음)에 따라 다르지만 미국 도시에서는 적어도 10%, 많은 경우에는 35%의 전화번호가 매년 바뀐다. 전화번호의 상당부분은 전화번호부에 기재되지 않으며 전화회사에서는 일반적으로 이러한 번호는 수도사업체에 제공해 주지 않는다. 그러나 수도사업자가 수요가의 전화번호를 추적할 수 있도록 전화회사가 전화번호관리서비스를 제공할 수도 있다.

표준화되지 않은 것이 자동계량기검침방식의 보급에 큰 방해로 되고 있다. 각 수도사업체는 기술변천으로 시대에 뒤떨어졌을 지도 모르는 장치에 전적으로 의지하거나 또는 상당한 자금투입에 대하여 불안감을 안고 있다. 기준설정 과정은 대단히 완만하지만 수도업계에서는 전력업계와 가스업계의 협력으로 자동계량기검침이나 에너지관리, 유통의 자동화 시스템에 관련되는 표준개발에 노력하는 것이 필요하다.

표준화에서 업계의 협력으로 상기 이외의 이익으로서는 수요가의 대지 내에 계량기 전부를 검침할 수 있는 단일 방식의 개발이다. 이미 많은 계량기인터페이스장치들은 4개의 계량기를 검침할 수 있도록 구성되어 있다. 업계의 울타리가 제거되면 규모의 경제에 따라 엄청난 이익이 만들어 질 것이다. 이것은 나아가서는 보다 신속한 개발을 촉진하게 될 것이다.

기술적인 부가가치를 증가시키는 자동계량기검침시스템의 기능이 증대되면 이 시스템에 대한 수도사업자의 접근방법에도 영향을 미칠 것이다. 마이크로프로세서 이용을 증가시키는 것은 단순한 계량기검침이라는 테두리를 넘어서 보다 많은 특성과 기능을 실현하게 된다. 자동계량기검침시스템은 검침센터와 관계되므로 이 시스템은 홈시큐러티(home security)나 의학적 모니터링 등의 애플리케이션을 포함한 홈오토메이션(home automation)의 체인에 하나의 고리 역할을 담당할 수 있게 될 것이다. 시스템에 대해 보다 많은 부가가치를 생산하는 애플리케이션은 보다 많은 분야에 영향을 미치기 때문에 상대적 원가를 줄이는데 기여하게 된다. 부가가치의 강화가 이러한 시스템의 절대적인 원가절감에 우선하게 될 것이다. 노후화된 계량기가 자동계량기검침방식의 전자계량기로 교체되고, 자동계량기검침시스템의 원가가 기존의 수작업검침의 조작원가에 비교하여 낮아지는 것에 따라 수도산업 전체에 걸쳐 전자계량기(encoded register meter)와 원격전자식계량기검침이나 자동계량기검침시스템에 의한 검침이 앞으로 널리 보급될 것이라고 생각된다.

13.5.3 수요가정보시스템(CIS)

컴퓨터시스템으로서 수요가정보시스템(CIS)은 거의 완성 경지에 들어가고 있다. 기술적인 면에서는 앞으로 획기적인 발명이 나올 것이라고는 생각되지 않는다. 그러나 지금부터는 단말에서의 처리능력을 증가시키는 것에 연구 중점이 두어지게 될 것이다.

CISs를 지원하는 하드웨어에 대해서는 컴퓨터의 능력증대와 가격인하에 의해 대규모 수도사업체는 보다 대형이고 강력한 메인프레임컴퓨터를 운영할 수 있으며 이에 따라 애플리케이션의 확대도 쉬워지고 있다. 한편 소규모 수도사업체는 현재 미니컴퓨터를 동등한 용량을 갖는 보다 값싼 마이크로컴퓨터로 대체시키고 있다. 한편 강력한 워크스테이션을 널리 이용할 수 있으므로 CIS를 분산형 처리시스템으로 재구축할 수 있다. 대규모인 최신의 CIS애플리케이션의 토털시스템설계 특성의 많은 것이 앞으로는 근거리통신망(LANs)이나 메트로폴리탄에리아네트워크(MANs)에 의해 접속된 PCs상에서 실시하게 되고, CIS를 지원하는 메인프레임의 필요성은 감소하게 될 것이다.

수요가요금데이터베이스에 관해서는 수요가기록의 규모는 앞으로도 계속 증가할 것이다. 장기적이고 보다 복잡한 사용량 이력, 요금고지조정 및 장애자나 노약자에 대한 표시와 같은 새로운 정보의 요구를 채우기 위하여 새로운 분야를 추가하고 있다. 이에 따라 서비스 수준이 높아질 것이다. 또 법적인 요건도 수요가요금데이터에 새로운 수요를 부과하는 방향으로 가고 있다. 예를 들면, 수요가의 대지 내에 있는 급수관의 설치연도와 재질이나 사용량에 관한 정확한 기록이 요구될 수도 있다. 또 배수시설의 기능 중에 사용량 데이터와 기타 수요가데이터를 결합시키기 위하여 보다 많은 지리정보(예: 수요가 대지 내의 지도)가 수요가 기록에 추가될 것이다.

새로운 방법으로 수요가데이터를 조작하거나 보고할 수 있도록 새로운 데이터의 애플리케이션도 필요하다. 예를 들면, 지역의 물 수급을 정당화하기 위하여 수요예측과 무수수량 계산요구가 높아질 것이다.

수요가는 자기들에게 제공되는 서비스에 대해 더 많은 것을 요망하는 경향이다. 수도사업체로는 사용수량에 대한 요금고지나 서비스의 기타 측면에 관한 수요가로부터의 질문에 대답할 수 있도록 보다 많은 정보를 가지고 있어야 한다.

또 절수도 점점 중요해지고 있다. 이것이 수요가의 정보를 보다 빈번하고 정확하게 읽고 요금고지서를 작성하거나 수요가의 사용량에 대해 정보를 제공한다는 새로운 요구를 CIS에 부과하는 경우도 있다. 요금체계는 더욱 더 절수중심형으로 되기 때문에 금후에는 계량기검침과 데이터관리에 많은 새로운 업무가 추가될 것이다. 절수방법으로서 임대아파트나 분양아파트의 개별계측을 주장하고 있다. 이 방법은 사용수량에 비하여 급수건수를 증가시키게 될 것이다.

상기에서 중요한 것은 많은 수도사업체에 대해 고도의 데이터베이스관리소프트웨어와 보고서작성소프트웨어를 사용하는 CIS가 수도사업체관리의 토대가 되는 통합정보시스템의 중심적 존재로 되도록 개발되는 것을 기대할 수 있다.

13.6 이익과 비용 및 기타 검토사항

계측시스템과 CIS의 진보에는 실체적인 이익과 비용(예를 들면, 노력, 차량 등의 비용절약이나 새로운 하드웨어, 소프트웨어의 비용추가)이 동반된다. 이러한 시스템은 최종적으로는 수요가에게 관계되기 때문에 수요가서비스와 안전성 등에 관련되는 무형의 이익과 비용도 포함된다. 이러한 이익은 일반적으로는 금액으로 환산할 수 없으며 계량화할 수 없는 경우가 많은 성질의 것이긴 하지만, 이러한 이익은 중요하다. 이와 같은 정보 모두는 수도사업체의 관리자가 이러한 분야에서의 투자를 결정할 때에 필요한 정보이다.

13.6.1 원격검침시스템

시스템이 더욱 더 고도화됨에 따라 계측기술의 편익비용도 떨어진다. 수요가가 부재인 경우나 검침원이 계량기에 접근하기 곤란한 장소에 있는 경우에도 원격계량기에 의해 수요가 대지 내의 계량기를 검침할 수 있다. 원격계량기로 검침함으로써 추정요금고지, 전화로 사용량을 확인하는 것, 취소와 요금고지서의 재작성, 추정요금고지로 부수되는 기타 귀찮은 작업 등이 줄어든다. 또 원격계량기에 의해 수도사업자는 최적인 시간에 보다 정확하게 요금고지서를 발행할 수 있으며 카드나 전화로 수요가의 계량기검침을 처리하는 수요가 쪽과 수도사업자 쪽 쌍방의 부자유스러움을 경감시키는 데에도 기여한다. 수요가는 검침원의 방문을 기다리거나 검침원을 집안으로 들어오게 할 필요가 없어진다. 이것은 수요가의 안전성으로도 이어진다. 또 추정요금고지서가 감소됨에 따라 불량채무나 체불이 줄어드는 것으로도 이어질 수 있다.

부호화 기록계량기가 발전원격기록계량기보다도 적극적으로 검침에 제공되는 경향이다. 검침원이 정기적으로 수요가의 댁내에 들어가서 계량기를 검침한다는 것이 일반적인 검침방법이지만 부호화 기록원격계량기를 사용함으로써 검침빈도를 줄일 수 있다.

휴대식 데이터입력단말(HDET)이나 부호화 기록원격계량기를 사용하는 원격 전자식계량기검침은 육안관찰이나 기록식 원격계측시스템에 비하여 보다 큰 이점으로는 수집된 데이터를 수작업으로 베껴 쓸 필요가 없다는 점이다. 이 이점은 노동력을 대폭 삭감시키는 동시에 잠재적인 실수도 배제시킨다. 검침과 요금고지서 발행 간의 기간을 단축시키게 된다. 이와 같이 전자식검침은 검침의 생산성을 비약적으로 향상시킬 수 있다.

13.6.2 자동계량기검침(AMR)

원격 전자식계량기검침의 이익에 추가하여 검침원이 수요가 대지 주변을 순회(예를 들면, 무선에 의한 자동계량기검침시스템을 장착한 자동차 내에서)하면서 검침이 수반되는 OMR(off-site meter reading)시스템에 의해 검침의 생산성을 더욱 높일 수 있다.

자동계량기검침시스템은 최고수준의 계량기검침을 실현할 수 있는 동시에 계량기검침공정에 대해, 다양한 성능특성과 서비스를 부가할 수 있다. 이것에는 즉석에서 최종요금고지서를 제공하는 것과 문의사항의 응답이 포함된다. 사용량정보를 제공하고 수요가의 안전성을 위협하는 요소를 배제시키며 도수나 부정행위를 방지할 수도 있다. 이 시스템은 수도사업체로부터의 요망에 따라 검침치를 수집하는 것으로, 보다 효율적인 관리나 제어정보를 제공하며 무수수량이나 누수추적에 유용한 동시에 배수시설의 설계를 지원하기 위한 보다 유용한 데이터를 제공한다. 또 상세한 사용량데이터를 수요가에게 직접 제공할 수 있기 때문에 수요가 자신이 합리적으로 절수할 수 있다. 자동계량기검침시스템은 보다 빈번한 요금고지서 발행을 쉽게 할 수 있다. 이 시스템은 절수중심형이고 사용시간요금제를 지원한다. 또 요금체계에 대한 효과적인 데이터를 제공한다.

다른 한편 원격 전자식계량기검침시스템과 자동계량기검침시스템에는 비용이 들어갈 가능성이 있다. 많은 수요가는 「개인사생활의 침해」와 수도사업체직원의 실직가능성을 걱정하는 것이다. 수도사업체는 이러한 문제에 대해 민감하게 대처해야 한다. 일단 자동계량기검침을 실시한 다음에는 수도사업체가 이 시스템을 포기하는 것은 거의 불가능하다. 이것이 자동계량기검침시스템의 호환성이나 노후화의 위험성에 관해 걱정하게 되는 것이다.

13.6.3 수요가정보시스템

최신의 CISs는 주로 수요가서비스와 수요가요금 담당직원의 효율을 높이는 것으로 직원과 기타 운영비용을 절약할 수 있다. CISs는 조작하기 쉬워서 보다 많은 데이터를 제공할 수 있다(예 : 구획, 소화전의 세척, 배수관 청소프로그램과 특수프로그램). 단기적인 첨두수요와 장기적인 추정사용량을 보다 정확하게 예측할 수 있다. 이것은 수도사업체가 현금유통계획을 세우고 최소원가로 적절한 규모의 시설을 계획하기도 하는데 유용한 동시에 수요가에 대해 어떠한 서비스를 제공하면 좋은가에 관한 정보도 제공할 수 있다. 최신의 통합화된

CISs에서 얻어지는 기타 이익에는 다음과 같은 것이 있다.
- 수요가서비스의 향상 : 긴급시나 정상운전시에 수요가의 문의나 문제 또는 필요에 대해 보다 신속하고도 충분하게 응답할 수 있는 능력
- 요금이나 예산 또는 수운용에 대한 효과적인 지원제공
- 운전과 관리보고서 작성
- 수작업에 의한 처리나 데이터를 옮겨 쓰는데 따른 과오를 줄임.
- 수작업에 의한 서류 처리나 보관업무를 줄임.
- 배수시설에서 빈발하는 문제나 경향을 확인하거나 분석하기 위한 추적시스템 제공
- 수요가서비스의 쇄신과 시스템사용자에 의한 새로운 애플리케이션을 쉽게 함.
- 수도사업체가 법적 요구사항에 보다 잘 대응할 수 있도록 함.

보다 세련된 수요가요금시스템이나 수요가급수시스템에는 보다 대규모 하드웨어의 구성, 훈련의 강화, 그리고 소프트웨어의 정기적인 업그레이드가 필요하다.

13.6.4 CIS와 다른 시스템과의 인터페이스

수도사업체 내에서 CIS와 다른 애플리케이션과의 주요 인터페이스는 다음과 같은 것이 있다.
- 지리정보시스템 : 수요가의 위치정보와 수도시설의 위치정보를 같이 좌표에 나타낸다. 지리정보시스템은 상호간에 지리적으로 관련짓기 위한 주소가 필요하다(예 : 거리와 방위별).
- 유지관리시스템 : 수요가서비스시스템의 문의나 작업순서, 관련되는 요금정보와 이력이 이 시스템에 입력된다.
- SCADA시스템 : 무수수량을 추적하고 배수량에 대한 수요량을 비교한다(예 : 지구별 배수량이 할당된다).
- 세금과 하수도요금시스템, 복합공공사업체나 다기능을 갖는 기관, 공공사업부서의 경우

13.6.5 CIS의 개발지침

CIS는 대규모이고 기능도 다양하기 때문에 개발참여자는 개발이 진행되고 구체적인 형태를 취하게 되는 것에 따라 의견 차이가 생긴다는 점을 인식해야 한다. 이와 같은 이해가 없

는 경우에는 개발의 방향이 변경될 수 있고 시스템의 기본적인 구성이 비뚤어질 수 있으며 개발일정을 지연시킬 수 있는 것과 같은 변경이 요구되는 결과가 생길 수 있다. 또 자신의 필요성이 무시되었다고 느끼는 개인에게서 시스템에 대한 비판도 일어나게 될지도 모른다. 이와 같은 문제 발생을 줄이기 위해서는 계획되고 있는 시스템 기능이나 목표를 충분하게 검토하고, 이들을 될 수 있는 한 명확하게 정의하며 조직 내의 의견을 일치시키는 것이 중요하다.

시스템설계는 문제 방지와 상정할 수 있는 온갖 문제에 대처하기 위한 대책에 중점을 두어야 한다. 시스템이 고장 나는 경우에 수요가가 직접 피해를 받는다. 요금고지서발행과 징수업무에 혼란이 생기는 경우에는 다음에 정정하는 것이 대단히 어렵기 때문이다. 하드웨어 고장이나 소프트웨어 문제는 자주 일어나지는 않지만, 이러한 문제를 피할 수 없다고 상상되는 경우에는 이러한 문제의 처리대책이나 또는 이러한 문제의 복구대책을 사전에 고려해 둬야 한다.

수집된 CIS데이터는 수도시설관리에서 필수적인 것이므로 이러한 정보는 틀림없이 보존해야 함과 동시에 데이터 보호와 기밀보전에 충분히 주의해야 한다.

컴퓨터에 서투른 직원에 의해 CIS가 조작되는 경우가 많기 때문에 조작지침과 기타 기초적 지원방법을 시스템 소프트웨어에 구비해 둬야 한다. 적절한 훈련이 필요하다. 따라서 이에 대응할 수 있도록 하기 위하여 시스템소프트웨어에 데이터사용 월권방지와 여과장치를 조합해 두어야 한다.

일반적으로는 CIS 컴퓨터시스템은 당초에는 컴퓨터화가 계획되지 않았던 업무를 장래 지원하게 될 것으로 예상된다. 그러나 이들 모든 보충적인 요건들을 모두 충족시키는 것은 어렵지만 이러한 요건 중의 몇 가지는 컴퓨터화함으로써 보다 효율적으로 될 것이다. 또 컴퓨터시스템에는 불규칙적인 작업부하와 소프트웨어 개발 등을 위한 별도의 용량을 가지고 있어야 한다. 이와 같은 추가적인 업무를 구사하고 특수보고서를 처리하는 등의 능력은 보다 경제적으로 우수한 시스템 조작을 실현할 수 있다.

13.7 조사연구의 필요성

완전 전자화된 「스마트」한 계량기 개발이 더욱 절실하다. 이러한 계량기는 계량기 내의 물의 움직임(작용)을 전자적으로 감지하거나 디스크, 피스톤 또는 임펠러 등에 부착된 1차 자석의 회전속도를 감지하도록 조합되며, 기어가 없이 사용수량의 합계를 낼 수 있을 것이다. 2개의 레인지를 계측하는 경우에 마이크로프로세서가 고유의 정확도 특성을 보상할 수 있을 것이며, 이는 계량기메이커의 절약으로 이어지게 것이다. 마이크로프로세서는 벤치테스트나 재교정을 자동화할 수 있는 교정과정을 포함할 수 있다. 계량기에는 보다 많은 감지기능을 간단히 조합시킬 수 있다(예 : 전자누수감지나 도수감지).

값비싼 계량기이음쇠나 커플링을 필요로 하지 않고 설치할 수 있는 가정용배관을 위한 부속품이 적은 인라인계량기를 개발해야 하며 밸브도 개발해야 한다. 이러한 계량기는 임대아파트와 분양아파트에서 가구별 계측을 쉽게 하고 관개용수를 계측하는 등 전체적으로 절수에 유용할 것이다.

수도, 가스, 전기계량기와 인터페이스하고 통일된 통신구조에 의해 수요가의 대지 내에서 계측되고 제어(에너지관리나 공급 중단 등)될 수 있는 사업체의 통신버스(bus)개발이 필요하다. 미국에서는 전력조사연구원과 가스조사연구원의 후원으로 이 부문의 개발을 진행시키고 있으며, 수도산업의 보다 활발한 참가가 절실하다.

전화가입회선확인유지관리(telephone subscriber line identification maintenance)를 개선해야 한다. 전화에 의한 자동계량기검침시스템에서는 수요가 개개의 전화번호를 업데이트하거나 또는 수도사업체가 수요가의 계량기와 전화번호변경에 확실하게 액세스할 수 있는 무슨 방법을 취할 수 있어야 한다.

계량기, 계량기인터페이스장치, 자동계량기검침시스템을 위한 통신과 조작용 하드웨어와 소프트웨어간에 작은 비용의 호환성을 실현하기 위한 표준화작업을 계속해야 한다. 동시에 수도, 가스, 전력사업체의 통신시스템에 대한 부가가치통신망(value-added network : VAN)의 연구도 수행되어야 한다. 이것은 이러한 시스템의 응용범위를 확대시키면서 시설을 공유함으로써 원가를 줄이며, 이에 따라 이러한 시스템의 실시를 촉진시킨다.

또 수도요금자동납부제(automatic funds transfer for paying water bill)의 이용을 늘리기 위한 조사연구도 필요하다. 일본에서 채용되고 있는 자동납부방식 실시는 미국에서는 현금유통에 큰 이점을 가져오는 동시에 수요가에게도 편리한 방법이다. 수도사업체 운영이나 수요가 서비스를 지원하기 위하여 CISs에 포함된 데이터와 지리정보시스템과의 통합에 관해서도 검토해야 한다. 끝으로 소형 컴퓨터 주변에 배수운용 온라인시스템을 구축하는 것이 소규모 수도사업체가 보다 높은 수준으로 서비스하기 위한 개발로서 필요하다.

참고 문헌

Tanaka, K. & Nakata, N. 1990. EBARA Water Metering System. *EBARA Engrg. Rev.*, No. 140.

제14장 지리정보시스템(GIS)

집필자 : Alan W. Manning
Yuuji Sekine(關根 勇二)
부집필자 : Yoshimichi Funai(船井 洋文)
David P. DiSera
Vicki Bruesehoff
Larry Jentgen

  민영수도사업체나 공공수도사업체의 컴퓨터애플리케이션 중에서 성장이 현저한 것 중의 하나가 컴퓨터에 의한 지도에 적용한 시설데이터에 관련된 지리정보이다. 이러한 시스템은 자동지도작성/설비관리/지리정보시스템(automated mapping/facility management/ geographic information systems : AM/FM/GIS, (역자 주) 이하 지리정보시스템 또는 GIS로 약함)이라고 한다. GIS는 중요한 특성을 갖고 있거나 분석에서 중요한 지리적인 위치에 대한 특색(feature)과 현상(occurrence)에 대한 정보를 수집하고 저장하며 조작하고 분석하기 위하여 디자인된 것이다. 이 시스템 응용이 중심점(focus)에서는 복잡하지만, 관계(relationship)에 대해서는 대단히 간단명료하다.

  GIS의 응용으로서 기반시설(infrastructure)의 설명, 천연자원의 분배와 이용, 소유권, 제규칙과 위반, 그리고 사회경제적 정보인 건강, 고용, 주택과 투표의 관습 등에 초점을 맞추는 경우가 있다. 이들 애플리케이션 개발은 데이터입력시간과 소프트웨어 개발비용으로 제한된다. 지형 특히, 입지는 많은 수도사업체의 위치와 그 사업체의 수행업무 등을 표시하는 기본이다. 조직의 각 부서에는 각각 필요성에 따른 고유정보를 가지고 있다. 이러한 정보가 다른 조직이 필요로 하는 정보와 공통으로 관련되는 경우가 많다. 그 결과 데이터의 필요성과 비용의 관점에서 공통데이터 공유에 대한 중요성이 인식되고 있다. GIS에 사용되는 데이터에는 자동형식도 있지만 수작업형식도 이용할 수 있다. 이러한 데이터에는 지도, 항공사진, 위성영상 등이 있지만 표형식의 보고서와 문서형식의 보고서도 포함된다. 계획과 자금조달 및 실행이라는 분야의 의사결정을 위하여 데이터를 제공할 수 있도록 지리정보의 관리를 향상시키기 위하여 많은 새로운 기술이 응용되고 있다.

GIS에서 지리정보는 점과 선 및 면적으로 컴퓨터화된 지도상에 표시된다. 다만 컴퓨터를 효율적으로 실행시키기 위하여 이러한 요소는 통상적인 지도편성과는 다른 형태로 편성된다. 지도데이터는 비즈니스애플리케이션용으로 개발된 정보시스템 중에서 사용되는 잘 알고 있는 목록이나 데이터의 표와는 다른 특성을 갖는다.

GIS에서 지도데이터 저장과 표현은 구별된다. 데이터는 세분화된 항목으로 보존되고 보다 일반적인 수준이나 다른 축척으로 지도에 기록될 수 있다. 이와 같이 기입된 지도는 여러 데이터의 표시형식 중 하나가 된다. 이러한 지도는 지도데이터베이스의 개념도가 된다. 이와 같은 데이터는 또 많은 다른 형식의 지도로서도 보일 수 있다. 컴퓨터시스템에 의해 지도에 기입하는 것은 그다지 비용이 들지 않기 때문에 각각을 특정용도로 희망에 따라 작성할 수도 있다. 지도방식 이외에도 데이터는 표의 형태나 서류기술의 형태로도 나타낼 수 있다.

지도 위치를 가리키는 데이터를 처리하고 분석하는 것이 이 시스템의 주요한 기능이다. 데이터량이 많고 그 관계가 복잡한 경우에는 이 시스템의 중요성이 더욱 명백해진다. GIS에는 각 특성이나 장소에 관련되는 방대한 분량의 요소를 포함할 수 있다. 이와 같은 대량의 데이터는 수작업으로는 효율적으로 처리할 수 없다. 그러나 이러한 데이터가 GIS에 입력되어 사용되는 경우에는 간단히 조작할 수 있으며, 수작업으로 하는 경우에는 비용이나 시간이 너무 많이 소요되거나 거의 불가능한 방법이지만 GIS에서는 분석할 수 있다. 이 시스템의 애플리케이션은 다양하고 다음 사항을 포함한다.

- 유지관리와 작업일정계획을 지원하기 위하여 또는 문의나 긴급상황에 대처하기 위하여 효율적인 기반시설관리와 재고관리를 한다.
- 배수관망 내에서 저수압의 출수불량과 다량수요가 결합된 지역과 같은 복합된 요소를 찾아내야 한다.
- 급수구역의 규모확대나 축소를 나타낸 수요가급수구역도 또는 신규택지개발로 최근농지전용내용을 나타낸 최신 토지이용지도와 같은 GIS를 업데이트해야 한다.

14.1 GIS의 기본요소

지리정보를 처리하기 위한 GIS의 기본요소는 데이터입력(수집, 관리, 저장), 데이터조작(모델화, 분석), 그리고 데이터출력(검색, 관리, 표시, 저장)이 있다. 그림 14.1은 그래픽데이터와 비그래픽데이터의 입력공정, 이러한 데이터의 조작, 여러 하드카피나 디지털방식에서의 데이터출력을 나타낸 것이다.

14.1.1 데이터입력

데이터입력에는 데이터를 기존형태에서 GIS에 사용할 수 있는 형태로 변환시키는 작업이 필요하다. 입력공정에는 데이터수집, 관리, 그리고 보관이 포함된다. 지리정보는 일반적으로는 지도, 데이터의 표, 표와 지도의 디지털파일, 서류데이터 등의 형태로 제공된다. 이 공

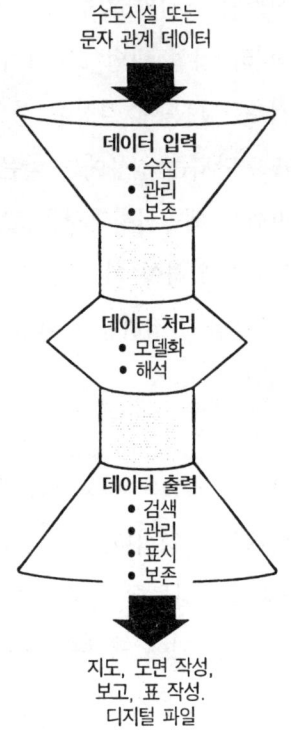

그림 14.1 GIS의 기본 요소

정은 일반적으로는 그래픽, 표 형식의 입력데이터, 또는 적절한 포맷으로의 파일변환이 포함된다. 이와 같은 순서는 GIS를 실시함에 있어서 염려하는 분야일 가능성이 있다. 대규모 데이터베이스의 개발비용이 GIS의 하드웨어와 소프트웨어의 투자비용에 비하여 수배가 소요되는 경우가 있다.

최초에 데이터를 입력하는 공정은 복잡하고 노동집약적인 작업이며 또한 데이터의 복잡성과 변환시켜야 하는 데이터의 양에 좌우된다. GIS시스템을 완전한 가동상태로 가져가는데 소요되는 비용과 시간은 실시계획의 일부로서 분배시켜야 한다. 그렇지 않으면 최초의 결과를 나타내는데 따른 고통이 데이터입력단계를 위태롭게 할 수도 있으며 또한 수정하는데 비용이 소요되는 원하지 않는 데이터로 되는 경우도 종종 있다. 부적정한 데이터가 데이터베이스 내에 입력되면 사용자들이 데이터를 믿지 못하며 사용하지 않을 수 있다.

14.1.2 데이터 조작

데이터 조작기능은 GIS에 의해 작성되고 사용자에 의해 이용될 정보를 말한다. 이 기능에는 모델링과 분석을 포함하며 시스템 요건의 일부로 정의된다. GIS의 실시는 조직 내의 특정업무를 자동화하는 것뿐만 아니라 작업 방법 그 자체를 변화시키게 된다. 예를 들면, 예산압박은 몇 가지 대체방법을 검토한 다음에 결정을 강요할 수도 있다. 대체방법을 실시하는 쪽이 비용이 적고 신속하다고 판단되는 경우에는 좋은 계획을 개발하는 것이 타당하게 될 수도 있다. 그 결과 의사결정방법은 대안선정과정을 크게 개선할 수도 있다. GIS 내의 데이터를 분석하게 될 방법을 예상하기 위하여 이 작업과정에 사용자들을 포함시켜야 한다. 사용자 각자는 필요한 기능과 성능수준을 규정하는 역할을 할 것이다.

14.1.3 데이터 출력

최종요소는 GIS의 출력기능이다. 이 기능은 사용자의 요구조건에 따라 결정되기 때문에 능력 면보다도 정확도와 질적인 면에서 다양하다. 이 기능에는 데이터의 검색, 관리, 표시와 저장이 포함된다. 이러한 기능을 실행하는데 사용되는 방법은 시스템이 데이터베이스로 어떻게 효율적으로 업무를 실행할 수 있는가에 영향을 미친다.

데이터를 컴퓨터가 읽을 수 있는 파일로 유지하고 조직하는 방법이 몇 가지가 있다. 데이터가 구축되는 과정과 파일을 서로 관련시키는 방법이 데이터를 검색하는 방법을 제약한다.

이것은 또 검색조작의 속도에도 영향을 미친다. 사용자의 장·단기적 요구는 이 시스템의 성능교환을 평가할 때에 확인되고 사용되어야 할 것이다. 출력은 인쇄된 표와 보고서, 위치가 기입된 지도와 도면, 또는 디지털파일 등의 형태를 가질 것이다. 이 때문에 출력요구조건을 규정할 때에는 사용자가 참여하는 것이 중요하다.

14.2 시스템능력

GIS는 공간적으로 표시할 수 있는 데이터를 처리하기 위한 강력한 도구이다. GIS의 이점은 데이터를 지도나 표 또는 텍스트의 경우보다도 더욱 물리적으로 간결한 형태로 할 수 있다는 점이다. 또 컴퓨터시스템을 채용하는 경우에는 한 단위별로 보다 신속하고 또한 저렴한 비용으로 보다 많은 데이터를 보유하고 검색할 수 있다. 속성정보에 따라서 지리정보를 정확하게 조작하고 이러한 데이터를 신속하게 단일로 분석할 수 있는 시스템의 능력이 컴퓨터에 의한 GIS와 수작업과의 큰 차이점이다. 복잡한 GIS분석은 다른 분석방법에 비하여 양적으로나 질적으로 우수하게 분석할 수 있다.

관련된 그래픽지향의 컴퓨터지도작성이나 제도시스템과는 구별되는 것이 GIS의 분석능력이다. 공간적 데이터와 비공간적 데이터가 GIS의 가장 중요한 요소이다. 이 기능은 단순한 컴퓨터지도작성이나 제도시스템과 같은 다른 시스템으로는 효율적으로 수행할 수 없는 기능이다. GIS의 공간분석능력은 새롭고 보다 생산적인 방법으로 작성하고 사용할 지도데이터를 가능하게 한다.

데이터의 수집, 검증, 업데이트수속과 같은 데이터 처리방법이 별개의 공정으로 분리하는 대신에 하나로 통합시킬 수 있다. 예를 들면, 배수관망에서 데이터의 추가는 GIS에서 입력시킬 수 있지만 동시에 운전자는 변경의 영향을 확인할 수 있다. 이 기능은 용량과 관압이 적절한지를 확인하고 변경에 따라 영향을 받는 관련 그래픽데이터와 비그래픽데이터를 업데이트한다. 이와 같은 방법에 따라 사용자는 보다 최신의 신뢰성이 높은 정보를 얻을 수 있는 동시에 이들을 특수과업의 요구에 맞도록 조작할 수 있다.

14.2.1 기술 추세

최근 컴퓨터하드웨어의 기술이 진보됨에 따라 복잡한 지도분석기능을 실행할 수 있는 능력을 GIS소프트웨어의 개발자들에게 제공하였다. 이러한 기술진보는 컴퓨터프로세서의 성능 즉, 강력한 능력으로 저렴한 가격의 워크스테이션, 고밀도의 저장장치, 비용 대 효과가 우수한 고품질의 하드카피 출력을 생산하는 향상된 능력 등을 비약적으로 향상시켰다. 특정 환경이나 성능요구에 적합하도록 하기 위한 프로세서 외형에서의 유연성을 사용자가 계속 제안하게 될 것이다.

프로세서와 입출력장치가 강력해지고 유연성을 갖도록 개선되는 것은 금후에도 계속될 것이다. 소프트웨어의 제작사가 이와 같은 하드웨어 환경변화에 호응하고 있으므로 사용자들은 저렴한 가격으로 보다 우수한 성능의 하드웨어장치를 이용하게 될 것이다.

14.3 기능적 구성요소

GIS는 4개 부분으로 구성되어 있다. 앞의 3개 구성요소인 하드웨어, 소프트웨어, 애플리케이션에 관해서는 다음 절에서 취급한다. 4번째 구성요소인 「사람」은 시스템실시의 성패에서 중요하기 때문에 장을 분리하여 제19장 조직과 인사관리에서 취급한다.

14.3.1 하드웨어 구성요소

GIS하드웨어의 선택범위는 PC수준에서부터 대형 컴퓨터에까지 이른다. GIS의 기본적인 하드웨어 구성요소에는 중앙처리장치(CPU), 디스크드라이브, 테이프드라이브, 출력장치, 디지털화테이블, 워크스테이션이 포함된다. CPU는 정보가 입력되고 처리업무가 수행되며 소프트웨어 명령이 실행되는 장치이다. 디스크드라이브는 GIS 그래픽데이터와 비그래픽데이터를 위한 기억매체이다. 테이프드라이브는 다른 시스템으로부터 데이터를 로드하고, GIS데이터를 백업하고 보관하기 위한 매체이다. 출력장치에는 프린터, 플로터(plotter), 모니터가 포함된다. 디지털화테이블은 수작업으로 작성된 지도를 전자적으로 추적하고 디지털화된 정보를 생산하는 기구이다. 디지타이저(digitizer)는 그래픽모니터와 데이터 입력, 편집, 조작용으로 사용되는 키보드를 포함한 워크스테이션에 부착시킬 수 있다.

시스템이 커질수록 기능의 중요도가 증가하게 되는 입출력기능에서 CPU의 처리속도가 중요하다. 데이터베이스 규모가 커지고 조회가 복잡하게 되고 시스템관망에 신규사용자가 증가할수록 처리속도의 필요성은 높아진다.

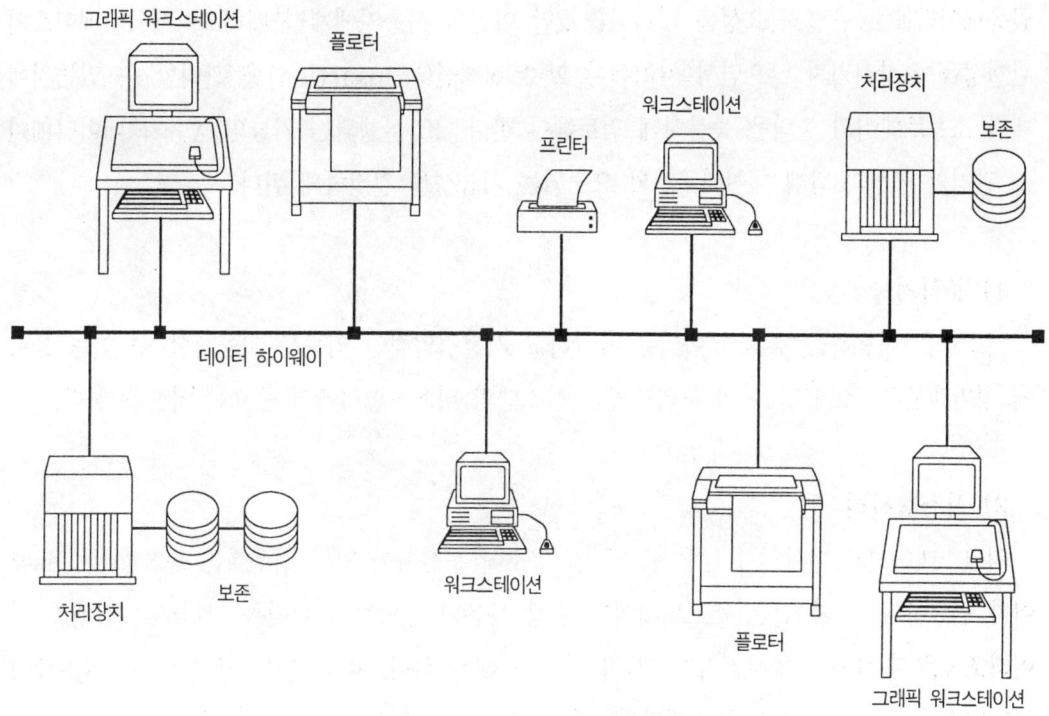

그림 14.2 GIS 분산구성의 예

또 하드웨어 구성계획도 대단히 중요하다. 구성 경향으로서는 분산형 처리옵션으로 기울고 있다. 다양한 사용자가 액세스하기 위하여 경합하는 1대의 주컴퓨터를 두는 대신에 CPU능력을 2대 이상의 워크스테이션에 분산시키는 방식이다. 이 구성은 시스템확장에 대한 유연성을 갖는다(그림 14.2).

시스템통신도 특히 공업표준에 관계되는 경우에는 또 다른 중요한 하드웨어 구성이다. 각 사용자는 GIS의 일부인 워크스테이션과 단말간의 통신과 마찬가지로 조직 내의 다른 컴퓨터시스템과의 통신에 대해서도 어느 것을 이용하는 것이 최선의 선택인지를 결정해야 한다.

14.3.2 소프트웨어 구성요소

소프트웨어 문제는 GIS 데이터베이스의 규모, 2인 이상의 사용자간에 데이터 공유에 대한 희망유무, 실행될 기능의 종류 등에 관계된다. 데이터베이스 크기에 따라 언제라도 필요한 정보를 찾아내기 위한 소프트웨어에 대하여 요구되는 복잡함의 정도를 결정하게 된다.

공통데이터를 공유할 필요성은 데이터를 2인 이상의 사용자에게 분배하고, 데이터베이스의 완전성을 손상시키지 않으면서 처리해야 할 트랜잭션(transaction)을 관리할 수 있는지에 대한 소프트웨어의 능력을 충분하게 검토해야 한다. 또 실행되는 기능의 종류가 데이터베이스 관리의 구성과 함께 데이터구조와 요구되는 기능성을 결정하게 된다.

1) 분석기능
시스템을 이용하는 경제적 이익은 복잡하고 시간집약적인 업무를 자동화할 수 있는 능력에 정비례한다. 소프트웨어의 분석능력은 시스템의 비용-편익에서 중요한 역할을 한다.

2) 시스템관리
워크스테이션과 데이터가 많은 물리적인 장소에 분산되어 있는 경우에는 복잡한 소프트웨어가 필요하다. 이와 같은 소프트웨어가 현재 사용되고 있는 데이터를 관리하고 실행된 데이터조작을 추적하는 문서관리자로서의 기능을 해야 한다. 이와 같은 구성요소는 GIS데이터베이스의 정확도와 완전성에 결정적이다.

3) 3차원적 구조(topological structure)
3차원적 구조는 선형 데이터와 다각형 데이터간의 공간적 접속정보를 저장하고 유지하는 기능이다. 이 기능은 수량이나 수압을 분석하기 위하여 배수시설과 같은 선형관망이 사용되는 경우의 조작에서 중요하다.

4) 관계데이터베이스(relational database) 관리
관계데이터베이스관리시스템은 다음 2가지 사유에서 중요하다. 먼저 데이터베이스에서 꺼낼 정보의 종류이다. 다음으로 시간과 노력을 극소화하기 위한 관련모델의 능력이다. 이 구조에는 사전에 정의된 데이터베이스 요소간의 모든 관계를 필요로 하지 않기 때문에 사용자는 즉시 데이터를 입력하고 데이터를 조작할 수 있다.

5) 공간지표부여(spatial indexing)
당해 지도전역을 망라하는 연속적인 디지털지도(map)로서 GIS의 데이터베이스를 관리하는 소프트웨어는 최종적인 규모에 관계없이 사용자의 문의사항에 신속하게 대응할 수 있는 것이어야 한다. 소프트웨어 프로그램은 데이터베이스를 물리적으로 구별하지 않고 요청된 정보를 신속하게 찾아낼 수 있는 지능을 내장하고 있어야 한다.

14.4 수도설비에서의 응용 예

수도설비운용에 필요한 정보의 대부분은 지리정보이다. 즉, 공공이나 개인의 부동산, 도로망, 지형, 송·배수관로, 배수지와 같은 시설, 펌프장, 관로, 취수우물과 정수장 등의 시설들은 모두 지도적 위치에 관련되고 있다. 수도사업체에서는 범용 컴퓨터가 일반적으로 채용되고 있지만 이러한 시설관리 면에서 GIS실시속도는 완만하다. GIS데이터베이스를 구축해야 함과 동시에 시스템을 효과적으로 실행하는데 필요한 조직변경에 따른 초기비용이 많이 소요되는 것이 완만한 이유라고 생각된다.

오늘날 수도사업체에는 컴퓨터정보에 대해 보다 통합적으로 접근함으로써 얻는 잠재적인 이익을 인식하고 있다. 특히 지리정보의 편성과 수집은 많은 조직에서 중요하게 되고 있다. 1980년대에는 많은 수도사업체가 GIS과업에 많은 투자를 하였다. 이러한 시스템은 현재 설비관리, 모델작성과 분석, 허가와 인가, 지역지도작성과 보고, 시설의 위치결정, 긴급 대응과 요원파견, 수요가서비스, 시설의 재고관리, 기타 광범위한 공학분야와 계획분야의 응용 등에서의 기능을 지원하는데 사용된다. 그림 14.3은 수도사업체와 관련된 GIS의 응용 예를 나타낸 것이다.

수도사업체의 GIS 응용은 시설과 토지 관련 데이터를 체계적으로 수집하고 업데이트하며 처리하여 배포하도록 한다. 공공사업에서 고유데이터를 처리하는 능력을 구비하고 있는 것이 이 시스템의 기본적인 요건이다. 수도사업체에서는 관리, 운영, 보수, 다양한 계획작업에 GIS가 사용된다.

14.4.1 수원관리

현재 많은 수도사업체가 지하수와 지표수의 수질저하에 직면하고 있다. GIS시스템은 물의 생산위치(우물, 정수장 등)와 중첩되고 관련된 수질데이터(세균수, 중금속 농도 등)를 사용하여 배수시설도를 작성할 수 있다. 이와 같은 그래픽표시는 운전자가 지역과 관망에서

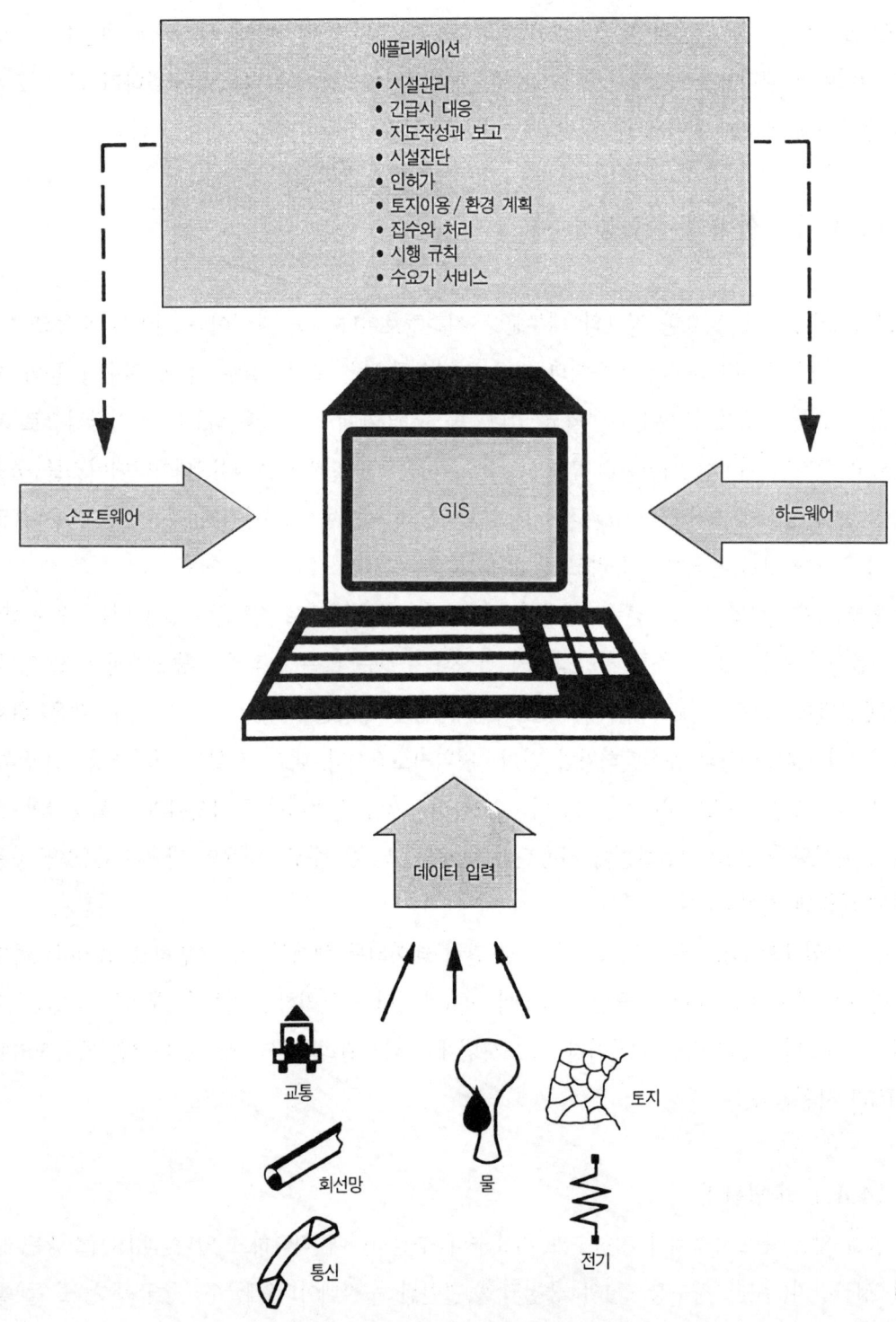

그림 14.2 GIS 응용의 예

의 위치에 따라 펌프장이나 정수장을 관리하는데 사용되며, 그렇게 하여 양질의 물을 수요가에게 공급할 수 있다. 또 계획담당직원은 수질의 추세와 이것을 관망의 위치에 중첩시키고, 소비량이나 계절 또는 날씨와 같은 것을 다른 변수와 관련시켜 수원악화를 분석할 수 있다.

14.4.2 수요가 서비스

요금고지서발행데이터와 계량기설치대수에서 얻어진 정보도 시설관리에 유익하다. 이러한 정보는 배수시설지도를 사용하여 그래프로 표시하고 위치를 지정하여 나타낼 수 있다. 서비스의 효율과 시스템의 신뢰성 및 수요가의 만족도를 고려할 때에는 도로주소, 지역의 구획, 수도관망의 입지장소에 의해 요금수입정보, 사용량, 불평 등의 분석결과가 중요한 정보를 제공해 준다.

14.4.3 운영

감시제어 및 데이터수집(SCADA)시스템과 제휴하여 GIS는 시설관리에서 효과적인 도구이다. SCADA에서 얻어진 데이터(유량, 가동시간, 경보 등)로 입력된 GIS 중의 시설파일은 급수시스템에 관한 거의 실시간에 가까운 현재의 조작정보를 그래픽으로 표시하는 방법으로 제공해 준다. 일례로서는 제어센터의 운전자나 지령원은 동일한 CRT모니터상에 같은 장소에 설치된 SCADA와 GIS 화면을 볼 수 있는 이점이 있다. 제어센터에 걸려오는 수요가로부터의 불평전화는 수요가의 주소 또는 계량기번호를 징수장표나 배수시설의 배관도와 연관시켜서 GIS시스템상에서 분석된다. SCADA화면에서는 지역에 대한 실시간 시설데이터(펌프장, 우물 또는 윈도우)를 이용할 수 있다. 제어센터 운전자가 실시간데이터에 의해 적절하게 결정하면 문제를 해결하기 위하여 적절한 정보를 가지고 직원이 신속하게 현지에 파견된다. 수도사업체가 보다 신속하고도 효율적으로 대응할수록 수요가의 만족도도 높아진다.

14.4.4 물 수요예측

대규모 수도사업체는 단기적 수요량예측을 위하여 GIS시스템상에서 수도시설의 그래픽표시를 이용하고 있다. 예를 들면, 비가 오면 수요가들이 관개수량을 줄이거나 정지하기 때문에 물 수요량은 강수량에 크게 좌우된다. 날씨에 좌우되는 단기수요를 예측하는 경우에는 강수량과 지도위치 및 수요량간의 관계를 나타낸 것이 유용한 이력정보가 될 수 있다. 다음으로 경제면과 신뢰성에 의한 양수계획을 수립하는 경우에는 수요예측을 사용한다.

14.4.5 배수시설의 모델작성

GIS 내에 배수관망을 3차원으로 구축하는 것이 배수시설모델에 대한 귀중한 입력데이터를 제공한다. 시스템계획에 의한 배수관망의 정상상태와 과도상태의 분석결과는 3차원적 데이터의 정확도에 크게 좌우된다. GIS는 3차원적 모델의 관리를 가능한 한 개개 계량기의 레벨에까지 가져오게 한다. 수도사업체는 밸브상태를 유지함으로써 효율적인 밸브제어프로그램으로 운전할 수 있다. 밸브 조작이나 신규배관 부설, 계량기 등의 설치정보는 엔지니어링에 의해 GIS 중에 입력된다. 정확한 3차원 데이터베이스는 보다 정확한 관망모델이 작성됨으로써 입안 중인 모델로부터 자동적으로 액세스될 수 있다. SCADA시스템으로부터 실시간데이터를 구비한 정확한 삼차원 데이터는 배수시설 분석에 강력한 도구가 된다.

수도사업체의 GIS시스템 중에 데이터를 공통기준데이터, 토지기록, 시설과 배수시설, 송

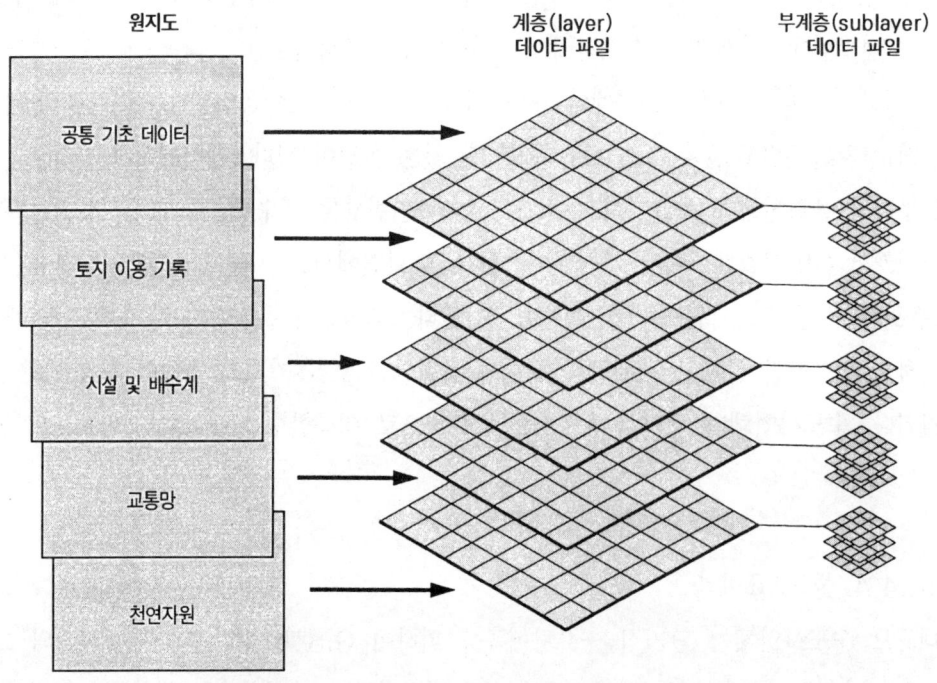

그림 14.4 대표적인 계층식 데이터베이스의 분류

수관망, 천연자원 등을 포함한 기본적인 계층(layer)으로 분류할 수 있다. 이러한 계층은 또 각 범주에 관한 보충적 정보를 포함하는 많은 세부계층(sub-layer)으로 나누어지는 경우가 많다. **그림 14.4**는 GIS에서 사용되고 있는 대표적인 계층식 데이터베이스 범주를 나타낸 것이다. 데이터는 수원지도에서 인출되고 계층데이터와 세부계층데이터의 형태로 저장된다. 지도데이터와 표 형식의 데이터는 고유의 식별번호를 갖는 지도식별자로 연결된다. 데이터베이스 내의 각 계층은 데이터베이스의 지리적인 범위 내의 수도관 부설장소와 같은 한 종류의 데이터를 표현하고 있다. 관련되는 표 형식의 데이터는 관경, 각 구간의 연장, 부설 연월일 등과 같은 정보를 포함하고 있으며, 이것을 **표 14.1**에 설명하였다. 계층데이터와 표 형식의 데이터는 연속적인 지도데이터베이스로서 사용자에게 보인다. 마치 하나의 연속적 지도시트가 전체 공급구역에 퍼져 있는 것처럼 모든 계층지도를 사용할 수 있다.

표 14.1 전형적인 수도데이터 세트

데이터 분류	지도계층의 예
기초 데이터	정보관리 면적측정특성 수문특성
시설과 배수관망데이터	수도관 밸브와 맨홀(man hole) 급수구역 수도시설(우물, 펌프장, 탱크, 정수장) 기타 시설
토지이용기록데이터	소유지 경계 지역권 도로점용권
천연자원데이터	지하수 데이터 배수(drainage)데이터 토양데이터 범람구역 지형특성 식생정보
교통망데이터	도로 중심선 포장지역 교차점 교량

표 14.2 전형적인 수도사업체 애플리케이션

애플리케이션 형식	예
시설관리	• 시행데이터의 업데이트, 표시, 해석 : 수도시설의 계획, 설계, 조작, 유지관리의 지원
긴급대응	• 긴급수송로의 표시 : 긴급사태 발생정도와 장소
지도작성과 보고작성	• 지도의 해석과 표시 : 지도와 보고서 작성
시설진단	• 검사계획과 검사추적 : 안전기준일탈 점검의 실행, 업무일지, 조작의 어려움
허가와 인가	• 경과정보와 추적정보
토지이용/환경계획	• 토지이용과 수원수질과 같은 환경데이터 표시와 해석
시설입지	• 신규시설의 최적설치장소 선정
시행규칙	• 규칙위반의 조사표와 이력, 시행데이터의 표시, 분석
수요가 급수	• 지역과 인구통계에 의한 어려움, 착오고지, 요금수령계정, 물 사용의 해석

GIS의 목적은 모든 레벨의 관리와 조작 및 유지관리기능을 지원하기 위하여 완전히 통합된 데이터베이스를 제공하는 것이다. 애플리케이션의 범위는 작업순서의 작성에 관한 일상적인 처리에서부터 계량기의 수리와 신설관로의 부설장소에 대한 대안설계계획의 분석에까지 이른다. 표 14.2에 GIS애플리케이션의 예를 일람하였다.

14.5 조직면의 검토사항

14.5.1 조직의 타당성

GIS개발과 실시에 대한 관심이 급속히 높아짐에 따라 데이터작성과 유지관리 및 사용에 대한 처리환경의 정보를 포함한 많은 잠재적인 사용자를 가지고 있는 보다 동적인 공간데이터세트가 주목을 받고 있다. 다목적 GIS는 지금까지 단일 기관이나 부서에서 검토되고 있던 바와 같이 개발에 관계되는 문제와는 완전히 다른 문제를 발생하고 있다. GIS프로그램의 실행과 유지관리의 복잡성이 증가된 것과 많은 새로운 요소를 지원하는 해결방법을 결정하는 점이 크게 다른 점이다. 이러한 핵심요소는 시스템실행의 성패에 관계될 정도로 중요하다. 먼저 공공수도시설과 사설수도시설에서 볼 수 있는 다양한 분야의 전문가나 운전자에 의해 액세스하려면 상당한 조직화가 필요하다. 프로그램의 재정적인 실행가능성, 특히 연간 비용이 가장 많이 들고 이익은 최소에 그쳤을 경우에 데이터변환이 필요하게 되는 개발초기에서의 재정적인 실행가능성을 확보할 계획을 설명해야 한다. 또 참여하는 각 기관간의 정치적인 이해관계도 잠재적인 대립요인이 될 수 있다. 또「프로젝트의 지도자」역할을 맡고 프로젝트를 성공으로 이끌기 위한 지도적 기관에 대한 절실한 필요성도 있다.

경영 전략적 정세도 무시할 수 없다. 이와 같은 요소는 시스템실행의 개시단계에서 변동 가능성이 클 뿐만 아니라 우선순위 변화에 따라 개발기간 전체에 대해서도 영향을 미친다. 많은 기관이 조직 내에서 GIS데이터의 영향을 이해하게 됨에 따라 누가 시스템을 통괄할 것인가를 결정하는데 혼란이 생길 가능성이 있다. 이와 같은 것은 GIS의 실행과 운영에 파괴적인 경영전략문제로까지 발전하기도 한다.

조직의 실행가능성을 평가할 때에는 시스템을 적절하게 개발하기 위하여 몇 가지 중요한 GIS관리 고려사항에 대해 역점을 두고 다뤄야 한다. 프로젝트의 단계적 계획을 결정할 때에는 먼저 개발계획에 관한 조직에 대해 고려해야 한다. 다음으로 GIS의 포괄적인 실행을 위해서는 많은 전문적 기능이 필요하다. 또 계획을 적절하게 실행하기 위하여 각 자의 역할도 명확하게 해 두어야 한다. 시스템개발을 적절하게 관리하기 위하여 운전자를 확보함과 동시에 조직 내 기존의 능력을 평가하기 위한 계획을 작성해야 한다. 또 조직 내의 특정개인이나 특정부서에 관계되는 주요한 문제를 확인하는 것, 유용할 수 있는 비기술적 문제에 관해서도 명확하게 해두어야 한다. 이러한 고려사항은 GIS를 채용하는데 조직의 전체적인 성숙도와 조직 능력을 평가하는데 유용할 것이다.

14.5.2 GIS통합

조직의 서비스를 수행하는데 지리정보가 중요한 분야에 여러 가지 응용할 수 있는 것을 GIS가 제공한다. GIS는 조직이 사용하는 관리데이터와 조작관련 데이터에 지도위치를 연결시키기 위한 기본적인 기술로 간주할 수 있다. 지금까지는 GIS가 하나의 큰 전부를 포괄하는 시설데이터베이스로 간주되어져 왔다. 그렇지만 오늘날에는 GIS는 조직의 다양한 정보시스템에서 주요요소의 하나로 간주되고 있다. 그림 14.5는 이러한 어프로치를 사용한 수도사업체의 통합모델 예를 나타낸 것이다. 지도, 재무, 수질시험실정보관리, 보전관리, 수요가, 잠재적인 외부조직의 정보시스템 등을 포함한 정보시스템은 수요가서비스를 지원하

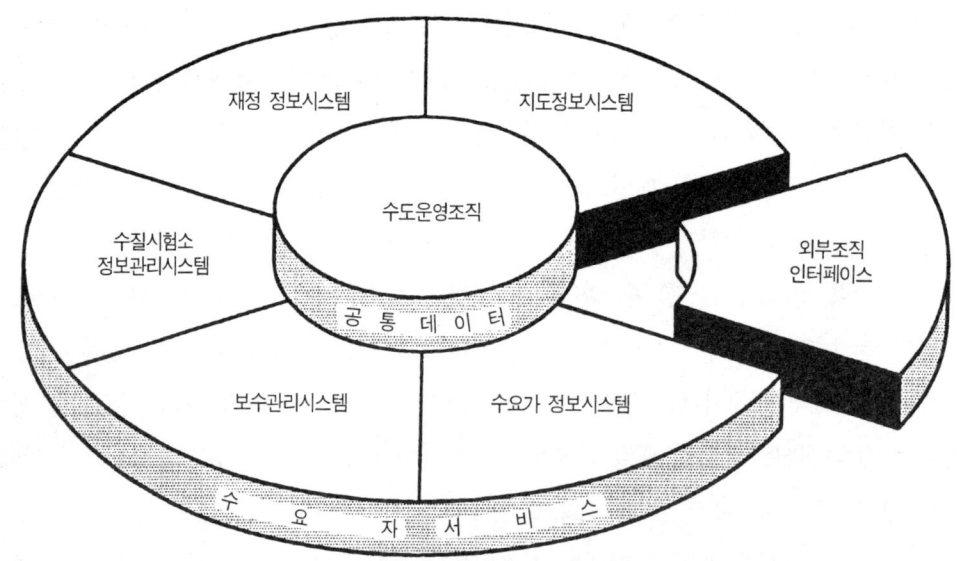

그림 14.5 수도사업의 통합된 모델

기 위한 공통의 수도사업체데이터를 공유한다.

이러한 접근방법을 사용함으로써 기존의 컴퓨터환경 내의 정보는 각각 원래의 시스템상태로 내버려 둘 수 있다. 여러 시스템통합기술을 통한 데이터에의 액세스는 모든 사용자의 요구를 극대화할 수 있다. 이러한 방법에 의해 사용자는 별개의 데이터베이스에 다른 애플리케이션을 유지하면서 GIS데이터베이스 내의 정보량을 최소한으로 유지할 수 있다. 이에 따라 사용자는 관련 데이터베이스의 관리시스템이 새로운 진보의 장점을 활용하도록 하며, 특수애플리케이션을 실행하기 위하여 GIS시스템에 있는 데이터와 사용자가 인터페이스할 수 있다. 이와 같은 환경에서는 수질시험실정보처리와 같은 실시간 애플리케이션은 관계없는 애플리케이션 실행에서 사용자의 수행에 의한 영향을 받지 않을 것이다.

데이터베이스를 공유하고 개발하는 GIS기술의 바닥에 있는 유연성과 능력은 정보시스템 통합에 대하여 통일된 어프로치를 제공한다. 데이터의 향상된 적시성과 액세스가능성 및 신뢰성을 포함한 주요장점이 정보문제에 관한 비용효과적인 조직해법에 대하여 기술적인 해결책과 관리면의 해결책을 찾을 것이다.

14.5.3 GIS실시의 비용과 이익

기존 지도작성시스템과 신규 GIS시스템의 실시에 대한 비용-이익을 비교하는 것은 신규

시스템을 취득할 것인지 또는 기존시스템을 업데이트할 것인지를 결정하는데 도움이 되는 질적 데이터가 제공될 것이다. 적정한 비용-이익을 결정할 경우에는 우수한 판단이 필요하다. 측정하기 위하여 선택된 항목과 수량화의 방법은 이 비교의 결과에 직접적인 영향을 미친다.

1) 비용

현행의 수작업시스템이나 장래의 자동시스템에 관련된 필요성과 비용 쌍방을 평가해야 한다. 과거와 현재의 예산을 분석함으로써 기존의 시스템에 대한 노동시간과 재료비용의 견적을 낼 수 있다. 제안된 시스템에 대해 결과를 비교함으로써 유사한 과정을 사용할 수 있다. 다만, 신규시스템의 운전비용, 직원배치와 훈련의 요구조건, 그리고 특정 급수시스템의 운전에 대한 애플리케이션 개발을 포함하여 제안된 시스템에 대한 다른 고려사항에 관해서도 추정해야 한다.

GIS프로젝트의 비용추정은 하드웨어, 소프트웨어, 시스템유지관리, 훈련 등과 같은 고정가격 항목에 관한 추정보다도 쉽다. 다만, 데이터베이스 개발과 기본지도 구축에 관계되는 비용을 추정하기가 어렵다. 필요한 업무를 수행하는데 요구되는 소프트웨어프로그래밍의 추가, 다른 시스템으로부터의 데이터 전송 불능, 하드웨어의 고장, 소프트웨어의 작은 결함, 컴퓨터시스템의 설치와 조작에서 발생을 회피할 수 없는 부적절한 보고서 등과 같은 예기하지 못한 난제를 종종 갖고 있다. 이러한 문제는 유사한 시스템에 대한 조직의 체험에 의한 금전적인 면에서 조사하여 결정할 수 있다.

신규시스템의 실시에서는 신규전문직원과 함께 신규시스템을 실시하기 위한 기존직원의 훈련도 필요하다. 신규시스템에 따라 초래되는 새로운 기능을 실행하기 위해서는 기존직원을 훈련시키고 신규직원을 채용해야 한다. 또 필요한 직원을 끌어들이기 위한 급여에 관해서는 업계의 기준을 재검토해야 하고 또 기존의 직무에 대한 급여의 조정도 필요하다. 전문직원의 고용은 복잡하고 또한 어려운 과정이다.

2) 이익(benefit)

GIS의 비용과 이익을 분석하는 것으로 얻어지는 이익은 수량화하는 것이 어렵다. 시스템이 최적인 모드에서 조작되는 경우에 GIS시스템의 완전 실시로 얻어지는 이점에는 다음 사항들이 포함된다.
- **우수한 의사결정** : 보다 정확한 정보와 보다 큰 분석능력으로 신속하게 액세스할 수 있다는 것이 의사결정과정을 향상시킬 수 있다.
- **유효성과 효율성의 증진** : GIS 실시는 조직 전체의 효율을 향상시킨다. 또 지도작성 효율을 높이거나 보다 신속하고 우수한 액세스가능성, 호환성, 또는 기타의 이점 등을 활용함으로써 쓸데없는 업무를 배제시키는 것으로도 연결된다.
- **생산성의 향상** : 시스템은 종사하는 직원의 노동효과를 증대시키고 강화시킨다. 이와 같은 속도 면에서 개선된 결과로 업무를 실행하는 것에 필요한 활동을 최소한도에 그치게 하고 필요한 정보 이용가능성과 액세스가능성을 높이며 쓸데없는 업무를 배제 또는 삭감시키는 것으로 이어지는 등으로 운전자가 업무를 수행할 수 있도록 속도가 향상된다.
- **적시성의 향상** : GIS는 여러 형태로 적시성(timeliness)을 향상시킬 것이다. 최신정보가 데이터베이스에 입력되면 자료가 컴퓨터화되지 않는 관료적인 번잡한 수속으로 왕래해야 할 때에 생기는 시간지연이 제거되며, 모든 사용자가 이것을 즉시 이용할 수 있게 된다. 마찬가지로 여러 디지털 지도에 최신정보를 추가할 때 이용할 수 있는 자원 부족으로 생기는 시간지연도 배제될 것이다. 특별한 일정지역에 대한 지도를 선택하는 경우와 특성과 척도를 조합시킨 것이라도 현행 수작업에 의한 방법보다도 훨씬 적기에 맞춰서 작성할 수 있고 배포할 수 있다.
- **추가적인 이익** : 추가적(additional)인 이익으로서는 무형의 이익으로 분류할 수 있는 것이다. 이에는 조직 내의 보다 효율적인 통신 실현, 향상된 정보공유, 보다 우수한 서비스 제공에 의한 이미지 개선 등이 포함된다. 이러한 이익은 직접 수량화할 수 있는 것은 아니지만 조직의 전체적인 운영에 대해 직접적으로 중요한 영향을 미치는 성질의 것이다.

비용-이익에 관한 연구는 GIS를 평가하는 경우에 의사결정과정에 가치있는 입력을 제공하게 된다. 다만, 이와 같은 연구는 의사결정과정의 일환으로서만 고려되어야 한다. 현시점에서는 고려될 수 없는 검토사항도 몇 가지가 있다. 다만, 실제로는 비용-이익으로부터 완전히 독립된 요소가 시스템실시를 결정하는 경우가 많다. 의사결정이나 방침과 같은 마음에 들지 않는 영향력과는 별도로 다른 검토사항이 우선되어야 하는 정당한 이유가 있는 경우도

도쿄도(東京都) 수도국의 GIS프로젝트

일본에서 GIS 역사는 대규모 기업이 기능성과 실행가능성을 결정하기 위해 시험적 체제로 시스템 개발에 착수한 1970년대 후반으로 거슬러 올라간다. 극히 적은 선택된 소규모 시험적인 시스템을 제외하고는 주로 시·읍·면의 수도사업체에서 전면적인 시스템의 계획, 설계, 설치를 개시한 것은 1980년대 후반의 일이다. 이러한 시스템의 대부분은 운전되고 있으며 많은 시스템에서는 데이터베이스와 애플리케이션을 아직 개발하는 단계에 있다.

도쿄도(東京都) 수도국에서는 1980년대 중반에 GIS 연구개발에 착수하였다. 이 연구개발의 목적은 수도국시설의 관리, 보수, 최적화를 지원하는 것이었다. 도쿄도 수도국은 1,100만 명의 수요가가 있는 1,150km^{2}의 지역에 급수하고 있다. 수도시설은 1일 최대 663만m^{3}의 급수능력을 갖고 있으며 배수관의 전장은 2만km에 달하고 있다.

수도국에서는 도쿄가스가 개발하였던 시설용 지도작성시스템을 선택하였다. 이 시스템은 데이터변환, 시설관리, 설계, 분석, 유지관리기능을 구비하고 있다. 수도국에서는 현재 1:500 축척으로 13,000매의 배관망도를 자동화할 수 있는 시스템을 사용하고 있다. 이 공정에서는 **그림 14.6**에 나타낸 것과 같은 컴퓨터로 작성된 지도가 얻어진다.

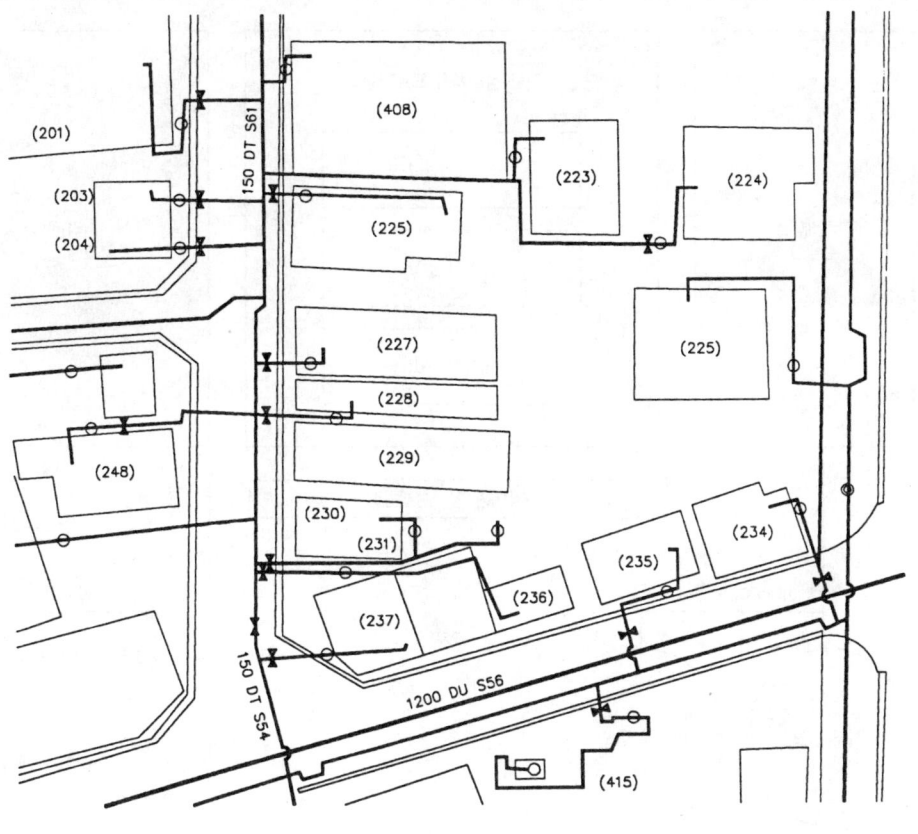

그림 14.6 도쿄도 수도국의 GIS 시스템으로부터 컴퓨터 매핑

도쿄도(東京都) 수도국의 GIS프로젝트(계속)

하드웨어 · 소프트웨어

　수도국의 GIS시스템은 데이터입력과 고해상도그래픽모니터용의 대형 디지타이저를 포함한 많은 워크스테이션으로 구성되어 있다. 이 시스템은 고품질의 지도와 보고서를 출력하기 위하여 컴퓨터내장 정전프린터에 의해 인쇄된다.

　이 시스템은 데이터베이스에 있는 대량의 벡터데이터, 배관데이터를 신속하게 처리하고 저장하며 검색할 수 있다. 이 시스템이 갖는 계층적인 데이터베이스구조에 따라 많은 지도관련정보를 저장할 수 있다. 기본적인 시스템소프트웨어기능에는 메뉴 정의, 배관 기록, 좌표변환, 검색표시, 다각형의 절취나 기타 그래픽정보의 인쇄 등이 포함된다. **그림 14.7**에 나타낸 바와 같이 이 시스템의 소프트웨어에는 운전시스템, 데이터베이스제어프로그램, 그래픽정보처리프로그램, 통신처리프로그램, 애플리케이션프로그램, 데이터베이스 및 입출력으로 구성된다.

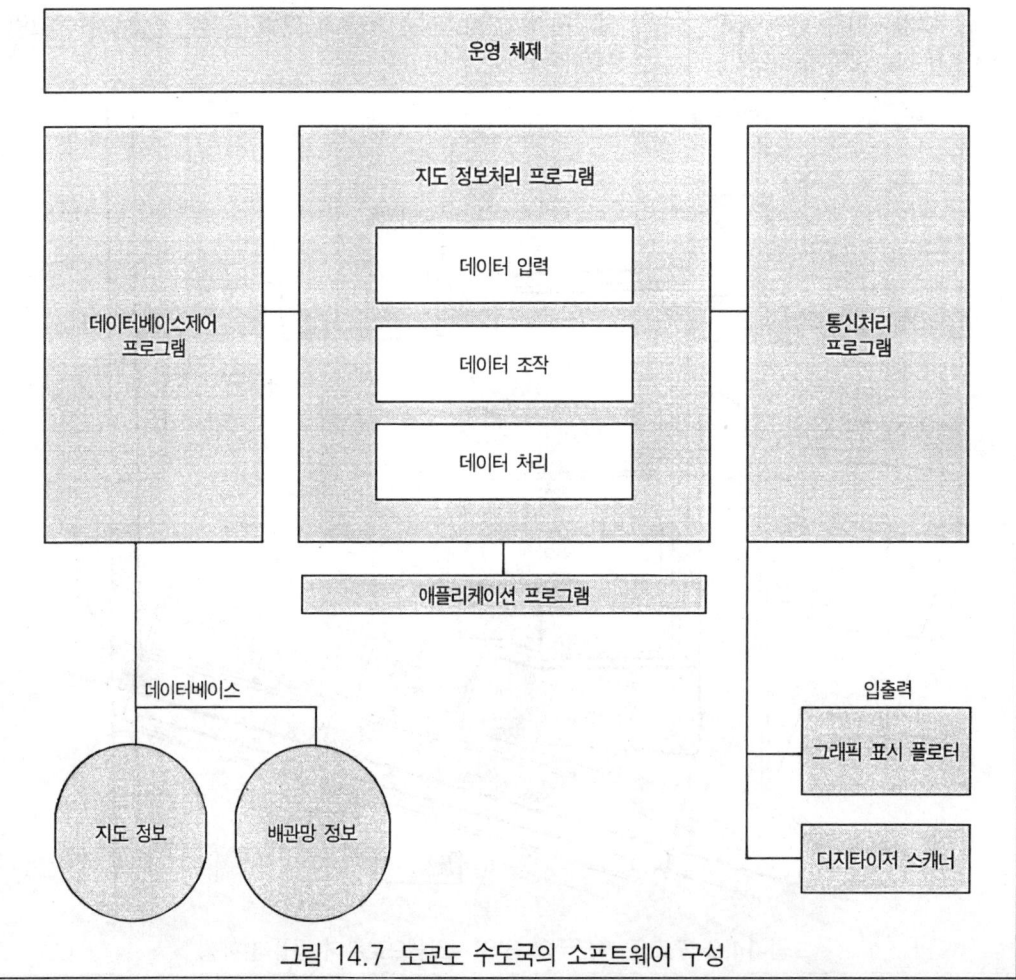

그림 14.7 도쿄도 수도국의 소프트웨어 구성

도쿄도(東京都) 수도국의 GIS프로젝트(계속)

애플리케이션의 개발

GIS시스템은 배수시설의 운영과 유지관리에 사용되는 배관데이터를 효율적이고 또한 효과적으로 처리한다. 이와 같은 기능은 최종적으로는 급수시설 계획부서나 설계부서 또는 누수방지부서에도 확장될 것이다. 수도국에서는 이 시스템의 유효성을 극대화하기 위하여 다음 사항을 포함한 능력을 확대시키는 작업을 진행시키고 있다.

- 수도배관데이터의 업데이트와 계획의 지원
- 급수중단과 탁수제어시스템 감지
- 누수방지를 위한 계획
- 배수시설의 관망 분석
- 배관설치에 대한 관망설계의 지원
- 시설관리
- 수요가서비스의 통합

표 14.3은 개발이 예정된 애플리케이션프로그램을 일람한 것이다. 이 계획에는 애플리케이션, 개개의 소프트웨어 범주, 기능별 분류가 포함되고 있다.

도쿄도와 같은 일본의 대도시에서 수도시설장은 배수시설의 운전과 유지관리의 면에서 어려움을 갖고 있다. 수도국에서 GIS시스템 실시결정은 장래에 보다 우수한 비용 대 효과가 높은 급수서비스에 대한 수요가 증가하는데 대처하기 위한 불가결한 도구가 될 것이다.

표 14.3 개발계획응용 프로그램

분류	소프트웨어	기능 개요
통계데이터 분류	시스템통계/통계	구경, 관종, 설치 연도, 유지관리이력에 의한 관로연장의 분류, 종류별로 밸브와 수전을 분류 ; 행정구역과 출장소별로 분류 ; 노선에 의한 분류
	도로종별에 의한 분류	국도, 지방도로별로 분류, 포장별로 분류, 보도와 차도로 분류
단수, 탁수 관리	배수관 단수부분(수요가 수) 배수본관의 단수처리 자연탁수 구역관리	종점에서 시공지점 또는 사고지점까지의 밸브폐지, 단수구간, 관로연장, 단수호수(수요가와 급수인구 수), 탁수유출관로 ; 종점에서의 탁수구역, 수요가수(상기 출력결집에 의한 단수/탁수구성요소의 준비), 주요한 탁수에 관련되는 데이터출력, 자연탁수발생 지점(최신계획의 관로지원)의 입력에 의해 출력된 구역의 결정
지원시스템	관로교체계획 지원	시공 연도, 관종, 개량방법, 누수지점, 자연탁수 구역의 표시, 배수본관, 지관데이터, 각 종항목 결과를 종합하여 개량의 우선사항 출력, 토질의 성상, 사고빈도, 수리상황을 포함한 관로형상
	사고대책 지원	사고지점, 단수/탁수구역 그림의 긴급, 출력긴급사태(자동전화다이얼 시스템)연락표의 출력
	송배수계획 지원	급수조작시스템을 양립시키는 관로연장, 구경, 관종, 시공년도 등을 포함한 필요데이터의 출력
	누수방지	누수관리구역지도의 출력, 관로블록에 의한 계획이력, 누수관리지도의 출력
수리/수질관리	관망해석	관로연장, 구경, 관종, 시공연도 등을 포함한 필요데이터, 관망도면, 관망계획의 해석

도 있다. 이러한 이유가 존재하는 것은 지도데이터를 수집하고 이용하는 것에 의한 결정이 비용-이익만의 비교에는 기초를 두지 않는 경우가 종종 있기 때문이다.

14.6 수도사업에서의 실시

14.6.1 GIS 프로젝트 개발

프로젝트의 개발과정을 실행하기 전에 먼저 이러한 프로그램에 관계되는 GIS기술과 이익의 개념에 대하여 인식해 둬야 한다. GIS프로그램은 끊임없이 업데이트하고 검토하며 데이터를 추가한다는 동적인 것을 필요로 한다. 시점과 종점을 갖는 종래의 데이터처리프로그램과는 달리 다목적 GIS는 하나의 단계에서 다음 단계로 단순하게 발전하는 도식을 취한다. 다만, 프로그램개발의 몇 가지 개략적인 단계에 관해서는 명확하게 할 수 있다(그림 14.8 참조). 이러한 단계는 시간이 경과함에 따라 변화되는 과정이긴 하지만 상당부분이 중복되는 경향을 갖고 있다. 이러한 단계에 대하여 다음 절에서 취급한다.

1) 계획과 시방

GIS의 프로그램은 사전에 면밀한 계획과 준비를 요하는 상당히 복잡한 작업이다. 이 작업에는 데이터베이스 검토와 기본지도(base map) 작성, 애플리케이션 필요성, 프로그램개발

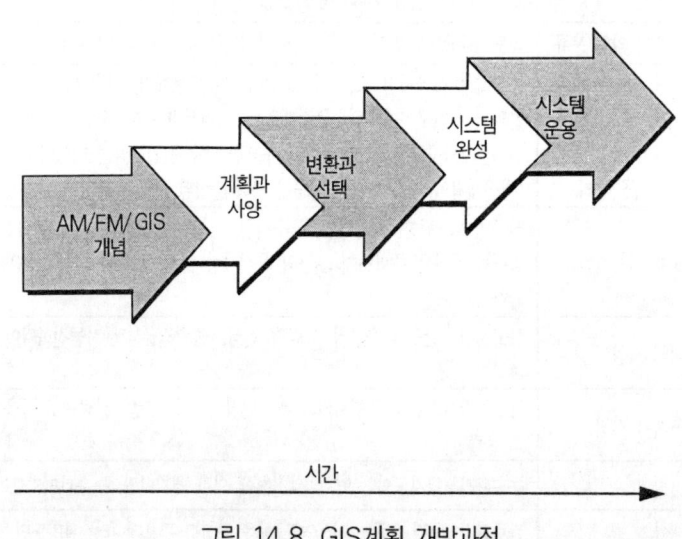

그림 14.8 GIS계획 개발과정

계획, 소프트웨어 기능성과 하드웨어 구성에 대한 시방서를 포함한 전체적인 시스템 필요조건 결정 등이 해당될 것이다. 이 단계에서는 소프트웨어와 하드웨어 및 데이터변환서비스 등의 취득을 위한 관한 시방서의 개발도 포함된다.

2) 변환과 선택

GIS 실시 중에서 가장 비용이 많이 소요되는 부분은 기존의 기록과 지도를 디지털데이터로 변환하는 작업일 것이다. 일반적으로는 이 단계에는 상당량의 외부입력이 필요하다. 데이터수집과 변환에는 종래의 시설에서는 볼 수 없었던 사진측량기사와 영상벡터변환전문가와 같은 사람과 특수장치가 필요한 경우가 많다. 이 단계에서는 모든 기본정보 변환, 하드웨어와 소프트웨어장치 구입, 데이터변환작업 품질을 실증하는 절차개발과 함께 정보를 업데이트하는 교체방법을 제공하는 순서개발도 포함된다.

3) 시스템의 실시

다음 단계는 GIS 데이터베이스의 전체적인 관리전략을 개발하는 것이다. 이 단계에서는 데이터 사용과 유지관리를 지원하는 애플리케이션소프트웨어 실시와 여러 데이터원(source)의 통합이 포함된다. 이 통합에서 중요한 것은 선택된 소프트웨어환경에서 사용할 수 있는 데이터구조를 정의하는 것이다. 애플리케이션 개발 범위는 주로 GIS 중에서 개발되어야 하는 애플리케이션의 수에 좌우된다.

4) 시스템 운전

GIS개발의 최후 단계는 조직 전체적인 구조 중에 시스템을 사용하는 단계가 될 것이다. 시스템이 발전해 가기 위해서는 애플리케이션을 사용하고 개발할 적절한 운전자를 훈련시키는 것이 중요하다. 이것과 동일하게 중요한 것으로 시스템 운전을 감시하기 위한 관리프로토콜을 개발하고 실시하는 것이다. 이 단계의 총체적인 성공이 조직에서 GIS의 최종적인 적용가능성을 결정할 것이다.

5) 개발 과제

전술한 각 단계는 시스템실시에서 일반적인 단계를 나타낸 것이다. 역점을 두고 다루어야 할 중요한 개발문제들이 이러한 설명에 내포되어 있다. 이들은 다음과 같다.
- 프로젝트의 개시
- 프로젝트 계획
- 설계 계획
- 실시 조사
- 하드웨어와 소프트웨어 시방서
- 기준
- 유지관리 전략
- 관망 능력
- 데이터 원(source)
- 데이터 변환
- 애플리케이션 개발
- 데이터베이스 설계
- 운전자와 훈련

14.6.2 GIS 실시에 필요한 요원

GIS프로그램 개발에서 중요한 것은 프로그램을 사용하여 처리하는 사람들이다. 일반 컴퓨터애플리케이션 개발에서 주요 참가자는 소프트웨어 분석자와 소프트웨어 개발자, 그리고 애플리케이션을 필요로 하는 조직의 대표자로 한정되는 경우가 많았다. 이에 비하여 GIS 실시는 조직 내에서 필요한 요원을 다시 정의해야 한다. GIS의 복잡성을 고려하면 시스템 이용을 희망하는 조직에서는 많은 숙련자들이 이용할 수 있어야 하는 것은 명백하다. 다음 절에서는 이러한 기능을 일람하고 각 기능관계의 종류를 취급한다.

- **프로젝트 책임자(project champion)** : 조직에서 GIS의 필요성을 이해하고 있고 개념을 실행할 사람이 필요하다. 이 사람이 프로젝트 책임자이다. 일반적으로는 이러한 입장에 있는 사람은 상급관리자 또는 기술을 조직 내에 소개하는 것을 희망하는 부장 급이다. 이 사람은 공공부문이나 민간부문에서 당해 기술의 책임자가 된다. 또 이 사람이 프로젝트의 성공을 보증하는 동기를 부여해야 한다.
- **프로젝트 매니저** : 조직 내의 여러 부서의 전체적인 목표나 필요성을 파악하고 있으며

워싱턴교외위생위원회(Washington Suburban Sanitary Commission)의 GIS실시프로젝트

워싱턴교외위생위원회(WSSC)와 몽고메리군(메릴랜드주), 프린스조지군(메릴랜드주), 메릴랜드국립공원 및 계획위원회 그리고 메릴랜드주 과세국이 관내지리정보위원회(Interagency Geographic Information Committee : IGIC)를 1985년에 발족하였다. 이 위원회는 2개 군에 공유된 GIS의 가치를 평가하기 위해 구성되었다. 몽고메리군과 프린스조지군은 약 2,590km^{2}의 지역을 관장하며 인구 120만 명 이상으로 급속히 성장하는 교외지역이다. 독립된 수도와 하수도사업체인 WSSC에서는 양군에 서비스를 제공하고 있다. WSSC는 2개 정수장, 5개 하수처리장을 운영하고 있으며 전장 13,675km의 수도관과 하수도관을 유지관리하고 있다.

1986년 6월에 IGIC는 다기관 GIS 실시에 관한 기술적, 제도적, 경제적인 실행가능성을 분석하기 위한 조사를 개시하였다. 이 조사는 특히 GIS가 각 기관의 능률과 효과를 높일 수 있는지, 각 기관이 공유시스템을 관리할 수 있는지, 그리고 필요한 투자에 알맞은 이익을 얻을 수 있는지를 중심으로 진행하였다.

조사는 GIS 취득과 실시에 약 900만 달러의 비용이 소요되었고 실시까지 5~6년의 기간이 소요된다는 결론을 내렸다. 자동시스템과 수작업시스템에 대한 대체안의 비용과 이익에 관해서도 평가하였으며 자동화가 좋다는 의견이 제출되었다. 자동화 대체비용은 저축분을 포함하여 10년간에 200억 달러가 소요되는 것으로 추정되었다. 한편 수작업을 계속할 경우의 비용은 약 2,400만 달러가 소요되는 것으로 추정되었다.

이 조사는 IGIC를 CPU, 워크스테이션, 플로터로 구성되는 분산형 구성과 이들을 참여하는 모든 기관에 설치할 것을 제안하였다. 이 조사는 시스템 실시를 위한 계획도 있었다.

이 케이스스터디가 남긴 것은 주로 WSSC의 실시경험에 초점을 맞췄으며 시스템설계와 파일럿 단계, 애플리케이션의 정의와 개발 그리고 파일럿프로젝트 평가를 설명한다.

시스템설계와 파일럿 단계

IGIC는 1988년 6월에 설계단계에 착수하였다. 이에는 하드웨어와 소프트웨어 구성, 네트워크, 데이터베이스, 조작순서, 시스템제품을 포함한 모든 시스템 구성요소를 취득하기 위한 상세한 설계와 시방서 작성을 수반하였다. 여러 소프트웨어제작사를 검토한 다음 IGIC에서 지리적 관계데이터의 관리용으로 캘리포니아주 레드랜드의 Environmental Systems Research Institute의 ARC/INFO GIS소프트웨어를 선택하고 발주하였다. 이 소프트웨어는 2개 서브시스템의 능력을 결합시킨 것으로 그 하나는 지도데이터의 지도제작 요소를 취급하는 것이고, 다른 쪽은 데이터에 관련되는 속성을 취급하는 관계데이터베이스 관리시스템이다. ARC/INFO소프트웨어는 다음과 같은 기본적 기능을 구비하고 있다. 즉 대화적 디지털화, 표 분석, 지도중첩, 주소매칭, 완충기 생성, 러버시팅(rubber sheeting) 등이다. **그림 14.9**에 WSSC의 소프트웨어시스템 구성을 나타낸다.

또 IGIC는 GIS의 하드웨어플랫폼으로 워크스테이션파일과 서브아키텍처를 선택하였다. 이 구성으로 데이터가 원격으로 파일서버로 저장되거나 구내에서 워크스테이션으로 저장된다. 이와

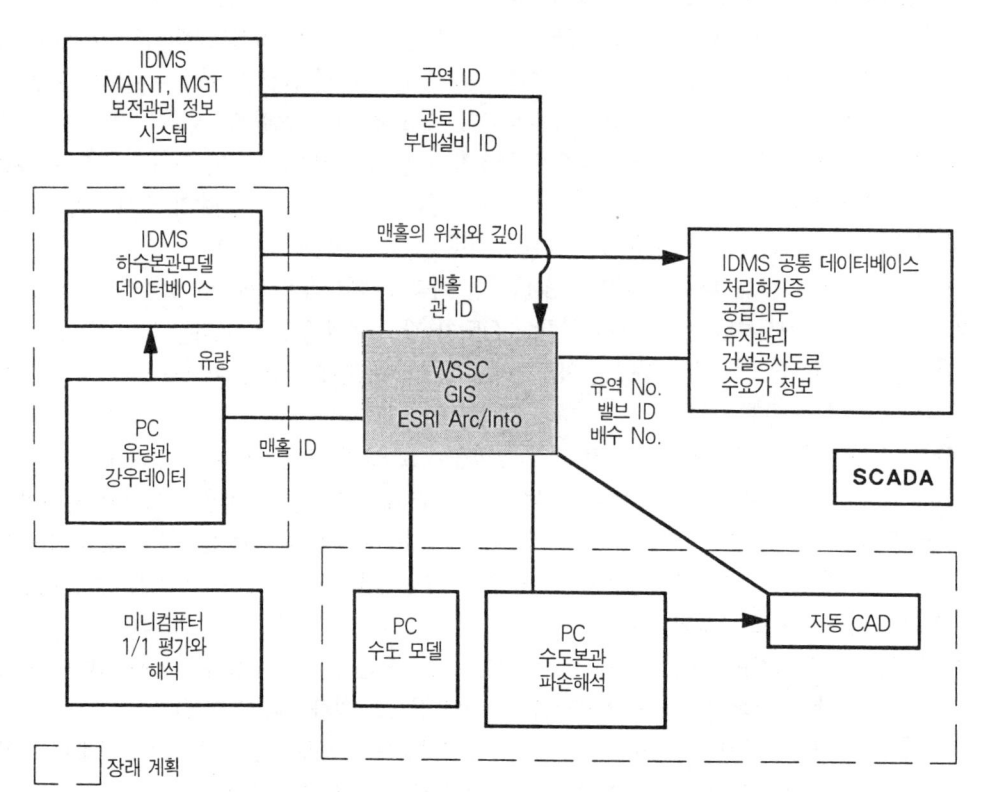

그림 14.9 WSSC 소프트웨어 시스템의 구성

같이 저장된 데이터는 구내분석, 편집, 그리고 표시를 위한 네트워크상의 모든 워크스테이션에 액세스할 수 있다.

　WSSC의 파일럿시스템에서는 32메가바이트(MB)의 주메모리와 1기가바이트(GB)의 디스크메모리를 구비하였으며 SUN사4/390미니컴퓨터 네트워크파일서버가 사용된다. 각 워크스테이션은 12MB의 주메모리, 최저 430MB의 디스크메모리, 2개의 직렬포트(port), 1개의 소형 컴퓨터시스템인터페이스(SCSI)용 포트, 하나의 이더네트(Ethernet port)를 구비하고 있고 UNIX의 운전시스템으로 가동된다.

　파일서버와 워크스테이션은 전송제어프로토콜(TCP), 인터넷프로토콜(IP), 통신프로토콜(CP)을 사용하는 이더네트 LAN(local area network)에 의해 접속되고 있다. 각 참가기관은 모뎀, 전용전화회선, 마이크로파, 광대역 케이블 등의 여러 매체를 사용하고 광역통신망(WAN)을 형성하기 위해 연결되는 LAN을 사용한다. 이에 따라 이더네트의 통신망간에 투명한 연계가 구축되고 사용자가 구내 이더네트의 통신망상에 있는 것처럼 1초당 19.2킬로바이트(KBS)라고 하는 제법

워싱턴교외위생위원회(Washington Suburban Sanitary Commission)의 GIS실시프로젝트(계속)

느린 전송속도로 정보를 공유할 수 있다. 다만, 이 방법은 실시간 그래픽데이터의 전송에는 효율적인 것은 아니다. 이 통신망은 또 WSSC의 파일서버와 IBM사 3090 메인프레임간에 9.6KB시스템통신망아키텍처링(SNA)을 구비하고 있다.

IGIC에서는 이 시험단계를 「GeoMaP」라고 이름지었다. 1990년에 6개월에 걸쳐 실시된 이 프로젝트에서는 시스템의 개념, 기술의 유효성, 데이터베이스의 내용과 개발순서, 제안된 애플리케이션, 비용-이익추정에 관해 수행되었다. 작업에는 항공사진촬영, 데이터베이스 설계, 데이터베이스 변환 등의 파일럿시스템과 또 공통그래픽 사용자인터페이스의 개발, 조사, 훈련이 포함되었다.

애플리케이션의 정의와 개발

「GeoMaP」의 파일럿단계 공정에 착수하기 전에 WSSC의 요원은 필요한 GIS의 수도와 하수도 애플리케이션에 관해 상세한 정보를 확인하였다. 애플리케이션 환경, 애플리케이션 개발의 요구사항, 상세한 애플리케이션 설계와 수행을 위한 기초에 대하여 현실적으로 이해할 수 있도록 애플리케이션을 정의하였다. WSSC의 직원에 의해 확인된 애플리케이션은 다음과 같다.

- 지도작성/작도/기록지원 : 입력, 업데이트, 저장, 출력
- 데이터 검색 : 정보이용가능성, 조회응답
- 처리의 허가 : 서비스이용가능성 분석, 정보 유지
- 수도와 하수도 보고서 : 보고서 작성, 평가 요청, 정보 유지
- 조작지원 : 긴급 조작, 정보이용가능성, 긴급시 영향의 최소화
- 계량기 검침 : 자원 배당
- 유지관리와 시스템 보수 : 현장 위치, 자원관리, 유지관리 일정계획, 현장지원, 인접시설의 위치확인, 작업순서의 처리
- 프로젝트관리 : 정보이용가능성, 계획
- 공공시설 영향평가 : 정보이용가능성, 영향평가 검토
- 수도와 하수도 설계와 조사 : 정보이용가능성, 계약자 정보 작성, 조사정보, 현지 시찰 최소화
- 기술 지원 : 정보이용가능성, 분석 지원, 환경영향평가 인가검토
- 시스템의 구축과 시설건설 : 정보이용가능성
- 제규칙의 준수 : 정보이용가능성, 계획검토
- 우수관리 : 계획검토, 설계지원, 분석지원, 정보이용가능성, 문의응답
- 수원계획 : 관망분석지원, 정보이용가능성, 데이터 작성
- 유입량과 침투량 : 관망분석지원, 정보이용가능성, 근린에의 통지
- 유량감시 : 정보이용가능성

이들 각 애플리케이션은 데이터, 하드웨어, 소프트웨어의 필요조건, 희망하는 최종성과 애플리

> ## 워싱턴교외위생위원회(Washington Suburban Sanitary Commission)의
> ## GIS실시프로젝트(계속)
>
> 케이션의 개발에 필요한 자원추정의 형태로 정의된다. 파일럿 단계의 하나로서 각 사용자는 각자의 환경에서 이들 애플리케이션의 많은 것을 개발하고 시험하였다.
>
> **파일럿프로젝트 평가**
>
> 파일럿프로젝트 결과는 다음 2가지 즉, 개별 GIS애플리케이션과 GeoMaP에 참여한 각 기관의 운전과의 호환성으로 평가된다. 평가대상으로서는 일반적인 애플리케이션정보, 프로젝트비용과 노력절약, 애플리케이션의 실시지원, 소프트웨어의 성능, 사용자인터페이스 등이다.
>
> GeoMaP평가의 최종단계에서는 모든 참가기관에 의한 요약보고서 작성작업이 이루어졌다. 이 보고서는 당초의 실현가능성조사의 결론, GIS로 생기는 문제, GIS를 특수조직에서 사용하는 것의 장단점에 대하여 검증하는 것을 목적으로 한 파일럿프로젝트에서의 결과를 나타낸 것이다.
>
> 평가결과에 따르면 IGIC에서는 GIS는 2개 군지역 내의 지도작성과 지리처리에 유익하다는 결론을 내는 것과 동시에 GeoMaP에서 파일럿을 전면적인 시스템구성으로 확대하는 것을 제안하였다.

프로젝트 전체에 온 신경을 쏟는 사람이 프로젝트 매니저이다. 프로젝트 매니저의 목적이 조직에 대해 정보를 공유하고 프로젝트의 장래에 영향을 미치는 결정에 관한 의견일치를 개발하는 것을 장려하는 데에 있다.

이 프로젝트 매니저는 각 개인에게 GIS기술을 충분히 알리는 것이 요구되는 동시에 취득한 특수하드웨어와 소프트웨어시스템에 관한 전문지식을 가지고 있어야 한다. GIS 프로젝트 매니저는 데이터입력 조정, 데이터베이스 구축과 관리, 사용자 지원과 교육 및 훈련에 대한 책임을 갖는다.

- **소프트웨어 애플리케이션 전문가** : 소프트웨어 애플리케이션 전문가는 소프트웨어를 사용자의 필요에 대해 적합하도록 개별화시킨다. 적절한 컴퓨터 언어에 정통한 것과 GIS시스템을 취득하기 위한 훈련이 필요하다. 전문가 고용에서는 시스템이 사용될 특수애플리케이션에 관한 지식과 관심이 필수요건이다. 최종사용자의 필요에 대해 애플리케이션 전문가가 이해하는 것은 GIS를 보다 효과적으로 작동시킬 수 있는 동시에 시스템을 보다 신속하게 받아들이게 된다.
- **데이터베이스 전문가** : GIS의 중요한 요구사항은 GIS데이터베이스 설계에 숙련된 사람이다. 데이터베이스 전문가의 기본적인 요건은 데이터베이스 관리시스템에 관한 지

식, 최종사용자가 필요로 하는 특수수도시설의 애플리케이션에 대한 데이터베이스 통합에 관한 설계경험, 지리와 지도작성 원리에 관한 지식, 컴퓨터사이언스 분야의 정식 교육 등이다.
- **GIS전문가** : GIS전문가는 최종사용자의 필요를 충족시킬 수 있는 지식을 가지고 있어야 한다. 최종사용자가 적절하게 자체의 필요성을 정의하고 그것을 전달하며 개발할 수 있도록 하기 위해서는 특정 GIS와 지도작성시스템의 훈련과 함께 선택된 GIS소프트웨어 지식을 갖고 있어야 한다. GIS의 올바른 이해와 수용은 이와 같은 전문가가 기대된 결과를 만들어 내는 능력에 달려 있는 경우가 많다.
- **기타 요원** : 조사원이나 기술자, 지도제작자, 지리학자와 같은 전문가와 기술자급이 추가로 필요하다. 이러한 요원의 확보는 전술한 GIS전문가의 경우보다도 쉽게 찾을 수 있을 것이다.

14.7 장래의 비전

14.7.1 조직적이고 기술적인 숙련

GIS에 관계되는 관리문제로서는 전문적이고 기술적인 숙련의 적당한 혼합 축적, 기존 기능과 이용가능한 기능 확인, 이러한 이용가능한 기능을 시스템실시에 필요한 임무에 적절하게 조합시키는 것 등이 있다. 협력에 대한 잠재적인 문제영역이나 기회를 확인하기 위하여 GIS프로그램에 대한 개인과 조직사이의 태도와 동기부여의 평가를 필요로 한다. 이 평가에는 GIS를 개인이나 기관이 완전히 이해하는 데 너무 복잡하다는 인식이 포함되었다. 프로그램을 관리하는 것은 프로젝트 입안, 설계, 실시, 조작에 관계되는 기술적인 문제보다도 훨씬 어렵다는 것을 인식해야 한다. GIS프로젝트는 조직의 장·단기적인 필요성이나 능력에 적합해야 한다. 미리 작성된 방법은 실시할 때쯤에는 기능적으로 뒤떨어진 시스템으로 되거나 또는 프로젝트를 실패로 이끌게 된다.

이 장의 나머지의 부분에서는 GIS실시를 검토하는 수도사업체가 직면하는 몇 가지 문제에 대하여 취급한다. 이것은 조직, 하드웨어와 소프트웨어 기술, GIS실시와 관리계획의 개발 등을 평가하는데 유용할 것이다. 많은 경향이 출현하고 있으며 다음에 설명하는 것을 포함하여 많은 검토를 해야 할 사항도 있다.

- GIS가 다양한 데이터세트에 대해 다목적인 액세스를 가지며, 이러한 데이터 구축과 유지관리에 대해서는 조직 내에서 분산된 책임을 가질 가능성이 높다. 시설 전체로서의 정보공유에 대한 요망과 함께 다목적 액세스에 대한 수요는 최종적으로는 시스템통합을 요청할 것이다.
- GIS개발의 상당부분이 전문가시스템 사용으로 될 것이다. 전문가시스템은 현재 사용되는 여러 통합적 애플리케이션을 조합한 것으로 생산성을 높일 것이다. 이에 따라 현행 시스템은 운전자의 선택에 의해서만 제공되는 특정업무를 줄이거나 배제시킬 것이다.
- 낮은 가격에 대하여 보다 강력한 하드웨어로 되는 경향이 금후에도 계속하게 될 것이다. 고해상도 화면이 간단히 이용할 수 있게 될 것이다. 기억매체가 고밀도이면서 저렴한 가격으로 신속한 액세스 시간에 중점이 두어지는 쪽으로 대폭적으로 변할 것이다. 또 광학매체와 자기매체가 분산식 데이터베이스 개념을 실용화시킬 것이다.
- 중규모 수도시설 쪽이 대규모 수도시설보다도 큰 조직적 실행가능성을 가지게 될 것이다. 대규모 조직에서의 주요 문제점은 이미 특정 하드웨어·소프트웨어시스템에 투입된 자금과의 대립이 생긴다고 하는 점이다.
- GIS프로그램 실시계획에는 많은 숙련과 재능이 요구되게 된다. 외부 컨설턴트와 내부 요원을 잘 편성하는 것이 특정업무수행에 필요하다. 시스템개발에서 어떤 형태의 외부 지원을 필요로 하지 않는 조직은 거의 없다.
- 어떤 조직도 의사결정을 지원하는 정보원의 수집과 유지관리 및 이용에 대해 책임지는 주요기관의 참여 없이는 살아남기 어려울 것이다. GIS개발전략에는 될 수 있는 한 많은 관련기관을 포함시켜야 한다. 예를 들면, 공공시설에서는 세금사정국, 엔지니어링이나 공공사업부서, 시설 운영에 영향을 주는 데이터나 활동에 관한 입안, 건설 및 지구 책임을 맡은 부서의 참여 없이 다목적으로 포괄적인 시스템을 실시하는 것은 현명하다고 할 수 없다.
- GIS개발에서 가장 어려운 것은 조직면과 재정면의 문제일 것이다. 프로그램 책임을 맡는 경영진은 투자에 알맞은 이익을 요구하게 되고 적절한 비용-이익의 평가전략에 대한 필요성이 높아질 것이다. GIS의 기술적 성질로부터 유래되는 조직의 변화가 많은 내부기관끼리의 대립으로 이어질 것이다. 조직의 대립을 포함한 이러한 문제는 다

른 성격의 GISs를 개발하게 될 것이다.
- 정확한 시설관련정보를 자동화하기 위한 높은 비용은 이러한 프로그램에 자금을 투입하는 것에 대하여 많은 대상시설에서 대안을 찾도록 요구할 것이다. 국소적 자금조달, 공동개발, 민간부서의 재원, 데이터베이스 사유화 시도를 포함한 전략은 자금조달에 대해 보다 많은 옵션을 제공할 것이다. 이와 같은 개발에서는 GIS데이터 제품과 서비스에 대해 충분한 비용을 회수할 수 있도록 기존의 서류보존법(public records laws)을 재검토해야 할 것이다.
- GIS프로그램 실시에 최종사용자의 프로그래밍재능을 채용한 통합개발모델과 분산형 시스템으로 이행하는 경향도 생길 것이다. 시스템개발에 관계되는 많은 조직 내에 잠재적 재능과 소프트웨어 개발도구의 이용가능성은 수도사업체의 시스템과 애플리케이션 개발을 촉진하고 단순화시킬 것이다.

14.8 결론

현재 각 수도사업체에서 GIS기술에 의해 초래되는 능력과 가능성에 대해 인식하기 시작한 단계이다. GIS는 수도사업체의 광범위한 애플리케이션에 대하여 또한 다양한 기능을 갖는 사용자에 의해 지리정보를 사용되게 할 것이다. 개개 시스템과 처리기술 평가가 실시되기 전에 이미 시대에 뒤떨어질 정도로 빠른 속도로 기술이 개발되고 있다. 그러나 이 기술을 응용하는데 사용된 원리, 즉 GIS를 사용하는 목적이 더 중요하다.

GIS를 채용할 때의 주요한 과제는 현재의 문제점을 해결하고 또한 이 기술을 효과적으로 이용하기 위한 분석방법을 개발하는 것이다. GIS조작방법을 습득하는 것은 비교적 쉽다. 다만, 조직의 필요를 만족시키도록 어떻게 효과적으로 이 기술을 채용할 것인지를 배운다는 것은 더욱 복잡한 작업이다. GIS에서의 방법과 애플리케이션은 당연히 동적으로 되어야 하며 또 수도업계에서 이 기술이용이 광범위하게 될 것이다.

14.9 조사연구의 필요성

지리정보는 수도사업체 내의 다양한 필요성을 충족시키기 위하여 사용되고 있다. 이러한 필요로서는 수도시설이나 배수시설에 관련되는 입지관련의 의사를 결정하는 담당자들의 요구도 포함된다.

수도사업체 내에서 지리정보의 공유는 단순한 데이터 교환이상의 의미가 있다. 데이터 공유를 쉽게 하려면 GIS연구와 함께 공간데이터의 수집, 체계화, 분석, 표시, 배포, 통합, 보수에 관한 기술면과 조직면의 쌍방을 사용자측은 처리해야 한다. 공간데이터 공유에 고유의 기술적인 어려움을 나타내는 데에는 이미 많은 노력이 이루어지고 있다. 조직관계의 문제와 인간관계의 문제를 해결하기 위하여 증가된 조사와 활동을 강화시키는 노력이 필요하다.

이러한 기술면과 조직면의 문제 중에서 금후에 조사가 필요한 분야로는 다음 사항이 포함된다.

- **기술면**
  - 시스템하드웨어인터페이스
  - 공간 데이터의 기준과 데이터베이스 구조
  - 공간분석과 공간통계
  - 인공지능과 전문가시스템
  - 그래픽 표시의 시각화
- **조직과 인간관계면**
  - 관료주의적인 실시
  - 각 부서간의 협력
  - 조직구조와 조직문화
  - 정책적 환경
  - 인간 문제

지리정보는 대부분 다른 종류의 정보에 비교하여 보다 광범위한 잠재적 사용자 범위와 보다 오랜 수명을 갖고 있다. 그러나 정보공유는 여전히 조직 내의 단일 부서에 한정되고 있는 경우가 너무 많다. 수도사업체 내의 사용자에게 효율적이며 평등하게 적기에 공간 데이터에 액세스하는 요망은 금후에도 계속될 것이다. 이러한 정보 이용을 촉진하고 간편하게 하는 문제에는 계속 노력을 기울어야 한다.

참고 문헌

水道管路情報 管理매뉴얼(基礎編), 水道管路技術센터, 1991.

水道管路情報管理매뉴얼(應用編), 水道管路技術 센터, 1993.

Antenucci, J. C. 1986. Timing the Acquisition and implementation of a GIS Computer System and Its Database. Proc. URISA '86 Conf. Urban and Regional Information Systems Association, Washington, D.C.(Vol.2 ; pp.13-21).

Behrens, J. O. 1985. Accessibility of Public and Private Land Information New Depatures for Old Realties. Proc. URISA Information '85 Conf. Urban and Regional Information Systems Association, Washington. D.C.(Vol.1 ; pp.12-28).

Beidler, A. L. & Williams, R. E. 1986. A local Government Geographic Information Systems Evaluation Proccess. Proc. URISA '86 Conf. Urban and Regional Information Systems Association, Washington, D.C.(Vol. 2 ; pp.168-176).

Brown, C. 1986. Implementating a Geographic Information a Geographic Information Systems-What Makes a New Site a Success? Proc. URISA '86 Conf. Urban and Regional Information Systems Workshop. American Society of Photogrammetry and Remote Sensing, Falls Church, Va. (pp.12-19).

Capenter. J. & Wagner, W.1989, The Eastern Municipal Water District AM/FM/GIS Project, Eastern Municipal Water District, San Jacinto, Calif

Chrisman, N. R.1987. Fundamental Principles of Geographic Information Systems. Pro. Eighth Intl. Symp. on Computer Assisted Cartography. American Society of Photogrammetry and Remote Sensing, Falls Church. Va. (pp.32-41).

Dangermond, J. & Smith, L.1980. Alternative Approaches for Applying GIS Technology. Proc. ASCE Speciality Conf. : Planning and Engineering Interface

With a Modernized Land Data System. American Society of Chemical Engineers, Denver, Colo.

Gentles, M. E.1987. What Are the Secrets to a Successful Conversion Effort? Proc. URISA Information '87 Conf. Urban and Regional Information Systems Association, Washington, D.C.(Vol. 2 ; pp.37-47).

Goodchild. M. F. & Rizzo, B. R.1986. Performance Evaluation and Workload Estimation for Geographic Information Systems. Proc, Second Intl. Symp. on Spacial Data Handling. International Geographic Union, Williamsville, N.Y.(pp.497-509).

Hansen, H. 1987. Justification of a Management Information System. Proc. Geographic Information Systems '87 Symp. American Society of Photogrammetry and Remote Sensing, Falls Church, Va.(pp.32-41).

Hearn, C. & Jenkins, S.1989. Experiences in Developing a Microcomputer Based Utility Mapping System. Proc.1987 WCPF Ann. Conf. Water Pollution Control Federation, San Francisco, Calif.

Jentgen, L.1990. Advanced SCADA Applications, Florida Water Resources Journal(April) .

Joffe, B. A. 1987. Evaluating and Selecting a GIS System. Proc, Geographic Information Systems B7 Symp. American Society of Photogrammetry and Remote Sensing, Falls Church, Va.(pp.138-147).

Sety, M. L. & Chang, K.1987. A Rational for Considering the Geographic Information System Data Base an Asset. Proc. Geographic Information Systems '87 Symp. American Society of Photogrammetry and Remote Sensing, Falls Church, Va.(pp.122-127).

제15장 수질시험실 정보관리시스템(LIMS)

집필자 : Jerry W. Garrett
　　　　　Yasuo Mattsuura(松浦 八洲雄)
부집필자 : Ronald B. Hunsinger
　　　　　Herbert J. Nyser
　　　　　Thomas DeLaura

　모든 수도에서는 수질을 평가하기 위하여 내적인 것이나 외적인 것을 불문하고 수질시험실을 이용하고 있다. 오늘날과 같이 복잡한 법규제와 건강에 대한 관심이 높은 세상에서 법규를 준수하고 공중의 건강을 최대한으로 지키기 위해서는 수질시험실의 정보관리가 중요한 역할을 담당한다. 또 대부분의 조직에서는 그 직원들을 효율적으로 운용하기 위하여 노력하고 있다. 직원들의 효율을 향상시켜야 하는 요구와 결부되는 높아진 수질시험, 분석, 그리고 보고에 대한 필요성이 수질시험실정보관리시스템(LIMS)을 필수적인 것으로 하게 되었다.

　미국 내에 있는 수도사업체 중에 약 58,000개는 아주 소규모인 것이다. 80% 이상은 5,000수전 이하의 수요가에게 수돗물을 제공하고 있다(USEPA 1987년). 이러한 소규모 시설의 대부분은 외부 시험실 등에 시험과 분석을 의뢰하고 있다. 50,000수전 이상의 수요가에게 급수하고 있는 수도사업체인 경우에는 일반적으로 독자적인 시험실을 갖추고 있지만 대규모 수도사업체에서도 복잡한 시험은 외부 시험기관에 위탁하는 경우가 많다.

　미국, 일본, 유럽에서는 지난 수십 년의 사이에 수질을 조사하기 위하여 채수된 시료수나 시험회수가 대폭적으로 증가하였다. 35만 개의 수전을 갖고 150만 명에게 급수하고 있는 대표적인 수도회사를 보면, 표 15.1에 나타낸 바와 같이 미국에서는 연간 약 3만 건, 일본에서는 약 4만 건, 또 유럽에서는 약 7천 건의 시료를 채수하고 있다. 이와 같은 경향에 따라 데이터 양과 관련되는 처리나 보고작업도 급속하게 증가하고 있다. 시료는 평균으로 10

표 15.1 일반적인 수질시험항목과 시료수

시험항목	총 시료수		
	미국*	일본**	유럽***
미생물	26,684	4,382	3,870
일반미네랄, 물리적, 무기화학적	266	35,812	2,650
단독항목분석	987	712	350

유기화학
  농약
  트리할로메탄
  휘발성 유기화학물질
  에틸렌 디부로마이드, 디부로모크로로프로판
	40
	408
	792
	78
		480
		480
			321
			54
			54

방사성물질 그로스 알파	305		
조류	103	164	

원격 데이터 수집
  상수원
  배수계통
  정수장			

	29,663	42,030	7,299

비고) * : 급수인구 150만 명의 전형적인 미국의 도시
    ** : 삿포로시(급수인구 157만 명, 급수호수 594,800)
    *** : 파리 서부외곽지역(급수인구 130만 명)

수질시험실의 자동화

  수질시험실정보관리시스템은 자동화된 시험실의 분석기기류와 혼동해서는 안된다. 시험실의 분석기기류, 분석장치는 복잡한 구조로 된 것이 많으며, 그 중에는 내장식의 데이터장치나 순서에 따라 제어, 교정, 데이터의 수납처리를 위한 장치를 갖춘 것도 있다. 이들 "스마트"한 계기류는 "시험실 자동화"라고 한다. 이들은 LIMS의 입력데이터 중에 하나의 원천이다. 다만, '시험실 자동화'에 대해서는 LIMS와의 인터페이스에 관한 부분을 제외하고는 여기서 취급하지 않는다.

가지 이상의 시험에 사용되며, 보고의 요구조건도 끊임없이 증가하고 있다. 이와 같이 대량의 수질데이터를 시료채취 일정작성·시험·기록·보고하는 관리와 편집작업에 대해 LIMS는 가치있는 수단이다.

15.1 오늘의 수질시험실 정보관리시스템(LIMS)

초기의 LIMSs는 완전히 시험실에 속해 있었다. 이러한 시스템은 단지 시험실의 측정 결과를 보존해 두기 위한 효율적인 방법에 지나지 않았다. 그렇지만 오늘날 LIMS는 조직 내의 많은 사용자에게 서비스를 제공하고 있다. 참으로「수질시험실정보관리시스템」이라는 용어는「수질관리시스템」등이라고 하던 것보다 더 일반적인 말로 변하였다고 생각된다.

15.1.1 목적

LIMS의 목적은 수도시설의 업무를 지원하기 위한 수질측정과 유지관리에 필요한 결과를 제공하는 것에 있다. 이와 같은 목적을 달성하기 위해서는 LIMS는 시험실의 시험과 분석 기능이 적합해야 하고 외부 데이터원(source)에도 적합해야 한다. 모든 시험실은 시험실로서의 임무, 시험실의 계측제어, 그리고 방법을 구비하고 있으며 독특한 조작순서나 실시방법을 갖고 있다. 효율적으로 설계된 LIMS는 수질정보를 효율적이고 시기에 알맞게 또한 정확한 방법으로 수집하고 보존하며 처리하고 피드백(처리를 강화하기 위하여)하며 보고하는 것을 기능적으로 할 수 있다.

상기 이외에 LIMS의 중요한 목적으로서는 시료를 관리하는 것이다. 이에는 시료채취일정의 작성, 실제 시료와 계획된 시료의 감시, 의뢰할 시험실에의 시료발송과 각 시료의 적절한 분석을 감시하는 것이 포함된다. 이와 같은 시료 관리에는 실패된 시료나 분석항목, 적절한 시료의 폐기, 현장에서 시험실까지의 보존상태 추적에 관해서도 포함해야 한다.

LIMS의 규모와 범위에 영향을 미치는 요소로는 다음 사항이 포함된다.

- 법적 요구조건
- 시험실의 규모
- 시험실의 종류
- 수집된 시료의 수
- 시료의 종류
- 시료의 뱃칭(batching)
- 시험과 분석

- 시험실의 분석기기류(instrumentation) 대수
- 급수시스템의 운전요구조건
- 원격데이터수집량
- 서류화와 보고의 필요성
- 정보의 유통과 송부
- 요구되는 송수전환시간(turn-around time)
- 외부시험실 이용량
- 보관과 검색의 요구조건
- 특수시험 필요성
- 원가계산 필요성
- 작업목록 관리
- 직원의 작업부하

15.1.2 배경

여러 해에 걸쳐 시험실의 기능과 채취된 시료의 수는 비교적 일정하였다. 그런데 미국에서「안전음용수법(Safe Drinking Water Act)」이 제정되고, 일본이나 유럽에서도 같은 성질의 법률이 제정됨에 따라 시험실 작업부하가 대폭적으로 증가하였다. 그 결과로 분석회수와 시험빈도 및 보고요구조건 모두가 급격하게 증가하였다. 또 정수시설을 보다 최적 상태로 운전해야 할 필요성도 분명하게 되었다. 많은 수도사업체에서 시험실 데이터는 단지 수질을 보증하는 것을 넘어서 시설을 효율적으로 운전관리하는 데에도 필요한 것이다.

대부분의 수질시험실은 이와 같은 급격한 작업량 증가에 대비하지 못하였다. 시험실의 전형적인 대응방법은 자동화된 분석기기 확보와 직원수를 증가시키는 것이었다. 자동분석기기 확보는 중요하기는 하지만 시험실 데이터의 전체적인 관리에서는 그다지 유용하지 못하였다. 또 시험실 직원들은 만들어지는 많은 데이터를 서류처리하는 데에 몰두하게 되었다. 시험실요원들은 기록, 복사, 평균, 확인, 그리고 데이터편성 등과 같은 인력으로는 효율적으로 수행할 수 없을 뿐만 아니라 또 고도로 훈련된 시험실 전문기술자에게는 좋아하지 않는 업무에 대부분의 시간을 소비해 버렸다.

LIMS 실시는 이러한 문제를 해결하는 당연한 반응이었다. 이러한 초기 시스템에서는 일

반적으로 시험실 내의 데이터관리에 중점을 두고 있었다. 이러한 문제를 경감시키기 위해서는 비록 미숙한 정보관리시스템조차도 이상적인 것이라고 생각하였다. 그 후 값싼 컴퓨터와 강력한 데이터베이스관리소프트웨어를 이용할 수 있게 됨으로써 LIMS는 이러한 시스템 중에서 가장 비용 대 효과의 양면에서 우수한 시스템으로 되었다.

현재 LIMS(보다 현실적인 명칭은 「수질관리시스템」)은 조직 전체에 대한 도구의 하나로서 발전하고 있다. 이 시스템은 수도사업체가 수질목표를 충족시킨다는 측면에서 보면 주요한 역할을 수행한다.

15.2 수질관리 시스템의 설명

LIMS의 주요한 기능에는 다음 사항이 포함된다.
- 시료채취 일정계획 작성
- 시료 보존
- 보존을 위한 시료추적
- 시료 시험과 연산
- 원격측정 데이터의 수취
- 데이터 기록과 보존
- 작업 일정계획 작성
- 품질분석
- 일정계획과 분석 관리
- 교정
- 비용계산
- 데이터 검색
- 보고

이러한 주요한 기능과 함께 LIMS는 법적 기준이나 조작요구조건 변경에 대처할 수 있는 동적임에 틀림없다. 새로운 요구조건이 부과되거나 수원에 변경이 있다든지 또는 기술이 진보됨에 따라 LIMS가 대처해야 한다. 다행스럽게도 현행 데이터베이스 관리기술은 시설에 필요한 상당한 정도의 유연성과 확장성을 허용하고 있다.

> ### 오사카시의 실례
>
> 오사카시(일본) 수도국에서는 현재 다음 항목에 대하여 텔레미터에 의해 원격자동측정을 실시하고 있다.
> - 탁도
> - pH
> - 잔류염소
> - 전기전도도
> - 수온
>
> 이들 항목에 대하여 연속적으로 원격측정함으로써 수작업에 의한 시료채취의 수를 줄일 수 있었다. 그 결과 이러한 방법은 적은 비용으로 고수준의 수질을 보증할 수 있을 것이다.

수도사업체에서는 여러 가지를 분석하기 위하여 저수시설과 송수시설 및 배수시설에서 많은 시료를 채취하고 있다. 채취되는 시료의 분량, 종류, 빈도, 장소에 관해서는 많은 요소에 의해 결정된다. 시료채취계획은 규제항목과 내부의 품질관리요건 준수, 특수 연구, 교정, 운전 필요, 기타 목적 등에 따른 보고서를 작성하는데 필요한 데이터를 산출하고 분석하는데 충분한 시료를 제공해야 한다.

수작업에 의한 시료채취에 병행하여 자동으로 시료를 채취하고 시험하는 방법이 보급되기 시작하였다. 탁도, 전기전도도, 수온, 그리고 잔류염소와 같은 수질항목은 자동으로 측정할 수 있다. 이러한 계측치들을 직접 또는 감시제어 및 데이터수집(SCADA)시스템을 거쳐 LIMS에 전송할 수 있다. 색도나 입자수와 같이 항목도 자동으로 간단히 시료채취하고 측정할 수 있게 되고 있다.

끝으로 가스크로마토그래피와 같이 완전 분석할 수 있는 자동분석기기가 일반적으로 보급될 것이다. 이러한 분석장치에는 통상적으로 시료는 수작업으로 공급되고 있다. 다만, 시료가 공급되면 이러한 장치들은 결과를 분석하고 보고하며 보존할 수 있다. **그림 15.1**은 다른 시료채취에 대하여 분석하고 데이터베이스에 입력하는 방법을 나타낸 것이다.

여러 수질분석에 필요한 계산 범위와 종류는 다음 범주로 세분류할 수 있다.
- 생분석데이터로부터 시험결과 연산
- 기준화와 선형화
- 단위변환
- 교정

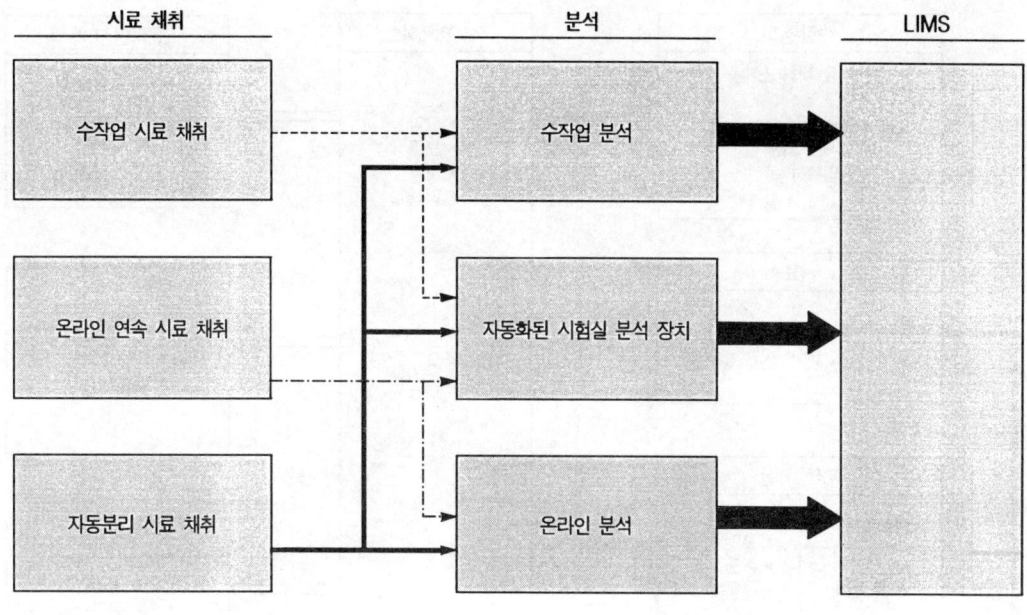

그림 15.1 대표적인 LIMS 입력

- 곡선 조정
- 플로팅과 그래프작성
- 한계 확인
- 변환 표시
- 품질관리 통계

　LIMS의 중요한 기능 중의 하나는 일반보고와 특별보고를 위하여 과거 정보를 검색할 수 있는 능력을 갖고 있다는 점이다. 작성된 데이터의 범위와 분량은 중규모 수도사업체의 경우에서 가장 많다. 장시간에 걸친 시간간격에서 데이터를 얻기 위해서 시료를 분석하고 비교하는 작업이 필요하였기 때문에 과거 데이터를 효율적으로 액세스할 수 있도록 하는 결과가 되었다. 과거에는 이와 같은 과거 데이터는 "파일 속에 묻혀 있었다". 자기매체에 데이터를 수납시킴으로써 여러 가지 연구나 분석, 현재 값과 과거 결과를 비교하고, 경향을 해석하는 것 등이 훨씬 쉬워졌다.

15.2.1 서브시스템

　그림 15.2에 나타낸 바와 같이 LIMS는 많은 서브시스템으로 구성되어 있다. 수질관리

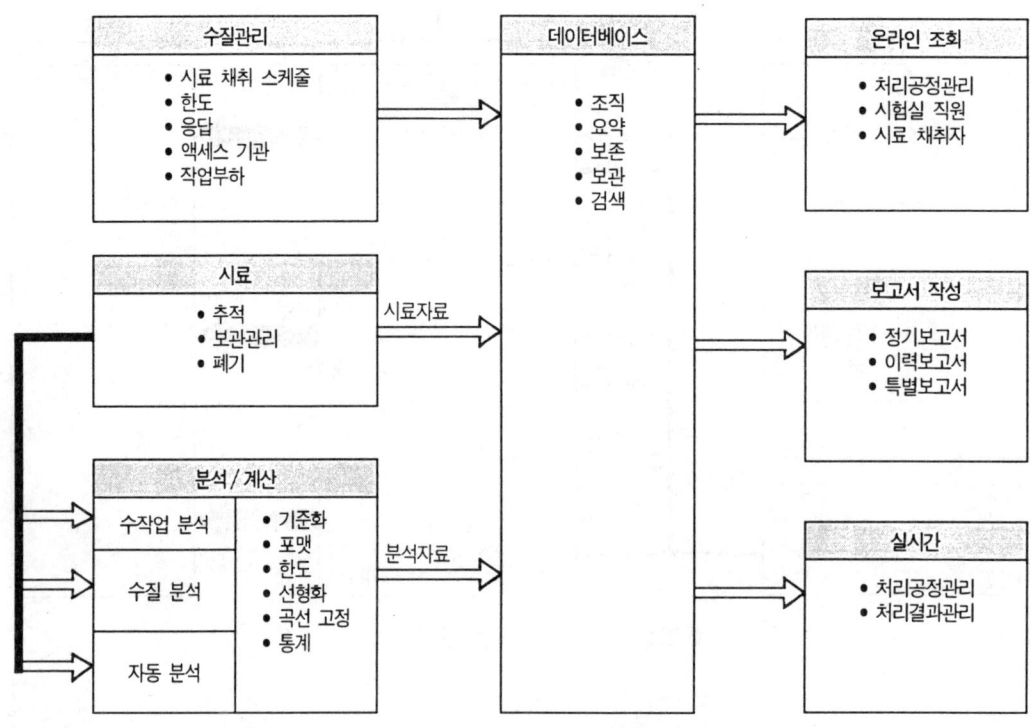

그림 15.2 LIMS의 서브시스템

서브시스템은 시험실의 구성, 용어, 시료채취일정계획, 작업부하계획, 계기류점검일정계획과 계산을 처리한다. 샘플링서브시스템은 시료 추적, 시료 분석, 시료 보관관리, 시료 폐기를 취급한다. 시험/계산서브시스템은 시험데이터 입력과 편집, 수질분석장치 입력, 자동화된 분석기기류에 입력한다. 이 서브시스템은 또 한도체크, 실증, 변환, 기준화, 선형화, 통계, 곡선의 맞춤과 교정도 한다. 데이터베이스서브시스템은 시험데이터의 조직, 압축, 저장, 기록, 그리고 검색을 책임지고 있다.

LIMS에는 일반적으로는 3개 출력서브시스템이 있다. 즉, 온라인 대조확인 서브시스템은 데이터베이스를 상세하게 조사하는 능력을 갖고 있다. 보고서작성서브시스템은 정기보고서 또는 특별보고서를 제공하는 기능을 갖고 있다. 실시간출력서브시스템은 정수처리공정 관리나 정수처리결과 감시에 관하여 정수장 운전관리에 직접 결부된 기능을 제공한다.

15.2.2 기능적 구성요소

LIMS는 다음 3개의 주요한 구축 블록에 의해 구축되고 있다.

- 컴퓨터
- 데이터베이스 관리시스템
- 애플리케이션프로그램(계산, 선형화 등을 위하여)

LIMS는 개인용컴퓨터(PCs)나 미니컴퓨터 또는 대형 컴퓨터를 사용할 수 있다. PCs 출력과 기억용량이 증가하고 있으므로 LIMS에 대해 PCs를 쓰는 경향이 증가하고 있다. 대부분의 LIMS는 표준, 광범위한 이용, 관련데이터베이스 소프트웨어를 사용한다. 이 소프트웨어는 LIMS 내에 있는 복잡한 데이터를 유연하고 강력하게 처리하기 위하여 필요한 것이다. 이 이외의 소프트웨어, 다시 말해서 LIMS 애플리케이션프로그램은 일반적으로 메이커로부터 패키지로 구입해야 한다. 사실 LIMS 제작자는 패키지 제품으로서 완전한 LIMS를 제공하고 있다.

15.2.3 입력과 출력

LIMS에의 입력은 일반적으로는 시료채취일정계획, 실제의 시료채취, 시료추적, 작업부하와 시험일정계획, 원격측정데이터 등이다. 자동화된 분석기기류의 측정결과, 외부시험실에 위탁한 분석결과, 수작업분석항목의 분석데이터와 측정결과의 수작업입력 등은 LIMS에 입력된다. 이러한 입력에 관해서는 **그림 15.2**에 나타내었다.

LIMS으로부터 출력에는 정수처리공정에 대한 조언, 정기운전보고서, 트렌드보고서, 규제관련보고서가 포함된다. 품질보증/품질관리보고서, 제출된 보고서목록, 특별보고서도 대표적인 LIMS 출력이다. 이러한 출력에 관해서도 **그림 15.2**에 나타내었다.

15.3 장래의 비전

장래 수도사업체는 충분히 개발된 수질프로그램을 구비하게 될 것이다. 수질프로그램은 조직의 모든 것과 완전히 연계된 종합적인 것이 될 것이다. 수질프로그램은 단지 보고하기 위함만의 것이 아니고, 수도시설을 최적화시키는 기회이기도 하다. LIMS는 시험실뿐만 아니라 조직 전체에서 불가결한 것으로 될 것이다.

장래 시험실에서는 대부분의 샘플링이나 그 시료 분석이 자동적으로 이루어지게 될 것이다. 센서의 신뢰성이 높아짐에 따라 급수되는 수돗물의 상당한 수질항목을 배수계통에서 측정하게 될 것이다. 모든 유기물, 무기물, 세균에 대하여 온라인샘플링과 실시간 검사가 가능해질 것이다(Brooks et al.1979). 당연한 것이면서 현재는 비용이 중요한 요소로 되고 있다.

장래 수질시험실 직원이 수행하는 사무적인 작업은 아주 적어질 것이다. 그들의 업무는 시험실 운영일정계획 작성과 품질보증에 중점이 두어지게 될 것이다. 자동적으로 작성된 데이터가 정확하고 적절하게 데이터베이스 중에 입력되는 것을 확인하기 위한 데이터베이스 관리자가 필요하게 될 것이다.

전문가시스템과 같은 새로운 소프트웨어도구가 수질문제나 정수공정 문제 등에 관하여 사용될 것이다. 이러한 도구는 습득된 정보를 보존하고 금후에 이와 같은 문제에 직면할지도 모르는 사람들에게 유용하게 될 것이다. LIMS의 데이터베이스는 다른 시스템과 연계되고 조직 내의 다른 사람들이 즉시 이용할 수 있게 될 것이다.

15.3.1 주요한 인터페이스

LIMS와 다른 시스템간의 주요 인터페이스에는 배수계통으로부터 직접 온라인으로 수질측정결과를 입력할 수 있는 SCADA시스템인터페이스와 운전자가 정수처리의 결과를 보는 정수장운전시스템에의 데이터링크(data link)가 있다. 수요가 불평을 효율적으로 처리할 수 있는 수요가 정보시스템에의 데이터링크가 3번째로 주요 인터페이스이다.

15.3.2 이익과 비용

LIMS에서 얻는 이익으로서는 수질시험실의 노동력절감, 즉 보다 정확하고 신뢰성이 높은 데이터의 보고서와 별도 조사에서 얻을 수 있었던 데이터의 상관관계 확인 및 우수한 정수처리기술과 수질 향상을 들 수 있다. 데이터와 정수처리 개선의 이익이 노동력절감보다 더 중요할지도 모르지만 이러한 이익은 수량화하기 어렵다. 이러한 효과에 관해서는 특정한 수도사업체 현장상황에 따라 다르기 때문에 여기서는 언급하지 않는다.

LIMS의 원가부분에 포함되는 것은 계획, 컴퓨터주변장치, 소프트웨어, 설치, 훈련비용이다. 또 계속적인 조작, 계속적인 훈련, 그리고 유지관리에 비용도 들게 된다.

계획부분은 수도사업체에 크게 의존하기 때문에 수량화하는 것이 어렵다. 소규모 수도사업체 LIMS의 비용은 컴퓨터와 소프트웨어 비용만 해도 20,000달러 정도가 될 것이다. 대형이고 세련된 시스템이면 그 비용은 10만~25만 달러 정도가 될 것이다. 훈련에도 상당한

> **오사카시의 LIMS**
>
> 최근 오사카시 수도국에서 실시된 조사에 의하면 LIMS에 투입된 1,800만엔($14,500 US)의 자금이 연간 700만엔($56,500 US)의 인건비를 절약한다는 결론이 나왔다. 이것은 미국에서도 실증되고 있으며 LIMS도입에 의한 전체적인 경비 등의 절감은 명백하다.

비용이 소요될 수밖에 없다. 훈련횟수나 종류는 직무에 좌우된다. 훈련의 범주에는 운전절차와 시스템 사용의 2가지가 있다. 훈련예산을 세울 때에 검토해야 하는 다른 요소로는 훈련을 받을 직원들의 컴퓨터에 대한 지식수준이다. 훈련을 받는 직원이 데이터베이스 관리소프트웨어에 정통해 있는 경우에 훈련은 간단한 것으로 된다. 또 하드웨어 유지관리에 관해서는 컴퓨터와 주변장치가 표준으로 실증을 거친 제품에서는 일반적으로는 그다지 비용이 크게 들지 않는다.

15.4 조사연구의 필요

LIMS와 다른 제어시스템과 정보시스템간에 표준화된 통신프로토콜이 필요하다. 가장 결정적으로 필요한 것은 LIMS에 대한 SCADA(또는 통합제어시스템) 통신용 표준화 프로토콜이다. 이에 따라 운전자는 이용가능한 시점에서 시험실 정보를 입수할 수 있다. 이와 같은 표준프로토콜이 없는 경우에는 LIMS와 다른 시스템간에 특별한 인터페이스가 필요하다. 다만, 이와 같은 인터페이스에 의한 방법은 비용과 리스크 때문에 실시된 예가 거의 없다.

리서치가 필요한 2번째 분야는 시험실데이터를 표시하기 위한 우수한 그래픽유저인터페이스 개발이다. 이와 같은 그래픽형식의 화면에서는 운전자에 의해 간단히 입력되고 트렌드나 상관관계를 표시할 수 있다. 트렌드나 여러 변수의 상관관계를 간단히 볼 수 있도록 화학자와 운전자의 실무능력을 개선함으로써 수질을 향상시키고 처리비용을 최소화하는 것이 가능하게 되었다.

리서치가 필요한 3번째 분야는 시험실데이터 질에 대해 보증하는 전문가시스템 개발이다. 전문가시스템은 합리적인 규칙을 정해 두면 대량의 데이터베이스를 분석할 수 있다는 점에서 대단히 유익하다. 전문가시스템은 통상적이고 대량의 데이터처리작업에 대해서는 데이터

관리직원에게 그 작업을 맡겨 두고 처리데이터에 문제가 있는 경우에 주의를 환기시키는 역할을 하도록 한다.

끝으로 필요한 분야는 분석이 올바로 실시되고 있다는 것을 확인하기 위한 전자감사추적(electronic audit trails) 설정이다. 재무시스템에서는 일반적으로 되어 있는 감사추적은 입력을 추적하고 원시자료에 되돌릴 수 있다. 시험실 시스템에서는 이 데이터를 추적하여 시료에 되돌리는 것뿐만 아니라 시료분석에 사용된 기술과 분석기기류를 조사하기 위해서도 유용하다.

참고 문헌

Brooks, R.L. et al. 1979. On-Line Automated Water Quality Monitoring. NASA Technical Publication, NASA Manual Spaceflight Center, Clear Lake, Texas.

USEPA. 1987. Federal Reporting Data System(FRDS). Office of Drinking Water, Washington, D.C.

제16장 보전관리시스템(MMS)

집필자 : Haruo Itoh(伊藤 晴夫)
Alan W. Manning
부집필자 : Hiroshi Tada(多田 弘)
Toshihiko Tsukiyama(築山 俊彦)
Roy O. Brandon
Mary Winter
Vicki Bruesehoff

    보전관리부서의 필요성을 충족시키기 위하여 각종 정보관리시스템과 전문가시스템이 시장에 등장하고서부터 상당한 세월이 지나갔다. 이들 시스템은 다기능이고 개인사용자나 2인 이상 사용자의 환경으로 시스템을 구축할 수 있다. 보전관리부서의 정보관리시스템은 일반적으로 장치 수리와 이에 요하는 노력과 수리교환부품 및 비용을 추적하는 데이터관리기능을 갖추고 있다. 이와 같은 관점에서 이와 같은 시스템이 공공사업체에서는 호평을 받고 있으며, 특히 이러한 시스템이 기능면에서 탄력적으로 사용될 수 있기 때문이다. 보전관리부서의 조합(union) 유무, 담당하는 기능의 다소, 보전관리대상이 차량, 정수장, 송·배수관, 급수전, 또는 계량기나 하수차집관가 부서의 유지관리 초점을 맞거나에 상관없이, 현재는 필요성의 대부분을 충족시킬 수 있는 시스템이 존재하고 있다는 것을 의미한다.

    이러한 시스템은 작업순서, 재고, 구입필요성 판단, 노무계획과 작업시간관리, 각종 분석 진단 또는 보고 등을 관리하기 위한 대비를 포함하여 광범위한 지원기능을 갖추고 있다. 전체 조직의 정보관리요구를 완전 통합시키고자 할 때에 보완시설로서 다른 애플리케이션을 종종 요구한다. 일반 원장, 지불계정, 수취계정, 지불급료, 지리정보, 자동지도작성과 시설관리, 기술과 과학 또는 모델링프로그램 등을 포함한 일반적인 "다른" 애플리케이션은 보전관리시스템(MMS)의 한 부분이 아니고 주문생산품으로 통합시킬 수 있다. 여기서 설명한 것 이외의 애플리케이션이 있으나 그것들은 보다 일반적인 것이 아니다.

16.1 보전관리조직

관련된 신규 장치가 늘어나고 복잡해짐에 따라 보전관리비용이 운전비용보다 빠른 속도로 상승되고 있다는 사실은 모두가 알고 있는 바와 같다. 경영자는 일반적으로 운영과 사무실 자동화를 중시하고 있고, 그 결과 현장노동자와 사무실노동자들은 새로운 기기와 자동화된 장치에 의해 대체되고 있다. 5명의 노동자가 해고될 때마다 1명의 보전관리요원을 필요로 한다는 조사결과도 있다. 이것이 "언젠가는 보전관리요원수가 생산요원수를 상회할 것이다"라고 벽에 게시되어 있다.

보전관리조직은 규모가 2~3명에서 수백 명의 것까지 많이 있다. 보전관리의 목적과 대상시설은 도로, 하수도, 공원, 상수도관로 또는 차량과 같은 생산공장과 기반시설(infrastructure)에 집중되고 있다. 또 보전관리업무는 장치의 설치장소 또는 일반적인 서비스구역 안이라는 특정장소에서 이루어진다.

보전관리요원의 구성에는 조직의 정규직원인 경우, 보전관리전문회사에 외부 위탁하는 경우, 그리고 양자가 혼재된 경우가 있다. 각 보전관리그룹은 개인적인 소개, 기술, 손재주 등의 특수기술, 복합적인 전문기술자 등에 따라 분류된 고용자들로 구성된다. 보전관리조직에 대해서는 하나 또는 2 이상의 노동조합이 관련되어 있다. 보전관리비용 중에는 인건비가 가장 많은 비용으로 들고 있다.

보전관리작업의 실행에는 어떤 방법으로 관리해야 할 대량의 정보와 많은 데이터처리를 동반한다. 이러한 상황이 컴퓨터화된 정보와 작업관리시스템을 실시해야 할 유력한 대상으로 보전관리부서가 되게 한다.

16.1.1 보전관리시스템의 발전

역사적으로 보면 보전관리는 그다지 중요시하지 않았다. 보전관리는 장비가 고장일 때에 관리체제의 한 부분으로서 없어서는 아니 되는 "필요악"이라고 간주되어 왔다. 경우에 따라서는 제품을 교체하는 것보다도 수리하는 쪽이 항상 비용이 낮다고 생각하고 있었다. 보전관리요원은 드라이버와 해머로 어떤 제품이라도 수리할 수 있는 "재주있는 사람"이라고 생각되어 왔다. "교체의 경제"는 일체 고려되지 않았다.

보전관리작업의 대부분은 뭔가가 움직이지 않게 된 경우에 시행되었다. 이것은 보전관리부서는 무엇인가 요청이 있는 경우에만 대응한다는 습관을 조장시켰다. 보전관리작업원은 비상시에만 활동해야 하므로 관리하기 곤란한 환경에 놓여졌다. 보전관리요원은 대단히 바쁘거나 취로사업(make work ; 역자주 : 노동자를 놀리지 않기 위해서 하는 일)과 같은 일을 해야 한다. 이와 같은 업무형태로 혼란스러워진 경영자는 첨두비상작업시를 대비하여 얼마나 많은 보전관리요원을 유지시켜야 하는지에 대해 확신을 갖지 못하였다.

보전관리의 여러 업무를 지원할 목적으로 보전관리시스템이 개발되었다. 컴퓨터에 의한 데이터분석과 보전관리정보 감시로 신속하게 보전관리상황을 파악하게 되었다. 반대로 보전관리부서에서는 자체 업무의 중요성과 책임을 인식하는 계기가 되었다.

시설규모가 크거나 작거나 상관없이 보전관리예산을 예측하는 것은 대단히 어렵다. 왜냐하면 보전관리에 필요한 많은 자재들과 부속품들의 필요수량을 명확하게 서류화할 수 없기 때문이다. 이 보전관리예산을 예측하는 것은 2개의 현상 즉, 재고자재가 쓸모없이 되었거나 또는 다량의 재고부품이 "상자 속에 가득"하게 산적된 상태에 부닥치게 되는 사태를 만들게 된다. 이 두 가지 경우 모두 수용할 수 없으며 낭비적인 일이다.

"부서지지 않으면 고치지 말라"고 하거나 "나쁜 상태가 될 때까지는 모두 순조롭다고 생각해라"고 하였던 옛날 생각은 보전관리조직 내에서는 이제 통용되지 않으며 수용되지도 않게 되었다. 보전관리요원이 업무시간의 대부분을 긴급작업을 하는데 써버리게 되었을 때는 보전관리가 이미 감당할 수 없는 상태로 빠져들고 있어서 개선이 필요한 것은 명백하다.

자동화 시스템에 대한 필요성은 시간이 걸리며 비효율적이고 다량으로 압도되는 다양한 정보과업에서부터 시작되었다. "필요가 발명의 어머니"라면 "컴퓨터화는 보전관리기능 향상의 아버지"라고도 할 수 있을 것이다. 중앙에서 데이터를 수집하고 저장하는 능력, 복사본을 만들고 노동집약적인 정보를 파일링하고 소팅(sorting)작업 경감, 그리고 다른 부서간이나 자기 부서 내의 정보연락 향상을 바라는 소리 등이 시중에서 이용할 수 있는 보전관리시스템의 홍수가 되어 보급되는 것을 뒷받침하는 이유이다.

더욱 사용하기 쉬운 형식으로 됨에 따라 보전관리시스템에 대한 데이터액세스가 더욱 더 간편해졌기 때문에 예방보전관리시스템에 의해 발생된 정보를 활용함으로써 운전비용을 줄일 수 있다. 설비 계획과 일정계획 개선으로 작업요원의 부담과 이용을 경감시킬 수 있다. 또 총괄적인 예방보전관리계획에 의해 장치 수명을 연장할 수 있다. 오늘날의 보전관리시스템은 사용자가 편하도록 되어 있고 더 이상의 정보를 조직하고 유지하며 솜씨있게 다루는 숙련된 기술요원을 필요로 하지 않게 되었다. 이것이 보전관리시스템 운용비용을 줄이는 동시에 시스템에 대한 액세스를 쉽게 실현하게 하였다.

16.1.2 보전관리에 대한 새로운 사고방식

최근에는 보전관리에 대한 마음가짐에 변화가 생기고 있다. 보전관리조직의 대부분은 전향적인 철학(proactive philosophy)을 채택하고 있으며 보전관리는 관리할 수 있는 업무라고 인식하고 있다. 또 장치 고장을 때맞춰서 미리 예보하거나 방지하는 예방보전관리방식을 개발하는데 집중하고, 이러한 장치들의 고장을 억제하는 대책을 취하며 조직의 관리비용을 크게 삭감시키는 보전관리기능 향상에 총력을 기울이고 있다. 현재 예방보전관리(preventive maintenance)는 장치 수명을 연장시키는 방법으로 간주되며 사후보전관리(corrective maintenance)를 경감시킨다. 왜냐 하면, 데이터정보시스템에 의해 장치의 운전과 보전관리이력과 금후 추세를 예측할 수 있고 모델을 개발할 수 있기 때문에 경영자는 감각적인 배짱이나 맹목적인 신념으로 결단을 내려야 할 필요가 없다. 보전관리시스템에 투자하는 것은 조직의 미래에 투자하는 것이다.

16.1.3 보전관리의 동기

보전관리의 기본적인 책임은 장치조작에 신뢰성을 제공하는 것이다. 컴퓨터화된 보전관리시스템(MMS)은 이와 같은 신뢰성을 향상시키는데 유용하다. 불행하게도 많은 조직에서는 보전관리시스템의 복잡함 때문에 두려워하고 있다. 조직에 따라서는 보전관리시스템을 구매하지 못하고 있거나 또는 자동보고서 발생기기일 것으로 예상하고 또는 시간을 요하지 않을 것이라는 기대를 가지고 보전관리시스템을 구매할 수도 있다. 양자의 경우에 시스템으로부터의 이익은 얻지 못하였을 것이다. 보전관리시스템을 실행하는 것에 대해서는 여러 가지 정당한 이유를 들 수 있지만, 그러나 그것은 과거의 보전관리활동을 추적하고 장래의 보전관리 동향을 예견하도록 강요하는 것은 아니다.

하나의 주관적인 정당성은 안전성과 관련된 것이다. 사후보전관리(breakdown maintenance : 예방보전관리가 거의 없거나 아주 없는 경우 필요에 따른 수리)가 통상의 보전관리체제인 경우에 보전관리요원은 장치를 가능한 한 조속히 가동상태로 복귀시켜야 한다는 압박감을 느끼면서 일해야 한다. 이와 같은 상태에서 작업원은 종종 안전사고가 있을 것이며 사고율도 증가할 것이다. 이에 대해 보전관리프로그램에서는 긴급수리를 완전히 배제시킬 수는 없더라도 긴급수리 빈도를 줄이고 보다 안전한 작업환경을 만들 수 있게 될 것이다.

　보전관리조직에는 많은 데이터를 보유하고 저장하고 있다. 이 데이터를 축적하였더라도 상세한 정보가 필요한 경우에는 이 데이터를 검색하는 작업도 대단히 지루하고 어려운 일이다. 우수한 보전정보시스템이 이러한 일을 지원할 수 있을 것이다.

　보전관리를 계획적으로 하면 장치 고장을 경감시키고 장치 수명도 연장시킬 수 있다. 보전관리자재와 필요한 서류를 확보하고 있으면 보전관리작업을 완성시키는 시간을 단축시킬 수 있다.

　보전관리시스템을 필요하다고 인정하였을 경우에는 생산성을 향상시켰기 때문에 인건비를 절약할 수 있을 것으로 추정된다. MMSs를 실시하고 올바르게 사용하였을 경우에는 보전관리조직은 생산성을 크게 향상시킬 수 있을 것으로 기대할 수 있다. 예방보전관리를 강화하더라도 이에 비례하여 요원이 증가되지는 않는다. 장치의 고장률 감소, 보전관리 관련작업 완료시간 단축, 초과근무시간 단축, 사용자재와 외부위탁계약의 축소 등을 실현함으로써 절약할 수 있다.

16.2 주요한 시스템 구성 요소

16.2.1 장치의 식별

　예방보전관리나 사후보전관리에 관계없이 보전관리작업을 시행하는 모든 장치에는 식별번호를 부여해야 한다. 장치에 관한 문제점, 수리내용, 수리소요시간, 수리에 사용된 부품과 자재의 명세기록 등을 식별번호에 따라 정확하게 기록해야 한다. 이 기록은 장치의 각 부품의 보전관리이력으로 축적된다. 이 데이터에는 수리비용, 작업일시, 작업빈도, 수리기간, 장치의 부적합이나 고장의 식별 등도 포함되어야 한다. 예방보전관리나 사후보전관리의 각각에 대하여 수행된 작업 형태에 따라 비용을 평가할 수 있다.

16.2.2 작업요청

작업명령을 내고 작업경위를 감시하고 관리하는 시스템도 필요하다. 작업명령서식에는 고장 발견자나 작업요청자를 명확하게 기재해야 한다. 장치의 결함부분은 표시되어야 하며 문제나 작업을 요하는 증상을 분명하게 해야 한다. 작업완료한 시각과 장치의 사용정지에 대한 필요성 여부에 관해서도 만약 적당하다면 기술해 둬야 한다. 작업명령의 형태로서는 정기보전관리, 예방보전관리, 사후보전관리, 실행할 수 없는 조건이나 긴급상황의 구분을 쉽게 확인할 수 있어야 한다.

작업장소 확인도 중요하다. 보수작업은 공장인가 또는 현장인가, 작업은 여러 장소에서 하는가, 장치는 이동해야 하거나 장소를 변경해야 하는가, 장치의 수리이력이 장치에 첨부되었는가 또는 별도의 장소에 있는가 또는 둘 다인가?

16.2.3 상황보고

작업명령의 종료보고와 통제가 간과되는 경우가 많다. 작업명령시스템은 보전관리 쪽으로부터 작업요청자에게 작업상황을 보고하도록 하는 의미를 가지고 있다. 작업 요청자와 보전관리자의 양자가 작업상황을 결정할 수 있는 것이 필요하다. 이렇게 함으로써 보전관리자는 맡은 작업량과 진척상황을 봐서 작업요청이 일정계획대로 수행할 수 있는지를 판단할 수 있다.

보고된 장치의 각종 증상, 유사한 수리형태의 이력데이터, 그리고 이전의 작업관리정보와 같은 요소에 의하여 수리에 대한 시간과 자재의 견적을 컴퓨터화된 추적기구가 제공할 수 있다. 또 작업순서로 대기 중인 작업, 진행 중인 작업, 작업이 완료되어 최종확인이나 승인을 기다리는 작업, 부품도착을 기다리는 수선작업 등의 작업을 작업데이터 일람표를 통해 파악할 수 있다. 이 방법은 보전관리부서가 자기네 작업량을 계량화할 수 있는 방법 중의 하나이다.

16.2.4 작업 우선사항과 일정계획

효과적인 보전관리시스템은 예방보전관리, 사후보전관리, 긴급보전관리, 포괄적 보전관리 등과 같은 종류의 작업명령을 발령한다. 또 정상적인 작업일정계획의 작성기능과 아주 긴급을 요하는 비상 작업의 일정계획을 우선시키는 기능도 갖추고 있다.

관리자는 적당한 시기와 상식적인 방법으로 작업을 완료시킬 수 있도록 모든 작업의 우선순위를 부여할 수 있는 시스템을 필요로 한다. 우선순위를 부여하는 경우에는 2가지를 고려해야 한다. 즉, 하나는 운전에 대한 작업한계이고 또 하나는 조직에 대한 작업한계이다. 많은 작업이 연속적인 운전에서는 한계가 없지만, 가사일과 같이 문제해결에 직접 관련되지 않은 일이나 안전업무와 마찬가지로 조직에서는 시의적절하거나 가치 있는 것일 수 있다. 보전관리조직의 계획과 일정계획 순서는 처리해야 할 작업의 우선순위에 크게 좌우된다.

작업일정계획을 여러 방법으로 성취할 수 있다. 시스템은 우선순위가 높은 작업요청을 감시하고 이런 업무를 일정계획에 자동으로 끼워 넣거나 또는 보전관리책임자가 적절하다고 판단하는 경우에는 미리 정해진 우선순위에 따라 추진일정을 조정할 수 있다.

일반적으로는 긴급작업에 대한 공식요청은 사건이 발생한 다음에 시스템에 입력시킨다. 수리내용과 필요한 인력 및 사용자재에 관한 데이터를 시스템에 입력시킨다. 긴급수리정보가 포함되므로 장치의 보전관리에 관한 완전한 이력상황을 파악할 수 있다.

시스템에는 포괄적인 작업명령도 포함된다. 이들은 특정한 시간이나 금액범위에서 일반적인 수리를 포함하는 작업명령이다. 포괄적인 작업명령은 일상점검, 전구교환, 도장, 안전점검회의 및 특수프로젝트와 같은 작업이 많다. 이러한 작업명령은 간접적이고 구체적이지 않은 보전관리업무에 투입된 보전관리시간을 추적할 수 있다. 이에 따라 관리자가 효과적인 직원배치계획과 일정계획을 세울 수 있으며, 실제작업시간에 대한 추정시간을 추적할 수 있으며 장래에 보다 정확한 일정계획을 입안할 수 있게 된다. 통상 보전관리감독자나 관리자가 포괄적 작업요청을 한다.

16.2.5 자재관리책임과 실행보고

보전관리시스템은 노무와 자재사용에 관한 목록을 작성하고 집계해야 한다. 요원이나 자재의 이용에 관한 데이터는 여러 이유로 중요하다. 예를 들면, 이 데이터는 적정한 요원수를 결정하거나 또는 자주 사용되는 자재나 부품을 확인하는데 유용하다. 또 보전관리부서가 적절하게 재고를 조정할 때에도 유용하다.

보고서는 사용자 자신이 정의한 항목에 의해 요구된 정보에 대해 이용할 수 있어야 한다. 보전관리부서는 이러한 보고서로부터 최종적으로는 오랜 세월 동안의 의문에 대한 해답을 얻을 수 있다. 보고서는 업무시간명세와 함께 노동시간 및 비용(통상의 작업시간, 잔업),

수리의 종류, 사용된 부품과 자재, 외부하도급자의 이용과 원가와 같은 조업데이터를 포함해야 한다. 이러한 보고서는 실행보고서로 제공되도록 요청에 따라 만들 수 있다. 이 보고서는 관리자가 전체를 볼 수 있는 상세한 상황을 나타낸 특정한 지표이다.

16.2.6 예방보전관리

예방보전관리(preventive maintenance : PM)는 보전관리자동화의 중요한 기능이다. 효과적인 예방보전관리는 사후보전관리에 소요되는 시간을 줄이기 때문에 시설계획이 높게 평가되고 생산성이 향상되는 결과를 가져온다. 장치의 신뢰성 향상을 꾀할 수 있다.

알맞은 시기에 일관되게 하는 예방보전관리에는 보전관리순서, 일정계획, 그리고 관리가 포함된다. 장치의 각 부분에 시행되는 반복작업을 분류해야 하고 사전에 시스템에 입력시켜야 한다. 그러기 위한 정보원으로서 조작과 보전관리매뉴얼, 장치제조업자의 권장사항, 그리고 현장요원의 경험을 들 수 있다.

보전관리업무는 실시빈도에 따라 분류된다[예 : 일상, 매주, 매월, 3개월, 실운전시간당(per run time hours), 특정월력일(by specific calendar date)]. 각 업무에 관하여 세부적인 순서를 정해야 한다. 이것은 신규로 채용한 직원들의 훈련에 도움된다. 또한 각 업무의 실시에 통일성("표준 조작 순서")을 확보할 수 있다.

16.2.7 장치의 보전관리이력

보전관리이력은 특정한 기간 중(예를 들면, 1년~5년)에 장치의 특정부분에 대해 실시된 모든 사후보전관리와 예방보전관리업무를 기록한 것이다. 이러한 정보는 수리해야 할 것인지 교환해야 할 것인지를 결정할 때에 대단히 중요하다.

또 이력보고서는 장치의 효율을 분석하는데 필요한 정보도 포함하고 있다. 사용된 부품이나 자재, 작업하였던 요원, 작업기간, 장치의 고장사유, 외부위탁업자, 또는 환경조건과 같은 데이터는 특정장치에 관한 경향이나 통계적인 판단을 할 때에 중요하다.

16.3 부서의 상호작용

효과적인 보전관리시스템은 조직 내의 여러 작업그룹을 통합하는데 도움이 된다. 그림 16.1

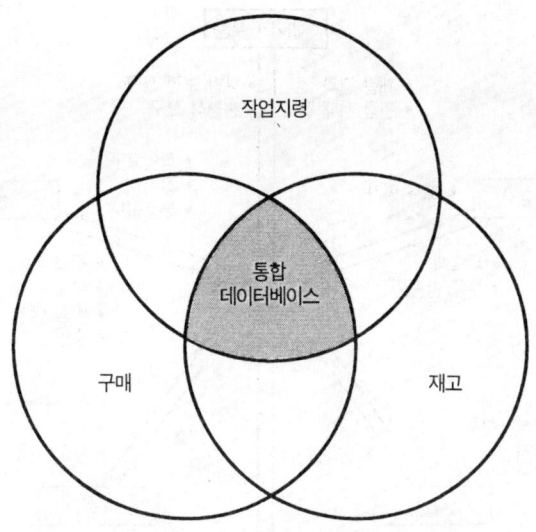

그림 16.1 보전관리시스템의 상호작용

에 나타낸 바와 같이 주요시스템 구성요소 모두가 정확하게 역할을 하기 위하여 액세스할 수 있는 데이터베이스에 대하여 여러 작업그룹이 상호작용하고 정보를 공유해야 한다.

주문과 집행으로 재고관리에 영향을 미치는 작업요청을 조직전체에 걸친 재고관리담당자가 관리하게 된다. 재고부품 이용과 요구는 구매에 직접적인 영향을 미치는 것으로 주문수량, 구입가격, 자재의 활용성, 납기, 구매빈도 등이다. 신규 구매요구품이 특수노동 절약형인 도구이거나 수선하는 것보다 교체하는 것이 바람직한 경우에는 장치의 특정부분에 대한 보수이력도 구매에 영향을 미칠 수 있다.

이와 같이 조직 전체가 어떤 형태로던지 보전관리시스템과 관계를 가지고 있다(그림 16.2). 또 보전관리시스템에 따라서는 부서간의 커뮤니케이션을 간단하면서도 적절하게 실시할 수 있다. 예를 들면, 납품된 상품조건은 확대되고 보다 신뢰성이 있는 제작자의 정보 데이터베이스를 정보에 덧붙여서 구매부서에 전한다. 이와 같은 부서간의 상호작용은 매일 이루어진다.

16.3.1 작업 확인

작업은 정수시설이나 기반시설 또는 각 부서 전체에 걸쳐 이루어진다. 수리요청은 통상은 운전원으로부터 제출된다. 또 예방보전관리작업 요청은 정기적이고 반복적이므로 자동적인 시

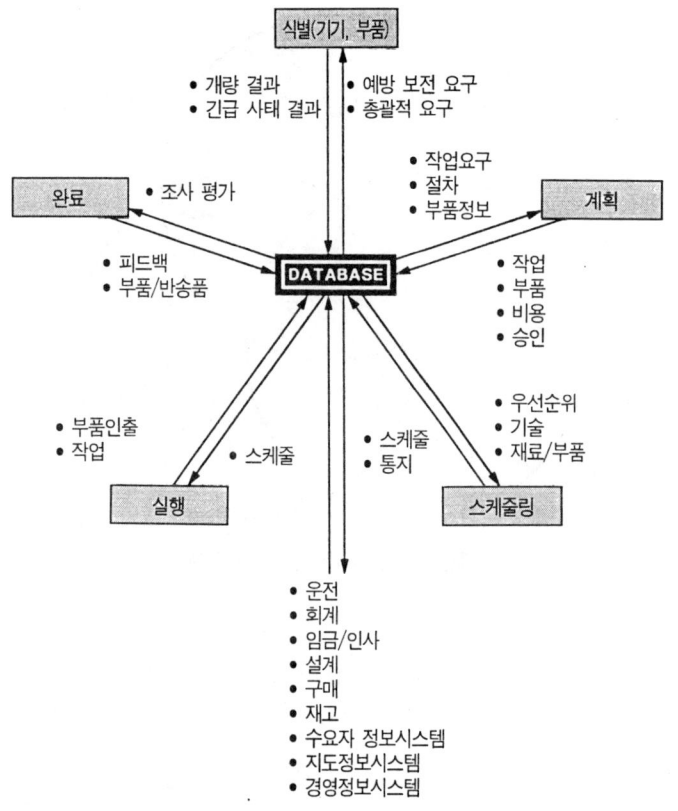

그림 16.2 보전관리시스템의 구성 기능

스템으로 제출된다. 긴급작업은 여러 부서(조작, 보전관리부서를 포함)로부터 요청되며 조직 전체에 대해 광범위하게 영향을 미친다.

16.3.2 작업 계획

특별한 주장이 없다면 작업계획은 가장 중요하고 비용이 많이 들어가는 보전관리단계의 면은 그다지 고려하지 않았다. 어떤 작업을 몇 시에 어떻게 완료할 것인가는 작업원에게 맡겨두었다. 이렇게 하는 것은 수리에 일관된 기준이 없으며 일반적으로 필요한 자재도 이용할 수 없으므로 수리시간이 연장되는 것만큼 요원들의 불만으로 연결되어 버린다는 것을 의미한다. 어떤 경우에는 부서 책임자 자신이 계획을 입안할 수도 있다. 이 경우 일부 부품은 주문되고 작업순서의 문서화도 준비되지만 책임자가 그 계획입안에 쏟는 노력 때문에 그 외의 총괄업무가 소홀해진다. 이와 같이 하여 작업이 큰 지장 없이 완료되어 버리면 계획입안

필요성을 주장하기 어려워진다.

16.3.3 작업 일정계획

전향적인 보전관리의 다음 단계는 노동자원을 효율적으로 이용하기 위한 작업명령의 일정계획을 입안하는 것이다. 일정계획 담당자는 요청받은 미착수 작업의 우선순위를 검토하고 작업을 실시하기 위한 일정계획을 작성한다. 작업요청을 계획서에 기재한 다음 작업개시일을 결정하고 시스템을 통해 작업상태의 변동상황을 요청자에게 알린다.

실제 작업수행은 계획작성의 최종단계가 된다. 이와 같은 순조로운 접근방법으로 작업에 필요한 모든 물자들이 모아지고 준비가 완료되면 작업원들은 작업을 시작한다. 이 단계에서는 필요한 허가절차는 이미 제출되었다. 모든 필요한 부품이나 자재는 재고에서 차변에 기입하고 작업명령서에 기입하며 작업장으로 운반된다. 특수공구나 장치를 준비하여 현장에 사용할 수 있도록 대기시킨다. 해당 직원들이 계획된 업무를 수행한다.

16.3.4 작업 시행

계획단계에서는 각 업무의 실태를 예측할 수 없기 때문에 보전관리요원들은 필요에 따라 요청작업을 조정해야 하는 경우가 많다. 추가적인 부품을 재고나 다른 것으로부터 전환시키는 상황이 생기기도 한다. 보충되면 재고량을 시스템에 의해 적절하게 조정해야 한다.

16.3.5 작업 완료

작업명령의 완료통지는 모든 관계자들과 관계부서에 피드백시킨다. 작업책임자가 최종적으로 점검하고 실행작업의 종료를 승인하면 다음 절차를 진행시킬 수 있다.

예를 들면, 작업명령정보는 정확성과 완전성 및 이력에 대해 검토된다. 작업명령이 종료되기 전에 관련된 데이터에 대한 견해나 수정이 이루어져야 한다.

16.3.6 분석

시스템이 데이터를 축적함에 따라 관리에 대한 시스템의 가치가 높아진다. 이러한 정보를 분석함으로써 보전관리와 재고관리의 감시와 제어에 대한 유익한 정보가 제공된다.

컴퓨터시스템에 의해 수집된 정보의 가치는 검색 후에 액세스하고 포맷하기 쉽다. 장치의

보전관리시스템에 의한 고장진단 지원

　장치의 보전관리를 분석하는 경우에 보전관리시스템의 특징이 대단히 중요한 역할을 한다. 장치를 양호한 가동상태로 유지시키고자 하면, 고도의 기술과 관련 엔지니어링이 필요하다.

　보전관리분야에 관해 특별히 잘 훈련된 우수한 기능을 가진 전문가가 각 조직에 있어야 한다. 다만, 한 사람이 전체적인 조작과 작업의 보전관리업무에 전문가가 될 수는 없다. 「모든 것을 할 수 있는 사람」이 그 중의 한 분야의 달인은 될 수 있지만 누구라도 모든 분야의 달인이 되는 것은 불가능하다. 보전관리 분야에서 보다 필요한 지원을 제공할 수 있게 하기 위하여 신뢰를 가지고 급속하게 변천되는 오늘날의 기술을 주의 깊게 주시할 필요가 있다.

　최근의 빠른 기술혁신이 숙련된 보전관리요원을 확보하는데 한층 더 어렵게 하고 있다. 훈련기관이 없는 경우이거나 있더라도 기술진보에 보조를 맞출 수 없는 경우의 상태이다. 한편 보전관리에 정통한 경험 있는 보전관리요원이 고령화되는 현상도 있다. 따라서 축적된 기술전승이 기술진보와 보조를 맞춰 나가야 하는 것이 절박한 문제로 되고 있다.

　오늘날 이러한 문제를 해결할 수 있는 대책으로서 알려진 것이 전문가시스템이다. 보전관리시스템은 그들의 기능성에 「전문가」의 특성을 합병시키는 것을 배우는 것이다. 이 기능은 특정한 보전관리분야의 다양한 조작을 실제 수행하는 동안에 습득하였던 실무지식을 전문화된 보전관리요원의 학문적인 지식과 결합시키는 체계적인 프로그램으로 구성되어 있다. 컴퓨터에 축적된 광범위하고 유용한 데이터베이스를 구사하여 고장원인에 관한 현실적인 추론을 할 수 있다.

　과거에는 숙련된 전문엔지니어만이 컴퓨터화된 보전관리시스템을 관리하고 유지보수하며 조작할 수 있었다. 오늘날에는 미경험자조차도 정보와 진단기능을 이해하고 상황을 확인하는 전문가 수준으로 시스템을 이용할 수 있다. 다음의 경우는 보전관리부서가 현재 이용할 수 있고 간단히 사용할만한 고장진단의 사례를 나타낸다.

유입변압기의 고장 진단

　변압기 내부의 과잉 발열로 유입변압기의 기능이 저하되어 절연이 파괴되었다. 변압기 내부의 절연유가 분해되어 탄화수소계 가스가 생긴 혼합물의 반응이 원인일 수도 있다. 이러한 문제의 원인을 규명하기 위하여 변압기 절연유를 채취하여 그 속에 용해된 가스성분을 관찰하였다. 이것으로 실제 기능저하와 그 심각성을 확인할 수 있었다. 모든 시험결과는 컴퓨터에 기록시켰다.

　절연유 속에 용해된 가스 양을 측정함으로써 절연파괴가 일어날 것인가를 판단할 수 있었다. 변압기 정격용량이 275KV/10MVA 이하인 경우에는 수소트리거(hydrogen triggers) 함유율이 400ppm이면 요주의상태이다. 800ppm이면 이상조건의 경계치로 판정된다. 메탄이나 일산화탄소, 에탄 등과 같은 용해가스에 대해서도 동일한 절차를 따른다면 변압기의 운전조건을 판단할 수 있다(다음 페이지의 **그림** 참조). 각 가스에 대하여 미리 설정된 트리거 레벨값과 실제측정값을 비교함으로써 가치 있는 결론을 얻을 수 있었다. 최후로 읽은 값이 변압기가 정상운전, 비정상, 혹은 특별히 주의를 요함으로 판단할 수 있게 된다.

　한층 나아가서 기능저하의 종류, 위치, 그리고 정도를 알기 위하여 시스템 사용자는 가스성분의 구성비율을 관찰하고 분석한다. 가스성분의 비율은 기능저하의 종류를 판단할 수 있다. 또한

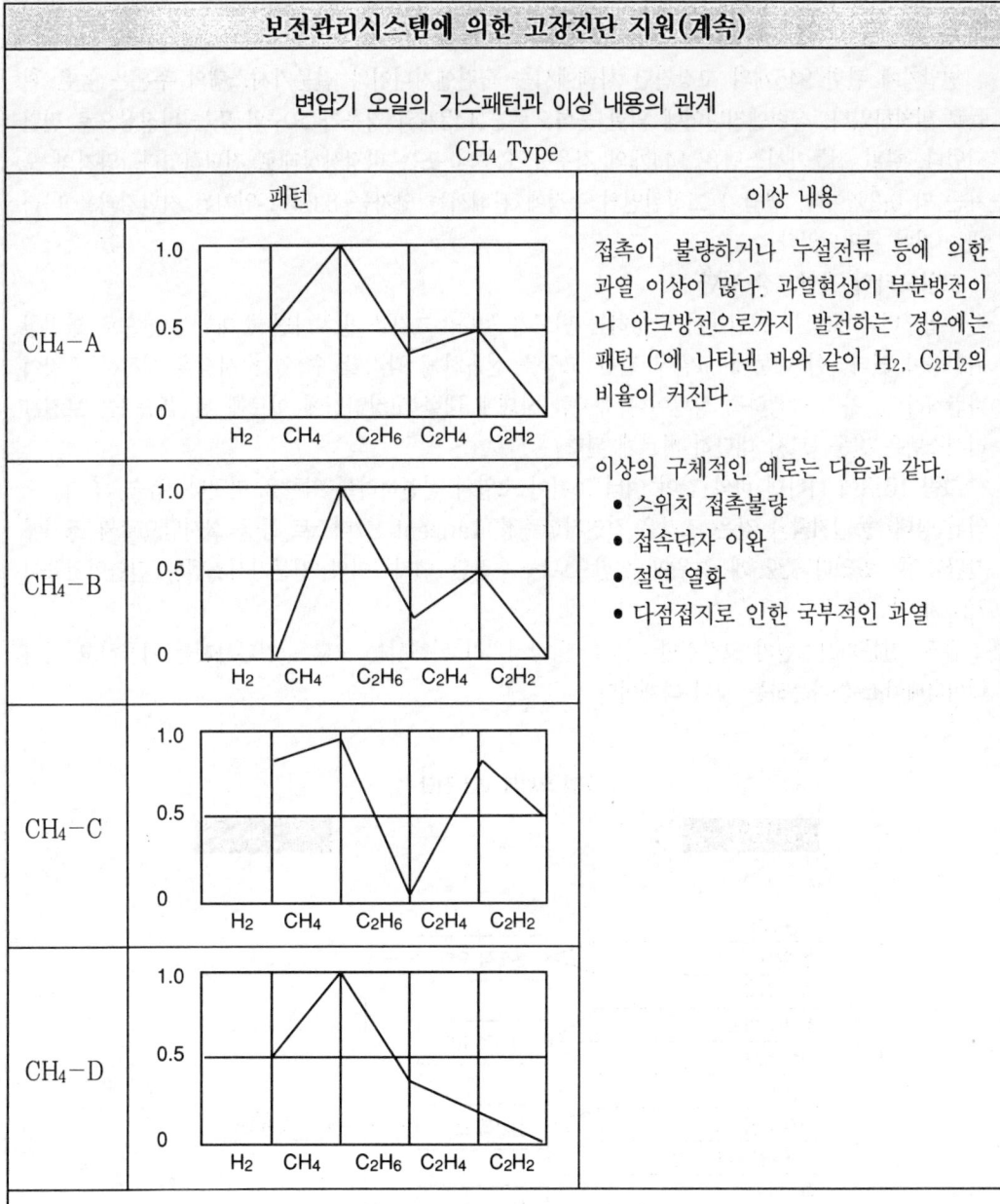

출전 : 보전관리시설 진단핸드북, 후지테크노시스템 변압기유 중 가스패턴과 고장내용과의 관계

변압기가 지나치게 과열되고 있는 것을 표시할 수 있다. 조성비가 수소 주도형인 경우에는 변압기 내부에 전체적이거나 또는 부분적인 아크방전이 일어나고 있는지를 진단할 수 있다.

전문가시스템은 이와 같은 진단결과를 자동적으로 출력함과 동시에 추론하기 위한 논리적 근거를 제공할 수 있다.

보전관리시스템에 의한 고장진단 지원(계속)

변압기에 관한 945개의 고장진단 사례에서는 숙련엔지니어와 전문가시스템의 추론은 높은 확률로 일치하였다. 숙련엔지니어에 의한 분석으로는 142개의 경우가 요주의 또는 비정상으로 진단되었다. 한편 전문가시스템은 144개의 경우를 요주의 또는 비정상상태로 진단하였다. 양자의 오차는 약 0.2%이다. 변압기 고장원인의 추정에 관해서는 양자는 83%로 일치된 진단결과를 나타내는 것이 판명되었다.

고압모터의 절연고장 진단

고압모터의 고장은 코일에서 발생하는 빈도가 높다. 그것을 방치하면 중대한 고장으로 발전할 위험성이 있다. 이 때문에 코일에 관한 고장을 신속하게 감지할 수 있는 시험을 실시하는 것이 바람직하다. 자주 발생하는 상황이나 유사한 사태에 대한 고장점검에 이르게 된 경우에는 보전관리시스템은 전문가로서 대단히 빠르게 된다.

그림 16.3에 나타낸 바와 같이 여러 조건이 코일의 절연저하에 영향을 미친다. 흡습, 흡착, 오염된 상태, 품질저하와 같은 조건은 절연저항측정, tangent S 테스트 등을 실시함으로써 조기에 진단할 수 있었다. 220개 경우의 실험으로는 숙련된 엔지니어와 전문가시스템의 진단일치율이 72%가 되었다.

금후, 전문가시스템의 고장진단 기능을 향상시키기 위해서는 수많은 진단사례를 거듭하고 지식데이터베이스를 확충하는 것이 과제이다.

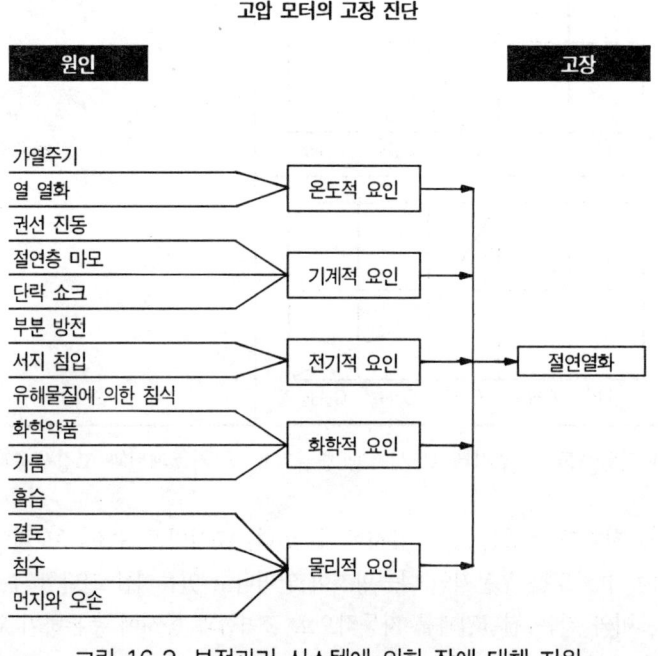

그림 16.3 보전관리 시스템에 의한 장애 대책 지원

성능이나 생산성에 관계되는 보고서작성은 간단히 시스템에 입력할 수 있다. 보전관리팀의 대응을 평가하는 기능을 여러 관점에서 갖출 수 있다. 비용정보는 수리해야 할 것인지 교체해야 할 것인지를 판단하거나 작업을 어떤 시점에서 외부에 위탁할 것인지 등과 같은 중요한 결정을 할 때에 소요비용을 평가자료로 제공할 수 있다. 장래 계획과 일상 결정은 과거의 데이터 또는 기존에 계획된 활동에 근거를 둘 수 있다.

16.4 보전관리시스템의 실시

보전관리시스템의 실시에 앞서서 조직의 특수하고 유일한 요구사항을 정의한 기본계획을 작성해야 한다. 기본계획에는 요청되는 작업범위, 비용견적, 자동화 시스템에 의해 영향을 받는 모든 사항 등을 포함해야 한다. 또 자동시스템으로 할 때에 적당한 통합화가 필요한 경우의 조직변혁에 관한 계획도 필요하다. 또 관리자용으로 프로젝트의 이익을 종합기본계획에 명확하게 나타내야 한다. 개념설계단계에서는 장래확장, 필요한 훈련, 데이터 수집 등의 계획을 포함해야 한다.

관리자와 조작원 및 현장기술자 등이 자동화에 대한 종합기본계획의 작성에 참여해야 한다. 종합기본계획의 추진일정은 목표를 달성할 수 있도록 현실적이어야 한다. 또 계획일정은 실시완료 후에 기술자가 프로젝트를 감시하고 검토하는 것에 대한 기술을 제공해야 한다. 보전관리프로그램의 확립이나 개선은 최우선으로 해야 한다.

수도사업체에서 유익한 컴퓨터화된 보전관리시스템을 구축하려면 모든 부서의 수요를 파악해야 한다. 기기구입을 결정하고 실시하기 전에 전체적인 문제에 대해서 의견일치를 얻기 위하여 시간이 걸리는 것과 현실적으로 달성할 수 있는 해결책을 생각하는 것이 중요하다.

16.4.1 시스템 실시(implementation)

실시계획은 성공적인 실시를 위한 중요한 첫걸음이다. 계획에는 완료목표일과 함께 업무의 상세한 내역을 포함해야 한다. 실시진전 상태와 병행하여 사용자와 관리자의 보조를 맞추기 위하여 정기적인 회합을 가져야 하고 매달 추진상황을 보고서로 발표해야 한다. 보전관리시스템의 실시를 개시하는 날짜가 되었을 때에는 신중하게 작성된 실시계획의 준비가 완료되어야 한다. 컴퓨터하드웨어와 소프트웨어가 도입된 시점부터 상당한 기간이 소요된 다음에 시스템실시가 개시된다는 것을 염두에 두어야 한다.

실시에서는 모든 관계자에 의한 많은 노력이 필요하지만, 특히 시스템구축의 지도자 또는 "챔피언"이 되는 사람의 역할이 크다. 이 사람은 실시를 촉진하고 사용자의 지지를 받으며 시스템의 최종적인 성공을 보증하기 위하여 상당히 많은 시간을 소비해야 한다. 또 실시에는 상당한 시간과 자금을 투입해야 한다. 즉, 시스템실시비용을 빠뜨리고 보는 경우가 많다. 또 하드웨어와 소프트웨어 구매에 지나치게 많은 자금을 투입하는 경우가 많으며 실제 시스템실시에 대해서는 자금이 너무 부족하게 되는 적도 있다.

데이터수집, 특수주문설계나 시스템수정, 데이터베이스입력 일정계획, 시스템과 데이터통합시험 순서, 병렬조작, 그리고 훈련등급 명확화 등이 실시과업에 포함된다. 시스템에 사용되어야 할 데이터 수집과 편집작업이 가장 먼저 시행해야 하는 일이다. 이것은 기존의 업무수행방법과 새로운 프로그램에 의한 수행방법을 조화시키는데 필요한 것이다. 기존시스템의 정보를 새로운 시스템 설계에 이용해야 한다. 예를 들면, 기존시스템에서 데이터가 어떻게 편성되었는가 하는 정보는 데이터를 수집한 후에 어떻게 편성해야 할 것인가를 결정할 때에 유용할 것이다. 기존기록, 도서목록, 제조매뉴얼과 직원들의 생각 등으로부터 정보가 수집된다. 초기데이터 입력을 지원할 수 있도록 데이터수집방식을 정해야 한다. 예비부품을 포함한 장치의 종류와 같은 모든 데이터 관련사항을 작성하고 확인하기 위하여 다른 관점에서 체크해야 한다. 하찮은 것이나 상식적인 것이라고 생각될 수도 있는 정보를 포함한 모든 정보는 전자적으로 서류화되어야 한다.

일상업무는 운전절차의 표준으로서 업무가치와 업무편성에 대해 정밀하게 음미해야 한다. 재고, 장치, 기계, 부서, 계정코드에 대해 설계된 번호를 포함한 식별번호체계를 설정하고 합의를 얻은 다음 이 번호를 사용해야 할 모든 요원들에게 가르쳐야 한다. 또 단체, 승무원, 지역, 상태나 고장코드, 기타의 품목이나 범주에 대한 명칭부여규정도 결정해야 한다. 또 기존의 다른 시스템과 신속하고 간단히 조정할 수 있도록 연결(인터페이스)점을 명확하게 정해야 한다.

각 부서의 의견일치를 얻기까지 조직에 필요한 역할, 책무, 정보전달 등과 같은 것을 토의해야 한다. 이와 같은 사항에 시간을 투자함으로써 시스템이 어떻게 사용되는 것이며 역할이나 책임의 변경이 요구될 때에 요원들이 어떤 작업을 준비해야 하는지를 전원이 합의하게 된다. 새로운 시스템실시로 이용할 수 있는 정보에 관해서는 이러한 정보가 현재의 관리에 미치는 영향과 함께 분석해 둬야 한다.

16.4.2 훈련

보전관리프로그램이 성공하기 위해서는 훈련이 필수적이며 신중한 훈련계획이 필요하다. 훈련내용과 기간은 현장요원에게는 보전관리자, 조작감독자 또는 경영관리자와는 다르게 해야 한다.

현장요원에게는 시스템의 기록유지에 관한 훈련이 요구된다. 이 훈련형태는 요원의 작업순서와 그 배후에 있는 다음 사항들을 가르쳐야 한다. 즉 보전관리그룹의 효율적인 조작에 대한 프로그램의 중요성, 얻어지는 이점, 정확성에 대한 필요함, 적시성, 완전성 등이다. 요원이 작업명령에 대해 해명해야 하거나 질문을 받게 되는 경우에는 요원들은 전체적인 공정을 파악해야 한다. 또 시스템의 목표를 보다 명확하게 이해시키기 위하여 현장직원들에게 관리보고사례를 보여주는 것도 권장할만한 일이다.

실시개시 초기의 수개월 동안에는 새로운 시스템을 주의 깊게 감시해야 한다. 이렇게 하는 것은 시스템의 에러를 정정하고 시스템을 간략하게 설명할 수 있는 동시에 보다 효과적인 기록유지의 필요성을 높이는 것으로 이어진다.

보전관리부서 감독자는 서면요구사항, 관리보고서, 그리고 데이터관리방법을 포함한 시스템의 모두를 파악해야 한다. 또 감독자는 사무직원이나 현장직원을 안내할 수 있도록 시스템조작을 완전히 이해해야 한다.

보전관리시스템의 대부분은 진척보고서를 제공한다. 이러한 보고서를 이해하고 특별보고서를 작성하는 시스템 능력을 파악하는 것이 추적프로그램에서는 필수적이다. 시스템 내의 정보는 항상 최신의 것으로 유지해야 한다. 이것에는 장치와 재고에 관련된 것, 순서 변경, 견적과 계획 검토 및 프로그램 강화 등에 대한 데이터베이스에서 정보의 업데이트나 삭제를 필요로 한다.

조작부서 요원은 장치에 관한 문제점을 보고함과 동시에 상태의 업데이트를 요청하기 위하여 훈련을 받아야 한다. 조작요원은 프로그램의 전체적인 개념과 조직에 대한 프로그램의 이익을 파악해야 한다. 이에 따라 조작요원은 장치식별번호와 같은 정보를 정확하게 보고하며 관리보고서에 어떤 정보를 포함해야 하는지를 보다 정확하게 판단할 수 있게 된다. 또 시스템가동상태 확인과 진척보고에 관한 데이터 조회순서도 알고 있어야 한다.

16.4.3 성공을 위한 준비

시스템의 성공적인 실시에는 많은 요소들이 기여한다. 성공에 기여하는 몇 가지 중요한 요소가 있지만 자동화 시스템을 성공적으로 실시하는데 있어서 가장 핵심은 「사람」이라는 것이 중요하다. 시스템을 사용할 요원이 참가하지 않고 시스템의 성공에 흥미를 나타내지 않는 경우에는 실시직원들의 노력과 좋은 의도도 헛수고로 된다.

보전관리시스템의 실시전과 실시 중의 중요한 요소로서는 다음 사항이 있다.

- 관리자가 장치와 요원의 실행을 평가하기 위하여 관리하게 될 시스템에서 정보를 이용할 수 있어야 한다. 보고서들은 사용하기 쉬운 데이터로 제출해야 한다.
- 예방보전관리는 사전에 보전관리 운영철학의 총집합부이다. 효과적인 예방보전관리순서는 비관리와 자산가치 보호에 유용하다.
- 사후보전관리의 순서를 이해하고 이에 따라야 한다. 실시에 앞서서 이들에 관한 의견을 일치시켜야 한다. 시스템에 의해 감시되는 장치를 일관성이 있고 통일된 방식으로 확인해야 한다.
- 작업장의 재고시스템에는 표준조작순서를 만들어야 하고 의식적으로 이 순서를 고수해야 한다. 이에 따라 적시에 바로 그 요원들에게 적절한 부품을 제공할 수 있으며 조직의 재고투자를 최소화시키는 것으로 이어진다. 또 도난이나 재고소실을 방지하는데도 유용하다.
- 분해검사(overhaul)나 운전정지관리순서(shutdown maintenance procedure)에는 조직 내 각 부서의 동의가 필요하다. 대규모의 분해검사계획을 세울 때에는 조직 전체에 전달해야 하며 서비스정지시간을 최소한으로 해야 한다.
- 예방보전관리업무는 상급요원의 경험과 기능에 기초를 두어야 한다. 조기에 문제를 감지할 수 있는 시스템으로 추적할 수 있어야 한다.
- 장치의 수리이력이 중요하다. 실시하기 전에 시스템으로부터 얻게 될 정보와 이 정보들이 데이터베이스로부터 어떻게 하여 선택될 것인지를 정해 두어야 한다.
- 분산제어와 액세스, 온라인정보 입력, 수정과 검색, 대화적인 다중사용자 회의, 시스템의 응답이나 실행 등과 같은 특성을 시스템이 짐이 되는 것이 아니고 가치 있는 도구

가 되도록 하기 위하여 적절한 직원들에 의해 검토되고 합의되어야 한다. 신뢰성, 안전성, 요구조건, 그리고 가격 등과 같은 시스템 특성에 관해서도 이해해야 하고 합의해야 한다.

- 보전관리시스템이 조직에 대해 무엇을 제공할 것인가에 관한 현실적인 기대를 모두가 가지고서 장래 시스템능력의 이용과 성장 그리고 확대에 대해 검토해야 한다. 다른 시스템이나 장래 시스템과의 통합이 필요할 것인가? 만일 그렇다면, 보전관리소프트웨어 모듈은 공통데이터를 자동적으로 공유할 수 있어야 한다. 이에 따라 중복된 데이터 입력을 배제하고 적시성을 확보하게 될 것이다.

16.5 조직 전체의 이익인 통합

보전관리시스템은 독립적으로 실행되지 않도록 설치해야 한다. 시스템의 통합이 중요하다.

새로운 보전관리시스템을 부서에 침투시키기 위해서는 구시스템과 신시스템의 병렬조작과 처리기간을 두어야 한다. 이 기간 중에 신시스템은 구시스템과 관련하여 데이터를 조작하고 처리하게 된다. 이에 따라 신시스템을 정기적으로 감사할 수 있고 신시스템의 처리능력을 확인할 수 있다. 또 신시스템의 실시에 따라 영향을 받는 요원에 대해서는 시스템에 완전히 의존하기 전에 시스템을 신뢰하고 시스템의 이익을 공유할 수 있도록 한다.

보전관리시스템의 주요접속점(major interface point)을 명확하게 해야 한다. 그림 16.4는 보전관리와 직접 관계가 있을 수 있는 가장 공통적인 부분과 관계를 가져야 할 부분을 나타낸 것이다. 이러한 접속점은 다음 2가지 범주 즉, 입력전용의 점과 보전관리로부터의 출력에 필요한 점으로 분류할 수 있다. 신시스템을 성공시키려면 관계되는 모든 그룹의 협력이 필수적이다.

그림 16.4에 나타낸 바와 같이 수리통보는 모든 관련 부서에서 나온다. 기존의 감시제어 및 데이터수집시스템(SCADA)은 보전관리를 위한 장치가동시간정보를 제공할 수 있다. 반대로 이에 따라 적정한 예방보전관리업무를 자동적으로 전개시킬 수 있다. 조작부서에서는 조작계획에 관련된 정보를 보전관리부서에 제공할 수 있다. 그 결과 보전관리부서에서는 주요한 수리나 예방보전업무를 계획된 운전정지기간 중에 시행할 수 있다. 또 회계부서는 계정번호에 따라 비용합계와 상한을 설정하고 감시하기 위한 예산정보를 제공할 수 있다.

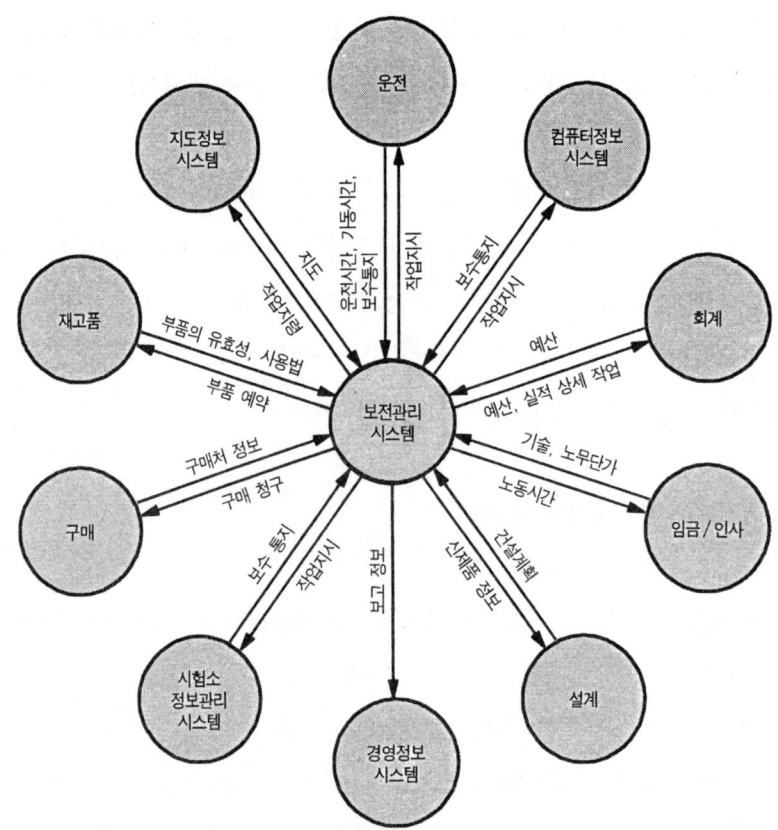

그림 16.4 보전관리시스템의 통합

　인사부서에서는 개개 직원의 전문기능과 자격에 관한 코드를 설정하고 각자가 새로운 훈련과 자격을 획득한 경우에는 시스템정보를 최신의 것으로 업데이트하게 된다. 이렇게 함으로써 직무수행에 알맞은 적절한 경험을 가진 직원의 명부를 작성할 수 있다. 또 각 작업주문의 비용을 계산할 수 있도록 요원들에 대한 단위인건비를 설정하고 이것에 의해 업데이트할 수 있다.

　구매부서에서는 구입처에 관한 귀중한 구매정보를 제공할 수 있다. 구매부서는 구입처의 실적을 감시하고 비용절감기회를 최대한으로 활용하며 알맞은 시기에 자재를 조달할 수 있다. 부품의 예상납기를 계획공정 중에 편입할 수 있도록 보전관리부서가 구매주문상태에 관한 정보에 액세스할 수 있도록 해야 한다. 또 보전관리부서에는 언제 부품을 수령할 수 있는가에 관해서도 통지해 두어야 한다.

　보전관리의 현장감독자는 구조물의 수리지점을 정확하게 나타내기 위하여 지리정보시스템

(GIS)으로부터 정보와 지도가 필요하다. 엔지니어링부서는 많은 수리업무를 지원하기 위하여 최신의 설치현황도면과 배관 및 기술을 제공할 수 있다. 보전관리부서는 프로젝트의 완료시점에서 보전관리활동의 책임을 인수할 수 있도록 하기 위하여 엔지니어링부서나 계획부서에서 실시되고 있는 건설사업의 진척상황을 감시할 수 있다. 적절한 예방보전관리나 순서를 명시하고 조합시킬 수 있도록 하기 위하여 새로운 장치와 부품에 관한 기록은 실제 사용하기 전에 프로젝트파일로부터 보전관리데이터베이스로 옮겨야 한다.

재고관리부서는 작업주문계획을 위하여 가지고 있는 부품의 재고량을 제공해야 한다. 이에 따라 업무를 달성하는데 필요한 모든 부품을 갖춘 작업주문에 대해서만 실행일정을 수립할 수 있다. 재고량이 작업주문의 상태를 자동적으로 업데이트하게 된다. 모든 필요부품을 재고 중에 갖춘 경우에는 실행일정과 실행에 대한 작업명령이 제출될 수 있다. 재고정보에 의하여 부품이용의 이력과 분석이 실시된다.

예산에 대한 비용과 수요가와 기타기관 및 일반고객에 대한 부담금액의 유무에 대해서는 인건비 · 재료비 · 작업주문의 상세정보를 이용할 수 있다. 작업명령에 소요되는 노동시간은 시간관리와 회계전표의 처리를 위한 임금에 입력할 수 있다. 보전관리부서로부터 요청받은 특수품목의 구입은 구매부서에 의해 관리될 수 있고 보전관리부서와 밀접하게 관계된 구매청구시스템을 경유하여 구매부서에 의해 승인될 수 있다.

구조물에 관한 작업주문상태는 GIS를 통해 모든 사용자부서가 이용할 수 있다. 구조물에 관한 작업주문상태와 계량기수리에 관한 정보도 수요가정보시스템(CIS)을 통해 이용할 수 있으므로 수요가서비스담당자는 시민들로부터의 조회에 대응할 수 있다. 또 작업주문상태, 인건비와 재료비 및 관리보고에 필요한 기타 데이터에 관해서도 이러한 정보를 알아야 할 직원들과 허가를 받은 직원들이 이용할 수 있다. 또 작업주문상태는 수질시험실정보관리시스템(LIMS)의 장치에 연결될 수 있기 때문에 수질시험실정보관리시스템에서는 언제 장치를 사용할 것이며, 언제 정상적인 수리 또는 사후수리를 종료할 것인가에 대한 계획을 세울 수 있다.

이들 모든 접속점은 완전하고 포괄적인 시스템통합계획에 대한 기반을 제공하게 된다. 또 각 부서의 고유 데이터에 대한 신뢰성을 높이는 동시에 협력적 공유정보환경(shared information environment)을 제공하게 된다.

16.6 의사결정에 의한 이익

보전관리시스템에 의한 이익 중에서 중요한 것은 의사결정을 향상시키는 것이다. 이 시스템에 의해 수집되고 편집된 포괄적 비용정보 때문에 상세하게 분석할 수 있다. 면적별이나 장치별 등 여러 방법으로 문제를 효율적으로 확인하면서 비용을 적산할 수 있다. 비용은 경향파악과 예산편성의 목적으로 계속 감시해야 한다.

의사결정을 개선함으로써 조직이 얻는 몇 가지 이익을 다음과 같이 나타내었다.
- 정보가 장치수명을 연장시키는데 이용될 수 있다. 장치의 고장이나 문제점의 원인을 판단하기 위하여 작업주문정보를 분석할 수 있다. 이에 따라 같은 장치에서의 중복된 고장을 방지하기 위한 새로운 조치를 찾아낼 수 있다.
- 예방보전관리는 작동중지시간을 줄이고 서비스 중단을 감소시킨다.
- 효과적인 계획과 일정계획에 의해 직원의 활용도나 생산성을 높일 수 있다. 작업계획은 부품을 확인하기 위하여 작업장을 오가며 쓸데없이 낭비하는 시간을 줄일 수 있는 동시에, 특수공구나 장치가 부적절하거나 중복된 재고를 줄일 수 있다. 직무에 적합한 사람이 공구와 부품을 이용하기 때문에 감독과 작업효율이 증가한다.
- 시스템은 잔무작업에 대한 현실적인 예측과 분석이 쉽도록 정보를 제공한다.
- 또 재작업 필요성도 줄게 된다. 이것은 특히 예산에 제약이 있는 경우에는 예산을 편성할 때에 대단히 유용하다. 이에 따라 연기해야 하거나 계약할 수 있는 업무를 간단히 확인할 수 있다.
- 비용절감은 노동력의 이용률 향상과 직접적으로 관계된다. 생산성도 향상된다. 이 시스템의 실시에 따라 같은 인원수의 직원으로 보다 많은 작업을 하거나 적은 인원수의 직원으로 동일한 분량의 일을 할 수 있게 된다. 또 직원의 잔업시간을 줄일 수 있기 때문에 직원의 사기를 높이고 전체적인 원가를 낮추는 것으로 이어진다.
- 계획적으로 장비운전을 중지시키는 것은 추가적으로 필요한 운전정지시간을 줄이면서 예방보수나 사후보수를 하게 할 수 있다. 이렇게 비용이 들고 시기를 맞추어서 운전정지와 운전개시를 함으로써 에너지절약으로 이어진다.
- 내부의 각 부서간에 의사소통이 향상된다. 남은 작업, 수리상태, 개략원가, 장치이력

등과 같은 공유정보는 여러 부서와 보전관리부서간에 토의할 화제를 제공한다. 정기적인 회합은 팀워크를 더욱 강화시킨다.
- 재고이용을 분석함으로써 재고관리 담당요원은 적절한 재고수준을 유지할 수 있다. 이에 따라 전체 재고량을 줄이는 동시에 경제적인 주문량을 확인할 수 있다. 또 분석으로 구식이거나 회전율이 낮은 재고품목을 찾을 수 있어서 저장품과 총 재고량을 줄이는데 도움이 된다.
- 보전관리의 자동화는 의사결정과 직원이용을 향상시키는 수단을 제공한다. 원가의 정당화에는 보다 효과적이고 안전한 조작, 정지시간의 감축, 장치수명의 연장 등과 같은 무형의 이익과 유형의 이익에 관한 검토가 필요하다.

16.7 보전관리시스템의 미래상

앞에서 설명한 바와 같이 장래에는 보전관리시스템이 다른 시스템과 통합될 것이다. 조직에서 가치 있는 정보를 가진 시스템은 다른 시스템과 통합시켜야 한다. 보전관리시스템은 재고관리시스템과 구매시스템에 완전히 통합시켜야 한다.

모든 조직에서 보전관리는 중요하고 필수불가결한 부분이다. 보전관리는 원가를 관리하고 플랜트 내의 장치, 기반시설 또는 부서의 라이프사이클(life cycle)을 향상시킨다는 면에서 조직에 크게 공헌한다.

현재 기술진보로 인하여 생산성이나 서비스능력은 증가시키는 반면 각 조직은 축소시킬 수 있다. 이 때문에 보전관리의 역할은 중요도를 더해가고 있다.

요원에 관해서는 중간관리직을 줄임으로써 각 조직이 계속하여 조직합리화를 꾀하게 된다. 이와 같은 방법이 가능한 이유 중의 하나로서는 정보시스템이 여러 문제의 해결방법을 널리 알릴 수 있기 때문이다. 보다 나은 사람은 보다 책임 있는 결정을 내릴 수 있는 것을 맡게 된다. 조직형태에 관한 현재의 경향은 계층적이거나 피라미드형의 보고구조보다는 함께 일하는 사람들의 네트워크를 꾀하는 방향으로 가고 있다. 무엇이 발생한 후에 반응하는 것이 아니고 예측이나 방지에 중점이 두어지고 있다.

오늘날에는 시설 전체를 통해 기술이 광범위하게 사용되고 있다. 보전관리도 예외는 아니다. 금후에도 자동화는 인원을 감축시키면서 증가하는 작업부하를 감당하도록 지원될 것이다. 기술은 "적은 인원수로 더 많은 것을 감당해야 한다"와 "필사적으로 일하는 것이 아니고 약삭빠르게 일해야 한다"고 하는 철학을 가능하게 하고 있다.

16.8 조사연구의 필요성

보전관리시스템을 보유하게 됨에 따라 예방보전관리를 촉진하기 위하여 보전관리시스템을 잘 이용하는 새로운 방법이 조사된 공정소요에서 중요한 역할을 하게 된다. 예를 들면, 현재는 장치의 상태를 감시하는 현장장치를 인간이 감시하면서 보전관리시스템에 적절한 정보를 입력시키고 있다. 이것을 현장장치와 보전관리시스템에 직접 접속시키고 데이터를 자동으로 입력할 수 있으면 보전관리시스템은 필요한 작업주문을 내릴 수 있을 것이다. 이것을 실현시키기 위하여 이미 이용할 수 있는 현장장치기술을 응용하는 개선된 방법을 개발하는 데 시간과 노력을 쏟아야 한다.

오늘날 정보는 컴퓨터콘솔을 경유하여 보전관리시스템에 입력시켜야 한다. 금후에는 데이터를 직접 보전관리시스템에 넣을 수 있는 음성작동방식의 클립보드와 같은 휴대식 장치를 개발하는 쪽으로 연구를 해야 한다.

이 형태의 연구는 보전관리의 효율성과 생산성을 향상시키는 자동화보전관리를 촉진시킬 것이다.

제17장 누수방지시스템(LCS)

집필자 : Anthony Harding
Susumu Sano(佐野 進)
부집필자 : Keiji Gotoh(後藤 圭司)
James B. Smith
James Schiele
Frank Gradilone Ⅲ

17.1 누수방지의 중요성

배수시설에서 누수로 인한 물 손실은 항상 수도사업관리자를 괴롭히는 문제이다. 물 수요가 증가하지만 따라 이용할 수 있는 신규수원은 줄어들고 이와 같이 부족한 자원에 대한 경쟁은 더욱 치열해지고 있다. 최근에는 많은 지역들이 심각한 물 부족 상황을 경험하였거나 또는 지금도 이 문제에 직면하고 있다. 이러한 상황은 누수정도와 낭비라는 관점에서도 많은 사용자와 규제당국에서 혹독하게 비판하고 있다. 수도사업관리자는 안정급수를 도모하면서 정수처리, 송수, 그리고 배수에 대한 자본비용과 운전비용을 절감해야 하는 큰 압력에 직면해 있다. 또한 누수는 수압을 불안정하게 할 가능성이 크며 경우에 따라 수질오염의 위험성도 많다. 또 누수는 동절기에 노면결빙의 원인으로 되며 노면 밑의 토양침식에 따라 도로가 붕괴되는 원인으로 되고 있다. 일반인들도 널리 직접적으로 누수의 영향을 받는 것이 분명하다.

모든 수도사업체에서 누수방지대책은 필수적인 것이다. 그러나 대부분의 수도시설에는 누수가 전연 없도록 하는 것은 불가능하고 또한 비용 대 효과의 면에서도 실현할 수 없다. 누수를 완전히 없애기 위한 조사와 탐지 및 수리에 소요되는 비용은 누수로 인한 손실액을 훨씬 상회한다. 누수량을 줄임으로써 오는 이익과 실제 누수방지대책을 계획하고 실시하며 추진하는데 요구되는 비용간에 경제적인 균형을 도모해야 한다. 이러한 판단을 하기 위하여 손실되는 물값에 대한 정확한 정보, 누수탐지 비용, 그리고 누수수리비용(Lior and O'Day 1986년)에 관한 정확한 정보를 수집하고 평가해야 한다.

의욕적으로 숙고된 누수방지대책은 수도시설의 총체적인 운영능력과 유효성을 나타내는 명확한 지표인 동시에 수도시설의 효율성을 높이기 위한 직접적인 수단이기도 하다. 수도사업체가 적극적인 무수수량 감소방침을 갖고 있다는 것이 중요하며 또한 그 방침이 특정 시스템과 자원의 이용가능성 및 수요에 최적인 것도 중요하다.

이 장에서는 누수탐지에 사용되는 여러 방법과 기술을 분류하고 데이터수집절차와 기술을 검토하며 통합화된 컴퓨터의 시설정보시스템에 대한 전후관계에서 누수탐지대책의 입안과 데이터분석에 대하여 검토하고자 한다.

17.2 누수의 정의

누수를 방지하는 것을 논하기 전에 먼저 "누수"란 무엇인가에 대해 정의해 두고자 한다. "누수"란 배수시설 내에 들어간 수돗물이 배수관망에서 누출되거나 새어나가는 상태를 의미한다. 누수발생원과 누수원인은 수많은 것이 있다. 급수관, 배수관, 송수관, 밸브, 소화전, 계량기, 배수지 등에서 누수가 발생할 수 있다. 원인으로서는 (1) 배관, 배관연결부 및 부속품 등의 경년변화에 의한 것, (2) 부식에 의한 것, (3) 지반변동이나 도로교통의 하중에 의한 압력, 과도한 수압, 워터해머 또는 시공불량이나 다른 시설공사 등과 같은 특수작용이나 상황에 기인하는 것 등이 있다.

급수계통의 누수에는 다음 2개의 기본적인 형태가 있다.

- 명백한 누수 – 이것은 지표에 나타나는 누수이다.
- 불명확한 누수 – 이러한 누수는 일반적으로는 분명히 지표에 나타나지 않는 것으로 땅속, 우수관, 오수관, 배수구 또는 인접한 하천에 흘러든다.

17.3 누수방지의 여러 문제

17.3.1 정의의 애매함

누수방지의 기본적인 문제는 배수시설의 누수를 정의한다고 하는 점이다. 미국에서는 배수시설의 효율을 정의하는 것으로 "계량률(metered ratio)"이라는 말을 사용하는 경우가 많다. 그러나 이와 같은 개념에도 몇 가지 문제가 있다. 먼저 계량률의 기본적인 구성요소가 되는 물 생산량(공급량)과 사용수량이 정확(적절한 크기, 적절한 물 사용, 적절한 설치 상황)하게 계측되지 못하는 전세계의 많은 지역에서는 이 개념을 적용할 수 없다는 점이다. 두 번째로 이 개념은 오해를 불러일으킬 수 있다는 점이다. 시스템 내에서 수량의 상당부분이 분수나 대구경사용자 등의 얼마 되지 않는 사용자에 대해서만 공급되고 있는 경우에는 이러한 사용자가 시스템 전체의 진실된 계량률을 감춰 버릴 수 있다는 것이다.

그 예로서 1만 수전의 수요가로서 계량률이 90%가 넘는 시설에 대해서 생각해 보자. 한 수요가가 이 수도사업체의 수돗물생산량의 약 45%를 사용하고 있는 대규모인 식품가공업자라고 하자. 만일 이 수요가가 물을 받는 것을 중지하는 경우에는 시스템의 수지를 나타내는 계량률은 70% 이하로 내려 가버리게 된다. 이와 같이 비율만을 본 경우에는 오해를 불러일으킬 수 있다.

정의에 관한 다른 문제로서는 "누수"와 "무효수량"이란 용어에 관련되는 문제가 있으며 수도사업에서는 이 말들이 동의어로 사용되는 경우가 많다. 누수는 배수시설 내의 무효수량 중의 일부이고 단지 하나의 요소에 지나지 않는다.

1) 무효수량의 원가

무효수량의 원가는 시스템에 따라 상당히 큰 차이가 있다. 직접원가라는 각도에서 보면, 무효수량은 누수와 계량량의 기본원가나 한계원가를 검토함으로써 추정할 수 있다.

누수 : 지하매설관 누수의 직접원가 또는 한계원가에는 다음 사항이 포함된다.
- 수돗물 판매비
- 물을 가압하는데 소요되는 동력비
- 정수처리에 필요한 약품비

수자원보호가 문제되는 여러 나라에서는 앞에서 말한 비용 외에 신규개발비, 공중위생 관련비와 피해에 대한 법률검토 비용도 필요하다. 법률검토사항으로서는 도로붕괴에 의한 손해나 건물에 대한 손해 등을 포함할 수 있을 것이다. 이런 것들 이외의 문제로는 누수가 있는 경우 주변지역에서 크로스커넥션(오접속)이 존재한다는 점이다. 예를 들면, 압력역전(부압의 발생)에 의해 오염된 지하수가 수도배관 내로 흘러 들어가서 건강 문제를 일으킨다는 것이다.

이러한 원가요건들에 대해 비용을 설정하는 것은 어렵다. 실체가 없기 때문에 누수의 실제가격을 왜곡해 버리고 엉터리 비용 대 효과분석을 만들 가능성이 있다. 사업체에 따라서는 용수공급자와 수도사업체간에 맺은 "계약수량분만 지불하는 방식"의 합의가 누수조사의 비용 대 효과를 줄이는 경우도 있다. 예를 들면, 어느 수도사업체가 용수공급자와 $660m^3/일$의 물을 받는 것을 약정한 "계약수량분만 지불"에 합의하였다고 하자. 이때 수도사업체의 평균 사용량이 약 $554m^3/일$이다. 이 수도사업체는 물 사용 여부에 상관없이 나머지 $106m^3/일$의 요금을 지불하고 있다. 이 예에서는 수도사업체는 $79l/분$을 상회하는 수량의 소화전을 365일간 24시간 연속으로 열어서 물을 계속해서 흘릴 수 있다는 것이 된다. 이 만큼의 물에 대해서는 수도사업체에는 직접원가로서는 한 푼의 비용도 들지 않는다는 계산이 된다. 이 경우에는 누수탐지에 대한 동기가 대폭 줄어들게 되어버린다. **그림 17.1**은 이 수도사업체가 23개월간의 물 사용량을 나타낸 것이다. 이 그림에서 15개월간 합의서에 요청된 분량보다도 적은 양의 물을 구입하고 있었던 것을 알 수 있다.

계량 : 계량하게 되면 원가견적이 훨씬 간단하게 된다. 왜냐하면, 일반적으로 계량기의 계량오차에 따라 잃어버린 물의 원가는 판매요금으로 요구되기 때문이다. 직접원가에서 본 경우 배수시설 내에서 가장 값비싼 손실은 계량기에 의한 계량기 불감량(때로는 부정확한 계량이라고도 함)인 것은 명백하다.

계량기 불감량은 불량한 품질의 계량기, 열악한 수질, 계량기의 내용년수 초과사용, 부적절한 크기의 계량기, 계량기를 잘못 선정 또는 부적절한 설치 등이 원인이 될 수 있다. 직접원가에 관해서는 계량기를 통과하면서 무효수량은 누수의 직접원가나 한계원가의 2~20배일 수도 있다.

무효수량의 방지에 대한 조치로서는 정확한 계량이 유일하고 가장 중요한 요소가 된다. 만약 정수장의 유량계와 기록이 정확하지 않은 경우에는 배수시설 내의 무효수량의 규모와 그것에 의한 세입손실액을 결정하는 것은 거의 불가능하다. **그림 17.2**는 많은 배수시설의 계량에서의 손실개요를 나타낸 것이다.

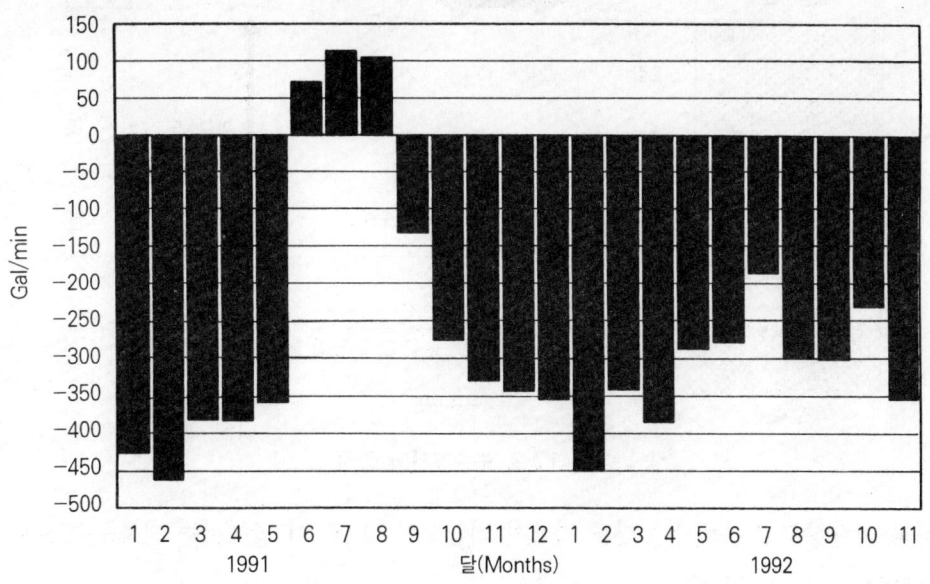

주 : 23개월 중에서 3개월만 합의된 사용량을 초과하였음.

그림 17.1 하루 250만 갤런의 계약 사용량에 대하여 월별 미사용량 집계

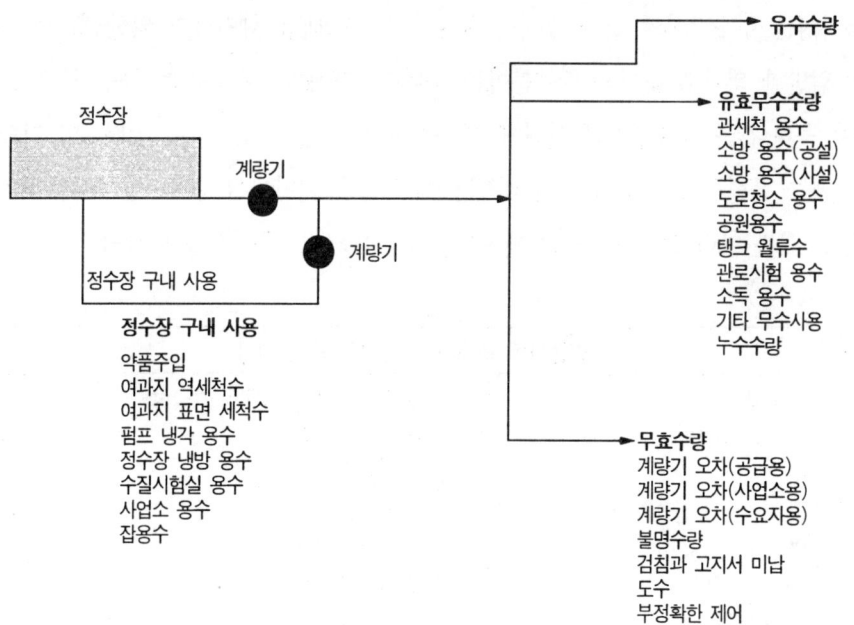

그림 17.2 수도계량의 분류

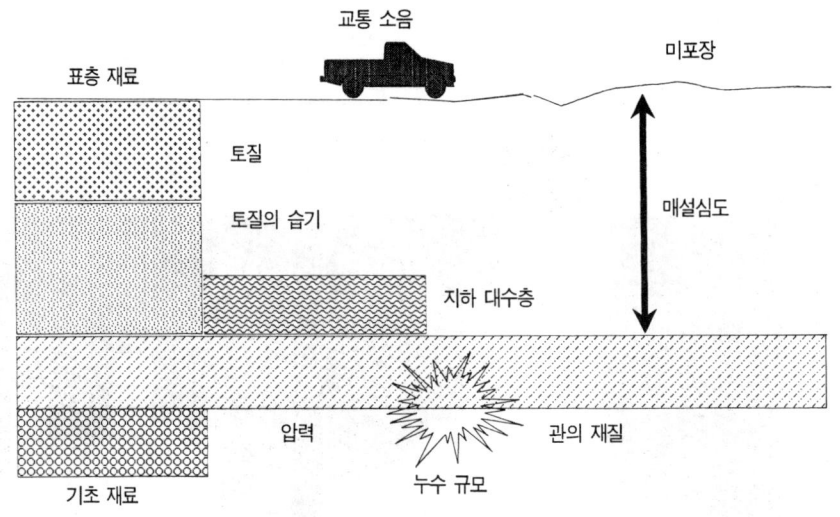

그림 17.3 누수조사의 장애

계량과 계량장치에 관해서는 다른 장에서 취급하였으므로 이 장에서는 지하누수조사의 기술과 방법에 대해 취급한다.

17.3.2 탐지의 어려움

누수방지에는 누수탐지와 관망 중에서 누수의 분포상태를 확인하기 위한 측정이 있다. 누수탐지는 엄밀한 의미로 하나의 학문분야는 아니다. 관재질, 관로수압, 누수 규모 또는 지하수위 상황 등과 같은 누수탐지의 성패에 영향을 미치는 많은 조건들이 있다. 또 기술자와 탐지기기 간에는 훈련문제도 있다. 누수탐지는 이와 같은 의미에서 응용기술이라고 말할 수 있다. 그림 17.3과 아래 표는 누수탐지에 관계되는 일반적인 문제점을 나타낸 것이다.

누수탐지에 관계되는 일반적인 문제점	
관로수압	누수지점에의 액세스 가능성
관의 재질과 연수	관로 내의 공기
누수의 규모	관로종점
관의 깊이, 토질 및 땅의 습윤상태	여러 가지 누수음
노면상황	타기업의 관로
지하수의 상태	요원의 능력
교통량 또는 소음	조사 기기
배관도의 오류	묻힌 밸브실 뚜껑

17.4 누수탐지 방법

누수로 의심스런 장소에서 정확한 누수지점을 탐지하고 위치를 규명하는 데는 여러 가지 방법이 있지만 모든 방법은 조작하는 관계요원의 기술과 판단에 좌우된다. 또 빈틈없는 보수와 효과적인 탐지기기 활용과 함께 잘 훈련되고 오랜 경험을 갖는 것 등을 대신할 수 있는 것은 없다.

누수를 탐지하는 방법은 일반적으로는 다음 중의 어느 것으로 분류된다.
- 데이터베이스 관리
- 지역 또는 구획계량법
- 초음파조사와 음청조사

17.4.1 데이터베이스 관리 - 데이터수집과 검토

배수관망의 분석은 포괄적인 누수탐지프로그램을 개발할 때에 최초의 단계이다. 분석되는 항목으로서는 배수관의 종류와 관의 사용년수, 누수와 수리이력, 입지와 교통량 등 물리적인 특성이 있다. 분석프로그램은 가장 누수가 있을 가능성이 높은 지역에 초점을 맞추어야 하며 또 최소비용으로 최대효과를 가져온다는 관점에서 해야 한다.

관의 파손이력을 감시하고자 하면 단순한 도면관리 또는 지리정보시스템(GIS)에 직접 결부된 보다 고성능의 관련데이터베이스를 사용할 수 있다. 강력한 재정기반이 없는 소규모 사업체에서는 값싼 PCs나 일반적인 애플리케이션소프트웨어를 사용할 수 있다. 또 누수문제를 추적하기 위해서는 단순한 도면관리형의 데이터베이스 또는 관로대장(spreadsheet)을 사용할 수 있다. 데이터베이스에 포함되어야 할 정보는 다음과 같다.
- 누수나 파손지점 소재지 또는 정확한 위치
- 날짜
- 관재질
- 관의 사용년수
- 누수의 종류와 규모
- 배관수압

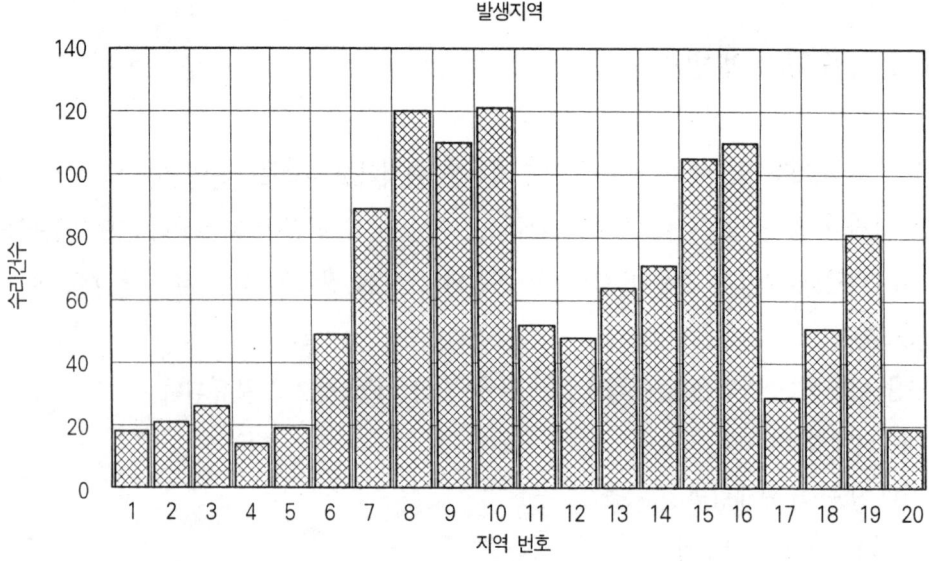

그림 17.4 누수관로의 수선 기록(1983~1992)

- 지하수 상태
- 토양의 종류와 상태
- 실시된 수리 종류
- 수리비용
- 수리에 사용된 재료

수도사업체는 이러한 정보를 기록함으로써 누수탐지와 관련된 판단을 할 수 있으며, 또한 관로를 수리해야 할 것인지 또는 교체해야 할 것인지를 결정할 수 있다. 동시에 모든 관로 파열지점이나 누수수리지점을 한 눈에 알 수 있도록 지도상에 기록해 두어야 한다. 배수관망내의 관로파열을 추적할 수 있는 능력은 모든 누수방지계획에서 큰 강점이다. 간단히 누수탐지작업의 우선순위를 부여할 수 있는 것에 의해 데이터베이스시스템의 개발비용 이상으로 이익을 가져올 것이다.

그림 17.4는 어느 수도사업체의 관로파열이력을 나타낸 것이다. 이 도면을 대충 훑어보면 관망 내의 "약점"을 알 수 있다. 관로 사용년수나 관재질과 같은 다른 정보를 기록할 수도 있다. 이 데이터베이스는 지출우선 순위를 결정하기 위하여 사용될 수 있는 여러 항목에 의해 분류할 수 있는 능력을 수도사업체에 줄 것이다. 예를 들면, 이 수도사업체는 수리 빈도가 높은 구역에 초음파탐사에 많은 시간을 보내야 한다든지 또는 특정구역에는 누수음 데

이터를 영속적으로 기록할 장치를 설치할 수도 있다.

고도 데이터베이스와 지리정보의 결합을 채택하였다거나 또는 단순한 컴퓨터 배관도를 채용하였음에도 불구하고, 데이터베이스 관리계획이 누수방지계획의 근간이 되어야 할 것이다.

수도사업체의 누수탐지계획에는 강력한 피드백루프로 운영되어야 한다. 현장에서 발생된 누수정보가 지리정보시스템(GIS)에 입력되는 것이 가장 바람직한 형태이다. 그리고 지리정보시스템에 있는 이런 데이터를 분석하는 것이 어떤 장소에서 언제 탐사해야 할 것인가에 대한 누수탐사계획을 안내하는데 사용되어야 한다. 그 후에 이런 데이터는 지리정보시스템에 피드백되어야 하며 이러한 과정은 반복적인 방법으로 계속되어야 한다. 또 배수시설에서 누수를 감시하고 실시간으로 누수탐사를 안내하는 SCADA시스템을 사용할 수 있다.

17.4.2 지역 또는 구획계량법

지역 또는 구획계량법은 가장 효율적인 누수감시방법 중의 하나이다. 밸브에 의해 나눠진 한정된 지역으로 총 유입량을 측정하기 위하여 전체 배수시설에 항구적인 유량계를 설치한다. 이 유량계에는 현장 데이터기록장치가 설치되거나 또는 원격계측기를 거쳐 SCADA시스템에 접속시킬 수 있다. 또 감시되는 지역의 유량변화가 소비패턴의 변화에 의한 것인지를 판단하기 위하여 자동계량기검침(AMR)시스템을 사용하여 조사할 수 있다. 계측된 유량에 현저한 변화가 있는 것이 분명하며 또한 사용측면에서 변화가 있어야 할 논리적인 이유를 알 수 없는 경우에는 당해 지역에 대해 더 이상의 누수가 있었는지를 탐사해야 한다.

이 방법의 이점은 사용수량이 증가된 장소에는 반드시 누수를 발견하고 수리한다는 것이다. 또 시스템 전체의 누수와 유량에 관한 귀중한 데이터를 입수할 수 있다는 이점도 있다. 이러한 정보는 일일 운전의 최적화와 관망해석모델에 입력하는 것을 포함한 장래의 개선과 확장을 계획하는 경우에도 이용할 수 있다.

구획계량은 "구획된(closing in)"한 지역을 하나 또는 몇 개의 계량기로 계량하기 때문에 관망해석모델을 사용하여 구획을 설계하는 것이 아주 유익하다. 이 방법에서 제안된 지역에서 유량과 압력체계를 확인할 수 있다. 지역에 따라서는 여러 급수지점이 필요하며 어느 지역과 다른 지역을 "직렬(cascade)"로 연결해야 하는 경우도 많다. 구획이 설정된 다음에는 누수량을 목표수준까지 내리려는 노력을 해야 한다. 이것이 장래 누수감시와 탐지를 수행하기 위한 기초가 된다.

> ### 에섹스(Wessex)수도회사에서 개발한 포괄적 누수방지프로그램
>
> 영국 에섹스수도회사에서는 포괄적인 누수방지계획을 사용하여 구역유량계와 자동검침시스템을 총괄관리하고 있는 수도회사 중의 하나이다. 현재 이 회사에서는 제1단계 누수평가의 기초로서 원격계측유량계를 사용하고 있다. 약 100만 개의 수요가와 배관연장이 11,200km인 에섹스지역은 30개의 운전센터로 나뉘어져 있다. 각 지역에는 유량계가 설치되어 있고 유량데이터가 매일 원격장치에 의해 계측되고 있다. 이 데이터는 에섹스네트워크인 WESNET를 사용하여 관할 누수방지센터로 보내지고 있다.
>
> 산업용 수요가의 사용량은 우편번호색인을 사용하여 각 구역에 할당되고 있으며, 비슷하게 각 구역 사업소의 추정사용량을 우편번호를 사용하여 요금고지부서로부터 전달하게 된다. 영국에서는 우편번호코드가 새로이 개발되었으며 현재는 콤팩트디스크로 이용할 수 있다.
>
> 에섹스는 개별가정의 사용수량을 검침하지 않으며 추정량은 구역 전체의 사용수량으로 한다. 에섹스에서는 누수를 감시하고 누수문제에 대하여 효과적인 해결책을 제공하는 지리정보시스템에 접속시키기 위한 조작소프트웨어인 WESNET과 누수방지패키지(LCP, leakage control package)를 개발하였다.

1) 서브존 계량법(누수량 계량)

구획계량법으로는 많은 구획 내에 계량기가 설치된다. 이러한 구획에는 단일 공급점에서 계량기를 통하여 급수되도록 경계밸브를 설치한다. 이 밸브는 야간에 조작되며 계량기에 의해 최소유량을 측정한다.

이 구획에서 전회의 측정시와 비교하여 사용수량이 대폭적으로 증가한 경우에는 누수가 생긴 것이라고 본다. 이 방법이 자동계량기검침시스템을 사용하는 실시간사용량감시와 함께 실시되는 경우에는 누수판단이 보다 정확하게 된다. 대규모 누수가 의심스러운 경우에 당해 구역은 누수지점의 위치를 찾아야 한다. 이것을 찾는 방법에는 여러 가지 방법으로 조사될 수 있다.

어느 구획 내를 경계밸브를 닫아서 다른 구획과 분리고립시키고 분리고립된 구획 내로 들어가는 유량을 단계적으로 계량하는 조사방법이 가장 많이 사용되는 방법이다. 계량된 유량이 대폭 감소된 경우에는 직전 분리고립구획에 누수가 생기고 있다는 것을 시사한다. 현장요원은 그 구획내의 누수지점을 찾기 위하여 청음기 또는 누수음상관기로 분석해야 한다.

이 방법에는 다음과 같은 결점이 있다. 비교적 소규모의 누수에 대해서는 유효하지만 최소유량이 변화하지 않는 경우에는 유익하지 못하다. 또한 이 작업은 야간에 이루어지기 때

문에 상당한 비용이 소용된다. 또 주의할 필요가 없는 구획에 대해서도 누수방지를 위한 노력을 기울여야 하는 경우도 있다. 또 전회의 조사에서 다음 조사까지는 때로는 1년 가까이 누수가 방치된다는 것도 고려해야 한다.

그림 17.5에 누수감시에 사용되는 몇 가지 방법을 나타내었다. 유량의 감시 또는 계량에 사용된 방법으로는 삽입식 계량기, 바이패스용 계량기(turbine, 복합계량기 등), 고가저수탱크에 의한 용적계량 등이 포함된다. 어떤 경우에도 구획이나 지역은 경계밸브를 닫아서 물리적으로 고립시켜야 한다.

2) 지역 또는 구획계량법의 이점

지역 또는 구획계량법의 이점은 다음과 같다.
- 배수시설 전체를 평가할 수 있다.
- 장래의 누수탐지계획에 참고로 사용될 기본 유량데이터를 작성한다.
- 시스템 내의 현실적인 누수정도를 판단하고 이 누수정도는 상세한 누수탐지방법에 대한 경제적인 평가를 할 수 있다.
- 송수관을 비롯한 시스템 결함을 판단하기 위한 용도로 이용할 수 있다.

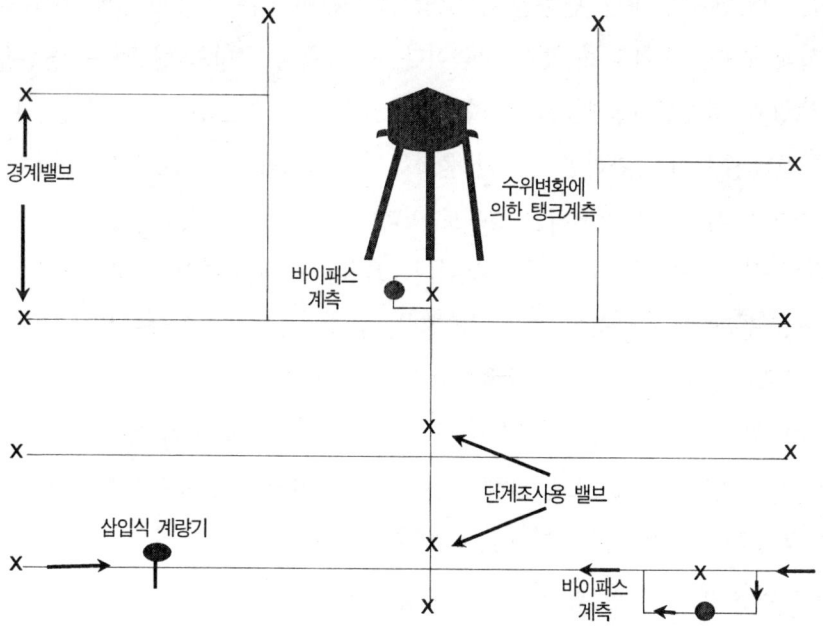

그림 17.5 구역 설정에 의한 누수조사 방법

- 시간최대사용량과 평균사용량과 같은 보충적인 정보를 쉽게 작성할 수 있으며 컴퓨터 모델 교정에 사용할 수 있다.
- 노동력과 조사기기에 우선순위를 부여할 수 있다.

3) 지역 또는 구획계량법의 결점

지역 또는 구획계량법의 결점은 다음과 같다.
- 비용이 대단히 많이 든다.
- 크로스커넥션(오접속)이나 경계밸브가 불량하면 잘못된 결과로 이어질 가능성이 있다.
- 구획이 적절하게 설계되지 못한 경우에는 일시적 소방상의 문제가 생길 수 있다.

17.4.3 음청식 누수탐지

압력관로에서 누수가 발생하면, 누수지점의 그 관에서 특징적이고 인식할 수 있는 누수음이 생긴다. 이 음은 관의 양방향으로 전해져 나가며 적절한 음청기기(청진기)를 사용하여 누수지점에서 떨어진 장소에서 탐지할 수 있다. 기본적으로 누수음에는 다음 2종류가 있다.
- **관에서 빠져나가는 것과 같은 누수소음**. 소음은 물이 누수공을 통과할 때 생긴다. 이 소음은 압력변화에 따라 변동한다. 고압시의 누수는 큰 소음을 발생하는 것에 비해, 저압시의 누수는 청취할 수 없을 만큼이다. 또 소음은 구멍의 형상에도 영향을 받는다.
- **주변토양과 접촉할 때 생기는 누수소음**. 토양은 누수소음을 증폭시키거나 감소시킨다. 토양의 수분이 증가하면 누수의 음향특성은 줄어들 수 있으며 또 지하수위가 높은 경우에는 음이 완전히 소거되는 경우도 있다.

누수음의 특성은 관재질, 구경, 누수부위의 크기나 갈라진 틈의 형상, 수압과 매설시의 되메움재 종류 등과 같은 요소에 따라 달라진다. 한 가지 요소, 즉 누수음이 관에 전파되는 속도 또는 빠르기는 일정한 관경에 대해서는 일정하다.

일반적으로 사용되는 음청누수탐지기로는 지중음청기, 수중음청기 등의 기계적 증폭기와 전자증폭기 및 마이크로프로세스에 의한 상관식 누수탐지기 등의 3종류가 있다.

음청누수탐지조사계획은 다음 2단계로 나눌 수 있다.
1) 누수가 의심되는 구역을 한정하기 위한 음청조사
2) 이러한 누수지점을 정확하게 규명하고 보고하기 위한 누수조사

기본적인 음청조사로는 지역을 음청으로 조사하기 위하여 기계적 증폭기 또는 전자증폭기를 사용한다. 대부분의 방법은 소화전, 밸브 또는 급수관접속부 등과 같은 조사점에서 누수음을 청취할 수 있는 능력에 의존한다. 정밀누수탐지에 사용되는 최신장치로는 상관식 누수탐지기가 있다. 이 장치는 2개 조사지점간의 시간지연을 측정함으로써 누수지점을 수학적으로 찾아낸다.

또 관로 중의 물에 센서를 직접 삽입할 수도 있으며, 이 방법은 저음이나 또는 플라스틱관 등을 통해 전해지는 음의 어려운 탐지를 극복할 수 있다. 누수음의 정도는 예를 들어 소화전으로부터 관로에 압축공기를 주입하는 방법에 의해 높일 수 있다. 공기누출소음은 누수소음의 수배정도로 크게 된다.

1) 상관식 누수탐지기

누수음을 누수지점의 양쪽 2지점(예 : 경계밸브, 소화전, 지수전)에서 감시할 수 있는 경우에는 누수지점을 결정하는데 상관식 누수탐지기를 사용할 수 있다. 간단한 예를 **그림 17.6**에 나타내었다. 이 그림에서 누수는 거리가 D인 주관의 2개 조사지점인 A점과 B점 사이에 존재한다. 누수지점은 C점과 B점의 중간지점이다. 상관분석기는 C점에서부터 A점까지의 거리 N을 누수음이 이동하는데 소요된 도착시간 지연으로 판단한다. 이 지연시간은 누수음이 A점까지 도달하는 시간과 B점까지 도달하는 시간과의 시간차(Td)이다.

$$누수위치 = \frac{D-(음속 \times 지연시간)}{2}$$

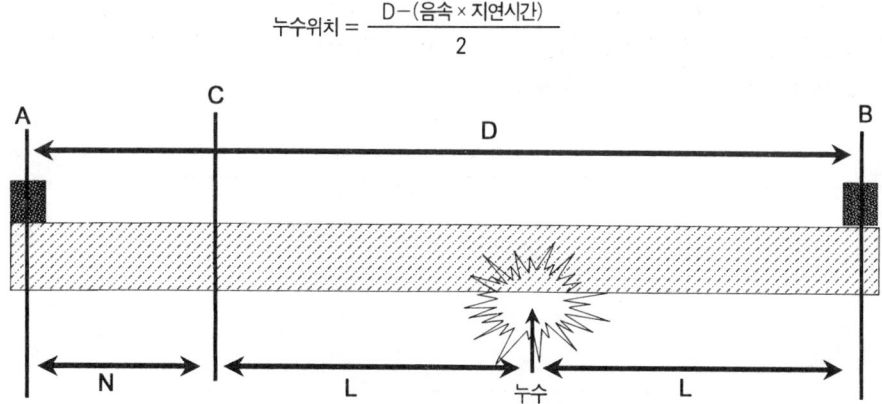

주 : 마이크로프로세서가 누수음의 지연시간으로부터 위치를 측정한다. 이를 위해서는 재질과 센서간의 거리, 정확한 매핑 정보가 필요하다.

그림 17.6 상관식 누수탐지기

그림을 참조하면, 이것은

$$D = 2L + N$$

가 된다. N을 시간차 Td와 속도 V를 곱한 것으로 바꾸면,

$$D = 2L + VTd$$

가 된다.

D는 현장에서 측정되고, V는 요원이 상관분석기의 메모리 내에 있는 음속표에서 선정하여 입력한다. A점과 B점 사이에서 누수음도착시간의 차(Td)는 상관분석기의 교차상관처리(cross-correlation process)에 의해 자동적으로 구해진다. 이 시간차는 조사 중인 관의 음속에 정비례한다.

결과를 내는 상관식 누수탐지기에 대한 필수요건은 A점과 B점 사이에서의 누수음을 감시한다는 것이다. 측정의 정밀도는 거리와 관종 및 관경 등의 측정치 또는 추정치를 입력하는 요원에 의해 조정된다.

일본에서 실시되고 있는 손실수량 계산방법

일본수도의 총괄책임을 갖는 후생성에서는 누수를 대폭 개선한다는 행정방침을 수립하였다. 그림 17.7에 나타낸 배수량의 내역에 의하면 1976년도의 일본 평균유효율은 약 81%였다. 이 그림에서 알 수 있는 바와 같이 총 배수량 즉 배수시설에 들어간 물의 총량은 유효수량과 무효수량을 포함한다. 유효수량은 다시 유수수량과 무수수량으로 나누어진다.

후생성에서는 유효율을 사용하고 있는 일본 수도의 정직성을 평가하는 동시에 각 수도사업체에 대해 90% 이상의 유효율을 실현하도록 촉구하여 왔다. 신규로 건설되는 수도시설이나 개량사업에 대해서는 목표율 이상의 유효율실현을 증명하거나 지정된 기간 내에 목표율을 달성할 것을 보증하는 계획서를 제출하도록 요구하고 있다.

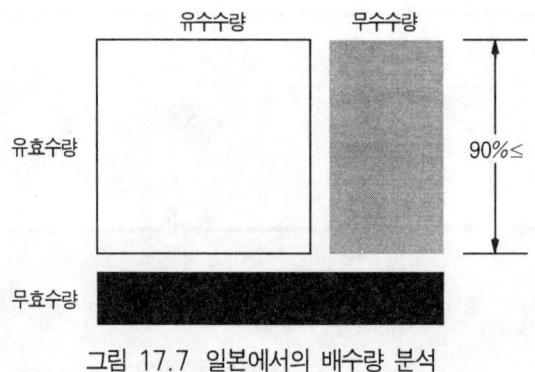

그림 17.7 일본에서의 배수량 분석

일본에서 실시되고 있는 손실수량 계산방법(계속)

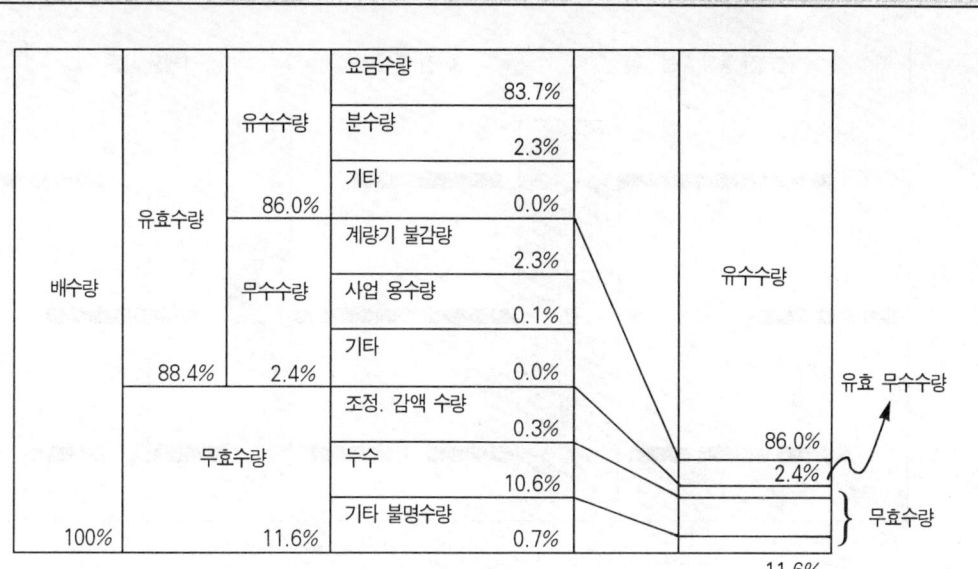

유수수량(accounted-for water)
  요금수량(charged water) : 수도요금체계에서 요금수입으로 된 수량
  분수량 : 도매수량 또는 다른 수도사업이나 지역에 공급하는 수량
  기타 : 공원, 소화, 공공시설, 사무소 등에서 사용되는 수량
무수수량(unaccounted-for water)
  계량기불감수량(meter insensitive water : 계량기의 계량오차) : 계량기의 계량오차에 의한 손실수량
  사업용수량 : 관로의 세척, 소방 등의 목적으로 사용되는 수량
  기타 : 공원, 소방, 공공시설, 사무소 등 시읍면에서의 사용을 목적으로 한 수입 이외의 수량
무효수량(ineffective water : 지하의 누수 등에 관계된 불분명의 수량)
  조정수량(adjustment reduction water) : 수질문제 등을 위하여 조정한 수량
  누수(leakage) : 지하매설배관에서의 누수에 의한 손실수
  기타 및 불명수량 : 잡용수와 도수 등 불분명한 손실수량

그림 17.8 1991년도의 도쿄도 수도국에서 배수된 수량 내역

1979년부터 1989년까지 사이에 일본의 유효율은 83.6%에서 88.6%로 올랐다. 이 기간에 일본 수도시설의 건설은 444,935km의 다양한 배수본관과 배수지관에 의해 1억 1,600만 명의 국민에게 160억m³의 물을 급수하였다. 도쿄도(東京都) 수도국에서 1991년의 배수내역을 **그림 17.8**에 나타내었다.

공시간이용법(water vacant time method)

누수방지활동을 실시하기 위해서는 먼저 누수량과 배수관망 전체에서 누수량 분포상황을 파악하는 것이 필요하다. 관망 중에서 누수량을 직접 측정하는 것은 어렵다. 이 때문에 가동되는 관망의 특정구획에서 구획야간최소유량측정법이 채용된다. 이 측정법은 비교적 간단하고 또 수요가를 번거롭게 할 필요가 없다.

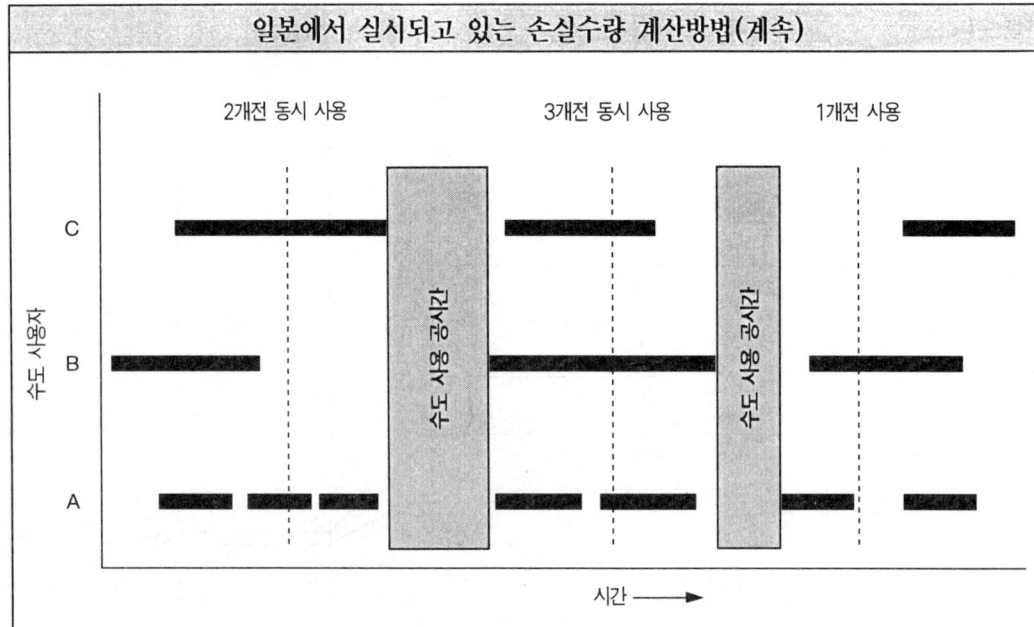

그림 17.9 수전 사용 시간 모델

유감스럽게도 이 유량측정은 여러 형태의 물 사용량이 섞인 상태에서 시행되기 때문에 완전하게 정확하지는 않다. 공시간분석법(vacant time analysis)이 채용되는 경우에는 구획최소유량측정법의 정확도가 높아진다. 이것은 그림 17.9에 나타낸 바와 같이 수도사용공시간 내의 구획유입량이 실제 누수량인 것에 의한다.

수도사용 공시간은 상당히 장시간에 걸쳐 생기고 유량계는 이 기간 내의 유량변화에 대응한다. 배수관망 내의 공시간 구획의 발생은 사용자수와 사용패턴에 좌우된다. 이에 관해서는 대기행렬모델에 의해 시뮬레이팅된다. 이 대기행렬모델에는 특정구획에 대한 공사용시간의 발생과 그 계속시간에 대한 해석법이 편입되고 또 유량측정장치에서 요구되는 요건을 제공한다.

수도꼭지의 사용(개전)빈도와 개전지속시간의 각 패턴은 무작위로 간주할 수 있다. Poisson형의 사용빈도와 지수형의 개전지속시간을 사용하여 실시간 모델에 의해 구획 내의 급수상태를 시뮬레이트할 수 있다.

야간수도사용(오전 2~4시 사이에 1세대에서 동시에 몇 개의 수도꼭지를 여는 확률)이 아주 적기 때문에 구획 내의 세대수는 대기행렬이론에서의 창구수와 같은 것으로 가정하였다. 수도사용의 확률과 사용지속시간은 무작위이고 도착분포와 서비스기간분포에 대응시키는 것으로 한다. 이 경우의 대기행렬모델은 "크기 m(인구)의 집단으로 창구수 S(호:겐달의 두 문자에서 취한 M/M/S(s))일 때의 Poisson도착과 지수형 서비스에 의한 즉시모델"이 된다.

다음에 사용자 1인당의 수도사용시간간격을 Ta, 그 지속시간을 Ts라고 하면, 수도사용확률 $An(t)$(시간 t간에 수도가 n회 사용되는 확률 ; 도착분포)과 사용지속시간확률 $S(t)$(계속시간이 t 이내인 확률 ; 서비스분포)은 식 17.1과 식 17.2 및 그림 17.10으로 나타내었다.

일본에서 실시되고 있는 손실수량 계산방법(계속)

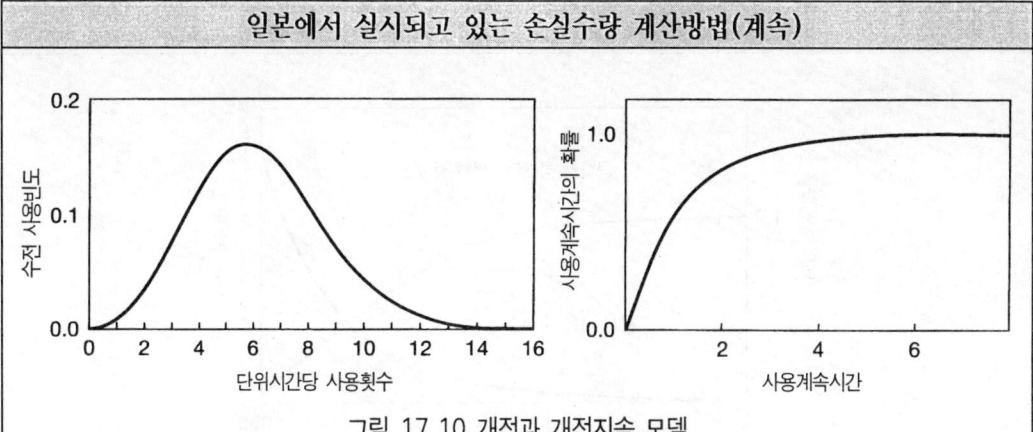

그림 17.10 개전과 개전지속 모델

표 17.1 공시간을 이용할 수 있는 세대수의 상한

수전별 평균 개전시간(시간)	수전별 평균 개전지속시간(초)		
	180	24	3
	세대수		
3	100	500~700	1,400~2,000
12	300	1,400~2,000	3,500
21	500		

여기서 λ(도착률)=$1/Ta$, μ(서비스율)=$1/Ts$이다.

$$A_n(t) = \frac{(m\lambda t)^n}{n!} e^{-m\lambda t} \quad \text{(식 17.1)}$$

$$S(t) = 1 - e^{-m\mu t} \quad \text{(식 17.2)}$$

수전의 합계가 S개, 동시에 사용되는 수전수가 n개라고 하는 구획에서, 일반적인 대기행렬 이론을 맞추면, 다음 식에 의해 공시간의 발생확률 P_o가 얻어진다.

$$P_o(t) = \frac{1}{\sum_{n=0}^{s} \binom{m}{n} a^n} \quad \text{(식 17.3)}$$

식 17.3에 의하면, 이용가능한 공시간을 찾기 위한 구획 내의 상한세대수는 표 17.1에 나타낸 바와 같이 평균적인 1인당의 사용(개전)간격과 사용지속시간에 의해 추정된다.

총사용자 수 $m = 360$명 $= 3.0 \times S$세대, $Ta = 6$시간, $a = \lambda/\mu$라고 하는 경우, 공시간상태가 t시간 이상 지속될 확률은 다음 식을 사용하여 구한다.

$$V(>t) = \frac{e^{-m\lambda t}}{\sum_{n=0}^{s} \binom{m}{n} a^n} \quad \text{(식 17.4)}$$

일본에서 실시되고 있는 손실수량 계산방법(계속)

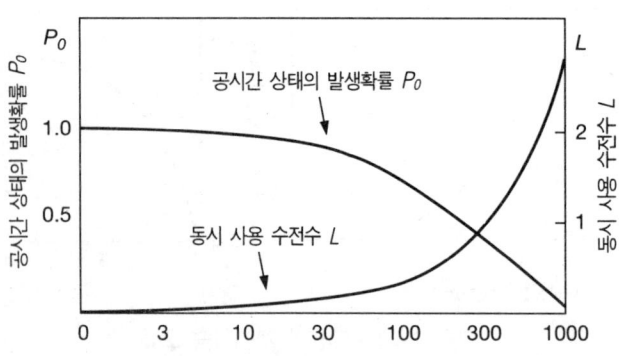

그림 17.11 공시간 상태의 발생확률과 동시사용 수전수

공시간이 측정장치에 의해 탐지될 수 있을 정도로 길지 않은 경우에는 보조적인 평균치로 하는 것이 아니고, 구획최소유량의 정밀도를 높이기 위하여 동시사용수전수의 기대치 L을 채용할 수 있다. L은 식 17.5를 사용하여 추정된다.

$$L = \frac{\sum_{n=0}^{s} \binom{m}{n} n a^n}{\sum_{n=0}^{s} \binom{m}{n} a^n} \quad \text{(식 17.5)}$$

계산된 P_0와 L을 그림 17.11에 나타내었다. 이것들은 총인구 300명 이하를 전제로 하는 것이 바람직하다는 것을 알 수 있다. 총인구 1,000명 정도의 구획에 공시간 측정법을 채용할 수 있다.

공시간의 발생은 생활양식이나 업무 형태 등의 물 사용 패턴과 같은 조건에 영향을 받을 수 있다는 것을 특히 주의해야 한다. 또 세대 구성원수(이것에는 사무소나 공장 노동자도 포함된다)도 통계적인 변수이다.

공시간과 공시간 내의 유량계측은 간단한 작업은 아니다. 10분의 1초의 응답속도를 갖는 유량계를 사용해야 한다. 전자유량계를 기록계와 조합하여 사용할 수도 있다. 이와 같은 분 단위 측정으로는 수리상의 과도현상이 측정을 방해한다는 것도 고려해야 하며, 이러한 문제에 대하여 금후에도 연구가 필요하다.

결론

누수방지는 모든 수도사업체를 효율적으로 운영하기 위하여 대단히 중요하다. 누수방지방법을 개선하고 낭비되는 수량을 삭감하기 위해서는 전세계에서 통일된 누수방지방법의 지침을 개발해야 한다. 여기에서 설명한 방법은 이와 같은 통일된 방법을 제공하기 위한 하나의 시도이다.

> ### 지하레이더시스템(Subsurface Radar System)
>
> 지하레이더시스템(後藤 高橋 1988)이 이러한 종류의 누수탐지장치로서 최근에 개발된 예이다. 이 시스템에 관심이 높으며 기대도 크다.
>
> 이 시스템의 원리는 지하 상황을 표시시키기 위하여 지중에 전자파를 방사하고 그 반사파를 CRT화면에 8색의 그림으로 나타내는 것이다. 이 장치는 차량에 탑재된 중앙컴퓨터와 중앙컴퓨터에 연결된 30m의 케이블로서 송수신기를 구비한 안테나로 구성된다. 100~300MHz로 주파수변조된 파가 현재 사용된다.
>
> 이 레이더에 의해 다양한 데이터를 얻는다. 지하에 있는 배수관, 가스관, 하수관, 케이블 등의 위치와 함께 공동과 땅속의 물웅덩이도 탐지할 수 있다. 이들의 특성을 이용함으로써 지금까지는 감지하기 곤란하였던 누수를 발견할 수 있으며 관로의 부등침하에 대한 정보를 수집하고 적절한 예방조치를 강구할 수 있다.
>
> 더욱이 이 지하정보를 관로의 보전관리에 관한 데이터베이스시스템과 결합시킨다든지 장래에는 배수관망의 디지털·매핑·시스템과 결합시키는 것도 가능할 것이다.
>
> 지하레이더시스템은 이미 실용단계에 이르고 있으며 여러 산업분야에서 주목과 기대를 모우고 있다. 다만, 화면상의 영상을 읽고 해석하기 위해서는 엔지니어에 대한 특수훈련과 경험이 필요하다. 그렇지만 이 문제에 대해서는 현재 연구가 계속되고 있으며 아주 가까운 장래에 해결될 것으로 본다.

17.4.4 기타 누수방지방법

1) 감압에 의한 방지

감압에는 블록화, 펌프토출압의 제어, 조정탱크, 감압밸브, 그리고 이와 유사한 방법들이 있으며 이러한 방법들이 누수량삭감의 직접적인 방법이다.

2) 수동적 방지

수동적인 방지는 누수에 대한 적극적인 계측이나 탐지는 하지 않는다. 누수는 분명하게 된 경우에만 주의를 기울인다. 이 방법은 허용될 수 없을 정도로 높은 누수를 묵인하게 되므로 대부분의 시설에서는 경제적인 대체방법으로는 되지 못한다.

17.5 계획작성의 필요성

누수방지에 쏟은 노력에는 상당한 차이가 있다. 한 가지 극단적인 예를 들면, 명확한 누수만 수리한다는 증세치료 또는 수동적인 방침을 채택할 수 있다. 또 다른 극단적인 예로, 실시간의 감시, 조사와 신속한 수리에 전력을 쏟는 경우이다. 어떠한 경우에도 정보시스템이 중심적으로 역할하고 있다. 수동적인 방지에 관해서는 컴퓨터데이터베이스 내의 누수탐지와 수리에 관한 상세한 기록이 시스템 내의 누수를 파악하고 누수방지하는 것을 지원하게 된다. 적극적인 방지에 관해서는 누수탐지를 실시간으로 수도사업체의 SCADA시스템에 접속시키고 누수탐지데이터나 수리데이터를 시스템 내의 고기능인 데이터베이스를 사용하여 분석하며, 이 데이터를 수도사업체의 GIS와 통합하고 또한 장기적인 시스템운영과 보수계획에 사용할 수 있다.

최적누수방지전략은 수원의 이용가능성, 시스템 능력, 정수처리와 펌프가압 비용과 장래의 수요예측 등과 같은 많은 요소들에 의해 영향을 받는다. 누수방지시스템을 가동시키거나 변경시키기 전에 수도사업체가 추구해야 할 올바른 방향을 판단하기 위하여 종합계획을 수립해야 하는 것이 이러한 이유 때문이다. 이 계획에는 누수량 측정, 조직에 관한 현행원가 산정, 누수방지방식의 대안들에 대한 비용과 이익 산정, 비용과 이익 평가, 최적방법 결정과 실시계획 작성 등 누수방지시스템의 모든 방법들을 검토해야 한다.

계획단계에서 항상 고려해야 하는 중요한 요소로는 관망 내의 수압이다. 배수관망 내의 수압과 누수량의 관계는 계획과정에서 반드시 고려되어야 한다. 누수량이 줄어들면 수압이 증가하게 되고 이것이 또 누수량을 증가시키게 된다. 따라서 계획과정에서는 항상 수압제어와 누수량 삭감에 대한 고려를 포함해야 한다. 이것은 실시간의 펌프제어(SCADA시스템을 사용), 배수구역(distribution pressure zone)의 조정과 표준밸브와 유량제어식 감압밸브(GIS와 수리모델시스템을 사용하여 시스템을 분석)도입을 통하여 달성할 수 있다.

일반적으로 배수본관과 배수지에서는 누수가 아주 적다. 다만, 개개의 배수지나 배수본관의 특정지점에서는 많은 양의 누수가 생길 수 있다. 이러한 요소와 함께 수질과 공급의 안전성에 관한 고려사항과 같은 기타 요소에 관해서도 누수량 측정과 누수방지방법 평가대상으로 해야 한다. 누수방지방식에 따라 특성이 다른 급수구역에도 적용시킬 수 있다는 점에 주목해야 한다. 누수를 측정할 경우에는 이것을 충분히 고려해야 한다. 감압정도나 누수방지방식에 따라 다르거나 그 가능성이 있는 구역에 대해서는 분리하여 측정해야 한다. 분리하여 측정하지 못하는 경우에는 선정된 누수방지방식이 전 급수구역 중에 어떤 부분에는 적합하지 않은 경우도 생기게 된다.

17.6 장래의 비전

누수탐지와 누수방지 대책은 기술면과 정보면에서 진보되고 있다. 시스템에 결함이 없는지를 감시하고 누수를 탐지하기 위하여 보다 감도가 좋고 고성능의 계기류가 개발되고 있다. 또 이러한 데이터를 기록하고 원격측정하기 위한 기술도 진보되고 있다. 정보기술이 진보됨에 따라 누수탐지데이터가 수도시설의 정보시스템과 운전시스템(GIS나 SCADA시스템 등)에 통합되어 실시간으로 감시되고, 누수탐지성능과 누수탐지공정을 포괄적으로 분석할 수 있게 될 것이다.

17.6.1 계량

누수탐지용 계기류의 신기술은 누수량 계량과 같은 오래되고 노동집약적인 누수방지방법보다도 매력적인 구획계량 또는 조합계량으로 되고 있다. 비싼 노동력은 배제되고 전자데이터수집이 계량기설치 장소에의 순회검침을 줄이거나 또는 불필요하게 만들고 있다. 구획계량구역이 항구적으로 설정되고 시간외근무로서 야간작업이 필요 없어지며 또는 다음 날의 휴무로 인한 직원 부족도 해소된다.

새로운 터빈식 계량기는 값이 저렴하며 미소유량에도 정확하게 측정할 수 있고 또 본체를 떼어내지 않고도 쉽게 교체할 수 있다. 자기구동형 펄스헤드는 통상의 계수기 밑에 삽입할 수 있다. 펄스신호는 전원을 필요로 하지 않으며 여러 가지 방법으로 기록될 수 있다.

터빈식 계량기는 값이 저렴하지만 보전관리하는 경우에 분리시킬 수 있도록 계량기실을 설치해야 한다. 따라서 추가밸브와 관부속품과 함께 바이패스관이 필요하다. 전체 설치비용이 보다 값싼 대체계량기도 개발되고 있다. 삽입식 계량기도 몇 해 전부터 이용되고 있는데, 이 계량기는 미소유량에서는 정확도가 떨어지고 또 소구경의 관에는 부적합하다.

원격검침기록기(remote reading register)는 계량기실 옆에 있는 작은 공간에 설치할 수 있으므로 측정할 때에 도로에서 작업하거나 무거운 철뚜껑을 들어올릴 필요가 없다. 자기스위치를 사용하여 수일간의 기록을 저장할 수 있으며 표시할 수 있다. 단순한 야간최소유량이 누수를 탁상계산으로 산출할 수 있게 된다.

새로이 개발된 것은 도로에 계량기실을 설치할 필요가 없는 매설형 자기유량계이다. 배터리팩용으로 작은 구멍이 필요하기는 하지만 여기에는 방수박스와 데이터기록장치도 설치할 수 있다. 가동부분이 없는 이 계량기는 밸브를 사용하지 않고 설치할 수 있으며 수두손실은 극히 적거나 전혀 없다. 이것은 저수압지역으로 구획계량구역이 설정된 경우에 탁월하다.

17.6.2 컴퓨터화된 데이터기록

마이크로프로세서와 내장형 배터리 출현에 따라 복잡한 계산을 할 수 있는 튼튼한 방수형 데이터기록장치를 개발할 수 있었다. 디지털 또는 4~20mA의 아날로그신호에서의 데이터를 저장시키고 조작하며 이용할 수 있는 것이다. 그 가장 단순한 형태가 플러그를 꽂는 일체형 스크린이나 포켓형 화면장치를 사용하여 현장에서 검사할 수 있는 데이터기록장치이다. 접속된 특성 또는 배수본관의 총연장으로 환산하여 누수량을 주게 되면 자동적으로 계산할 수 있다.

사무실에서 PC로 데이터를 처리할 수 있는 경우에는 데이터가 더욱 유익하다. 일반적으로는 기록장치는 휴대식 랩톱(lap-top)컴퓨터나 노트북형 PC에 전송시킬 수 있는 능력을 가지고 있다.

논리적인 개발이 전화회선이나 무선장치를 거쳐 수도사업체의 사무실에 항구적으로 접속할 수 있는 원격측정기록장치를 등장시켰다. 주전원은 필요하지 않지만 전화선 방식을 사용하는 경우에는 구획계량기에 설치된 전화회선의 설치비용을 고려해야 한다. 기록장치에서의 데이터는 모뎀을 거쳐 아침 일찍 자동적으로 전송시킬 수 있다. 그 다음 PC상의 소프트웨어가 야간유량과 누수율을 계산하고 그리고 구획의 우선 순위목록을 작성할 수 있다. 누수 검사자는 이것에 의해 매일 누수량이 가장 높은 구획을 목표로 하여 누수를 조사할 수 있다.

유량데이터의 기록은 비연속적이고 단기적일 수 있는 야간사용량을 확인하는데 유용하다. 이에 따라 누수조사가 실패로 끝나는 것을 피할 수 있을 것이며 소화전의 불법 사용에도 눈을 돌릴 수 있다. 기록장치는 출장소의 기능을 대신함으로 측정장소에 설치되고 있다. 전화회선이 두절된 경우에도 기록장치는 계속적으로 데이터를 기록하며 데이터는 회선수리가 끝난 다음에 전송시킬 수 있다.

원격측정기록장치의 처리능력을 경보 출력으로 쓸 수 있다. 이것은 대구경관로 파열의 신속한 탐지에 아주 유용하다. 정상적으로 매일 수요곡선을 기록장치로 보내줄 수 있다. 어느 시간대의 유량이 이 수요곡선에 대한 설정비율 이상으로 되면 원격전송장치를 통해 경보가 발신된다. 이 장치에 의해 유량변화가 소화작업에 의한 것인지 아닌지를 확인할 수 있으며 아침 시간 전에 새로운 조치를 취해야 하는지를 결정할 수 있게 된다.

현재로는 구획계량구역의 구획계량을 간소화시키기 위하여 랩톱형 컴퓨터와 노트북형 컴퓨터가 사용될 수 있다. 기록장치와 전지전원식 프린터로 편성된 경우에는 구획계량 중에 다음 작업을 촉구하고 그것을 기록하며, 현장에서 결과를 프린트로 출력하고 새로운 분석을 위하여 데이터를 사무실에 전송하는데 이 컴퓨터가 사용될 수 있다.

17.6.3 지중투과 레이더

누수탐지를 위한 지중투과 레이더의 사용은 최근 개발된 것이며 그 응용에는 아직 많은 실험을 해야 한다. 전파를 지중에 보내고 그 반사파에 의해 지하의 공동이나 물웅덩이를 탐지하는 방법이다. 이 분야에서는 여러 노면상황이나 활발한 도시활동으로 발생되는 어려움을 극복하기 위하여 앞으로 한층 더 많은 연구를 해야 한다. 도쿄도 수도국에서는 이 기술이 실용적인 방법으로까지 되도록 하기 위하여 일련의 현장시험을 실시하고 있다((지하레이더시스템(subsurface radar system)의 기사 참조).

17.7 조사연구의 필요성

또 온라인 환경이 진행되더라도 사용할 수 있는 기술과 계기류의 개발과 함께 수도시설전체의 누수를 판단하고 방지하기 위한 방법을 개발해야 한다. 음청법에 의한 데이터수집과 누수탐지 기술개발은 계속되어야 한다. 공시간(空時間 ; 주 : 수요가 전연 사용하지 않는 시간)방식의 누수조사를 위해서는 낮은 수두손실이나 저류량에서 높은 정확도의 유량계를 개발해야 한다. 또 배수시설의 규모에 따라 체계적인 누수탐지계획을 이용할 수 있는 것과 같은 실시간방식에 접속된 계기류를 포함한 휴대식 장치에 대한 연구가 필요하다.

참고문헌

Gotoh, K. & Takahashi, K. 1988. Latest Development in Leakage Control

Techniques in Japan, National Report From Japan, General Report No.4, 17th IWSA World Congress, Rio de Janeiro, Brazil.

제18장 비상 대응

집필자 : Toshihiko Tsukiyama(築山 俊彦)
Ronald B. Hunsinger

18.1 총설

이 책의 서문에는 수도시설에서 지진영향으로 수리시설, 전기시설과 통신시설로부터 운전자에게 경보를 발령하는 긴급사태대응의 가상시나리오를 취급하였다. 이 시나리오에서는 온라인의 수압모델, 백업용 통신망, 내부정보교환으로서 수요가정보시스템, 작업관리와 보전관리시스템, 홍보부서와 상급관리자간, 외부통신연결 수단으로서 전력사업자, 경찰서, 소방서 등에 통신수단을 사용하여 상황을 신속하게 통제하도록 전파하는 것이었다.

발달된 계측제어와 애플리케이션의 통합으로 특징지어진 이 시나리오는 현시점에서 기술적으로는 달성할 수 있다. 그렇지만 많은 경우 수도사업체에서는 긴급사태 대응에 관한 추가비용을 정당하다고 주장할 정도로 충분한 높은 능력을 갖추어야 한다고 인식하고 있지 않다. 캘리포니아주 산타크루스에서 1989년에 발생한 지진 뒤의 사후검토회의에서 Kocher(1990년)는 다음과 같이 말하였다. "우리들이 이 지진으로부터 배운 것은 긴급사태 대응계획서를 작성하는 경우에는 일어날 수 있는 최악의 결과를 염두에 두고 그에 대해 예방조치를 취하기 위한 자금을 들이는데 여유가 있는지를 결정하는 것이다."

이 장에서는 컴퓨터를 도구로 사용하여 여러 긴급사태와 각종 시설이 수도시설을 보호하고 긴급상황에 대처하는 것에 대해 취급한다. 옵션의 선택은 각 수도사업체에 관한 이력정보와 신규기술에 의하여 선택되어야 한다. 당연한 것이면서 지진피해를 입기 쉬운 지역 내에 있는 대규모 시설들은 지리적으로 안정된 환경에 있는 소규모시설의 경우보다도 더 정교한 시스템이 필요한 것은 명백하다.

18.1.1 재해의 종류

재해는 여러 형태로 나타나며 또 그 원인으로도 외적인 것도 있고 내적인 것도 있을 수 있다. 외적인 원인에 의한 재해로는 지진이나 태풍과 같이 자연적으로 발생되는 재해와, 테러리스트의 활동이나 전쟁과 같은 인위적 요인에 의한 재해의 2가지 범주로 분류된다. 인위적 요인에 의한 재해의 시간, 강도, 발생장소, 지속기간 및 그 영향은 미리 예측할 수 없다. 그렇지만 자연적으로 발생되는 재해는 기상예측과 감시에 대해 고도의 기술을 광범하게 사용하고 있으므로 예측가능한 경우가 많다.

시설 내에 여러 공정의 기능불량에 의해 수질문제로 일어나는 내적 요인에 의한 재해에 관해서는 수도사업체 내에 컴퓨터시스템이 운전되고 있으므로 감지하거나 예방하고 봉쇄하는 것이 비교적 쉬운 경우가 많다.

재해가 자연적이거나 인위적이거나에 관계없이 질적으로나 양적으로 수도시설의 대폭적인 기능저하는 재해기간 중뿐만 아니라 재해 후에도 급수지역 내 주민들의 일상활동에 심각한 영향을 미치게 된다. 수도에 관한 문제는 재해 뒤에 추가적인 공황상태가 생길 수도 있다. 따라서 수도사업체에서는 재해확대를 최소한도에 그치게 하기 위하여 안정되고 또한 안전한 시스템, 즉 생명선(life-line)을 유지해야 한다는 것이 필수적이다.

18.1.2 비상 계획

비상시에 취해야 하는 행동요령에는 다음 4개의 단계 즉, 문제 인식, 신속 대응, 복구, 다음 상황 대비(readiness) 등으로 분류된다(그림 18.1). 긴급사태에 대처하기 위한 핵심은 대비이며 또 대비의 핵심은 서류화된 비상계획의 개발이다. 이와 같은 계획에 따라 계획설정, 감시, 복구계획, 교육계획, 비상연습, 백업 등에 수도사업체와 그 직원들이 적절하게 대처할 수 있도록 준비해야 한다.

비상계획에는 다음 2개의 큰 목적, 즉 (1) 재해가 발생하더라도 안정되고 또한 온전하게 급수하는 것, (2) 정상적인 정수처리기능과 배급수기능이 조기에 복구되도록 노력하는 것이다. 복구속도와 완전복구는 긴급사태의 조기감지와 함께 문제를 신속하게 파악하고 대처하는데 필요한 정보, 백업시스템, 그리고 공구를 사용하는 유능하고 숙련된 요원의 활용에 좌우된다.

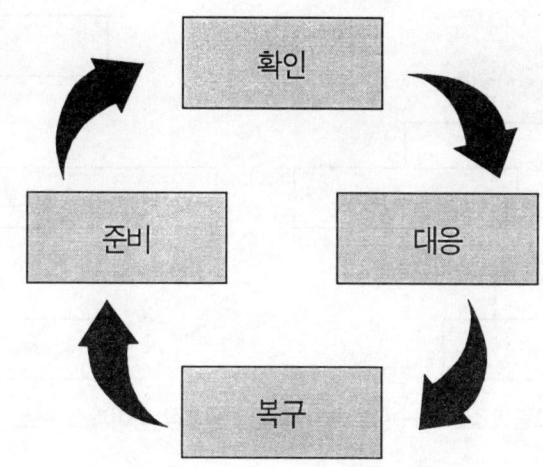

그림 18.1 긴급시의 대응 사이클

18.2 설계 고려사항

수도시설의 안정성은 설계할 때 다음과 같은 사항을 고려함으로써 강화시키게 될 것이다.
- 상수원, 정수장과 배수관의 대체계획시설
- 백업용 전원
- 백업을 완비하고 잘 설계된 감시/제어시스템
- 여유 있는 저수능력
- 지진과 홍수에 대한 대비책
- 통신회선의 보호조치
- 비정상사태를 나타내기 위한 계획적 감지장치
- 안전성
- 정보망과 제어망의 통합

이들에 관해서는 다음 장에서 설명한다.

18.2.1 대체시설

취수시설과 정수시설 및 배수시설을 위한 대체시설로는 다른 수원으로부터의 원수공급, 2개의 근접된 정수장 간의 상호접속, 그리고 대체배수관망의 설치 등의 이용가능성도 포함

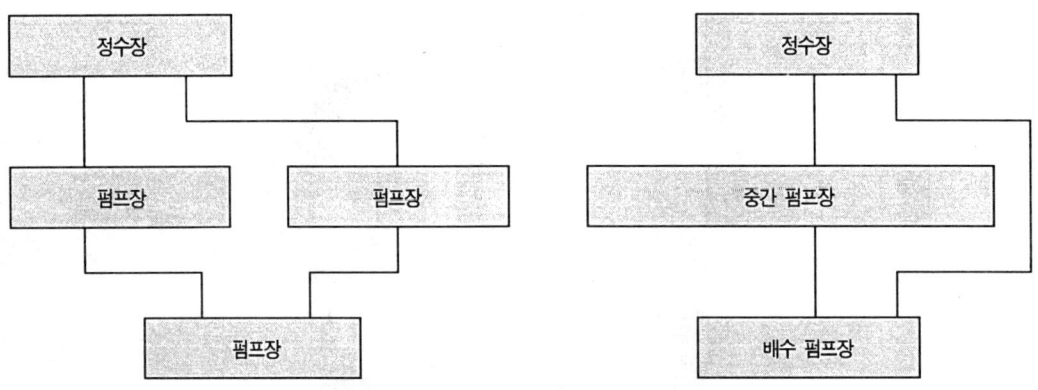

그림 18.2 배수관로의 이중화와 펌프장 바이패스 관로

될 수 있다.

정수장은 처리계열을 병렬로 또한 독립된 여러 계열로 분할할 수 있다. 이에 따라 하나 또는 그 이상의 처리계열이 운전 중지되는 경우에도 건전한 처리계열은 운전을 계속할 수 있다. 펌프장으로 송수되는 대체관로와 우회관로에 관해서도 검토해야 한다(그림 18.2).

대체시설은 시설 내에 있는 것으로 하거나 근접시설과 제휴하여 작동하는 등 보다 다양하게 운용할 수 있다.

18.2.2 백업용 전원

전원계통은 긴급사태가 발생하였을 때 서비스를 계속하는 것을 보증하기 위하여 몇 가지 특질을 포함하여 설계할 수 있다. 이러한 특질로서는 다음과 같은 것이 포함된다.

- 다른 노선에 따른 2계통의 배전지점으로부터 백업용 또는 이중 수전. 이것은 안전성과 비용 및 유연성이라는 입장에서 유리하다.
- 현장의 예비전원
- 이동발전차 이용. 이를 위해서는 접속할 수 있는 표준화된 접속기구(receptacle)를 구비해야 한다. 만약 이것을 사용할 수 있는 경우에는 기동부하와 비가동부하를 발전기 용량에 맞추어야 하는 것에 특별히 주의해야 한다(Kocher 1990).
- 소내의 배전계통을 2중 계통화한다. 제안된 배전도를 그림 18.3에 나타낸다.
- 모든 중앙제어센터와 분산제어센터에 대해 백업용 축전지, 무정전전원장치(UPS)와 비상발전기를 구비한다.

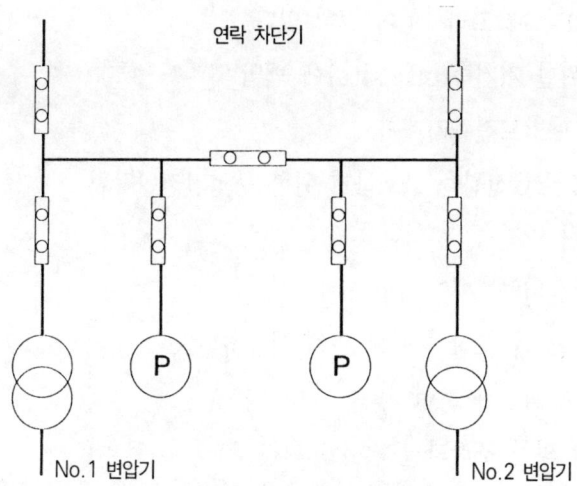

그림 18.3 배전방식

- 모든 시설의 전력이 들어가는 원격단말장치(RTUs)와 계기류에 대하여 전력을 유지하기 위한 축전지를 백업용으로 확보한다.

전력공급시설과 데이터통신의 접속은 상황을 파악하고 복구하는데 유익하다. 예를 들면, 샌프란시스코만 동안공공사업구역(EBMUD)시스템(캘리포니아주 오클랜드)은 주파수(위상을 포함함)와 함께 정전이나 고장도 감시할 수 있는 구조로 되어 있다(Way, Jacobs, and Browne 1989). 위상감시는 3상기동과 소손으로부터 모터를 보호한다.

18.2.3 감시/제어시스템

정수처리와 배수계통에 대한 중앙제어에는 아주 대규모의 데이터 처리가 필요하다. 이러한 목적으로 설치된 컴퓨터화된 감시/제어시스템이 수도시설의 운전관리에서 필수적이라는 것이 증명되었다.

일본에서는 중단없는 시설가동을 위하여 분산형 제어시스템, 이중백업용 송수관과 백업용 제어컴퓨터가 광범위하게 채용되고 있다. 또 최근에는 독립된 분산제어시스템의 설치대수가 대폭적으로 증가하고 있다. 이러한 경우는 현장에 분산 설치된 원격조작데스크에는 마이크로컨트롤러를 갖추고 있으며, 또 중앙제어컴퓨터가 가동 불능으로 된 경우에도 컴퓨터제어를 유지하기 위하여 독립된 현장조작용에는 감시패널을 구비하고 있는 경우가 있다.

미국수도협회(AWWA)의 비상계획에 관한 매뉴얼에서는 컴퓨터의 고장을 피하기 위하여 다음 여러 가지를 설계할 때 고려사항이 적혀 있다.
- 컴퓨터시스템을 위한 기기측(off-site)에 백업
- 하드웨어를 위한 예방보전관리계획
- 컴퓨터하드웨어의 공급전원을 보호하기 위한 무정전전원장치
- 컴퓨터실의 적절한 안전성
- 호환성이 있는 컴퓨터하드웨어 구성
- 소프트웨어의 테스트와 조작 문제에 관해 서류화된 절차
- 프로그래머를 위한 적절한 훈련
- 데이터처리요원에 의한 조작파일과 서류 관리

그림 18.4와 서문의 시나리오에서 나타낸 바와 같이 많은 내부소스(internal source)와 함께 긴급서비스와 기타 시설을 포함한 외부소스(outside source)로부터의 공유데이터는 긴급상황에서 귀중한 자료가 된다. 컴퓨터시스템을 설계할 때는 이러한 필요성도 평가해야 한다.

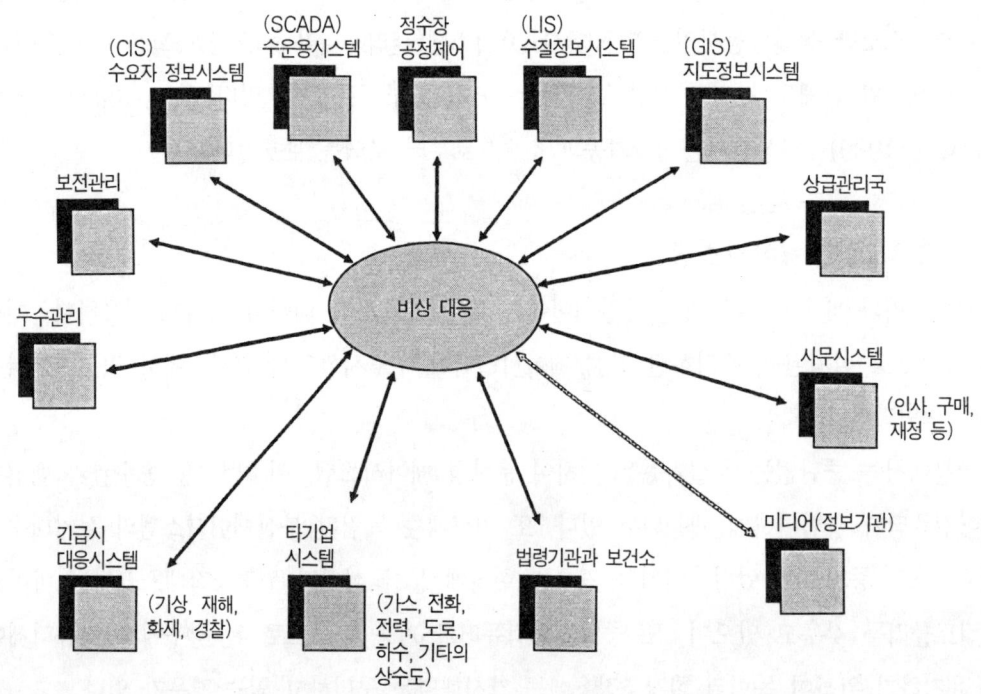

18.4 비상시 대응 통신망

18.2.4 여유 있는 저수능력(extra capacity)

재해대응과 복구에 소요되는 시간을 예정하기 위해서는 배수지 용량을 증가시켜야 한다. 일본에서는 나고야시 수도국(名古屋市 수도국 1989년) 등의 많은 수도사업체가 음용수 공급용으로 소규모 비상용 배수지를 광범위하게 네트워크시키고 있다.

18.2.5 자연재해에 대한 보강

정수시설을 설계할 때 지진, 홍수, 해일과 돌풍 등이 우려되는 경우에는 이들에 대한 강화책을 검토해야 한다. 지진피해를 받기 쉬운 지역의 정수시설을 설계할 때에는 시설에 가해지는 지진력에 대해 검토해야 한다. 지진력은 처리시설과 배수관로에 대해 수평방향과 정적으로 작용하고 지진발생 중에는 벽에 가해지는 압력이나 수압이 증가하게 된다.

배수관로 설치에 관해서는 지형이 균일하고 튼튼한 지반을 선정해야 하고 경로에 급커브가 있는 지형은 피해야 한다. 지진이 발생하기 쉬운 지역에서 사용하는 관과 부속기구는 내진설계가 필요하다. 사용하는 관종은 강관이나 덕타일주철관이 좋다. 메커니컬조인트가 일반적으로 채용되는데 필요한 경우에는 신축조인트를 사용해야 한다. 강관에 대해서는 아크용접을 사용해야 한다. Way, Jacobs, Browne(EBMUD · 1989)는 지진피해를 받기 쉬운 지역에서 설계할 때에는 소정의 진도에 견딜 수 있도록 모든 시설을 고정시키고 전력과 컴퓨터의 백업과 방화대책과 함께 분산화제어가 필수적이라고 하였다.

18.2.6 통신시스템

컴퓨터데이터통신, 전화, 팩시밀리와 텔렉스 등과 같은 통신방법은 수도업무에서 반드시 필요하다. 그러나 통신회선은 자연재해의 영향을 받기 쉬울 뿐만 아니라 테러리스트의 공격목표로 되기 쉬운 등 통신회선은 모든 형태의 재해로부터 피해를 받기 쉬운 방식이다. 긴급사태에서는 전화회선이 혼잡하기 때문에 통신불능인 경우도 많다.

모든 수도시설에 대해서 무선과 전용회선에 의한 백업용 컴퓨터통신연결을 검토해야 한다. 음성통신과 팩시밀리통신을 위하여 이동전화(cellular)와 양방향무선방식을 이용할 수 있도록 해야 한다. Gilbert, Dawson, Linville(EBMUD · 1989년)은 1989년의 샌프란시스코 지진이었을 때 이동전화끼리의 통신에는 문제가 생기지 않았지만, 이동국과 기지국의 시스템간 통신은 중단되었다는 것을 보고하고 있다. 장래에는 이동통신장치 이용이 증가할 것이므로 이러한 이동통신이 고장이면 장애를 받을 수도 있다. 백업용 통신시스템을 구비하는 동시에 이들이 가동상태인 것을 확인하기 위하여 정기적으로 확인해야 한다.

18.2.7 센서와 감지기

긴급사태를 인식하고 복구하는 데는 유량, 압력레벨, 수질과 전력에 관한 정보를 실시간으로 감지하는 센서가 있어야 한다. 센서에 관해서는 제3장에서 취급하였다.

수도시설을 설계할 때에는 사용되는 센서의 수, 종류와 배치를 충분히 배려하는 동시에 시설 내의 각 구성요소의 약점을 검토해야 한다. 약점분석에 관해서는 AWWA의 비상계획 매뉴얼(AWWA · 1984년)에 기재되어 있다. 약점분석과정의 최초단계는 시스템 전체를 독립된 조작단위 또는 구성요소로 분류하고 이들에 대해 채택된 재해상황의 특징을 부여하고 각 구성요소에 대한 재해 영향을 추정하는 작업이다.

긴급사태나 중대한 장치고장을 예측하기 위해서는 진동센서와 같은 센서를 많이 개발하고 설계에 반영시켜야 한다.

18.2.8 안전성

지금까지는 고의적인 공격으로부터 수도시설을 지켜야한다는 것은 그다지 중요한 문제로 간주되지 않았으며 보호에 대해 거의 노력하지 않았다. 범죄행위가 증가함에 따라 포괄적인 견지에서 안전성 문제를 고려해야 한다. 수도시설은 어떤 일이 있더라도 테러리스트에 의해 손상되는 일이 없어야 한다. 따라서 보안조치를 평가하고 파괴행동에 대한 보호를 강화하는 것이 중요하다.

수도시설의 보호는 다음과 같은 방법으로 강화할 수 있다.
- 시설의 중추적 장치에 접근하는 것을 통제하기 위한 전자 키, ID카드체커, 10-키코드장치, ID카드/10-키병용코드체커, 비접촉식 ID카드체커 등과 같은 침입방지 장치
- 카메라, 음성포집기와 함께 침입자를 감지할 수 있는 초음파, 열, 또는 빔센서와 자기스위치 등을 포함한 고감도영상포착튜브를 구비한 CCTV로 구성된 상황표시모니터

예를 들면, EBMUD OP/NET시스템은 170군데의 원격시설 236개의 출입문(door)과 출입구(hatch entry switch) 등을 감시하고 있다(Way, Jacobs, and Browne, 1989년).

수도사업체에서 컴퓨터와 통합화가 증가함에 따라 하드웨어뿐만 아니라 소프트웨어에 대해서도 보호해야 한다. 특히 컴퓨터는 데이터에의 불법적인 액세스나 컴퓨터바이러스에 의한 프로그램의 파괴로 이어질 수 있으므로 통신회선을 거쳐서 해커가 침입하는 것으로부터 보호해야 한다. 수용할 만한 대책으로서는 전용회선의 이용, 빈번한 비밀번호(password)의 업데이트, 테이프나 기타 메모리에 대한 정상적인 하드디스크의 백업, 백업프로그램과 데이터의 기기외(off-site)보관, 바이러스감지와 배제전략 등이 포함된다.

18.2.9 통합

이 책의 서문에는 "계측제어와 컴퓨터의 통합 목적은 '종합적인 수도시설'을 실현하기 위하여 공통 데이터베이스 관리시스템과 정보네트워크를 충분히 이용하는데 있다"고 설명하고 있다. 비상대응에서는 "종합적인 급수관리"가 지역사회에 급수를 계속시키기 위하여 대단히 중요하다. 내부시설뿐만 아니라 외부긴급서비스시스템과 기타 다른 공공시설에서의 공유데이터도 효과적인 비상대응에 필수적이다(그림 18.4).

18.3 비상대응 전략

이 장에서는 수도공급시설에서 조작기능의 저하, 수질문제, 자연재해 및 인위적 긴급상황 등을 포함한 비상대응전략의 몇 가지 형태에 대해 취급하고자 한다.

18.3.1 긴급대응팀의 편성

긴급대응에는 관계된 직원이 자신들의 역할을 정확하게 파악하는 것이 중요하다. 다음에 나타낸 조직의 예는 긴급대응팀 편성에 관한 것이다. 이 팀은 현장조사그룹과 처리대응그룹의 활동을 지도하는 명령/연락그룹으로 구성된다. 경우에 따라서는 현장조사그룹과 처리대응그룹의 임무가 중복되기도 한다. 다만, 일관된 명령/연락그룹을 설치해 두는 것이 필요하다. 여기 나타낸 특정 조직구성으로 한다는 것은 반드시 필요하지는 않지만 조직적인 긴급대응팀을 만들어 둔다는 것이 중요하다.

1) 명령/연락그룹

중추부서 요원으로 구성된 명령/연락그룹은 사전에 합의에 따라 상황이 긴급사태라고 판단되는 경우에는 행동에 착수한다. 일상적인 급수시설 조작은 일련의 소규모 긴급대응으로 구성되기 때문에 긴급사태를 정의하는 것은 그렇게 간단한 것은 아니다. 명령/연락그룹은 현장조사그룹 등의 모든 정보원으로부터의 정보에 기초하여 문제의 상세한 내용을 검토해야 하고 될 수 있는 한 조속히 구제조치를 강구해야 한다. 또 이 그룹은 관련조직, 규제당국, 그리고 개인(홍보담당자, 상급관리자, 지역의 위생당국, 규제기관)에게 문제의 규모를 알리는 동시에 처리대응그룹에게 지시해야 한다. 처리대응그룹에 의한 테스트결과가 통지되면 명령/연락그룹은 문제가 교정되고 조작이 정상상태로 되돌아올 때까지 상황을 감시하게 될 것이다. 여기서도 말하였고 또 **그림 18.4**에도 나타낸 바와 같이 명령/연락그룹은 긴급사태에 효과적으로 대응하기 위하여 광범위한 통신능력이 필요하다.

2) 현장조사그룹

현장조사그룹은 긴급사태가 발생한 현장에 직접 파견되고 문제의 원인과 범위를 확인하기 위한 작업을 한다. 이 그룹은 또 문제의 핵심을 추구하기 위한 충분한 데이터를 수집한다. 예로서 상류에서 화학약품이 누출된 경우 누출규모, 약품농도, 그리고 누출약품의 희석상태, 하천의 유속, 누출된 현장에서 정수장까지의 도달시간 등과 같은 정보를 수집하게 된다. 오염물질의 거동과 희석 등과 같은 다양한 컴퓨터베이스의 모델이 현장 상황을 보다 상세하게 파악하기 위하여 현장에 적용될 수 있다. 이 그룹은 명령/연락그룹에게는 발견사항을 전달해 줄 수 있고 결정하는데 보다 좋은 필요한 정보를 전달해 줄 수 있다. 이 그룹의 기능이 비상대응 사이클의 인지단계 중에서 가장 많이 이용된다(**그림 18.1** 참조).

3) 처리대응그룹

비상사태를 인지한 다음부터 움직이는 처리대응그룹은 명령/연락그룹과 긴밀하게 연락하면서 작업하는 중심적인 그룹이다. 처리대응그룹은 약품투입량의 변경과 같은 처리공정의 변경이나 흡유 붐(oil absorption boom)이나 오일펜스 등과 같은 대책으로 긴급사태에 대처한다. 위에 설명한 바와 같이 상류 상수원이 오염된 경우에는 처리대응그룹은 수질을 평가하기 위하여 정수장의 취수지점에 직접 나가며 동시에 좋은 처리대응을 준비한다.

배수본관 파열사고와 같은 상황에서는 현장조사그룹과 처리대응그룹이 일체가 되어 작업

한다. 현장조사그룹과 처리대응그룹의 책임은 긴급사태의 모양에 따라 다르다. 이들 3개 그룹은 실제 긴급사태에 대비하고 대응시나리오를 자세하게 작성하기 위하여 모의적인 긴급사태에서 정기적으로 훈련하는 것이 중요하다. 비상대응그룹은 주어진 분야에서 직접적인 책임과 탁월한 기술능력을 가진 직원으로 구성되어야 한다.

18.3.2 비상대응매뉴얼

각 시설에 대하여 서류화된 비상계획을 작성하는 것이 최우선적인 일이다. 비상계획의 작성은 이미 정상상태용의 조작매뉴얼이 존재한다는 것을 상정하고 있다. 그러나 이와 같은 매뉴얼이 존재하지 않는 경우가 많다. 비상계획은 가장 가능성이 높은 긴급사태를 포함하는 것이어야 한다(AWWA '취약성 분석', 1984년). 비상계획은 사용하기 쉽고 이해하기 쉬워야 하며 특수긴급사태에 단계별로 취하는 조치의 개요를 나타내고 있어야 한다. 이와 같은 계획서의 작성에는 조작요원으로부터 상당한 정보의 도움이 필요하다.

비상계획은 책으로 만드는 것보다는 컴퓨터화시키는 것을 고려해야 한다. 컴퓨터에 의한 비상계획은 정보에 액세스하는 것이 신속하고 또한 간단할 뿐만 아니라 정보의 업데이트방법도 쉽다. 또 컴퓨터화된 계획은 개인이나 그룹을 대상으로 하는 훈련계획작성에 이용할 수 있는 것과 함께 훈련프로그램의 성패에 대해 간단히 평가할 수 있다.

18.3.3 조작 기능정지 또는 고장

일반적으로 정수시설에서 기능정지나 고장발생은 다른 공공시설이나 조직보다 흔한 것은 아니다. 그러나 처리시설, 전기시설, 감시제어장치, 염소소독설비 등이 기능저하가능성이 높은 시설이다. 문제가 있는 것은 대부분은 예측할 수 있고 예방조치를 강구할 수 있다. 대규모의 기능저하에 관해서는 비상계획에 나타난 지침에 따라 비상대응팀에 의해 처리된다(명령/연락그룹, 현장조사그룹, 처리대응그룹으로 편성).

긴급사태에서는 시설의 자동제어기능을 풀어주는 경우가 많다. 이러한 긴급상황을 처리하는 데는 지식과 경험 및 판단력을 가진 직원이 주된 역할을 하도록 인간이 개입된다. 이와 같은 상황에서는 컴퓨터는 주로 운전자의 결정을 지원하는 일에 이용된다.

통합시스템 중 어떤 것은 정상상태와 비상사태의 조작기능 양쪽을 구비한 것도 있다. 정상조작 중에 장애가 감지되면 비상조작모드가 기동되는 구조로 되어 있다. 또 보다 정교한 애플리케이션에서는 복구를 지원하기 위하여 네트워크상의 다른 시스템으로부터 정보를 수집할 수도 있다.

 이상적인 형태는 컴퓨터에 의한 조작정보시스템을 사용하면서 될 수 있는 한 조속히 사고를 인식하며 감시하고 평가하는 구조이다. 이러한 시스템의 일부는 스스로 긴급사태에 대처하거나 가이던스시뮬레이션(guidance simulation)시스템 또는 전문가시스템을 사용하여 운전자에게 적절한 대처방법을 전달하는 능력을 갖는 것도 있다. 대처방법에는 재해의 영향을 받지 않는 시스템의 잔여부분 조작을 속행할 수 있도록 원격장치에 의해 영향을 받는 영역을 격리시키는 작업도 포함될 수 있다.

 현장의 비상조작을 위한 충분한 인력과 비상통신망을 확보하기 위한 적절한 조치를 해야 한다. 또한 컴퓨터 부품과 장치의 교환에 관한 재고목록을 비치함과 동시에 긴급사태를 처리하기 위하여 공급업자와 서비스계약을 체결해 두는 것이 현명하다.

1) 정수시설의 기능정지

 정수시설은 취수공정, 처리공정, 그리고 배수공정으로 구성된다. 각 공정의 안정성은 수질, 배수지수위, 유량, 수요량 등의 정보를 수집하는 감시제어시스템에 의해 평가된다. 이상상태가 발생하였을 경우에는 시설의 정상인 부분을 조작할 수 있는 한 효율적으로 조작을 계속할 수 있도록 하는 회복조치를 시작하고 예방조치를 강구하기 위하여 정보를 분석한다.

2) 전기시스템의 기능정지

 일반적으로는 전력공급 감시에는 정전과 전력고장을 나타내는 경보시스템이 포함된다. 비상대응계획에는 기술적으로 가능한 한 신속하게 정지된 전원을 복구시키기 위한 조작준비나 백업절차의 작성이 포함된다. 실제 회복시키기 전에 문제의 원인을 추정해야 하고 어떤 장치가 영향을 받았는지를 판단해야 하며 기기의 수리나 교체에 소요되는 시간을 추정해야 한다. '설계할 때의 고려사항' 부분에서 설명하였던 바와 같이 복구용 장치로는 대체전원, 현장의 예비전원 또는 이동식 예비발전차 등이 포함될 수 있다.

 역상기동으로 인한 모터 소손을 방지하기 위하여(Way, Jacobs, Browne, EBMUD · 1989년) 장치를 가동상태로 복구시키는 경우에는 전력설비에 접속된 통신선에 의한 상감시(phase monitering)가 유용하다. 전기설비가 완전하게 기능하고 시설에 소요전력을 공급

받을 수 있을 때에 복구작업이 완료된다.

3) 염소처리시설의 기능정지

염소소독시설의 기능정지는 수요가와 정수장 직원에게 중대한 안전상의 위해가 생길 우려가 있다. 이 시설이 고장난 경우에는 자동적으로 백업의 염소처리시설로 대체되도록 해두어야 한다. 염소공급시설이 상당히 오랫동안 동작이 정지된 경우에는 배수시설로 급수하는 것을 중단하거나 사용 전에 물을 끓여서 마시도록 위생당국과 소비자에게 통지해야 하는 필요한 조치를 표시하는 강력한 감시가 시작되어야 한다. 또 소화용으로 충분한 양의 물을 확보해 두어야 하기 때문에 신속한 대응이 필요하다.

염소가 누출된 경우 감지제어시설은 문제의 정도와 발생지점에 관한 정보를 제공함과 동시에 정수장을 비워야 하는지 또는 근접지역까지 피난이 필요한지를 나타내게 된다. 이 시설은 염소중화장치를 기동시킬 수 있어야 하고 주입장치 운전을 정지시킬 수 있어야 하며 영향받는 인근지역을 분리시킬 수 있어야 한다.

4) 수질문제

수질에 관한 긴급사태는 정수장에서 통상 정수처리의 관리를 넘어선 어려운 문제이다. 이러한 문제로는 상수원의 오염, 처리시설의 부분적 또는 전체적인 운전정지, 또는 배수시설 내의 오염 등이 포함될 수 있다. 여기서도 이러한 긴급상황은 비상계획을 사용하는 비상대응팀에 의해 처리된다.

하천을 상수원으로 하는 정수장에서는 돌발적인 오염발생에 대한 우려가 가장 크다. 상수원오염(생활하수나 산업폐수)은 취수지점 상류의 하천에서 들어갈 수도 있다. 또 선박, 탱크차 또는 공장에서 누출되어 상수원으로 들어가서 오염될 수도 있다.

광역하천수질감시시설을 설치함으로써 초기단계부터 문제를 감지하고 처리대책을 강구할 수 있다. 실제 일본에서는 하천을 상수원으로 하는 수도사업체에 대해서는 이와 같은 시설을 설치하도록 권장하고 있다(일본수도협회, 1990). 또 이에는 생물학적 감시장치가 이용될 수 있다. 이 장치는 하천 오염에 대한 물고기의 반응을 이용한다(松尾 외, 1983년).

배수시설에서 수질사고는 지반진동이나 침하에 의한 누수 또는 정수장의 비음용수배관이나 약품주입용관과 음용수배관과의 사이에 크로스커넥션에 의해 생기는 경우가 많다. 적절하게 개발된 복합배수감시프로그램은 운전자가 배수시설 내의 수질변화를 감지할 때에 유용할 것이다. 다만, 현시점에서 물리적, 화학적, 생물학적인 많은 배수데이터는 수질시험실에서 작성되고 있다. 결국 측정주기는 수일로부터 수주간이 되기 때문에 또한 긴급사태를 인식하는 가치에도 한계가 있다. 시험실의 분석을 대신할 실시간 수질센서 개발을 간절히 바라고 있다. 때로는 물에 색도가 있거나 불쾌한 맛과 냄새가 나는 것, 또는 수압이 떨어지는 등의 수요가로부터 물에 대한 불평 전화가 정수장에 걸어오는 것이 수질에 관한 문제가 있다는 최초의 징조이다.

수돗물이 건강에 유해할 우려가 확증되는 경우 즉, 수돗물을 사용함으로써 직접 수요가의 생명을 손상시키거나 수요가의 정상적인 기능을 교란시킬 수 있는 경우(장기에 걸쳐 만성적인 영향을 의미하는 것은 아님)에는 모든 관계자(수요가, 위생당국, 규제당국, 언론매체, 상급관리자)에게 이러한 위험을 통지해야 한다. 또 수요가에 대해서는 어떻게 물을 처리하여 이용하는지에 관한 정보를 제공하거나 문제가 개선될 때까지는 수돗물을 사용하지 말라는 주의를 해야 한다. 이와 같은 긴급사태나 기타의 상황에서는 언론매체 특히 라디오, 텔레비전, 신문을 이용하여 수요가에게 경고해야 한다. 또 전자데이터통신을 이용하는 것도 고려해야 한다(그림 18.4).

오염의 원인이 판명된 경우에는 인체에 위해 여부를 평가해야 한다. 비상대응계획 중에 독극물에 관한 자료 또는 적어도 자료를 입수하는 방법을 포함해야 한다. Ontario주 환경부에서는 독극물데이터, 물리적 및 화학적 특성, 그리고 300종 이상의 잠재적인 오염물질에 대한 처리방법 등을 열거한 수질데이터시스템인 '음용수감시프로그램(Drinking Water Surveillance Program)'을 개발하였다(Hunsinger, Robert, Goldstraw, 1987년).

오염의 원인이 판명되지 않은 경우에는 대폭적인 수질변화가 없는지를 공정의 모든 단계에 대해 조사해야 한다. 또 최근 보수작업에 관해서도 확인해야 한다. 상수원과 정수시설, 배수시설에서의 잠재적인 오염가능성을 조사할 목록이 긴급대응계획의 일부로 되어야 한다.

수질에 관한 긴급사태에는 영향을 받는 지역의 범위를 결정하고 수질문제의 확산을 포함한 가능한 제어방법을 설정하기 위하여 수요가정보시스템(CIS), 수도관리시스템이나 감시제어 및 데이터수집(SCADA)시스템, 지리정보시스템(GIS) 등이 필요하며, 또 현재와 과거 데이터의 화학특성에 관한 수질시험실정보관리시스템(LIMS)과 오염에 대처하기 위한 정수공정관리가 필요하다.

수질감시

 일본에서 시행되고 있는 수질감시시스템(矢作 外, 1990)은 잉어나 미꾸라지와 같은 물고기들을 원수에 놓아두고 이들의 행동변화를 관찰하였다. 물고기의 행동변화가 수질변화를 나타낸다고 가정하였다. 다만, 관찰자가 다르다거나 관찰시기가 적절하지 않으므로 육안으로 관찰하는 것은 부정확하게 되는 경향이 있다. 이 때문에 육안관찰을 지원하고 보조할 목적으로 행동감시시스템에 영상처리기능을 갖추었다.

 어항 속의 물고기는 물의 탁도에 관계없이 까만 윤곽으로 관찰되도록 배후에서 조명을 비추었다. CCTV의 카메라가 영상을 잡으며 이 영상을 영상처리장치로 전송하였다. 영상으로부터의 정보를 사용하여 일련의 정상적인 행동의 영상패턴표시를 만들었다. 예를 들면, 시료 물고기의 위치적 분포(물고기의 종류별로 집단형성), 방향, 심도, 속도분포 등이다. 이들의 패턴에 대해서는 **그림 18.5 A, 18.5 B**에 나타내었다. 물고기의 행동이나 거동변화를 감시하기 위하여 물고기의 행동을 이러한 정상적인 행동영상패턴과 비교하였다.

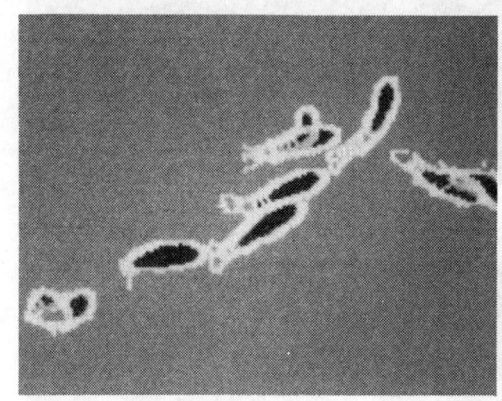
비교 화상

비디오 화상

2원 화상

그림 18.5 A 생물에 의한 수질감시

수질감시(계속)

프랑스의 연구자 Philipot, Boudouresque(1988)는 프랑스에서 사용되고 있는 상류의 수질 경고시스템에 대하여 보고하였다. 이들 시스템은 생물학적 감시, 물리학적/화학적 감시를 조합한 것이다. 후자는 용존산소, pH, 전기전도도, 수온, 염소, 탄화수소지수, 총유기탄소, 중금속 등과 같은 항목을 포함하였다. 또 적절하다고 생각되는 경우에는 보다 상세한 시험실시험을 하기 위하여 별개의 시료를 채수해야 한다.

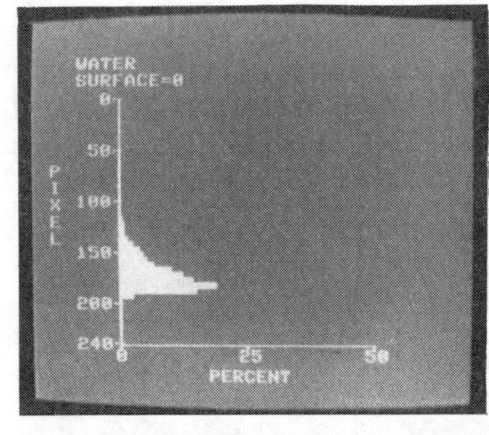
물고기 위치분포(정상시)

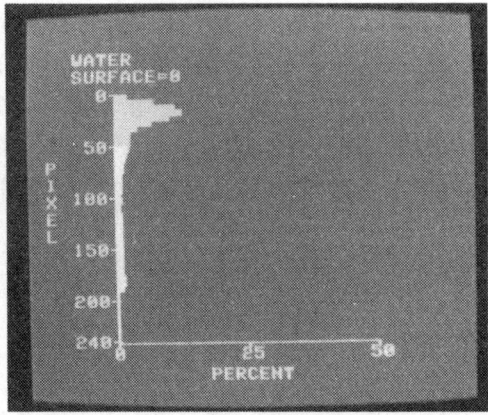
물고기 위치분포(비정상시)

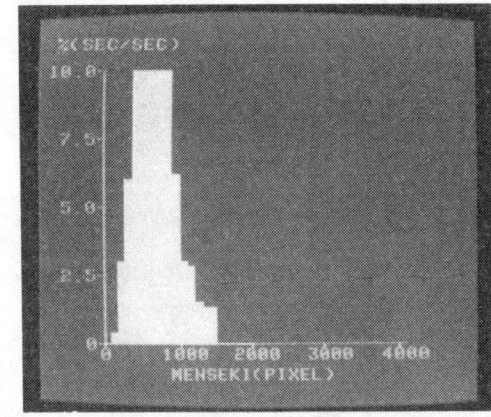
물고기 속도분포(정상시)

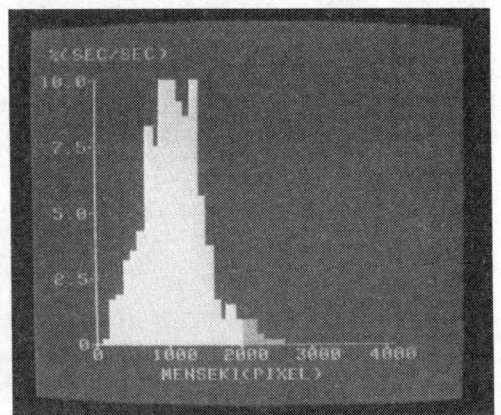
물고기 속도분포(비정상시)

그림 18.5 B 생물에 의한 수질감시(물고기의 행동 변화 패턴)

18.3.4 자연재해(천재)

천재란 지진, 허리케인, 큰 회오리바람, 태풍, 낙뢰, 홍수, 토사붕괴, 가뭄 등과 같은 자연현상에 의해 일어나는 재해를 말한다. 이런 재해는 기상정보예측, 적절한 서비스망으로부터의 지리적 상황과 지진 조건을 감시함으로써 어느 정도까지는 예측할 수 있다.

이러한 천재가 발생하기 쉬운 지역에서는 적절한 대책과 특수비상대응계획을 세워 둬야 한다. 천재는 앞에서 설명한 바와 같이 명령/연락그룹, 처리대응그룹, 현장조사그룹에 의해 처리된다. 이상적인 상황에서 이러한 그룹은 통합애플리케이션을 광범위하게 활용하며 컴퓨터에 의한 비상계획을 이용하게 된다.

천재에 의한 손해는 수도시설뿐만 아니라 전력과 전기통신시설 등과 같은 다른 공공사업에도 영향을 미칠 것이다. 따라서 인근의 이런 공공사업조직간에 협조적인 비상전략을 수립하는 것이 현명한 예방책이다.

이와 같은 재해상황에서는 필요한 정보를 수집하고 해석하기 위하여 컴퓨터시스템을 이용하는 것이 유용하다. 다만, 재해로 파괴되거나 기능을 상실하는 경우가 있으므로 컴퓨터와 관련 통신시설의 보호에 관해서도 고려해야 한다.

1) 지진

어느 지역이 지진의 타격을 받았을 경우 소화와 같은 긴급사태를 처리하기 위하여 충분한 수량을 확보해야 하는 것이 대단히 중요하다. 컴퓨터는 배수지의 유효배수량, 비상차단밸브의 제어, 기자재의 재고, 급수탱크차 등에 관한 정보를 유용하게 전한다. 컴퓨터는 또 문제지역과 피해범위를 판단하기 위하여 지역정보망을 통해 정보를 수집하는 데도 이용할 수 있다.

2) 대규모 폭풍우

대규모 폭풍우, 태풍 또는 허리케인에 의한 강우, 홍수, 강풍 등으로 인한 수도시설의 여러 영향은 그 지역과 다른 장소에서 발생하였던 유사한 사상으로부터 수집된 데이터를 이용하여 추측할 수 있다. 이와 같은 추측은 앞에서 설명하였던 취약성 분석의 한 부분이다. 정수시설은 극단적인 기상상황에도 견딜 수 있도록 설계한다. 시설의 다양한 구성요소에 대한 추정영향에 의하여 적절한 감시와 점검활동을 정기적으로 결정하고 실시해야 하는 동시에 폭풍우 중과 폭풍우 후에 이들을 강화하여 실행해야 한다. 폭풍우가 발생할 때마다 조금씩 수집된 정보는 이후의 폭풍우에 대한 인식과 대응전략에 편입되어야 한다.

OP/NET제어시스템

 1989년 10월 17일 EBMUD는 리히터지진계로 7.1의 대지진이 엄습하였다. EBMUD시스템은 수력발전소, 정수장, 유량제어밸브, 펌프장, 배수지와 분산형 제어시스템(OP/NET)으로 제어되는 전장 5,954km의 배수관망을 포함한 300개 이상의 설비로 구성되어 있었다.
 OP/NET제어시스템은 각 시설이 국소상태를 감시하고 국소를 관리하며, 지역제어센터(ACC)에 데이터를 전송하는 RTU를 장비한 구조(방법/계획)로 되어 있다. ACCs는 모든 정보를 캘리포니아주 오클랜드에 있는 제어센터(OCC)에 전송하기 때문에 당해 지역 내의 모든 가동시설을 제어하기 위한 현장정보를 순차적으로 수집하고 있었다. OCC에서는 항상 각 ACC에서의 정보를 수집할 수 있고 모든 시스템을 하루 24시간 감시하고 있었다.
 이 지진으로 시설의 피해총액은 370만 달러였다. 이 지진으로 약 200군데의 배수관이 파괴되었는데 대부분은 구경 100~300mm였고, 그 중 중대하게 파괴된 것은 2개의 배수본관이었다. 수로의 피해는 구경 1,524mm의 관 1개뿐이었다. 또 신축본부빌딩이 피해를 받았다.
 중앙제어센터의 전원이 파괴되었으며 백업용 전원이 기동할 때까지는 제어를 5개소의 지역제어센터(ACC)로 옮겨서 제어하였다. 1989년 10월 17일 지진시에 OP/NET에 의해 초래된 실제 효과는 다음 사항이 포함되어 있었다.
- 신속하게 문제를 확인할 수 있었다.
- 모든 문제의 장소를 파악함으로써 우선 사항을 신속하게 사정할 수 있었다.
- 파괴된 배수관 주변의 흐름경로변경이나 펌프기동으로 신속하게 대응할 수 있었다.
- 약 200곳의 배수관이 파괴되었음에도 불구하고 수요가 급수중단이나 오염사고가 발생하지 않고 유지되었다.
- 통신회선, 전원접속, 수압서지, 배수지수위, 기타의 감시장치가 약 300개의 시설에서 어떠한 반응을 나타내었는가에 대해 지진사상이 서류화되었다.

지진에 관한 설계로는 다음 사항이 포함되었다.
- 모든 장치를 튼튼하게 고정시킬 것
- ACC, OCC에서의 축전지 백업, 중단 없는 전력공급, 비상용 발전기, RTU와 계기류에 대한 전력공급을 확보해야 하는 대부분의 설비에 축전지 구비
- 방화
- 99.9% 이상의 가동을 확보하기 위하여 컴퓨터의 중복설치
- 앞서 설명한 분산형 제어

 (Way, Jacobs, and Browne EBMUD, 1989년 및 Gilbert, Dawson, and Linville EBMUD, 1989년의 보고서에서 발췌).

3) 가뭄

 가뭄이 발생할 가능성은 계절에 맞지 않는 고온, 불충분한 강우나 강설과 같은 기상사상

을 감시함으로써 예측할 수 있다. 장기간에 걸친 가뭄은 농업과 제조업에 영향을 미치기 때문에 가뭄상황에 빠져들기 쉬운 지역에 대해서는 지체없이 비상조치를 취할 비상계획을 세워야 한다. 컴퓨터모델링을 이용하여 수량을 추정할 수 있다. 이에 따라 물 소비량의 제한과 배수의 배급제에 관한 비상계획을 수립해야 한다.

취약점분석에 의해 공급하는 지역에 절대로 필요수량과 그렇지 않은 수량을 고려하여 수량삭감계획을 세울 수 있다. 가뭄시의 관리는 천천히 걷는 걸음걸이로 가는 장기적인 긴급사태이다. 그렇지만 정보와 통신요구는 다른 비상대응의 경우와 유사하다.

18.3.5 계획 단수

기술적으로는 재해라고 할 수 없지만 모든 대규모의 단수는 비상사태로 취급된다. 대처의 목적은 최소시간의 단수로 필요한 작업을 완료하고 수요가에의 영향을 최소화하는 것에 있다. 비상대응프로토콜은 누수보수의 경우와 같은 단기적인 단수에 적용할 뿐만 아니라 배수관·급수관의 교체 또는 정수장 확장이나 개량 등과 같이 장기적으로 개수할 때에도 유용한 수단이다.

작업기간 중에 안전하고 또한 효율적으로 배수하기 위한 대체방법을 고려하는 데는 분산형 시스템 모의모델(simulation model)이 유용할 것이다. 지리정보시스템(GIS)을 사용하여 편성된 이 모델은 변화된 상황하에서의 배수량과 압력조건을 예측한다. 영향지역의 소비자에게는 GIS와 CIS, 그리고 홍보애플리케이션으로부터의 정보를 이용하여 단수범위와 급수재개시간을 정확하게 확인시키고 알린다.

18.4 신기술의 동향

이 장에서는 현재 광범위하게 채용되지는 않지만 수도사업체 중에서 개발하여 이용하는 몇 가지의 새로운 아이디어에 대해서 검토한다.

18.4.1 센서

사고나 재해의 평가에는 정확하고 신속한 대응이 필요하다. 이상사태를 감지하는 지능센서(intelligence sensor)를 사용함으로써 보다 정확하고 상세한 실시간 데이터를 입수할 수

니와쿠보(庭窪)정수장의 낙뢰대책을 위한 피뢰침 설치방법

이 정수장 주변에는 낙뢰가 많은 지역이다. 옥상에 무선철탑이 있는 이 정수장의 고층인 관리동에 낙뢰가 발생할 확률이 대단히 높다.

이 낙뢰에 의해 발생된 이상전압이 피뢰침의 설치장치로부터 기기 접지부에 진입하고 컴퓨터나 공업용 계기 등 약전기기에 악영향을 미쳐서 점점 파괴에 이르는 경우가 있다.

이 정수장에서는 이 낙뢰서지에 의한 이상전압 상승을 억제시키기 위하여 피뢰장치 중에 피뢰침을 제외한 피뢰도선과 접지극을 개조하였다.

또한 이 개조를 하기 전에 인공적인 낙뢰(통상 뇌격의 1/100~1/200의 크기이며 300A의 낙뢰서지)에 의한 기기에의 영향을 조사하였다. 이 데이터에 의하여 설계하고 시공하였다.

그림 18.6의 왼쪽은 임피던스가 아주 낮은 피뢰침도선의 배선단면도이고, 그 목적은 낙뢰서지에 의해 발생된 이상전압의 건물 내 진입을 억제하기 위한 것이다. 또 우측은 이 저서지 임피던스선에 의해 유도된 낙뢰서지를 방전시키는 접지극의 매설평면도이며, 그 목적은 저임피던스선에 의해 유도된 낙뢰서지가 피뢰침 접지극에서 기기의 접지극에 프래시오버를 일으키는 것이다. 이 때문에 침이 부착된 접지봉을 사용하여 표면적을 될 수 있는 한 많게 하였다. 또 낙뢰전류의 성질(방전 후 지표면에 연하여 흐른다)에서 지표의 얕은 위치(약 50cm)에 매설하여 방전효과를 높이기 위하여 시공된다.

또한 침부착 접지극과 선상접지극에는 방전효과의 상승과 접지극보호를 목적으로 하여 접지저항 저감콘크리트로 피복한다.

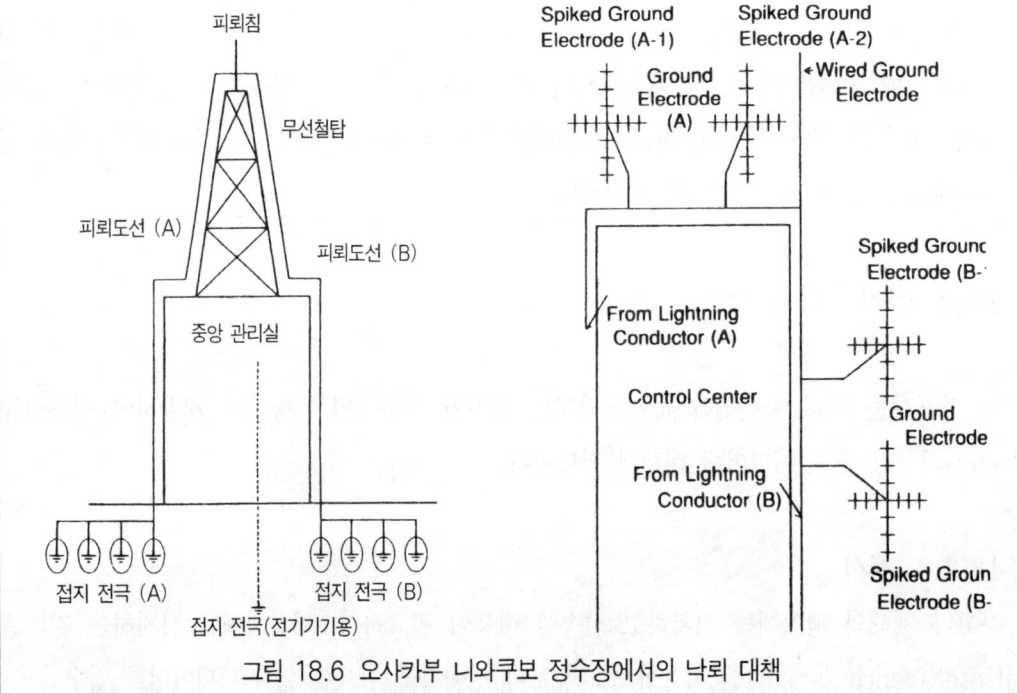

그림 18.6 오사카부 니와쿠보 정수장에서의 낙뢰 대책

수 있다. 센서, 특히 수질분야에서 사용되는 센서개발이 간절히 주창되는 바이다.

장치의 내용년수를 예측함과 동시에 진동이나 스트레스 또는 기타 부정적 조건을 연속적으로 감지함으로써 문제를 예측하기 위한 센서가 개발 중이다. 이와 같은 감지장치는 금후 광범위하게 사용될 것이라고 본다.

18.4.2 전문가시스템

현재 비상조치는 장치의 강제적 운전정지 또는 예비장치로의 전환에 대해 시퀀스제어(sequence control)에 의존하고 있다. 이러한 조치는 긴급사태의 평가에 따라 실시되고 있다. 문제가 급수시설의 정상운전을 방해할 정도로 중대한 경우에는 정상운전을 비상운전으로 전환시키는 것이 필요하다. 이 단계에서 조작의 구체적 내용과 조치는 인간의 판단에 맡겨진다.

비상조치는 이용가능한 정보를 평가하기 위한 일련의 판단을 요구하기 때문에 전문가시스템의 이상적인 응용 예이다. 판단을 분명하게 하는 여러 예나 퍼지논리시스템으로부터 학습하는 능력을 가진 신경망컴퓨터시스템은 긴급상황의 처리에 크게 공헌할 것으로 기대된다. 그림 18.7은 긴급사태를 처리하는 것에 제안된 대재해관리시스템(anti-disaster management system)을 나타낸 것이다.

수도시설이 더욱더 복잡해지고 다양화됨에 따라 인간의 판단형성에는 합리화가 필요하다. 운전자의 판단에 따른 사건에 관한 지식공학과 수량적 인식을 이용하고 숙련된 운전자로부터 얻은 탁월한 지식을 최대한으로 활용하기 위하여 새로운 기술이 개발되고 있다.

시스템의 규모와 복잡함이 커질수록 긴급상황의 조기 인지와 대응은 어렵게 된다. 지식에 의한 장애해석시스템은 전문가와 숙련된 운전자의 인식과 응답기술을 갖는 전문가시스템의 형태를 취할 수 있다.

이러한 많은 전문지식을 사용함으로써 긴급대응시에 숙련된 운전자에게 지침을 제공한다. 기술이 미숙한 직원이나 경험이 없는 운전자는 이 시스템을 훈련 도구로 이용할 수 있으며, 동시에 상급직원이 부재인 경우 긴급사태에서 자체의 판단을 내리기 위한 참고기준이 된다. 다만, 실행불능인지를 판단하는 지식을 갖지 못한 미숙련자에게 이러한 도구를 이용하게 하는 것은 위험부담이 있다.

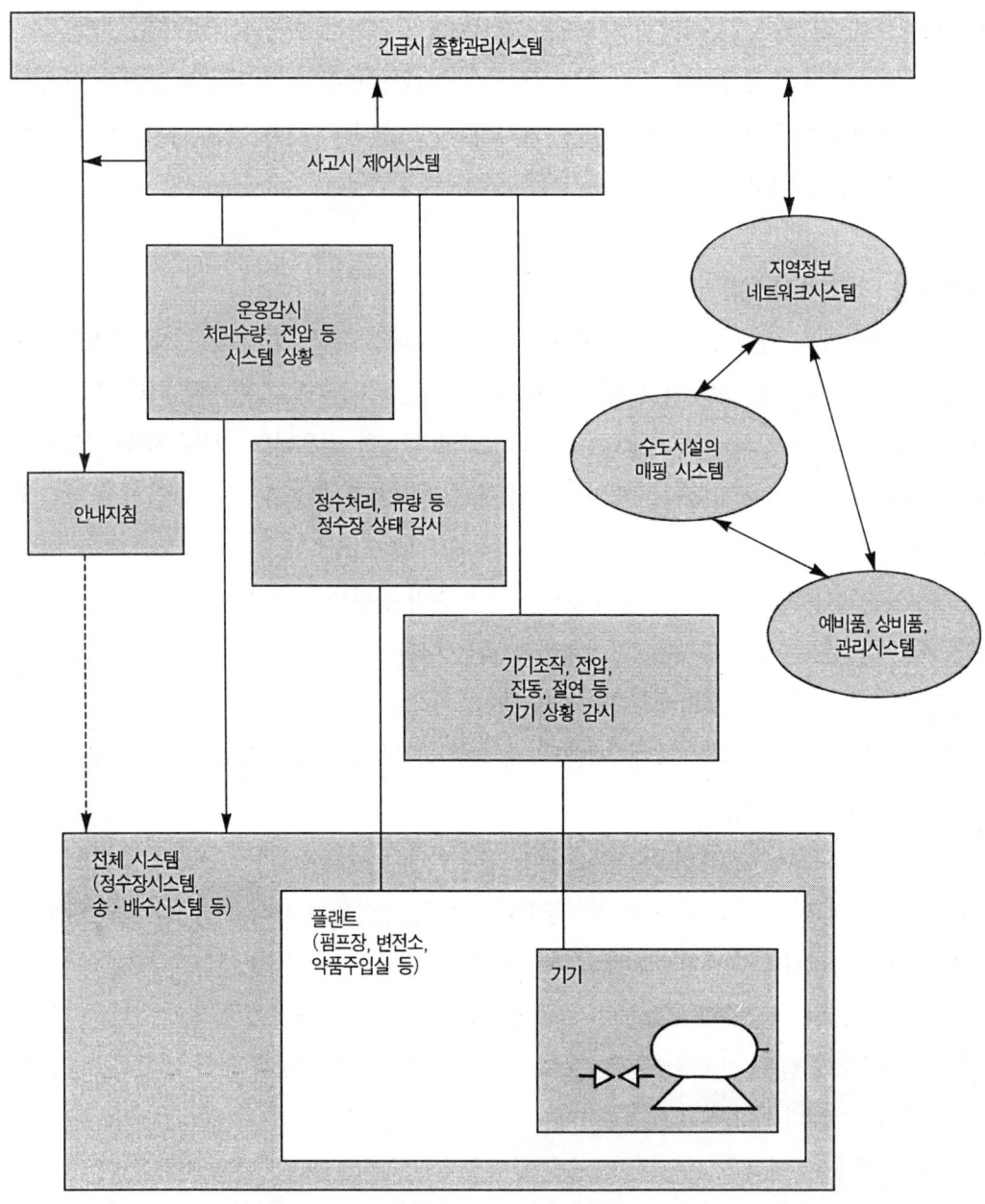

그림 18.7 감시관리시스템

18.4.3 긴급차단변

다른 하나의 신규기술 동향은 배수지에 지능형(Intelligent) 긴급차단밸브를 설치하는 것이다. 긴급차단밸브 채택의 목적은 수요가에 대해 최소한도의 음용수를 확보함과 동시에,

전문가시스템의 응용

그림 18.8은 전력의 수전/배전에 대해 전문가시스템을 응용한 예이다. 전력시스템으로부터 수집된 수전/배전데이터는 조작상태의 변화에 따라 데이터통신기구를 통한 지식기반 처리시스템에 대한 감시시스템으로부터 정기적으로 전송된다. 전력데이터에 추가하여 지식기반은 생산규칙에 관한 IF-THEN방식에서의 인과관계와 기능적 지식도 포함하고 있다. 전력데이터가 입력되면 논리부여기능은 규칙이 정보라이브러리에서 문제의 원인과 합치되는 규칙을 찾고 선택한다. 또 교정방법에 관해서도 지시한다. 결과는 키보드/모니터인터페이스를 끼워 운전자에게 넘긴다.

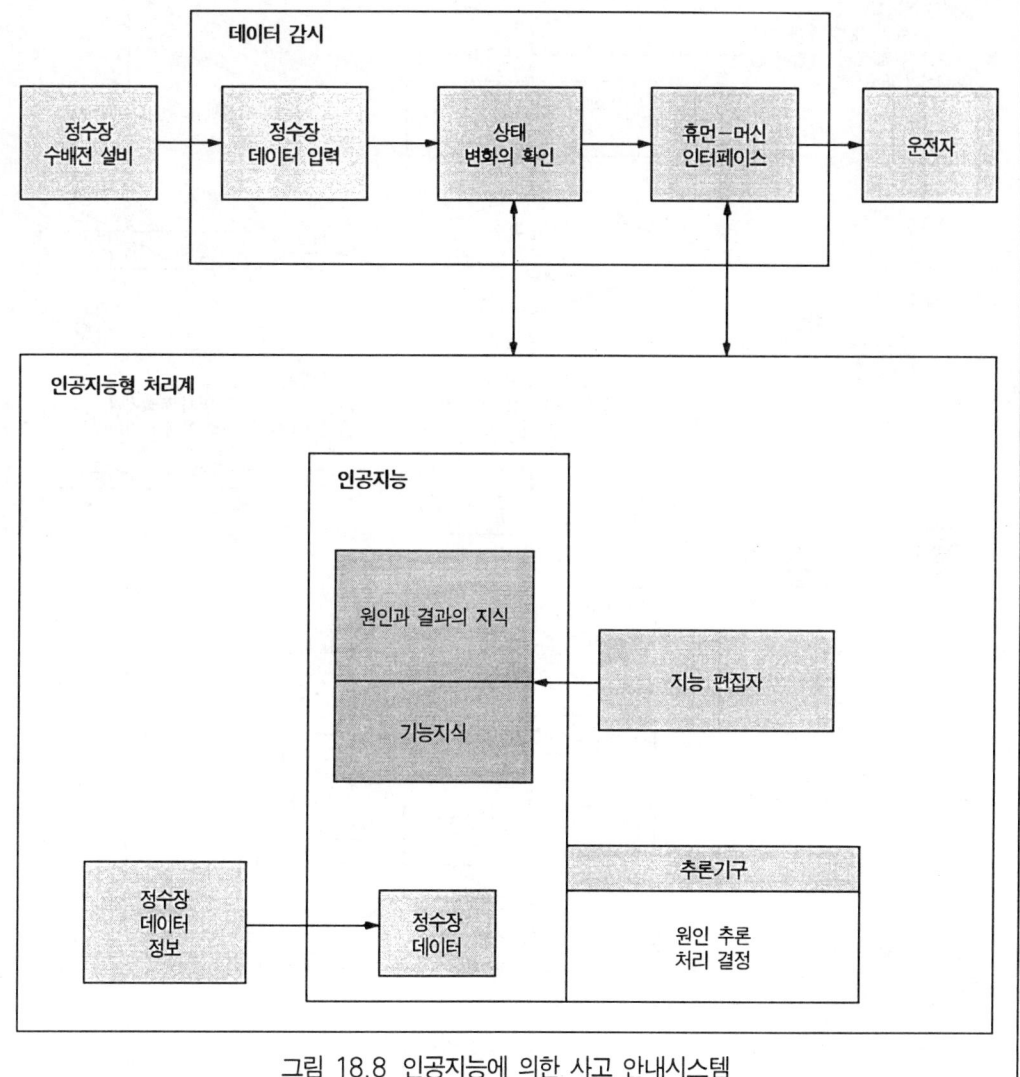

그림 18.8 인공지능에 의한 사고 안내시스템

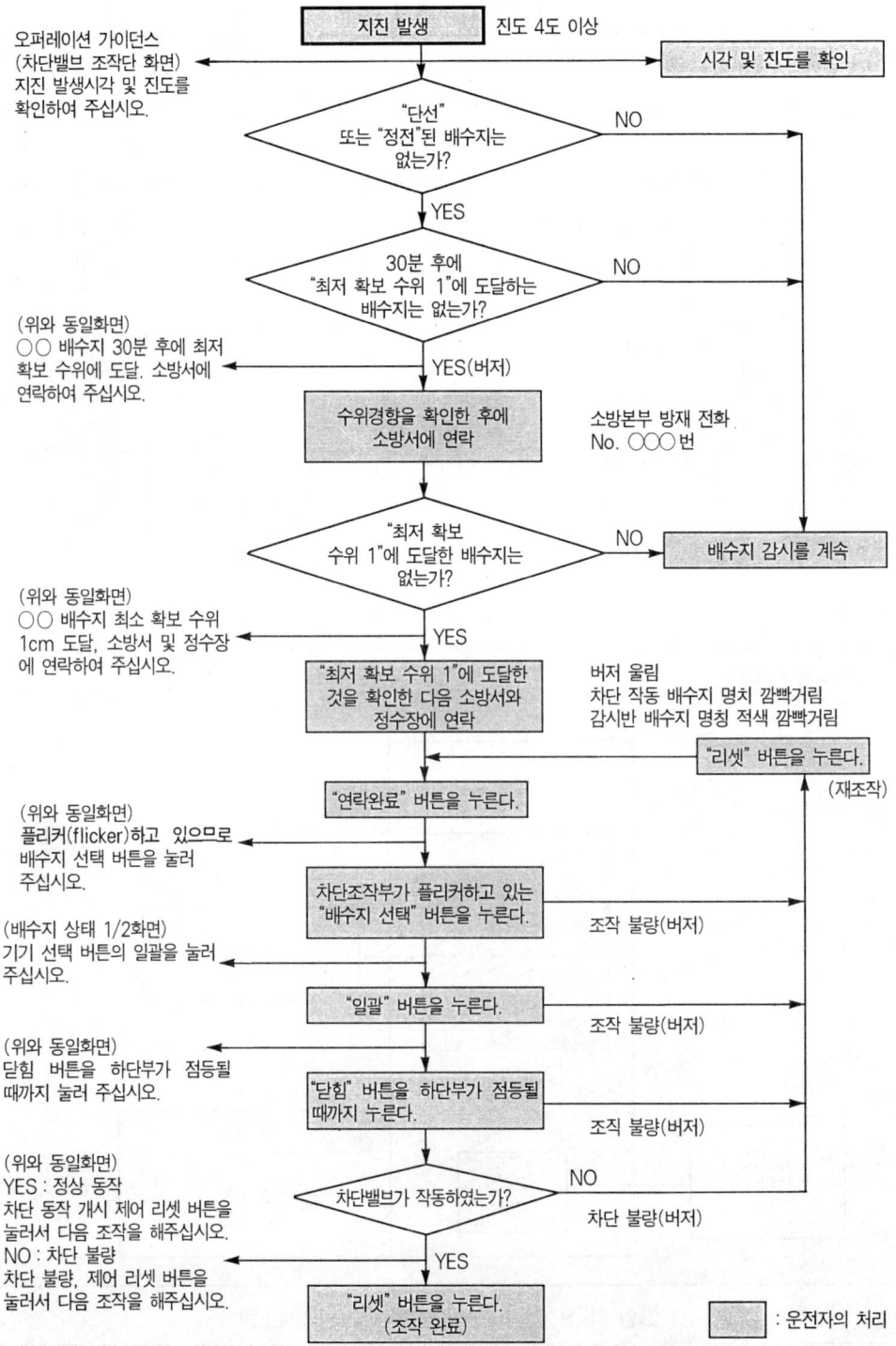

그림 18.9 긴급차단밸브 조작 흐름도

배수간선과 배수관으로부터의 누수와 배수지에서의 월류유량에 의한 재해를 방지하기 위하여 배수지에서 유출되는 물을 정지시키는데 있다.

긴급차단밸브는 정상제어시스템과 통신시스템이 가동불능인 긴급사태에서 중앙제어센터 또는 분산제어센터에서 무선원격제어장치를 사용하여 직접 작동시킬 수 있다. 긴급차단밸브는 또 배수지의 수위가 최고수위 또는 최저수위가 된 경우에도 독립적으로 닫히게 된다. 긴급차단밸브는 컴퓨터를 내장하고 있으며 응답의 일환으로서 소방서에 통보기능을 갖춘 것도 있다(그림 18.9).

18.5 연구조사의 필요성

관리와 조작을 강화시키기 위하여 필요한 추가정보에 중점을 둔 광범위한 수요와 애플리케이션에 관해서는 이 책의 제1장에서 개략적으로 설명하였다. 재해대응에 관련되는 특수필요성을 다음에 열거한다.

- 수량과 수질에 관한 원수, 지표수, 지하수의 모델화 개발
- 기상예측기술을 향상시키기 위하여 기상현상과 기상기구를 명확하게 하기 위한 연구에의 참여
- 보전관리의 필요성 예측 또는 펌프시설의 고장예방을 위한 진동센서를 사용하는 방법의 연구
- 재해응답관리를 지원하기 위한 인공지능의 개발
- 처리방법예측모델의 개발(예를 들면, 약품이 누출된 경우에는 실시간 예측모델을 이용하고 약품의 특성과 처리시스템의 능력을 나타낸다)
- 낙뢰제어방법의 개발
- 컴퓨터화된 비상대응메뉴얼의 개발
- 컴퓨터바이러스로부터 보호대책의 개발(안전성 관리는 컴퓨터통합화에 중요한 문제이다)
- 데이터베이스의 안전성을 관리하고 제어하기 위한 소프트웨어 개발

참고 문헌

American Water Works Association. 1984. *Emergency Planning for Water Utility Management*. Manual M19. Denver, Colo.

City of Nagoya Water Works Bureau. 1989. *Water for Nagoya's Millions*. City of Nagoya, Nagoya, Japan.

Gilbert, J.B.; Dawson, A.L.; & Linville, T.J. 1898. *Bay Area Water Utilities Response To Earthquake*. East Bay Municipal Utility District, Oakland, Calif.(Unpublished).

Fujita, et al. 1986. *Supervisory Control Systems for Water Plants*. Hitachi Hyoron, Vol. 70, No. 6.

Hunsinger, R.B.; Robert, K.J.; & Goldstraw, G.M. 1987. Ontario Drinking Water Surveillance Program. In : Proc. AWWA Water Quality Technology Conference Baltimore, Md.

Japan Water Works Association. 1990. *Design Criteria of Water Works Facilities*. Tokyo, Japan(pp.25-28).

Kocher, W. 1990. Energy Supply Options For Emergency Preparedness. In : AWWACA Conference Proceedings. Santa Rosa, Calif.

Matsuo, Y. et al. 1983. Monitoring System of Acute Toxicity Upon the Breathing Rate, Heart Beat and Avoidance Reaction of Fish. In : *Osaka and Its Technology No. 4*. Osaka, (Osaka Municipal Government), Japan(pp.43~48).

Philipot, J.M. & Boudouresquc, P. 1988. Safety of Potable Water Supplies : Alarm Systems. In : *Selection of Papers, Generale Des Eaux Group*. Generale Des Eaux, Paris, France(pp.11-23).

Takeda, K. et al. 1991. Survey and Counter-measure of Abnormal Voltage by Lightning. 42nd Waterworks Research Symposium, JWWA.

Way, C.T; Jacobs J.K.; & Browne, D.L. 1989. EBMUD's Practical

Innovative Technology. In : Proc, Water Nagoya '89 Nagoya Japan.

   Yahagl. H. et al. 1990. Fish Image Monitoring System for Detecting Acute Toxicants in Water-Proposal of New Indices and Detection of Nerve Poisons. In : *Instrumentation, Control and Automation of Water and Wastewater Treatment and Transport System*(R. Briggs, ed.), Pergamon Press, Toronto, Ontario(pp.609-616).

제V편 수도사업의 과제

집필자 : Anthony Harding

이 책의 앞부분 3개 편에서는 '기술과 원리', '제어시스템' 및 '정보시스템'을 설명하였으며 수도시설 운전이라고 하는 특수분야에 실시간 제어를 향상시키기 위하여 수도산업에서 어떻게 최신기술을 사용할 것인가에 대해 검토하였다. 또 수도시스템의 구체적인 지식을 높이고 그에 따른 효율과 응답성을 개선하는데 주요정보시스템이 도움이 된다는 사실에 대해서도 설명하고자 하였다.

아직 '수도사업이 앞으로도 계속해야 할 당면과제는 무엇이며, 또 어떻게 하여 수도사업을 탁월하게 계속할 수 있을 것인지' 등에 대한 의문이 남는다.

이 '수도사업의 과제' 편에서는 장래의 요구에 대해 다음 4개 분야에 초점을 맞추었다.
- 조직과 인사관리
- 표준화
- 전략적 컴퓨터화 계획
- 우선 연구과제와 장래 계획

제19장 '조직과 인사관리'에서는 변화하고 있는 조직과 요원이 부딪히는 과제, 특히 요원에 대해 설명하였다. 이 장에서는 전향적인 방법으로 변화를 관리해 나가기 위한 기본적인 요구에 중점을 두는 동시에 통신, 운전자의 기능, 훈련, 그리고 기술이용이 얼마나 중요한 역할을 수행하게 되는 것인가에 관해서도 검토한다.

'표준화와 호환성'은 수도사업체에서 증가하는 컴퓨터이용에 중요한 과제로 **제20장**에서 검토한다. 컴퓨터시스템의 통합에는 많은 개별 구성요소, 서브시스템과 독립형 시스템이 관계되며, 이들은 먼저 물리적으로 접속되고 다음으로 디지털 통신에 의해 정보를 상호 전송함으로써 상호 소통할 수 있어야 한다.

　수도관이나 밸브 또는 기타 수도시설의 물리적 구성요소에 관해서는 기준이 설정되어 있다. 그렇지만 현시점에서는 수도용 계측제어(instrumentation)와 컴퓨터시스템은 일반적인 공업표준에만 따르고 있다. 그렇기 때문에 여러 방식이 실시되는 결과가 되었다. 즉 시스템간에 통신을 할 수 없거나 또는 통신인터페이스, 운전자훈련, 별도의 통신망 확장 등에 고액의 비용을 지출해야 하도록 되었다. 표준화의 장에서는 이와 같은 중요한 테마에 대하여 상세하게 취급하였다.

　자주 듣는 질문은 「어떻게 하면 컴퓨터에 의한 수도사업을 실현할 수 있는 것일까?」라고 하는 물음이다. 이 물음에 대한 대답은 전략적인 통합화 계획을 개발하는 것이 된다. **제21장**에서는 전략적 계획에 관한 2개의 큰 테마, 즉 "'전략적 통합화 계획'이란 무엇이며 그리고 무엇과 비슷한가, 그리고 전략적 통합화 계획을 어떻게 개발하는 것인가"에 대하여 설명하고자 한다. 이 장에서 소개된 정보를 사용하여 수도사업체는 컴퓨터시스템 통합화에 적합한 조직을 만드는 최초단계를 준비하게 된다.

　제22장 '우선 연구과제와 장래 계획'에서는 이 책의 각 장에서 확인된 '연구의 필요성'을 개략 정리함과 동시에 이러한 필요성을 5개의 주요 연구분야 그룹으로 구분하였다. 또 이 장에서는 이러한 필요성에 부응하기 위하여 수도업계의 힘을 결집시키기 위한 계획에 관해서도 개념을 정립하고자 한다.

금후의 과제

　컴퓨터화된 관리시스템과 제어시스템을 수도사업의 방침으로 실현하고자 하는 노력이 최근에 증가하고 있다. 그러나 수도사업에서는 아직 시작에 불과하다. 수도사업이 직면한 과제들은 고려해 볼만한 것이 앞으로도 더욱 증가할 것이라는 것은 의심할 여지가 없다.

　비용절감과 서비스의 향상에 대하여 지금까지 없었던 압력을 받고 있고 금후에도 이와 같은 경향은 계속될 것이며, 한편 규제는 더욱 엄격해지고 성능을 입증하는 데이터는 더 많이 요구되고 있다. 수도사업체의 지도자 앞에는 큰 도전이 놓여 있다. 지도자들은 변화의 요구에 부응하는 동시에 이러한 과제를 적극적이고 전향적인 방법으로 관리할 수 있는 조직을 만드는 올바른 자세, 관리기술, 그리고 기술적인 탁월성을 가지고 있어야 한다.

이러한 도전과 함께 변화되고 있다. 수도사업은 근년에 급격한 변화를 경험하게 되었으며 변화의 속도는 더욱 빨라지고 있다. 그러나 지금까지의 이러한 변화는 금후에 다가올 변화에 비하면 아주 작은 것이라고 생각된다. 문화적인 변화는 이미 시작되었는데 달성되도록 하려면 아직 몇 년이나 걸릴 것이다. 수도사업체는 최선이라고 생각되는 방법으로 물을 공급해야 하는 "전문경영" 자원의 하나라고 일반적으로 여겨왔던 많은 수도공급자의 전통적인 태도를 극복해야 한다. 이와 같은 태도는 변해야 하며 현재의 제품중심에서가 아니라 수요가 중심으로 변해야 하는 보다 상업지향적인 관리의 한 방법으로 되도록 변하고 있다. 수도사업은 서비스품질향상, 운전의 효율성, 그리고 규제준수라는 엄격하게 정해진 목표를 향해 매진해야 하는 복합적인 과업에 근거하여 관리해야 한다. 이러한 모든 과업들에 대한 실질적인 외압은 점점 더 강해 오고 있다.

전세계의 많은 지역수도사업체는 건강과 음용수의 안전성에 대한 수요가의 관심이 높아지고 수질에 관한 실질적인 규제도 강화되고 있으며, 또 환경에서의 규제와 경제면에서의 제약도 증가하고 있는 것과 같은 이러한 압력을 강하게 받고 있다. 수도사업체는 관리에 대한 새로운 접근방법, 운영, 그리고 기술이용 등으로 이러한 압력에 대응해야 한다.

관리자들은 단지 조직을 운영하는 것뿐만 아니라 실제로 조직을 관리해야 한다는 것을 자각하기 시작하였다. 이것을 실현하려면 시기에 맞고 올바른 형태로 적절한 정보를 얻어야 한다. 관리자들이 필요한 조작정보와 예산정보를 제공받기 위해서는 정보기술에 투자하는 것이 필수적이다. 물론 중복된 정보나 부정확한 정보를 입수할 위험도 고려해야 한다. 왜냐하면, 다른 기술과는 달리 정보기술은 좋은 하인이기는 하지만 우수한 주인은 아니기 때문이다.

각 사업이 직면한 과제는 많으며 또한 다양하지만, 컴퓨터통합화의 실현이 금세기 말까지 수도산업을 세련되게 하는 중요한 역할을 담당할 문제들 중의 하나가 될 것이다.

● 환경

녹색(환경)운동의 영향이 점점 커지고 있다. 각 수도사업체는 환경에 관한 문제를 이해하는 동시에 그들의 사회적 책임을 자각하고 있다. 또 이러한 압력에 부응하는 길을 모색하게 됨에 따라 수도사업자에 대한 주민들의 요망은 가능한 이익과 예상원가의 균형을 이루는 작업과 함께 실질적인 비용을 필요로 할 것이다.

● **강화된 법규**

모든 수도사업체는 수질, 압력, 공급의 계속성에 대해 강화된 기준과 수요가 서비스와 그 대응에 관한 강화된 기준 등을 충족시켜야 하며, 또한 사업체에 부과되는 여러 제약의 범위 내에서 해야 할 것이다. 그렇게 해야 할 것을 하지 않았을 때에 가해지는 벌칙은 더욱 강해지고 있다. 가장 강력한 제재수단은 회사의 수도공급면허 박탈 또는 공급계약 취소이다. 오늘날 주위 환경은 지극히 요망하는 사항이 많아지고 있으며 언제까지 수도사업을 영위할 수 있는지를 보증할 수 없는 수도사업체의 수가 증가하고 있다. 수도사업체는 그래도 급수를 계속해야 한다!

● **돈의 가치**

정수처리와 배급수의 영업은 점점 상업적으로 되어 감에 따라 수요가는 자신들이 받는 서비스가 지불하는 요금으로 정당한 금액임을 기대하도록 해야 할 것이다. 과중한 투자계획은 단기적으로나 중기적으로나 물가상승률 이상의 요금인상으로 될 수 있다는 사실에 도전해야 할 것이다. 각 수도사업에는 될 수 있는 한 적은 비용으로 최고의 서비스를 제공할 수 있도록 해야 하고 수요가에게 서비스를 효율적으로 실현하고 있다는 것을 충분히 증명할 수 있도록 해야 한다.

● **요약**

이러한 과제에 대하여 상수원과 지하수의 감시모델링, 정수공정제어, 배수시설운용의 최적화, 배급수과정의 수질감시, 자동검침, 그리고 강화된 수요가서비스 등과 같은 면에서 새롭고 정보집약된 대책을 포함한 강력한 대응이 필요하다. 이런 대책은 수도시설의 성능을 눈에 보이게 설명할 수 있는 데이터를 제공하면서 조작성능을 극대화시키는데 모든 노력을 집중시켜야 한다. 많이 변해야 할 것 중에는 상수원관리 및 자동화와 원격제어의 채용증가 등과 같은 분야에서 지역적인 특수성을 고려해야 할 것이라고 본다.

이와 같은 전략과 그 결과로서 생긴 전체적인 조직은 각각 단독으로 구축하는 이익의 합계보다도 훨씬 큰 이익을 가져오게 될 것이라는 사실을 인식하는 것이 중요하다. 이와 같은 전략은 완전히 통합될 것이기 때문에 수도사업체는 더욱 협조적이고 효과적이며 또한 효율적인 방법으로 서비스를 제공하는 사업체가 될 것이다. 이 시스템은 단지 조작자의 능률을 높이기 위한 방법이나 성능제어와 감시를 개선하는 관리도구로서가 아니고, 수요가에게 보다 양질의 서비스를 제공하고 조직의 통합된 부분으로서 가져야 할 정보기술에 대한 수도사업체의 신뢰에 기본방침을 가시적으로 표현할 수 있을 것이다.

수도사업에는 많은 과제들이 기다리고 있다. 그러나 지금까지 완수한 것과 함께 탁월한 사명감을 계속해야 하는 것과, 이 사명을 달성하기 위한 통합된 정보기술의 사용을 결합시킨 발전이 장래에 무슨 일이 일어나더라도 준비되어 있고 또 할 수 있다는 수도사업이 되도록 하기 위하여 "우리는 이와 같은 도전을 환영한다"라고 자신있게 말하는 선견지명과 능력 및 에너지를 가지고 있는 수도사업체가 되어야 한다.

제19장 조직과 인사관리

집필자 : Anthony Harding
Shigeyuki Shimauchi(嶋內 繁行)
부집필자 : Michihisa Suzuki(鈴木 程度久)

　최근에 수도산업에서 정보기술의 보급과 함께 끊임없는 조직상의 급격한 변화와 발전이 계속되고 있다. 그러나 그것은 수도산업의 급속한 발전을 강요하는 여러 가지 힘 중의 오직 하나이다. 이 장의 목적은 일반적으로 변화에 관한 인적인 측면과 조직적인 측면에 대하여 취급하는데 있다. 이 장에서는 먼저 조직과 변화에 관련되는 전체적인 문제에 대하여 검토하고, 다음으로 조직의 발전과정에 주의를 기울이며, 최후로 변화의 인적인 측면에 집중하고자 한다.

19.1 조직적인 성공

　변화하는 환경에서 조직을 성공시키기 위하여 중요한 인간 요망사항의 몇 가지를 다음에 나타낸다.
- 변화하는 환경 속에서 효과적으로 인식하고 대응해 나가기 위해서는 조직구성원인 직원이 책임감과 긍지를 갖고 직무를 수행하도록 노력해야 한다.
- 조직은 직원에게 방향을 명확하게 설명하고 잘 이해시켜야 한다. 방향에는 전체적인 목표, 중기적인 목적과 이것들을 달성하기 위한 계획이 포함된다. 또 직원은 목적과 계획책정에 참여해야 하고 이것을 달성시키고자 노력해야 한다.
- 조직의 관리자가 직원마다 독특한 요망사항, 능력, 잠재력을 가지고 있다는 것을 이해하고 있어야 하며, 또 수요가는 요구가 다양한 개인들의 집단이라는 것을 모든 직원들

이 이해하는 경우에 조직은 성공할 가능성이 높다.
- 조직의 주변에서 일어나는 변화에 조직이 적극적이고 전향적으로 대처해야 한다는 것이 강하게 요망된다. 조직의 장래에 대한 성공에 기여하기 위해서는 조직의 변화를 정확하게 파악하고 대처해 나가는 것이 중요하며 수동적인 대처로는 아주 불충분하다.
- 성공에 대한 필수조건은 조직의 모든 부서간과 수요가와 관련 기관간의 효과적인 의사소통을 갖는 것이다.
- 조직의 목표를 지원할 올바른 조건을 만들어내기 위하여 조직 요원들의 고용에 대한 공식적인 임기와 고용조건을 조직이 확실하게 보장해야 한다.

19.1.1 조직에 대한 책임감과 긍지

모든 직원들이 그 조직의 업무에 대해 효과적으로 기여하지 않으면 어떤 조직도 우수한 업적을 기대할 수 없다. 이것은 공공부문과 민간부문 또한 서비스부문과 제조부문 등의 모든 조직에 적용되는 진실이다. 아무리 자본집약적인 산업이나 아주 자동화된 생산공장이라도 이들 산업이나 생산공장의 안전과 우수한 조작에 대해서는 그것을 관리하는 사람에게 전적으로 달려 있다. 서비스부문에서는 직원들의 행동이 곧 "결과"로 되어 나타날 수 있다. 따라서 조직의 성적은 조직요원들의 성적과 밀접하게 관계되어 있다.

어느 조직이 우수한 성과를 달성하기 위해서는 전 직원들이 책임감을 가지고 업무를 수행해야 한다. 불만을 가진 작업자는 공든 탑을 무너뜨릴 수 있다. 따라서 모든 직원이 책임감을 갖고 있어야 하며, 고품질의 서비스나 제품을 생산하는 것이 바로 자기 자신의 책무라는 것을 인식하는 것이 필요하다. 또 전원이 자신들이 속한 조직에 긍지를 갖는 것이 중요하다. 이것은 직원들이 자부심을 갖고 자기 직무에 임하며 자기들의 직무에 만족감을 얻는 것으로도 이어진다.

끝으로 조직의 활동에 적극적으로 참가하기를 원하는 직원이 많은 조직은 변하는 환경에 따라 효과적으로 대응해 나갈 수 있다. 모든 조직적인 변화는 조직 내에 있는 사람들의 변화에 의한다. 직원들이 조직과 그 조직의 변화하는 역할에 대해 책임감을 갖게 되면 그들은 조직이 변화하는 상황에 보다 잘 적응할 수 있게 된다.

조직에 대한 책임감과 긍지를 갖도록 한다. 어떻게 하여 직원들에게 조직에 대한 책임감과 긍지를 갖도록 조직할 것인가? 먼저 조직의 목표와 목적을 명확하게 설명해야 한다.

조직의 목적이 애매한 경우에는 직원들이 조직에 대해 충성심을 가질 수 없다. 조직이 독자적인 명확한 스타일과 이미지를 갖고 있는 경우에는 그것을 명확하게 설명하는 것이 필수적이며 또 그렇게 강조할 수 있다.

직원들에게 조직의 활동에 깊게 관계하고 있다는 의식을 갖도록 함으로써 보다 책임감이 강해진다. 또 조직의 구조도 이에 관련된다. 조직의 구조가 단순한 경우, 즉 계층구조가 최소한인 경우에는 자신들이 영향을 미치는 결정을 자기에게 가까운 것으로 느끼게 된다. 이에 따라 직원들은 결정을 알려주지 않았다든지 결정에 대하여 수동적인 입장에 있다는 느낌을 갖지 않게 된다. 또 단순한 구조에서는 일반적으로 광범위한 책임을 가지고 주도권을 발휘하는 직원들을 포함하는 것이 보통이다. 이들 모든 요소들은 조직에 대한 책임감을 높이는 것으로 이어진다.

다만, 단순한 조직구조로 개편하는 것만으로는 충분하지 않다. 만약 직원들이 관련된 느낌을 갖도록 하기 위해서는 그들이 실제로 관련되도록 하는 것이 중요하다. 직원에게 자신들이 활동에 기여하고 있다고 느끼게 하기 위해서는 자신들이 영향을 미치는 결정에는 발언 기회를 주는 적극적으로 관여하는 개방적이고 민주적인 관리방식이어야 한다. 관리자는 분배된 업무를 관리하는 것뿐만 아니라 직원들에 대한 지도자이어야 한다. 관리자는 목표와 예산을 맞추는 것에만 노력을 기울여야 하는 것이 아니고 적극적으로 직원들 사이에서 열의와 책임감이 생기도록 하는 환경을 만들어 나가야 한다.

또 특수그룹실습을 채용하는 것도 유효하다. 특히 효과적인 실습의 하나로서는 통상의 작업과 함께 각 그룹에 지정된 업무를 담당시키는 방법을 들 수 있다. 그룹의 구성원은 단지 지정된 업무를 수행하는 것뿐만 아니라 평상시의 작업환경 밖으로 나와서 공동으로 작업하는 것을 배우게 된다. 상세한 것에 관해서는 다음 절에서 취급한다.

19.1.2 조직의 방향 이해

조직의 방향을 이해하기 위해서는 조직의 목표를 명확하게 설명해야 하며 또 목표에 대한 이해를 깊게 하기 위해서는 조직 내의 운용에서 보다 구체적인 계획서로 증명해야 한다. 방향에 대한 설명이 충분히 분석되어야 적절한 계획이 될 것이다. 또한 적절한 계획은 필연적으로 조직 전체에 널리 퍼지게 함으로써 조직의 방향과 그 배경에 관한 이해를 깊게 하도록 조장한다.

임원과 상급관리자는 조직의 전략적 방향을 정하는 책임을 맡고 있다. 바꿔 말하면 임원과 상급관리자는 전략적인 의사결정을 한다. 계획책정이 효과적이고 동시에 목표가 적절하며 계획을 실시할 수 있음을 임원과 상급관리자가 증명해야 한다. 또 계획책정에는 적극적인 직원의 참여가 필요하다. 이것은 두 가지 이점을 가지고 있다. 만약 직원들이 계획을 공식적으로 만드는데 참여한다면 그들은 계획의 요구조건을 실시하는데 책임감을 느끼게 된다. 또한 그들의 참여는 조직의 과업이 실제 경험에 의한 계획이란 것을 의미할 것이다.

이와 같은 방법으로 계획을 수립함으로써 조직 내의 의사전달도 원활하게 된다. 이 과정에 따라 아이디어와 결정을 조직과 조직기능의 상부와 하부 또는 기타의 부서에 전할 수 있다.

조직의 방향이 실제 결정된 다음에는 이것을 조직 내뿐만 아니라 외부에도 전해야 한다. 직원, 수요가, 그리고 주주 등을 포함하여 계획책정의 결과를 알아야 하는 많은 관계자들이 있다.

19.1.3 개인의 중요성

수도산업은 단일통합산업으로서 원료취득에서부터 최종제품을 생산하는 과정과 또 수요가에게 최종제품을 공급하기까지의 모두를 맡고 있다는 점에서 다른 산업과 다르다. 또 수도산업은 제1차 산업, 제2차 산업과 제3차 산업에 이르기까지 다양하게 걸친 업계에 물을 제공하고 있으며 이들 모든 수요가의 규율과 요구에 부응해야 한다. 다양한 환경에서 천연자원(물)을 취수하며, 자본집약적인 공정산업의 문제를 재정적으로 뒤받침하고 관리해야 하며 또 수많은 개인 수요가에게 최종제품을 분배하고 공급하는 "사람의 문제"에 이르기까지 많은 문제들에 직면하고 있다.

그 결과 수도산업에서는 개인들이 중요한 역할을 한다. 수도산업은 서비스분야로 구분되는 것처럼 보일 수 있다. 이 서비스는 수많은 수요가에게 공급되는 것이므로 특수한 필요와 수요를 가지고 있는 개인으로서 수요가 모두를 보아야 한다.

수도사업체의 직원들은 또한 개인이며, 그들 자신의 노력이 조직 전체의 성과와 직결된다는 것을 자각해야 한다. 그러므로 관리자는 각 개인의 잠재적인 능력을 최대한으로 발휘하도록 개발하고 개인으로서의 그 조직 요원에 대해 부응하는 것이 요망된다.

19.1.4 변화에의 대응

오늘날의 사회환경은 유동적이며 변화과정은 더욱더 가속되고 있는 것이 널리 실현되고 있다. 그리고 수도산업에서도 예외는 아니다.

수도산업에서는 이러한 많은 변화 특히 수도산업의 영업환경에 영향을 받고 있다. 수요가에 의한 수요증가와 대부분의 수도사업체 운영에 영향을 미치는 규제기구의 강화와 같은 외부변화가 강화되고 있다. 여기에 추가하여 정보기술(IT)의 보급이 큰 내부변화인 것처럼 진행되고 있다.

이와 같이 매일 변화하는 환경에서 성공을 거두기 위해서 조직은 "혼돈된 상황에서 성장"할 수 있어야 한다. 내부적으로나 외부적인 변화에 신속하고 효과적으로 순응할 수 있는 능력이 조직의 성패를 결정하는 중요한 열쇠가 된다고 본다.

조직이 변화에 잘 부응해 나가기 위해서는 먼저 변화가 조직과 개인에게 어떤 영향을 미치는지를 이해해야 한다. 이러한 영향들이 조직과 개인들에게 적용된다. 특수한 상황에 대처하기 위해 채택된 조직과 절차는 변화에 따라 시대에 뒤떨어지고 성공적이지 않기도 하다. 이것은 조직 내에서 문제를 발생시키기도 한다. 또 조직이 새로운 환경에 대응하기 위하여 변화하지만 이 경우 조직 내의 각 개인에게 주는 추가적인 부담에 대하여 충분히 유의해야 한다. 변화하는 환경으로 조직에 가해지는 스트레스는 조직 내의 개인들에 의해 경험하였던 스트레스와 필적한다.

변화에 잘 순응하지 못할 경우에는 변화 자체가 위협으로 간주될 수 있다. 이와 같은 것은 변화에 저항하기 위해 쓸데없는 시도로 되거나 또는 변화를 무시하려는 "현실 도피적"인 시도로 될 수 있다. 그러나 이러한 방법의 어느 것도 유해한 것이다.

사회환경은 끊임없이 변화하기 때문에 변화에 부응하는 도전은 끊임없이 발전하고 있다. 과거에 문제를 잘 처리할 수 있었던 해결책이 앞으로도 유효할 것이라는 아무런 보증도 없다. 그러므로 이와 같이 끊임없는 변화는 관리자에게 창조적이고 임기응변의 자세를 갖도록 요구하고 있다.

가장 중요한 것은 변화에의 대응은 적극적이어야 한다. 변화를 관리자가 대처해야 하는 새로운 부담으로 간주하는 것이 아니라 조직에 이익을 가져오기 위하여 통제하고 이끌어줄 힘으로 여겨야 한다. 효과적으로 관리되는 경우에 변화의 예측은 조직의 성과를 향상시키고 경쟁자보다도 한 걸음 앞서기 위한 기회로 된다.

이러한 방법으로 변화에 대응할 수 있는 조직을 만들려면 관리자는 조직 내에 올바른 풍조를 만들어야 한다. 계속적인 변화에 대해 내재된 문화적인 저항감을 극복하고 개개인의 차원에서도 직원들이 조직의 변화에 잘 순응할 수 있도록 지원하는 것이 중요하다. 이를 달성하는 방법 중의 하나는 모든 직원들에 대하여 끊임없는 훈련, 그리고 재훈련을 실시하는 방법이다. 훈련은 직원에 대해 보다 유연성을 갖도록 장려함과 동시에 그들이 불안감을 갖지 않고 조직의 변화를 고찰하는데 필요한 최신의 기술을 그들에게 제공하게 된다.

19.1.5 효과적인 의사소통

정보는 기본적으로 필요하다. 직원은 자신들의 생활을 지탱하고 있는 조직 내에서 어떤 일이 일어나고 있으며, 조직에 어떠한 외부의 영향이 미치고 있는가에 대하여 알고 있어야 한다. 또 수도산업에 의해 제공되는 대단히 중요한 서비스를 주고 있기 때문에 수요가들은 수도사업체에 대한 정보와 또한 수도사업체로부터 정보에 대한 특수한 필요성을 가지고 있다.

정보에 대한 요구가 절대적으로 필요하기 때문에 정식으로 정보를 얻을 수 없는 경우에는 풍문과 같은 비공식적인 정보에 의지하게 되어 버린다. 어느 정도의 비공식적인 비밀정보망에 의해 퍼트려지는 정보는 직장의 결합력과 활성화로 이어질 수 있으므로 어느 정도의 풍문은 피할 수 없다. 관리자는 비공식정보망을 억제하지 말고 오히려 이점으로 바꾸는 동시에 적절한 분량의 정확한 정보가 공급되도록 보장해야 한다.

1) 양방향의 의사소통

효과적인 의사소통은 양방향의 의사소통이다. 관리자는 직원에게 적절하게 정보를 전달해 주는 것을 보장해야 할 뿐만 아니라 직원의 아이디어 또는 견해와 관심사를 이해하는 능력도 갖고 있어야 한다.

관리자가 정보를 제공하거나 제공받는 것으로 가장 효과적인 방법 중의 하나는 직접설명(face-to-face briefing)이다. 그렇지만 많은 직원을 대상으로 하면 회합(meeting)이 대규모로 되거나 반복해야 할 필요가 생기며 시간과 노력을 지나치게 소요하는 등의 문제가 생길 수 있다. 이와 같은 문제를 해결하기 위해서는 상급관리자가 중간 간부에게 상황을 설명하고, 이 중간 간부들이 또 자기 부하직원들에게 이것을 전달하는 방법인 '단계적인 회합(cascade-briefing)'이 유용하다. 이와 같은 방법을 사용함으로써 정보는 조직 전체에 신속하게 전해진다.

게시판이나 회람판과 같은 보다 소극적인 정보제공방법도 잘 이용하면 효과적인 방법일 수 있다. 수도사업체와 같이 지리적으로 분산된 조직에서는 조직 내의 다른 부서와 연락하기 위한 간단한 방법으로서 이러한 방법이 특히 유용할 수 있다. 전자우편(e-mail)과 같은 정보기술을 통하여 정보전파를 쉽게 할 수 있는 정보기술의 이용도 또한 유용한 방법이라고 본다.

2) 수요가와의 의사소통

일반적으로 수도사업체는 넓은 지역에 퍼져 있는 많은 수요가들이 있다. 수도사업체가 수요가들 전부에게 정보를 전달하고자 하는 경우에는 이와 같이 수요가들이 널리 퍼져 있는 것이 문제가 될 수 있다. 다만, 수도요금고지서에 필요한 내용을 포함시키는 방법이 비용 대 효과의 면에서 우수한 해결책이다. 당연한 것이지만 이와 같은 첨부물의 분량과 디자인에는 수요가의 주의를 끌기 위하여 잘 생각해야 한다.

수요가에게 정보를 제공하는 보다 일반적이고 중요한 방법은 지역신문과 라디오방송국과 같은 적절한 대중매체를 이용하는 연락방법을 통해서이다. 이와 같은 미디어와의 협조는 수요가에 대해 끊임없이 정보를 제공하는 것과 함께 중요한 여론결정 선도자인 대중매체에 대해 수도사업체의 견해를 알맞게 납득시키는 것을 확실하게 한다. 또한 주요산업수요자와 환경보호단체와 같은 특수관련조직과 연락을 유지하는 것도 중요하다. 모든 수요가에게 정보를 전달하는 직접적이고 또한 효과적인 방법으로서는 시설의 개방이용이다. 수요가가 배수지와 정수장과 같은 시설의 구내를 견학함으로써 일반의 관심이 높아지는 동시에 수도사업에 관한 이해도 깊어지게 된다.

그러나 이상 설명한 의사소통은 주로 수요가에게 정보를 제공하는 것이고, 수요가가 받는 서비스에 관한 수요가의 의견을 구하는 목적으로 하는 기술은 아무 것도 없다. 수요가의 의견을 조사하는 한 가지 방법은 무작위 또는 체계적으로 선택된 수요가에 대하여 여론조사를 실시하는 것이다. 여론조사방식으로서는 대면방식이나 전화인터뷰 또는 앙케이트(질문서)의 송달방법을 사용하여 정기적으로 할 수 있다. 이에 따라 수요가로부터 충분한 견해와 정보의 흐름을 확인할 것이다. 다른 방법으로서 정기적으로 회합을 갖는 수요가연락위원회를 개최하는 방법도 있다. 수요가는 자신들이 알고 있는 서비스의 상세한 측면에 관한 견해와 제안을 제공할 수 있다.

3) 주주와의 의사소통

만약 수도사업체가 주식회사인 경우에는 집행 임원들이 주주들에 대해 보고를 해야 한다. 연차보고서나 총회개최와 같이 주주와 집행 임원간의 의사소통을 위하여 필요한 최소 요건을 규정하는 엄격한 법률 요건과 같은 것이 있다. 이러한 최소한의 요건과 함께 회사에서는 대주주(개인 주주이거나 기관주주이거나에 관계없이)와 전문적인 여론 결정선도자의 역할을 하는 시장분석가에 대해서도 특별한 주의를 기울여야 한다.

영국에서는 수도사업이 민영화된 이후(이전에는 정부에 의해 관리되는 공공부문이었지만, 민간부문으로 매각)의 수도업계에서는 주주가 특별한 역할을 하고 있다. 이렇게 새로이 설립된 민영유한회사(private limited companies : PLC'S)는 스스로도 주주가 되는 많은 종업원과 수요가를 안고 있다.

19.1.6 고용기간과 조건

수도사업체가 우수한 인재를 고용하고 확보하고자 한다면 우수한 고용주로서 시장에서 조직이 달성할 자기 자신의 책무를 자각하고 생산성 향상에 노력해야 한다. 종업원의 고용기간과 조건은 고용주와의 좋은 관계에 의한다. 다시 말해서 일부는 법률적인 요건이기도 하지만 위생과 안전면, 평등한 기회, 그리고 기타 고용문제에 관한 방침을 포함하여 고용주는 우수한 인재를 끌어들이고 확보할 수 있는 좋은 작업조건을 제공해야 한다. 고용에 관한 모든 조건을 명문화해야 하고 이러한 것들을 조직 내에서 명확하게 해둠으로써 직원에 대해 보다 일관되고 평등하게 적용되는 조건을 만들 수 있다.

고용기간과 조건의 결정에서는 직원과 또한 필요하다면 조합간에 충분한 상담과 협의과정을 통해 결정되어야 한다. 충분한 합의가 없다면 고용기간과 조건은 바람직한 결과를 가져올 수 없거나 또는 지속되지도 않는다. 또 관리자가 개발하고 결정한 방침에 책임을 지지 않으면 그 방침은 무의미하게 되어 버린다. 다른 그룹간에 서로를 비교하는 것과 같은 풍조가 생기거나 '그들과 우리'라는 감정이 생기는 것을 피하기 위해서는 가능한 한 조직 전체에 조화를 이룰 수 있는 조건을 적용시키는 것이 중요하다.

19.2 조직의 발전

조직 성공에 기여하는 기본적인 인간요소를 검토하고 조직이 변화하는 환경을 최대한으로 활용하도록 조직이 발전하는 방법에 대하여 검토한다. 검토된 점은 다음과 같다.
- 실제 개발과정인 조직의 장래 비전 판단과 이를 달성하기 위한 계획의 입안과 실시
- 조직의 목표를 감시하고 제어하는 방법으로서 또한 요원들이 성취할 수 있는 그들의 잠재성을 독려하고 도울 수 있는 방법으로서 진척상황의 파악
- 개발계획을 원활하게 추진하기 위한 부분으로서 조직 내에서 효과적인 의사소통의 중요성
- 의사소통을 감소시키고 변화를 억제하는 조직 내의 장벽을 없애고 줄일 필요성
- 조직 내의 장벽을 줄일 수 있는 복수직능팀의 활용
- 새로운 아이디어와 쇄신적인 사고, 그리고 그 속에서 이루어질 수 있는 방법을 창출하기 위한 조직의 필요성
- 특히 수도산업에서 조직의 장기적인 발전에 대한 증가되는 융통성이 있고 혁신적인 접근방법에 대한 조직과 요건에 대한 장기발전 계획

19.2.1 발전과정

모든 조직에서 최종목표와 사명에 대하여 명확한 비전을 갖는 것이 중요하다. 이와 같은 길잡이(guiding star)로서 역할을 할 비전이 없으면 조직의 발전과정을 그려낼 수 없다. 조직의 목적을 명확하게 하는 것은 이사회(또는 이와 동등한 것)와 상급관리자의 책임이고, 이들은 또 목적을 달성하기 위한 전략도 결정해야 한다.

이와 같은 전략을 진전시킬 때에 염두에 두어야 할 많은 특수문제가 있다. 이들에는 정보기술과 관련된 조직의 접근방법, 전체적인 품질관리, 안전성, 환경보호에 관한 문제 등이 포함된다. 이런 광범위한 영역에서 조직의 방침을 결정함으로써 전체적인 사명을 특수목표로 분류하여 발전과정을 개시할 수 있다. 또 이러한 목표를 달성하기 위한 구체적인 행동계획을 책정하고 실시할 수 있다.

야심차게 달성하기 위하여 가능하다면 수량화하는 등 목표를 명확하게 설명하는 것이 중

요하다. 이와 같은 방법으로 전체적인 전략을 일련의 현실적이고 구체적인 목표로 함으로써 조직의 목적을 조직의 구석구석까지 전달시킬 수 있을 것이다.

목표를 확인시킨 다음 상급관리자와 중간관리자는 목표를 달성하기 위한 보다 구체적인 계획을 작성해야 한다. 가능하면 어디에서나 또 이들 관리자는 표명한 목표를 달성하기 위하여 그들 자신의 개선점을 확인하기 위한 영역에 직원작업그룹을 수반해야 한다. 여기에는 예정과 목표를 명확하게 하고 일과 책임을 각자에게 할당시키는 작업이 포함된다.

19.2.2 정량적 지표

정량적 지표는 발전과정의 종합부분이다. 이 정량적 지표는 집행계획에서 구체적으로 쓰여진 목표에 대하여 관리자가 진척상황을 파악할 수 있다. 또 이에 따라 계획된 발전과정으로부터 방향성의 이탈을 조속히 발견할 수 있고 초기단계에 대책을 세울 수 있다. 이와 같이 관리함으로써 조직의 상황을 쉽게 파악하는 동시에 관리자는 계획이 실행되고 목적이 달성되어 가는 과정을 확인할 수 있게 된다.

물론 당연한 것이면서 정량적 지표는 계획의 진척상황을 파악하는 데만 사용되는 것은 아니다. 수도사업체에서는 관리자가 수도시설을 원활하며 효과적이고 효율적으로 운영하기 위한 많은 척도들이 있다. 이들은 회계 중에서 사용되는 재무비율과 같은 일반기법에서부터 기업 전체의 성과와 관련되는 생산성지표와 같은 보다 구체적인 것에 이르기까지 다양하다. 또한 수질, 수압, 공급의 신뢰성과 그리고 수요가 대응과 같은 보다 한정된 기업관련 수단이 있으며, 또 기업 전체의 성과와 관련되는 효과를 가지고 있는 회사운영을 감시하기 위한 내부 수단도 있다.

정보기술은 정량적 지표를 사용하여 효과적인 관리수단으로 되는 특수한 역할을 한다. 정보기술에 의해 광범위한 정보를 신속하게 수집하고 분석하여 표시할 수 있고 정보를 계속적으로 업데이트시킬 수 있으며 이것은 분산된 수도시설을 운영함에 있어서 특히 유익하다.

정량적 지표를 특히 행동계획에 적용할 때에는 각 단위별로 구체적인 목표로 분류할 수 있다. 인적인 성과목표로서 지표들이 강력한 자극제가 될 수 있다. 야심적이기는 하지만 달성할 수 있을 정도로 목표를 조심스럽게 설정함으로써 이 목표가 요원들의 잠재력을 효과적으로 개발하는데 사용할 수 있다. 상식적으로 이것이 전체적으로 조직을 개발하기 위하여 설정된 전체 목표에 이어주는 방법의 아날로그이다. 정량적 지표의 자극적인 관점은 성과보수제의 사용으로 더욱 강화될 수 있으며, 이는 명백하고 수량적인 목표 달성을 급료체계와 연계시킨다.

19.2.3 의사소통(커뮤니케이션)의 중요성

직원들에게는 조직의 목표에 깔려 있는 배경의 사유를 충분히 설명해 주어야 하고, 또 금후에 생기게 될 변화를 충분히 알아차리도록 하는 것이 필요하다. 직원들이 사유를 이해하고 있으면 그들은 업무를 보다 정확하게 처리할 수 있으며, 또 그들이 어떤 변화가 일어날 것인지를 파악하고 있으면 불안감(이는 불확실성에 대한 원인이 된다)도 최소화할 수 있다. 또 직원들이 필요한 변화를 효과적이고 지능적으로 실시하기 위해서는 그들이 이러한 변화에 대해서 충분히 이해하고 있어야 한다. 최종적으로는 관리자가 계획의 진척상황을 감시하고 통제하고자 하는 경우에는 양방향의 의사소통이 필수적이다.

조직발전을 위한 조직변경의 중요성과 조직변경에 대한 직원들의 감수성을 고려하면 질의 응답식의 회합으로 짜여진 직원과의 직접회합을 갖는 방법이 어떤 제안된 변화에 대하여 직원들과의 가장 효과적인 의사소통방법이다. 다시 말하여 변경에 관한 정보전달이 보다 직접적일수록 좋게 된다.

변화가 실시되고 있는 경우에는 조치계획목표를 접하게 될 범위에 대하여 진척보고에 대하여 공식절차가 있어야 한다. 이것이 이러한 목표를 실제적으로 맞추는데 강력한 자극제가 될 것이며, 또한 더 가깝게 진척상황을 감시할 수 있도록 한다.

19.2.4 조직 내의 장벽 제거

장벽은 기본적으로 유연성을 약하게 하고 외부변화에 대한 조직의 순응성을 약하게 하기 때문에 발전과정의 한 부분으로서 조직 내에 있는 모든 장벽은 제거시켜야 한다. 또 장벽은 의사소통을 제한하며 그 결과로서 업무조정이 불충분하게 되고 업무효율을 저하시킬 가능성도 있다. 만약 이런 일이 발생하면 조직을 통한 새로운 아이디어의 보급이 저지될 것이다.

이와 같은 문제를 일으키는 장벽은 많이 있다. 개인차원에서 말하면 문화적인 장벽을 들 수 있다. 정보기술의 사용증가와 같은 특수변화에 대한 저항이나 보다 일반적인 변화에 대한 반감이 생길 수도 있다. 또한 조직차원에서 보아도 많은 장벽이 있다. 예를 들면, 기능과 전문성이 다른 그룹간에는 장벽이 있을 수 있다. 또 지역간에는 지리적인 장벽이 존재할 수 있다. 계층적인 장벽은 조직 내의 계층수를 적게 하고 보다 단순한 조직구조로 함으로써 배제하거나 삭감시킬 수 있다. 이와 같은 계층적 장벽을 배제시키거나 삭감시킴으로써 보다 단순한 조직구조에서는 필연적으로 개인의 책임을 보다 광범위하게 할 수 있는 또 다른 이점도 있다. 그 결과 조직간의 장벽도 줄일 수 있기 때문이다.

조직 내에서의 문화보급도 내부 장벽에 영향을 미친다. 변화에 대한 열의가 강한 조직은 변화에 대한 저항이 적으며, 또 공개적인 관리형태에서는 조직 내의 아이디어와 정보의 흐름을 촉진하게 된다. 관리자는 조직 내의 장벽을 줄이는 노력에 주도권을 발휘할 수 있다. 조직의 다른 부서로부터의 직원으로 구성된 특수과업팀을 만드는 방법도 장벽을 제거하는 방법 중의 하나이다.

19.2.5 복수직능팀

과업팀은 조직 내의 다른 계층, 기능, 필요한 경우에는 다른 지역에서 모을 수 있는 직원으로 구성된 그룹이다. 이 팀은 특정된 업무를 달성하기 위하여 임시로 편성된다. 조직 발전의 관계에서는 특별한 특수과업팀이 행동계획을 작성하는 작업으로 될 것이다. 팀원들은 정상적인 본연의 업무를 계속 수행하면서 추가적으로 팀에서 일하게 된다.

팀에 주어진 업무의 필요도에 따라 기능과 경험을 가진 팀원을 선정하는 것이 중요하다. 복수직능팀을 성공적으로 사용함에 따른 여러 가지 이점이 있다. 이러한 예로서 다음과 같은 것을 들 수 있다.

- 팀방식을 채택하지 않는 경우에 비교하여 많은 또한 다양한 직원들이 조직발전에 관여하게 된다. 이것은 계획이 "상의하달식"으로 되는 경우보다도 행동계획에 대한 직원들의 책임감이 높아지는 것을 의미한다.
- 그들의 특수과업에 대한 팀의 구성을 잘 맞춤으로써 각각의 과업에 대한 구성원의 기능과 경험을 잘 조화시킬 수 있다. 또 운영차원에서 관련직원들이 참여하는 '하의상달식'보다 좋은 장점을 채택할 수 있다.
- 평상시에는 얼굴을 맞대지 않던 개인을 모으는 것이 부서간의 장벽을 극복하는데 유용하다.
- 팀방식은 하위직원들이 전략적 문제와 과제의 해결에 참여하는 귀중한 직원개발수단이 될 수 있다.

- 전반적으로 보아서 다기능팀 방식을 채용함으로써 행동계획의 입안과 실시와 함께 또한 직장환경의 개선도 촉진하는 이중적인 이점을 가질 수 있다.

19.2.6 새로운 아이디어의 창출

조직이 외부환경 변화에 창조적으로 대응할 수 있도록 하기 위해서는 이용할 수 있는 새로운 아이디어를 끊임없이 공급해야 한다. 이렇게 하기 위해서는 조직이 모든 계층으로부터의 새로운 아이디어에 대해 개방적이어야 한다. 조직 내의 새로운 아이디어를 적극적으로 채용함으로써 각자의 책임감을 촉진시킨다는 것도 이점이다.

새로운 아이디어의 활발한 흐름을 촉진시키기 위한 대책으로서는 이미 설명하였던 많은 원칙을 염두에 두어야 한다. 예를 들면, 다기능팀과 같은 특정한 독창력과 함께 단순한 계층조직과 공개적인 관리형태와 같은 구조적이고 문화적인 특성을 이용하는 것은 조직 내에서의 새로운 아이디어를 창출하고 전달하는 것을 촉진시킨다. 또 낡은 방식으로 보일지 모르지만 제안제도와 같은 보다 형식을 벗어난 방법도 잘 실시하면 효과적이다.

19.2.7 조직의 장기적 발전

장기적으로 보아서 조직이 성공하려면 끊임없이 변화하는 동시에 계속적으로 개발계획을 마련해야 한다. 외부환경 변화를 예상하고 그것에 대하여 대비해야 한다. 조직은 이미 일어난 변화에 대해 반발하기보다는 변화를 극복하려고 노력하며, 이러한 변화를 제어하는 것이 조직의 이익이 되도록 변화를 관리하는 방법을 찾아야 한다. 관리자는 변화를 이루는 환경에 뒤쳐지지 않도록 변화를 활용해야 하고, 또한 환경변화에 따른 영향의 장점을 취하면서 온갖 경쟁에서 한 걸음 앞서야 하며 또한 이기기 위하여 변화를 선도해야 한다.

모든 수도사업체가 실제 경쟁에 내몰릴 필요는 없지만 조직에 영향을 미치는 변화에 대해서는 전향적인 자세를 취해야 한다. 앞에 설명한 바와 같은 경향은 금후에도 계속될 것이라고 본다. 수돗물의 수요는 금후에도 증대될 것이고 환경측면에서의 압력도 계속 증가할 것이며, 또 수도사업체의 규모와 상업적인 압력이 널리 퍼짐에 따라 수도산업은 계속 커질 것이다. 지금까지 이상으로 다양화해질 것이라고 본다. 따라서 온 세계의 수도관리자와 그 직원들이 이렇게 계속적으로 흥미를 자아내는 과제에 대해 끝없이 발전할 것 중의 하나가 수도산업의 미래이다.

19.3 개인과 직원에 관한 검토

앞 절에서는 조직 발전에 관계되는 문제에 대해 취급하였다. 이 절에서는 조직의 인적측면과 변화와 발전에 인적측면이 어떻게 관계되는 것인가에 대하여 초점을 맞춘다. 이것들은 다음과 같다.

- 조직 내에서 각자의 능력을 발휘하는 것의 중요함과 이를 달성시키기 위한 방법들
- 조직 내의 요원들이 기술개발에 적극적으로 관계하도록 하기 위한 필요성
- 효과적인 의사소통은 양방향의 것이고, 또 조직을 발전시키고자 한다면 관리자가 직원들과 수요가의 의견에 귀를 기울여야 하고 그들에게서 들은 것을 조치해야 한다는 사실
- 조직과 거기에 속한 개인들이 그들의 잠재능력을 충분히 발휘할 수 있도록 하고자 한다면 효과적인 교육연수를 실시해야 하며 효과적인 훈련계획을 개발해야 한다.
- 수요가와 공급자의 정보제공으로서의 조직개념을 충분히 배려해야 한다.
- 끝으로 이 절에서 취급하고 있는 많은 아이디어를 수용하기 위한 방법으로 "인재제일주의"라는 이념에 대해서 검토한다.

19.3.1 개인의 잠재능력 발휘

개인차원에서는 자기계발의 기본적인 필요성이 인식되고 있다. 직원들이 가지고 있는 잠재능력을 최대한 발휘할 수 있도록 직원들을 격려함으로써 조직은 강화된 직무만족도로부터 성과를 기대할 수 있다.

또 조직에는 보다 직접적인 이익도 초래된다. 개인의 능력이 높을수록 조직의 효율이 향상되는 것은 당연한 것이다. 또 총노동력으로 직원들이 가지고 있는 기능범위가 넓을수록 직원(또는 조직)들은 환경변화에 직면하여 보다 자기 자신을 잘 순응시켜 갈 수 있다. 특히 몇 가지 기능을 여분으로 해버릴 수도 있는 신기술도입을 검토하는 경우가 그러하다. 기능의 폭이 넓은 직원인 경우에는 변화에 대한 위협은 적어진다.

이사회와 전 계층의 관리자가 끊임없이 모든 계층직원들의 능력개발에 노력해야 한다는 확고하고 또 명확한 방침이 있어야 한다. 이러한 개발비용은 삭감시킬 수 있는 간접경비로 간주하는 것이 아니라, 조직이 중기적으로나 장기적으로 번성하기를 바란다면 무형의 자산

에 투자하는 것과 같은 인적자산에 투자는 필수적이다. 특히 직원들이 직무관련 기능과 개인적 기능의 양자를 발전시킬 수 있도록 교육연수는 조직 전체의 직원들에 대해 계속적으로 시행되어야 한다. 교육의 한 부분으로 조직에 신기술도입으로 고통을 주는 것이 아니고 노동력에 이익을 줄 수 있다. 기술이 위협을 느끼게 하는 것보다는 기회를 제공해 준다는 확신을 갖도록 하는 것이 중요하다.

19.3.2 적이 아닌 친구로서의 기술

특히 정보기술 등 첨단기술의 보급에 대해서는 부정적인 취지가 많다. 신기술도입과 관련하여 나타나는 불안으로서는 신기술을 사용함으로써 지금까지 정해진 직무를 수행하는데 필요로 하였던 직원의 수를 삭감시키거나 또는 특수기능을 시대에 뒤떨진 것으로 전락시킴으로써 잉여노동력을 생기게 하지 않을까 하는 것이다. 개인차원에서 충분히 이해할 수 없는 미지의 기술을 막연하지만 현실적인 위협으로서 받아들여야 하는 무지의 두려움도 있을 것이다. 이와 같은 것은 신기술 도입에 관한 토의에서는 자주 중요시되지 않지만 반대자가 느끼는 두려움의 주요 원인이 될 것이다.

따라서 신기술이 주는 탁월한 이점을 직원들에게 확신시키는 것이 중요하다. 신기술을 적당하게 적용하면 단순반복업무, 따분하고 지루한 일, 재미없는 과업 등을 줄이며 이에 따라 직무만족도가 높아지게 된다. 또 수요가에게 제공되는 제품이나 서비스의 질을 향상시키고 수요가의 만족도도 증가되며 또 일에 대한 직원들의 자긍심이 높아지기도 한다. 특히 정보기술을 사용함으로써 관리와 계획책정을 보다 효과적으로 시행할 수 있기 때문에 조직을 원활하고 효율적으로 운영할 수 있으며 나아가서는 직원과 관리자 그리고 수요가에게 이익이 된다.

19.3.3 효과적인 의사소통

의사소통을 양방향으로 하는 것의 필요성에 관해서는 이미 말해 왔다. 양방향 의사소통이란 관리자가 직원들과 수요가에게 일방적으로 정보를 제공하는 것뿐만 아니라 그들에게서 받은 아이디어와 의견에 대해 적극적으로 대처해야 한다는 것을 의미한다. 이에는 의견을 듣고 조치를 강구하는 것이 포함된다. 관리자가 받은 정보와 코멘트에 대해 귀를 기울이고 이에 응답할 수 있으면 수요가와 직원들의 관계가 양쪽에 이익이다.

조직, 가능한 기술혁신, 그리고 시장요구와 기술추세에 관한 가치 있는 정보가 이를 갈망하는 모든 사람들에게 제공될 것이다. 여기서 토의된 관리적인 방법의 많은 것이 조직 내의 정보가 원활하게 유통되도록 할 것이고 관계자간에 자유로운 토론("감동하는 경청")을 촉진할 것이다. 의사결정과정에서 전직원의 적극적인 참가를 환영하고 장려하는 민주적인 관리형태를 구축하는 것이 가장 중요하다.

또 조직이 수요가의 의견에 대하여 적극적으로 대답하는 태도를 기르는 것이 필요하다. 모든 조직의 효과적인 운영에는 수요가에 대해 공개적이고 민감하게 반응하는 자세가 필수적이다.

19.3.4 교육연수의 필요성

조직과 각자가 가지고 있는 잠재능력을 충분히 발휘시키기 위한 하나의 방법으로서 교육연수의 필요성을 강조해 둔다. 조직에서 물리적 자산을 더욱 발전시키기 위한 전략을 세우는 것이 필요한 것과 같이 조직의 인적자원을 연수시키고 개발하는 것도 필요하다.

교육연수는 조직의 전체적인 계획의 중추부분이어야 한다. 즉, 조직의 장기계획에 의하여 훈련시켜야 할 직원들의 장래 수요를 사정해야 한다. 예상소요와 알맞은 직원들의 예상 공급수를 비교해야 하며 이에 따라 필요한 만큼 교육계획을 입안해야 한다.

또 교육연수를 받으려고 하는 각 개인의 의욕과 함께 능력에 따라 각 개인의 개발필요성을 판단해야 한다. 가능한 경우에는 개인별로 교육연수프로그램을 설정해야 한다. 또 직원에 대해서는 교육연수에 대한 각자의 희망을 사정하고 특수교육연수를 요구하도록 장려해야 한다.

정보와 교육에 대한 요구는 사업체 내의 여러 계층에 존재한다. 컴퓨터화와 자동화의 분야에서 기술적인 교육연수의 필요성은 명백하며 이러한 교육에 관해서는 신중하게 구축하고 계획해야 한다. 이와 같이 복합적인 요구에 대한 철저한 교육연수는 직원들이 기술진보에 뒤떨어지지 않도록 하며 이에 따라 실제 컴퓨터를 활용할 수 있도록 한다. 예를 들면, 일본 수도협회에서 사무직원들과 기술직원들을 교육시키기 위하여 다양한 분야에 걸쳐서 직원들에게 관리자를 위한 연수과정을 시행하고 있다(표 19.1). 또 컴퓨터의 교육연수를 위하여 설립된 "자치정보센터"라는 일본수도기금(Japan Waterworks Foundation)에서 컴퓨터에 관한 초급과정에서부터 고급기술과정까지 30개 이상의 연수과정을 제정하고 컴퓨터에 관한 전체적인 지식을 습득하도록 하고 있다.

컴퓨터를 도입한 많은 수도사업체는 컴퓨터가 가동된 다음 정기적으로 교육하고 컴퓨터의 상세한 기술을 습득하도록 하여 직원들의 전문지식을 향상시키는데 노력하고 있다. 예를 들면, 일본의 요코하마시(橫浜市) 수도국에서는 약 3주일의 현장훈련을 포함하여 신입직원을

표 19.1 일본수도협회에서의 연수과정

부서	연수대상자	개최일수	정원
〈사무계〉			
수도사업관리자연수회			
(1) A코스	취임 2년 이내의 수도사업관리자(합숙제)	연 1회 4일간	60명
(2) B코스	수도사업관리자 또는 이를 보좌하는 사람 및 찬조회원 소속직원	연 1회 2일간	300명
수도사업경영연구회	수도사업관리자 또는 이를 보좌하는 자 (합숙제)	연 1회 3일간	60명
수도사업관리직사무연수회	수도사업체의 사무계 관리직 및 계장급	연 4회 각 2일간	각 100명
수도사업사무연수회			
(1) 경영부서	수도사업체의 경영사무담당자	연 2회 5일간	각 100명
(2) 노무부서	수도사업체의 인사노무사무담당자	연 1회 5일간	100명
〈사무기술계〉			
수도기초강좌	수도사업체 및 찬조회원의 신규직원	연 2회 각 3일간	각 120명
〈기술계〉			
수도기술자 블록별 연수회	수도사업체의 수도기술실무담당자 및 찬조회원 직원(후생성과의 공동으로 7블록 각 현의 윤번개최(각 도도부현청에서 접수))	연 7회 각 2일간	각 200명
후생장관인정 수도기술관리자 자격인정강습회	각 도도부현에서 추천받은 자[수도법시행규제 제13조 제3호에 기초해 개최(각 도도부현청에서 접수)]	연 3회 각 16일간	각 70~120명
수도기술관리자연수회			
(1) 도·송·배수시설의 설계 시공과 보전관리부서	수도기술관리자 또는 이를 보좌하는 자 및 찬조회원 소속직원	연 1회 2일간	400 명
(2) 고도정수처리 부서	수도사업체의 소속직원	연 2회 각 9일간	각 100명
(3) 급수장치 부서	8년 이상 수도실무경험을 가진 수도사업체의 기술직원	연 2일 각 10일간	각 100명
(4) 수질관리 부서			
(5) 정수시설 부서			
(6) 계측제어시설기계전기 부서			

위한 컴퓨터 교육을 매년 시행하고 있다. 이 교육은 신입직원의 기술을 높이는 것뿐만 아니라 강사로서 봉사하는 직원들의 의식을 높이기도 한다.

당연한 것이면서 이와 같은 교육연수는 보다 일반적인 기능과 특별한 마음가짐 또는 조직적인 교양을 넓히기 위해서도 이용할 수 있다. 한 예로서 직원들에게 수요가 지향적인 마음가짐을 장려하고 이를 훈련시키기 위하여 교육연수를 할 수 있다.

19.3.5 수요가 지향적인 마음가짐의 중요성

직원들이 수요가에 대하여 적절한 태도로 대응한다는 것이 대단히 중요하다. 이 절에서는 수요가를 대하는 자세에 대하여 검토함과 동시에 조직의 밖에서 뿐만 아니라 조직 내에서도 '수요가'가 있다는 점에 대하여 고려해야 한다.

성공을 거둔 모든 기업의 특징이 수요가의 요구를 확인하고 이를 만족시켜야 한다는 확고한 방침을 갖고 있다는 점이다. 다만, 그 중요성이 수도사업체에도 널리 수용되고 있다고는 말할 수 없다. 지금까지는 수요가를 수도산업이 존재하는 기초가 되는 동기로서보다는 생산공정의 말단에 있는 소비자로 고려하는 경향이 있었다. 당연한 것이면서 이와 같은 경향은 변화하고 있으며 현재는 수요가와의 관계가 중요시되고 있다.

수도산업에서 보급된 정보기술이 중요한 역할을 담당하고 있다. 정보기술의 역할은 시설 전체의 성과를 향상시키는 간접적인 것으로부터 수요가와 조직의 성과에 관해 광범위한 끊임없는 최신정보를 즉시 가까이 하도록 하는 수요가 관심사항을 설정하는 보다 직접적인 것에까지 이를 수 있다. 이는 수도사업체를 보다 수요가에게 더 가깝게 하기 위한 효과적인 방법이라고 할 수 있다.

수요가에게 설명하는 것을 개발할 필요성은 조직 전체에 적용시킬 수 있으며 이는 조직 전체의 구조를 일련의 '수요가-공급자'의 관계로 간주할 수 있다. 예를 들면, 간접부서의 직원은 자기 자신이 서비스를 제공하고 있는 조직 내의 부서를 자신들의 '수요가'라고 인식하는 것이 필요하다. 외부 수요가에게 제공되는 서비스의 질은 서비스의 직접 제공자뿐만 아니라 이런 간접 부서의 직원에 의해서 좌우된다. 이것은 진실로 우수한 서비스수준은 조직원 모두가 이와 같은 높은 수준의 달성에 대해 책임감을 가지고 있는 경우에만 가능하다는 중요한 원칙을 반영하고 있다.

19.3.6 인재제일주의

　이상 설명한 조직의 목표를 달성하기 위한 유일한 방법은 '인재제일주의'라고 하는 조직이념을 구축하는 것이다. 이에는 수요가 또한 직원으로서의 각 개인의 중요성, 고품질의 서비스를 제공할 종합적인 책임감, 공개적인 관리형태의 중요성 등과 같은 많은 요소가 관련된다.

　조직 내에서 이와 같은 이념이 침투되기 전에 모든 직원들은 먼저 자신들의 성과와 부족한 부분이 미치는 영향의 범위를 인식해야 한다. 변화하는 환경에 효과적으로 대응하기 위해서는 건설적인 비판과 성과의 평가를 공개하는 것이 모든 조직에서 중요하다.

　이와 같은 이념은 수요가와 직원도 각각의 요구와 능력을 갖는 개인이라는 사고방식에 기초한 것이다. 조직 내에서 이와 같은 이념을 실현하려면 전직원이 자신들의 동료와 수요가에 대해 이와 같은 생각을 하고 내부수요가와 외부수요가라는 개념을 몸에 익혀 나가기 위한 훈련이 필요하다. 이와 같은 훈련은 우수한 서비스를 제공해야 한다는 것에 대한 직원들과 조직의 강한 욕구와 책무로 뒷받침되어야 한다. 그 결과 필요한 경우에 다른 부서에 지원을 요청하기 위해서는 조직과 그 조직의 업무를 충분하게 이해해야 한다. 이에 따라 수요가는 높은 수준의 서비스를 받을 수 있게 된다.

　이와 같은 이념의 실시는 간단하지 않지만 관리자를 주저하게 해서는 안된다. 현재 수도산업에 영향을 미치는 많은 변화가 생기고 있다. 수도사업관리자에게 직면한 과제는 이러한 변화가 위협을 주는 것이 아니고 유일한 기회를 주는 것으로 하여 받아들이는 것이다.

제20장 표준화

집필자 : Saburo Hosoda(細田 三朗)
Richard L. Gerstberger
부집필자 : Yoshimichi Funai(船井 洋文)
Donald L. Schlenger

20.1 총설

디지털시스템에서의 표준화란 구성요소의 기능성과 정보교환성을 유지하면서도 대폭적인 수정을 가할 필요없이 다른 구성요소를 접속시키거나 특정한 구성요소를 다른 구성요소와 교환할 수 있도록 하는 능력을 의미한다. 호환성이란 간단한 하드웨어나 소프트웨어의 수정에 의해 구성요소를 접속하거나 치환할 수 있는 능력을 의미한다. 그러나 호환성에는 급수(degree)나 수준(level)이 있다.

표준화는 인간과 시스템을 규칙대로 기능을 발휘하는데 유용하다. 예를 들면, 한 국가 내에서 모든 자동차는 도로의 한쪽 방향으로 주행하고, 교통신호에서 빨강색은 정지이고 파랑색은 진행을 의미하고 있다. 또 전세계의 팩시밀리장치는 공통의 사무기기(office-machine)-프로토콜에 의해 서로 통신할 수 있다.

표준화나 호환성 또는 상호운용성은 수도사업체의 컴퓨터 통합화에서도 중요하다. 컴퓨터 통합화에는 물리적으로 접속되고 디지털통신에 의해 정보를 교환하는 개별시스템 구성요소, 서브시스템 또는 단독시스템이 포함된다. 다른 수준에서는 공유데이터베이스의 데이터포맷과 구성은 정보를 공유할 수 있도록 통일시키거나 변환시켜야 한다.

대부분의 국가에서 수도사업체는 밸브, 배관, 급수설비 등에 관한 고유의 표준이 설정되어 있다. 이러한 표준은 일본수도협회나 미국수도협회와 같은 조직에 의해 작성되었거나 채택되었으며 관리되고 그리고 유지되고 있다. 그러나 수도용의 계측제어나 컴퓨터시스템은 일반 공업기준에 따르며 이들 시스템에 대한 수도사업체의 기준은 거의 없다.

수도사업시설들은 수십 년에 걸쳐 근대화의 물결을 타고 있다. 여과와 에너지관리, 정수처리에서 약품주입, 그리고 유사한 애플리케이션에 많은 프로그램제어기로 기동되는 많은 지능형 장치가 설치되고 있다.

이와 같은 자동화의 주요 과제는 많은 전용시스템을 사용하는 많은 제작자에 의해 일반적으로 공급된 장치들로 구성되어 있다는 점이다. 수도시설에서는 특별한 배선, 통신인터페이스, 운전자훈련 등에 대하여 많은 예산을 투입해야 한다. 또 이러한 시스템을 작동시키는데 필요한 많은 종류의 소프트웨어를 효율적으로 이용하기 위하여 극복해야 할 난제도 많이 있다. 이 사태의 개선을 위해서 수도당국에서는 이전부터 일반적이고 표준화된 네트워크통신방식의 개발을 강하게 주장해 왔다.

20.1.1 표준화의 역사

미국의 석유정제공장에서는 1920년대부터 계측제어가 시작되었으며 밸브와 제어기의 원격제어기능을 갖는 현장 계측제어로 구성되었다. 그 이후 여러 산업에서 생산성향상을 지원하는 세련된 공업계기류에 대한 수요가 높아지면서 계측제어기술은 눈부실 정도로 진보하였다. 제어와 계측제어에 관련되는 시스템이 더욱 커지고 또 복잡하게 됨에 따라 대규모시설의 개발과 설치에서 여러 구성요소를 접속시킬 수 있는 인터페이스프로토콜의 표준화를 바라는 소리가 높아졌다. 이러한 바람이 1950년에 미국에서 최초로 계측제어에 관한 기준의 하나로 공포된 공기압신호(pneumatic signal)에 관한 과학장비제작자협회(SAMA ; Scientific Apparatus Makers Association)기준으로 이어졌다. 이 기준들은 이후 국제기준으로 채택되었다.

또 1970년에 국제전기표준회의(IEC)는 다른 제작사의 아날로그 계기를 자유롭게 접속할 수 있는 전류전송신호에 대한 기준을 도입하였다. 그런데 그 후, 산업용 제어기와 계기류가 한층 더 복잡해지고 또 디지털컴퓨터의 관련된 능력이 강화됨으로써 산업용 제어기와 계기류 분야에서는 디지털제어기와 컴퓨터를 광범위하게 채택되게 되었다. 또 시스템간의 대량 디지털데이터 전송에의 요구가 높아짐에 따라 디지털통신의 표준화를 요구하는 움직임으로 이어졌다.

그러나 디지털신호의 인터페이스를 표준화하는 것은 아날로그신호를 표준화하는 것에 비교하여 훨씬 어렵다. 이에는 몇 가지 이유가 있다. 전송되는 데이터량이 더욱 방대한데 더하여 디지털신호의 프로토콜이 상당히 복잡하기 때문이다. 컴퓨터와 시스템 제작사의 전매용 프로토콜을 사용하는 시스템설계가 표준화를 더욱 복잡하게 하고 있다. 고도로 훈련된 전문가에 의해 주문설계되고 설치되며 유지관리되는 고가의 복잡한 게이트웨이, 변환기 또는 라우터 등이 없으면 컴퓨터, 계측제어기기와 제어장치로 구성된 복잡한 2개 이상의 제작자 네트워크 상호간에 정보를 교환할 수 없다. 이와 같은 상황에 대처하기 위하여 몇몇 회사는 표준을 개발하려고 시도하였다. 예를 들면, 미국의 휴렛패커드(Hewlett-Packard)사는 계측장치의 표준인터페이스로서 GP-IB(general purpose interface bus)를 제안하고 있다.

제너럴모터(GM)사가 구매하고 있던 다수의 로봇과 컴퓨터제어장치 상호간에 간단히 의사소통할 수 없다는 사실을 깨달은 1970년대 후반에 표준화의 움직임이 계기가 되었다. 컴퓨터와 시스템은 특수기능을 실행하기 위하여 설계되어 있고 일반적으로는 통일성 없이 설치되고 있었다. 또 데이터전송에 관하여 호환성이 있는 내부접속과 표준프로토콜은 거의 없었다. GM사가 회사의 제작시설을 자동화시키기 위한 시도에서 하드웨어와 소프트웨어의 인터페이스 개발에 전체 비용의 절반을 사용해 버리고 나서 사실을 깨달았다. 이와 같은 진퇴양난의 과제를 해결하기 위하여 GM사에서는 컴퓨터화된 로봇을 가동하는 공장 전체의 LANs에 대하여 국제표준기구(ISO)의 개방형 시스템상호접속(OSI)모델에 기초하여 포괄적인 통신방법 개발에 착수하였다. 이 컴퓨터가동 네트워크에 대한 표준화된 인터페이스를 "MAP(manufacturing automation protocol)"이라고 하였다.

20.2 기준설정을 위한 조직

오늘날 이용되는 데이터통신의 표준화 골격은 유럽에 있는 국제표준기구(ISO)에 의해 개발되었다. 이 골격에는 컴퓨터, 통신장치 그리고 공장제도(factory system)와 같은 지능장치들이 정보를 어떻게 교환하는지를 설명하고 있다. 1978년에 착수하여 1984년에 채용되기 시작한 이 골격은 개방형 시스템 상호접속(OSI) 참조모델이라고 한다. 이 골격의 개방성은 이 모델에 순응하여 개발된 특수기준에 순응하는 시스템은 동일한 기준에 순응하는 다른 시스템과 정보를 교환할 수 있다는 의미를 갖는다. 오늘날 전 세계적으로 작성되는 대부분의 기준프로토콜은 OSI모델을 채용하고 있다. 데이터통신의 기준을 입안하는 주요국제기관으로서 국제연합의 자문조직인 ISO, 컴퓨터와 전자부품의 안전성과 신뢰성에 관련된 국제전기표준회의(IEC), 국제전기통신조약에 의해 만들어진 조직이고 국제전기통신연합(ITU)의 자문위원회 중의 하나인 국제전신전화자문위원회(CCITT)가 있다.

ISO는 물자와 서비스의 국제적인 교류를 쉽게 함과 동시에 과학과 기술 및 경제활동에서 국제협력을 촉진하기 위한 국제기준의 개발과 설정을 목적으로 1947년에 설립되었다. ISO 회원은 정부조직 또는 행정기관과 밀접하게 관계하고 있다. 회원자격은 1개국당 그 나라의 표준화 사업을 대표하는 1기관으로 한정된다. 현재 65개 국가가 ISO에 가맹되어 있다. ISO에는 기술위원회(TC)가 있으며 그 하부에 분과회(SC)와 작업그룹(WG)이 있다. TC 97은 컴퓨터와 정보처리를 담당하는 위원회이다. 이 위원회는 용어, 코드, 프로그램 언어, 데이터 통신, 정보기록매체, 데이터 코드, 물리특성 등을 취급하고 있다. **그림 20.1**에 이 조직을 나타내었다.

국제전기표준회의(IEC)는 전자기술분야의 국제적인 표준화를 촉진할 목적으로 1906년에 설립되었다. 이 조직은 정보처리분야에서 컴퓨터의 안전성과 전자부품의 신뢰성에 관한 표준화에 관계되고 있다.

국제전보와 전화 서비스에 대한 표준화를 취급하는 국제전신전화자문위원회(CCITT)는 1960년 이래 모뎀과 같은 것들을 포함하여 데이터통신표준들을 작성하고 있다. CCITT는 기존의 전보/전화망에서는 장래 데이터통신의 진보를 완전하게 취급할 수 없다는 인식을 하게 되었기 때문에 전용데이터통신망의 연구를 촉구하였다. CCITT에서는 회선교환망과 패킷(packet)교환망을 채용하는 공공데이터통신망에 관한 많은 기본기준을 권고하였다. 장래 CCITT는 이종의 컴퓨터시스템간에 자유로이 접속시킬 수 있는 개방형 시스템 상호접속(OSI)에 대한 기준을 권고하려고 하고 있다. CCITT는 국제전기통신연합(ITU)의 조약에 따라 설립된 자문위원회의 하나이기 때문에 CCITT기준을 채택하는 것은 조약에 서명하고 있는 여러 국가에 대해서는 강제적이지만 그 외의 국제기준 채용은 자주적인 판단에 맡긴다.

20.2.1 일본에서의 표준화

일본공업표준조사회(JISC)는 1949년에 산업표준화법에 의해 설립되었으며, 1952년에 국제표준기구(ISO)에 가맹하였다. 미국과는 달리 일본공업표준조사회(JISC)는 정부조직이

제20장 표준화 **527**

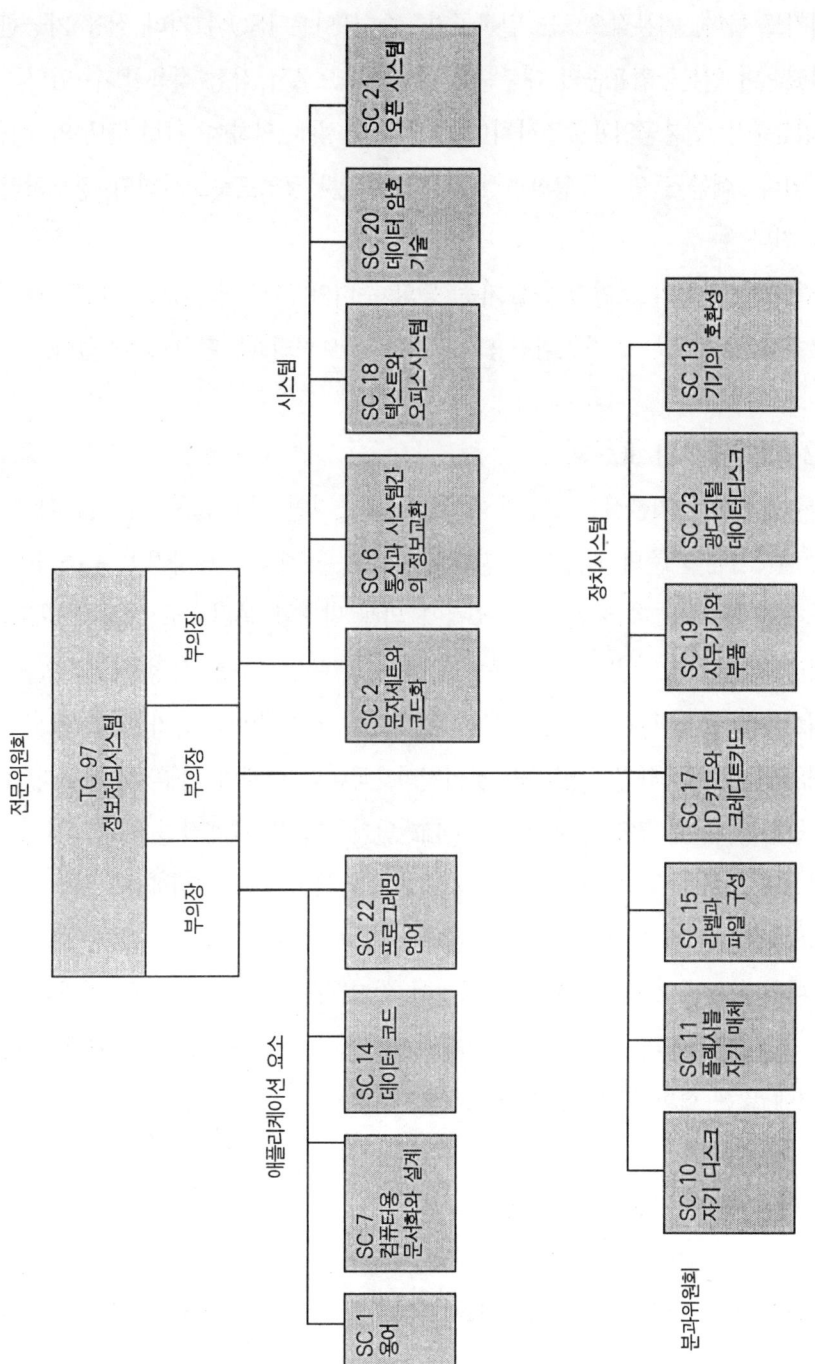

그림 20.1 TC 97의 조직(정보시스템 부문)

다. 이 조사회는 국가기준에 대한 책임을 맡는 동시에 ISO와 IEC에 대해 일본을 대표표하는 기관이기도 하다. 기본적으로는 일본공업표준(JIS)은 ISO와 기타 적용 가능한 국제기준에 기초하였으며 일본공업표준의 대부분은 국제기준으로서 직접 적용할 수 있다.

일본공업표준은 일본공업표준조사회(JISC)의 결정에 의하여 관련 정부의 성(청)장관이 시행하고 있다. 예를 들면, 통상산업성(MITI)은 일본공업표준조사회의 정보처리기준에 대해 책임을 진다.

일본공업표준조사회의 초안작성과 기준 등의 준비와 조사 및 심사를 지원하는 다른 기관으로 정보처리학회와 일본전자공업진흥협회, 일본정보처리개발협회 등이 있다.

20.2.2 미국에서의 표준화

미국에서 표준화의 기본적인 기준은 민간비영리조직인 미국표준협회(ANSI)에 의해 정해지는데 이 ANSI는 기준의 필요성을 판단하는 수단을 제공하고 자격있는 조직이 개발한 기준을 보증하며, 동시에 다른 기준설정조직에 의해 반대할 목적으로 일하지 않도록 하기 위한 조정기능도 담당하고 있다. ANSI는 미국에서의 통일기준을 설정하는 작업을 하는 유일한 기관이고, 이 조직의 인가순서는 모든 관계자가 기준개발에 참가할 수 있도록 도와주고 있다. ANSI의 표준은 완전히 임의의 것이지만, 국내와 세계의 기준작성조직과 조약에 따라 마련된 표준설정그룹과 밀접한 관계를 가지고 있기 때문에 세계적인 기준작성과정에서 중요한 조정역할의 임무를 맡고 있다. 미국 국무성은 국제전기통신연합에 미국의 대표로서 참가하고, ANSI는 스위스 제네바의 ISO와 관계를 갖고 있다.

ANSI 이외에도 미국에는 많은 표준기관이 있다. 표 20.1에 주요한 기관을 나타내었다. 미국에서 기준설정과정의 추진자는 장치제작자이다. 제작자는 표준위원회에 직원을 파견하는 것 이외에 많은 협회활동에도 참가하고 있다.

20.3 미국에서 기준개발 과정

정보기술의 기준 중에는 아직 완전히 상품화되지 않은 시스템을 설명하는 것도 있다. 또 몇 가지 경우에는 무엇을 표준화시켜야 하느냐고 하는 일반화된 방법과는 별개로 독립된 20여개 위원회에서 세계적인 규모로 표준화의 시도가 일어나고 있다. 기준은 사용자와 제작자

표 20.1 미국에서의 정보기술에 관한 중요한 조직

약호	전명칭	관련사항	
ADAPSO	Association for Data Processing Service Organizations	Lobby	TA
ANSI	American National Standards Institute	LANs(802.X), X3, T1	NP
AT&T	American Telephone & Telegraph	UNIX and other de facto standards (e.g., CCIS-6, T1)	SV
–	Boeing	TCP	U
CBEMA	Computer and Business Equipment Manufacturers Association	Proposes ANSI information system standards and is ANSI "secretariat"	TA
COS	Corporation for Open Systems	OSI conformance tests, US	TA
DARPA	Defense Advanced Research Projects Agency	TCP/IP	G
DoD	Department of Defense	CALS(logistics) standards	G
ECSA	Exchange Carriers Standards Association	Proposes ANSI TI standards and is ANSI "secretariat"	TA
EIA	Electronics Industries Association	On various committees: responsible for some ANSI standards	TA
GM	General Motors	MAP	U
IBM	International Business Machines	SNA, SDLC, LU 6.2	SV
IEC	International Electrotechnical Commission	JTCI	NP
IECSA	Interexchange Carriers Standard Association	On various committees	TA
IEEE	Institute of Electrical and Electronics Engineers	LANs(e.g., 802.X), ANSI standards	TA
ISDN/NUF	Integrated Services Digital Network/Network Users Forum	Supports ISDN standards	U
ISO	International Organization for Standardization	OSI, ANSI standards	NP
ITRC	Information Technology Requirements Council	Formerly MAP/TCP Users Group	U
ITU	International Telecommunications Union	CCITT(e.g., ISDN, X.25)	G
JTCI	Joint Technical Committee(ISC/IEC)	OSI, ANSI	NP
–	Microsoft	MS-DOS, OS LAN-manager	SV
NIST	National Institute of Science and Technology (formerly National Bureau of Standards)	On various committees and GOSIP	NP
OSF	Open Software Foundation	UNIX standards and tools	TA
OSI/NMF	Opens Systems Interconnection/Network Management Forum	Net management vender OSI	TA
OTF	Open Token Foundation	Token ring/bus LANs	TA
SPAG	Standards Promotion and Applications Group	OSI Conformance tests, Europe	TA
–	Sun Microsystems	Network File System, UNIX4.3	SV
TI	ANSI Standards Subcommittee for Telecommunications Systems	ANSI telecom standards	NP
–	UNIX International Inc.	Develops UNIX V standards to replace AT&T/Sun	TA
X3	ANSI Standards Subcommittee for Information Systems	ANSI computer standards	NP
X OPen	The X/Open Group	Applications environment for UNIX	TA

들이 산업계를 재구성시키는 산업변혁을 완수해 가고 있다(Cargill 1989).

기준개발은 전문화된 과정이다. 기준개발기관간의 공식적인 관계는 복잡하며 항상 변화하고 있다. 또 기준개발에 관계되는 개인이 2개 이상의 기준그룹위원회 회원을 겸하고 있는 경우가 많이 있기 때문에 비공식적인 관계도 존재한다.

미국에서는 기준설정업무가 대규모이고 또한 설정되는 건수도 늘어나고 있다. 정보기술기준화의 분야만 해도 250개 이상의 소위원회가 일하고 있으며, 대부분을 자원봉사자로 구성된 7,000명 이상의 전문가들이 이러한 작업에 관계하고 있다.

20.3.1 기준설정과정의 단계

기준을 설정하는 일반적인 과정은 다음과 같이 단계적으로 이루어진다(그림 20.2 참조).

1) 사전적 개념화 단계

개인이나 개인그룹이 기준의 필요성을 인식하는 비공식적인 기간으로 많은 기준후보들은 이 단계를 통과하지 못하고 제외된다. 이 단계에서 주요작업은 정식기준으로 설정하는 단계로 들어가기 위하여 2~5년이 걸려서 사전적으로 개념화된 기준을 추진하는 관계자들의 지지를 정리한다.

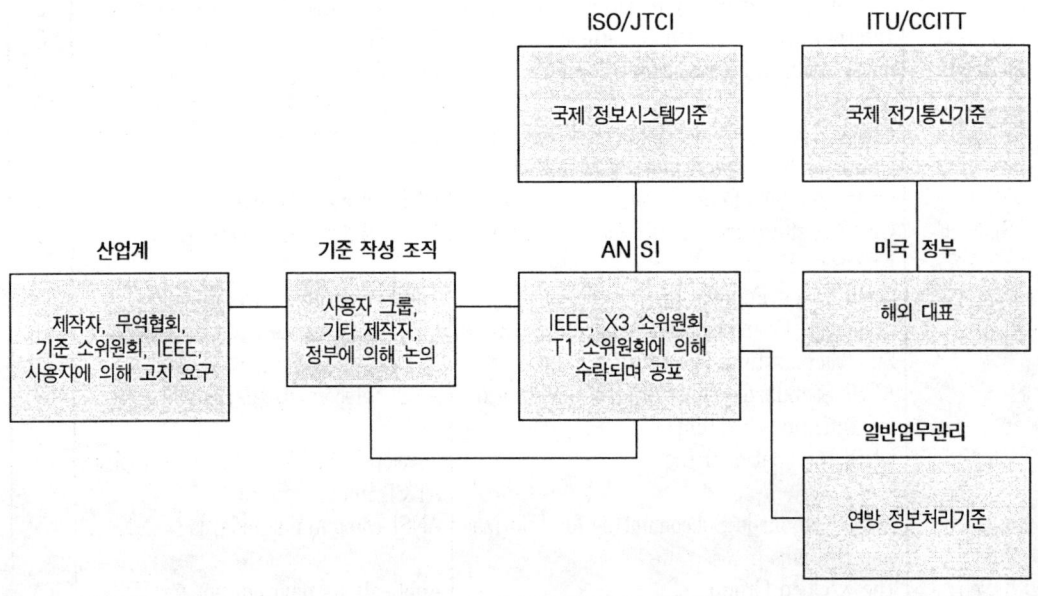

그림 20.2 기준 개발 과정의 단계

2) 개념화 단계

이 단계에서는 기준을 정식으로 검토하기 위하여 기준개발조직에 제안한다. 이 조직에서 제안된 기준안에 장점이 있다고 판단되는 경우에는 이 조직에서는 이 기준안의 장점들을 정확하게 기술하고, 당해 기준을 개발할 위원회에서 작업하기를 원하는 지원자를 모집한다. 지원자가 없는 경우에는 그 기준은 소멸된다. 지원자가 있는 경우에는 제안된 기준에 대한 찬성자와 반대자 양쪽을 모두 대담하게 포함하게 된다.

3) 토의 단계

기준을 토의하고 이의를 제기하는 그룹과의 사이에 교섭하는 단계로 이 단계에 관계되는 기술자들은 일반적으로는 소속된 기업 입장에서 교섭에 임하며, 제안된 기준의 조그만 어긋남조차도 제작사의 제품개발에 투자와 시장기회 그리고 잠재적인 이익에 크게 영향을 미칠 수 있다. 위원회에서는 기준이 결정된 다음 많은 제작사에 의한 지지를 확보하는 것을 목적으로 하기 때문에 토의과정은 대부분 상당한 시간을 요한다. 통상적으로 최종설정기준에 완전히 혼자서 만족스러운 제작사는 없다.

4) 서류화 단계

합의된 기준을 서류화하는 단계로 이 단계에서는 몇 번에 걸친 재평가와 재작성 과정을 거치게 되므로 장시간이 걸린다. 완성된 다음에는 당해 기준은 정식 "미국기준"으로서 또한 경우에 따라서는 국제기준으로서 공포된다.

5) 실시 단계

제작사가 하드웨어나 소프트웨어에 당해 기준을 실시하는 단계로 국제표준화기구(ISO)와 그 미국 모체인 ANSI에 의해 기준으로 공포된 경우에도 제작사에는 당해 기준을 기술된 대로 실시해야 하는 강제성은 없다. 각 제작사는 적절하다고 생각되는 경우에는 그 기준을 자유롭게 강화하거나 변경시킬 수 있다. 실제로 제작사가 기준에 따르는 유일한 이유는 자체(자기자신)의 시장에서 입장을 확립하고 매상을 올리기 위함이다.

20.3.2 기준의 설정

대부분의 기준설정조직은 공식화된 방식으로 자발적인 합의구축방법을 사용하고 있다. 이 방식에서는 이해관계자가 기준을 만드는데 자기들의 견해를 나타내기 위하여 참가할 권리를 인정하고 있으며, 참여하여 자기 입장을 완전하게 개진하고 대답을 들을 수 있고 필요하다고 느꼈을 경우에는 이의신청할 수도 있다. 이러한 절차는 공개와 적절한 시기통지, 관련산업의 균형유지, 관련기록유지, 이의신청과정이 필요하다. 영업적인 화제(예 : 가격, 가격설정방침, 매상이나 생산량의 할당, 보증, 담보 등)에 관한 문제는 취급해서는 안된다. 토의는 기술공학과 안전성의 요소에 한정된다.

적절한 절차에 맞추는 것에 더하여 기준자체는 합법적이며 합리적이고 또한 명확하게 나타내야 한다. 이것은 바람직한 것이며 또한 공공의 이익을 위해서도 필요하다. 기준은 업계의 여러 부분을 합리적으로 만족시킬 수 있어야 하며 또한 사용자도 수용할 수 있어야 한다. 가능한 경우에 기준서류에는 기술혁신과 신기술을 장려할 수 있는 광범위한 성능기준을 기재해야 한다. 기준에는 사용자에게 제품에 대한 오해를 생기게 하는 것이 되어서는 안 된다. 보증이나 판매계약과 같은 영업 관계의 사항에 관한 규정은 기준 중에 포함되어서는 안된다. 어떤 기준도 어느 특허가 무료 또는 타당한 요금으로 비차별적으로 이용할 수 없는 한은 당해 특허사용을 요청하도록 기재해서는 안된다.

20.4 ISO개방형 시스템 상호접속 모델

정보처리시스템의 표준화에서 자체노력의 시금석으로 국제표준화기구(ISO)에서는 컴퓨터 시스템간의 상호접속을 위한 표준프로토콜로서 개방형 시스템상호접속(OSI)의 7층식 모델을 개발하였다(그림 20.3 참조). 수백 개의 조직에서 일하는 수많은 기술자들과 함께 전세계의 기술설계작업 발표회에 대한 OSI 참조모델이 골격이 되었다.

20.4.1 7계층화 모델(seven-layer model)

OSI모델은 7개 기능층에 의한 형태로 시스템과 장치를 설명한다. 이 모델에서는 각 층이 통신에 관하여 다른 기능을 실행하는 구조로 되어 있다. 각 층은 잘 정리되고 한정된 책임을

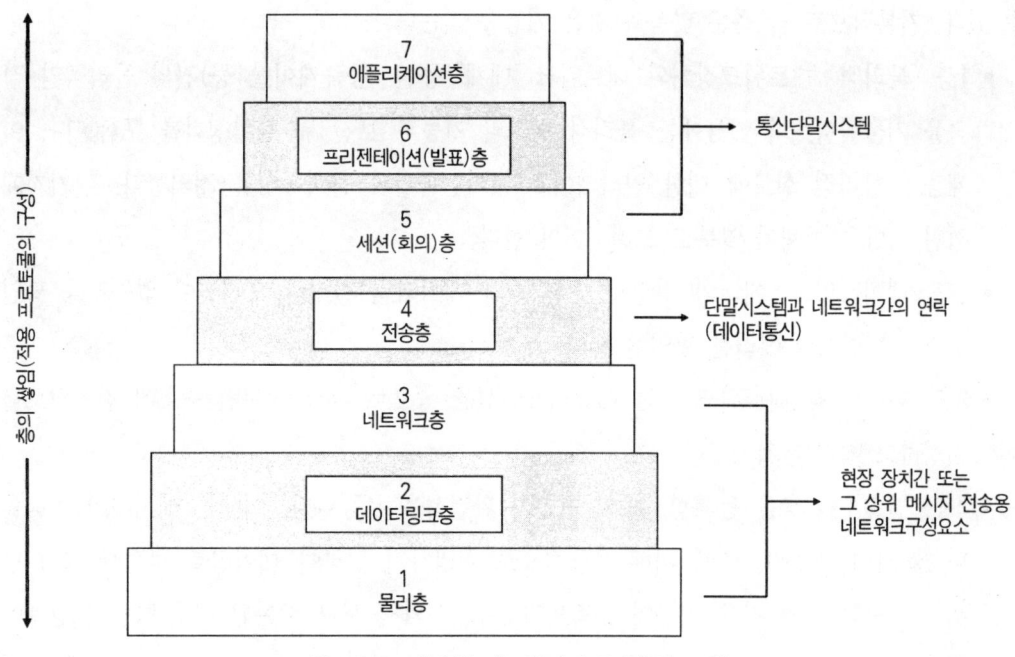

그림 20.3 개방형 시스템간의 7계층화 모델

가지고 있다. 각 층은 근접 층으로부터 정보를 수신하며 특수과업을 수행하고 계층의 다음 단계인 위쪽이나 아래쪽으로 그 정보를 전달한다. 각 서버태스크는 그 층의 최저점에서 수행된다. 이 참조모델은 네트워크 내의 데이터통신을 서비스와 인터페이스로 구성되는 7계층의 계층적 "선반"으로 나눈다. 7개 계층은 각각 표준화된 시방을 갖는 서비스의 분류를 포함한다. 다른 기능은 다른 계층에서 수행되며, 특정 계층 중에서 사용되는 프로토콜이 다른 프로토콜과 교환될 수 있도록 하기 위하여 이러한 기능이 분할 설계되고 있다(기존시스템의 구성요소가 새롭게 되고 강화된 경우에는 프로토콜을 변경시켜야 한다). 그러므로 OSI구조를 시행하는 다른 시스템과 구성요소들은 각각 동일한 기초적인 프로토콜로 액세스하며 동일한 개념적인 서비스의 구분을 사용하기 때문에 상호간에 정보를 전달할 수 있다.

7계층화 모델은 모든 메이커에 대해 개방되어 있다는 사실을 포함하여 많은 장점을 갖고 있다. 각 층의 내용을 다른 계층에 무관하게 변경시킬 수 있기 때문에 장래의 기술발전에 대해 보다 유연하게 대처할 수 있다. 기술이전을 허락함으로써 기존 시스템을 쓸데없는 것으로 하지 않으면서 장비를 업데이트시킬 수 있다는 것을 의미한다. 문제를 쉽게 확인하고 정정할 수 있으며 계층에 새로운 기능을 부가함으로써 새롭게 강화된 능력을 간단히 실시할 수 있다. 기본적으로 각 층은 다음과 같은 기능을 갖는다.
- 1층, 물리적 : 네트워크장치와 네트워크 "매체"(동선, 동축케이블 등)간의 물리적인 접속을 기술한다. 이 기능에는 물리적 링크의 기동과 보전 및 불활성화를 포함한다. 이 계층은 물리적 회로에 대한 인터페이스의 기능특성과 순서특성을 정의한다. 전기기계적인 시방은 매체의 일부로 고려되어야 한다.
- 2층, 데이터링크 : 에러의 정정과 송신 중의 데이터 손실이나 오전송이 없는지를 확인한다. 각 점간의 에러를 확인한다.
- 3층, 네트워크 : 네트워크 또는 애플리케이션층 쪽으로 각각 수신인 주소에 전송경로를 지정하고 에러를 정정한다.
- 4층, 전송 : 이 층을 통과함으로써 전송의 완전성을 보증한다. 이에는 메시지의 흐름을 다중화하며 네트워크층에 의해 효율적으로 처리하기 위하여 데이터를 적절한 크기 단위로 나누는 것과 같은 기능이 포함된다. 메시지의 순서가 혼돈된 경우에는 이 단계에서 재조정될 것이다. 또 메시지 도달이 지나치게 빠른 경우에는 이 계층이 흐름을 제어할 것이다.
- 5층, 회의 : 2개 시스템간을 접속함과 동시에 데이터메시지의 흐름(유행)을 관리하고 동기화(synchronize)시킨다.
- 6층, 발표 : 데이터를 받는 시스템이 이해하고 사용할 수 있는 형태로 변환한다. 예를 들면, 다른 프로세서는 IBM의 EBC/DIC를 쓰고 있을 때에 애플리케이션프로세서가 ASCII 코드 파일을 송신하였다면 쌍방은 어느 쪽 부호를 사용할 것인가를 협의해야 할 것이다.
- 7층, 애플리케이션 : 피라미드의 꼭대기에 있는 컴퓨터. 애플리케이션층은 받은 데이터를 선택하고 그 데이터를 이용할 수 있는 형태로 한다. 또 데이터 조작과 기타 많은 기능도 제어한다.

이 모델의 하부 3개 층은 네트워크의 구성요소이고 현장장치간에 정보를 어떻게 송신하는지에 대하여 설명한다. 그림에서 4층은 네트워크와 통신하는 말단시스템 사이의 링크를 나타낸다. 이 계층은 정보가 송신장치에서 수신장치로 보내는 것을 확실하게 한다. 상부 3개 층은 말단시스템의 기능을 설명하며 프로세서의 중심이다.

20.4.2 시스템프로토콜

OSI모델은 교환되는 정보의 종류와 각층에서 실시되는 과업에 대해 설명하지만, 정보가 어떻게 부호화되고 처리되는지에 관해서는 기술하지 않는다. 이들은 필요한 제어정보와 순서상의 규칙을 명시하는 많은 다른 프로토콜로 설명된다. 프로토콜은 기준으로서 실시될 수 있는 것뿐이다.

이러한 프로토콜의 대부분은 이미 서류화되어 있다. 새로운 기준을 설계하는 경우에 설계자는 이미 보급된 프로토콜을 채용할 수 있다. 이들에는 아날로그 RS-232C와 최신 디지털 CCITT X.21과 IEEE(전기전자기술자 협회)802 LAN기준 등을 포함하여 단거리용의 통신에 관한 많은 물리적 매체의 기준을 포함한다. 장거리통신에 관해서는 종합종보통신망(ISDN)프로토콜이 기준으로 될 수 있다(ISDN과 광역 ISDN은 전화회선을 거쳐 데이터를 송신하기 위한 프로토콜이다). IEEE는 현재 광역 네트워크(802.6)를 위한 디지털 종합서비스네트워크에 유사한 기준을 작성 중이며 여기에는 광역도시간 네트워크에서의 대량데이터통신에 필요한 프로토콜이 기술된다. 회의(5)와 전송(4)층의 프로토콜은 여러 해에 걸쳐 전세계에서 사용되고 있다. 이러한 프로토콜은 폭넓게 사용되고 있으며 다른 프로토콜은 거의 없다.

20.5 수도사업체를 위한 근거리통신망(LAN)의 표준화

근거리통신네트워크(LAN)는 데이터 통신시스템 내의 독립된 지점끼리 서로 통신할 수 있는 구조를 나타낸다. LAN은 비교적 단거리에서 최소의 에러로 대량의 데이터를 중간속도로부터 고속으로까지 보낼 수 있는 물리적 접속을 포함한 네트워크이다. LAN은 사무실이나 공장시설 내와 같은 소규모 지역에 한정된 네트워크라는 점에서 대도시권통신 네트워크(MAN)와 광역통신 네트워크(WAN)와 같은 다른 데이터네트워크와는 구별된다.

LAN에는 사무실용과 공장용 2종류가 있다. 각 제작사에 따라 고유의 형태로 개발된 일련의 사무실용 LAN이 오늘날 실용화되고 있다. 예를 들면, 이더네트(Ethernet)와 같이 통신을 위하여 베이스밴드와 동축케이블을 사용하거나 또는 광케이블을 사용한다. 정보처리단말간에 파일전송용으로 사용되는 사무실용 LAN은 사무실업무의 효율향상에 공헌하고 있다.

한편, 산업공장 내에 있는 LAN의 배치와 효과는 사무실용 LAN의 것보다 약간 뒤쳐지고 있다. 이것은 공장용 LAN이 실시간 제어와 정보수집 특성에서 뛰어난 반면에, 이 시스템은 동일한 모양이 아니고 상호간에 쉽게 또는 적은 비용으로 접속시킬 수 없는 공장에 대하여 개발된 회사전용 프로토콜을 사용하기 때문이다. 여기에 더하여 단말장치의 표준화는 아주 느리게 진행되고 있다. 전송로의 외형, 전송매질, 액세스방법이나 프로토콜, 오늘날 공장용 LAN으로 이용할 수 있는 다른 요소들 등은 각 제작사마다 일반적으로 독특하다. 사용된 하드웨어와 소프트웨어의 차이는 호환성을 위하거나 일반 프로토콜을 위한 여유를 거의 두지 않는다. 이 결과 각 직장에서는 정보교환을 어렵게 하며 이른바 "정보의 외딴섬"이 생긴다. 그룹간의 통신을 쉽게 하기 위하여 게이트웨이프로세서를 이용할 수 있지만 통신속도와 통신량을 타협해야 하고 또 비용이 많이 든다. 이와 같은 상황에서 LAN을 설치하고 조작하기에는 복잡하고 또 비용이 소요될 수 있다.

20.6 표준인터페이스로서 제조자동화 프로토콜(MAP)

제조자동화 프로토콜(MAP)은 수도사업체에서 데이터전송의 표준인터페이스로서도 중요한 역할을 완수할 것으로 기대되고 있다. MAP는 OSI참조모델에 기초한 것으로 MAP의 관계에서 OSI참조모델은 일반 목적의 표준골격과 같은 기본적인 표준으로서 참조된다. MAP은 자동화 분야에서 기능표준의 하나이며, 이 기능표준은 선택항목을 채택하느냐 채택하지 않느냐를 판단하고 항목이 지정된 가치를 판단하는 기본기준으로부터 선정된 항목의 부분집합을 갖는다. 그러므로 MAP을 공장자동화 분야에서 OSI 골격의 기능표준이라고 말할 수 있다.

MAP의 1에서 7까지의 계층은 OSI모델에 기초해서 규정되었지만 전계층을 완전 실시하는 것은 비용이 과대해진다. 이 때문에 OSI모델의 3에서부터 6까지의 계층을 생략하고 실시간 처리에 적합한 적은 비용의 MAP프로토콜을 개발한 제작사도 있다. 이렇게 해서 만들어진 구성을 "미니-MAP"이라 한다. 일본에서는 공장계측제어에서 동축케이블 또는 광케이블에 의한 반송밴드전송(carrier band transmission)을 사용하는 미니-MAP에 관심이 모아지고 있다. 정수장과 그 밖의 수도시설에서 MAP에 의한 계측제어는 전부 미니-MAP형의 것이다. 그 이유는 응용면에서 LAN의 범위가 상대적으로 작고 또한 뛰어난 실시간 특성이 적

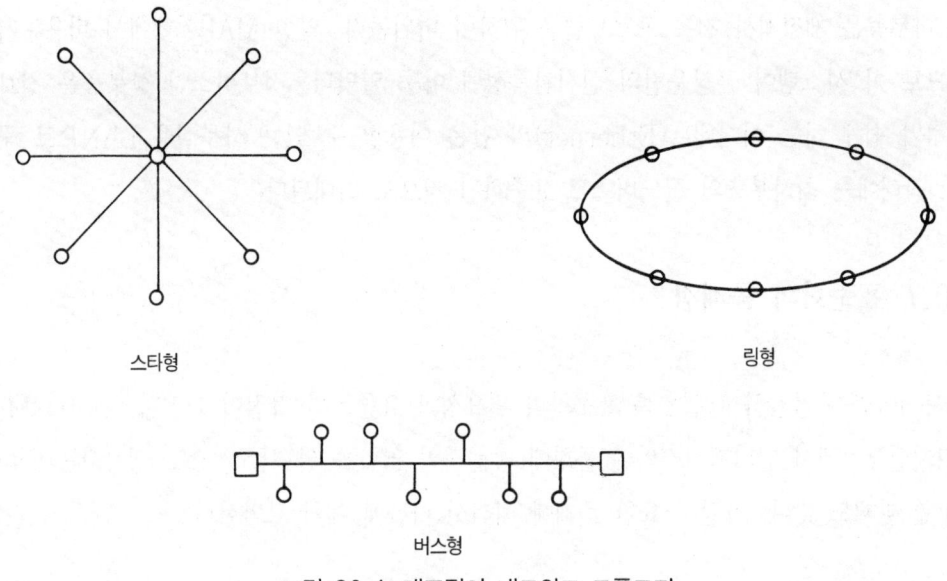

그림 20.4 대표적인 네트워크 토폴로지

절한 성능에 필수적이기 때문이다.

　LAN에 대하여 3개의 대표적인 네트워크의 토폴로지 즉, 스타형, 링형과 버스형이 있다 (그림 20.4 참조). MAP표준은 버스구조와 토큰패싱 액세스프로토콜을 채택하고 있다. 토큰은 전송에 대한 전자적인 권리이고 송신/수신의 시간적 불확정성, 회선쟁탈, 그리고 메시지의 충돌을 회피하기 위하여 시스템을 순회시키는 것이다. 토큰버스아키텍처의 채용에 따라 확장성과 분기기능을 향상시킬 수 있고 공장배치(plant layout)의 변경도 쉽다.

　대부분의 MAP전송은 여러 해에 걸친 케이블텔레비전에서의 응용으로부터 신뢰성과 보수성이 입증된 75Ω 동축케이블에 의해 이루어진다. 음성신호와 비디오신호를 데이터전송과 함께 보낼 수 있으며 변조된 아날로그신호를 주파수 다중분할한 다채널시스템에 의해 전송할 수 있기 때문에 최초기준으로서는 광대역을 채용하였다. 그 장점이 공장 LANs의 광대역 응용범위를 신장시킬 것이다. 경제적인 관점에서 소규모 LANs을 적용할 수 있도록 하기 위하여 반송밴드전송을 다음 버전의 MAP으로 편입시켰다.

　MAP에 의한 제품들이 많이 개발되었고 이들 제품들이 정수장과 같은 수도시설에 널리 설치되고 있다. 그러나 이 제품들은 세부에서 MAP의 규정을 만족하지 못하며 완전하게 호환성이 있다고는 할 수 없다. 현재 개방형 시스템은 여전히 개발단계에 있다. 최근에는 OSI 참조모델을 닮은 이중계층구조를 수도시설을 포함한 산업공장에서 채택하고 있다. 이 시스템의 하부층은 제작회사 전용 프로토콜을 위하여 비워둔다. 알찬 MAP실행에서 비용추가가 없으므로 이 시스템이 공장운전의 실시간특성에 아주 알맞다. 정보버스인 상부층은 정보를 교환하기 쉽게 하는 이더네트(Ethernet)와 같은 이용할 수 있는 사무실용 LAN으로 구성된다. 장래에는 최하부층의 필드버스도 표준화될 것으로 기대된다.

20.7 표준화의 문제점

계측제어화가 복잡하게 될수록 표준화의 필요성과 표준화의 장점이 커진다. OSI나 MAP는 디지털장치에서 인터페이스의 표준화에 중심적인 역할을 완수할 것으로 생각되는데 검토해야 할 과제도 많다. 가장 중요한 문제에 대해서 다음에 개략 요약한다.

20.7.1 계속적인 표준 버전의 호환성(interchangeability of successive standards versions)

기술진보가 너무 급속하기 때문에 특정한 인터페이스의 표준이나 골격이 완성되었을 때는 이미 기술적으로 진부화될 가능성이 있다. 한편 기준설정작업은 비교적 시간이 요구되기 때문에 기술진보에 보조를 맞출 수 없을 가능성이 있다. 이 대신에 표준은 계속적으로 업데이트해야 한다. 예를 들면, MAP의 버전1.0은 1983년 4월에 발표되었으며, 버전2.0은 1984년 4월에, 버전2.1은 1985년 3월에, 버전2.2는 1986년 8월에, 그리고 버전3.0은 1988년에 발표되었다. 이들 중에서 버전2.1, 2.2, 3.0은 동일 전송로에서 사용할 수 있지만 호환성은 없으며 상호간에 통신을 할 수 없다. 따라서 사용자 입장에서는 이것이 불편하고 버전2.0이나 2.2로 순응된 장치는 버전3.0으로 개발된 신제품과는 접속시킬 수 없다. 그러므로 장치제작자는 종전 버전시방에 따르는 제품을 개발해야 할 것인지 또는 최신 버전시방을 채택할 것인지의 선택을 강요당하고 있다. 통상적으로 이와 같은 딜레마는 메이커가 적극적인 제품개발에의 투자를 망설이게 할 수도 있다.

20.7.2 응답특성의 보증

실시간으로 공장을 운전하기 위하여 정수장과 배수시설의 계측제어기기와 컴퓨터간 통신 응답시간을 짧게 할 필요가 있다. 그렇지만 표준화로는 광범위한 사용자의 요구에 부응하기 위하여 장치와 통신프로토콜을 범용화 할 것을 요구하기도 한다. 그 결과 제작자는 애플리케이션을 위하여 유용한 절차와 규정을 포함하기도 하지만, 반드시 필요하지 않고 시간낭비적일 수도 있다. 또 어떤 애플리케이션은 응답시간이 부적절한 것도 있다. 많은 휴먼-머신 인터페이스에서의 정보통신에는 순시응답이 필요하게 되기 때문에 각 제작사의 독자기술을 채용하는 것이 많으며 이것이 표준화를 한층 더 어렵게 하고 있다. 사실은 표준규격들은 특정 사용자에게서 요망되는 바람직한 응답특성을 확실하게 하기 위한 것은 무시되는 경향이 있다.

20.7.3 표준화의 비용

표준화는 많은 사용자의 요구를 취급하기 때문에 개개 사용자에게는 불필요한 규정이 포함되는 것을 피할 수 없으며, 따라서 이러한 사용자는 추가적인 비용을 감수해야 한다. 또 제품설계에 투입되는 표준화 규정은 개발노력과 비용을 필요로 한다.

이와 같은 비용문제를 극복하기 위해서는 전용의 대규모집적회로(LSI)와 소프트웨어 및 펌웨어(firmware)를 개발하는 것과 이들의 이용과 보급을 촉진시키는 것이 필요하다. 전용 LSI제품의 수요촉진은 기술개발을 촉진할 뿐만 아니라 칩(chip) 가격의 인하로 이어진다. 표준화함으로써 단계적인 소프트웨어의 유통량이 증가하는 것은 표준화를 촉진시킬 뿐만 아니라 시스템의 호환성도 향상시킨다.

20.7.4 호환성의 보증

디지털장치는 완전히 꼭 맞지 않으면 호환성이 없다. 따라서 표준화된 제품의 적합성과 상호운용성 시험이 불가결하다. 적합성시험은 제품이 기준에 엄격하게 기초되어 있는지를 확인하는 시험이다. 상호운용성 시험은 다른 제작사의 장치와의 사이에서 호환성을 보증하기 위한 시험이다. 따라서 디지털장치의 표준화 촉진을 위해서는 이러한 시험을 위한 도구의 개발과 시험기관의 능력향상이 필요하다. 현재, 시험도구 개발과 시험센터를 설치하기 위한 계획이 세계 규모로 진행되고 있다. 이 프로그램은 디지털장치의 표준화를 촉진시키는 근본이다.

20.7.5 신기술의 적합성

기준개발을 촉진하는 것은 기술진보와 보조를 맞추는 것이 바람직하다. 표준화는 기술진보를 촉진시키는 것이어야 하지만 표준화의 지연이 사용자와 제작사에 부담을 주지 않는 것도 중요하다. 예를 들면, 신호전송을 위한 광대역시스템에서 MAP에 지나치게 중점을 두었던 것이 광케이블기술의 표준화를 늦추게 하는 원인이 되었다. 현재의 광케이블통신인 다중모드레이저방출의 응용으로는 광대역신호송신을 실현할 수 없다. 그 때문에 현시점에서는 MAP에 의한 광케이블시스템은 실행할 수 없다. 케이블텔레비전시스템은 미국과 캐나다에서 매우 잘 발전하였으며, 동축케이블망이 광범위하게 설치되었기 때문에 동축케이블을 사용하는 광대역전송이 사실상 기준으로 간주되고 있다. 그러나 일본에서는 통신장치제작사가 어떤 부분에서는 광케이블기술에 상대적으로 능숙하기 때문에 광케이블이 공장 내의 통신버스 등 많은 장소에서 사용되고 있다. 현상황이 계속된다면 종류가 다른 네트워크에의 접속이 어려워지는 이종기준의 광통신망이 급격히 증가하게 될 것이다.

광케이블통신은 잡음저항, 용량, 전송속도 등에 뛰어나기 때문에 전송매체는 중기적인 관점에서 동축케이블에서 광케이블로 완전히 바뀔 것이고, 광MAP시스템은 개발될 것이라고 생각된다. 결합성 레이저반도체와 기타 복잡한 구성요소가 출현하고 정보내려받기(downlaod)와 분할 문제들이 정착되면 광통신기술 범위가 넓어지게 되어 광케이블이 동축케이블보다도 범용성이 있는 전송매체가 될 것이라고 생각된다.

20.8 결론

디지털화와 컴퓨터화는 완전히 새로운 형태의 계측제어를 가져왔으며 동시에 많은 새로운 문제도 가져왔다. 현재로는 프로그램으로 제어할 수 있는 제어기가 광범위하게 설치되는 분산형 제어장치가 주류로 되었다. 전반적인 공장운전에 협조하고 감시하며 제어하기 위해서는 이용하는 많은 컴퓨터와 프로그램제어장치 및 기타 사려 깊은 구성요소간에 양호한 통신을 보증해야 한다. 그러나 인터페이스는 아직 표준화되어 있지 않으며 개개 제작사는 전용 프로토콜에 의해 운전되는 제품을 공급하고 있다. 이 때문에 인터페이스레벨에서 변환을 위하여 프로세서를 이용하는 것이 필요하다. 이 목적으로 상당한 투자를 해야 하는 것이 필수이다. 이것이 공장 내의 통신에 큰 장벽으로 되고 있다.

현재는 MAP와 OSI 기준에 적합한 제품들을 이용할 수 있다. 다른 제품들도 MAP에 준거하고 있다고 주장하지만 기준에 완전히 적합하지 않고 성능 대 가격과 상호운용성의 점에서 완전하게 수용할 수 없는 것도 있다. MAP와 OSI 기준이 계속적으로 업데이트되며, 보다 고도의 장치가 등장하게 됨에 따라 기준시방에 적합한 장치의 채택에 소요되는 비용은 점점 내려갈 것이다. 금후 MAP와 OSI기준을 중심으로 한 표준화의 움직임이 활발하게 될 것이다.

20.9 조사연구의 필요성

표준화 분야에서는 다음 2개 주요 조사연구의 필요성이 있다. 먼저 첫째는 컴퓨터에 의해 자동화된 시설의 시스템통합을 위한 일련의 통신프로토콜의 개발이다. 두 번째는 감시제어 및 데이터수집(SCADA)시스템을 위한 표준화된 소프트웨어모듈 개발이다.

20.9.1 표준통신프로토콜

많은 시설에는 정보기능과 제어기능이 공통정보를 공유할 수 없기 때문에 서로 고립되어 있다. 그 결과 통합시스템을 제공할 수 있는 시스템의 상승작용과 잠재적인 능력과 이익이 제약되고 있다.

이러한 기술의 이점을 체계적으로 또한 비용효과가 높은 방법으로 활용하기 위하여 가스공급업계와 전력공급업계에서는 자동화 시스템간의 정보공유를 쉽게 할 수 있는 표준통신프로토콜의 개발에 착수하였다. 예를 들면, 전력조사연구원(EPRI)에서는 시설통신아키텍처(UCA)라고 하는 통신기준개발에 수백만 달러를 들이고 있다. UCA는 표준프로토콜을 사용하여 정보를 교환하는 각종 시설관리와 조작용의 컴퓨터를 활용할 수 있다.

수도사업에도 지리정보시스템, 관리정보시스템, 자동지도작성/시설관리시스템, 자동검침시스템, SCADA시스템과 같은 자동시스템이 데이터를 공유할 수 없기 때문에 동일한 문제와 불편함에 직면하고 있다. 이러한 시스템이 서로 통신할 수 없는 것은 시설에 대한 비용과 함께 비효율성이기도 하다. UCA 등과 같은 통신기준은 자동화를 확대 실시하는 것에 유용하기 때문에 시설은 이러한 통신기준으로부터 상당한 이익을 얻게 된다고 본다.

20.9.2 표준조작과 보전관리모듈

수도산업은 원격감시와 송·배수시설 제어에 상당한 자금을 들이고 있다. 이와 같은 원격감시와 제어에 사용되는 시스템은 일반적으로 SCADA시스템이라고 한다. 수요예측과 공급평가, 펌프압송 등을 위한 소프트웨어를 추가하는 것을 보다 경제적으로 한다면 이미 설치된 SCADA시스템과 장래의 SCADA시스템으로부터 더욱 이익을 얻을 수 있다. 현시점에서는 리스크와 개발비용 때문에 이와 같은 시도를 하는 SCADA시스템의 사용자는 극히 드물다. 이러한 기술을 보다 널리 이용함으로써 얻는 잠재적인 절약이 상당할 것이라고 생각된다.

참고 문헌

Cargill, C.F. 1989. *Standardization : Theory, Organization, and Process*. Digital Press, Bedford, Mass.

Kawanobe, K. *Bit Magazine*, vol. 18, No. 8.

제21장 전략적 컴퓨터화 계획

집필자 : Alan W. Manning
Keiji Gotoh(後藤 圭司)
부집필자 : Terry Brueck
Vicki Bruesehoff

정보혁명은 비즈니스의 관행을 변화시켜서 우리들의 생활을 변화시키고 있다. 수도사업체도 예외가 아니다.

이 책도 종반에 접어들게 되었으므로 수도사업이 여러 가지 압력, 즉 신규 상수원 개발에 대한 압력 또는 알맞은 배수를 달성해야 한다는 압력을 받고 있는 것을 쉽게 이해하였을 것이다. 이러한 압력 중에는 상반되는 것도 있다. 이와 같은 압력의 주요 구동력은 더욱 엄격해지는 법규제, 환경운동, 그리고 소비자운동이다. 수요가의 서비스요구는 지금까지보다 훨씬 높아지고 있다. 수요가는 규제를 준수하길 바라지만 요금인상은 바라지 않는다. 또 시의회와 공공서비스위원회 및 일본에서 광역시의회와 같은 각국에서의 유사한 정부기관들이 요금인상 승인에 대해 더욱 엄격해지고 있다. 이러한 위원회는 수도사업체가 낮은 요금으로 보다 많은 서비스를 제공하는 것을 기대하고 있을 뿐만 아니라 그렇게 요구하는 경우도 많이 있다. 다른 한편으로 안전음용수법(Safe Drinking Water Act) 또는 일본에서의 수질기준과 같은 다른 국가의 유사한 수질기준과 같은 규정은 수도사업체에 보다 많은 비용이 소요되게 하고 있다. 당연한 것이면서 각 수도사업체는 운전효율을 향상시킬 필요성을 통감하고 있다. 따라서 모순도 생기게 된다(그림 21.1 참조).

이 책에서는 보다 낮은 요금으로 우수한 서비스를 제공하기 위한 기술을 포함하여 장래에 이와 같은 모순에 대한 대응책을 제안하고자 한다. 또 올바른 방향으로 가기 위해서는 통합화된 수도사업체가 필요하다는 것도 제안한다(그림 21.2). 미래의 수도사업체가 최선

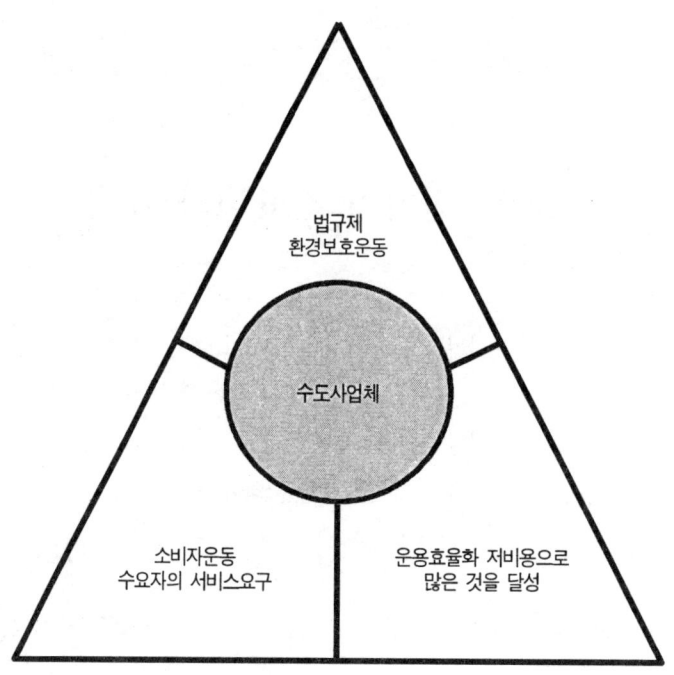

그림 21.1 수도사업에 대한 주요 세력들

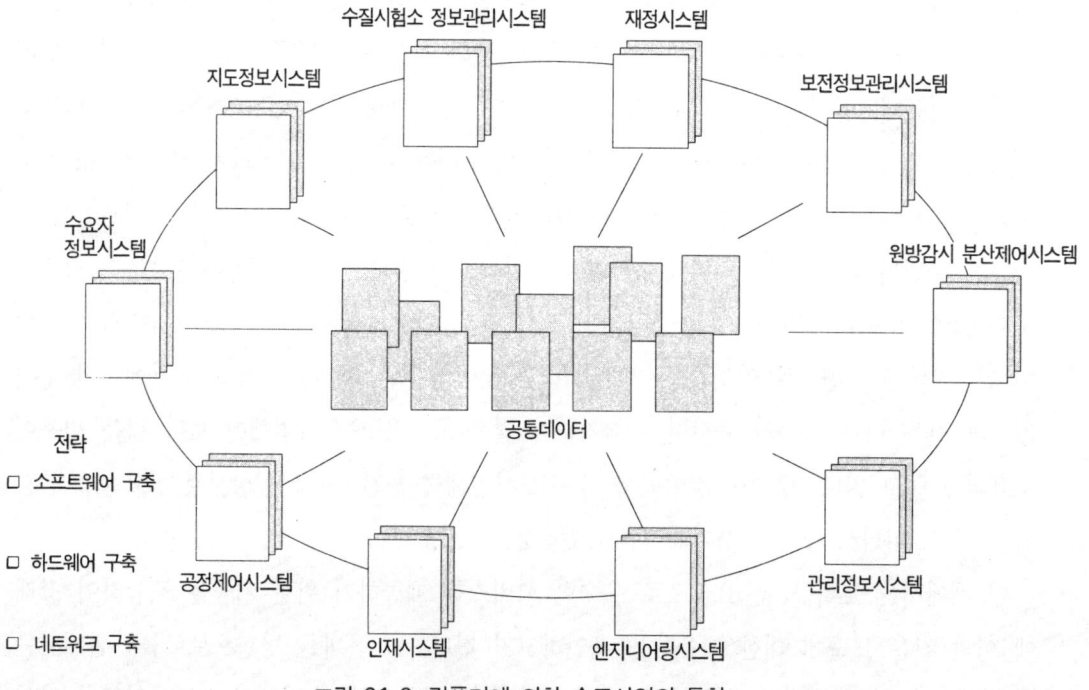

그림 21.2 컴퓨터에 의한 수도사업의 통합

의 결정을 할 수 있도록 또한 최적수준의 자동제어를 하는 수도사업체가 되도록 하기 위하여 적절한 시기에 적절한 형태로 올바른 정보를 이용할 수 있는 것이 보증되어야 할 것이다.

이 장에서는 장래 전략적 컴퓨터화 계획의 개발에 대한 실제 지침을 제공하는 동시에 이 책에서 논의하였던 비전을 어떻게 실현할 것인가에 관해서도 검토한다. 전략적 컴퓨터화 계획에 따라 자원을 활용할 수 있고 또한 규제의 강화, 수자원개발의 어려움 증가, 수요가에 대한 서비스기대의 증가, 그리고 인건비와 에너지비용 및 자재비의 증가 등과 같은 수도사업체의 미래 과제에 잘 대처해 갈 수 있도록 한다. 전략적 계획은 컴퓨터화시킴으로써 이러한 과제에 대처해 나가기 위한 금후의 지침을 제공하고자 한다.

21.1 전략적 계획의 실시

통합된 수도사업체와 미래에 대비하기 위한 열쇠가 되는 것이 곧 계획이다. 이 계획에는 기술이 발전되는 방향과 이 기술발전에 대해 어떻게 계획을 세워야 할 것인지를 이해하는 것이 포함된다. 이 책에서는 수도사업체의 장래에 대해서 검토해 왔다. 요원과 그 조직은 장래의 비전과 가능성에 대처하기 위하여 준비해야 한다. 그렇지만 전략적 컴퓨터화 계획이 없으면 성공할 가능성은 훨씬 줄어든다.

21.1.1 전략적 계획을 분명하게 함

전략적 컴퓨터화 계획은 정보시스템 전략계획, 개별화된 기본계획, 시스템통합계획, 정보관리시스템계획 또는 전략적 통합계획이라고 하기도 한다. 다만, 어떤 명칭으로 사용되는 것인지는 문제가 아니다. 중요한 것은 기술전략이 수도사업체에 유리하고 각 수도사업체가 이와 같은 전략을 가지고 있어야 한다는 것이다.

계획은 장래의 영향에 대처하기 위한 전략을 제공해야 한다. 이러한 계획에는 장래의 시간적 요소를 포함해야 한다. 즉 계획은 단기적인 것이 아니고 장기적인 것이다. 또 계획은 조직에 최대한의 자본회수와 이익을 가져올 수 있는 응용방법을 결정하는 것이다. 이와 같은 수단요소에는 내적인 요소와 외적인 요소가 포함될 수 있다.

1) 내적인 목적수행 수단

기술의 응용은 조직을 한 방향으로 이끈다는 것을 보증하는 것은 아니다. 기준이 부족하였기 때문에 조직 내의 몇 개 그룹들은 "자신들 독자적으로 업무를 수행"할 수도 있다. 이와 같이 기술에 관한 조직의 전략에 합의가 부족한 경우에는 문제를 일으키게 될지도 모른다. 같은 조직에 속한 그룹일지라도 각 그룹들이 다른 그룹과는 다른 방향으로 가는 경우에는 서로 반목하게 되고, 또한 조직도 헛수고를 겪어야 한다. 내적인 목적수행 수단이 없으면 조직의 효율은 떨어진다. 전략계획을 사용하는 내적인 목적수행 수단은 중복부분을 찾아내고 이것을 배제시키는 것을 의미한다. 또 정보의 공유를 극대화시켜야 한다.

내적인 목적수행 수단에 대해서는 직원들의 데이터베이스를 예로 들어 설명할 수 있다. 여기서 일례로 직원과 인적자원을 위한 시내 전역의 데이터베이스가 있다. 이 도시에서는 수도사업부서가 도시의 인적자원시스템으로는 충분한 서비스를 할 수 없다고 느꼈기 때문에 자기자신들의 데이터베이스를 개발하였다. 또 사업부서 내에서는 수도시설부와 하수도시설부가 별개의 데이터베이스를 개발하였다. 또 수도사업체 내에서는 각 정수장이 별개의 요원 데이터베이스를 개발하였다. 이러한 데이터베이스는 각각 독자적으로 지원되고 개발되며 유지되고 있었다. 이러한 데이터베이스는 통합되어 있지 않았기 때문에 매월 데이터베이스를 대조하는 단계가 되면(급료지불명부와 근무시간기록표가 제출될 때) 2개의 데이터베이스로 보고된 데이터에서 틀리는 것을 찾아내는데 상당한 시간이 필요하였다. 이렇게 서로 다른 것을 완전히 일치시키는 것은 거의 불가능하고 일반적으로 데이터분석을 완료하기 위하여 데이터를 평균하거나 조정한다(이 예는 실제의 경우의 예이며 이상한 것은 아니다).

여러 개의 데이터베이스를 지원하기 위하여 조직이 투입하는 쓸데없는 노력은 아주 많다. 하나의 데이터베이스를 인적자원과 요원에 관한 수요가의 요구를 충족시키는데 이용할 수 있으면, 대부분의 수요가는 같은 방향으로 움직이게 된다. 이와 같은 통일성이 나아가서는 조직의 효율성을 높인다. 이것은 전략적 계획이 조직에 큰 영향을 미치는 내적인 목적수행 수단을 어떻게 제공할 수 있는지를 나타내는 하나의 예이다.

2) 외적인 목적수행수단

외적인 목적수행수단이란 자본회수를 극대화하기 위하여 전략적 기회를 확인하고 기술을 응용하는 것을 의미한다.

기술 : 외적인 목적수행수단에서 기술이 중요하다. 예를 들면, 이 10년간 전자업계가 경험하였던 것과 같은 개혁을 자동차업계가 하였다면 롤스로이스는 50센트를 들여서 1갤런의 휘발유로 1,500만 마일을 주행할 수 있을 것이다(리터당 6.4백만km이지만 실제로는 6.4km). 컴퓨터업계에서 일어나는 개혁을 **그림 21.3**에 나타내었다.

하드웨어의 진보와 함께 이러한 진보의 혼합적인 성질은 다음과 같은 3개 분야로 나타내어진다. 최초의 분야는 하드웨어의 진보로서 3개의 카테고리 즉, 처리속도, 기억용량, 표시기억(display memory)에 관한 것이다. 두 번째 분야는 시간에 관한 분야이다. 각 블록은 매5년간에 실현된 향상의 승수를 나타낸다. 1983년부터 1988년까지의 처리속도를 비교하면 10배가 증가되었다. 1988년부터 1993년의 사이에는 처리속도가 또 10배 증가하였으므로 합하면 성능이 100배 이상 증가한 것이다. 또 1993년부터 2001년의 사이에는 또 10배의 증가가 기대되므로 이 기간에 처리속도는 1,000배정도 향상된다.

성능 대 가격비 : 성능 대 가격비는 외적인 목적수행수단의 다른 측면이다. 사용자마다의 기술비용은 해마다 대폭적으로 낮아지고 있는데 장치의 출력(실행단위로서 일반적으로 1초당 100만의 명령(MIPS))은 해마다 증가하고 있다. 비용이 낮아지는 것에 비해 출력이 증가하고 있으므로 이것은 조직이 적은 비용으로 많은 성과를 나타내는 우수한 예라고 할 수 있다. 여기서 "우리 조직에 대해 이와 같은 목적수행수단을 어떻게 활용할 것인가?"하는 의문이 생긴다. 이 의문에 대한 대답은 "전략적인 컴퓨터화 계획을 만드는 것"이다.

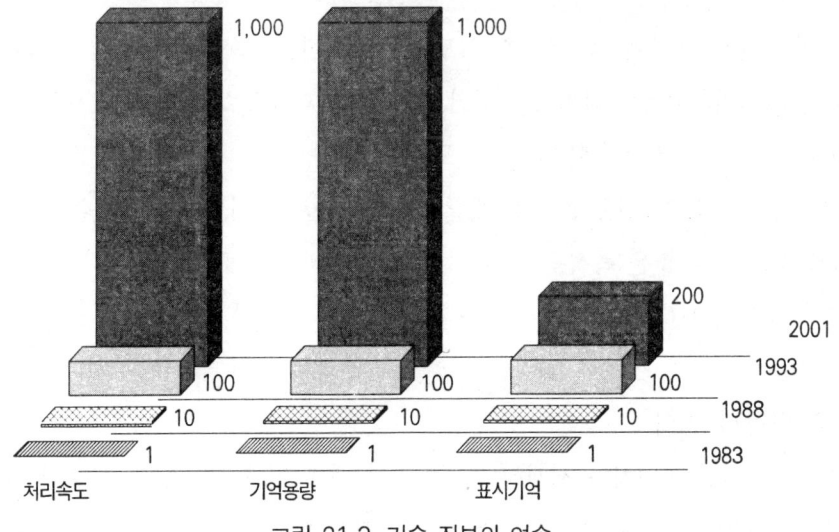

그림 21.3 기술 진보의 연속

계획 : 지방수도사업자협회(AMWA)가 1989년에 실시한 조사결과는 대규모 수도사업체에서는 기술에 들어가는 경우에 계획의 중요성을 인식하고 있다. 회답자 중 약 60%가 기술계획이 대단히 중요하다고 생각하였다. 나머지 30%도 기술계획이 중요하다고 생각하였다. 기술계획이 중요하지 않다고 회답한 것은 약 10%였다. 다만, 같은 조사에는 실제로 기술계획을 가지고 있다고 대답한 회답자는 단지 25%뿐이었다. 이 회답자 중의 일부는 자세한 계획을 세울 예정이라고 대답하였지만 실제로 계획을 실행한 것은 극히 얼마 되지 않았다. 여기에 문제가 있다. 계획 없이 기술의 전략적인 본질을 활용하기란 대단히 어렵다. 기술계획을 작성할 때에는 "자신이 어디로 향하고 있는지를 알지 못하는 경우에는 최종적으로는 어딘가에 도달하게 되겠지"하는 막연한 생각을 한다. 그러면서 최종적으로 도달한 곳에는 만족할 수 없다.

21.2 왜 전략적 컴퓨터화 계획을 개발해야 하는 것일까?

21.2.1 목적수행수단

수도사업체가 전략적 컴퓨터화 계획을 수립해야 하는 이점, 이유, 필요성을 이해한다는 것이 지극히 중요하다. 계획의 요소나 계획의 개발방법에 대하여 토의하기 전에 왜 계획을 세워야 하는가에 대하여 검토해야 한다. 전략적 컴퓨터화 계획을 수립함으로써 얻어지는 주요 이점의 하나는 내적인 목적수행수단과 외적인 목적수행수단을 잘 받아들이고 이익을 얻을 수 있다는 점이다. 내적인 목적수행수단은 직원들이 공통의 방향성을 알고 적용할 기준을 알고 있으며 기준의 이용에 동의할 수 있도록 한다. 다른 부서가 기술을 사용하여 별개의 방향으로 향하며 기준이 존재하지 않는다면, 조직을 효과적으로 작동시키는 것은 어렵다.

외적인 목적수행수단은 이용할 수 있는 모든 기술을 조직이 충분하게 활용할 수 있다. 이것은 사용자가 애플리케이션을 스스로 개발하도록 하는 컴퓨터도구를 제공한다는 것을 의미하며, 이에 따라 보다 좋은 목적수행수단이고 보다 효과적인 조직으로 된다. 기술계획의 주요한 이점은 조직이 보다 효율적으로 작동할 수 있다는 점이다.

21.2.2 일반의 인식

수도사업은 공적인 이미지가 서서히 엷어지는 사태에 직면하고 있다. 과거에 수도사업체는 부정적인 공적인 이미지를 주고 있었다. 수도사업체는 둔감한 기관으로 간주하거나 그

> ### 일본의 수도수질기준
>
> 일본에서는 오늘날의 수도수질기준은 26항목을 포함하여 1978년에 개정된 수도법에 근거하고 있다. 26항목에 더해진 트리할로메탄, 4개의 유기염화물, 3개의 토양응고제, 세렌, 30개의 농약이 후생성의 행정통지로서 38항목의 잠정기준이 있다. 여기에 잔류염소를 포함하여 65개 항목이 규제되고 있다.
>
> 수도수질기준은 1992년 12월에 신수질기준으로 개정되었고 1993년 12월에 시행되었다. 신수질 기준은 46항목의 수질기준과 26항목의 감시기준, 13개의 쾌적수질항목을 더하여 85항목으로 되었다.
>
> 일본은 연간 1,800mm의 풍부한 강우량이 있으며 양질의 수자원이 있다. 그러나 1960년대부터 급속하게 산업이 발달함으로써 오염되기 시작하였다. 그 결과 수요가는 자주 조류냄새와 염소냄새가 나는 물을 접하게 되었다. 이와 같이 수질문제는 시민들이 수질오염과 염소소독이 건강에 미치는 영향에 대하여 관심을 크게 하였다. 그 결과 미네랄워터와 가정용정수기의 매상이 증가하게 되었다.
>
> 이러한 문제의 대책으로서 수도사업체는 기존 정수장에 고도정수처리시설을 추가하게 되었다. 계측제어와 컴퓨터의 통합화는 이러한 노력을 쉽도록 하였다.

존재조차 인정되지 않는 경우도 있었다. 지금까지 많은 수도사업체는 일반의 눈으로 "보이는" 기관이 아니었지만, 안전음용수(SDWA)법에 의한 규제가 공공수도사업에 영향을 미쳐서 이러한 기관이 일반의 눈에 잘 보이게 변화되고 있다.

1985년에는 규제오염물질이 약 26종류였다. 1985년 이후에는 규제오염물질의 수가 거의 10배로 증가하였고, 2003년까지는 200배 이상으로 증가될 것으로 예상된다. 이러한 오염물질과 기타 수질문제의 감시와 보고는 일반의 관심을 높임과 동시에 규제받는 수도사업체에 대한 비판으로도 연결되고 있다. 시민들은 수도사업체가 이와 같이 증가하고 있는 오염물질과 관련하여 수도사업체가 어떤 정보를 감추고 있다는 생각을 하게 되었다.

홍보선전 문제에 관해 수도사업체가 전향적으로 되는데 과학기술이 유용하다. 의심을 불식시키고 수도사업체가 양질의 수돗물을 제공하고 있다는 것을 사람들이 이해하도록 하기 위하여 과학기술이 이용되어야 한다. 과학기술은 조직변경의 부정적인 인식을 제거하는데 유용하다. 일본에서 정보공개법률이 제정되지 않았고 또한 적당한 정보보급이 없으므로 일본 국민들은 수질에 관한 의심이 아직 남아 있다.

21.2.3 추진력

수도사업체에 영향을 미치는 많은 추진력이 있다. 이들에는 여러 법규제와 이 법규제의 영향 및 법규제를 촉진시키는 힘이 되는 환경운동 등이 포함된다.

1) 소비자운동

오늘날 수도사업체 내에 존재하는 큰 영향력의 하나가 소비자운동이다. 전세계 시장에서 경쟁해야 하는 대부분의 기업들은 수요가서비스에 중점을 두고 있다. 수도사업체들은 3M, IBM 또는 기타 대기업과 겨룬다고는 생각지 않을지도 모르지만 현실에서는 이러한 기업들과 경쟁하고 있다. 일반시민들은 민간부문으로부터 서비스에 관해 대량의 정보발표와 광고선전에 빠져 있으며 이러한 메시지를 떠올리는 경우에는 민간부문으로부터 메시지인지 공공부문으로부터의 것인지를 구별하여 생각하지 못한다.

이와 같은 초점이 수요가서비스 훈련으로 바뀌고 있으며 실제로 수요가서비스 훈련은 훈련업계에서 가장 성장이 빠른 분야 중의 하나이다. 대부분의 민간기업이나 공영기업은 수요가의 관심을 끌려고 노력하고 있으며 수요가서비스 훈련에 자금을 들이고 있다. 수도사업체도 응답성이 우수한 수요가서비스를 개발해야 한다. 그만큼 수도사업체가 수요가서비스 수요에 부응하고 효율성을 높이는데 과학기술을 이용할 수 있다.

2) 적은 비용으로 많은 것을 달성

그 다음 세 번째로 주요한 추진력으로는 "적은 비용으로 많은 것을 달성"한다는 목표는 여러 가지 규제와 소비자운동과는 상반되며, 이것이 수도사업체에 비용면에서 금전적인 부담으로 될 것이다. 소비자와 납세자들은 대체로 요금인상과 가격상승에는 불만을 나타낸다. 시민들은 수도사업체가 보다 적은 비용으로 많은 것을 수행하기 바라고 있다. 또 안정된 요금과 세금인하를 바라고 있다.

대립되는 일례로는 수도사업체에 대한 직원의 건강보험비용을 들 수 있다. 건강보험비용은 1965년에 시작해서부터 착실하게 상승해 왔으며 장래에는 보다 상승률이 가속될 것으로 예상된다. 실제 1990년부터 2000년까지 사이에 보험비용은 1인당 5,000달러 이상으로 증가할 것으로 예측된다. 그 결과 직원들의 건강관리와 조작의 효율성은 반드시 합치한다고는 말할 수 없다. 납세자쪽은 "적은 비용으로 보다 많은 것을 하고 비용을 억제하라"고 주장하고 있는데 실제로는 운전비용은 상승하고 있다.

과학기술응용이 비용을 억제하기 위하여 이용할 수 있는 유일한 방법이므로 수도사업체가

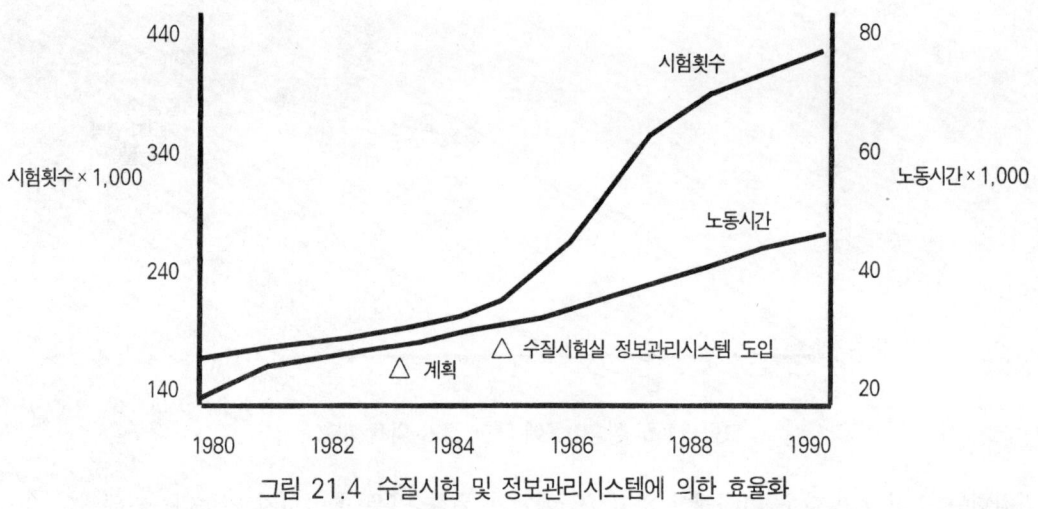

그림 21.4 수질시험 및 정보관리시스템에 의한 효율화

과학기술을 잘 활용하는 절호의 기회이다. 질 높은 급수서비스 비용과 인건비는 상승하기만 하고 과학기술응용의 비용은 해마다 낮아지고 있다. 사실 이들 2개의 곡선이 정반대의 성질은 조직에서 과학기술을 응용하는 것이 조직 이익으로 연결될 수 있는 전략적인 기회이다. 과학기술은 될 수 있는 한 비용을 억제하면서도 질 높은 서비스와 양질의 수돗물을 공급하기 위한 수단으로 되고 있다.

과학기술에 따라 적은 비용으로 보다 많은 것을 할 수 있도록 할 뿐만 아니라 적은 비용으로 보다 많은 것을 산출할 수도 있다. 예를 들면, 1980년부터 1985년에는 한 수질부서에 의해 쏟았던 많은 시간이 검사횟수의 증가에 따라 계속 증가하였다. 많은 검사를 실시하는 것으로 생각되었던 1985년에는 수질시험실정보관리시스템(LIMS)이 실시되었다. 1985년부터 1990년에 걸쳐서 실시된 검사횟수는 극적으로 증가하였지만 노동시간은 실시된 검사횟수에 비례해서 증가한 것은 아니라 더 완만하게 증가하였다. 이것은 "보다 적은 비용으로 보다 많은 것을 실행"할 수 있는 조직능력에 대해서 1990년에는 이익이 비약적으로 향상된 것을 보이고 있다(그림 21.4). 이것은 과학기술이 어떠한 이익을 가져오는 것인지를 나타내는 적절한 예인 동시에 전략적 계획을 작성하는 주요한 이유의 하나이다.

21.2.4 자원수요의 예측

전략적인 컴퓨터화 계획을 수립하는 또 다른 큰 이유는 자원수요를 예측할 수 있다는 점이다. 각 수도사업체는 정치적으로 임명되거나 선출된 위원회를 갖고 있는 경우가 많으며 이

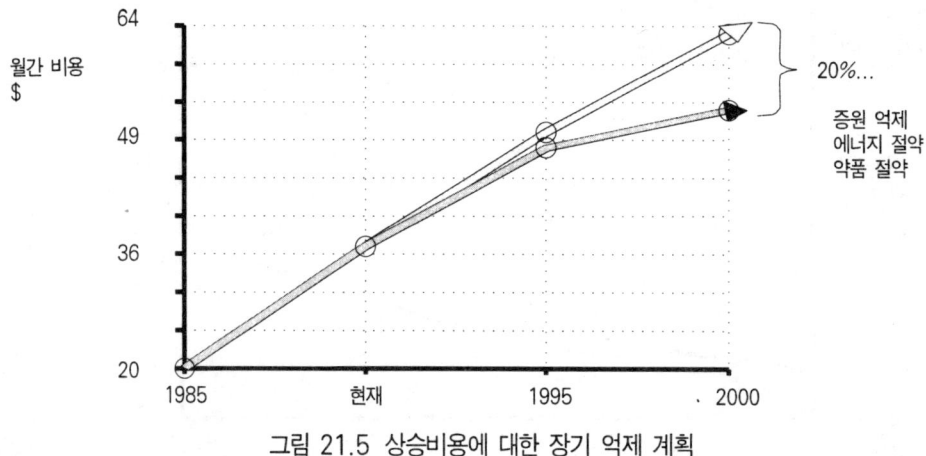
그림 21.5 상승비용에 대한 장기 억제 계획

위원회는 조직의 방향을 이해해야 하고 또 예기치 못한 일은 좋아하지 않는다. 위원회의 위원은 연간기준으로 100만 달러나 200만 달러의 구매액을 놀라운 눈으로 보게 되면 신경질적으로 되는 경우가 많다. 컴퓨터화 계획은 실시기간 중에 필요한 비용과 인적자원의 투자를 명시한다. 이에 따라 위원회는 조직이 과학기술을 실시하고 승인과정이 보다 간단하게 되는 방향인 것을 이해하게 된다. 위원회는 해가 지날수록 차츰 고가품의 구입에 놀라지 않게 되며 대신에 계획을 참고하게 된다.

상승되는 비용에 결정적으로 자극을 주기 위하여 과학기술을 응용할 수 있다. 결국 수도사업체가 과학기술응용계획에 따라 변경될 수 있는 요금, 매월 수수료(역자 주 : 기본료 또는 수용요금) 또는 운전비용에 관한 기록을 갖게 된다. 그림 21.5는 요금상승이 어떻게 일어나는 것이며 또 어떻게 변화되는 것인지에 관한 추세와 추적기록을 나타낸 것이다.

전략적 정보계획 또는 컴퓨터화 계획이 지금 이 시점에서 시작된다면 1995년까지는 이익을 보일 것이며 충분한 이익이 나타나는 것은 2000년이 되어서부터일 것이다. 지금 곧 계획에 착수한다면 지금부터 10년 후의 수요가에 대한 청구액은 현재의 20% 이하가 될 것이다. 이와 같은 계획은 인력감축, 전력절약, 약품절약, 조직의 생산성 향상으로 상승되는 원가에 종지부를 찍을 것이다.

21.2.5 과학기술적인 함정과 자연발생적인 반응의 회피

전략적 계획을 개발하는 또 하나의 중요한 이유는 과학기술적인 함정과 자연발생적인 반응을 회피하기 위한다는 점이다. 그림 21.6은 이와 같은 계획이 있는 경우와 없는 경우에

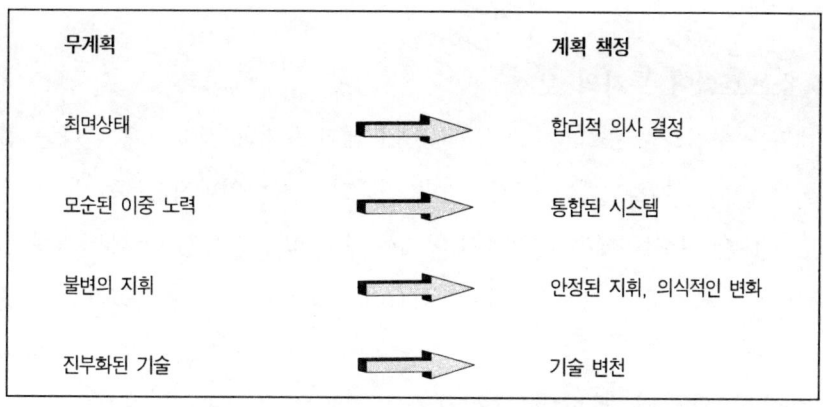

그림 21.6 계획은 성공의 지름길

서 가장 일어나기 쉬운 결과를 나타낸 것이다. 과학기술이 변천됨에 따라 조직은 과학기술에 대해 반응하고, 그 외견상의 화려함과 색채, 기능, 그리고 특징에 매혹되는 것을 볼 수 있다. 조직은 해결책에 매혹되며 명확하게는 확인할 수 없는 문제나 또는 존재조차 하지 않는 문제에 대해 과학기술적인 해결책을 만들 수도 있다. 전략적 계획이 있는 경우에는 의사결정의 기반이 이치에 적합하며 외견상의 화려함에 반응하지 않게 된다.

과학기술적인 함정과 자연발생적인 반응을 회피함으로써 수도사업체는 기준이 없는 상태에서 직원이 직무를 수행하는 상태를 피할 수 있는데 이와 같이 기준이 없는 상태는 모순된 해결책을 도출하거나 쓸데없는 노력을 해야 하는 상황으로 이어진다. 사업체가 전략적 계획을 가지고 있는 경우에는 직원이 데이터를 공유하고 조직의 생산성을 극대화할 수 있는 논리적이고 적시에 정보를 교환할 수 있는 시스템이나 통합된 시스템을 만들 수 있다. 이와 같은 계획이 없는 경우에 조직은 과학기술에 반응하고 과학기술이 발표될 때마다 조직의 방향을 변경해야 된다. 전략적 계획과 일련의 기준이 있는 경우에는 논리적이고 합리적인 근거에 기초하여 조직이 안정되게 방향을 설정할 수 있다.

전략적 계획이 없는 경우에 장치는 곧 시대에 뒤떨어진 것으로 인식된다. 그렇지만 조직이 응용과학기술의 이용에 관한 계획을 세우는 경우에 조직은 최종결과와 해결해야 할 문제점에 초점을 맞출 수 있다. 그 결과 실시된 과학기술이 진부화되는 상황을 회피할 수 있다. 전략적 계획은 과학기술이용에 의한 변천추이를 확실하게 한다. 조직이 성장함에 따라 전체적인 과학기술계획 중에서 발전적인 구조가 이용될 수 있다.

21.2.6 소프트웨어 투자의 보호

전략적 계획을 수립하는 또 다른 이점은 소프트웨어 투자를 보호하게 된다는 점이다. 과학기술을 실시하기 위한 하드웨어 구성요소나 컴퓨터박스는 일반적으로는 눈에 보인다. 그러나 앞으로 10~20년 사이에는 대부분의 투자는 숨은 비용 즉 소프트웨어에 쏠릴 것이다. 따라서 소프트웨어 투자를 가시적으로 하기 위하여 이러한 투자를 보호해야 한다.

21.3 전략적 컴퓨터 계획의 구성요소

조직 내의 결정사항과 합의사항을 서류화하는 전략계획의 구성요소로는 다음 사항이 포함된다.

- 장기적인 목표(비전)
- 애플리케이션 수요와 우선 순위
- 전략
- 비용과 자원

21.3.1 장기적인 목표

전략적 컴퓨터화 계획의 가장 중요한 구성요소는 조직의 방향성이다. 이러한 계획에는 조직이 어떤 방향으로 갈 것인가에 대해서 명확한 비전을 수립함과 동시에 그 방향성에 관해 조직 전체의 의견수렴으로서 공통적으로 참고해야 할 것을 개발해야 한다. 전략적 계획은 지도와 같은 것이다. 출발점은 현재의 상황이고 최종지점은 미리 알고 있다. 계획개발자는 최종목표를 염두에 두고 시작해야 한다. 전략적 계획이나 또는 과학기술지향계획에서는 목표가 무엇이며 또 장기적인 목표가 무엇인가를 이해해야 하는 것이 중요하다. 이와 같은 목표에 따라 수도사업체는 인건비, 전력비, 약품비 상승을 억제하고 상당한 절약을 실현할 수 있다.

21.3.2 애플리케이션 수요와 우선순위

방향성을 정하는 것에 따라 전략적 계획은 애플리케이션 수요우선순위를 명확하게 정해야 한다. 그림 21.7은 이러한 애플리케이션 수요우선순위표로 나타낸 것이다. 이 그림은 또

애플리케이션 \ 기능면	플랜트	배수	엔지니어링	수요가 서비스	재정	행정 서비스	인적자원
사무자동화	●	●	●	●	●	●	●
컴퓨터 지원 엔지니어링	○	○	●				
컴퓨터 지원 긴급처리	○	○	○	○			
자료이동추적	○	○	○	○	○	○	○
지리정보	○	○	○	○	○		○
인적자원	○	○	○	○	○		●
프로젝트관리	○	○	○		◐		
유지보수관리	○	◐		◐			
계량기 검침		●		●			
요금징수				●	●		
재고관리	○	●	○		●		
구매	○	○	○	○	●		
일반원장	●	●	●	●	●	○	○
예산	○	○	○	○	●		
시험실 정보	◐	◐	◐			○	○
플랜트 운영	◐	◐	◐				

● : 존재, ◐ : 부분적, ○ : 필요함

그림 21.7 애플리케이션 수요우선순위표

어떻게 하여 우선순위가 설정되는 것인가에 관해서도 나타내고 있다. 이와 같은 표는 수도사업체 내에서 현재 연구되고 있는 기능분야를 나타내어야 한다. 기능분야는 시설이나 정수장, 배수시설 또는 펌프시설, 엔지니어링 부서, 수요가서비스 조직, 재무부서, 관리부서, 인적자원부서를 포함한다. 세로줄에 나타낸 애플리케이션은 조직에 따라 변한다. 이 그림에 나타낸 애플리케이션은 단지 설명목적으로 나타낸 것이다. 각 시설의 애플리케이션과 기능의 리스트는 다른 것이 될 수 있다.

21.3.3 우선되는 전략

모든 계획에서 중요한 것은 조직 내에서 기능분야와 애플리케이션에 대해 합의를 얻는 것이다. 또 조직의 요구조건이나 수요에 알맞은 계획을 세울 수 있도록 계획실시의 우선순위에 관해서도 조직 전체의 합의를 얻어야 한다.

이와 같은 입안과정을 거침으로써 조직의 애플리케이션 수요와 우선순위를 충족시키는 전략이 개발된다. 이러한 전략은 다음 것을 포함한다.

- 조직에 대하여 장래 어떤 컴퓨터박스를 접속시킬 것인지를 명확하게 나타내는 네트워크 아키텍처
- 네트워크에 맞는 하드웨어 기준을 기본적으로 확립하는 하드웨어 아키텍처
- 조직이 인식한 우선적인 애플리케이션을 수행하기 위하여 이용하게 되는 소프트웨어에 관한 일련의 기준을 기본적으로 확립하는 소프트웨어 아키텍처

그림 21.2는 데이터를 공유할 수 있도록 관계되는 조직을 개념화한 것이다. 이와 같은 조직에서는 보수관리자가 진행하는 상태에서 예산정보에 액세스할 수 있다. 보수요원은 원가를 관리하기 위해서 예산과 실제로 사용된 자원을 대비시킬 수 있다. 또 이와 같은 조직에서는 공정관리요원은 수질시험실데이터에 액세스할 수 있고, 감시제어수집데이터(SCADA)요원은 지리정보시스템(GIS)의 정보에 액세스할 수 있으며, 시설 또는 정수장 요원은 통상은 엔지니어링그룹에 의해 관리되거나 유지되는 현상정보에 액세스할 수 있다.

21.3.4 비용과 자원

컴퓨터실시계획에는 자원의 수요와 비용에 관해 추측하는 것도 포함될 수 있다. 매년 우선순위와 필요한 자원에 기초하여 실시단계가 설정된다. 조직 내의 정책부서는 대부분의 대규모 투자와 투자의 횟수에 대해서 알고 있어야 한다.

21.4 전략적 컴퓨터화의 계획 작성

21.4.1 상의하달방식의 계획

전략적 컴퓨터화의 계획 작성에 관련된 가장 기본적인 규칙은 계획과 장래의 비전에 대한 주도권을 상의하달방식으로 설정하는 점이다. 조직에 따라 다르지만 조직의 비전은 최고책

임자가 설정해야 한다. 물론 각 조직은 변화에 영향을 미치는 것에 대한 독자적인 방법을 가지고 있을 것이다. 일본에서는 변화가 종종 아래로부터 위로 나오기도 한다. 비전 중에는 조직을 반응적인 자세(뭔가 일어나고 나서 대응)로부터 전향적(사전 행동적인 대응)인 자세로 바꾸는 것과 같은 일련의 명확한 조직목표를 포함해야 한다. 이러한 장기적인 목표는 기본적인 조직의 사업목적이다. 기술적인 결정은 이러한 목표를 달성하는데 기초를 둔 것이어야 한다. 여기서 중요한 것은 수도사업이 기술선택을 조종해야 하는 것이고 그 역은 아니다. 목표는 변경시켜서는 안 된다. 이러한 목표가 조직의 비전이다. 이와 같은 명확한 목표와 비전을 가짐으로써 전략적 계획은 수요가에게 이러한 비전이나 목표를 현실적인 것으로 하기 위한 것을 포함하여 시작할 수 있다.

21.4.2 하의상달방식의 실시

일단 비전이 설정되고 조직 내에 명확하게 전달되면 수요가와의 관계를 통해 하의상달방식으로 이 비전을 실시할 수 있다. 각 부서는 자체의 수요와 요구사항을 명확하게 해야 하며 이에 따라 수요와 요구사항이 기술적인 해결을 촉진한다. 각 부서가 이러한 수요와 요구사항을 명확하게 하지 않은 경우에는 방침이 실행되지 않는다. 이와 같은 상황은 과학기술 응용의 실패로 이어진다.

한편 각 부서에서 기술적으로 해결을 촉진하는 수요와 요구사항을 명확하게 하는 경우에는 상부로부터 수립된 명확한 비전이 수요가에 의해 실시될 것이다. 의미 있는 방침과 의미 있는 조직의 결과를 얻기 위하여 이와 같은 의미 있는 관계가 필요하다.

우선 첫째로 문제의 명확화 : 전략적 계획으로는 먼저 문제를 명확하게 하고 다음으로 해결책을 생각해야 한다. 처음에 수요와 요구사항에 초점을 맞춘다는 것이 대단히 중요하다. 이에 따라 조직의 수요는 무엇이며 또 애플리케이션 문제가 있는 영역은 무엇인가라는 것이다.

이 단계에서는 "먼저 진단하고 다음에 처방전을 쓴다"는 표현의 속담이 아주 적합하다. 문제에 주목하는 것은 병을 진단하는 것과 비슷하다. 일단 문제가 진단된 다음에는 해결책을 처방하는 것은 간단하다. 그런데 수요와 요구조건 및 사용자와의 관계를 충분하게 확인하지 않고 조직이 즉시 해결책을 찾아내고자 과학기술로 대응한다. 이와 같은 자세는 실패로 이어지고 또 과학기술은 살려지지 않는다.

21.4.3 대화방식의 연수회

이 장에서는 사용자와의 관계가 중요하다는 점을 강조하며, "참가하지 않으면 책임도 없다"고 하는 점을 강조한다. 사용자와의 관계를 통해 조직의 책무를 발전시키는 것은 과학기술응용에서 가장 중요하며 또한 가장 소홀히 취급되는 부분이다. 의미있는 사용자와의 관계를 확실하게 하기 위한 방법 중의 하나는 과학기술응용에 관한 인적요소를 청원하는 대화방식의 연수회이다. 대화방식의 연수회에서는 특정응용영역에 있는 사용자들은 그룹으로서 자신들의 수요와 요구사항을 확인할 수 있다. 이러한 방법으로 대부분의 사용자는 자신들이 무엇을 필요로 하고 또 무엇을 원하고 있는가를 상호 전달하는 의견에 귀를 기울일 수 있다.

대화방식 연수회 목적은 다음과 같다.
- 사용자의 의견일치를 얻을 수 있다.
- 수요를 보다 명확하게 한다.
- 사용자의 조직 내부에 대한 이해를 깊게 한다.
- 의사전달의 간격이나 오해를 배제할 수 있다.
- 직원의 지원과 관리책무를 확립한다.

연수회나 집단토의로 특수목표달성과 사용자대화가 이와 같은 연수회로 가능해진다. 또 전원이 의견일치와 의사결정 및 합의된 단체협약을 이해하기 위한 서류를 작성할 수 있다.

21.4.4 요약

사용자지원과 조직지원을 얻기 위하여 전략적 계획을 개발하기 위한 입안과정을 설정해 두어야 한다. 대표적인 입안과정은 다음과 같은 형태를 취한다.
1. 현재 상황을 평가한다. 이것에는 연쇄적인 인터뷰 실시가 포함된다.
2. 응용의 요구사항을 명확하게 한다. 이것에는 연수회가 포함된다.
3. 목표와 우선순위를 설정한다. 이것에는 연수회가 포함된다.
4. 요구사항을 분석하고 해결책을 찾는다.
5. 전략과 실시계획을 수립한다.
6. 연수회의 환경을 활용하여 계획을 검토하고 완성시킨다.

전략적 계획은 결코 "이미 실시를 끝낸 것"이 아니라는 것을 염두에 두는 것이 중요하다.

전략적 계획은 진행 중의 과정이고 해마다 업데이트해야 한다. 계획 자체는 목적을 갖고 과학기술을 이용하기 위한 조직과정의 기반에 지나지 않는다.

전략적 계획은 5년 내지 10년이라는 시점을 갖는다. 계획의 구성요소로는 다음 사항이 포함된다.
- 현재의 상황
- 장기적인 목표
- 애플리케이션 수요와 우선사항
- 이러한 수요와 우선사항을 달성하기 위한 전략

매년 기준으로 전술을 평가하고 계획을 업데이트하며 우선사항을 재평가함으로써 과학기술진보를 평가한다. 이러한 전술적 계획에는 다음 사항이 포함된다.
- 우선사항의 변경
- 기술 업데이트
- 원가와 자원의 조정
- 실시의 변경

중도에서 정정한다는 관점에서 전략계획을 해마다 조정하는 경우가 있다. 이와 같은 단체협약을 결정하는 과정은 계획설정과정을 통하여 중요한 진행과정이 되는 경우가 많다.

계획을 설정하는 요점은 다음과 같다.
- 사용자를 끌어들인다.
- 해결책을 생각하기 전에 수요와 요구사항을 진단한다.
- 조직이 공통의 방향으로 향할 수 있게 하기 위하여 식별되고 설정된 기준을 대조하여 해결책을 처방한다.
- 조직에 의해 확립된 연간 과정을 기술에 대하여 전략적 계획과 전술적 계획을 세움으로써 책무를 재검토한다.
- 컴퓨터발전에 관한 미래의 눈으로 계획을 수립해야 한다.

21.5 결론

전략적 컴퓨터화 계획이 없는 경우 성공할 수 있을 것인가? 조직은 네거리에 서서 어느 쪽이 성공으로 이어지는 길인가를 자문하고 있다. 대부분의 조직은 과학기술이 변하는데 대응해 가기를 바라기 때문에 과학기술에 대해 뭔가가 일어나고 난 다음 대응하는 반응적인 자세를 취한다. 이와 같은 자세는 반응적인 해결책, 진부화, 그리고 달성되지 않는 결과로 이어진다. 과학기술은 변천하는 본성 때문에 과학기술을 일관된 방법으로 적용하기 위한 과학기술응용에 관한 조직의 비전과 일련의 기준을 확립하는 것이 중요하다. 전략적 컴퓨터화 계획은 응용과학기술을 사용하여 조직을 성공으로 이끄는데 유용할 수 있다.

21.5.1 성공을 위한 핵심

성공이란 사전에 결정된 가치 있는 목표를 연속적으로 실현하는 것이라고 정의할 수 있다. 이러한 목표에는 다음 사항과 같은 요소가 포함된다.
- 합의된 목표
- 합의된 수요
- 합의된 우선사항
- 합의된 전략
- 합의된 자원

과학기술응용에 의한 방향성에 대한 조직적인 합의를 얻는 것이 전략적 계획의 설정과정에서 주요핵심이다. 조직적인 합의를 실현하는 것은 대단히 어려우며 연수회의 환경이 이것을 지원하게 된다.

전략적 컴퓨터화 계획의 개발은 과학기술응용으로 시스템의 성공과 조직의 성공에 필수적이다. 전략적 계획의 개발단계를 다음에 개략 정리하였다.

1. 명확한 방향성 및 목표를 확립한다.
2. 조직의 책무를 구축한다. 계획은 사용자지원과 조직지원을 얻기 위하여 수립한다. "참가하지 않으면 책임이 존재하지 않는다"고 하는 것을 염두에 두어야 한다.
3. 참된 수요를 확인한다. 과학기술의 표면적인 화려함에 반응해서는 안된다. 먼저 우선사항(문제)을 명확하게 하고 그 다음 해결책을 생각한다. 참된 수요는 조직의 효율을 높이는 일련의 기준에 의해 해결책을 가져온다.
4. 상당한 영향에 대한 수단. 전략적 과학기술계획이나 정보계획은 외부자원이나 내부자원을 유효하게 이용하도록 촉진하게 된다.

5. 우선순위 부여. 전략적 계획은 응용분야의 우선순위를 설정하고 이러한 우선순위에 대해 조직합의를 성립시키며 그 결과는 관리할 수 있고 실천적인 것으로 된다.
6. 자원을 적절하게 분배한다. 전략적 계획은 상승하는 원가를 멈추게 하기 위한 방법으로서 논리적인 형태로 위원회나 정책설정위원회에 상정할 수 있는 자금과 자원계획의 기반을 제공한다.

일단 계획이 수립되면 이것을 실시해야 하는 과제가 기다리고 있다.

21.6 조사연구의 필요성

전략적 컴퓨터화 계획의 작성을 위한 조사연구는 시스템의 설계와 개발의 경우와는 다르다. 대두되는 과학기술과 이러한 과학기술의 잠재적인 애플리케이션을 계속 연구하는 것이 중요하다. 이와 같은 조사연구로는 개념적인 미래에 대하여 먼저 사실적이고 분석적인 정신을 가지며 그것에 초점을 맞추도록 방법을 찾아서 출발해야 한다.

수도산업에서 컴퓨터화와 자동화와 관련된 인적 및 조직적 문제를 확인해야 하며 요원과 컴퓨터를 잘 결합시킬 수 있는 방법을 생각해야 한다. 요원과 조직에 대한 과학기술의 영향을 예측하고 관리하기 위한 조사연구가 필요하며 또한 과학기술에 미치는 요원과 조직의 영향에 대해서도 필요하다.

시스템설계자와 시스템사용자가 보다 밀접한 관계를 갖기 위한 방법을 찾아내는 것이 필요하다. 전략적 계획설정과정에의 사람들이 관계되는 쪽에 관한 새로운 과학기술을 개발하고, 이러한 사람들이 최종결과에 대해 책임감을 지도록 해야 한다. 또 보다 많은 수도사업체가 전략적 컴퓨터화 계획의 기반이 되는 명확한 조직적 비전과 사명을 확립해야 한다. 끝으로 수도사업체가 이와 같은 방향으로 나갈 수 있도록 전략적 컴퓨터화 계획의 이점을 보다 명확하게 나타내야 한다.

제22장 우선 연구과제와 장래계획

집필자 : Keiji Gotoh(後藤 圭司)
Alan W. Manning
부집필자 : Richard Gerstberger
Vicki Bruesehoff

 이 장에서는 특히 수도산업이 대응해야 할 수요와 조사연구의 우선 사항에 대한 개요를 설명하고자 한다. 이러한 수요는 주로 여러 규제에 대한 취급 즉, 수요가에 대하여 민감하게 대응해야 할 필요성과 수도사업체가 보다 효과적이고 효율적이며 생산적(이것은 나아가서는 비용 대 효과를 높이게 됨)인 방법에 관한 것이다.
 이러한 요구를 충족시키기 위한 방법이 과학기술이다. 다만, 새로운 과학기술을 응용하려면, 센서와 제어장치의 개발로부터 컴퓨터상에서 작동되는 특별한 소프트웨어의 개발에 이르기까지의 모든 분야에서 보다 면밀하게 조사해야 한다.

22.1 조사연구의 필요성

 다음으로 각 장마다 이 책에서 나타내었던 조사연구의 필요성을 요약하였다. 현재 진행되고 있는 조사연구와 이 리스트를 비교하지 않았다는 것을 주목해야 한다.

22.1.1 제3장 센서와 제어기기

 센서 : 일반의 의식이 높아지고 상수원 주변의 산업발달과 주택개발이 증가하고 있는 현실에서 미국의 안전음용수법(SDWA) 또는 일본의 수질기준에 나타낸 바와 같은 법률 강화에 따라 원수와 처리수의 양면에서 실시간으로 수많은 수질항목들을 보다 빈번하고 정밀하

게 측정해야만 하는 것으로 되어 있다. 조사연구를 해야 할 가장 중요한 분야 중의 하나가 센서의 개발이다. 유량과 수압과 같은 기본적인 측정대상과 함께 수질과 같은 2차 측정대상에 대해서도 개량된 센서가 필요하다. 수도산업의 요구사항을 충족하기 위해서는 정확도와 신뢰성을 갖춘 센서가 필요하다.

기본적인 센서와 2차적인 센서의 쌍방 모두에 가격이 중요한 관심거리이다. 싼 가격과 저렴한 보전관리비용의 센서를 개발하는 것이 중요하다. 항상 기술자의 관리가 필요한 수질계측기기는 수도산업에 별로 도움이 되지 못한다. 센서의 가격에 대한 효과가 적당하다면 보수관리비용이 저렴해야 한다.

2차적인 센서는 원리가 복잡하고 구조가 민감하기 때문에 아직은 비싼 편이다. 이러한 센서 가격은 판매되는 수량과 함수관계이다. 이러한 센서를 이용할 잠재적인 수량은 굉장히 많다. 사용자의 수가 증가할수록 가격은 내려갈 것이다.

부정확하고 적당치 않은 측정항목들을 감지할 수 있는 보다 정확하고 지능적이며 또 자기교정을 할 수 있는 기본적인 센서가 필요하다.

전화선을 이용하여 수질을 연속으로 감시하도록 수도전과 배수관망 내의 적당한 위치에 설치할 수 있는 센서를 연구하는 것이 필요하다. 새로운 센서는 사람이 인식할 수 있는 모든 색채에 민감해야 한다. 몇 가지 가능한 방법론이 있으며 이러한 것들을 연구해야 한다.

특수이온측정용으로 사용되는 선택전극으로 수질에 대한 이온선택전극과 같은 한번 사용하고 버릴 수 있는 1회용 센서개발이 현재 주목받고 있는 분야이다.

한 번 사용하고 버릴 수 있는 1회용 방식의 전극은 일단 사용하고 또 포장해 두면 이 전극은 버리거나 재이용할 수도 있다. 전극교환에는 고도의 보수나 복잡한 보수절차가 필요하지 않다.

장치의 문제나 고장을 조기에 경고하기 위하여 진동이나 주파수분석장치와 같은 장치의 감시에 대한 센서개발이 필요하다. 누수탐지기는 조사연구 목록의 우선순위에서 상위에 있어야 한다.

또 센서와 제어장치 및 중앙의 정보시스템간에 통신할 수 있는 스마트센서를 이용하기 위한 표준프로토콜을 개발하는 연구도 필요하다. 지능형 센서를 이용하기 위한 통일된 통신프로토콜의 연구가 대단히 중요하다. 끝으로 패턴인식의 응용인 생물센서와 로봇을 조사 연구해야 한다.

제어장치 : 제어장치의 조사연구에서 가장 중요한 분야는 변조제어밸브의 애플리케이션이다. 변조 및 자동적인 애플리케이션을 보급시키기 위하여 적은 비용으로 대단히 신뢰성이 높은 장치를 개발하는 것이 필요하다. 약주펌프와 같이 저출력의 가변속제어장치에 관한 연구도 필요하다. 가변속 약품주입 제어장치와 약주펌프에 대해서는 저렴하고 신뢰성이 높은 반도체소자를 개발하는 것이 긴요하다. 가격을 낮추고 신뢰성을 높일 수 있으면 자동약주장치의 애플리케이션이 비용 대 효과가 더욱 향상될 것이다.

조사연구를 필요로 하는 다른 제어장치로서는 대용량의 가변속구동제어장치가 있다. 에너지이용의 관점에서 가변주파수장치가 가장 효과적이고 효율적이라고 생각된다. 전 범위의 출력에서 가변주파수장치를 적용하기 위한 신뢰성이 높은 방법을 찾는 조사연구가 필요하지만 그 중에서도 100마력 이상으로 비용 대 효과가 우수한 장치를 적용하는 것이 중요하다. 이에 따라 규격모터를 이용할 수 있게 되는 동시에 가변속장치의 비용 대 효과를 보다 향상시킬 수 있다.

22.1.2 제4장 제어기

센서와 컴퓨터 및 제어장치간에 통일된 데이터수집과 제어통신프로토콜을 공동 개발하는 것이 중요한 조사연구분야이다. 또 수도사업에서 적용하기 위한 기준개발, 프로그램논리제어장치(PLC) 또는 원격단말장치(RTU)를 개발하는 것을 권고하고 있다. 수도산업에는 대부분 펌프장에서 채용하는 시퀀스제어와 변조제어를 조합한 방식을 포함하여 소규모로 시퀀스 중심의 조작이 주류로 되고 있다. 수도산업계 독자의 제어장치나 원격단말장치를 개발하는 것이 필요하다.

22.1.3 제5장 컴퓨터

컴퓨터에 관한 핵심 조사연구는 제작자간에 호환성이 있도록 표준화하는 것이다. 또 요구되는 조사연구는 시스템통합에 필요한 프로토콜을 처리하는 것이다. 또 여러 제작사의 컴퓨터박스들을 호환할 수 있는 것도 필요하다. 따라서 각 컴퓨터간에 접속할 수 있도록 표준통신프로토콜이나 게이트웨이를 개발하는 것이 중요하다. 또 여러 제작사의 시스템을 통합시킬 수 있고 소프트웨어를 상호 접속시킬 수 있는 산업표준의 개발을 촉진시키기 위하여 소프트웨어의 조사연구가 필요하다. 이러한 조사연구를 하는 중에서 연구자가 특히 명심해야 할 것이 컴퓨터기술은 빠른 속도로 발전하고 있다는 것이다.

22.1.4 제6장 SCADA 및 제12장 수운용시스템

가장 조사연구가 필요한 분야는 고도의 애플리케이션을 위한 표준소프트웨어모듈을 개발하는 것이다. 이에는 최적 상태로 통합된 수도시스템을 가동시키는 여러 펌프장과 정수장의 최적구성을 예측하기 위한 고도의 소프트웨어애플리케이션이 포함된다. 이와 같은 애플리케이션에는 에너지관리의 최적화, 약품주입의 최적화, 배수제어의 최적화가 포함된다. 가스와 전기 등과 같은 여러 공공시설에서 이용되도록 하기 위하여 소프트웨어모듈을 공통언어로 개발하고 사용해야 한다. 개발의 첫 단계는 우선순위에 기초하여 모듈의 리스트를 작성하는 작업이다. 그 다음은 시스템분석어프로치를 사용하여 개개의 모듈을 조사하고, 필요한 입력과 출력 및 이러한 모듈을 여러 공공시설들에 이용할 수 있도록 하기 위한 처리요구조건을 분류하는 작업이다. 수운용시스템과 관련하여 이러한 것이 진보된 애플리케이션에 대한 중요한 개발이다.

22.1.5 제7장 운전자-공정 인터페이스

인간공학의 영역 또는 사람과 기술과의 관계를 발전시키기 위한 조사연구가 필요하다. 비디오화면단말(VDT)을 이용하는 것이 증가하는 추세에 따라 스트레스나 눈의 피로 또는 허리통증 등의 신체적 문제가 나타나고 있다. 조사연구에 참가자들은 사람이 과학기술과 공존해 가는데 있어서 최적의 방법을 찾아야 한다.

또 표준수도시설의 그래픽사용자인터페이스(GUI)는 조사연구의 우선순위로 해야 한다. GUI에 따라 운전자는 기술과 공정간의 인터페이스를 아주 쉽게 이해하게 된다. 또 시설중심의 GUI가 있으면 이러한 인터페이스를 더욱 쉽게 이해할 수 있다. 조작에 관한 기본지식을 갖고 있는 운전자는 과학기술과 공정의 관계 또는 감시되거나 제어되는 시스템과의 관계를 빨리 이해할 수 있다.

22.1.6 제8장 펌프시스템의 제어

펌프에 관한 조사연구가 필요한 주요 분야는 필요한 보수를 예측하고 장치의 고장을 사전에 예방하기 위한 스마트센서를 개발하는 것이다. 주파수와 같은 몇 가지 항목은 고장으로 이어지는 장치이용의 경향을 예측하거나 경고할 수 있기 때문에 수도업계에 혜택을 주게 될 것이다. 조사연구되어야 할 펌프 용량을 제어하는 것에 관한 한 가지 방법은 원리적으로 에너지효율을 좋게 하는 베인의 각도조절이다. 수도사업체에서 에너지소비의 대부분을 펌프운전이 차지한다는 것을 고려할 때에 펌프운전효율을 개선하는 방법이 조사연구되어야 한다.

22.1.7 제9장 상수원의 제어

수질과 수량에 관계되는 원수와 지표수 및 지하수의 모델링은 많은 조사연구의 필요성이 있다. 특정 수원에 대해 주문된 모델을 개발할 수 있는 경우는 대단히 유익하다. 사용자는 모델의 범위 내에서 자기들이 공급받고 있는 수원의 특징을 알고 예측을 하며 가뭄이나 홍수, 또는 유해한 독성물질의 누출에 기초하여 무엇을 해야 할 것인가를 상정할 수 있다.

또 기상현상을 명확하게 하고 기상예측결과를 향상시키기 위한 조사연구도 필요하다. 연구자는 중대한 폭풍우를 사전에 예측하기 위하여 기상연구기관의 연구자로 참가할 수도 있다. 이에 따라 폭풍우가 수도시설에 영향을 미치기 전에 수도시설에 필요한 사항을 변경할 수 있다.

22.1.8 제10장 정수장의 공정제어

조사연구가 가장 필요한 분야는 공정최적화를 위한 공정모델의 개발이다. 제10장에서는 2개의 모델이 제안되었다. 공정의 전체적인 최적화를 위하여 고안된 첫 번째 모델은 공정조작과 약품 및 에너지 이용을 향상시키는 동시에 명백하게 자본을 회수하게 된다. 두 번째 모델은 수질에 기초한 모델로 일시적인 오염이나 원수 수질에 중대한 변화가 생긴 경우에만 사용되는 모델이다. 이 모델의 목적은 약품주입량 변경(주입률과 약품의 종류)과 최종적인 수질을 유지하면서 오염물질을 제거하기 위하여 필요한 최대유량을 결정하는 것이다. 판명된 오염물질이나 오염원에 대한 처리공정의 대응을 예측할 수 있는 것은 비약적인 전진이다.

그 밖에 조사 연구가 필요한 영역은 통일된 PLC용 고차의 소프트웨어컴파일러 개발이다. 이와 같은 개발은 고차의 공정관리컴파일러프로그램을 모든 PLC와 병용할 수 있는 것을 의미한다. 이 결과 수도사업체는 PLC끼리를 상호 접속시킬 수 있으며 공정관리 개발에도 동일한 소프트웨어를 이용할 수 있다.

또 소독제나 응집제와 같은 정수약품에 대한 수요량 측정센서의 개발도 필요하다. 응집제나 소독제의 주입요구량을 감지할 수 있는 값싸고 신뢰성이 높은 센서를 개발하는 것이 고도의 제어를 적용하는 경우에는 대단히 중요하다.

또 정수장 운전에 신경망컴퓨터시스템과 같은 다른 지능시스템과 전문가시스템 이용에 관한 조사연구도 필요하다. 정수장이나 배수시설 운전에 20년 또는 30년 종사한 직원이 퇴직하거나 다른 직장으로 배속된 경우에는 이 사람이 터득하였던 굉장한 직관적인 지식을 쓸모 없게 된다. 이러한 지식을 검색하고 유지하기 위한 전문가시스템 이용이 지극히 중요한 조사연구이다.

센서에서부터 컴퓨터에 이르기까지 공정관리장치의 호환성을 갖게 할 수 있는 표준통신프로토콜 개발도 또한 대단히 중요한 조사연구분야이다. 또 정수장과 원격펌프장을 무인으로 운전할 때의 안전성과 보안에 관한 조사연구도 필요하다. 이것은 무인운전에 관한 여러 규제 설정을 촉진시키는 동시에 보다 비용 대 효과가 높은 시스템으로도 이어진다.

22.1.9 제11장 송·배수시설의 제어

송·배수시설의 모델설계(이러한 모델은 오늘날 이용할 수 있다)관점에서가 아니라 실시간 애플리케이션과 송·배수시설의 제어에 관해서도 송·배수시설을 기술하는 모델이 꼭 필요하다. 우발적인 사건에 사용될 모델과 에너지최적화와 누수감지를 위한 "What if" 분석에 사용될 모델을 개발하는 것이 대단히 중요하다. "항목인식법"은 관망해석에 대한 모델의 새로운 방법이다. 평균유속공식에서 정수를 선정하고 총유량과 한 점에서의 유출량을 가정하며, 수량과 관망내벽표면과의 반응계수를 어림하는 등 여러 종류의 가정과 근사법을 포함한다. 모델링의 새로운 방식은 더 많은 조사연구를 필요로 한다. 또 수질과 마찬가지로 수량에 관한 실시간 관망모델의 개발도 중요하다.

배수시설 내의 압력문제와 수질문제를 예측하는 것은 수도사업에서 큰 이점이 될 것이다. 송수관망과 배수관망 내에서 누수방지를 위하며 지질상과 지세상의 조건 때문에 압력을 낮추어야 할 필요도 종종 있다. 이러한 경우에는 감압밸브가 사용된다. 불행하게도 이러한 방법을 채택하면 상당한 에너지가 손실될 수 있다. 영업용 배전선에 연결된 규모가 작더라도 상당히 날렵한 수력발전기를 사용하여 손실되는 에너지를 회수할 수 있다. 이 방법을 채택하려는 시도가 영국과 일본에서 시작되었다.

배수관망의 지점에서 염소를 주입하는 다점염소처리에 대해서도 장래의 조사연구에서 고려해야 한다.

22.1.10 제13장 검침과 수요가정보시스템

자동계량기검침(AMR)은 그 개념과 기술이 실용적인 것을 증명할 수 있는 수준으로 개발되었지만 아직까지는 대부분의 수도사업체에 경제적으로 만족할 수 있는 수준에는 달하지 못하였다. 따라서 규모의 경제를 달성하기 위하여 가스공급회사 및 전력공급회사와 공유되는 자동계량기검침시스템의 설치와 운전 및 관리에 관한 조사연구와 개발이 필요하다. 자동계량기검침장치의 표준화도 개발되어야 한다.

누수감지장치와 압력센서와 같은 것을 유량계에 덧붙일 수도 있으며 자동계량기검침시스템에 의해 많은 부가가치를 창출할 수 있는 부가적인 특성에 관한 조사연구도 필요하다. 개별 아파트와 살수용관 등의 측정에 설치하기 쉬운 소형 인라인계량기의 개발도 중요하다.

조직 전체에 걸쳐서 센서, 제어장치, PLC와 컴퓨터에 대한 감시와 제어기능에 계량기검침기능을 편입시키는 통신프로토콜이나 구조의 개발도 필요하다.

수요가정보시스템은 충분히 개발된 애플리케이션이다. 그렇지만 처리에 관한 몇 가지 영역에 관해서는 아직 개발노력이 필요하다. 이러한 영역개발은 수도사업체가 고수준의 수요가서비스와 소형 시스템용의 효과적인 CIS설계를 달성하게 할 수 있다.

22.1.11 제14장 지리정보시스템(GIS)

GIS에 대해 조사연구가 필요한 분야는 디지털 지도 작성의 공업기준 개발과 수도산업에서 응용하기 위한 기본지도의 개발을 들 수 있다. 현재 GIS는 광범위하게 이용되고 있지만 수도산업에서는 이에 대한 기준이 거의 없다(1991년 일본 관로시스템 연수센터). GIS애플리케이션을 위한 교육훈련에 대한 성능기준을 개발하는 것이 필요하다. 제어시스템과 GIS 시스템 및 보수시스템을 통합하는 표준데이터유통 인터페이스를 개발하는 것도 지극히 중요하다. 실시간 관망 분석과 GIS 및 보수와의 링크가 수도업계의 생산성을 향상시키기 위한 주요한 핵심요소 중의 하나이고 이 분야에서의 조사도 필요하다. 변환방법도 조사연구해야 할 또 한 분야이다. 요구되는 현장데이터의 정확도 또는 해상도(resolution)는 데이터 수집

> **일본에서의 정수장 무인운전**
>
> 정수장의 무인 운전은 기술적으로는 가능하다. 일본의 이시카와현(石川縣)에 있는 사이카와 정수장은 무인운전하고 있지만 보수기능직원은 상주한다. 보덴호수와 사이카와 강에서 맑고 안정된 물을 취수하고 있다.
> 정수장은 리스크관리에 관련하여 상시 직원이 상주하고 있다고 많은 사람들은 믿고 있으며, 조작상의 문제가 발생하더라도 운전자의 판단을 기대하고 있다. 오늘날의 컴퓨터는 정상시 뿐만 아니라 이상시에도 정수장의 조작이 가능하다. 기술자의 경험에 의해 기술된 컴퓨터 프로그램으로 컴퓨터가 대응하도록 한다는 사실이다.

비용과 변환비용에 영향을 미친다. 따라서 지능형 주사기술과 같은 최신 데이터 수집방법과 변환방법을 연구해야 한다. 끝으로 GIS시스템 내의 규모나 해상도를 변경함으로써 허용되는 기준개발이 공통 애플리케이션으로 여러 수도사업체의 참여를 허용할 수 있다.

22.1.12 제15장 수질시험실 정보시스템

수질시험실 정보시스템 분야에 관한 조사연구는 연구소 내의 자동계기류와 실시간 정보시스템간의 통신프로토콜에 대한 시방서 개발을 포함해야 한다. 이와 같은 프로토콜을 개발함으로써 수질시험실 정보가 분석되자마자 이러한 데이터를 운전자와 보고담당요원이 입수할 수 있게 된다. 또 수질시험실 정보와 보고서를 표시하기 위한 개선된 GUI를 개발함으로써 이러한 데이터를 이용하는 화학자와 운전보고담당요원의 생산성을 향상시킨다. 기준과 과학기술 개발에는 수질시험실데이터의 품질보증절차를 위한 전문가시스템 개발도 포함해야 한다. 적절하게 분석되었는지를 확인하기 위한 전자서류추적(electronic paper trail)을 확립하는 것은 수질시험실정보시스템에서 큰 진보이다.

22.1.13 제16장 보전관리시스템

예방보전관리와 사후보전관리간에 최적의 균형을 유지해야 한다. 반응적(reactive : 무엇인가가 일어나고 나서 대처하는 것)인 보전관리방법으로부터 전향적(preactive : 사전에 대처방법을 생각하는 것)인 방법으로의 이행방법을 나타낸 매뉴얼이 필요하다. 수도사업체가 반응적인 보전관리방식으로부터 전향대상인 보전관리방식으로 이행함으로써 이와 같은 이행 논거를 명확하게 해야 한다. 앞에서 설명한 바와 같이 고장이 발생하기 전에 일어날 수 있는 절박한 문제를 표시하는 예방보전관리를 위한 스마트센서 개발이 필요하다. 또 보전관리 면에서 문제를 진단하고 보전관리의 필요성을 확인하기 위한 인공지능을 사용하는 전문가시스템을 개발하는 것도 중요하다. 또 비금속관의 부식감지기술과 고장감지기술 개발도 필요하다.

22.1.14 제17장 누수방지방식

온라인환경에서 사용할 수 있는 기술과 계기류를 포함하여 전체 배수관망에서의 누수를 판단하고 제어하기 위한 방법도 개발해야 한다. 발생음측정법에 의한 데이터수집과 누수감지에 대한 기술도 충분하게 개발되어야 한다. 또 야간시간대에 배수관망에서의 누수를 검사하기 위하여 손실수두가 작은 유량계 또는 저류량에서도 정확하게 측정할 수 있는 유량계를 개발하는 것도 필요하다. 또 소규모나 대규모 배수관망에서 사용할 수 있는 체계적인 누수감지프로그램을 실시간 시스템으로 연결된 계기류를 포함하여 가변식 방법의 분야에도 조사연구가 필요하다.

22.1.15 제18장 비상 대응

오늘날에는 비디오모니터를 사용하여 물고기 행동을 감시하는 생물감시시스템(Biomonitoring System)을 이용할 수 있으며, 전문가시스템은 물고기의 행동을 해석하는데 사용되고 있다. 우발적이나 고의로 독극물이 누출될 위험성이 있는 수원에서는 온라인으로 문제를 감지할 수 있는 이러한 종류의 시스템 개발이 중요한 진전이다.

처리가능성에 관한 예측모델은 긴급사태에 효율적으로 대처하는데 유용하다. 이러한 시스템들은 개발되어야 하고 세련되게 해야 한다. 오염물질 누출을 상정하고 이러한 예측모델은 처리구성 면에서 문제를 예측하고 대체처리방법을 제안하며, 가능한 처리수의 수준을 예측하고 오염물질의 배수모델을 작성해야 한다.

수도산업이 점점 더 기술에 의존하게 됨에 따라 컴퓨터바이러스에 대한 보호시스템의 개발이 중요하다. 따라서 컴퓨터바이러스 감지와 보호시스템 개발에 수도사업체가 참여해야 한다.

재해대책을 관리하기 위한 전문가시스템 이용은 명백하게 중요하므로 이와 같은 이용방법을 개발함과 동시에 이러한 성과를 논증해야 한다. 전문가시스템은 정전이나 태풍, 지진, 기

> **일본에서의 계량기 규제**
>
> 일본에서는 급수용 계량기는 거래용 계량기로 취급되며 계량법에 의하여 규제된다. 법적인 수명 또는 법적인 보증기간은 금속제 계량기는 6년, 플라스틱계량기는 8년으로 규정되어 있다.
> 모든 급수용 계량기는 유효기간 내에 승인된 계량기로 교체해야 한다. 이 승인된 계량기는 수선하거나 재조정 또는 3회에 한하여 재사용할 수 있다.
> 시간이 경과됨에 따라 계량기의 정확도가 떨어지는 것은 당연하며, 도쿄도에서 사용되는 250mm의 대구경 계량기는 수도국 내규에 의해 1년마다 교체되고 있다.

기타 큰 재해에 대처하는 취급자를 지원하기 위하여 각 수도사업체별로 개발할 수 있다.

22.1.16 제19장 조직과 인사관리 및 제20장 표준화

수도사업체에서 사용자에게 동기부여와 장려용 과학기술을 조사연구하는 것이 중요하다. 대부분의 수도사업체는 비영리조직이며 비영리적인 환경에 있는 직원들에게 동기를 부여하고 사기를 진작시키는 방법을 검토해야 한다.

조직과 직원에 관해 조사해야 할 분야로는 자동화를 채택함으로써 수도사업체가 달라진 영업을 전개하도록 하기 위한 수도사업체를 편성하는 방법을 연구하는 과제가 있다. 과학기술의 장점을 활용하여 조직을 어떻게 발전시킬 것인가에 관한 조사연구도 중요하다.

사업체간에 보다 원활하게 의사소통을 하기 위하여 운전매뉴얼과 보수매뉴얼에 관한 소프트웨어를 표준화하는 것도 필요하다. 또 수도사업체에서 직원의 능력개발과 훈련을 위하여 전문가시스템이나 인공지능에 관한 개발연구에 참여하는 것도 대단히 중요하다. 이와 같은 방법을 사용함으로써 한 사업체로부터 다른 사업체에까지 훈련과 개발이 전달될 수 있다.

22.1.17 제21장 미래에 대한 전략적 계획

통합데이터베이스의 안전을 관리하고 제어하기 위한 조사연구가 필요하다. 기술과 통합데이터베이스에 대한 조직의 의존도가 높아짐에 따라 테러행위와 컴퓨터바이러스 및 직원에 의한 태업행위와 같은 문제가 보다 현실적으로 되고 있다. 수도사업체의 데이터베이스를 보호하기 위한 방법에 대한 조사연구에 수도사업체가 관계하고 개발해야 한다. 또 컴퓨터모델 교정과 검증을 위한 기술개발도 중요하다. 소프트웨어모듈과 수질 및 수량모델의 개발은 각 수도사업체마다 개별화, 검증, 그리고 교정할 수 있도록 해야 한다.

끝으로 컴퓨터통합화를 적용하는 수도사업체에 대하여 필요한 이유와 이익 및 기준을 요약한 기술서류 개발에 관해서도 조사연구와 활동이 필요한 분야이다. 컴퓨터통합화란 무엇이며 통합화를 어떻게 달성할 것인가에 대하여 수도사업체의 관점에서 본 포괄적인 서류는 수도산업에서 유익하다.

22.1.18 기타 조사연구의 필요성

수도산업은 대단히 보수적이며, 신기술이 안전하고 긍정적인 결과를 가져온다는 것을 증명함으로써 시범과제(demonstration project)가 신뢰를 구축하게 되고 기술응용을 요구하는데 유용하다. 또 통합시스템과 GIS애플리케이션, 표준고도소프트웨어모듈, 자동계량기검침, 수질센서 등의 시범과제도 수도산업이 응용기술 쪽으로 이행하도록 할 수 있다. 정수장과 펌프장을 무인으로 시범 운전하는 것도 중요하다.

가장 필요한 작업 중의 하나는 수도사업체의 컴퓨터통합 작업이라는 것을 확인하면서 경험에 기초를 둔 개발작업이다. 이러한 작업은 수도사업체 직원들이 이러한 시스템을 성공적으로 실시하였던 사람들을 참고하고 그들의 경험으로부터 이익을 얻었을 수 있을 것이다.

22.2 조사연구의 우선사항

이 책에서 확인된 조사연구는 여러 분야를 취급하고 있다. 그러나 이 책을 집필하는데 참가한 모든 사람들은 계측제어와 컴퓨터통합화를 위한 우선 사항으로 다음 5개 주요 분야의 조사연구로 분류할 수 있다는 의견일치를 보았다. 그 주요 분야는 다음과 같다.
1. 자동화된 수도시설의 컴퓨터 통합화를 위한 통신프로토콜의 기준을 개발한다.
2. 수도시설 자동화를 위한 기능적인 소프트웨어모듈의 표준화를 실행할 수 있는지를 조사 연구한다.
3. 기본측정항목(유량, 압력 등)과 2차측정항목(수질)을 위한 보다 정확하며 신뢰성이 높으면서 비용도 적게 들고 보수의 필요성도 적은 스마트변환기(센서)와 함께 예방보전관리용의 센서를 개발한다.
4. 정수장과 원격설비의 무인운전을 포함하여 안전면과 보안면에 대해 조사한다.
5. 배수시설제어와 수질예측을 위한 실시간 관망모델을 개발한다.

주요한 조사 연구분야의 상세한 것에 관해서는 부록 A에 기재한다.

22.3 수도산업 대응의 결집

수도사업은 특히 거대한 업계라고 할 수 없다. 따라서 필요한 조사연구를 위한 시장규모도 그리 크지 않다. 이러한 이유 때문에 조사연구가 필요한 분야를 개발하도록 촉진하기 위하여 모든 가능한 자금조달원이 뒤따라야 한다. 이러한 자금조달원에는 다음 것들이 포함된다.

- 미국수도협회연구기금(The American Water Works Association Research Foundation)
- 수도사업체 기관
- 장치공급자・제작사
- 규제당국
- 계측제어검사협회(The Instrument Testing Association)
- 미국계측제어협회/용수 및 폐수산업부(The Instrument Society of America/Water and Wastewater Industry Division : WWID)
- 이러한 설계분야에 관계되는 건축공학 기업

이 목록은 단지 출발점으로 제공될 뿐이다. 이러한 각 자금조달원은 기여도를 극대화하기 위하여 세련되게 해야 하는 동시에 프로그램을 개발해야 한다.

22.3.1 현재까지의 경험

이 책에 수집된 정보에 의하면 현재 어떠한 연구가 이루어지고 있는가? 이 책의 집필에 공헌한 국가는 미국, 일본, 영국, 프랑스, 캐나다 등이다. 따라서 이들 각 나라에서의 조사연구계획과 주안점 및 자금조달방법에 대하여 주석을 붙이는 것이 타당하다고 본다.

1) 일본

일본 수도사업체의 상수원은 미국의 경우와 비교하면 산업폐수 오염에 대해 훨씬 취약하다. 이 때문에 상수원과 전체 처리공정의 수질감시에 중점이 두어지고 있다.

일본에서는 일본수도협회가 수도공급에 관한 조사연구의 중심적인 역할을 한다. 협회는 후생성 공무원과 국립공중위생연구소와 국립수질시험소, 수도사업체로부터 기술자, 용역회사와 제작회사, 대학의 교수, 그 외 조사연구 목적의 사람들로 조직되어 있다. 물론 협회자체는 수질시험실을 가지고 있지 않지만 수도협회는 실험을 수행하는 수도사업체와 제작자 및 대학교들과 협동한다.

또한 일본수도협회 이외에도 수도공급분야에서 과학기술개발을 적극적으로 이끌어나가는 다른 조직들이 있다. 이러한 조직들 중에는 일본수도관망연구센터, 일본수처리공정협회, Mac-21 프로젝트(막여과기술의 채택), 일본물재이용촉진센터 등이 있다. 물론 어느 정도 큰 도시에는 자체 조사연구소를 가지고 있다. 예를 들면, 도쿄도 수도국은 신기술을 검사하는 현장기관이다.

2) 영국

영국에서 추진된 것이 수도사업체의 민영화이다. 현재 많은 수도사업체가 민영화되었고 이러한 수도사업체에는 수요가 서비스분야의 과학기술응용에 중점을 두고 있다. 새로운 민간수도사업체에 부과되는 많은 규제를 따르기 위하여 이러한 수도사업체들은 수요가서비스가 잘 되는 것을 증명하기 위하여 소프트웨어시스템을 개발해야 한다. 새로운 민간수도사업체의 효율과 능률을 높이기 위한 보전관리시스템과 기타 애플리케이션을 개발하는 데에도 중점이 두어지고 있다.

3) 프랑스

프랑스도 또 수도사업의 민영화라는 움직임이 진행되고 있다. 프랑스에서는 제작자/사업체간에 대단히 강력한 파트너십이 존재한다. 프랑스에서는 수도사업체가 효과적으로 응용할 수 있는 장치가 만들어지도록 하기 위하여 민간수도사업체와 공공수도사업체는 기본적인 조사연구를 실시하는 제작자에게 크게 의존하고 있다. 장치제작사/수도사업체의 협력관계가 대단히 유익한 것이 실증되고 있다.

4) 캐나다

캐나다의 각 주에는 독자적인 규제기관이 있다. Ontario주 등 몇 주는 규제기관이기도 하면서 대소규모의 수도사업을 운영하는 모체로서의 기능도 하고 있다. 이러한 주 정부는 정보시스템분야를 조사연구하고 지원함과 동시에 조사연구의 결과를 규제받는 모든 수도사업체에서 이용할 수 있도록 하고 있다.

5) 미국

미국에는 민간수도사업체와 공공수도사업체의 두 가지가 병존하고 있다. 적극적인 민간수도사업체와 공공수도사업체는 독자적인 조사 연구활동을 하고 있다. 계측제어류에서부터 자동화에 이르기까지의 과학기술응용에 관련된 조사연구로 연간 10만~50만 달러를 사용하는 진보적인 수도사업체도 드물지 않다. 이러한 조사 연구활동은 이러한 사업체를 뒤따르는 다른 사업체의 모델로 간주되어야 한다.

22.3.2 행동계획

여러 자금조달원을 조정하고 결과를 달성할 수 있게 노력을 결집시키는 행동계획이 필요하다. 다음에 이와 같은 행동계획을 위하여 제안된 체제를 나타낸다.

1) 미국수도협회 연구기금(AWWA Research Foundation : AWWARF)

총력결집을 위한 기관의 하나로 AWWARF의 활동을 들 수 있다. AWARF는 자동화 기술에 관련되는 활동에 자금투입을 최우선으로 해야 한다. 또 자동화 기술의 중요성을 설명하는 보다 많은 홍보활동과 광고 및 마케팅정보를 출판해야 한다. AWWARF는 각 수도사업체에 대해 방법을 선도해야 하고 지도력을 발휘해야 한다.

2) 규제당국

전세계의 규제기관들은 수도사업체의 많은 시스템을 감시하고 경우에 따라서는 자동화를 요구하는 규칙을 발표하고 있다. 다만, 유감스럽게도 이러한 규제기관에서는 수도사업체를 지원하기 위한 거액의 자금을 제공하지는 않는다. 한 예로서 규제기관은 수도사업체가 감시해야 할 오염물질의 우선 목록을 나열하고 있지만 이러한 오염물질들을 어떻게 감시할 것인가에 관해서는 각 수도사업체에 맡기고 있다. 미국 환경보호청과 같은 규제기관은 안전음용수법(SDWA)과 같은 법률을 적절하게 실시할 수 있도록 하기 위하여 보다 많은 자금을 제공해야 한다.

3) 계측제어검사협회(Instrument Testing Association : ITA)

최근 설립된 ITA는 잠재적인 수도용과 폐수용을 위한 계측제어를 검사하기 위한 비영리 민간조직이다. 이 국제조직의 주요기능은 대체계측제어류의 이용에 관한 기준을 각 수도사업체에 제공하여 대체공급업자의 장치를 검사하는데 있다. 이 조직은 센서와 제어장치 및 기타의 기술에 관하여 필요한 조사연구를 AWWARF에 촉진하기 위하여 토론회를 개최할 수 있다.

4) 장치공급업자, 제작사

유럽과 일본에서는 장치공급업자, 제작사, 수도사업체간에 협력하는 파트너십이 강하다. 그렇지만 미국에서는 장치공급업자와 제작사는 시장에 눈을 돌리고 시장의 요구에 따르고 있다. 따라서 미국에서는 응용기술시장이 새로운 센서와 장치개발을 촉구할 것이라고 생각한다. 이것은 AWWARF가 민간과 공공수도사업체에 대한 응용기술의 방향으로 가는 것을 장려할 필요가 있다는 것을 의미한다. 이것은 나아가서는 새로운 장치개발이라는 시장요구에 부응할 수 있도록 장치공급업자와 제작사에 장려책을 제공하는 것이다.

5) 수도사업체

대부분의 수도사업체에서 응용기술을 모두 수도사업체 내에서 실시하기 위하여 조사연구예산을 각 수도사업체에 편성하는 것이 필요하다. 정수처리장치와 배수용 장치 시장은 비교적 작기 때문에 시장이 조사 연구만에 힘을 쏟을 수가 없다. 따라서 각 수도사업체는 이 책에서 논의하였던 추진력과 수요를 충족시키기 위하여 보다 많은 기술을 받아들이는 방향으로 움직이도록 개별적인 노력을 해야 한다.

6) 미국계측제어협회(Instrument Society of America : ISA)용수 및 폐수산업부 (Water and Wastewater Industry Division)

이 조직의 목적은 수도와 하수도분야의 공공사업체를 연결시키고 이들 업계에서 계측제어기기의 효과적인 이용을 촉진시키는데 있다. ISA에서는 표준화 절차와 훈련 자료를 제공하고 있다. 사용되는 계측제어기기 분야에 대하여 각 수도사업체가 기준과 기본 조사연구를 개발하는 구조이다. ISA는 적절한 연구가 이루어지도록 하기 위하여 노력해야 한다.

7) 요약

행동계획은 통합된 수도사업체의 비전을 가능하도록 하기 위하여 기존자원에 중점을 두고 기존자원을 조정해야 한다. 특히 다음 2가지가 특히 중요하다. 우선 첫째로 AWWARF는 응용기술분야에서 지도적인 임무를 완수해야 한다. 그 다음으로 수도사업체를 전진시키기 위해서는 신뢰성과 정보를 갖춘 집합조직으로서 AWWARF가 이행하는 것에 수도사업체의 조사연구계획을 추가해야 한다. 컨설턴트, 제작사, 장치공급업자는 이와 같은 작업에 참여해야 한다. ITA와 같은 조직과 각 수도사업체 및 AWWARF는 수도산업 발전을 지원하기 위하여 컨설턴트, 장치공급업자, 제작사와 협력해야 하고 동시에 수요가가 요구하는 우수한 수질을 계속 공급해야 한다.

참고 문헌

日本水道管路技術센터, 水道管路情報管理매뉴얼(基礎編), 1991
日本水道管路技術센터, 水道管路情報管理매뉴얼(應用編), 1993

부록 A 우선 조사연구의 필요성

 이 책의 각 장을 집필하는 과정에서 각 장의 저자들은 자기분야의 조사연구가 필요하다는 것을 명확하게 하였다. 각 장의 조사연구 필요성은 일본수도협회와 미국수도협회 연구기금이 합동으로 열린 저자들 연석회의에서 제시되었고, 다음 5개를 우선 조사연구해야 한다는 필요성을 확인하였다.

 우선 조사연구에 관한 각 과업설명서가 작성되었고 검토하기 위하여 연구기금의 조사연구 자문위원회(Research Foundation's Research Advisory Council : RAC)에 제출되었다. 1993년 7월에 AWWARF는 5개의 프로젝트 중에서 2개 과업(project) 즉, 수도사업체의 통신구조를 변경시키기 위한 전력조사연구원(Electric Power Research Institute : EPRI)과의 합동과업이고, 또한 정수시설에 대한 자동화 관리계획을 확장시키고 개명시킨 무인화 시설과업이다. 나머지 과업은 다음 해에 RAC에 다시 제출하게 될 것이다.

프로젝트 : 전력조사연구원(EPRI)의 컴퓨터 통신기준(UCA 1.0)을 개정하고, 수도사업체의 통신사용자를 포함한 EPRI와의 합동과업

 캘리포니아주 파로알토(Palo Alto)에 있는 전력조사연구원(EPRI)에서는 "유틸리티통신 아키텍처(Utility Communication Architecture : UCA)"라는 자동시스템의 통신기준을 개발하기 위하여 수백만 달러의 자금을 투입하고 있다. UCA는 표준자동화 절차나 프로토콜을 사용하여 여러 가지 시설의 관리용과 조작용 컴퓨터시스템이 정보를 교환할 수 있게 한다.

 일리노이즈주 시카고시에 있는 가스조사연구원(Gas Research Institute : GRI)은 가스설비 자동화 시스템을 통합하기 위한 통신기준을 개발하기 위하여 총액 110만 달러가 들어가는 2년간의 프로그램을 개시할 것을 제안하고 있다. 이 프로그램에서는 가스업계의 통신소요를 평가하고 EPRI, UCA가 이 소요에 적합한 범위를 결정하는데 중점을 두고 있다.

GRI와 EPRI는 필요한 변경사항에 대하여 협의하고, UCA의 공통전기가스 버전을 개발하는 것을 계획 중이다.

지리정보시스템, 관리정보시스템, 자동지도작성/설비관리시스템, 자동계량기검침시스템, SCADA시스템 등과 같이 자동시스템이 데이터를 공유할 수 없기 때문에 가스업계가 직면하고 있는 문제와 비효율성을 수도업계도 동일하게 직면하고 있다. 이들 시스템이 상호 통신할 수 없는 것은 수도사업체에는 비용도 들고 비효율적이다. UCA와 같은 통신기준이 있으면 수도사업의 자동화 실시에 큰 장벽 중의 하나를 제거하는데 유용하기 때문에 수도업계는 큰 혜택을 받을 수 있을 것이다.

1991년에 수도업계의 EPRI's UCA의 응용가능성을 조사하기 위한 타당성조사를 실시할 것을 RAC가 제안하였고, 이사회에서는 자금을 승인하였으며 또 수도사업의 통신수요를 실제로 UCA에 편입시키기 위한 1992년의 프로젝트에 대한 자금마련도 승인하였다.

일리노이즈주 시카고의 자동검침협회(Automatic Reading Association)와 미네소타주 세인트폴의 EMA서비스사에 의해 실시되었던 타당성조사에서는 UCA가 수도사업체의 자세한 수요를 포함하고 있다고 판단되었다. 다만, 수질문제와 UCA에는 포함되지 않은 상수원의 감시, 제어, 관리와 같은 수도사업특유의 분야도 있다. 또 타당성조사는 수도사업체에서는 수요가 서비스분야에 상당한 중점이 두어지고 있다.

타당성조사의 결과를 토대로 그려진 **그림 A-1**은 그 조사과정을 나타내고 있다. UCA의 기능정의에 더하여 수도사업의 기능정의(functional definitions)를 함으로써 비교하였다. 이 도면에서 기능이 같거나 또는 유사한 곳에 대한 기능정의는 대부분이 중복된 것을 알 수 있다. 또 수도업계나 전력업계에는 회색 또는 검정색 영역으로 나타내어진 고유의 기능요구사항이 있다.

1991년에 자금을 들인 타당성조사는 적절한 통신그룹을 결정하는 과정으로 수행되고 있다(도면의 중앙부 좌측). 통신요구의 최종결정, 적절한 기준의 확인 또는 개발 그리고 잠재적인 수도사업 변화에 대처하기 위한 UCA의 수정은 AWWARF와의 합동 프로젝트로서 EPRI 계약자에 의해 달성될 것이다.

1991년 AWWARF에 의한 타당성조사의 일환으로 개발된 "작업범위(scope of work)"에 기초하고, EPRI와의 작업범위를 최종적으로 정하고 AWWARF의 비용분담을 성립하는 교섭이 1991년 11월에 시작되었다. 1992년 1월 AWWARF의 이사회는 UCA의 수정에 따른

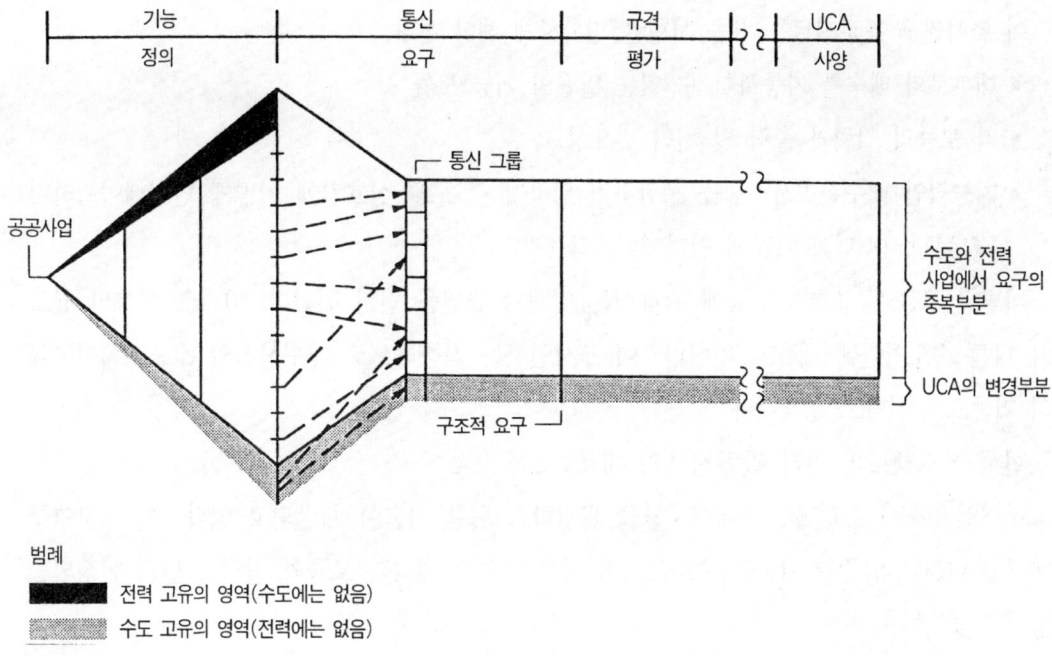

른 자금부담을 승인하였다. EPRI에서는 UCA의 수정과 업데이트작업에 이미 착수하였으며 이러한 작업의 대부분은 1992년부터 1993년 중에는 완료될 수 있다고 보았다.

프로젝트 : 배수시설자동화를 위한 기능소프트웨어모듈의 표준화에 관한 타당성조사

수도사업에서는 배수시설의 원격감시와 관리에 많은 자금이 투입되고 있다. 이와 같은 원격감시와 관리에 사용되는 시스템을 감시제어 및 데이터수집(SCADA)시스템이라고 한다. 수요량예측, 공급평가, 옵션의 펌프대책 등을 위한 소프트웨어를 보다 경제적으로 추가할 수 있으면 이미 설치되었거나 장래 설치예정인 SCADA시스템으로부터 추가적인 혜택을 얻을 수 있다고 본다. 현재의 입장에서는 리스크와 개발비용 때문에 이와 같은 시도는 소수의 SCADA사용자에게서만 시행되고 있다.

이 기술 보급으로 발생되는 절약효과는 상당할 것이라고 생각된다.

전력사업체에서는 유사한 전력사업용 소프트웨어모듈을 표준화함으로써 이와 같은 문제를 극복하고 있다. 그 결과 전력사업체는 시스템운전을 최적화한 세련된 소프트웨어를 일상적으로 사용하게 되었다.

조사연구의 접근방법

이 조사연구 프로젝트는 다음 사항을 명확하게 해야 한다.
- 대부분의 배수를 자동화할 수 있는 일련의 기능 모듈
- 각 모듈의 입력과 출력 및 처리 필요성
- 기능적인 배수관리시스템을 생산하기 위하여 각 모듈 상호간에 어떻게 인터페이스하며 SCADA시스템과 어떻게 인터페이스하는가?

식별된 모듈과 상호접속 등에 관해서는 업계의 승인을 얻기 위하여 10개소 이상의 규모가 다른 수도기관에 제출될 것이다. 이 조사연구는 최종적으로 배수시설의 소프트웨어모듈의 기준으로 된다고 생각된다.

현행 프로젝트와 기타 관련정보의 개요

전력업계에는 표준 소프트웨어모듈을 확정하기 위한 기술이 개발되고 있다. 이 조사연구에서는 이러한 입증된 기술을 수도사업에 적용하고 그 개념과 모듈의 정의가 널리 인정되는 방책을 찾는다.

프로젝트 : 무인시설(완전 자동화된 정수장과 펌프장)에 관하여 규제당국과 수도사업체의 문제점을 나타내는 지침작성

현재 수도사업은 종래보다 한층 더 원가를 절감하고 서비스를 향상시켜야 한다는 압력을 받고 있는데, 한편에서 여러 규제에 따라 많은 데이터와 보고서 및 분석이 필요하다. 서비스를 향상시키고 증가하는 보고의무에 대처하면서 원가를 절감해야 하는 상반된 목적을 충족시키기 위해 현시점에서는 자동화가 주요한 수단이다. 소규모 펌프시설의 무인운전은 현실화되고 있는데 정수장과 많은 대규모 펌프시설은 완전 자동화된 경우에도 일반적으로 24시간 직원을 배치하기 때문에 자동화의 이점이 줄어든다.

사업체가 자동화된 시설을 충분히 이용하기 위해서는 시설이용의 장애물을 제거해야 한다. 이러한 장애물에는 발생할 수 있는 안전성과 수질 및 긴급상황과 관련하여 규제당국이나 수도사업체와 관련되는 경우가 많다. 다른 장애물로서는 무인시설의 입안이나 설계단계에서 사업체가 갖추어야 할 기준이 부족하다는 것을 들 수 있다. 이와 같은 형태의 자동화 설비는 유럽의 수도사업체에 사용되고 있다.

조사연구의 접근방법

이 프로젝트는 수도사업체와 규제당국에 관련되는 문제에 대처할 수 있는 동시에 수도사

업체가 자동화의 이점과 경제성을 더욱 실현하도록 하는 정수장 및 다른 자동화된 시설을 무인운전하는 것에 관한 일련의 지침을 설정하는 데에 목적이 있다.

이 프로젝트에서는 북아메리카에서의 현재 상황을 문서화함과 동시에 무인시설의 운용에 대한 당국의 규제를 포함하여 수도산업과 관련된 문제점을 확인하고자 한다. 그 과정으로 각 주에서의 요구조건과 수도사업체의 문제점 및 기술적 제약 등과 같은 장애물들을 가능한 한 광범위한 표현으로 문서화한다(RAC에서는 최저한 10개 주의 기관을 포함할 것을 제안하고 있음).

이러한 문제에 대한 해결방안으로 제안되는 동시에 신뢰할 수 있는 조작으로 필요한 주요한 조작항목이 명확해진다. 프로젝트는 설계고려사항, fail-safe운전정지순서, 자동화 시설과 휴먼인터페이스간의 통신절차, 시스템 이중화의 요구조건 및 중요하다고 생각되는 기타 분야를 포함해야 한다. 또 비용과 이익을 평가하기 위하여 자동화 비용이나 원가절감에 관한 검토도 포함해야 한다. 이 연구는 각 수도사업체에서 사용할 수 있게 되는 동시에 완전자동화 설비의 설계와 운전에 관한 AWWA의 기준설정과정에도 이용할 수 있는 최종보고서로 완결되어야 한다.

이 프로젝트 자체는 몇 개소의 무인펌프장을 적절한 형태로 검토하고 개조하는 시범프로젝트를 지원할 수 있다. 시설을 무인화시킬 때에 소요되는 비용도 나타낼 수 있다.

프로젝트 : 센서의 개발

자동화 영역에서 가장 연구가 필요하고 또 중요한 분야 중의 하나가 센서이다. 유량과 압력과 같은 기본측정항목 뿐만 아니라 수질과 같은 2차 측정항목에서도 개량된 센서가 필요하다. 수도업계의 요구조건을 충족시키기 위해서는 정확도와 반복재현성을 갖춘 센서가 필요하다.

자동화의 진보에 따라 유량과 압력 등의 기본측정용 센서와 수질센서 양쪽에서 센서 가격이 최대 관심사이다. 저렴한 가격의 센서개발이 중요하다. 또 보수의 필요성이 적은 센서 개발도 중요하다. 측정을 계속하기 위하여 상주기술자를 필요로 하는 수질센서는 수도산업에 이익을 주지 못한다.

특히 다음 분야를 조사할 것을 권장한다.
- 유량과 압력과 같은 기본적인 센서분야에서는 편차를 감지할 수 있어야 하며, 보다 정

확하고 지능형이며 자기교정식인 센서에 대한 연구가 필요하다.
- 수질용에 대해서는 이온선택전극과 같은 사용하고 버리는 방식의 센서를 개발해야 한다는 새로운 개념도 중요하다. 이 개념에서는 특정이온측정용 전극을 사용할 수 있다. 한번 사용하고 버리는 방식의 전극원가는 일단 사용이 끝나거나 화학물질로 피막된 후에는 폐기 처분하거나 재생할 수 있을 정도로 가격이 충분히 저렴해야 한다. 또 이러한 전극 교환에는 복잡하거나 귀찮은 보수절차가 필요하지 않아야 한다.
- 장치의 문제점이나 고장을 조기에 감지하기 위한 진동분석장치나 주파수분석장치와 같은 장치를 감시할 수 있는 센서를 개발해야 한다.

일반인의 수질에 대한 관심이 높아지고 수원 주변에서 공장과 주택개발이 계속 증가하고 있는 것과 관련하여 미국에서는 안전음용수법(Safe Drinking Water Act)과 같은 규제에 따라 보다 많은 수질항목 측정에 대한 수요가 대폭 증가하였다. 이와 같은 측정을 원수와 정수에 대해 실시간 기준으로 높은 정확도로 더 자주 실시해야 한다.

프로젝트 : 배수시설제어와 수질예측을 위한 실시간 관망모델의 개발

이 연구의 목적은 배수시설 내에서 에너지의 최적화와 수질예측을 위한 실시간 관망모델을 개발하는 것이다. 시스템모델에 입력시켜야 할 충분히 많은 주요개소에 대한 다양한 수리항목과 수질항목을 감시해야 한다. 이와 같은 모델은 시스템 내의 지정된 장소에서의 측정치와 계산결과로부터 시스템 전체에 대한 실시간 조작특성과 수질 예측치를 제공하게 된다. 이 데이터요건은 원격측정시스템으로부터 현재 수요량, 장치조작상태, 수질, 또한 충분히 교정된 시스템수리특성(수리모델) 및 감시 중인 수질항목의 반응특성 등이 포함되어야 한다.

배경

에너지비용은 오늘날 수도사업체 관리를 논의하기 위한 운전비용 중에서 가장 큰 비용 중의 하나이다. 2개 이상의 지표수원 사용이 증가함에 따라 배수시설 내의 수질을 이해하는 것과 수질변화를 예측하는 것이 대단히 중요하게 되고 있다. 여러 해에 걸쳐 배수시설 설계에 대하여 관망모델이 이용되고 있으며 오프라인 수질모델은 보다 자주 이용되고 있다. 그렇지만 수도사업체 배수관망의 실시간 운전상태 모델은 일반적으로는 이용할 수 없다. 이것은 배수시설 내에서의 에너지 최적화는 여전히 수작업에 의하며 수질은 측정결과로 관리되고 있다는 것을 의미한다.

다음 2개의 주요한 조작모듈을 사용하는 실시간 조작관망모델을 개발하기 위한 프로젝트에 자금을 투입해야 한다.

- 에너지최적화 모듈
- 수질예측 모듈

이 모델은 실증할 수 있고 수송할 수 있는 것이어야 하며 컴퓨터의 하드웨어상에서 조작할 수 있어야 하고 또 그래픽인터페이스를 포함해야 한다.

이와 같은 모델 개발은 수도사업에서 상당한 경비를 절감하게 되리라고 본다. 또 수질이상을 예측하기 위한 도구로서 수도사업체에 제공될 것이며, 보다 효율적인 제어방식을 개발하고 맛과 냄새 및 색도를 포함하여 수질문제를 예측하는데 유용하다. 이 종류의 관망모델이 현재 프랑스에서 사용되고 있다.

조사연구의 접근방법

먼저 이용할 수 있는 유사한 애플리케이션모듈에 대하여 국제적인 조사연구로부터 출발해야 한다. 관망모듈의 설계는 이와 같은 작업에 의하여 평가되어야 하고 명확한 사양은 최종제품의 속성에 따라 개발되어야 할 것이다. 다음으로 이러한 사양을 만족시키기 위하여 컴퓨터모델이나 전문가시스템을 개발해야 한다.

부록 B

Additional Japanese References

Reprinted From the Japan Water Works Association

Chapter 3

横河電機：技術資料, 1E4C2-05E, 電磁流量計の選擇と使用方法〔Proper Selection and Use of Electro-magnetic Flowmeter, *Technical Information 1E4C-205E*, YOKOGAWA ELECTRIC Corp.〕

カイジョー：ガス流量計, カタログ No.M-431〔Gas Flowmeter, KAIJO Corp., *Catalog No.M-431*〕

日本水道協會：水道用ポンプマニュアル, 1992〔Pump Manual for Water Supply, JWWA 1992〕

加藤研治：PWA方式の可變周波數インバータ驅動ポンプ設備, 第33回全國水道研究發表會論文集, 1982〔Katoh K.：Pump Installation of Variabl Frequency Invertor Drive by PWM System, *Proc. 33th Water Supply Conference* JWWA, 1982〕

トキメック：超音波流量計, カタログ No.683-1-J〔Ultrasonic Flowmeter for Open Channel, *TOKIMEC Catalog No.683-1-J*〕

淸水皇策：無整流子クレーマ方式によるポンプの速度制御，第26回全國水道硏究發表會 1975 11〔SHIMIZU K.：Speed Control of Pump by Kramer System with Commutatorless Motor *Proc. 26th Water Supply Research Conference*, JWWA 1975〕

地福ほか：上水道におけるACドライブシステム，電氣學會全國大會論文集 1987〔JIFUKU et al：AC Drive System for Water Supply Pumps. *Proc. Annual Conference*, Japan Association of Electric Engineer, 1987〕

日本水道協會：省エネルギー水道システムの設計に關する調査報告書 1983〔Research Report of Design on Energy-Saving Water Supply System, JWWA 1983〕

荏原製作所：ポンプ設備便覽〔Manual of Pumping Installation, Ebara Co. Ltd.〕

日立製作所：ポンプ設備計畫便覽〔Manual of Pumping Installation Planning, Hitachi Ltd.〕

日本水道協會：水道施設設計指針・解說 1990〔Design Criteria for Waterworks Facilities, JWWA 1990〕

日本水道協會：水道維持管理指針 1982〔Guidelines for Waterworks Technical Management, JWWA 1982〕

Chapter 4
千本ほか：計裝システムの基礎と應用，オーム社，1987〔SENPON et al；Fundament and Application of Instrumentation System, OHM-SHA, 1987〕

Chapter 7
川野一弘：コンソールの人間工學，橫河電機，技術資料〔KAWANO K.；Ergonomics of

Operating Console, Yokogawa Electric Corp. Technical Information〕

Chapter 8

日本水道協會：水道統計 1989〔Water Supply Statics, 1989 JWWA〕

日本水道協會：水道施設設計指針・解說 1990〔Design Criteria for Waterworks Facilities, JWWA 1990〕

若林孝明：ワンウェーサージタンク設置例，第17回全國水道研究發表會論文集 1966〔WAKABAYASHI T.：An Example of Oneway Surge Tank Insatal-lation. *Proc. 17th Water Supply Conference*, JWWA 1966〕

兩角雄一ほか：4,600KW 導水ポンプ試運轉，第26回全國水道研究發表會 1975〔MORIZUMI Y. et al：Trial Operation of 4,600KW Pumping Installation, *Proc. 26th Water Supply Conference* JWWA 1975〕

紺野太郎：ポンプ設備の計畫と問題點，水道協會雜誌第554號 1980〔KONNO T.：Planning and Problems of Pumping Installation, J. JWWA, No.554, 1980〕

兩角雄一：神奈川縣內廣域水道企業団のポンプ設備，水道協會雜誌第554號，1980〔MORIZUMI Y.：Pumping Instal-lation in Kanagawa Prefecture, J. JWWA, No.554 1980〕

船橋 睦：大阪府水道における送水運用とポンプ設備，水道協會雜誌第554號，1980〔FUNABASHI M.：Pumping Insatallation and Operation on Osaka Prefecture, J.JWWA, No.554, 1980〕

松本顯信：ポンプ回轉數變動による水撃壓のクッション裝置，第29回全國水道研究發表會論文集，1978〔MATSUMOTO K.：Buffering Installation for Water Hummer by Pump

Speed Variation. *Proc. 29th Water Supply Conference*, JWWA, 1978〕

伊藤 修：ファジー理論によるポンプ臺數制御方式, 第32回全國水道研究發表會論文集 1981 〔ITOH O.: Pump Control System by Fuzzy Reasoning, *Proc. 32nd Water Supply Conference* JWWA 1981〕

岩田卯太郎：取水場などの無人化に伴う停電時の保安電源, 第32回全國水道研究發表會論文集 日本水道協會 1981〔IWATA U.: Emergency Sources for Power Suspension by Atendantless Control on Intake System etc. *Proc. 32nd Water Supply Conference*, JWWA 1981〕

中田信夫：ポンプ配管系の壓力脈動モデル實驗第31回全國水道研究發表會論文集, 日本水道協會 1980〔NAKADA N.: Pressure Fluctuation Model Test on Piping of Pumping System. *Proc. 31th Water Supply Conference* JWWA 1980〕

中村勝次：水擊對策のエアチャンバ, 第31回全國水道研究發表會論文集, 日本水道協會 1980 〔NAKAMURA K.: Counter measure of Water Hummer by Air-Chamber, *Proc. 31st Water Supply Conference*, JWWA 1981〕

ポンプ設備便覽：(株)荏原製作所〔Handbook of Pumping Installation, EBARA Co. Ltd.〕

ポンプ設備計便畫覽：(株)日立製作所〔Handbook of Pumping Installation Planning, HITACHI Ltd.〕

ポンプ便覽：(株)酉島製作所〔Pumping Handbook, TORISHIMA Co. Ltd.〕

GOTOH K.: Application of Pumps and Instrumentation to Waterworks in

Japan, *Proc. Souel ASPAC Conference*, IWSA 1985

GOTOH K. : Pump Planning and some Regarding Problems, *Proc. IWSA specialised Conference on Pump and pump Planning*, Herzliya, Israel, 1993

Handbook of Pumping Station Engineering ; Japan Association of Agricultural Engineering Enterprise 1991

Chapter 9

河川情報：河川情報センター〔River and Basin Information, Foundation of River and Basin Integrated Informations, Japan

岡本ほか：藻岩取水場の小電力發電について，土木學會北海道支部論文報告集，第41號，329~334頁1985〔OKAMOTO et al ; Small Scale Hydraulic Power Generation on Moiwa Intake, Report Hokkaido Branch, JSCE No.41 1985〕(pp.329-334)

Chapter 10

神樂ほか：計裝設備檢出端の形式・用途・設置上の留意点，水道協會雜誌，第628號，77-83頁〔KAGURA et al : Check Points for Type, Application and Installation of Instrumental Detectors, J. JWWA No.628〕(pp.77-83)

東芝：注人制御方式，水道計裝ハンドブック，5-4，6-16頁〔Handbook of Chemicals Dosing Control System, Instrumentation for Water Supply, TOSHIBA Co. Ltd.〕(pp.5-4, 6-16)

曾我部ほか：LANの國際標準化動向と水道監視制御システム，第39回全國水道研究發表會講演集，1988〔SOGABE et al : Trend of International Stand-ardization of LAN and Supervisory Control System for Water Supply, *Proc. 39th Water Supply*

Conference, JWWA 1988〕(pp.449-451)

日本水道協會：水道施設設計指針・解說 1990〔Design Criteria of Waterworks Facilities, 1990〕(p.202)

山口ほか：水道計裝への光ファイバー式計裝システムの適用，第39回全國水道研究發表會論文集，1988 pp.455-457〔YAMAGUCHI et al：Application Water Supply of Optical Fiber for Water Supply Instrumentation System *Proc. 39th Water Supply Conference*, JWWA, 1988〕(pp.455-457)

小林ほか：水道總合情報管理システム，第39回全國水道研究發表會論文集，1988〔KOBAYASHI et al：Water Supply Total Information Control System, Proc. *39th Water Supply Conference* JWWA 1988〕(pp.629-631)

原ほか：畵像認識によるフロック監視システム，第37回全國水道研究發表會論文集 1986〔HARA et al：Flocculation Supervisory System by Image Recognition, *Proc. 37th Water Supply Conference*, JWWA 1986〕(pp.122-124)

松井ほか：凝集制御のためのフロック俓のオンライン計測，第39回全國水道研究發表會論文集，1988〔MATSUI et al：Online Mesurement of Floc Diameter for Coaguration Control, *Proc. 39th Water Supply Conference* JWWA 1988〕(pp.128-130)

飯田ほか畵像處理によるバイオアッセイの硏究, 第38回全國水道研究發表會論文集(Ⅰ) 1987〔IIDA et al：Research of Bio Assay by Image Processing (Ⅰ), *Proc. 38th Water Supply Conference*, JWWA 1987〕(pp.485-487)

小坂ほか：畵像處理によるバイオアッセイの硏究(Ⅱ), 1989〔KOSAKA et al：Research of Bio Assay by Image Processing (Ⅱ), *Proc. 40th Water Supply Conference*,

JWWA 1989](pp.446-448)

Chapter 11
日本水道協會：水道施設設計指針・解說，1990 6.送水施設 p.365, 7.配水施設 p.369 〔Design Criteria of Waterworks Facilities, 6.Water Transmission Facirities, p.365, 7.Distribution Facilities, p.368, 1990〕

Chapter 12
日本水道協會：水道施設設計指針，1990〔Design Criteria for Waterworks Facilities, JWWA, 1990〕

横浜市水道局：總合管理システムソフトウエア機能書〔Operation and Information System Software Manual, Waterworks Bureau of the City of Yokohama〕

Chapter 13
田中ほか：エバラ水道檢針システム，エバラ時報，No.140, 1989. 5〔TANAKA et al; New Water Metering System, EBARA Review, No.140, 1989〕

Chapter 14
水道管路情報管理マニュアル(基礎編)：水道管路技術センター，1991〔Water Supply Pipeline Information Management Manual(Basic Part)：Water Pipe Systems Research Center 1991〕

水道管路情報管理マニュアル(應用編)：水道管路技術センター 1993〔Water Supply Pipeline Information Management Manual(Application Part)：Water Pipe Systems Research Center 1993〕

Chapter 16

設備診斷豫知保全實用事典 p.839, p.850：フジテクノシステム, 1988〔Handbook of Preventive Maintenance and Equipment Diagnoses, Fuji-Technosystem Co. Ltd. 1988〕(p.839, p.850)

水道管路更新ガイドライン：日本水道協會 1993〔Guideline for Water Pipeline Renewal, JWWA 1993〕

Chapter 17

水道維持管理指針：日本水道協會, 6.5 漏水防止 p.214 1982〔Guideline for Waterworks Technical Management, 6.5 Leakage Control JWWA 1982〕(p.214)

漏水防止對策指針：日本水道協會, 1977〔Guideline for Leakage Control, JWWA 1977〕

漏水防止の費用效果分析調査報告書：日本水道協會 1977〔Report of Analysis on Benefits for Leakage Control, JWWA 1977〕

GOTOH K.：One More Step in Leakage Control, *Proc. Kuala Lumpur ASPAC Conference, Malysia*, IWSA, 1992

Chapter 18

Water Supply Engineering 1989 pp.400-404: Waterworks Bureau of the City of Yokohama

TSUJIMOTO S.：Anti-Accident System and Operation for Wide Regional Supply, International Symposium on Water Pipes Data Management, *Proc. 1st International Symposium on Water Pipes Data Management*, pp.104-129 1989, Japan Water Pipes Systems Research Center, 1989

藤田ほか：上水道における監視制御システム，日立評論，Vol.70，No.6 1988，pp.20-21〔FUJITA et al：Supervisory Control System for Water Plants, HITACHI HYORON, Vol.70, No.6, pp.20-21 June, 1988〕

武田和典ほか：雷撃による異常電壓の發生調査とその對策，第42回全國水道研究發表會講演集，690-692 頁 1991〔TAKEDA K. et al：Survey of Abnormal Voltage by Lightning, *Proc. 42nd Water Supply Conference*, JWWA 1991〕(pp.690-692)

Chapter 20

和田龍兒：MAPにについて，〔FA/OAの動向及び將來展望〕講演集，1986.6.13〔WADA R.：Manufacturing Automation Protocol, *Symposium "Tendancy and Future View for FA/OA"*, 1986〕

川野辺ほか：ネットワークに關する規格と法律，雜誌 Bit, Vol.18, No.8〔KAWANOBE et al：Standardization and Legislation for Networks, bit Magazine, Vol.18, No.8〕

是友：OSIの現實とその課題(Ⅲ), MAPの現實とその課題, 情報管理 Vol.30, No.1 1989〔KORETOMO：Reality and Problem for Open System Interconnection, Information Control, Vol.30, No.1, 1989〕

千本ほか：計裝システムの基礎と應用，オーム社 1987〔SENPON et al：Fundament and Application for Instrumentation System, OHM-SHA Co. Ltd.〕

용어 설명

AM/FM(자동mapping/설비관리 automated mapping/facility management) : 3차원적으로 분산되어 있는 설비를 관리하기 위해 설계된 컴퓨터시스템. 이 시스템은 자동매핑과 데이터베이스 관리기술을 결합한 것으로 공간적인 위치에 기초하여 기록을 검색하는 능력을 갖고 있다.

OMR(off-site meter reading) : 도보로 걸어가거나 또는 자동차를 이용하여 검침원이 계량기를 직접 접촉하지 않고 계량기 주변에서 지침값을 읽을 수 있는 시스템

PC(personal computer) : 개인사용자가 사용하도록 설계된 컴퓨터시스템

PID제어(PID control) : (feed back 신호의 측정오차에 대해) 비례동작, 미분동작, 적분동작을 수행하여 최적조작량을 구동부에 전달하는 제어방식

POSIX(portable operating system interface standard) : 각 프로그램을 다른 하드웨어플랫폼에서 가동할 수 있는 것을 보증하기 위한 운영체제를 위한 일련의 기준

X단말(X terminals) : 관망카드, 프로세스, 메모리를 포함한 고해상도의 비디오화면

감시제어 및 데이터수집(supervisory control and data acquisition, SCADA) : 펌프나 밸브 등의 장치를 원격제어하고 유량, 압력, 수위 등 각종 계측 데이터를 원격 수집하는 시스템

게이트웨이(gateway) : 어느 제작사의 메시지 프로토콜과 포맷을 다른 제작사의 것으로 변환시키는 것에 사용되는 네트워크 상호접속장치. 게이트웨이는 공통통신기준에 대한 대체 방법이다(즉 프로토콜이 서로 다른 이기종 시스템간 프로토콜을 일치시키기 위한 프로토콜 변환기).

계량기 인터페이스장치(meter interface unit, MIU) : 수도국센터장치와 계량기와의 통신을 하기 위한 인터페이스 장치. 일반적으로는 MIU는 검침하는 신호를 받으면 계량기의 지침값을 읽고서 정보를 수도국센터장치에 재전송한다.

계량시스템(metering system) : 수요가의 물 사용량을 계량하기 위한 장치와 공정

계층(layer) : 각각 지리적 데이터 중에서 특정의 대상을 다루는 하나 또는 2 이상의 데이터 계층. 이러한 레이어(층)는 데이터베이스의 지도참조시스템에 의해 서로 관련되어서 기록된다.

공간분석(spatial analysis) : 지리적 구성요소의 장소와 그 공간적 크기에 관한 조사에 관련된 분석기술

공정제어(process control) : 정수장의 염소공급이나 플랜트 내의 유량제어 등 일련의 공정을 관리하는 것. 일본에서는 감시제어 및 데이터수집에 공정제어가 포함되어 있다.

광섬유분산데이터 인터페이스(fiber distributed data interface, FDDI) : 제어에 관한 링구조를 갖추고 토큰을 전달하는 것에 의존하는 고속근거리통신망

광역통신망(wide area network, WAN) : (한 개의 도시보다도 넓은 범위의) 광역서비스를 행하기 위해 설계된 네트워크. 이와 같은 네트워크는 전화회선 등을 거쳐 접속된 2개 이상의 근거리통신망으로 구성할 수 있다.

광학적(optical) : 정보의 반송에 전기적인 신호가 아니고 빛을 사용하는 기술

구획계량(district metering) : 어느 구획을 설정하고 그 배수구역 내의 다방면으로부터의 수압영향을 최소로 해서 구획 내의 수량을 감시하고 시스템의 완전성과 누수유무를 결정하는 방법

그래픽유저 인터페이스(graphic user interface, GUI) : 사용자와 컴퓨터시스템과의 인터페이스를 간이화하기 위해 고안된 소프트웨어와 하드웨어. 이에는 마우스나 트랙볼 등의 위치 지정 장치, 파일, 프로그램, 시스템유틸리티를 나타내는 아이콘 등이 포함된다. GUI의 목적은 처리명령(command)을 직관적인 영상인터페이스로 대체하는 것에 있다.

근거리통신망(local area network, LAN) : 구내의 비교적 좁은 범위에서 일군의 컴퓨터간에 상호 접속할 수 있는 통신망

네트워크통신장치(network communication unit, NCU) : 미터 인터페이스 장치 중에 하나의 버전

네트워크해석(network analysis) : 많은 기준에 기초하고 선형 시스템에 의해 현상의 움직임 평가(evaluation of movement of phenomena)를 지원하는 분석적 순서. 일반적으로 관망의 해석기술은 상수, 하수, 수송, 전기회로망 등을 평가하는 네트워크의 종류에

의해 구별된다.

논-링잉시험트렁크(non-ringing test trunk, NRT) : 벨을 울리지 않고 가입자회선으로 액세스하여 시험할 수 있게 전화국에 설치된 장치와 전화회선

누수량측정(waste metering) : 일정한 기간에 급수관에서 고립시킬 수 있는 부분에 유입되는 물의 측정. 이 유량이 증가하는 것은 누수가 있다는 것을 나타낸다.

대화식 워크숍(interactive workshop) : 수요와 요구조건을 찾아내기 쉽게 하기 위한 사용자 그룹

데이터 구조(data structure) : 메모리 내의 데이터 편성, 일련의 데이터 형태로 나타내는 정보의 특정 아이템에 대한 접속

데이터베이스(database) : 특정 프로그램에 의해 저장되어 조작되는 서로 관련되는 그래프 또는 비그래프의 데이터세트 집합체

데이터베이스관리시스템(database management system, DBMS) : 정보의 저장과 검색 능력을 제공하는 소프트웨어 패키지

데이터변환(data conversion) : 기존의 매뉴얼지도와 데이터를 컴퓨터가 읽을 수 있는 형태로 변환한 것

데이터수집장치(data collection unit, DCU) : 요금고지서발행시스템에 입력하기 위하여 데이터를 수집하고 대조확인하기 위하여 자동검침시스템이나 원격전자계량기 계측시스템으로 사용되는 장치

데이터입력(data input) : 컴퓨터 내에 그래픽 및 비그래픽의 데이터를 입력하는 과정. 그래픽데이터의 입력에는 스캐닝이나 디지털화 과정 또는 이 양자가 사용되는 경우가 많다.

도수관(transmission mains) : 수원에서 정수장까지 물을 수송하는 것에 사용되는 도수설비의 파이프

등고선(contour) : 특정의 기준면 이상(또는 이하)의 표고선

디스켓(diskette) : 플로피(Flexible)디스크라고도 불리는 유연성이 있는 자기기억매체

디스크 드라이브(disk drive) : 랜덤으로 액세스할 수 있는 데이터를 저장하기 위한 장치. 고정식 또는 플로피디스크(flexible한 기록매체)가 회전하며 정보는 동심원상에 보관된다. 데이터는 일반적으로 자기적 또는 광학적으로 디스크에 기록된다.

디지털화(digitization) : 컴퓨터프로그램으로 사용하기 위하여 아날로그지도를 디지털

형식으로 변환하는 과정

라우터(router) : 이용 가능한 선택경로 중에서 이용하기 좋은 경로나 최소 비용의 경로를 선택할 수 있는 네트워크 상호접속장치

래스터/벡터변환(raster to vector conversion) : 래스터 정보를 좌표를 가진 점의 집합정보 즉 벡터표시로 변환한다. 이와 같은 벡터표시에 의해 정보를 지리정보시스템에 사용하기 위하여 조작하고 편집하거나 속성을 조사 또는 저장할 수 있다.

래스터 영상(raster image) : 지도나 서류의 주사로 얻어지는 디지털영상. 래스터 주상은 점(또는 픽셀)의 열로 구성된다. 각 점은 일정한 장소에서의 오리지널지도 또는 서류의 농도를 나타내고 있다.

랜덤액세스메모리(random access memory, RAM) : 시스템 내의 바이트기준(Byte Basis)으로 나타낼 수 있다. 순전자식의 고속시스템 메모리. 이 메모리는 시스템의 1차 대상인 메모리의 임무를 완수한다. 애플리케이션 소프트웨어나 프로세서가 판독하고 기록할 수 있는 메모리

마우스(mouse) : 화면 스크린상의 커서의 위치를 조작하는데 사용되는 장치

멀티미디어(multimedia) : 다중 사용자인터페이스 능력을 편성한 시스템. 일례로서 텔레비전비디오와 2 이상의 종래 컴퓨터 입력/출력을 병용하는 훈련시스템을 들 수 있다.

무효수량(unaccounted-for water) : 배수된 다음에 누수 등으로 시스템에서 유효하게 사용되지 못한 수량

바이트(byte) : 정보의 단위로서 사용되며 8bit로 구성되는 그룹

배수계(distribution system) : 급수지구역 내의 최종 수요가에게 배수하는 것으로 사용되는 배관

베이스맵(base map) : 매핑데이터 중에 지형을 나타내는 기본데이터의 도면

벡터데이터(vector data) : 지리정보시스템 중에 있는 X, Y좌표로 구성된 데이터. 이러한 데이터는 지리적으로 표시되는 경우에는 점의 형태를 잡는다.

분산형 시스템(distributed system) : 사용자에게 모든 시스템의 그래픽, 비그래픽자원에의 직접적인 액세스, 처리능력을 제공하고 마치 단일의 가상시스템과 마찬가지로 이용할 수 있는 일군의 컴퓨터시스템

분산형 제어시스템(distributed control system DCS) : 분산 설치된 많은 디지털

프로세서(일반적으로는 마이크로컴퓨터)가 피제어장치에 접속되어 있는 시스템에서 집중형 디지털제어장치로 대신하는 시스템(산업공정이나 플랜트 제어를 목적으로 하는 제어용 컴퓨터를 포함하는 인테러렌드스테이션을 분산 설치하고 네트워크로 연결하여 통합화한 시스템)

브리지(bridge) : 2개의 근거리통신망(LAN)을 상호 접속시키기 위한 장치. 브리지는 LAN의 범위를 확대하거나 LAN이 있는 지점으로부터 다른 지점으로 넘겨 받는 메시지에 Filtering을 행하기 위해서 사용할 수 있다(동일한 통신규약을 사용하는 두 개의 네트워크를 연결하는 장치).

비트(bit) : "0"이나 "1"로 나타내는 정보의 2진수 단위. 이는 스위치의 "on" 또는 "off"에 표시한다.

사운딩(sounding) : 누수유무를 결정하기 위하여 배관망의 음향을 감시하는 것

서버(server) : 관망에 설치할 수 있고 관망상의 사용자에게 특별한 서비스를 제공한다. 일례로서는 관망상의 사용자에게 공통의 정보, 데이터베이스능력을 제공하는 파일서버가 있다.

셸비우스제어(scherbius control) : 권선형 유도모터의 2차 전력을 정류기에서 직류로 변환하고 이것을 전동발전기 또는 인버터에 의해 전원측으로 반환시키는 제어방식이다.

속성데이터(attribute data) : 현실 대상물의 특성을 기술하는 데이터이고 일반적으로는 영숫자, 일본어 등으로 나타내고 있다.

수요가서비스시스템(customer service system) : 수요가의 문제나 문의에 대한 응답을 개발하고 작성하는 시스템

수요가요금시스템(customer accounting system) : 수요가에 관한 관련정보의 데이터베이스를 유지하고 수요가와의 거래를 지원하기 위한 시스템

수요가정보시스템(customer information system, CIS) : 수도의 수요가에 관한 정보를 관리하고 처리하며 제어하는 시스템 : 이러한 정보에는 수요가, 수요가에게 서비스를 제공하고 있는 개개의 설비, 물이용과 요금계산이 포함된다. 이 시스템은 특히 계량기검침과 요금고지서 작성이라는 수요가와의 관계를 지원하여 관리한다.

수운용시스템(water management system) : 수도설비가 운전을 최적화할 수 있도록 하기 위해서 제안된 소프트웨어모듈

수질시험정보관리시스템(laboratory information management system, LIMS) :

수질시험실 등의 수질데이터 정보를 관리하는 시스템

스텝시험(step testing) : 관망에서 연결부분의 수량측정. 연결부의 유량에 큰 변화가 있는 경우에는 최후의 부분에 누수가 있는 것을 나타내고 있다.

시퀀스제어(sequential control) : 사전에 정한 순서에 따라 차례로 제어를 진행시키는 방식, 개별스텝에 의한 일련의 제어

아날로그 제어장치(analog controller) : 비례제어 PID제어 등에 사용되는 장치. 이 장치는 아날로그치(전압, 전류, 공기압 등)에 기초해 작동한다.

압력저하시험(drop test) : 누수를 측정하고 그에 따라 시스템 내의 저수설비나 배수시설의 운전을 정지시키고, 배수지의 수위나 시스템의 하류에서 압력을 저하시키는 시험방법

야간최소유량(minimum night flow) : 물 사용량이 최저(일반적으로는 심야부터 오전 4시 사이의 시간으로 되고 있음)의 기간에 수요가 그룹이 사용한 수량

에너지관리시스템(energy management system) : 전력공급설비가 발전과 송전의 제어를 최적화하는데 사용하고 있는 시스템

에어리어(area) : 2차원의 규정된 공간에 관계하는 공간적 측정의 레벨(폴리건과 같음)

연속제어(continuous control) : PID제어의 항 참조

요금고지서발행시스템(billing system) : 수요가의 계량기로부터 데이터를 받아서 요금고지서를 작성하고 지불상태를 추적하는 시스템

운영체제(operating system) : 데이터입력, 조작, 유지, 검색, 저장, 출력기능을 지원하는 컴퓨터시스템의 조작을 관리하기 위한 제어프로그램

워크스테이션(workstation) : 개인사용자용으로 설계된 고성능의 데스크톱시스템. 워크스테이션은 관망의 구축이나 그래픽, 기술응용에 대해 강력한 계산능력을 제공할 수 있도록 설계되어 있다.

원격단말장치(remote terminal unit, RTU) : 중앙감시장치와 밸브, 펌프, 변환기 등의 현장장치와의 사이에 인터페이스를 제공하는 SCADA(감시제어데이터 수집)시스템의 주요 소자(element)

원격전자계량기검침(remote electronic meter reading, REMR) : 부호화된 전자계량기로부터의 출력은 수요가의 대지 내 부근의 휴대식 데이터입력단말에 설치되어 있는 프로브에 의해 수집된다.

음극선관(cathode ray tube CRT) : 컴퓨터출력에 사용되는 표시장치. 텔레비전에서는 브라운관이라고 불리며 같은 기술을 쓰고 있다.

음성표시기(voice annunciator) : 녹음된 음성 또는 합성음성에 의해 운전자에게 정보를 줄 수 있는 장치

이더네트(Ethernet) : 컴퓨터가 전송 매체에 의해 송신과 수신을 행하는 근거리통신망(LAN)의 표준규격. 송신하기 전에 각 컴퓨터는 다른 컴퓨터가 통신망을 사용하고 있지 않은 것을 확인한다. 충돌 감지 및 재송신 소프트웨어가 동시 송신으로 인한 단말간 데이터 충돌을 방지한다.

인공지능(artificial intelligence) : 인간의 추론을 필요로 하는 것과 같은 결정을 하게 할 수 있는 컴퓨터의 능력. 이러한 결정은 특정상황에 대응한 「지식베이스」로 표현되는 확률적 법칙을 응용한다.

일본전신전화주식회사(nippon telephone and telegraph corporation, NTT)

읽기전용메모리(read only memory, ROM) : 영구적인 프로그래밍을 보관할 수 있고 또한 그것을 컴퓨터시스템에 의해 독해할 수 있는 메모리

자동계량기검침(automatic meter reading, AMR) : 원격의 중앙설비로부터 수요가의 계량기를 전자적으로 독해(검침)하는 것. 일반적으로는 텔레미터를 사용한다.

자동수질분석계기(automated laboratory instruments) : 입력자료에 대해 자동적으로 시험하는 계기류. 이러한 계기류는 데이터저장이나 한정된 보고를 행하는 동시에 밀봉, 선형화, 기타의 필요한 교정을 할 수 있다. 이 경우는 수질시험실 등의 수질데이터를 계측하는 계기

전자계량기검침(electronic meter reading EMR) : 순회계량기검침원의 생산성을 높이기 위해서 휴대식의 데이터입력단말. 컴퓨터 또는 기타의 전자기술을 사용하는 검침

전화다이얼 아웃바운드(telephone dial-outbound) : 중앙의 컴퓨터가 전화회선을 거쳐서 미터 인터페이스장치(통상은 전화회사의 2차회로)로 폴링한다는 자동검침시스템의 일종

전화다이얼 인바운드(telephone dial-inbound) : 수요가 댁내의 미터 인터페이스장치가 센터 시스템을 불러내고 검침데이터를 전송하는 자동검침시스템

정확도(accuracy) 또는 정도 : 데이터의 질에 관해 일련의 기준과 적합성의 정도를 말

한다.

종합정보통신망(integrated services digital network, ISDN) : 고급 통신을 제공하도록 설계된 전기통신아키텍처. ISDN은 동일한 매체를 통하여 음성통신과 데이터통신을 제공하기 위한 설비와 기술이라고 정의한다.

좌표시스템(coordinate system) : 특정의 참조시스템 내의 지점 위치를 나타내기 위한 직각좌표 또는 구면좌표

주사(scanning) : 하드카피 또는 서류를 디지털형식으로 변환시키는 공정. 이 작업은 변환과정에서 기반의 임무를 완수하는 래스터 영상이라고 하는 비지능형인 디지털정보를 작성한다.

중앙국 액세스장치(central office access unit COAU) : 수요가 댁내에 있는 계량기인터페이스장치의 폴링(polling)에 의해 간단히 검침할 수 있도록 하기 위하여 중앙의 전화국에 설치되는 장치

지리정보데이터(geographic data) : 특정의 지리적 위치에 관한 일련의 데이터(특성의 속성, 입지 등)

지리정보시스템(geographic information system GIS) : 컴퓨터그래픽을 이용하여 이를 데이터베이스시스템과 통합하여 사용하고 지리적 장소에 대한 모든 물리특성, 기술, 사상 또는 환경을 계층적으로 기록해서 상대표시하기 위해 고안된 컴퓨터시스템

지리참조시스템(geographic reference system) : 지도상의 지점을 참조하기 위해서 지리상의 특정 장소를 찾아내는 X, Y, Z의 좌표축시스템

지적도(cadastral map) : 토지의 법적인 구획경계를 가리키는 지도. 지적도면은 또 토지의 문화적 특성이나 배수특성, 토지의 가치나 용도에 관련된 기타의 특징을 포함할 수 있다.

지형도(topographic map) : 등고선이나 독립표고 등과 같은 고저를 나타내는 지도

직접디지털제어(direct digital control DDC) : 디지털제어장치(일반적으로는 미니컴퓨터)로부터의 제어신호(디지털)가 피제어장치에 직접 입력되고 있는 제어시스템. 분산형 제어시스템의 항 참조

집중시스템(centralized system) : 단일컴퓨터에 기초한 중앙조작에 의해 완전하게 제어되는 컴퓨터시스템

커서(cursor) : 음극선관상에 있는 포인터(pointer)에서 일반적으로는 4각이거나 화살표 또는 선의 명멸에 의해 화면의 어떤 장소에서 컴퓨터조작이 이루어지는 것인지를 나타내는 표시

컴퓨터지원소프트웨어엔지니어링(computer aided software engineering CASE) : 프로그래머의 생산성을 높이기 위해서 설계된 일련의 프로그램과 그 기술

크래머제어(kraemer control) : 삼상권선형 유도모터의 2차 출력을 정류하여 모터에 직결된 직류모터의 회전자에 공급하고 모터의 2차 전력을 직류모터에 의해 기계적인 동력으로 축동력에 가하는 방식이다. 속도제어는 직류모터의 여자를 조정함으로써 이루어진다.

토큰링(token ring) : 컴퓨터가 환상으로 접속된 근거리통신망의 아키텍처. 자료나 제어신호는 컴퓨터로부터 컴퓨터로 보내준다. 제어토큰을 가진 컴퓨터가 발송인이 되고 기타의 모든 장치는 수신인이 되도록 식별된다.

토폴로지 구조(topological structure) : 실제의 거리는 가리키지 않지만 상호의 공간에서 데이터 요소의 위치를 규정하는 특성. 이러한 특성은 다각형의 경계부분, 지점, 관망, 인접지역간의 접합성 등의 관계를 정의하는 것에 사용된다.

파이버(광섬유) : 광통신매체로서 사용되는 글래스파이버선. 파이버는 정보를 보내기 위하여 전기적인 펄스가 아니고 광펄스를 반송시킨다.

퍼지추론(fuzzy logic) : 공정제어에 인간의 경험을 응용한 방법. 시스템에 대해 직관적인 지식을 갖는 수학모델을 만들기 위해서 형식규칙과 순서를 채용하고 있다.

평면지도(planimetric map) : 도로나 하천, 행정적, 정치적 경계선, 도시 등의 문화적인 자료를 나타낸 지도

폴리건(polygon) : 에어리어(area) 참조

프로그래머블 논리제어장치(programmable logic controller, PLC) : 본래 로직시퀀스로서 이용되고 있던 장치에서 현재는 PID제어나 원격단말장치의 많은 기능을 포함하기 때문에 확대되고 있다(릴레이를 이용한 시퀀스 대신 마이크로프로세서를 이용한 프로그램 툴로서 프로그램 수정 및 변경이 용이함).

피드백제어(feedback control) : PID제어 등에 사용되는 기술로서 실제제어량을 측정하여 설정치를 비교하고 그 차이의 적정한 조작량을 연산하여 입력측에 피드백하고 보정조정하는 제어방법

피드포워드제어(feedforward control) : 연속제어기술의 하나로서 외란 정보의 변화로부터 직접 제어장치의 조작량을 변경시키는 제어방법(제어량에 의한 결과를 확인할 수 없음).

휴대식 데이터 입력장치(hand-held data entry terminal, HDET) : 현장에서의 검침치를 기록하고, 다음에 이러한 검침치를 요금조정시스템으로 전자적으로 전송시키는 것에 사용되는 휴대식의 장치

Additional Sources of Information

Automated Mapping/Facilities Management/Geographic Information Systems (AM/FM/GIS)

Antenucci, J.C. 1986. Timing the Acquisition and Implementation of a GIS Computer System and Its Database. Proc. URISA '86 Conf. Urban and Regional Information Systems Association, Washington, D.C.(Vol.2 ; pp.13-21)

Behrens, J.O. 1985. Accessibility of Public and Private Land Information-New Departures for Old Realities. Proc. URISA '85 Conf. Urban and Regional Information Systems Association, Washington, D.C.(Vol.1 ; pp.12-28)

Beidler, A.L & Williams, R.E. 1986. A Local Government Geographic Information System Evaluation Process. Proc. URISA '86 Conf. Urban and Regional Information Systems Association, Washington, D.C.(Vol.2 ; pp.168-176)

Brown, C. 1986. Implementing a Geographic Information System-What Makes a New Site a Success? Proc. Geographic Information Systems Workshop. American Society of Photogrammetry and Remote Sensing, Falls Church, Va.(pp.12-19)

Carpenter, J. & Wagner, W. 1989. The Eastern Municipal Water District AM/FM/GIS Project. Eastern Municipal Water District, San Jacinto, Calif.

Chrisman, N.R. 1987. Fundamental Principles of Geographic Information Systems. Proc. Eighth Intl. Symp. on Computer-Assisted Cartography. American Society of Photogrammetry and Remote Sensing, Falls Church, Va.(pp.32-41)

Dangermond, J. & Smith, L. 1980 Alternative Approaches for Applying GIS Technology. Proc. ASCE Specialty Conf.: Planning and Engineering Interface With a Modernized Land Data System. American Society of Chemical Engineers, Denver, Colo.

Gentles, M.E. 1987. What Are The Secrets to a Successful Conversion Effort? Proc. Proc. URISA '87 Conf. Urban and Regional Information Systems Association, Washington, D.C.(Vol.2 ; pp.37-47)

Goodchild, M.F. & Rizzo, B.R. 1986. Performance Evaluation and Workload Estimation for Geographic Information Systems. Proc. Second Intl. Symp. on Spatial Data Handling. International Geographic Union, Williamsville, N.Y.(pp.497-509)

Hansen, H. 1987 Justification of a Management Information Systems. Proc. Geographic Information Systems '87 Symp. American Sociaty of Photogrammetry and Remote Sensing, Falls Church, Va.(pp.19-28)

Hearn, C. & Jenkins, S. 1989. Experiences in developing a Microcomputer Based Utility Mapping System. Proc.1989 WPCF Ann. Conf. Water Pollution Control Federation, San Francisco, Calif.

Jentgen, L. 1990. Advanced SCADA Applications. *Florida Water Resources Journal*(April).

Joffe, B.A. 1987. Evaluating and Selecting a GIS System. Proc. Geographic Information Systems '87 Symp. American Society of Photogrammetry and Remote Sensing, Falls Church, Va.(pp.138-147)

Sety, M.L. & Chang, K. 1987. A Rationale for Considering the Geographic Information System Data Base an Asset. Proc. Geographic Information Systems '87 Symp. American Society of Photogrammetry and Remote Sensing, Falls Church, Va.(pp.122-127)

Controllers

Babb, M. 1991. Fast Computers Open the Way for Advanced Controls. *Control Engrg.*

Gaushell, D.J. & Darlington, H.T. 1987. Supervisory Control and Data Acquisition. Presented at Proc. of IEEE, vol.75, no.12.

Control of Pumping Systems

Karassik, I.J.; Krutzsch, W.C.; Fraser, W.H.; & Messina, J.P., eds. 1986. *Pump Handbook*. McGraw-Hill Book Co. Inc., New York(2nd ed.).

Sanks, R.L. ed. 1978. *Water Treatment Plant Design for the Practicing Engineer*. Ann Arbor Science Publishers Inc., Ann Arbor, Mich.

Wastewater Engineering : Collection and Pumping of Wastewater. 1981. Metcalf & Eddy Inc., McGraw-Hill Book Co. Inc., New York.

Water Treatment Plant Design. 1990. McGraw-Hill Book Co. Inc., New York.(2nd ed.).

Emergency Response

Water Utility Management. 1980. Manual M5. AWWA, Denver, Colo.

Leak Detection

Dunkelberg, C. 1984. Water Audit-Positive Effect on Utility Operation. Proc. AWWA Ann. Conf., Dallas, Texas(pp.57-67)

Grimaud, A. & Pascal, O. 1990. Automatic Leak Detection System on Large Diameter Pipes. *Proc. AWWA Annual Conference, Denver, Colo.*(pp.1981-1986)

Hock, J.G. 1989. A Comprehensive Approach to the Control of Unaccounted-for Water. Proc. AWWA Distribution System Symp., Dallas, Texas(pp.141-153).

Laverty, G.L. 1985. Putting It All Together : An Unaccounted-for Water Program. Proc. AWWA Distribution System Symp., Seattle, Wash (pp.307-311).

Lior, S.K. & O'Day, D.K. 1986. Economic Model for Leak Detection and Repair. *Proc. AWWA Annual Conference,* Denver, Colo.(pp.1755-1767)

Kessler, D.D. & Saling, M.B. 1990. Portland Water Bureau's Leak Detection Program. Proc. AWWA Distribution System Symp., Portland, Ore. (pp.303-308)

Smith, J.B. 1992. Establishing an Effective Water Loss Reduction Program. Presented at AWWA Annual Conference, Vancouver, B.C., Canada.

Sensors and Control Devices

Considine, D.M. ed. 1981. *Encyclopedia of Instrumentation*. McGraw-Hill Book Co. Inc., New York.

——. ed. 1981. *Standard for Cold-Water Meters-Displacement Type*. McGraw-Hill Book Co. Inc., New York.

——.ed. 1985. *Process Instruments and Controls Handbook*. McGraw-Hill Book Co. Inc., New York.

Coombs, C.F. Jr. ed. 1972. *Basic Electronic Instrument Handbook*. McGraw-Hill Book Co. Inc., New York.

Detailed Test Reports for Sensors. Water and Wastewater Testing Service of North America, Washington, D.C.(Unpublished data).

Instrumentation in Wastewater Treatment Plants-Manual of Practice. 1978. Water Pollution Control Federation, Alexandria, Va.

Oliver, B.M. & Gage, J.M. 1971. *Electronic Measurements and Instrumentation*. McGraw-Hill Book Co. Inc., New York.

Rhodes, T.J. 1972. *Industrial Instruments for Measurement and Control*. McGraw-Hill Book Co. Inc., New York.(2nd ed.).

Skrentner, R.G. 1988. *Instrumentation-Handbook for Water and Wastewater Treatment Plants.* Lewis Publishers, Chelsea, Mich.

Spitzer, D.W. 1984. *Industrial Flow Measurement.* The Instrument Society of America, Research Triangle Park, N.C.

Wastewater Engineering : Collection and Pumping of Wastewater. 1981. Metcalf & Eddy, Inc., McGraw-Hill Book Co. Inc., New York.

Waterstone, M. 1989. Response Capability in Water Contamination Emergencies. *Wat. Res. Bull.,* 25:5:1015-1022.

Water Treatment Plant Design. 1990. McGraw-Hill Book Co. Inc., New York.(2nd ed.).

Supervisory Control and Data Acquisition(SCADA)

Gaushell, D.J. & Darlington, H.T. 1987. Supervisory Control and Data Acquisition. Presented at Proc. of IEEE, vol. 75, no.12.

색인표

AM/FM(automated mapping/facility management) *279, 328, 597*
ARMETER *336*
Badger계량기회사(Badger Meter Company) *336*
GP-IB(general purpose interface bus) *525*
Hackensack수도회사(Hackensack Water Company, New Jersey) *337*
Mac-21프로젝트(Mac-21 Project, Japan) *575*
OP/NET제어시스템(OP/NET control system) *476, 486*
PC(personal computers) *10, 19, 30, 54, 58, 109, 110 f., 120, 128*
    DRAM메모리가격(DRAM memory costs) *30, 31 f.*
    구성(components) *109, 110 f.*
    장래(future power of) *131~132*
    처리비용(processing costs) *30, 30 f.*
pH *71, 72, 212, 239, 276, 414, 484*
    pH계 또는 센서 *74, 239, 259*
    pH조정 *34, 236, 243~245*
Waukesha, Wisconsin *337*
York, Pennsylvania *337*
가나마치정수장(Kanamachi Purification Plant, Tokyo, Japan) *27*
가스조사연구원(Gas Research Institute) *372, 579*
간이모델작성기(simplified model generator) *310*
감시제어및데이터수집시스템(SCADA systems) *59, 135, 138~140, 173, 174 f., 541~542, 556*
    -과 통신(and communications) *126~127, 127 f., 141*
    -의 발전(development of) *17~18*
    계층적(hierarchical) *139 f., 139~140*
    마스터스테이션(master stations) *141~142, 144~145*
    목적(purpose) *135~136*
    분산형(distributed) *140, 140 f.*

　　　　서브시스템(subsystems) *140~143*
　　　　소프트웨어모듈의 표준화에 관한 조사연구(research on standardized software modules) *581*
　　　　신기술의 추세(emerging trends) *145~146*
　　　　애플리케이션(applications) *143*
　　　　용어의 진화(term development) *136*
　　　　원격단말장치(remote terminal units) *141, 144*
　　　　인터페이스(interfaces) *145*
　　　　일본에서의 용어사용(term usage in Japan) *136*
　　　　입력(inputs) *143*
　　　　조사연구의 필요성(research needs) *146, 566*
　　　　조상(predecessors) *136~138, 137*f.
　　　　집중형(centralized) *139*f., *139*
　　　　출력(outputs) *143*
　　　　휴먼-머신 인터페이스(human-machine interface) *142~143*
감시제어실의 설계(control room design) *160~166*
개방형 시스템 상호접속(open systems interconnect) *129, 525, 526, 532~535, 533*f., *537*
　　　　7계층화 모델(seven-layer model) *532~534, 533*f.
　　　　시스템프로토콜(system protocols) *535*
검침시스템(metering systems) *17~20, 332, 338, 338*f., *341*
　　　　원격계량기(remote register meters) *341~342, 341*f., *368*
　　　　원격전자계량기검침(remote electronic meter reading) *346*
　　　　일본에서의 계량기 교체(replacement-of meters in Japan) *572*
　　　　휴대식 데이터입력단말장치(hand held data entry terminals : HDETs) *333, 339, 343~345,*
　　　　　　*344*f., *345*f.
게이트웨이(gateway) *123, 525, 536, 565, 597*
계측제어검사협회(Instrument Testing Association) *574, 577*
계층(layer) *38*f., *597*
고화질화면텔레비젼(high-definition display television : HDTV) *131*
공장최적화(plant optimization) *273*
공정제어시스템(process control systems) *49, 174*f., *258, 259~262, 274, 317, 318, 320*f., *321*
　　　　-과 LAN의 표준화(and LAN standardization) *264*
　　　　-과 공정의 최적화(and process optimization) *273*
　　　　-과 광섬유(and fiber-optics) *264~265*
　　　　-과 막여과(and membranes) *267*

-과 비용절감(and cost reductions) *229~230, 268~269*
-과 생산성 향상(and product improvement) *228~229*
-과 영상인식(and image recognition) *265~267*
-과 일의 만족감(and job satisfaction) *230*
-과 전문가시스템(and expert systems) *265*
-과 통신(and communications) *125, 127* f.
-과 퍼지추론(and fuzzy logic) *265*
1회용 센서(disposable sensors) *275*
pH조정(pH adjustment) *243~245*
고도처리(advanced process applications) *267*
과대한 계측제어(over instrumentation) *230*
구성요소(components) *57~60*
모델의 필요성(need for models) *272~273*
배수펌프운전(distribution pumping) *234, 254~255, 255* f.
보수하지 않는 센서(maintenance-free sensors) *275*
보전관리시스템과의 인터페이스(interface with MMS) *258~259*
상수원시스템과의 인터페이스(interface with water supply system) *260*
센서와 제어기기(sensors and control devices) *61~62*
소독(disinfection) *234, 235, 250~254*
송배수시설과의 인터페이스(interface with transmission and distribution systems) *259~260*
수리적 제어(hydraulic control) *235, 236* f.
수요가정보시스템과의 인터페이스(interface with CIS) *261*
수질시험실정보관리시스템과의 인터페이스(interface with LIMS) *258*
슬러지펌핑과 탈수(sludge pumping and dewatering) *234, 255~256*
여과와 여과지세척(filtration and filter washing) *234, 248~250, 249* f.
완만한 화학반응에 대한 센서 수요(demand sensors for slow chemical reactions) *274~275*
원수펌핑(raw water pumping) *233, 235, 236* f.
응집/플록형성/혼화(coagulation/flocculation/mixing) *233~234, 235, 245~246*
응집약품주입(coagulant addition) *233~234, 235~245*
이익(benefits) *268~269, 270* t.
인재(human factor) *230~231*
자동제어의 원칙(automation principles) *237*
장래의 개발(future developments) *261~262*
제어모듈(modules of control) *231~234*

조사연구의 필요성(research needs) 272~275, 566~568
종합제어시스템의 통합(integration with overall control system) 256~261, 257 f.
준비되지 않은 자동화(careless automation) 230
처리수의 저류(treated water storage) 234, 254~255, 254 f., 255 f.
침전(clarification and sedimentation) 234, 246~247
컴퓨터제어의 이점(advantages of computer control) 228~230
컴퓨터지원설계제도시스템과의 인터페이스(interface with CADD systems) 261
통합제어시스템(integrated control systems) 264
과학장비제작자협회(Scientific Apparatus Makers Association : SAMA) 524
관리적 수준정보(managerical level information) 44~45
광대역 통신망 또는 네트워크(wide-band network) 132
광역 통신망 또는 네트워크(wide area networks : WANs) 123, 132, 535, 598
광디스크(optical disks) 107
광섬유(fiber optics) 31, 264~265
광섬유분산데이터인터페이스(fiber distributed data interface : FDDI) 129, 132
광역정보통신(utility-wide communication) 129
교차상관처리(cross-correlation process) 458
구획계량(district metering) 598
국립공중위생연구소(National Institute of Public Hygiene, Japan) 575
국립수질시험소(National Laboratory on Hygiene, Japan) 575
국제전기통신연합(International Telecommunications Union : ITU) 526
국제전기표준회의(International Electrotechnical Commission) 524, 526
국제전신전화자문위원회(Consultative Committee for International Telegraph and Telephone : CCITT) 526
국제표준기구(International Standards Organization : ISO) 129, 525, 526
　　기술위원회(Technical Committees : TCs) 526, 527
그래픽사용자인터페이스(graphic user interface : GUI) 115~116, 116 f., 568
　　운전자공정인터페이스(operator-process interface) 147, 149
근거리통신망 또는 네트워크(local area networks : LANs) 52, 59, 123~125, 264, 367, 535~536
　　표준화(standardization) 535
　　이더네트(ethernet) 538
　　접속형태 또는 구성(topologies) 118 f., 123, 124 f., 537, 537 f.
나고야(Nagoya, Japan) 182, 183 f., 185, 186 f., 187, 188 f.
나루미펌프장(Narumi pumping station, Nagoya, Japan) 187, 188 f.

누수방지(leakage control)
　　－와 "계약수량분만 지불하는 방식"의 할당(and "take or pay" allocation) *448, 449* f.
　　－와 무효수량의 원가(and unaccounted-for water costs) *447~450*
　　－와 시스템 분류(and system accountability) *448~450, 449* f.
　　－의 여러 문제(problems of) *447~450*
　　－의 중요성(importance of) *445~446*
　　감압에 의한 방지(pressure reduction and control) *463*
　　누수의 정의(defintion of leakage) *446*
　　수동적 방지(passive control) *463*
　　애매함(ambiguities) *447*
　　탐지문제(detection problems) *450, 450* f., *450* t.
누수방지시스템(leakage control systems) *278, 311, 327, 329, 445, 464*
　　　－과 누수방지전략(and control strategies) *464*
　　　－의 장래(future of) *465~467*
　　　공시간이용법(water vacant time method) *459~462*
　　　관로파열이력(line break histories) *452, 452* f.
　　　누수량계량(waste metering) *454*
　　　데이터기록(data loggers) *466~461*
　　　데이터베이스관리(database management) *451~453*
　　　방법(method) *451*
　　　에섹스의 예(Wessex example) *454*
　　　음청식누수탐지(acoustic leak detection) *456~458, 457* f.
　　　일본에서 손실수량계산(Japanese lost-water accounting) *458~463, 458* f., *459* f., *460* f.,
　　　　461 f., *461* t.
　　　조사연구의 필요성(research needs) *467, 571*
　　　지역 또는 구획계량법(zone or district metering) *453~456, 455* f.
　　　지하레이더시스템(subsurface radar) *463, 467*
니와쿠보정수장(Niwakubo Water Treatment Plant, Japan) *488, 488* f.
다마뉴타운(Tama New Town, Japan) *335*
다이내믹랜덤엑세스메모리(dynamic random access memory : DRAM) *30, 31* f.
대규모집적회로(Large-scale integration) *537*
데이터구조(data structure) *598*
데이터베이스(databases) *598*
　　　구조(types) *118* t.

대수층(aquifers) *209~210*
데이터베이스관리시스템(database management system : DBMS) *599*
데이터변환(data conversion) *599*
데이터수집장치(data collection unit : DCU) *599*
데이터입력(data input) *599*
도야히라강(Toyahira River, Japan) *207, 207*f.
도쿄가스(Tokyo Gas, Japan) *335*
도쿄도수도국(Waterworks Bureau of the Metropolitan Government* of Tokyo, Japan) *335,*
 356~357, 393~395, 458, 459, 575
     AM/FM/GIS시스템의 개발(AM/FM/GIS system development) *393~395, 393*f., *394*f.,
등고선(contour) *599*
디스켓(diskette) *599*
디스크드라이브(disk drive) *599*
디지털화(digitization) *599*
라우터(router) *123, 132, 525*
라이트펜(light pens) *160*
마우스(mouse) *160*
메릴랜드국립공원 및 계획위원회(Maryland-National Capital Park and Planning Commissions)
 399~402
메릴랜드주과세국(Maryland Department of Assessments and Taxation) *399~402*
메트로폴리탄에리어네트워크(metropolitan area networks : MANs) *367*
모델(Model)
     AM/FM/GIS를 입력한 배수시설(water system with AM/FM/GIS input) *386~388*
     관망의 수리(hydraulic network) *281~282, 303~309*
     기상예측(weather forecasting) *213, 224~225*
     긴급시행동계획(emergency action plan) *214*
     댐의 안전(dam safety) *214*
     배수관망의 수질(water quality in distribution networks) *309*
     수문학적 시스템(hydrologic system) *213~214, 225*
     저수지운용(reservoir operations) *214, 225*
     지하수시스템(groundwater system) *214~217, 215*f., *225*f.
     통합정보시스템의 연결모델(linked models in integrated information system) *212, 213*f.,
 *222~223, 222*f.
몽고메리군(Montgomery County, Maryland) *399~402*

무라노정수장(Murano Purification Plant, Osaka, Japan) *27, 293*
문자인식능력(character recognition capability) *31*
물의 이송(water transfers) *28*
미국 국무성(US State Department) *528*
미국계측제어협회용수 및 폐수산업부(Instrument Society of America Water and Wastewater Industry Division) *574, 577~578*
미국수도협회 연구기금(American Water Works Association Research Foundation) *574, 576, 577, 578, 579~580*
미국수도협회(American Water Works Association : AWWA) *523, 583*
미국에서 지하수에 대한 지표수(United States groundwater versus surface water) *9~10*
    인구추세(population trends) *13*
미국전신전화회사(American Telephone and Telegraph : AT&T) *336*
미국표준협회(American National Standards Institute : ANSI) *528*
미시마정수장(Mishima Treatment Plant, Osaka, Japan) *293*
바이트(byte) *600*
배수시설(water distribution systems) *277, 278*f.
    -과 수질(and water quality) *294~297*
    관리(management) *278~279*
    관망모델의 교정필요성(network calibration needs) *314~315*
    관망설계의 원칙(network design principles) *283~284*
    관망의 수리모델(hydraulic network model) *281~282, 303~309, 310~311, 314, 584~585*
    구성요소(components) *282*
    기원(history) *279~280*
    배수관망(distribution network) *282~283, 287*
    배수지(distribution reservoirs) *289~292, 290*f.
    부설공사(construction) *280*
    블록시스템의 설계원칙(pressure zone(block system) design principles) *284~285, 286*
    비디오디스플레이(video displays) *163*f.*~166*f.
    새로운 서비스요구(new service demands) *297*
    송수관망(transmission network) *282, 285~287*
    수도용수공급시설(bulk water system) *287~288, 288*f.*, 289*t.
    수요예측(demand forecasting) *293~294*
    수질감시(water quality monitoring) *300*
    수질모델(water quality model) *309, 315*

　　　　실시간누수탐지의 필요성(real-time leak detection needs) *316*
　　　　압력감시(pressure monitoring) *300*
　　　　압력제어(pressure control) *301*
　　　　유량감시(flow monitoring) *299~300*
　　　　유량제어(flow control) *300~301*
　　　　인터페이스장치의 설계(interface equipment design) *162*
　　　　장래의 추세(future trends) *312~313*
　　　　정보시스템간의 상호작용(interaction among information systems) *310~312*
　　　　정보시스템구조(information system architecture) *298, 299, 298* f.
　　　　제어시스템을 위한 표준화된 소프트웨어모듈에 대한 조사연구(research on standardized software modules for control systems) *581~582*
　　　　제어실(control center) *293*
　　　　제어장치(control devices) *300~303*
　　　　중앙제어실(central control building) *162*
　　　　컴퓨터응용(computer applications) *278~279, 280*
　　　　컴퓨터의 조사연구 필요성(computer research needs) *313~316, 568~569*
　　　　컴퓨터통합시스템(integrated computer systems) *278~279, 279* f.*, 303~304, 304* f.
　　　　필요한 감시장치(monitors needed) *299~300*
　　　　필요한 제어기술(control technology needed) *314*
　　　　해설(description) *283~284*
배수간선(distribution trunk line) *283*
배수구역(distribution area) *283*
배수본관(distribution main) *283*
배수지관(distribution branch) *283*
배압력(back pressure) *69*
밸브조작기(valve operators) *75*
　　　　공기압식 제어밸브조작기(pneumatic control valve operators) *77~78*
　　　　수압식 제어밸브조작기(hydraulic control valve operators) *76~77*
　　　　전동식 제어밸브조작기(electric control valve operators) *75~76*
베이스맵(base map) *600*
보전관리시스템(maintenance management systems) *49, 310, 421~422*
　　　　-과 보전관리(and management) *424~425*
　　　　-과 보전관리에 대한 현재의 사고방식(and current attitude toward maintenance) *422~424*
　　　　-과 보전관리조직(and maintenance organizations) *422~425*

　　　　－과 의사결정(and decision making) *442*
　　　　－과 전문가시스템(and expert systems) *432~434*
　　　　－의 미래상(future of) *443~444*
　　　　계획, 일정계획, 시행 등(planning, scheduling, execution, etc.) *430~431*
　　　　교육연수(training) *437*
　　　　다른 시스템과의 통합(integration with other systems) *439~441, 440* f.
　　　　보전관리시스템의 발전(evolution of maintenance systems) *422~424*
　　　　사후보전관리(corrective or breakdown maintenance) *424, 425, 426, 428, 570*
　　　　상황보고(status reports) *426*
　　　　실시(implementation) *435*
　　　　예방보전관리(preventive maintenance) *35, 36, 53, 259, 271, 423~426, 428, 439, 442, 570,*
　　　　　573
　　　　이익(benefits) *442*
　　　　자재관리책임(resource accountability) *427~428*
　　　　작업그룹의 상호작용(interaction of work groups) *429*
　　　　작업요청(work requests) *426*
　　　　작업의 우선사항과 일정계획(prioritization and scheduling of work) *426~427*
　　　　작용(functions) *428~434, 429* f., *430* f.
　　　　장치의 보전관리이력(equipment histories) *428*
　　　　장치의 식별번호(equipment identification numbers) *425*
　　　　조사연구의 필요성(research needs) *444, 570~571*
본빌전력회사(Bonneville Power Administration, Portland, Oregon) *17~18, 136*
부가가치통신망(value-added networks) *372*
분산형시스템(distribution system) *600*
분산형제어시스템(distributed control system : DCS) *601*
브리지(bridge) *601*
블록시스템(block system : pressure zone) *178, 283, 284, 285, 286, 302*
비개착공법(without the need for opening treches) *314*
비디오디스플레이(video displays) *153~156*
　　　　개별계통화면(individual trunk display) *163*f.
　　　　경제적 펌프스케쥴(economic pump schedule) *164, 165* f.
　　　　계층시스템(hierarchical system) *164*
　　　　그래픽사용자인터페이스(graphic user interface) *167*
　　　　수도시설 화면(facility display) *164, 164* f.

윈도우(windows) *167, 168* f., *171*
자동제어화면(automatic control display) *164, 165* f.
전 계통 수도시설(overall water system) *163* f.
줌의 특징(zoom feature) *167*
최적화모듈(optimization module) *166, 166* f.
판의 특징(pan feature) *167*
펌프장(pump station) *154* f., *155, 155* f.
비상대응(emergency response) *464~470*
　　-과 컴퓨터의 통합(computer integration) *477*
　　OP/NET제어시스템(OP/NET control system : East Bay MUD) *486*
　　가뭄(drought) *486~487*
　　감시제어시스템(monitor/control system) *473~474*
　　계획적 단수계획(scheduled suspensions of water supply) *487*
　　긴급차단밸브(emergency stop valves) *490, 492* f.
　　낙뢰(lightning) *488, 488* f.
　　니와쿠보의 낙뢰대책(Niwakubo lightning countermeasure) *488, 488* f.
　　대체시설(alternative facilities) *471, 472* f.
　　동향 또는 추세(trends) *487~493*
　　백업용 전원(backup power supplies) *472~473, 473* f.
　　비상대응매뉴얼(documented plan) *479*
　　생물에 의한 수질감시(biological water quality monitoring) *483~484, 483* f., *484* f.
　　센서(sensors) *476, 487~489*
　　수질문제(water quality problems) *481~482*
　　안전성(security) *476~477*
　　여유있는 저수능력(extra capacity) *475*
　　염소처리시설의 기능정지(chlorine system malfunction) *481*
　　이동전화(cellular phones) *475*
　　자연재해에 대한 보강(reinforcement against natural disaster) *475*
　　재해관리시스템(disaster management system) *489, 490* f.
　　재해의 종류(types of disasters) *470, 484~486*
　　전기시스템의 기능정지(electrical system malfunction) *480~481*
　　전문가시스템(expert systems) *489, 491, 491* f.
　　정수시설의 기능정지(treatment system malfunction) *480*
　　조사연구의 필요성(research needs) *493, 571*

　　　　조작기능정지(operational malfunctions) *479~482*
　　　　지진(earthquakes) *485*
　　　　통신시스템(communications systems) *466~476*
　　　　팀(team) *477~479*
　　　　폭풍우(storms) *486~488*
　　　　확인, 대응, 복구, 준비(recognition, response, recovery, and readiness) *470~482, 471* f.
비트(bit) *601*
사이카와정수장(Saigawa Treatment Plant, Ishikawa, Japan) *570*
사후보전관리(corrective or breakdown maintenance) *424, 425, 426, 428, 570*
산성중화능력(acid neutralizing capacity) *72*
상시유량(stream flow) *28*
생물검정법(bioassay) *266*
설정치제어(setpoint control : SPC) *15*
센서 또는 계(sensors) *61~62*
　　　　수위측정(level measurements) *68~70*
　　　　수질측정(water quality measurements) *70~75*
　　　　압력측정(pressure measurement) *62*
　　　　유량측정(flow measurement) *62~68*
　　　　조사연구의 필요성(research needs) *88~89, 563~565, 583~584*
소프트웨어(software) *113*
　　　　-의 계층(layers of) *113, 114* f.
　　　　개발(development) *119*
　　　　그래픽사용자인터페이스(graphic user interface : GUI) *115~116, 116* f., *566*
　　　　데이터베이스관리시스템(database management systems) *117~118*
　　　　애플리케이션지원환경(applications support environment) *116~117*
　　　　운영체제(operating systems) *113~114*
　　　　패키지애플리케이션(applications packages) *120, 133~134*
속성데이터(attribute data) *601*
수도법(Water Works Law, Japan) *549*
수도사업체(water utilities)
　　　　-와 법규(and regulations) *500, 543, 549*
　　　　-와 비용효율(and cost efficiency) *500*
　　　　-와 소비자운동(and consumerism movement) *550*
　　　　-와 환경운동(and environmental movement) *543, 549*

　　　　기타 조사연구의 필요성(miscellaneous research needs) *573*
　　　　다가오는 과제들(coming challenges) *497~501*
　　　　미국의 조사연구(US research) *576*
　　　　변화의 영향(changes affecting) *543~545, 544* f.
　　　　수운용시스템(integrated control systems) *174* f., *256~261, 257* f.
　　　　시험항목과 시료수(sample types and volumes) *409, 410* t.
　　　　영국의 조사연구(UK research) *575*
　　　　일본에서 계측제어의 역사(history of instrumentation in Japan) *19*
　　　　일본의 조사연구(Japanese research) *574~575*
　　　　자동화의 개발(development of automation) *15*
　　　　전략적 계획으로 컴퓨터(computers in strategic planning) *41*
　　　　조사연구에 소요되는 기금(funding needed research) *574, 578*
　　　　캐나다의 조사연구(Canadian research) *575~576*
　　　　프랑스의 조사연구(French research) *575*
수도산업에 컴퓨터이용(water industry computer applications) *33~38*
수도요금자동납부제(automatic funds transfer for paying water bill) *372*
수문학적 순환(hydrologic cycle) *199, 200* f.
수요가서비스시스템(customer service system) *601*
수요가요금시스템(customer accounting system) *358~359, 358* f., *601*
수요가정보시스템(customer information systems) *311, 331~332, 337~338, 357~362*
　　　　구성요소(components) *362*
　　　　도쿄도 수도국에서의 예(Tokyo Waterworks Bureau example) *360~361*
　　　　이익(benefits) *368~371*
　　　　조사연구의 필요성(research needs) *371~373, 569~570*
　　　　특성(characteristics) *359~362*
수요예측(demand forecasting) *293~294, 385~386*
수운용시스템(integrated water control systems) *174* f., *279, 279* t., *317~318, 319* f., *566*
　　　　－과 SCADA시스템(SCADA systems) *317, 318, 319~320, 321~322*
　　　　－과 공정제어시스템(process control systems) *256~261, 257* f., *264*
　　　　서브시스템(subsystems) *318*
　　　　입력(inputs) *319*
　　　　장래의(future of) *323~325, 325* f.
　　　　접속(connectivity) *319~320*
　　　　조사연구의 필요성(research needs) *326, 568~569*

　　　　최근의 동향(emerging trends) *320~322*
　　　　출력(outputs) *319*
　　　　표준화의 필요성(need for standard) *320~322*
수위측정장치(level measurement devices) *68~70, 70* f.
수질(water quality)
　　　　-과 수도공급(and water supply) *210, 217~218, 218* f.
　　　　-과 컴퓨터화(and computerization) *26~27, 34, 35*
　　　　배수시설에서(in distribution systems) *294~297*
　　　　생물학적 감시(biological monitoring) *483~484, 483* f.
　　　　센서(sensors) *70~75*
　　　　원격시험분석(remote testing) *414*
　　　　일본의 기준(Japanese standards) *549*
수질기준(Water Quality Standards, Japan) *543, 549, 563*
수질시험실정보관리시스템(laboratory information management systems) *49, 310, 409~410, 570*
　　　　-과 법적 기준(and regulatory standards) *413*
　　　　-과 작업량의 증가(and increase in work load) *412*
　　　　-의 장래(future of) *417~419*
　　　　과거의 데이터(historical data) *415*
　　　　과거의 정보(historical information) *415*
　　　　구성요소(components) *416~417*
　　　　규모와 범위에 영향을 미치는 요소(factors in size and extent) *411~412*
　　　　기능(functions) *413*
　　　　다른 시스템과의 인터페이스(interfaces with other systems) *418*
　　　　목적(purposes) *411*
　　　　분석의 형태(types of testing) *414~415*
　　　　비용(costs) *418~419*
　　　　서브시스템(subsystems) *415~416, 416* f.
　　　　수질시험실의 자동화에 대하여(versus laboratory automation) *410*
　　　　시험항목과 시료수(sample types and volumes) *409, 410* t.
　　　　오사카의 예(Osaka example) *414, 419*
　　　　입력(inputs) *417*
　　　　조사연구의 필요성(research needs) *419~420, 570*
　　　　출력(outputs) *417*
수질측정장치(water quality measurement devices) *70~75*

　　　　　개념도(overall system diagram) *74*f.
　　　　　계측제어의 필요(instrumentation needs) *74*t.
　　　　　설치하는 경우와 문제점(opportunities and problems) *238~241*
　　　　　측정항목(measurable parameters) *71, 73*f.
슈퍼펀드개정법과재인가법(Superfund Amendments and Reauthorization Act) *26*
스캐너(scanners) *32*
스프레드시트(spread sheet) *115, 323, 451*
신경망(neural networks) *121*
신경망기술(neuro technology) *314*
안전음용수법(Safe Drinking Water Act : SDWA) *26, 36, 412, 543, 549, 563, 576*
알칼리도(alkalinity) *72, 239*
압력센서(pressure sensors) *62*
에너지관리시스템(energy management system) *602*
에섹스수도회사(Wessex Water Plc., United Kingdom) *454*
앰버앤앰버사(Amber and Amber) *24*
염소(chlorine)
　　　　소독(disinfection) *250~254*
　　　　염소요구량계(chlorine demand meters) *240, 252*f.
　　　　잔류염소계(residual chlorine meters) *238~239, 251*f.
영상인식(image recognition) *120, 263, 265~267*
영상처리(image processing) *120*
예방보전관리(preventive maintenance : PM) *35, 36, 53, 259, 271, 423~426, 428, 439, 442, 570, 573*
오사카부 수도부(Osaka Waterworks Department, Japan) *293*
오사카시 수도국(Osaka Municipal Waterworks Bureau, Japan) *414, 419*
오접속(cross connection) *44*
오존처리(Ozonation) *253~254, 253*f.
오하루정수장(Oharu Purification Plant, Nagoya, Japan) *182, 183*f.
온타리오주 환경부(Ontario Ministry of the Environment) *482*
요금고지서발행시스템(billing systems) *18, 602*
요코하마시(Yokohama municipal government, Japan) *292*
운영체제(operating systems) *113, 602*
운전자-공정인터페이스(operator-process interface) *147~149, 148*f., *149*f., *167*
　　　　X-단말장치(X-terminals) *169*
　　　　구성(configuration) *152*

그래픽사용자인터페이스(graphic user interface) *167, 171*
기능(functions) *151*
기능키보드(function keyboard) *158, 159* f.
멀티미디어콘솔(multimedia consoles) *169*
미믹보드(mimic boards) *153*
비디오디스플레이(video displays) *153~156, 154* f., *155* f., *162, 163* f.~*166* f., *167~169*
비디오디스플레이에서 윈도우(windows in video display) *167, 168* f., *169*
비디오디스플레이에서 줌의 기능(zoom feature in video display) *167*
비디오디스플레이에서 팬의 기능(pan feature in video display) *167*
운전원칙(operational philosophy) *149~151*
운전자의 직무에서 증대가능성(possible increase in operator functions) *170~171*
운전자입력장치(operator input devices) *158~160*
워크스테이션(workstations) *169*
음성경보기(voice annunciators) *158*
장치(equipment) *153~160*
제어반(control panels) *153*
제어실의 설계(control room design) *160~166*
조사연구의 필요성(research needs) *170~171, 566*
조화된 제어(coordinating controls) *151*
중앙제어실(central control building) *162*
콘솔(console) *156, 157* f.
프린터(printers) *156~158*
화면설계에서 산업표준의 필요성(need for industry standards in display schema) *171*
워싱턴교외위생위원회(Washington D.C. Suburban Sanitary Commission) *399~402, 400* f.
원격단말장치(remote terminal units) *57, 94~101, 96* f., *99* f.
　－와 SCADA시스템(and SCADA systems) *98, 99* f., *136, 138~146*
　－와 제어전략(and control strategies) *100~101*
　기능(functions) *96~100*
　이벤트기록절차(sequence-of-events recording) *99*
　조사연구의 필요성(research needs) *565*
　지능형에 대한 비지능형(intelligent versus dumb) *99*
원수공급(water supply) *199~201*
　－과 수질(and water quality) *210, 217~220, 218* f.
　－과 어업진흥(and fishery enhancement) *218, 218* f., *219* f., *219* t.

　　　　감시시설의 내부통신(communication within monitoring system) *211~212*
　　　　감시시스템(monitoring systems) *210~212*
　　　　감시시스템데이터베이스(monitoring system databases) *212*
　　　　감시용으로 컴퓨터사용(computer use in monitoring) *220~221*
　　　　강수량(precipitation) *202~206, 203* f.
　　　　개선모델의 소요(model improvements needed) *224~225*
　　　　경합되는 이용의 균형유지(balancing competing uses) *217~218, 218* f.
　　　　계측제어운전(operations instrumentation) *202, 203* t.
　　　　계측제어개선의 소요(instrumentation improvements needed) *224*
　　　　기상예측모델(weather forecasting model) *213, 224~225*
　　　　긴급시 행동계획모델(emergency action plan model) *214*
　　　　다목적저수지의 제어(multiple-use reservoir control) *220*
　　　　댐의 안전모델(dam safety model) *214*
　　　　수문학적 순환(hydrologic cycle) *199, 200* f.
　　　　수문학적 시스템모델(hydrologic system model) *213~214, 225*
　　　　시스템 개요(system overview) *199, 200* f.
　　　　여러 문제(concerns) *217~218*
　　　　저수지운용모델(reservoir operations model) *214, 225*
　　　　저수지의 운용과 제어(reservoir operation and controls) *207~209*
　　　　조사연구의 필요성(research needs) *223~225, 567*
　　　　지하수(groundwater) *201, 209~210*
　　　　지하수시스템 모델(groundwater system model) *214~217, 215* f., *216* f., *225*
　　　　표류수(surface water) *201~202*
　　　　하천유량(river flow) *206*
　　　　하천유역감시(river basin observation) *206~207, 207* f.
　　　　현장계측제어(field instrumentation) *210, 211* f.
위성영상처리(satelite image processing) *120*
유량계(flowmeters)
　　　　와류식(vortex shedding) *68*
　　　　용적식(positive displacement) *66*
　　　　전자(electromagnetic) *64~65, 65* f.
　　　　차압(differential pressure) *63~64, 64* t.
　　　　초음파(ultrasonic) *66~68, 67* f., *68* f.
　　　　터빈(turbine) *65~66*

유성(meteor) *28*
유성군기술(meteor particle technology) *212*
유성파열통신(meteor burst communication) *28*
유전적 알고리즘(genetic algorithms : GA) *121*
유출량(run off) *28*
음극선관(CRT) *603*
음용수감시프로그램(Drinking Water Surveillance Program) *482*
의사결정지원(decision support) *32*
의학용영상처리(medical image processing) *120*
이다카펌프장(Idaka Pumping Station, Nagoya, Japan) *185. 186* f.
이더네트(Ethernet) *535. 603*
인공지능(artificial intelligence) *18. 31. 32. 121~122. 214. 314. 400. 603*
인공위성(satellite) *28*
인터페이스(interface) 그래픽사용자인터페이스 참조
    운전자공정인터페이스(operator-process interface) *60. 147~149. 148* f.*, 149* f.*, 167*
    휴먼머신인터페이스(human-machine interface) *20~24. 59~60*
일본(Japan)
    건설성(Ministry of Construction) *208*
    산업표준화법(Industrial Standardization Act) *526*
    수도법(Water Works Law) *549*
    수도사업자(water suppliers) *9~10*
    수도산업에서 지리적인 제약(geographic constraints on water industry) *27*
    수도시설 계측제어의 추이(history of water system instrumentation) *19*
    수도시설의 역사(history of water systems) *8~10*
    수압문제(water pressure issues) *297. 300. 302~303. 305*
    수질기준(Water Quality Standards) *543. 549. 563*
    슬러지처리(sludge handling) *8~9*
    우정성(Ministry of Postal Services) *335. 336*
    인구추세(population trends) *13~14*
    지표수와 지하수(surface water versus groundwater) *9*
    텔레메터링시스템조사위원회(Telemetering System Research Board) *325*
    통산산업성(minister of international trade and industry) *528*
    하천정보센터(river information center) *208*
    후생성(Ministry of Health and Welfare) *9. 10. 458. 549. 575*

일본공업표준조사회(Japanese Industrial Standard Commission) *526*
일본물재이용촉진센터(Japan Water Recycle Promotion Center) *575.*
일본수도관망연구센터(Japan Water Pipe Systems Research Center) *575*
일본수도협회(Japan Water Works Association) *518. 519* t.. *523. 575*
일본수처리공정협회(Japan Association of Water Treatment Process) *575*
일본전신전화공사(Nippon Telephone & Telegraph Public Corporation) *334~336*
일본전자공업진흥협회(Japan Electronic Industry Promotional Association) *528*
일본정보처리개발협회(Japan Information Processing Development Association) *528*
자동검침협회(Automatic Reading Association) *580*
자동계량기검침(automatic meter reading : AMR) *332. 336. 603*
    검침시스템(check system) *352. 353* f.
    계량기개발(meter developments) *363~364*
    계량기인터페이스장치(meter interface unit : MIU) *346. 347. 597*
    기능(functions of) *352*
    기타 시스템 *351~352*
    논-링잉(non-ringing) *335. 346. 349. 353~357*
    단말제어장치(terminal controller) *354~355*
    무선(radio-based) *350. 351* f.
    미국에서(in United States) *336~337*
    비용(costs) *368~371*
    시스템의 구성(system configurations) *352~357*
    양방향전화(bidirectional : telephone dial-in/outbound) *349*
    이익(benefits) *368~371*
    일본에서의(in Japan) *334~336. 352~357. 356~357. 356* f.
    자동검침계량기(automatic reading meters) *355~357. 355* f.
    전자계량기(electronic registers) *363~366. 363* f.
    전화다이얼 인바운드(telephone dial-inbound) *347~349. 348* f.
    전화다이얼아웃바운드(telephone dial-outbound) *346~347. 347* f.
    조사연구의 필요성(research needs) *371~373. 569*
    중앙시스템(center system) *348. 349* f.. *352~353*
    최근의 추세(emerging trends) *362~367*
    케이블텔레비전(cable television) *350. 350* f.
    회선(lines) *353~354*
자동수질분석계기(automated laboratory instruments) *603*

자동화(automation) *15*
    10단계의 모델(ten-level model) *24, 24* f.
    공정제어를 위한(for process control) *237*
    외딴섬(islands of) *39, 40, 47*
    인적자원에 대한 도전(and human resources challenges) *41*
    전개되고 있는 기술적 진보(coming technological advances) *31*
자동화의 외딴섬(islands of automation) *39, 40, 47, 317*
잔류염소계(residual chlorine sensors) *72*
재해관리시스템(anti-disaster management system) *489*
저수지(reservoirs) *207~209*
    다목적용의 제어(multiple-use control) *220*
    배수지(distribution) *289~292*
    운용모델(operations model) *214*
    최적운용(optimal operation) *291~292*
적설(snow pack) *28, 37, 204~205, 205* f.
전기기계요소(electro mechanical element) *75*
전기사업연합회(Electric Enterprises Association, Japan) *335*
전기전도도(conductivity) *72~73, 240, 484*
전기전자기술자 협회(Institute of Electrical and Electronic Engineers) *535*
전략적 컴퓨터계획(strategic computerization planning) *41~42*
    -과 가격억제(and cost containment) *552, 552*f.
    -과 기술적인 가격의 개선(and technological pricing improvements) *547*
    -과 기술진보(and technological advances) *546~547, 547* f.
    -과 일반의 인식(and public perception) *548~549*
    계획을 분명하게 함(defining the plan) *545~548*
    계획의 중요성(importance of planning) *547~548*
    계획이 없는 경우의 비교(compared with no plan) *552~553, 553* f.
    계획작성(developing the plan) *556~558*
    구성요소(components of) *554~556*
    기술적인 함정의 회피(avoiding technological pitfalls) *552~553*
    내적인 목적수행수단(internal leveraging) *546*
    대화방식의 연수회(interactive workshops) *558*
    비용과 자원수요의 예측(projecting costs and resource needs) *556*
    상의하달식 계획(top-down planning) *556~557*

   성공을 위한 핵심(keys to success) *560*
   소프트웨어투자의 보호(protecting software investment) *554*
   애플리케이션수요(application needs) *554~555, 555* f.
   외적인 목적수행수단(external leveraging) *546~548*
   우선 첫째로 문제의 명확화(defining problems first) *557*
   우선순위(priorities) *554~555*
   자원수요의 예측(predicting resource needs) *551~552*
   장기적인 목표(long-term goals) *554*
   조사연구의 필요성(research needs) *561, 572~573*
   하의상달식의 실시(bottom-up implementation) *556~557*
전력조사연구원(Electric Power Research Institute) *372, 541, 579*
전문가시스템(expert system) *32, 101, 122, 151, 221, 273*
전문화(professionalism) *32*
전자계량기검침(electronic meter reading) *603*
접근성(asymptote) *24*
점증변조(incremental modulation) *91*
정보시스템(information systems) *16, 327~329,*
   발전사(historic development of) *46~48*
   실시간(real-time) *16*
정보의 질적 변화(information changing characteristics) *43~46*
정보처리학회(Information Processing Society, Japan) *528*
정수장(water treatment plants)
   개략적인 물 처리시스템의 위치(position in overall water system) *231, 232* f.
   공정(processes) *231, 233* f.
   무인(unattended) *570, 582~583*
   정수장 제어의 개요(schematic of controlled plant) *231~234, 233* f.
정확도 또는 정도(accuracy) *604*
제어(control) *15~16, 92*
   공장내의 계층(in-plant levels of) *150, 150* f.
   디지털(digital) *93*
   미국과 일본에서 용어의 차이(Japanese and US terminology) *91*
   분산(distributed) *93*
   시퀀스(sequential) *91*
   연속(continuous) *91*

　　　　장래(future) *101~102*
　　　　전략 또는 순서(strategies) *100~101*
　　　　직접디지털제어(direct digital control : DDC) *15. 93. 604*
　　　　피드백(feedback) *92. 93. 93* f.
　　　　피드포워드(feed-forward) *94. 94* f.
제어기기(control elements) *61. 75*
　　　　PID *88. 92. 101*
　　　　밸브조작기(valve operators) *75~78*
　　　　조사연구의 필요성(research needs) *88~89. 565*
　　　　펌프의 회전속도제어(variable speed control of pump) *78~83*
　　　　펌프제어(control of pump) *83~88*
제어시스템(control systems) *58* f.
　　　　-과 소프트웨어의 진보(advances in software) *59*
　　　　휴먼-머신 인터페이스의 발전(evolution of human-machine interface) *20~24*
제조자동화프로토콜(manufacturing automation protocol) *536~538. 540~542*
조직의 변화와 발전(organizational change and development) *503~504. 511~512*
　　　　개방적인 관리방식(open management style) *505*
　　　　개인의 중요성(importance of the individual) *506*
　　　　개인적인 자기개발(individual self-development) *516*
　　　　고용기간과 조건(employment terms and conditions) *510*
　　　　교육연수의 필요성(training needs) *518~520. 519* t.
　　　　그룹실습(team-building exercises) *505*
　　　　긍지(pride) *504~505*
　　　　내부수요가(internal customers) *521*
　　　　단순구조(flat structure) *505*
　　　　발전과정(development process) *511*
　　　　변화에의 대응(managing change) *506~507*
　　　　새로운 아이디어의 창출(facilitating new ideas) *515*
　　　　수요가와의 의사소통(communication with customers) *509. 520*
　　　　양방향의 의사소통(communicaton as a two-way process) *508~509. 513. 517~518*
　　　　장기적인(long-term) *515*
　　　　장벽제거(removing barriers) *513~514*
　　　　정량적 지표(performance indicators) *512~513*
　　　　정보기술의 역할(role of information technology) *517*

　　　　조사연구의 필요성(research needs) *572*
　　　　조직의 목표(aims of organization) *504*
　　　　조직의 방향(corporate direction) *505*
　　　　종업원들에게 도움으로서의 기술(technology as an aid to employees) *517*
　　　　주주와의 의사소통(communication with shareholders) *513*
　　　　책임감(commitment) *504~505*
　　　　팀(teams for) *514*
종합정보시스템(integrated information system) *304. 304* f.
종합정보통신망 또는 네트워크(integrated services digital network) *129. 263. 325. 535*
좌표시스템(coordinate system) *604*
중앙국 엑세스장치(central office access unit : COAU) *346. 604*
지능센서(intelligence sensor) *487*
지리정보시스템(AM/FM/GIS systems) *44. 305. 310. 316. 375. 556. 569. 604*
　　　　3차원적 구조(topological structure) *382*
　　　　공간지표부여(spatial indexing) *382~383*
　　　　관계데이터베이스(relational database) *382*
　　　　기본요소(basic elements) *377~379. 377* f.
　　　　능력(capabilities) *379*
　　　　다른 정보시스템과의 통합(integration with other information systems) *389~390. 390* f.
　　　　데이터계층(data layers) *386~388. 386* f.
　　　　데이터입력(data entry) *377~378*
　　　　데이터조작(data manipulation) *378*
　　　　데이터출력(data output) *378~379*
　　　　도쿄도 수도국의 개발사례(Tokyo Waterworks development example) *393~395. 393* f..
　　　　　394 f.. *395* t.
　　　　물수요량의 예측(water demand forecasting) *385~386*
　　　　배수시설의 모델작성(water system modeling) *386~388*
　　　　분석기능(analysis functionality) *382*
　　　　비용(costs) *391*
　　　　사용 예(examples of use) *1~6*
　　　　소프트웨어 구성요소(software components) *381~383*
　　　　수요가 서비스(customer service information) *385*
　　　　수원관리(water resource management) *383~385*
　　　　시스템관리(system management) *382*

실시과정(implementation process) *396~398, 396* f.
실시요원(implementation personnel) *398~403*
애플리케이션(applications) *375~379, 381* f., *384* f.
운영(operations) *385*
워싱턴교외위생위원회의 개발사례(Washington Suburban Sanitary Commission development example) *399~402, 400* f.
이익(benefits) *391~392*
장래의 추세(future trends) *403~405*
조사연구의 필요성(research needs) *405~406, 569~570*
조직의 타당성(organizational feasibility) *388~389*
하드웨어 구성요소(hardware components) *380~381*
하드웨어의 발전(hardware advances) *380~381*
지방수도사업자협회(Association of Municipal Water Agencies : AMWA) *548*
지식추론(knowlege reasoning) *24*
지적도(cadastral map) *604*
지표수(surface water) *9, 10, 202, 206, 217*
지하수(groundwater) *201, 209, 214, 215* f., *216* f.
　　대수층데이터베이스(aquifer databases) *209~210*
　　모델화(modeling) *210, 214~217, 215* f.
직업안전보건법(Occupational Safety and Health Act : OSHA) *26*
직접디지털제어(direct digital control : DDC) *15, 93, 604*
진보되는 기술(technology coming advances) *31~32*
집적회로(integrated circuit) *29*
처리방법에 대한 미국환경보호청의 조사연구기금 수요(US Environmental Protection Agency need to fund research in treatment methods) *576~577*
추론엔진(inference engine) *121*
캘리포니아주의 적설모니터링(California snow pack monitering) *204~205*
커서(cursor) *604*
컴퓨터(computers) *103~105*
　　개방시스템(open systems) *134*
　　구성(components of) *103, 104* f.
　　메모리(memory) *105~107, 106* t.
　　메인프레임(mainframe) *111~113*
　　미니컴퓨터(minicomputers) *111*

싱글칩(single-chip) *107~109, 108* f.
워크스테이션(workstations) *109~111*
장래(future) *134~132*
제5세대와 제6세대(fifth and sixth generations) *24*
조사연구의 필요성(research needs) *565~566*
표준화(standards) *134*
컴퓨터시스템통합(computer system integration) *130~131, 545, 554*
    -과 데이터베이스 호환성(and database compatibility) *50~51*
    -과 비상대응전략(and emergency response) *477*
    -과 전략적 계획(and strategic planning) *41~42*
    -과 조직의 재구축(and organizational development) *40~41*
    -과 특수 애플리케이션(and specialized applications) *50*
    -의 원칙(principles of) *53~55*
    개방구조(open architecture) *54~55*
    관리책임(managerial responsibility) *39~40*
    근거리통신망(local area networks : LANs) *51~53*
    다중기능의 통합(integration of multiple functions) *53*
    데이터처리(data processing) *51*
    모델(model) *48~53, 49* f.
    모듈러 설계(modular design) *53~54*
    분산형 처리시스템(distributed intelligence) *54*
    비용(costs) *55~56, 55* f.
    수리적 관망관리를 위하여(for hydraulic network management) *304, 304* f., *309~311*
    이익(benefits) *55~56*
    장래의 확장성(future expandability) *54*
    통신(communications) *123~129, 127* f., *128* f.
    통합되지 않은 시스템의 문제(problems of non-integrated systems) *46~48*
컴퓨터지원설계(computer aided design and draft : CADD) *120, 261*
컴퓨터지원소프트웨어엔지니어링(computer aided software engineering : CASE) *119, 133, 605*
컴퓨터지원엔지니어링(computer aided engineering : CAE) *120*
컴퓨터화(computerization) *24*
    -와 건강에 대한 관심(health concerns) *25*
    -와 경제적 측면(economic considerations) *29*
    -와 광역화(regionalization) *28~29, 37~38*

-와 기술의 진보(technological advances) *29~32. 547. 547*f.
　　-와 다른 여러 기관과의 과제(coordination with other agencies) *38*
　　-와 물의 할당(water allocation) *37~38*
　　-와 배수시설의 보전(water system integrity) *35*
　　-와 비용의 최소화(cost minimization) *36*
　　-와 수요가서비스(customer service) *37*
　　-와 수요의 확대(growth of demand) *27~28*
　　-와 수익의 확보(revenue production) *36~37*
　　-와 수질(water quality) *34*
　　-와 수질규제(water quality regulations) *26~27. 35~36*
　　-와 안정급수(water supply) *37*
　　-와 용지이용의 제한(limited site availability) *27*
　　-와 전문화(professionalism) *32~33*
　　-와 정보량의 증가(increasing amounts of information) *32*
　　-와 직원의 필요성(employee needs) *33*
　　-와 환경보호(environmental protection) *25~26*
　　적은 비용으로 많은 것을 달성(do more with less) *550~551. 551*f.. *552*f.
크로스커넥션(cross connection : 오접속) *44. 448. 456. 481*
탁도계(turbidimeters) *238*
탁도센서(turbidity sensors) *71*
터치스크린(touchscreens) *22. 160*
텔레미터링시스템개발협의회(Telemetering System Research Board, Japan) *335*
통신(communications) *123*
　　　근거리통신망 또는 네트워크(local area networks : LAN) *123~129*
　　　링형 구성(ring topology) *124*f.
　　　매체(media) *125~129. 127*f.
　　　버스아키텍쳐(bus architecture) *124*f.
　　　상수원의 감시시스템(source of supply monitoring system) *210*
　　　스타형 구성(radial topology) *123. 124*f.
　　　장래의 개발(future developments) *132*
　　　전력조사연구원/미국수도협회연구기금의 과업(EPRI/AWWARF project) *579~581. 581*f.
　　　통신과 SCADA시스템(SCADA systems) *126~127. 127*f.. *141*
　　　통신과 공정제어(process control) *125~126. 127*f.
　　　통신과 정보관리시스템(management information systems) *128~129. 130*f.

트랙볼(track balls) *160*
트랜잭션(transaction) *382*
퍼지논리 또는 추론(fuzzy logic) *32, 121, 265, 314, 489*
펌프와 펌핑(pumps and pumping) *173~175*
　　－과 공급의 신뢰성(and reliability of supply) *179*
　　－과 관로특성(and pipeline characteristics) *180*
　　－과 수요(and demand) *178~179*
　　－과 전원(and electric source) *179*
　　－과 지형(and topography) *178*
　　Q-H곡선(Q-H curve) *180, 181*f., *189*
　　권선형전동기(wound-rotor motors) *82~83, 86~88*
　　기동－정지제어방식(start-stop control systems) *85~86*
　　나루미펌프장의 예(Narumi Pumping Station example) *187, 188*f.
　　농형유도전동기(squirrel-cage induction motor) *79~82*
　　동기전동기(synchronous motor) *83*
　　레이크뷰정수장의 예(Lakeview Water Treatment Plant example) *187*
　　말단압일정제어(pipe-end constant-pressure control) *181~184, 184*f., *185, 185*f., *186*f.
　　배수(distribution) *234, 235, 254, 255*f.
　　배수지수위제어(service reservoir water level control) *184~189*
　　보호장치(protective devices) *196*
　　설비계획(system planning) *178~180*
　　소음과 진동(noise and vibration) *192~196*
　　슬러지(sludge) *234, 255~256*
　　압력탱크의 압력제어(hydropneumatic tank pressure control) *184~189*
　　에너지절약(energy savings) *191~192*
　　오하루정수장의 예(Oharu Purification Plant example) *182, 183*f.
　　용량제어(capacity control) *189~191*
　　워터해머(수격작용 : water hammer) *192~193, 194, 195*t., *195*f.
　　원격관리(remote management) *177, 180*
　　원수(raw water) *233*
　　이다카펌프장의 예(Idaka Pumping Station example) *185, 186*f.
　　일본에서(in Japan) *177, 177*t.
　　일정압력－일정수위제어(constant-pressure-constant-level control systems) *86*
　　정수장의(in treatment plants) *235, 236*f.

　　　　제어방법(control approaches) *180~189*
　　　　제어시스템(control systems) *83~88*
　　　　조사연구의 필요성(research needs) *196~197, 566~567*
　　　　캐비테이션(cavitation) *192~194*
　　　　토출밸브제어(delivery valve control) *190~191*
　　　　토출압일정제어(constant discharge-pressure control) *181, 181 f., 182, 182 f., 183 f.*
　　　　펌프운전대수제어(changing operating number of pumps) *190*
　　　　회전속도제어(variable speed control) *78~83, 79 f., 80~81 t., 86~88, 191*
표류수 또는 지표수(surface water) *9~10, 202, 206, 217*
표준화(standardization) *523~524.*
　　　　-의 LAN(of local area networks) *535~536*
　　　　-의 역사(history of) *524~525*
　　　　개발과정(development process) *528~532, 530 f.*
　　　　계속적인 버전의 호환성(interchangeability of successive versions) *538*
　　　　기준의 수용(acceptance of standards) *532*
　　　　미국에서(in the United States) *528*
　　　　비용(costs) *539*
　　　　수도산업통신기준에 대한 전력조사연구원과 미국수도협회연구기금 프로젝트(EPRI/AWWARF
　　　　　　project on water industry communication standards) *579~581, 581 f.*
　　　　신기술의 적합성(adaptability to new technology) *539~540*
　　　　응답특성(response characteristics) *538~539*
　　　　일본에서(in Japan) *526~528*
　　　　제조자동화프로토콜(manufacturing automation protocol) *536~538*
　　　　조사연구의 필요성(research needs) *541~542*
　　　　조직(organizations) *525~526, 527 f., 535*
　　　　표준조작과 보전관리모듈(standard operation and maintenance modules) *541~542*
　　　　표준통신프로토콜(standard communication protocols) *541, 565, 568*
　　　　호환성(interchangeability) *539*
프로그램논리제어장치(program logic controllers : PLCs) *59, 84, 88, 91, 94, 95, 126, 144, 273, 565*
　　　　범용프로그래밍언어의 필요성(need for universal programming language) *273~274*
　　　　조사연구의 필요성(research needs) *565, 567~568*
　　　　프로그래밍(programming) *94*
프로젝션화면(projection display) *22*
프린스조지군(Prince George's County, Maryland) *399~402*

피드백(feedback) *45. 58. 92~93. 93* f.. *242~243. 242* f.. *251* f.. *605*
하절기제동기(summer ratchat) *269*
피드포워드(feedforward) *58. 94. 94* f.. *241~242. 242* f.. *605*
확산스펙트럼디지털무선기술(spread spectrum digital radio technology) *31*
휴대식데이터입력장치(hand-held data entry terminals : HDET) *333. 339. 341. 343. 343* f.. *344* f.. *345* f.
휴렛패커드(Hewlett-Packard) *525*
휴먼-머신인터페이스(human-machine interface) *20~24. 59~60*
    CRT/키보드의 콘솔(CRT/keyboard console) *22~24. 23* f.
    그래픽패널(graphic panels) *20~24. 22* f.. *23* f.
    세미그래픽패널(semi-graphic panels) *20~24. 22* f.. *23* f.
    콘솔(consoles) *20. 21* f.

옮긴 이 약력

김홍석
공학박사, 기술사(상하수도, 전기)

● **학력**
서울대학교 공과대학 졸업
한양대학교 대학원(공학박사)

● **주요 경력**
서울시 구의수원지·뚝도수원지사무소장·수원기전과장
서울시 수도기술연구소장, 상수도사업본부 차장(관리관 퇴직)
현재 (주)신우엔지니어링 고문

번역본 : 정수시설의 종합설계와 유지관리(원저자 S. Kawamura)

최태용

● **학력**
서울시립대학교 공과대학 졸업
서울시립대학교 도시과학대학원 졸업
서울시립대학교 환경공학과 박사과정

● **주요 경력**
서울시 종합건설본부
서울시 상수도사업본부
중앙크리텍건설(주)
현재 한국상하수도협회 기술부장

수도사업에서 계측제어와 컴퓨터의 통합

발행일 · 2004년 2월 17일
발행 · 한국상하수도협회
주소 · 서울시 은평구 불광동 613-2
전화 · (02)384-8151(대)   팩시밀리 · (02)384-8156
http://www.kwwa.or.kr
옮긴이 · 김 홍석, 최 태용
표지도안 · 김 이진

보급 · 도서출판 건설도서
출판등록 · 1988년 1월 25일, 제 3-165호
주소 · 서울시 용산구 원효로 1가 46-5호
전화 · (02)711-9990(대)   팩시밀리 · (02)711-9987
http://www.gsds.co.kr

ⓒ 2004, 한국상하수도협회

값 38,000원
ISBN 89-7706-172-5 93500

※ 저작권법에 따라 이 책의 무단 복사나 복제를 금합니다.

☞ 파본 및 낙장은 교환하여 드립니다.